DICTIONNAIRE
RAISONNÉ
UNIVERSEL
D'HISTOIRE NATURELLE.

TOME SIXIEME.

DICTIONNAIRE
RAISONNÉ
UNIVERSEL
D'HISTOIRE NATURELLE;

CONTENANT

L'HISTOIRE DES ANIMAUX,
DES VÉGÉTAUX ET DES MINÉRAUX,

Et celle des Corps célestes, des Météores, & des autres principaux Phénomenes de la Nature;

AVEC

L'HISTOIRE ET LA DESCRIPTION
DES DROGUES SIMPLES TIRÉES DES TROIS REGNES;

Et le détail de leurs usages dans la Médecine, dans l'Économie domestique & champêtre, & dans les Arts & Métiers:

PLUS, une Table concordante des Noms Latins, & le renvoi aux objets mentionnés dans cet Ouvrage.

Par M. VALMONT DE BOMARE, Démonstrateur d'Histoire Naturelle avoué du Gouvernement; Censeur Royal; Directeur des Cabinets d'Histoire Naturelle, de Physique, &c. de S. A. S. Monseigneur le PRINCE DE CONDÉ; Honoraire de la Société Économique de Berne; Membre des Académies Impériale des Curieux de la Nature, Impériale & Royale des Sciences de Bruxelles; Associé Regnicole de l'Académie des Sciences, Belles-Lettres & Beaux-Arts de Rouen; des Sociétés Royales des Sciences de Montpellier, Littéraires de Caen, de la Rochelle, &c. d'Agriculture de Paris; Maître en Pharmacie.

Nouvelle Édition, revue & considérablement augmentée par l'Auteur.

TOME SIXIEME.

A PARIS,

Chez BRUNET, Libraire, rue des Écrivains, vis-à-vis le Cloître Saint Jacques de la Boucherie.

M. DCC. LXXV.
AVEC APPROBATION, ET PRIVILEGE DU ROI.

DICTIONNAIRE

RAISONNÉ

D'HISTOIRE NATURELLE.

N

NACELLE. Espece de *lépas* à coquille chambrée, & qui ressemble parfaitement bien à une nacelle : il se plaît dans les sables, & s'attache quelquefois aux autres coquillages : il se trouve au Sénégal.

NACRE, est dans certains coquillages la partie blanche, brillante, argentée ou orientée comme les perles. La plupart des coquillages n'ont une nacre qu'en leur surface intérieure ; d'autres ont besoin d'être dépouillées de leur drap marin & même de leur pellicule, pour que leur nacre soit à découvert.

NACRE DE PERLES ou Mere de Perles, ou Huitre a écaille nacrée, *mater perlarum, seu concha margaritifera*. Ce riche coquillage est une huître à écailles nacrées, qui varie en grandeur & qui se pêche dans les Mers Orientales & dans l'île de Tabago. On lui a donné le nom de *mere des perles*, parce qu'on y trouvé beaucoup plus de perles & de plus belles que dans d'autres coquillages.

La *nacre de perles*, (mot tiré de l'Espagnol, qui appellé *nacar de perlas* la coquille des perles), est un coquillage bivalve fort pesant, gris en dehors, ridé & âpre, mais non cannelé, blanc ou de couleur argentée, uni & luisant en dedans, d'une substance plus dure & plus solide que les perles mêmes qu'il produit. Il est un peu verdâtre, de figure applatie & circulaire, ayant vers le milieu intérieur la marque des muscles de l'animal qui en ont été arrachés. La coquille de l'huître perliere est grande, épaisse & peu creuse.

Les perles, *perlæ aut Margaritæ*, qu'on y trouve sont, de même que la coquille nacre, des substances pierreuses & calcaires, c'est-à-dire calcinables & dissolubles aux acides, rondes & anguleuses, grenées, comme transparentes, d'une saveur terreuse, ainsi que les écailles mêmes.

Origine des Perles.

Stenon, ce savant Auditeur de Bartholin, qui fut élevé à l'Episcopat, & qui a eu l'honneur d'être inhumé dans le tombeau des Grands Ducs de Florence; Stenon, dis-je, dans sa *Dissertation sur les Corps solides qui se trouvent naturellement contenus dans d'autres corps solides*, prétend, en parlant des coquilles, que la variété de leurs couleurs, leurs piquans & leurs inégalités, doivent leur origine au limbe de l'animal renfermé dans la coquille. A mesure que l'animal croît, s'étend & change de place, le limbe de l'animal s'étend aussi, s'avance successivement, & laisse son empreinte sur le limbe de chaque petite coquille, soit que ce dernier limbe soit formé de la matiere qui transude de celui de l'animal, ou qu'il ne soit autre chose que le limbe même de l'animal qui se détache tous les ans du reste du corps, & qui est remplacé tous les ans par de nouveaux limbes qui se développent successivement.

C'est par ces mêmes principes que *Stenon* explique la formation des perles, tant de celles qui sont fixées à la coquille & qui sont peu rondes, que de celles qui se trouvent dans l'intérieur de l'animal, & qui y ont acquis ou conservé une rondeur parfaite ; car la seule différence qui se trouve entre les lames dont sont composées les perles, & celles des petites coquilles de la nacre, c'est que ces dernieres sont presque planes, & les autres courbes ou concentriques. *Stenon* ajoute, 1°. que certaines perles inégales, qu'on appelle *baroques*, ne le sont que parce qu'elles faisoient partie d'un grouppe de plusieurs petites perles renfermées sous une enveloppe commune ; 2°. qu'un grand nombre de perles jaunes le sont non-seulement à la surface, mais encore dans tous les points de leur substance ; vice qui doit provenir de l'altération des humeurs de l'animal : il ajoute que les perles les plus belles deviennent quelquefois jaunes, étant long-temps portées.

Ce sentiment de *Stenon* sur l'origine des perles, est conforme à celui des Modernes, qui pensent que la matiere des perles n'est autre chose que celle qui forme la nacre de la coquille, & non une lépre ou excrément des huîtres, ni une concrétion graveleuse, formée du suc nourricier dans les huîtres vieilles ou attaquées de maladies. Et M. *Geoffroy* le jeune n'a rangé les perles parmi les bézoards, que parce qu'il a mis dans cette classe toutes les pierres formées par couches, qui s'engendrent dans les animaux.

La perle n'est exactement produite que par l'abondance de la liqueur nacrée qui, en transsudant de l'animal au lieu de s'applatir & de former des couches dans le fond de la coquille, a stillé par gouttes ou par petits pelotons qui se sont conglomérés. Cette liqueur est repliée tantôt régulièrement, tantôt d'une maniere chiffonnée ; ce qui a formé des perles plus ou moins régulieres. En dissolvant lentement dans un acide ni-

A 2

treux & très-affoibli une perle, on s'est convaincu de la vérité de ce qu'on avance ici. *Voyez les art.* Corail, Corallines & Coquillage, pour la théorie de cette petite expérience, & l'histoire de ces sortes de productions formées de petits animaux.

Pour une perle que l'on trouve dans la partie charnue de l'huître, on en trouve mille attachées à la nacre, où elles sont comme autant de globules ou de verrues. Il arrive même quelquefois que les perles, qui sont distribuées indistinctement dans toutes les parties de l'huître, s'accroissent au point d'empêcher les coquilles de se fermer, & alors les huîtres périssent. On trouve ordinairement dans chaque nacre une ou deux perles, mieux formées que les autres. On a observé que toutes les coquilles bivalves, dont l'intérieur est nacré, produisent des perles : on en trouve dans le *marteau*, dans la *pintade grise*, dans l'*hirondelle* ou *mouchette*, &c.

L'*huître à écaille nacrée* n'est point désagréable à manger, à moins qu'elle n'habite des côtes fangeuses.

Pêche des Perles.

Presque toutes les perles viennent des pays étrangers : il y en a quatre pêcheries dans l'Orient. *Tavernier* dit que la premiere est autour de l'île de Barhen ou Baharen dans le golfe Persique ; la seconde sur la côte de l'Arabie heureuse, proche de la ville de Catifa : elle appartient à un Prince Arabe ; la troisieme près de l'île de Ceylan, dans la mer qui bat un gros Bourg appellé *Manar*, là est le lieu qui s'appelle *côte de la pêcherie* ; la quatrieme sur la côte du Japon : & il ajoute qu'on en pêche rarement dans cette derniere, parce que les Japonnois ne se soucient guere de joyaux. On compte aussi quatre pêcheries de perles en Occident, qui sont toutes situées dans le golfe du Mexique, le long de la côte de la Nouvelle Espagne. La premiere est le long de l'île de Cubagna, à cent soixante lieues de Saint-

Domingue; la deuxieme est à l'île de la Marguerite (*île des Perles*), à une lieue de Cubagna; la troisieme est à Comogote, assez proche de la Terre-ferme; la quatrieme est au Rio de la Haeha ou riviere de la *Rencheria*, le long de la même côte. On pêche encore des perles dans la Méditerranée: on en pêche aussi sur les côtes de l'Océan, en Ecosse & ailleurs. La pêche des perles près de l'île de Ceylan est la plus considérable, & produit un grand bénéfice à la Compagnie des Indes de Hollande. Cette Compagnie ne fait pas pêcher pour son compte, mais elle permet aux habitans du pays, d'avoir pour cette pêche autant de bateaux qu'ils veulent, & chaque bateau lui paye soixante écus, & même quelquefois davantage. Vers le commencement de l'année, en Mars & en Avril, la Compagnie envoie d'abord dix ou douze bateaux qui se séparent en diverses rades; des plongeurs pêchent chacun quelques milliers d'huîtres à perles qu'ils apportent sur ce rivage. On ouvre chaque millier à part, & on met aussi à part les perles qu'on en tire. Si le prix de ce qui se trouve dans ce millier se monte au-delà d'un écu, c'est une marque que la pêche sera en ce lieu très-abondante. Si le prix est de moitié moins, on ne pêche point cette année-là. Si l'épreuve réussit, on publie que la pêche se fera; alors une affluence extraordinaire de peuple & de bateaux arrive. Les Commissaires Hollandois viennent de Colombo pour présider à la pêche, le jour qu'elle doit commencer, l'ouverture s'en fait dès le matin par un coup de canon. Dans ce moment tous les bateaux partent & s'avancent dans la mer, précédés de deux grosses chaloupes Hollandoises, qui mouillent l'une à droite & l'autre à gauche, pour assigner à chacun les limites de l'endroit où il peut pêcher uniquement, & aussi-tôt les plongeurs de chaque bateau se jettent à la hauteur de trois, quatre & cinq brasses. Un bateau a plusieurs plongeurs qui vont à l'eau tour à tour; aussi-tôt que l'un remonte, l'autre s'enfonce. Ils sont attachés à une corde dont le bout tient à la vergue du petit bâtiment, & qui est tellement disposée, que les Matelots du bateau, par le moyen d'une poulie la peuvent aisément lâcher ou tirer selon le besoin qu'on a ; celui qui plonge a une pierre du poids d'environ trente livres attachée aux pieds (rarement à l'estomac), afin d'enfoncer plus vîte, & une espece de sac à sa ceinture pour y mettre les huîtres qu'il pêche. Dès qu'il est descendu au fond de la mer, sans perdre de temps il court çà & là, quelquefois sur un sable, tantôt sur une vase très-visqueuse, & tantôt parmi les pointes des rochers ; il ramasse promptement ce qu'il trouve d'huîtres & les met dans son sac. S'il y a plus d'huîtres qu'il n'en peut emporter, il en fait un monceau, & revenant sur l'eau pour prendre haleine, il retourne ensuite ou envoie un de ses camarades pour le ramasser. Le Plongeur pour revenir à l'air donne le signal, en tirant fortement une petite corde différente de celle qui lui tient le corps : il y a toujours un ou deux Matelots dans le bateau qui tiennent l'autre bout de la corde pour observer le mouvement. Il est rare qu'un Plongeur, accoutumé dès son enfance à plonger, puisse retenir son haleine plus d'un quart-d'heure ; il a toujours soin de mettre du coton dans ses narines & ses oreilles, souvent il arme ses doigts d'especes de mitaines de cuir pour éviter d'être blessé aux rochers. Comme les huîtres à perles sont quelquefois attachées aux pierres & rochers, alors ils les détachent avec un instrument de fer dont ils sont munis. Les bateaux ne sont pas si éloignés les uns des autres, que les Plongeurs ne se battent assez souvent sous les eaux pour s'enlever les monceaux d'huîtres qu'ils ont ramassés. Ils prétendent qu'à soixante pieds de profondeur ils y voient aussi clair qu'à terre. Ces Pêcheurs sont exposés à de grands périls ; car outre les risques de se précipiter si profondément dans la mer, de demeurer accrochés en quelque endroit, de s'estropier, ou même de se tuer en tombant sur quelque pierre, ou de s'évanouir en manquant d'air, ils courent encore celui d'être dévorés par des requins. Voilà pour eux le danger le plus grand & plus ordinaire. On présume bien qu'un tel métier est très-fatiguant, aussi ces habitans quoiqu'habiles ne peuvent guere plonger que sept ou huit fois par jour. Le travail dure jusqu'à midi, & alors tous les bateaux regagnent le rivage ; quand on est arrivé, le maître du bateau fait transporter dans une espece de parc ou de fosses creusées dans le sable les huîtres qui lui appartiennent, là il les étale à l'air, & l'on attend qu'elles s'ouvrent d'elles-mêmes, ce qui dure trois ou quatre jours, afin d'en retirer les perles sans les endommager ; les perles étant tirées & bien lavées, on a cinq ou six petits bassins à cribles qui s'enchâssent les uns dans les autres, en sorte qu'il reste une distance entre ceux de dessus & ceux de dessous. Les trous du second crible sont plus petits que ceux du premier, & ainsi des autres. Les perles qui ne passent point par le premier crible, sont du premier ordre ; celles qui restent dans le second, sont du deuxieme ordre ; & de même jusqu'au dernier, lequel n'étant point percé reçoit les *semences de perles*, ce sont les plus petites. Ces différens ordres font la différence des perles pour la grosseur, & leur donnent ordinairement le prix lorsqu'elles sont bien conformées & d'une belle nacre. Les Hollandois se réservent toujours le droit d'acheter les plus grosses, au moins ils ont la préférence sur le prix que l'on en offre. Toutes les perles qu'on pêche le premier jour appartiennent au Roi de Maduré ou au Prince de Marava, suivant la rade où se fait la pêche.

La pêche des perles Occidentales se fait depuis le mois d'Octobre jusqu'au mois de Mars. On fait quelquefois une seconde pêche de perles dans les Indes Orientales ; celle-ci a lieu dans les mois d'Août & de Septembre. Il regne pour l'ordinaire de grandes maladies sur ces parages au temps de la pêche, elles peuvent être causées par la quantité du peuple qui s'y rend & qui n'habite pas fort à l'aise, ou parce que plusieurs se nourriffent de la chair des huîtres qui eft indigefte & mal-faifante, foit encore à caufe de l'infection de l'air, occafionnée par la chair des huîtres qui étant expofée à l'ardeur du foleil, fe corrompt en peu de jours & exhale une puanteur qui peut feule caufer des maladies contagieufes.

Il y a d'autres animaux teftacées que l'huître, qui fourniffent des perles, comme les *moules* du Nord & de la Lorraine ; l'*hirondelle*, le *marteau*, la *pintade grife* & les *huîtres* communes. Celles de Lorraine fe trouvent communément dans une petite riviere des Vofges ; Son Alteffe Royale le Duc Léopold, avoit établi des gardes pour veiller à ce que perfonne n'en pêchât, s'en réfervant pour lui feul le produit. Feue Madame la Princeffe Charlotte, Abbeffe de Mons, avoit un collier fait avec ces perles ; mais quoique brillantes & blanches, elles font la plupart *baroques*, & nullement comparables en beauté à celles des mers d'Orient & d'Occident : on fait cependant que le Roi de Suéde vient d'ennoblir M. *Linnæus* pour avoir trouvé le moyen de faire groffir les perles des moules & des huîtres du Nord, & de les rendre belles, &c. En faveur de cette découverte, les Etats du Royaume ont permis auffi à ce favant Naturalifte de fe nommer un fucceffeur dans fes différens emplois ; mais le fecret n'a point été rendu public. Ce moyen feroit-il de faire parquer des moules dans des étangs où l'on mettroit des fcolopendres marines ? car on a remarqué que toutes les moules, taraudées par ces infectes marins, contenoient les plus groffes & les plus belles perles.

Parmi les perles, il y en a de différentes couleurs, de blanches, de jaunâtres, de verdâtres & de noirâtres ; la couleur blanche paroît leur être la plus naturelle. Les perles de couleur plombée ne fe trouvent qu'en Afrique, où le fol de la mer eft très-vafeux. La couleur jaunâtre ou verdâtre, fi eftimée des Arabes, peut provenir de ce que les Pêcheurs, vendant leurs huîtres par monceaux, & les Marchands attendant quelquefois quinze jours qu'elles s'ouvrent d'elles-mêmes pour en tirer les perles, quelques-unes de ces huîtres nacrées perdent dans cet intervalle leur eau, se gâtent, s'empuantissent, & produisent des émanations qui colorent les perles qu'elles contiennent. Nous le répétons, plus les nacres de la coquille sont belles, plus les perles le sont : le volume des perles répond aussi à la grandeur de l'animal : la *pintade* gris de lin donne des perles dont la couleur est aussi d'un gris de lin : celles-ci sont fort rares, ainsi que celles de couleur de corail rouge qui se trouvent quelquefois attachées à la nacre intérieure & vineuse de la *pinne marine*. Parmi les huîtres nacrées qu'on pêche, il y en a beaucoup qui ne contiennent pas de perles. Les années pluvieuses sont les plus favorables pour cette pêche : on a fait cette même observation à l'égard de nos perles d'Écosse & de Lorraine.

Observations sur les Perles.

La concrétion ou loupe pierreuse qu'on appelle *perle*, est d'une eau argentée comme celle de la nacre ; la beauté de la perle peut surpasser même celle de la nacre de la coquille, quoique formées toutes deux d'une même matière. Cette différence vient de ce que la nacre de perles touche par ses extrémités à la bourbe ; au lieu que la matière de la perle a été reçue entre les membranes qui la tiennent à couvert. M. *de Réaumur* a observé aussi que la couleur des perles répondoit à la couleur de la coquille où elles se trouvoient renfermées ; & que les perles, moitié couleur de nacre & moitié noirâtres, avoient été formées dans le confluent de deux vaisseaux qui contenoient des sucs de différentes couleurs. *Mémoires de l'Académie des Sciences, année 1717.*

Les Joailliers appellent *loupe* ou *coque de perles* un suc pierreux & nacré qui s'est extravasé en forme de nœud. Quand ils en trouvent de demi-sphériques, ils les font scier ; & de deux de même grosseur, collées ensemble, ils composent une perle. Les perles d'une figure irréguliere, c'est-à-dire qui ne sont ni rondes ni en poires, sont appellées *baroques* : telles sont les perles d'Écosse. Les perles *parangones* sont des perles d'une grosseur extraordinaire.

Les perles les plus estimées en Europe sont celles d'Orient ; & entre celles-là on choisit par préférence celles qui sont les plus grosses, parfaitement rondes, polies, blanches, luisantes, qui réfléchissent les objets, qui sont rayonnantes & paroissent transparentes sans l'être : c'est ce qu'on appelle *perles d'une belle eau* ou *d'un bel Orient*. Leur prix est plus ou moins haut, suivant qu'elles approchent plus ou moins de ces qualités. En Perse & dans les Régions Orientales, elles ne se vendent qu'au poids de l'or ; mais en Europe elles suivent le tarif des pierreries. L'usage des perles pour le luxe & la parure des Dames, en a fait un très-gros objet de commerce. Colliers, brasselets, pendans d'oreilles, coëffures ou aigrettes, ajustemens, toutes ces parures introduites par le caprice, adoptées par la mode, perfectionnées par l'art & le goût, sont des bijoux de toilette faits pour ajouter aux graces de la beauté & quelquefois pour y suppléer. Parmi la quantité de perles que l'on présente tous les ans au Roi d'Espagne, ce Prince fait mettre à part les plus belles & les destine à l'ornement du Service Divin. On peut juger de la quantité qu'il en consacre à cet usage pieux par un habit de la statue de la Vierge *Notre-Dame de la Guadeloupe*. Dans cet habillement tout le blanc n'est autre chose que des perles, le rouge & le vert sont d'émeraudes & de rubis. Il n'y a dans le monde que le Souverain des Indes qui puisse mettre une si grande magnificence dans sa dévotion. En 1579 on présenta au Roi Philippe II une perle trouvée à Panama : elle étoit naturellement faite en poire, & de la grosseur d'un œuf de pigeon. Elle est prisée à 14400 ducats. *Tavernier* en a vu une entre les mains de l'Empereur de Perse, en 1633, & que l'on avoit achetée d'un Arabe 110400 livres sterling. *Pline* évalue la perle de *Cléopâtre* à quatre-vingt mille livres sterling. On sait que cette Reine crut ne pouvoir mieux prouver son luxe & son opulence à *Marc-Antoine*, qu'en avalant dans un repas qu'elle lui donnoit, une des fameuses perles qui lui servoient de pendans d'oreilles. L'histoire nous apprend encore que *Clodius Esopus*, fameux Comédien Romain, voulant surpasser en magnificence son pere, fit avaler des perles dissoutes dans le vinaigre à tous les convives de son festin.

En Médecine on ne se sert que des perles menues, qu'on appelle *semences de perles*. Quoique moins cheres que les grosses, elles n'ont pas moins de vertu : leur préparation consiste à les réduire, sur le porphyre, en une poudre impalpable. La nacre de perle préparée par cette même méthode, n'est pas moins bonne. Ces substances sont absorbantes, & propres à arrêter le vomissement & le dévoiement. On fait entrer ces différens produits de l'huître dans plusieurs dispensations médicinales ; mais les Médecins instruits & de bonne foi, conviennent que les perles & la nacre de perles ne sont que des absorbans terreux qui n'ont pas plus de vertu que la nacre des huîtres les plus communes, & que leur préparation ne peut être employée par préférence que pour relever la pompe & le prix des médicamens.

Les Dames employoient autrefois dans leur fard la nacre de perles ; ensuite on leur a fait accroire que les préparations cosmétiques étoient de perles fines : aujourd'hui on gâte leur teint avec le blanc de bismuth. Les Tabletiers font avec la nacre de perles des cuillers, des jetons, des manches de couteaux, des navettes & beaucoup d'autres petits ouvrages fort agréables, mais qui jaunissent ainsi que les perles à force d'être exposés à l'air : moins d'un siecle suffit pour en altérer la beauté.

Avant que de finir cet article nous croyons devoir parler de la charlatanerie de certains Juifs, qui prétendent qu'ils ont l'estomac propre à nettoyer les perles, & à en augmenter le poids. Ce fait est d'autant plus impossible, que les perles, comme les os, l'ivoire & les dents s'amollissent dans des liqueurs acidulées & chaudes, & qu'elles perdent de leur poids. On en a des preuves qu'on ne peut révoquer en doute. Si les perles se nettoyoient dans un estomac Juif, il en seroit de même dans un estomac Musulman ou Chrétien; mais dans tous ce seroit aux dépens du volume des perles. Voici un exemple bien frappant du ramollissement des perles: en jetant les fondations de S. Pierre de Rome on trouva un caveau où avoient été déposés 1118 ans auparavant les corps de deux jeunes filles de Stilicon, qui avoient été promises, l'une après l'autre, à l'Empereur Honorius; toutes les richesses qui y étoient renfermées, étoient en très-bon état, à l'exception des perles qui étoient si tendres qu'elles s'écrasoient facilement entre les doigts.

On tire parti aussi de la charniere des huîtres nacrées; c'est un gros ligament que les Hollandois, voisins des pêcheries de perles, font dessécher, ont l'art de tailler & de polir ensuite de maniere à imiter une plume: ils le vendent sous le nom de *plume de paon*; elle est d'un beau bleu verdâtre chatoyant. A l'égard des fausses perles, *voyez l'article* ABLE.

NACRÉ. *Voyez à l'article* PRINCE & *le mot* Roi.

NADDE ou MELETTE ou APHIE PHALARIQUE. C'est un poisson rare, du genre des carpes & de la famille des poissons à nageoires molles: on le trouve plus communément dans les parties boréales de la Suéde que par-tout ailleurs: il a un pied de longueur, quatre pouces de large; la tête obtuse; les trous des nageoires sont doubles; la bouche est sans dents; la membrane des ouïes a trois rayons; la queue est fourchue; la couleur du dos est brune, blanche aux côtés, argentée au ventre, & rousse à la poitrine. Les écailles font larges, obtuses & striées: on mange ce poisson en Westrobothnie. La *nadelle* est une petite sardine.

NAGEUR, *natrix torquata*. Nom donné à un serpent aquatique, qui crie, dit-on, comme la grenouille: il se nourrit de grains, d'insectes, de tout ce qu'il trouve, & comme la vipere, il fait la chasse aux rats. Les François appellent ce serpent le *charbonnier*. Voyez ce mot.

NAGEOIRES. *Voyez à l'article* POISSON & *au mot* BALEINE.

NAGMAUL. *Voyez* SCHINDEL.

NAGOR. Nom que l'on donne à une espece particuliere de gazelle d'Afrique. Ses cornes sont semblables à celles du *nanguer*.

NAIN. Nom donné à celui qui est petit au-delà de ce que naturellement il doit être. Le nain & le géant sont les deux extrêmes de la stature des hommes. *Voy.* GÉANT.

Pour avoir une idée de la race des *nains*, nous donnerons un extrait de l'origine, de la vie, de la conformation de *Bebé*, de M. *Borwslaski*, & de M. *Bereschny*.

Bebé, ce fameux nain du Roi de Pologne, naquit à sept mois dans les Vosges, de parens bien faits, bien constitués & sains. Il n'avoit pas tout-à-fait huit pouces en naissant: il ne pesoit alors qu'une livre & un quart. Sa mere l'éleva avec beaucoup de peine; sa petite bouche ne pouvant s'appliquer qu'en partie sur le mamelon, une chévre fut sa nourrice. Un sabot qu'on remplissoit de laine à moitié, lui servit long-temps de berceau: on l'eût pris pour un *Lilliputien*: à l'âge de deux ans il commença à marcher: on lui fit des souliers de dix-huit lignes de longueur. A six ans il étoit haut de quinze pouces. Son accroissement fut proportionné à sa petitesse premiere jusqu'à l'âge de douze ans; à cet âge la nature fit un effort dans quelques parties seulement. Les côtes grandirent plus d'un côté que de l'autre. L'épine du dos s'arqua en cinq endroits, & l'apophyse nasale s'étendit beaucoup. Ce petit individu n'a jamais donné que des marques très-imparfaites d'intelligence : il sembloit qu'elle ne passoit pas les bornes de l'instinct, & malgré la bonne éducation qu'il a reçue, il n'a conçu aucune notion de l'Être suprême. Il paroissoit aimer la musique, on étoit même parvenu à le faire danser & à battre quelquefois la mesure assez juste. Il avoit sans cesse les yeux dressés sur son maître qui par des signes dirigeoit tous ses mouvemens, ainsi qu'on le remarque dans les animaux brutes qu'on a dressés. Les passions cependant regnerent dans son ame : il étoit susceptible de colere, de jalousie & d'emportement dans ses desirs. Il avoit tous les organes libres, & tout ce qui tient à la physiologie paroissoit selon l'ordre ordinaire de la nature. A l'âge de quinze ou seize ans il avoit vingt-neuf pouces de hauteur; c'étoit son âge brillant; il étoit joli. A l'âge de dix-sept à dix-huit ans les signes de sa virilité ou de puberté furent très-évidens & même très-forts pour sa petite structure : il paroît même prouvé qu'une gouvernante en avoit long-temps abusé, & l'on attribue aux excès de *Bebé* l'avancement de sa vieillesse, car dès l'âge de vingt-deux ans ce petit être cessa d'être gai, ses forces s'affoiblirent, sa tête se pencha, il commença à tomber dans une espece de caducité où l'on distinguoit une enfance marquée : la derniere année de sa vie (il avoit alors vingt-six ans, trente-trois pouces de hauteur, & trente-six selon quelques-uns) il paroissoit accablé par le poids des années; il ne pouvoit supporter l'air extérieur que par un temps chaud, & marchoit à peine cent pas. On a disséqué *Bebé*, & l'on a trouvé un des os pariétaux un peu enfoncé, le lobe gauche du cervelet étoit pressé dans un endroit & un peu relevé en d'autres, & hors de la position naturelle, la moëlle alongée étoit comprimée de même, ce qui doit vraisemblablement avoir empêché la force végétative de s'étendre avec régularité, & ce qui peut aussi avoir occasionné le dérangement des vertebres: on a conservé le squelette de *Bebé*; on le voit actuellement dans la Bibliothéque publique de Nanci. Au premier coup d'œil ce squelette paroît être celui d'un enfant de trois ou quatre ans au plus; mais à l'examen on voit que c'est celui d'un adulte. Voici l'interprétation de l'épitaphe que le Roi de Pologne a fait faire & poser à la mémoire de *Bebé* (M. le Comte de *Treffan* en est l'Auteur.) *Ci gît* Nicolas Ferri, *Lorrain, jeu de la nature, merveilleux par la petitesse de sa structure, chéri du nouvel* Antonin, *vieux dans l'âge de la jeunesse. Cinq lustres furent un siécle pour lui. Il est mort le 9 Juin 1764.*

Passons maintenant à l'histoire de M. *Borwslaski*.

M. Borwslaski, Gentilhomme Polonois, arriva à Luneville en 1760; il étoit à la suite de Madame la Comtesse Humiecska, Grande Porte-Glaive de la Couronne de Pologne & parente du Roi Stanislas. Sa stature étoit plus surprenante que celle de Bebé: à l'âge de vingt-deux ans il n'avoit que vingt-huit pouces de hauteur. Sa taille étoit bien prise, ses membres bien proportionnés, de beaux yeux & les traits assez agréables; il avoit beaucoup de force, jouissoit d'une bonne santé, ne buvoit que de l'eau, mangeoit peu & dormoit bien. Cette miniature vivante étoit pleine de graces, dansoit avec justesse, & avoit l'esprit aussi bien fait que le corps : il avoit la mémoire bonne, le jugement fort sain, un cœur sensible & sans méchanceté. Il étoit fort instruit dans la Religion Catholique, lisoit, écrivoit & calculoit bien: il s'exprimoit facilement en Allemand & en François. Le pere & la mere de M. Borwslaski sont de taille ordinaire, & ont eu six enfans: son aîné n'a que trente-quatre pouces, & sa sœur qui étoit la moins âgée, n'avoit que vingt-un pouces à l'âge de six ans; les trois cadets de M. Borwslaski ont chacun cinq pieds & demi. La mere est toujours accouchée à terme. Ces nains en venant au monde représentoient une masse informe, presqu'aussi large que longue: leur tête, leurs membres, leur corps ne se sont déployés que par degrés.

Le fameux nain Lucius, dont Auguste donna le spectacle au Peuple de Rome, n'avoit que dix-neuf pouces de haut, & ne pesoit que dix-sept livres; sa voix étoit tonnante. On en voit la figure en bronze à la Bibliotheque du Roi dans le Cabinet des médailles.

On trouve dans l'Histoire d'Angleterre l'opposé de ces deux nains. En 1731 un Paysan du Comté de Berks amena à Londres son fils âgé de six ans, qui avoit près de cinq pieds de haut, robuste, fort & à-peu-près de la grosseur d'un homme fait.

Voici la description d'un autre nain, mais monstrueux qui vit actuellement dans la ville de Lubni en Russie: il s'est lui-même décrit en Langue Russe, en voici la traduction communiquée en 1770.

Pierre Danilow Bereschny, fils d'un Cosaque Podpornoghtchik du Régiment de Lubni. Ses pere & mere, freres & sœurs sont de stature ordinaire; mais ce nain parvenu à l'âge de trente ans, n'a que vingt-neuf pouces trois quarts de hauteur. Il n'a point de bras, ses épaules se terminent en petits moignons de chair; à peine peut-on passer un doigt entre sa tête & ses épaules, tant ces deux parties sont étroitement liées ensemble; cependant il n'est pas laid à voir. Il porte une grande moustache qui lui va presque jusqu'aux oreilles. Il a beaucoup d'esprit, de jugement & de mémoire. Sa poitrine est applatie, & les jambes courbes comme si on les avoit retournées; les genoux sont sans jointures, les os sont continus aux deux jambes jusqu'aux talons; les gras de jambe sont presque totalement oblitérés; chaque pied n'a que quatre orteils, y compris le pouce, tous quatre recourbés & deux seuls sont mobiles. Il marche fort vîte; mais quand il tombe, faute de jointures aux genoux, il ne peut se relever. Il écrit fort couramment du pied gauche; le caractere de son écriture est des plus lisibles, tant en Russe qu'en Latin: il dessine très-correctement au
crayon,

crayon, à la plume & à l'encre de la Chine : il chante, joue aux cartes & aux échecs : il fume & remplit lui-même sa pipe : il tricote des bas, & se sert pour cela d'aiguilles de bois qu'il fait lui-même : il se débotte : il mange aussi à l'aide du pied gauche & fait quantité d'autres choses très-surprenantes : il n'emploie les deux orteils séparés qu'il a au pied droit, que pour aider les opérations du pied gauche. Autant il témoigne un grand desir de s'instruire, autant il apprend avec beaucoup de facilité. Il appartient à un Colonel qui est jaloux de cultiver ces heureuses dispositions, & qui lui en facilite les progrès. On apprend que l'Impératrice de Russie fait élever un semblable nain monstrueux à l'Académie des Arts. Celui-ci a maintenant seize ans. (1772.)

On voit actuellement (mois de Mars 1774) à la Foire S. Germain à Paris, une naine que l'on assure être âgée de vingt ans, & qui n'a que vingt-huit pouces de hauteur. Cette fille naine est assez bien proportionnée, excepté le front qui est fort grand. A sa voix & ses manieres enfantines on ne diroit pas qu'elle est aussi âgée ; mais en examinant les traits de son visage, & d'autres qui ne paroissent pas équivoques, on y trouve écrit très-distinctement les caracteres de son âge.

NALIM. Nom qu'on donne en Russie à la *lotte.* Voyez ce mot.

NANGUER ou NANGUEUR. Nom donné à une espece de gazelle qui se trouve au Sénégal & qui pourroit bien être le daim des Anciens.

NAPAUL ou FAISAN CORNU. Cet oiseau de Bengale est ainsi appellé, dit M. *de Buffon,* parce qu'il a en effet deux cornes sur la tête ; ces cornes sont de couleur bleue, de forme cylindrique, obtuses à leur extrémité, couchées en arriere, & d'une substance analogue à la chair calleuse : il n'a point autour des yeux ce cercle de peau rouge, quelquefois pointillé de noir qu'ont les faisans ; mais il a tout cet espace garni de poils noirs en guise de plumes : au dessous de cet espace & de la base du bec inférieur prend naissance une sorte de gorgerette, formée d'une peau séche, laquelle tombe & flotte librement sur la gorge & la partie supérieure du cou : cette gorgerette est noire dans son milieu, semée de quelques poils de même couleur, & sillonnée par des rides plus ou moins profondes, ensorte qu'elle paroît capable d'extension dans l'oiseau vivant, & l'on peut croire qu'il sait la gonfler ou la resserrer à sa volonté : les parties latérales en sont bleues, avec quelques taches orangées & sans aucun poil en dehors ; mais la face intérieure qui s'applique sur le cou, est garnie de petites plumes noires, ainsi que la partie du cou qu'elle recouvre : le sommet de la tête est rouge ; la partie antérieure du corps, rougeâtre, la partie postérieure plus rembrunie ; sur le tout, y compris la queue & les ailes, on voit des taches blanches entourées de noir, semées près-à-près assez régulierement : ces taches sont rondes sur l'avant, oblongues ou en forme de larmes sur l'arriere, & celles-ci tournées de maniere que la pointe regarde la tête : les ailes ne passent guere l'origine de la queue, d'où l'on peut conclure que c'est un oiseau pesant.

NAPEL, *napellus aut aconitum cœruleum*. Quoique nous ayons déjà dit quelque chose de cette plante prétendue venimeuse au mot ACONIT, nous croyons devoir nous étendre davantage sur l'histoire de cette espece de végétal, depuis que nous avons lu les nouvelles expériences que M. *Antoine Storck* en a faites, ainsi que nous le dirons plus bas.

Le napel est une plante qui croît naturellement dans la Forêt noire en Silésie, & ailleurs aux lieux montagneux ; on la cultive aussi dans les jardins, elle y prend très-facilement, elle y dure fort long-temps, quoique négligée & même maltraitée. Sa racine est vivace, de la grosseur d'un petit navet, noire en dehors, blanchâtre en dedans, produisant souvent d'autres navets collatéraux. Elle pousse plusieurs tiges à la hauteur de trois pieds, rondes, lisses, moëlleuses, roides, difficiles à rompre, garnies de feuilles amples, arrondies, verdâtres, nerveuses & découpées en beaucoup de parties étroites, d'une maniere plus remarquable que dans toute autre espece d'aconit. Ses fleurs sont disposées en maniere d'épi aux sommités des tiges, ayant la figure d'une tête couverte d'un heaume de couleur bleue rayée, & plus court que dans les autres especes. A cette fleur succede un fruit à plusieurs graines membraneuses disposées en maniere de tête, qui renferment des semences menues, ridées & noires dans leur maturité.

Jean Bauhin dit qu'il seroit prudent de bannir de nos jardins un poison aussi mortel à tout animal qui en mange, que l'est le napel. Tous les Auteurs de Botanique s'accordent aussi à dire, qu'entre tous les poisons qui se tirent de la famille des végétaux, le napel a toujours été regardé comme un des plus dangereux; quelques Auteurs assurent que sa racine échauffée dans la main, suffit pour causer la mort. Toujours est-il vrai que sa fleur portée en bouquet, produit quelquefois des syncopes: nous en avons vu les effets sur deux jeunes personnes. On rapporte qu'un jeune homme, habitant du mont Pilat en Suisse, prit des fleurs de napel dans sa main & descendit la montagne pour aller à une danse. Arrivé à la salle du bal champêtre, il sentit sa main s'engourdir, jeta les fleurs, dansa quelques heures de suite avec une jeune fille: le poison se communiqua par le simple attouchement, & tous deux moururent le soir du même jour. Un autre homme, pour avoir mordu dans la racine, eut une heure après la tête toute enflée. Il paroît par ses effets qu'elle est caustique & corrosive: car elle produit en peu de temps dans ceux qui ont le malheur d'en manger, des enflures, des inflammations, des convulsions, la gangrene & la mort. *Mathiole* raconte l'histoire d'un criminel condamné à mort, à qui l'on fit manger de cette racine pour essayer quelques antidotes qu'on proposoit contre ce poison. Cet homme y trouva d'abord un goût de poivre un peu fort, & au bout de deux heures il fut saisi de vertiges & de si violentes commotions de cerveau, qu'il s'imaginoit avoir la tête pleine d'eau bouillante ; cet état fut suivi d'une enflure générale de tout le corps, le visage devint livide, les yeux sortoient d'une maniere affreuse hors de la tête ; enfin des convulsions horribles terminerent bientôt la vie & l'espérance de ce criminel. Autrefois on empoisonnoit les fléches avec le suc de cette plante, & l'on détruisoit aussi les animaux sauvages & féroces, lions, tigres, loups, pantheres, &c. avec le napel adroitement mêlé à l'appât des viandes qu'ils aiment le plus. *Wesper* dit, qu'en temps de peste, on s'est servi de cette plante pilée en guise de véficatoire : ce qui démontre évidemment la qualité caustique & érosive de cette plante. On sait encore que les fleurs du napel, portées sur la tête, ont la propriété de détruire l'espece vermineuse qui ronge les chairs ; & de causer en place une migraine très-douloureuse.

M. *Haller* rapporte qu'on a des exemples récens en Allemagne & en Suéde de l'effet dangereux & même funeste du napel. Son poison, dit-il, a cependant de la peine à tuer un chien, & les animaux des Alpes savent s'en abstenir. Pour l'odeur ou l'attouchement, même des mains en sueur, le même Observateur dit qu'on n'a rien à en redouter. Nous avons cependant cité ce que peut produire sa fleur portée en bouquet.

Un tel exposé des propriétés du napel suffit bien pour en proscrire l'usage intérieur ; mais l'illustre *Storck* accoutumé d'après l'expérience à douter de la violence des poisons végétaux, a voulu s'assurer par lui-même des effets de celui-ci. Pour les mieux éprouver, il mit sur sa langue une petite quantité de poudre des feuilles & des tiges de l'aconit napel ; elle produisit de l'ardeur & lui causa une salivation qui durerent long-temps ; il ressentoit aussi des douleurs momentanées, vagues & lancinantes ; mais il ne s'en suivit aucun mal.

Cette même poudre jetée sur un ulcere chancreux & fongueux, ne le consuma pas.

M. *Storck* fit ensuite l'extrait de napel avec le suc exprimé de cette plante : il en mit un grain entre la paupiere inférieure de son œil droit & l'œil même, il n'en fut affecté que comme il l'auroit été par tout autre corps étranger. Il fit ensuite un mélange de deux grains de cet extrait avec deux gros de sucre en poudre, & pour observer particulierement ce qui se passeroit dans le corps, il avala lui-même six grains de ce mélange qui ne lui firent rien. Le second jour il en prit huit, qui ne lui produisirent aucune sensation, & il en fut de même des dix grains qu'il prit le troisieme jour. Enhardi par le succès de ces essais, il en prit vingt grains : aucune des fonctions animales n'en fut dérangée, mais il transpira un peu plus qu'à l'ordinaire. Il continua ainsi pendant sept jours, & le huitieme il se reposa ; il recommença le neuvieme & continua jusqu'au quatorzieme, sans s'appercevoir de rien de nouveau. M. *Storck* conclut de là, que la poudre de napel excite la transpiration & la sueur, qu'on peut en donner aux malades extérieurement avec sécurité, en l'administrant en petites doses pour commencer ; qu'elle convient dans les maladies dont on peut chasser la matiere ou la cause par les voies de la transpiration & de la sueur : telles que les fiévres, les douleurs sciatiques, même pour les glandes enflées & squirreuses. Ainsi l'art de guérir peut tirer parti de cette plante mortelle.

Le Docteur *Bernhard de Bernitz* dit que la plante de napel desséchée ou transplantée des Alpes dans les jardins, perd sa qualité vénéneuse, & qu'elle n'est point un poison dans le Nord comme dans l'Italie. M. *Deslandes* assure la même chose dans la Bretagne ; mais il est très-probable, ainsi que l'observe M. *Haller*, que ces Auteurs parlent d'une plante différente du

On a donné au nard le nom d'*épi*, à cause de sa figure; la racine à laquelle il est attaché, est de la grosseur du doigt, fibreuse, brunâtre, solide, & cassante. Parmi ces filamens on trouve quelquefois des feuilles encore entieres, blanchâtres & de petites tiges creuses, cannelées, &c.

Le nard Indien croît en grande quantité dans la grande Java, & les habitans en font beaucoup d'usage dans leurs cuisines, pour assaisonner les poissons & les viandes. On en apportoit autrefois de la Syrie & du Gange, dont la couleur & la longueur des fibres varioient beaucoup.

La plante de ce nard s'appelle *gramen cyperoïdes aromaticum Indicum*. BREYN. On estime le spica-nard alexitere, céphalique, stomachique, néphrétique & hystérique. *Riviere* dit qu'il convient, pris en substance dans du bouillon pour l'hémorragie des narines. *Bontius* dit que dans les Indes on fait infuser dans du vinaigre le nard desséché, & qu'après y avoir ajouté un peu de sucre, on fait usage de ce remede contre les obstructions du foie & de la rate : il convient encore, soit à l'intérieur, soit à l'extérieur, pour la morsure des bêtes venimeuses.

LE NARD CELTIQUE, *nardus Celtica*, *Spica Gallica aut Romana*. C'est une espece de valériane, dit M. *Haller*; sa racine est rampante, chevelue, roussâtre, garnie de petites écailles, d'un vert jaunâtre, d'un goût âcre, un peu amer, aromatique, d'une odeur forte & un peu désagréable. Les petits rameaux de cette plante basse, pousse par intervalle des fibres un peu chevelues & brunes; à leur partie supérieure ils donnent naissance à plusieurs petites têtes qui soutiennent de petites feuilles oblongues de couleur jaunâtre. Il s'éleve d'entre ces feuilles une petite tige, haute d'un pied, ayant sur chaque nœud deux petites feuilles opposées; elle porte en sa sommité beaucoup de fleurs, qui ont la figure d'une étoile d'un jaune tirant sur le rouge & qui dans la suite deviennent de petites graines oblongues & aigretées.

Toutes les parties de cette plante sont aromatiques, & imitent, étant récemment séchées, l'odeur de la petite valériane. *Clusius* dit que le nard celtique fleurit en Août, presque sous les neiges même, sur le sommet des Alpes de Styrie. M. *Haller* dit qu'il est commun sur les Alpes de la vallée d'Aoste, & qu'il y en a aussi sur le Saint-Bernard ; les feuilles paroissent ensuite, lorsque les fleurs commencent à tomber. Les habitans le ramassent vers le commencement de Septembre, lorsque les feuilles jaunissent ; car alors son odeur est agréable, au lieu qu'il n'en a point lorsqu'elles ne font que de paroître, ou que la plante est encore verte. Ce nard qu'on trouve en bottes chez les Droguistes, a les mêmes propriétés que le précédent ; il est cependant plus diurétique & plus carminatif. On en transporte en Egypte, où, suivant M. *Haller*, on lui attribue une vertu pour adoucir la peau.

Le NARD DE MONTAGNE, *nardus montana tuberosa*. C'est une espece de valériane des Pyrénées, &c. dont la racine est oblongue, arrondie, & en forme de navet, de la grosseur du petit doigt. Sa tête qui est portée sur une petite tige rougeâtre, est garnie de fibres chevelues, brunâtres & un peu dures. Cette racine est vivace, d'un goût âcre & aromatique.

Le petit *nardus Indica* est une espece de *gramen*. Voyez ci-dessus.

Le *nard bâtard du Languedoc*, est une sorte de chiendent.

Le *faux nard*, est la racine de l'ail serpentin des Alpes. *Voyez* AIL.

Le *nard sauvage*, *nardus rustica*, est la racine du cabaret. *Voyez* ce mot.

Le *nard commun*, est l'aspic ou lavande mâle. *Voyez* LAVANDE.

NARHWAL ou LICORNE DE MER, *unicornu marinum*. Voyez à l'article BALEINE.

NARI-NARI. Espece de raie du Brésil ; les Hollandois l'appellent *piilfert* : ce poisson est charnu, il a le corps & les nageoires triangulaires ; sa tête est grosse & ramassée, au milieu il y a une espece de fosse : au lieu de dents, il a dans la bouche des os qui sont composés de plusieurs osselets : ses yeux sont petits : & le dessus du corps est rouge bleuâtre, tiqueté de blanc; le ventre est assez blanc & sa peau unie. Proche de sa queue, sont deux crochets longs de trois doigts, faits comme les hameçons d'un Pêcheur : sa chair est fort délicate.

NARKA. Nom que les naturels du pays de Kamtschatka donnent au poisson rouge de leurs mers. *Voyez à la fin de l'article* Poisson.

NASICORNE. Nom donné au rhinocéros insecte, dont il est parlé à l'article *scarabée monoceros.* Voyez ce mot.

NASITOR. *Voyez* Cresson alénois.

NATICE, *natica*. Nom que M. *Adanson* donne d'après les Anciens à un genre de coquillage operculé assez semblable à la nérite, & qui, selon M. *d'Argenville*, est un limaçon à bouche demi-ronde, qui n'a point de gencives, ni de dents, seul caractere qui le distingue de la *nérite*. Voyez ce mot.

NATIF. Dans l'Histoire Naturelle du regne minéral c'est un synonyme de *vierge*; il exprime un métal, ou un demi-métal qui se trouve dans le sein de la terre sous la forme qui lui est propre & sans être mélangé. On dit de l'argent *vierge*, du cuivre & de l'or *natifs*.

NATRON, *natrum*. C'est un sel alkali terreux, appellé quelquefois *alkali terrestre Oriental*. Il est en partie fixe, & toujours mêlé avec des corps terrestres. Quelquefois il contient du sel marin; ou un sel alkali volatil, de maniere cependant que l'alkali fixe y domine. Le natron fond aisément à l'humidité de l'air; résous en liqueur, il fait moins d'effervescence avec tous les acides que sous une forme solide, il se dissout dans quatre fois son poids d'eau chaude. Cette espece de sel minéral, qu'il ne faut pas confondre avec la véritable soude végétale en pain durs & assez blancs, que l'on fabrique en Egypte, & dont on se servoit autrefois en France pour faire du savon & du verre, se trouve aussi en Egypte, en Syrie, dans l'Asie mineure & dans les Indes Orientales. On peut même le regarder comme le *nitre des Anciens*, lequel fermentoit avec des liqueurs acides, & ils s'en servoient comme d'un sel lixiviel pour laver leurs habits, & pour mettre dans leurs bains purificatoires. (Jérémie, chap. 2. vers. 22.) Ils le mêloient avec du sable pour en faire du verre. (Tacit. liv. 5.) *Salomon* fait entendre cette effervescence du nitre d'Egypte avec le vinaigre, lorsqu'il dit dans les Proverbes, (chap. 25. vers. 20.) *celui qui chante des airs à un cœur affligé, fait comme si l'on mêloit du nitre avec du vinaigre.* Or, il n'y a que le natron qui possède cette propriété. Aujourd'hui nous voyons rarement ce sel dans le commerce, ainsi que la soude végétale d'Egypte, que l'on appelloit aussi *natron*, celle-ci ayant été prohibée sous le ministere du Grand Colbert. On lui substitue le sel de verre ou l'anatron factice. Le natron naturel, tel qu'il se trouve dans la terre, est ordinairement d'un blanc rougeâtre & en masses informes.

Nous avons donné dans notre Minéralogie un détail assez circonstancié de la préparation & de l'usage de ce sel en Egypte. C'est dans l'hiver que ce sel suinte naturellement de la terre : on le ramasse dans l'état de liqueur dans deux grands lacs, dont l'un est situé près de Memphis, & l'autre aux environs d'Alexandrie. Les vents qui regnent dans ces contrées ne tardent pas d'en faire évaporer la surabondance d'eau, & lorsque l'eau est assez diminuée pour que le sel commence à se cristalliser, on le retire avec des pelles faites en écumoire, puis après l'avoir égoutté, on le transporte dans de grands magasins à Terrané & à Damanchou. Les Paysans sont contrains par corvée d'en voiturer quarante-cinq mille quintaux, partie en bâteau sur le Nil,

& l'autre partie fur des chameaux : mais cette obligation forcée leur tient lieu de la taille qu'ils devroient pour leurs terres enfemencées.

Les Arabes emploient ce fel pour blanchir leur cuivre & le linge ; les Egyptiens s'en fervent au lieu de foude dans leur favon & leur verre ; les Boulangers d'Alexandrie en mettent dans leur forgo ; les Tanneurs du pays en préparent leurs cuirs ; les Bouchers, &c. s'en fervent auffi pour attendrir ou conferver les viandes, &c. *Voyez notre Minéral. Tom. I. p. 467 & fuiv. Édit. de 1774.* Le fel alkali qui fe trouve dans quelques eaux thermales & minérales, a beaucoup de rapport avec le natron : l'on donne auffi au fel d'Ebshom le nom de *natron d'Angleterre.* Voyez SEL D'EBSHOM.

NATURALISTE. C'eft un Phyficien & un Philofophe qui confidere l'affemblage & l'état des chofes créées dans la nature : il y en a peu qui s'occupent également de toutes les parties de cette fcience ; l'un étudie les foffiles & les minéraux ; l'autre tâche de connoître méthodiquement les individus du regne végétal ; fouvent il fe borne à la culture des plantes : d'autres ne trouvent d'agrément que dans les curieufes recherches & obfervations du regne animal, ou même d'une de fes parties : quelques uns étendant la fphere de leur génie, n'étudient point ce qui les environne immédiatement, leurs yeux armés du télefcope, confidérent & obfervent ce qui fe paffe dans l'immenfité des cieux ; d'autres enfin, fe reftreignent à l'obfervation météorologique. Ainfi le Minéralogifte, le Botanifte, le Zoologifte, l'Aftronome, &c. font les démonftrateurs ou les interpretes des ouvrages & des opérations de la nature. *Voyez les articles* CIEL & PLANETE, ANIMAL, PLANTE, MINÉRAL & HISTOIRE NATURELLE.

NATURE, *natura.* Ce mot pris en général comprend le fyftême du monde, la machine ou le mécanifme de l'univers, l'affemblage de toutes les chofes créées. La nature eft le monde réel, poffible, ou l'univers créé, *natura naturata*. Les Physiciens étudient la nature suivant l'ordre & le cours naturel des choses, suivant la suite des causes secondes, ou les lois du mouvement que Dieu a établies, & qui agissent dans toutes les occasions par une nécessité inévitable. Les Théologiens appellent l'Être qui a ordonné & présidé à cet enchaînement des causes & des effets, *natura naturans*. Tout se tient dans l'univers ; ce n'est qu'un tout subsistant par l'accord & la correspondance de toutes ses parties : il n'y existe rien, jusqu'au plus petit atôme, qui n'y soit aussi nécessaire que l'existence de la mouche l'est à la subsistance de l'araignée : tout est soumis à l'ordre universel : la nature entiere n'est qu'un seul & vaste système que tous les êtres composent. Les animaux composent un système qui se réunit à celui des végétaux ; celui-ci au système des autres corps qui couvrent la surface de notre globe : tout prouve que tous ces systêmes ne sont que des parties d'un systême général ou plus étendu. Ces principes seront établis & confirmés dans toute la suite de cet Ouvrage.

On fait encore un autre usage du terme de *nature* : on dit la *nature* de l'homme, pour exprimer son tempérament, son humeur, ses inclinations. La *belle nature* est la nature embellie par les beaux Arts pour l'usage & l'agrément. C'est ainsi qu'on cultive l'oreille d'ours, les œillets, &c. & que la Peinture & la Sculpture ajoutent au charme des yeux. On dit qu'un corps est naturel quand l'art ne l'a pas produit.

NATURE DE BALEINE ou BLANC DE BALEINE. *Voyez à l'article* BALEINE.

NAUCORE OU MOUCHE SCORPION. En voici la description par M. *de Cayeu de Valernod*.

La naucore est un insecte hémiptere aquatique, qui tient de la mouche par la tête, de la punaise par la trompe & les étuis, de la procigale par le port de ces mêmes étuis, du cancre par les deux premieres pattes, & enfin des dytiques & des hydrophiles par les tapisse l'intérieur, & qu'on pourroit appeller *péritoine*. D'après cette description des parties internes de cet insecte, il n'est pas difficile de s'imaginer que le ventre doit être plus aigu en dessus qu'en dessous, & que par conséquent ses ailes sont pliées en toit.

Les naucores piquent très-vivement, & font couler dans la blessure une liqueur venimeuse qui fait enfler la partie & cause une douleur d'autant plus insupportable qu'elle approche plus du chatouillement. Le meilleur remède que j'aye trouvé pour ces sortes de piqûres, pour celles des guêpes & des abeilles, est la salive appliquée sur le champ, & qu'on y laisse sécher. La douleur cesse en un quart d'heure.

NAVET, *napys*. Le navet est la racine d'une plante qui porte le même nom, & que l'on cultive dans les champs & dans les jardins. Il y a des navets que l'on cultive pour la table, & d'autres pour la nourriture des bestiaux; nous parlerons d'abord des premiers.

La racine du navet est de forme, de grosseur & de couleur différentes, suivant l'espece; elle est charnue & douce; exhalant une petite odeur assez agréable. Sa feuille est un peu alongée, découpée profondément, rude & velue, d'un gros vert. Sa tige qui s'éleve de deux ou trois pieds, est branchue, lisse, plus ou moins grosse, suivant l'espece. Les fleurs naissent en abondance aux extrémités de ses rameaux. Ces fleurs sont de couleur jaune, quelquefois blanches, à quatre feuilles disposées en croix. Aux fleurs succédent des siliques qui contiennent des semences rondes & brunes.

Il y a plusieurs especes de navets, mais dont quelques-uns ne se plaisent que dans certains terrains; tels sont les navets de Freneuse, de Saulieu en Bourgogne, de Saint-Jôme, du Gatinois, qui dégénerent notablement quand on veut les élever ailleurs. C'est de toutes les plantes celle qui s'accoutume le moins au changement de terrain natal, & qui vient le mieux dans

dans les terres arides, fablonneufes & caillouteufes, où toutes les autres ne font que languir.

Les fix efpeces dont la culture réuffit le mieux dans nos climats, font le petit navet de Berlin, qui eft fort menu, plus rond que long, & blanc ; c'eft le plus petit & le meilleur : le navet de Vaugirard, qui eft de médiocre groffeur, un peu alongé, tirant fur le gris du côté de la tête, d'un bon goût, tendre ; il eft fort commun à Paris & fort eftimé : le navet commun, tant le rond que le long, qui eft celui qu'on cultive le plus communément à Aubervilliers : le navet gris, ainfi nommé de fa couleur, & dont la forme eft alongée : le navet de Meaux, qui rend le plus de profit par fa groffeur & par fa longueur, qui eft communément de huit à dix pouces ; cette efpece, élevée aux environs de Meaux, eft meilleure que la même élevée aux environs de Paris. Il y a auffi le navet jaune qui eft excellent.

Toutes ces efpeces fe cultivent de la même maniere, & réuffifsent mieux en général dans les terres légeres que dans toutes les autres. On feme les navets en deux temps, au mois de Mars & au mois d'Août ; & ils viennent ordinairement mieux dans cette derniere faifon. Il faut que la terre ait été bien labourée, qu'elle ne foit ni trop féche ni trop trempée, & avoir attention de femer très-clair. Quand la graine eft levée on éclaircit le plan, de maniere qu'il refte environ fix pouces de diftance d'un pied à l'autre, & on farcle toutes les mauvaifes herbes. Les navets font ordinairement bons au bout de deux mois, & il faut les arracher alors de crainte qu'ils ne fe cordent, ou que les vers ou les mulots ne les attaquent. Ceux du printemps fervent pour l'été ; & ceux du mois d'Août paffent l'hiver, étant mis dans le fable après qu'on leur a tordu la fanne, ou entaffés en pleine terre, dans un trou qu'on couvre de chaume ; il faut que ce trou foit pratiqué de façon que l'eau des pluies ait un écoulement ; & que les pleurs de la terre ne puiffent pas l'inonder.

On peut aussi semer les navets dès le mois de Février sur une couche chargée de huit à neuf pouces de terreau, & dont la chaleur soit presque amortie : on en jouit par ce moyen dès le commencement de Mai.

Pour se procurer la graine de toutes ces especes on choisit les plus belles racines, qu'on remet en terre au mois de Mars, à un pied de distance les unes des autres. Au mois d'Août on les arrache, & au bout de quelques jours on bat la graine. Elle ne se conserve bonne que pendant deux ans.

Le navet a pour principal ennemi la *lisette*, qui dévore les jeunes feuilles & fait périr la plante, sur-tout dans les années séches. On n'y connoît point de remede, si ce n'est de donner une nouvelle façon à la terre & de semer de nouveau, lorsqu'un plant de navets a été ainsi ravagé. M. *Bourgeois* a cependant observé qu'on peut éloigner & détruire cet insecte en arrosant ces jeunes plantes, même les choux & les raves, pendant plusieurs soirs de suite avec de l'urine de cochon mêlée avec moitié eau. Cette espece d'urine n'a point, selon notre Observateur, la propriété brûlante qu'ont celles des autres animaux ; elle rafraîchit les plantes, les préserve de la sécheresse, & les fait croître & prospérer très-facilement. On a aussi remarqué qu'en semant après la mi-Août, le plant est ordinairement beaucoup moins fatigué de ces insectes, parce qu'ils commencent à se retirer.

Le navet est un légume assez sain, quoiqu'un peu venteux ; on le met dans les soupes, on le mange à la sauce blanche & à la moutarde : on le frit en pâte, & il se marie bien avec la plupart des viandes, singulierement avec le mouton & le canard. On tire par expression de la graine de navet une huile qui sert à brûler, & qu'on mêle avec celle de la navette.

Le navet a de grandes propriétés dans la Médecine ; sa décoction est d'un usage très-familier dans les bouillons propres pour la poitrine : mêlée avec le sucre elle forme un sirop très-estimé pour appaiser la toux invétérée & pour l'asthme. La semence du navet est incisive & apéritive.

Les navets que l'on cultive pour la nourriture du bétail, se réduisent à trois espèces. L'une est le navet à grande racine, que l'on cultive pour le service de la table, mais qu'on donne aussi au bétail quand on se trouve en avoir une assez grande quantité. L'autre espèce est la *turnip* des Anglois ou la *rabioule* du Limousin, du Poitou, de la Bretagne. L'espèce la plus estimée en Angleterre est la turnip rouge d'Ecosse. Enfin la troisième est la rave du Limousin.

La rabioule ou la turnip (*turneps*) que les Anglois cultivent pour leurs bestiaux, a la racine beaucoup plus large que longue. Cette grosse racine qui est presque hors du terrain, jette dans l'intérieur de la terre un filet gros comme le doigt, qui sert à lui fournir de la nourriture. Ces navets deviennent si gros, qu'on en voit qui ont jusqu'à neuf pouces de diamètre. Ces racines se plaisent dans des terres légères & bien amendées. On les sème ordinairement dans le courant du mois de Juin; on les arrache au mois d'Octobre, & on les garde pour l'hiver, où la disette d'herbe oblige de mettre les bestiaux au sec.

NAVET DU DIABLE. *Voy. à l'art.* BRYONE.

NAVETTE ou NAVET SAUVAGE, *napus sylvestris*. Cette plante ne diffère du navet commun & cultivé que par sa racine, qui est beaucoup plus petite, d'un goût âcre & qui sent le sauvageon. Sa fleur est jaune & quelquefois blanchâtre. Les feuilles sont plus découpées. La navette croît naturellement entre les blés, sur les levées & les bords des fossés: elle fleurit en Avril & en Mai, & produit beaucoup de graine.

Toute la plante est beaucoup plus alexitère que la précédente, sur-tout la semence. Tout le monde sait que les Oiseliers en nourrissent dans des cages bien des espèces de petits oiseaux, comme serins, chardonnerets, linotes, pinçons, &c. C'est de cette même

C 2

graine émulsive qu'on tire par expression une huile appellée *rabette* ou *navette*, dont on se sert pour brûler à la lampe, & que les Ouvriers en laine emploient aussi dans leurs ouvrages. La grande consommation que l'on fait de cette huile a engagé depuis quelques années divers particuliers à cultiver cette plante, surtout aux environs de Rouen, dans le pays de Caux, & dans la Picardie. On sème la navette depuis le commencement d'Avril jusqu'en Juillet, & en plein champ. Il lui faut des terres fortes & bien labourées, & que l'on herse après la semaille. On connoît que la semence est mûre, quand la cosse est devenue blanche. La graine appellée *grosse navette* est la graine du *colsa*. Voyez ce mot. M. l'Abbé Rosier a fait un très-bon Traité sur *la meilleure manière de cultiver la navette & le colsa, & d'en extraire une huile dépouillée de son mauvais goût & de son odeur désagréable*. Cet ouvrage est précédé d'un avant-propos, dans lequel l'Auteur examine si l'huile de pavot, dite d'œillet, est narcotique & somnifère, en un mot, si elle est aussi dangereuse que quelques-uns l'ont soupçonnée, & il conclut pour la négative.

NAVETTE DE TISSERAND. On donne ce nom à un coquillage univalve du genre des porcelaines. La navette est rare & ressemble à un petit œuf blanc, dont les deux bouts seroient alongés, pointus & creusés en gouttière.

NAUTILE ou VAISSEAU-COQUILLE, ou VOILIER, *nautilus aut polypus testaceus*. C'est un genre de coquillage univalve, fait comme une gondole à poupe élevée. Les nautiles sont contournés en spirales de deux ou trois révolutions, toutes dans un même plan, & dont la dernière paroît seule extérieurement. On distingue deux sortes de nautiles.

1°. Le NAUTILE ÉPAIS & CHAMBRÉ, *nautilus crassus Indicus*, est à cloisons, ombiliqué & sans oreilles, nacré en dedans; à flammes onduleuses & fauves sur la moitié de sa robe la plus voisine de la tête, avec une grande tache noire à la seconde révolution.

Quand on divise longitudinalement la coquille de ce nautile en deux, on voit dans l'intérieur le tuyau ou siphon qui communique d'une concamération à l'autre; on y compte souvent quarante cellules ou compartimens, dont la grandeur diminue à mesure qu'ils approchent du centre. C'est par ce petit tuyau ou siphon que l'animal passe un muscle ou sa queue qu'il attache à sa coquille, aussi ne la quitte-t-il jamais. Ce siphon lui-même est composé d'articulations, en sorte qu'il paroît être produit à différentes reprises comme la coquille même, dont l'animal bâtit les cloisons à mesure qu'il augmente de volume. Ces concamérations ou cloisons sont simples, unies, courbées, & non découpées ou à sutures comme dans la corne d'Ammon fossile, qui paroît extérieurement herborisée uniquement par cette disposition de pièces de rapport.

2°. La coquille du nautile qui est mince, s'appelle NAUTILE PAPIRACÉ, *nautilus papyraceus polyposus*. Celle-ci est à oreilles & sans oreilles; cannelée, d'un seul vide, à carène, tuberculeuse, plus ou moins large, & d'un roux enfumé, le reste d'un blanc de lait, sans articulations ou concamérations; & l'animal qui y demeure ne tient point, dit-on, à sa coquille comme dans l'espèce précédente.

On distingue plus exactement 1°. le nautile poli & épais; 2°. le même ombiliqué; 3°. le nautile commun, chambré & partagé en plusieurs cellules; 4°. le nautile cannelé, mais vide & sans aucune séparation en dedans; 5°. le nautile papiracé, applati & mince; 6°. le nautile à oreilles & à large carène; 7°. le même nautile à carène ondée en sillon & dentelée des deux côtés; 8°. celui dont la carène est par-tout dentelée. Enfin si toutes les cornes d'Ammon fossiles, & celle que nous trouvons dans la terre sont autant de moules intérieurs de nautiles, il doit se trouver autant d'espèces de nautiles qu'il y a de cornes d'Ammon, & par conséquent le nombre des espèces de coquilles encore inconnues seroit bien grand par rapport au nombre des espèces connues.

On a donné le nom de nautile à cette coquille, parce qu'on a prétendu que c'est de l'animal qui l'habite que les hommes ont appris à naviguer. Au moins la forme de cette coquille approche de celle d'un vaisseau, & l'animal semble se conduire sur la mer comme un Pilote conduiroit un navire. Quand le nautile veut nager, il éleve deux de ses bras en haut, & étend la membrane mince & légere qui se trouve entre ses deux bras comme une voile; il se sert des deux autres appendices qu'il alonge & plonge dans la mer, & qui lui tiennent lieu d'avirons; un autre lui tient lieu de gouvernail. Il ne prend d'eau dans sa coquille que ce qui lui en faut pour lester ce petit navire, & pour marcher avec autant de vitesse que de sûreté; mais à l'approche d'un ennemi ou dans les tempêtes, il replie sa voile, retire ses avirons & remplit sa coquille d'eau pour couler & se précipiter plus aisément au fond de la mer. Il retourne la barque sens dessus dessous lorsqu'il veut s'élever du fond de la mer, & à la faveur de certaines parties qu'il gonfle ou comprime à volonté, il peut traverser la masse des eaux; mais dès qu'il a atteint la superficie de l'eau, il tourne adroitement son petit vaisseau, dont il vide l'eau, & épanouissant ses barbes palmées, il se sert à voguer en s'abandonnant au gré des vents. C'est un navigateur perpétuel, qui est tout à la fois le Pilote & le vaisseau. On voit quelquefois dans les temps calmes de petites flottes de cette espèce sur la superficie de la mer.

L'animal qui habite cette coquille est une espèce de polype à huit pieds, *polypus octipes testaceus*. Quand il se retire, il n'emplit pas tout-à-fait sa coquille. Le derriere de son corps est creux & couvert de porreaux; le dessus est plat, cartilagineux & ridé, tirant sur la couleur sombre, avec de certaines taches noires. On voit, dit M. *d'Argenville*, à la partie de devant une multitude de petits pieds, posés l'un sur l'autre, avec plusieurs lambeaux couvrant la bouche des deux côtés. Ces lambeaux ressemblent à la main d'un enfant, & se divisent en vingt doigts très-petits. Ils servent à l'animal pour s'alonger, se retirer, saisir sa proie & la porter à sa bouche. Cet animal n'ayant point de couverture à l'entrée de sa coquille, ni de défense, est en prise aux crabes, aux araignées & aux scorpions de mer. On fait peu d'usage dans les tables de ce testacée, parce que sa chair est fort dure; mais l'écaille, dans l'espece qui est épaisse & nacrée en dedans, sert à faire des vases à boire qu'on grave en dehors. Les Sauvages en font des cuillers qu'ils nomment *papedos* ou encore aussi une sorte de burgandines.

Les plus beaux nautiles, ceux à coquilles épaisses, se pêchent dans l'Inde, à Amboine, à Batavia, aux Moluques, & au Cap de Bonne-Espérance. Celui qui est papiracé se trouve dans plusieurs lieux de la Méditerranée; son écaille est d'un blanc de lait, quelquefois tirant sur le jaune & enfumé par la caréne.

NAUTILITE. On appelle ainsi le nautile qui est devenu fossile ou pétrifié: on en connoît quatre à cinq variétés. On rencontre plus communément celui qui est chambré que le papiracé. Les nautilites ont un certain rapport avec les cornes d'Ammon; les uns & les autres sont composés de plusieurs spirales tournées sur elles-mêmes, & qui vont en diminuant jusqu'au centre; leurs volutes sont séparées intérieurement en plusieurs cellules traversées d'un petit siphon articulé, qui passe de l'une à l'autre; mais la corne d'Ammon a plus de volutes extérieurement, &c. *Voyez* CORNES D'AMMON & NAUTILE.

NECTAR, se dit d'un suc végétal, dont l'odeur & la saveur sont exquises, mais dont la vertu est nourrissante, & même enivrante. On trouve beaucoup de ce suc mielleux dans les *nectaires, nectaria*, (organes de la sécrétion du miel) de certains végétaux. *Voyez à l'article* PLANTE, *& à celui de* FLEUR.

NECYDALE, *necydalis*. Petit insecte noirâtre à étuis & à antennes filiformes, qui ressemble assez à nos *cicindeles*, mais qui en differe par le nombre des articles de ses tarses, (il y en a quatre à toutes les pattes) & par la forme de ses étuis qui sont beaucoup plus courts que son corps: les ailes débordent les élytres & recouvrent tout son ventre. Ses yeux sont gros & saillans; le corselet a un rebord. Cet insecte n'est pas commun aux environs de Paris : on le trouve sur le chêne. On donne aussi le nom de *necydale* à la nymphe des insectes.

NÉFLIER, *mespilus*. Il y a plusieurs sortes d'arbrisseaux compris sous ce nom générique, tels sont les azeroliers, les aubepins, le buisson ardent, les amelanchiers, l'alchminier.

Le NÉFLIER, *mespilus vulgaris*, est un arbrisseau ou un arbre d'une médiocre grandeur, dont le tronc est ordinairement tortu : son bois est doux, & s'use par le frottement; ses gros troncs sont recherchés pour les vis de pressoir : les branches sont difficiles à rompre ; on fait avec les plus jeunes qui sont pliantes & élastiques les meilleurs manches de fouet : les feuilles sont assez semblables à celles du cerisier, lanugineuses & blanches en dessous; ses fleurs sont en roses, blanches ou rouges ; le fruit est comme une petite pomme sauvage, presque rond, rougeâtre lorsqu'il est mûr, charnu, terminé par une espece de couronne comme un ombilic. Ce fruit a une saveur âpre ; mais en mûrissant il acquiert une saveur douce, vineuse, fort agréable; de sorte qu'il peut servir à garnir les desserts sur les tables : il contient quatre ou cinq osselets pierreux, très-durs.

Il y a une espece de néflier dont le fruit est sans noyau; son fruit est le plus petit de tous & de moindre qualité. Comme les nèfles commencent d'abord à mollir par le cœur, il arrive souvent que cette partie est pourrie avant que le dessus soit en état d'être mangé. Pour prévenir cet inconvénient, avant que les nèfles mollissent on les secoue dans un van, pour meurtrir le dessus, qui alors s'amollit aussi promptement que le dedans. Pour que le fruit du néflier soit bon, il faut qu'il ait été greffé non l'ente sur le poirier sauvage, ou sur l'épine blanche.

Le néflier épineux est l'arbrisseau connu sous le nom de *pyracantha* ou *buisson ardent*: nous en parlerons ci-après.

L'AZEROLIER ou POMMETTE, *azarolus*. Les feuilles de cet arbrisseau sont ressemblantes à celles de l'aubépin, mais plus grandes; ses fleurs sont en grappe, de couleur herbeuse, ou rose; le fruit est rond, plus petit que la nèfle, avec une couronne formée par les pointes du calice: il est d'abord vert, mais en mûrissant il devient rouge, aigrelet & fort agréable au goût; il contient trois osselets. On le cultive en Italie & en Languedoc où il se nomme *pommette*. Les azeroles blanches ne sont pas si bonnes; en Provence on en fait des confitures. Les azeroliers font un fort joli effet dans le mois de Mai, lorsqu'ils sont en fleurs. Cet arbrisseau mis dans les remises attire le gibier par ses fruits; il n'a pas tant d'épines que l'aubépine, il croît plus vite & devient plus grand. L'azerolier de Virginie mérite d'être cultivé à cause du brillant de ses feuilles & de l'éclat de son fruit.

L'AUBÉPINE ou ÉPINE BLANCHE, *oxiacantha*, est un arbrisseau médiocrement gros, rameux, armé d'épines fortes & piquantes, plus dures encore que le bois: ce bois est couvert d'une écorce rougeâtre ou brune cendrée, suivant l'âge; ses branches fermes & piquantes, sont très-propres à présenter toutes sortes de figures sous la taille du Jardinier. Ses fleurs, qui sont très-odorantes, sont en rose, ramassées en bouquet: ses fruits sont un peu plus gros que les baies de mirthe, ronds, rouges dans leur maturité, ayant un ombillic noir, remplis d'une pulpe molle, glutineuse, douceâtre; il croît par-tout dans les haies. Cet arbrisseau est très-agréable dans le mois de Mai, sur-tout l'aubépine à fleurs doubles. Il ne paroît point vraisemblable que l'odeur de cette fleur soit capable de gâter la viande, comme quelques-uns le disent. La fleur de cet arbrisseau reste attachée aux branches bien avant dans l'hyver, & sert de nourriture aux oiseaux, sur-tout aux grives, aux merles. Les hommes en mangent aussi le fruit, & on en peut tirer un esprit ardent. Son bois excelle par la dureté & l'égalité; il va immédiatement après le buis, & l'on en fait grand cas pour les ouvrages du tour.

Le Buisson ardent ou Arbre de Moïse, *pyracantha*, *aut mespilus aculeata pyrifolio*, est un arbrisseau épineux dont les feuilles ressemblent en quelque façon à celles du poirier sauvage; ses fleurs sont disposées en roses, de couleur jaune rougeâtre, ses fruits ressemblent à ceux de l'aubépine, mais ils sont d'un beau rouge écarlate; lorsqu'ils sont en grande quantité, ils font paroître l'arbrisseau comme en feu. Le buisson ardent croît naturellement dans les haies & dans les jardins en Provence & en Italie; ses feuilles sont toujours vertes, & ses fruits ne quittent point durant tout l'hyver; son écorce est noirâtre. La conformité du nom a fait croire que cet arbrisseau étoit le buisson où Dieu apparut à Moïse, & lui ordonna de défaire ses souliers, parce qu'il étoit en Terre-Sainte, & que c'est à raison de cette prérogative que son fruit reste perpétuellement attaché à l'arbre. Peut-être n'est-il nommé *buisson ardent* qu'à cause de l'éclat de son fruit.

L'Amelanchier, *etc.*, est un arbrisseau qui a beaucoup de rapport avec les précédens; les fleurs sont blanches, les feuilles ressemblent à celles du poirier & sont laneuginées en dessous. Le fruit devient bleu, dit M. *Haller*, & on peut le manger. Il observe que c'est plutôt une poire par la quantité de graines, qui va jusqu'à dix.

L'Amelanchier velu, ou cotonneux, est un très-joli arbuste.

Toutes les espèces de nefliers dont je viens de parler ont, ainsi que le neflier lui-même, deux stipules (ce sont deux espèces de petites feuilles) aux pédicules de leurs feuilles. Le cotonaster & le pyracantha ont pour stipules deux petits filets.

Toutes ces espèces de nefliers s'accommodent assez bien de toutes sortes de terrains. La graine de neflier ne lève souvent qu'à la seconde année. C'est une excellente pratique, que de répandre beaucoup de fruits d'aubépine, d'azeroliers & de buissons ardens dans les semis des bois; car ces arbrisseaux, qui ne font aucun tort au chêne ni au châtaigner, couvrent la terre, font périr les herbes, & le grand bois y croît mieux.

Toutes les espèces de nefliers sont longues à croître, leur bois est dur; ils sont très-propres pour greffer des poiriers qui restent nains, & qui donnent du fruit plutôt que s'ils étoient greffés sur des poiriers sauvageons.

Tous les fruits de ces arbrisseaux passent pour astringens.

NEGA. *Voyez* Cerisier.

NEGRE. Nom qu'on donne à une variété d'hommes qui sont tout noirs & qui se trouvent dans la Zône torride, sur-tout en Afrique, entre les deux Tropiques. La femme s'appelle *Negresse*, & son enfant *Negrillon* ou *Negrite*. Nous avons donné à la suite du mot Homme la description des différentes races noires. En général les Negres varient entr'eux par la nuance de leur teint, mais ils different encore des autres hommes par tous les traits de leur visage, des nez larges, écrasés ou plats, de grosses lèvres, en un mot une laideur, une irrégularité dans la figure. Les femmes ont les reins écrasés & une croupe monstrueuse, ce qui fait paroître leur dos en forme de selle de cheval; cette variété d'humains paroit être plus vicieuse que celle des autres parties du monde. On prétend que la paresse, la perfidie, la vengeance, la cruauté, l'impudence, le vol, le mensonge, l'irréligion, le libertinage, la mal-propreté & l'intempérance, semblent avoir étouffé chez eux tous les principes de la Loi naturelle & les remords de la conscience; les sentimens de compassion leur sont donc presque inconnus : seroit-ce un exemple terrible de la corruption de l'homme laissé à lui-même ?

L'on peut jusqu'à certain point regarder les races des Négres comme des nations barbares & dégénérées ou avilies. Leurs usages sont quelquefois si extravagans & si déraisonnables, que leur conduite, jointe à leur couleur, a fait douter pendant long-temps s'ils étoient véritablement des hommes issus du premier homme comme nous, tant leur férocité & leur animalité les faisoit en certaines circonstances ressembler aux bêtes les plus sauvages. On a vu de ces peuples se nourrir de leurs freres & dévorer leurs propres enfans. Presque tous les Noirs ne regardent leurs femmes, notamment celles de Loango, que comme de viles esclaves créées uniquement pour les amuser, les servir & leur obéir. Souvent elles n'osent les regarder & leur parler qu'à genoux. Seroit-il vrai qu'un état si pénible & si humiliant ne les affligeât point ? On trouve cependant des Négres assez attachés à leurs femmes, ou très-amoureux de leurs maîtresses, celles-ci le cedent en rien aux hommes, suivant sans réserve l'ardeur de leur tempérament. On voit aussi des Négres de Congo, qui dans le dessein de plaire, deviennent grands railleurs, pantomimes, &c. un seul Congo suffit pour mettre en bonne humeur tous les Négres d'une habitation. Mais par quelle singularité les Négresses qui sont très-fécondes en Afrique, ne multiplient-elles pas autant dans l'Amérique ? Le Gouvernement a intérêt de découvrir la cause d'une pareille stérilité, disons plutôt d'un avortement; car l'amertume de leur sort les porte à se délivrer d'un fardeau qui fait la joie des autres meres. Un peu plus d'humanité de la part des *Blancs*, préviendroit bien des maux. Je frémis d'horreur en apprenant qu'on fait des parties de plaisir dans nos îles pour aller à la chasse des *Nègres Marons* (Nègres fugitifs) comme nous faisons des loups & des sangliers en Europe, & que la chasse est bonne, quand on en a tué un grand nombre: quelquefois encore les barbares & impitoyables maîtres de ces hommes noirs poignardent inhumainement les malades mutilés ou trop vieux, dans la crainte que les frais n'absorbent le prix de la vente de ces esclaves. Comment certains habitans de l'Amérique, policés & élevés en Europe, peuvent-ils, malgré le cri de l'humanité, ne donner que peu ou point de nourriture à leurs esclaves Nègres? Ces hommes infortunés sacrifient leur vie & leurs travaux aux besoins de leurs maîtres, & souvent à satisfaire leur luxe & leurs passions frivoles, sans attirer sur eux la même pitié qu'on a pour les bêtes de somme que l'on fait travailler.

Les Turcs, qui passent pour moins barbares, semblent imiter le commerce infame des Nègres, en vendant des *Blancs* de l'un & de l'autre sexe, achetés exprès dans la Géorgie, dans la Mingrélie, dans la Circassie & dans divers lieux voisins de la mer Noire. Ce marché qui se tient à Constantinople, s'appelle *Jassir-Barat*; c'est un endroit fermé de murailles & planté de grands arbres. Là on commence par prier pour le Sultan; les jeunes filles sont nues sous une couverture qui les enveloppe, un crieur en publie le prix. L'acheteur visite la marchandise, si elle lui convient, il la paye & l'emmene. Qu'il nous soit permis ici de faire encore une réflexion qui est un cri de douleur & de pitié sur les égaremens & les préjugés qui subjuguent quelquefois des Nations entières, & qui blessent leur sensibilité au point de leur laisser voir de sang froid les usages les plus barbares, (nous parlons des Eunuques): l'humanité, la raison, la religion sont également outragées par les voies faciles qu'on fait payer si cher aux malheureux à qui on les donne. Qui ne gémit en voyant des pères cruels immoler eux-mêmes leurs fils, leur postérité, & peut-être des Citoyens qui auroient été quelque jour la gloire & l'appui de leur Patrie. *Voyez l'article* EUNUQUE *à la suite du mot* HOMME.

La couleur des Noirs ou des Négres a fait enfanter nombre de systêmes: on a beaucoup disputé sans que personne ait pu donner encore des raisons satisfaisantes sur le principe de cette couleur si contradictoire avec la nôtre, & si constante à se perpétuer dans ces races lorsqu'elles ne s'expatrient pas. On prétend avec beaucoup de vraisemblance que l'action du soleil est la cause primitive & principale de la couleur des hommes noirs. Les peuples du Nord sont les plus blancs; & insensiblement à mesure que les terres sont plus près de la ligne équinoxiale, & qu'elles reçoivent les rayons du soleil plus perpendiculairement, la couleur des hommes prend une nuance de noir; & si ces mêmes hommes, noircis par la puissante action du soleil, vont habiter le Nord, ils blanchissent peu-à-peu, du moins leur postérité, & perdent leur couleur brûlée. Jusqu'ici la couleur des Négres ne paroît que locale extrinseque, accidentelle, & leurs cheveux courts & frisés ressemblent à une fine laine. Ne pourroit-on pas dire aussi que la variété de la couleur des Négres dont la peau est toujours nue, n'est due qu'à la différente température de leurs brûlans climats? car ils ont huit mois entiers de sécheresse continuelle, un ciel toujours net, sans pluie, sans tempête, sans orage, une chaleur extrème, un serein abondant. Leurs alimens & les exhalaisons de leur sol peuvent aussi concourir à produire un tel phénomène physique. Dans un Européen ou un Blanc, la lymphe est blanche, excepté quand elle est mêlée de bile; car elle donne à la peau un teint jaune. Mais dans un Négre, selon quelques-uns, où la lymphe & la bile sont noires, le teint de cet individu doit être de la même couleur; cependant d'habiles Anatomistes soutiennent que le sang des Négres, leur lymphe, leur chyle & les autres humeurs, même leurs yeux, leurs dents, leurs os, l'intérieur de leurs lévres, &c. n'ont pas une couleur différente des nôtres. Il est donc incontestable que la race des hommes blancs & la race des hommes noirs ne sont pas deux espèces différentes, puisque le fruit de leurs alliances conserve la vertu reproductrice, à la couleur près.

Les Négrillons nouveaux nés, ressemblent en tout aux Blancs, à l'exception d'un filet ou cercle brun ou noir qui borde l'extrémité des ongles, & d'une petite tache noire au bout du scrotum ou au bout du gland. Ces marques sont un signe certain que l'enfant sera noir, & les pères Nègres qui suspectent la fidélité de leurs femmes, n'ont pas besoin d'autres preuves pour abandonner les enfans, comme ne leur appartenant pas, dès qu'ils naissent sans cette marque noire. Cette tache est grise chez les Indiens, & d'un rouge pâle chez les Mulâtres. Le corps des Négrillons est blanc les huit premiers jours ; leur peau commence par brunir, & devient enfin noire.

Quelques Anatomistes modernes & très-célèbres en cherchant la cause de cette noirceur, ont trouvé que le tissu de la *membrane réticulaire* de la peau des Nègres, étoit effectivement noir comme de l'encre, & que c'étoit cette couleur muqueuse qui paroissoit au travers de l'épiderme blanchâtre qui est fort délié & transparent. Voyez *Mém. de l'Acad. des Sciences* pertes 3º. art. 13. ann. 1702. Voyez aussi le *Traité de la couleur de la peau humaine*, par M. LE CAT, où il dit que c'est dans le système nerveux & dans les appartenances qu'il faut chercher la fabrique des couleurs qui teignent la peau des animaux, & en particulier de l'éthiops animal, qui donne la couleur au Nègre. Ajoutons à cela que la substance médullaire de leur cerveau est communément bleuâtre.

Plusieurs Auteurs rapportent quantité d'autres faits aussi singuliers, où il s'agit de différens hommes nés blancs en Europe, & devenus noirs en Europe. De nos jours une pareille métamorphose de blanc en noir, &

de noir en blanc, se renouvelle annuellement dans la personne d'une Dame de distinction très-respectable, fort aimable, d'un beau teint & d'une peau fort blanche : dès qu'elle est enceinte, elle commence à brunir, & vers la fin de sa grossesse elle devient une véritable Négresse. Après ses couches la couleur noire disparoît peu-à-peu, sa premiere blancheur lui revient, & son fruit n'a aucune teinte de noir. L'on compte aussi des Négres nés en Guinée, & devenus également, & pour toujours, blancs en Afrique. On a reçu tout récemment de Surinam la relation d'un Négre d'Angola parfaitement blanc à la peau & aux cheveux, quoiqu'il fût né d'un pere & d'une mere des plus noirs. Ses yeux sont toujours tremblotans, & ne distinguent bien les objets que dans l'obscurité.

Table des mélanges pour devenir blanc ou noir.

1°. Un Blanc avec une Négresse, ou un Négre avec une Blanche, produisent un *Mulâtre*, moitié blanc & moitié noir.

2°. Un Blanc avec une Mulâtre, ou un Négre avec une Mulâtre, produisent un *Quarteron*, trois quarts blanc & un quart noir, ou trois quarts noir & un quart blanc.

3°. Un Blanc avec une Quarteronne, ou un Négre avec une Quarteronne, produisent un *Ochavon*, sept huitiemes blanc & un huitieme noir, ou sept huitiemes noir & un huitieme blanc.

4°. Un Blanc avec une Ochavonne, ou un Noir avec une Ochavonne, produisent l'un tout *blanc*, l'autre tout *noir*.

Telle est la marche des influences & des causes physiques de la dégradation ou du retour de la couleur dans l'espece humaine. L'on sent bien que les mélanges d'un Mulâtre avec une Quarteronne ou avec une Ochavonne, produiront d'autres couleurs qui approcheront

cheront du blanc ou du noir, en proportion de la progression ci-dessus établie.

Nous avons dit, d'après plusieurs Observateurs, aux articles Homme, Ane, &c. que la cause qui maintient & perpétue l'espece, procede de celui qui dans l'acte de la génération a montré le plus de vigueur & de force; & c'est ordinairement le pere. Une jeune Négresse de Virginie, après avoir accouché la premiere fois d'un enfant noir, accoucha la seconde de deux jumeaux; l'un, qui étoit garçon, se trouva noir; & l'autre, qui étoit fille, se trouva mulâtre. Le garçon conservoit en croissant ses cheveux courts, naturellement frisés & ressemblans à de la laine : par d'autres marques encore il montroit qu'il étoit un vrai Négre, & semblable en tout au pere noir qui l'avoit fait naître. La fille au contraire étoit assez blanche, avoit des yeux bleus, des cheveux noirs, longs & non frisés naturellement : elle ressembloit beaucoup à l'Inspecteur de la plantation, *Thomas Plum*, que le mari Négre savoit habiter avec sa femme, & dont il étoit jaloux. Enfin pour la troisieme fois cette Négresse accoucha de trois enfans dont deux étoient mulâtres, & l'autre absolument Négre. Cet effet doit-il être attribué à une pure imagination ? Le Physicien n'admet point une explication aussi charitable : il la rejete comme absurde & contraire en tout point aux lois de la nature. Il faut donc admettre pour l'explication du troisieme accouchement, le concours de deux peres de race différente, & alors une superfétation. Voyez le savant *Discours de M.* Alstroëmer dans le *Journal d'Histoire Naturelle de M. l'Abbé* Rosier.

Ainsi l'on voit que la blancheur ou la noirceur ne sont qu'une variété accidentelle dans les climats chauds, qui se confirme ou s'efface par une suite de générations sous des climats étrangers. De même la couleur noire naturellement inhérente dans la plupart des climats à diverses sortes de brutes, s'oblitere ou se change sous des zônes opposées. C'est ainsi que le merle, le corbeau,

Tome *VI*. D

l'ours sont noirs chez nous, & gris ou blancs dans le Nord. Ces variétés deviennent héréditaires dans le mariage des mêmes especes & dans les mêmes climats. Nous le répétons encore, la cause de la couleur noire sous la zône torride est extrinseque. Nous devons regarder les Blancs comme la tige de tous les hommes. *Adam, Eve* & leurs descendans jusqu'à l'époque du déluge universel furent blancs: dans cette premiere durée du monde aucun peuple noir n'a paru sur la face de la terre: les régions de la zône torride avoient été inconnues aux hommes jusqu'alors. On peut consulter les Historiens sacrés & profanes: on y verra que Noé, ses trois fils & leurs femmes respectives qui furent sauvés de l'arche, partagerent tout l'ancien continent, & l'Afrique alors y fut comprise. Ce ne fut qu'après la confusion des Langues à la Tour de Babel, que les enfans de Noé se diviserent. Celui qui entra en Afrique, y multiplia: ses descendans pénétrerent peu-à-peu jusqu'aux extrémités de cette presqu'île. Les premiers de ces habitans Afriquains étoient blancs d'abord, & ils y devinrent un peu basanés: leurs enfans offrirent aux yeux des teintes plus foncées, presque mulâtres: d'autres générations successives parurent par la suite des temps parfaitement maures: ceux qui furent forcés de s'étendre vers les Tropiques, devinrent bientôt deminoirs: enfin ceux qui furent sous l'Équateur, dans la Zône Torride, recevant les impressions du climat & des ardeurs du soleil, parurent après quelques générations d'un noir parfait. Il a fallu sans doute un temps assez considérable pour opérer insensiblement & degré par degré cette métamorphose. Ceux des Ismaélites, des Sarrasins, des Maures, des Arabes qui envahirent l'Afrique Occidentale y devinrent noirs aussi après quelques générations, tandis que ceux de ces mêmes peuples qui envahirent l'Espagne, ne changerent pas de couleur, qui étoit blanchâtre chez les uns, basanée ou jaune chez les autres. Qu'on observe philosophiquement & avec attention deux Négres, l'un de race ancienne & l'autre de race moderne ; l'on reconnoîtra que les parties de la peau qui ne sont que peu ou point exposées aux rayons du soleil, sont peu ou point colorées, ou au moins nuancées de blanc, savoir les aisselles, le dedans des mains, l'entre-deux des doigts, le dessous du menton & sur-tout des pieds, l'entre-deux des cuisses, le bas-ventre, tandis que la tête, le dessus des bras, le dos, le ventre & les épaules, découvertes selon l'habillement du pays, car c'est leur peau qui leur sert de vêtement, sont plus noires. Les femmes du pays qui blanchissent, & qui par conséquent ont souvent les mains dans l'eau, les ont presque blanches. Ceux qui ont reçu des blessures ou ont été brûlés, ou couverts des pustules de la petite vérole sur quelques parties du corps, ont ces parties brûlées ou cicatrisées, blanches ou de couleur basanée. Celui qui se noie, garde après sa mort la pâleur que la frayeur & le saisissement lui avoient causée. Les Négres qui sont fort âgés n'ont pas la teinte noire si foncée ni si brillante.

C'est sur les côtes Occidentales de l'Afrique, notamment de la Guinée & d'Angole, que les Négres vendent aux Européens non-seulement les Esclaves Négres qu'ils ont pris en temps de guerre, mais encore leurs propres enfans. Souvent une mere Négresse livre sa fille à un étranger pour une somme de *cauris*, qui sert de monnoie en ce pays, & dont elle se fait des bracelets ou des colliers propres à relever la noirceur de son teint ; souvent des garçons, aussi dénaturés que la Négresse, tâchent de surprendre & de garoter leur pere pour le vendre également au marché, soit pour quelques serpes, soit pour quelques bouteilles d'eau-de-vie. Le spectacle d'un tel marhé fait frémir la nature ; & si quelques Africains, brigands & idolâtres, ont assez de cruauté pour faire un commerce d'hommes, comment des Chrétiens de l'Europe peuvent-ils regarder cette contrée comme le terme de leur voyage, & être très-empressés à se trouver à l'enchere de cette abominable vente ? Cet usage, dit-on, ne choque point aujourd'hui, parce que les préjugés de la naissance & de l'éducation, & le besoin d'hommes pour cultiver nos Colonies, nous accoutument à ce négoce inconnu à nos peres. Quel affreux systême! Nous conviendrons cependant que les François, dont l'inclination est naturellement compatissante, se refusent à de certaines perquisitions qui choquent la bienséance & font souffrir l'humanité. Lorsqu'il s'agit d'examiner un Négre esclave, ils s'assurent particuliérement de son âge, de son tempérament & de son caractere. Les Portugais, les Anglois, les Hollandois & les autres Nations qui ont des établissemens dans les Indes Occidentales, tiennent à cet égard une conduite moins timide & qui les rend moins dupes dans leur achat; ils visitent toutes les parties du corps des Noirs, & n'oublient aucune attitude dont ils sont susceptibles; ils les remuent avec violence pour découvrir si l'intérieur répond à ce qui paroît; ils les font courir, crier, sauter, &c. ils ne dédaignent pas de leur lécher la peau pour découvrir par le goût de la sueur s'ils n'ont point contracté certaines maladies (car les Négres ne se plaignent jamais: la peur des sorciers & des esprits qu'ils appellent *zambis* leur feroit braver la mort), & si le poil du menton n'est pas d'une force à indiquer un âge plus avancé que la déclaration qu'on leur en a faite. Ces esclaves ne sont pas toujours enchaînés; on se contente de leur passer au bras une espece de menote à laquelle une piece de bois est attachée: c'est la marque de leur esclavage qui devient héréditaire dans la postérité de ces humains; preuve nouvelle de l'inhumanité des Blancs. Nous avons un Édit donné à Versailles au mois de Mars 1724, appellé communément le *Code noir*, & qui sert de Réglement pour l'administration de la justice, police, discipline & le commerce des Esclaves Négres, &c.

NÉGRE. C'est une sorte de poisson de l'Amérique, qui est tout noir, & qui a la figure d'une tanche.

Selon quelques Auteurs, il y a des poissons Négres, dont la chair est d'un très-bon goût, & fort nourrissante, sur-tout en Amérique; & d'autres qui pesent jusqu'à cent vingt livres, & qui sont tellement venimeux, qu'ils donnent tout-à-coup la mort à ceux qui en mangent.

NÉGRES-CARTES. Dans le Commerce on donne ce nom à des émeraudes brutes de la premiere couleur; elles sont estimées. *Voyez* ÉMERAUDE.

NÉGRILLON, *Négrite* & *Négresse*. Voyez à l'article NÉGRE.

NEGRO. C'est une espece de cigogne de la Guiane; son bec est large de deux pouces, & long d'onze pouces. Les yeux & le bec sont noirs. La mâchoire supérieure est plus épaisse que l'inférieure & un peu courbe par la pointe.

NEGUNDO. C'est un arbre des Indes Orientales & particulierement du Malabar, qui est du genre du *vitex* selon les Modernes: on en distingue deux especes: l'une est appellée *mâle*, & l'autre *femelle*. Le mâle est grand comme un amandier; ses feuilles ressemblent à celles du sureau; elles sont dentelées, lanugineuses & velues comme celles de la sauge. La femelle est appellée par les Portugais, *norchila*; par les Canarins, *niergundi*; en Malagate, *sambali*; & en Malabar, *noche*. Cet arbre femelle croît à la même hauteur que le mâle; mais ses feuilles sont plus larges, plus arrondies, non découpées, & semblables à celles du peuplier blanc. L'une & l'autre espece, dit *Lémery*, sont appellées, par les Arabes, par les Perses, & par les habitans de Décan *bâche*; & par les Turcs, *ayt*. Leurs feuilles ont l'odeur & le goût de la sauge, mais un peu plus âcres & ameres. Vers le lever du soleil, il paroît sur ces feuilles une certaine liqueur blanche, qui en est sortie la nuit. Leurs fleurs ressemblent assez à celles du romarin, & leurs fruits au poivre noir. Les feuilles, les fleurs & les fruits étant écrasés, cuits dans de l'eau, & fricassés dans de l'huile, soulagent quantité de douleurs, sur-tout celles des jointures: ce remede est aussi vulnéraire & cicatrisant. Les femmes du pays font une décoction de toutes ces mêmes parties de l'arbre, dont elles boivent & se lavent le corps, dans l'idée que cette liqueur aide à la conception ; tandis que les feuilles seules étant mâchées, donnent une bonne haleine & répriment, dit-on, les ardeurs de Vénus.

NEIGE, *nix*. Espece de météore, que l'on peut regarder comme des parcelles de nuages condensées, concretes & glacées par le froid dans la moyenne région de l'air. Elle tombe sur la terre en petits flocons blancs, fort rares, très-légers, & qui sont d'autant plus menus, que le temps est plus froid. Ainsi la neige, dont les différences d'avec la grêle sont visibles & connues de tout le monde, n'est aussi que de l'eau qui s'est glacée dans l'air. Lorsque les molécules aqueuses qui se sont élevées dans l'atmosphere en forme de vapeurs, retombent en bruine ou en pluie, il arrive assez souvent que le froid est assez considérable pour les geler : elles se changent alors en neige ou en grêle ; en neige si la congélation les saisit avant qu'elles se soient réunies en grosses gouttes ; en grêle si les particules d'eau ont le temps de se joindre avant que d'être prises par la gelée. *Voyez* GRÊLE.

La neige tombe plus souvent la nuit que le jour, elle est plus fréquente dans les pays septentrionaux que dans les tempérés. Elle est en rayons cristallins plus ou moins épais, paralleles, durs, pointus & hérissés ; le nombre des rayons n'est pas toujours déterminé, ni leur forme ; c'est ce qu'on peut reconnoître en recevant de la neige sur une toile cirée, & en l'examinant dans un lieu frais ; alors on verra des cristaux en flocons, velus, en étoile, en roue. Chaque flocon est souvent composé, comme d'autant de petites branches garnies de feuilles & de fleurs légeres ; c'est un amas de petites lames glacées, confusément couchées les unes sur les autres, qui observent cependant un ordre assez régulier (celui de la glace), par rapport à l'arrangement de leurs parties. En effet, la tendance des molécules de l'eau à s'unir en gelant sous des angles de soixante degrés, se fait remarquer dans la structure des particules de la neige. Ce sont des étoiles communément à six rayons, simples ou branchues, ces derniers composés d'un filet principal, & de filets latéraux attachés au premier sous un angle de soixante degrés. Il en est de plus composés encore, mais on y voit presque toujours le même arrangement : cette structure réguliere ne peut se bien observer que dans la neige qui tombe par un froid vif; tout est plus confus dans celle qui tombe en gros flocons par un temps moins froid. *Consultez les Élémens Physiques de Muschenbroech. Tab. 24.*

Il ne tombe qu'une espece de neige à la fois, soit en différens jours, soit à différentes heures d'un même jour. Tout prouve au Physicien que la congélation a beaucoup de rapport avec la cristallisation.

La neige est très-froide au toucher, ainsi que la glace; quelques Physiciens & Astronômes attribuent cette propriété au nitre aérien, dont l'existence est peut-être une chimere. Ces effets du prétendu nitre aérien, sont, selon M. *Bourgeois*, uniquement produits par l'acide universel répandu dans l'atmosphere : seul il contribue, dit il, à la production de la neige, de la glace, & à leur fraicheur, de même qu'à celle de l'atmosphere : mêlé & combiné dans la terre avec les terres absorbantes & les stériles, il forme, selon lui, un corps savonneux qui constitue la vraie nourriture des plantes, & qui contribue au progrès de la végétation. Car ni le nitre, ni les autres sels n'entrent pas dans le suc nourricier des plantes, & ne sont pas propres à les nourrir & à leur donner l'accroissement, ainsi que le célebre *Wallerius* l'a démontré dans ses *Élémens d'Agriculture physique & chymique, pag. 134, &c.* imprimés à Yverdon, 1767. Il est constant que la neige contient beaucoup d'air, qu'elle contribue à la fertilité de bien des terres, & à l'accroissement d'un grand nombre de végétaux : car l'on a observé que les années où il tombe une grande quantité de neige ne sont jamais stériles ; & que les montagnes que ce météore recouvre perpétuellement, sont chargées en leur base, sur leur adossement & dans les prairies, de plantes les mieux nourries & les plus vertes; mais il faut pour cela que la neige se fonde lentement, car autrement elle pourriroit & détruiroit l'organisation des végétaux; rien n'est sur-tout plus pernicieux aux arbres & aux plantes qu'une neige qui, séjournant sur la terre, se fond en partie pendant le jour pour se geler de nouveau la nuit suivante. La neige qui couvre pendant plus des deux tiers de l'année presque tous les pays qu'habitent les Lapons, les oblige à se pratiquer des habitations souterraines, pour se préserver du froid excessif qu'on y éprouve. On lit dans les Mémoires de l'Académie Royale des Sciences quelques expériences de M. *Guettard*, qui tendent à prouver qu'il fait moins froid sous la neige, qu'à l'air extérieur, & que plus le monceau de neige est épais plus le thermomètre qu'on plonge dans le bas de cette masse, se tient au-dessus de zéro : c'est aussi ce que les perdrix semblent avoir appris de la nature. Ces oiseaux se cachent en hiver sous la neige, & on les y chasse au moyen de chiens dressés à cet effet. On voit que les hommes eux-mêmes, lorsqu'ils sont pris de la nuit en voyageant, se forment des cabanes de neige, où ils passent les nuits les plus froides, sans avoir rien à craindre de la rigueur de ce froid.

La neige survenant en gros flocons après quelques jours de forte gelée, on observe que le froid, quoique toujours voisin de la congélation, diminue sensiblement & souvent le dégel succede. Il tonne rarement lorsqu'il neige ; nous en avons cependant plusieurs exemples ; 1°. Le premier Janvier 1715, il éclaira & tonna à Montpellier dans le temps même qu'il neigeoit. 2°. Dans le dernier siecle il y eut à Senlis, à Châlons & dans les Villes voisines, un orage des plus violens au milieu de l'hiver : la foudre tomba en plusieurs endroits & fit d'effroyables ravages, pendant une neige fort grosse & fort épaisse.

La neige est compressible, plus rare, plus légere

que la glace, & plus fujete à l'évaporation : en fe réfolvant en liqueur, elle diminue confidérablement de volume. Comme cette eau concrete fe fond aifément, elle offre un moyen plus commode que la glace pour rafraîchir le vin en été : on s'en fert fur-tout dans les pays chauds & dans les plaines ; c'eft ce qui fe pratique à Rome. Elle fe conferve auffi-bien que la glace dans les glacieres ; mais il faut pour cela la ramaffer par pelotons, la battre & la bien preffer, afin qu'il n'y ait point de vide. Dans les grands froids, on y jete de l'eau qui en remplit les intervalles en fe gelant auffitôt. On ramaffe plus facilement la neige dans les prairies & fur les gazons, que par-tout ailleurs. Les neiges qui couvrent le fommet des hautes montagnes influent beaucoup fur la conftitution de l'atmofphere qui les environne, elles le refroidiffent : c'eft la raifon pour laquelle des vents qui regnent dans certains pays font plus froids ou moins chauds qu'ils ne devroient être par leur fituation fur notre globe. C'eft à la fonte des neiges congelées fur le fommet des montagnes, que nous devons communément le phénomene des *fontaines intermittentes* : voyez au mot FONTAINE. Sa fonte trop fubite caufe fouvent des inondations confidérables.

A l'égard des taches rouges difperfées çà & là & empreintes fur la neige, que le peuple prévenu & fuperftitieux regarde comme dues à des gouttes d'une pluie de fang, qui a plus d'une fois jeté la terreur & la confternation dans les efprits : un Gentilhomme du haut Vivarais a reconnu que ce phénomene étoit dû à une caufe très-fimple, très-naturelle. Se promenant dans le mois de Décembre 1773 dans les allées de fon jardin, il y vit de la neige couverte de taches rouges, principalement pendant les jours que la terre étoit plus humide : le 7 Janvier 1774 ces taches y étoient en plus grand nombre, & toutes d'un rouge très-beau, vif, d'une forme femblable à des gouttes de fang qui y feroient tombées & congelées, en un mot pénétrant à quelques lignes au-dessous de la surface de la neige : en examinant de près ces taches, il les reconnut pour être des excrémens de petits oiseaux ; ces excrémens tenoient leur couleur de la *morelle à grappes* ou *raisin d'Amérique*, plante dont il y avoit plusieurs pieds dans son jardin, couverts de leurs fruits & dont le suc est rouge. Plusieurs de ces fruits exprimés sur la neige par notre Observateur donnerent une couleur égale & uniforme. Voilà donc le dénouement du prodige. *Voyez* PUCE DE NEIGE.

Autant l'eau de neige est salutaire aux végétaux & aux opérations de quelques arts, autant elle est, dit on, nuisible en boisson, sur-tout dans le Tirol, dans le Valais qui fait partie de la Suisse, où nous avons vu que ceux qui en font usage, sont en effet attaqués de goîtres & d'enflure de gorge ; peut-être que les alimens solides & la nature de l'air y contribuent autant & plus que la neige, car M. *Bourgeois* a observé que les habitans de plusieurs villages & hameaux situés sur les montagnes en Suisse, & qui n'ont souvent pendant tout l'hiver que de l'eau de neige pour toute boisson, on n'y trouve personne attaqué ni de goître, ni d'enflure de gorge. Nous remarquerons encore ici que la neige appliquée à l'extérieur est un spécifique que le peuple du Nord emploie, d'après un très-ancien usage de leur pays, pour rappeller la chaleur & la vie dans les membres gelés ; c'est communément sous forme de friction que la neige s'emploie dans ces cas. La neige est encore un moyen assuré pour conserver du gibier pendant plus de deux mois : les Danois, &c. en font venir ainsi d'Islande & de Laponie, qui quoique mort depuis plus de quatre mois, n'en est pas moins bon à manger ; il suffit de le dégeler par degrés insensibles dans des eaux de plus en moins froides.

On appelle en Suisse LAUVINE ou LAVANCHE, *labina*, une quantité de neiges qui se pelote en roulant du haut en bas des Alpes. M. *Altmann*, d'après qui nous avons donné la description des *glaciers* si merveilleux & si terribles de la Suisse, distingue deux especes de *lauvines*; celles qu'on appelle *venteuses*, sont ordinairement accompagnées d'un grand vent qu'elles augmentent encore par leur chute, au point qu'il brise les arbres, qu'il étouffe les hommes & les animaux, & qu'il renverse les maisons. La rapidité surprenante avec laquelle ces lauvines roulent jusqu'au bas des vallons où elles se trouvent comme insérées ou encaissées dans le enfoncemens & cavités, met les Voyageurs dans le plus grand danger; cependant comme elles ont peu d'épaisseur, on n'est pas toujours étouffé; en quoi elles sont beaucoup moins dangereuses que la seconde espece que l'on appelle *lauvines foncieres*, parce qu'elles détruisent jusqu'au fond tout ce qu'elles rencontrent. Formées par une neige beaucoup plus compacte, elles sont infiniment plus pesantes: elles roulent par conséquent avec moins de vîtesse que les premieres, mais elles emportent avec elles & les arbres & les pierres & les morceaux de roc qu'elles trouvent dans la direction de leur action. Comme leur chute cause dans les montagnes & les vallons un tremblement accompagné d'un bruit quelquefois égal à celui du tonnerre, elles donnent ordinairement au Voyageur averti, le temps de se sauver par la fuite.

Les *lauvines* sont excitées par l'agitation de l'air, & par tout ce qui peut contribuer à faire glisser la neige, sur-tout celle qui est tombée récemment aux sommets des montagnes. Une très-petite pelote s'accroît si fort en tombant, qu'avant que d'arriver au vallon, elle peut acquérir la grosseur d'une maison, quelquefois celle d'une colline; & couvrir ensuite plusieurs arpens de terre. On pense bien que les habitans des Alpes n'ont pas négligé les moyens de se garantir de ces ravages. Ils évitent de bâtir au pied d'une montagne qui s'éleve rapidement. Ils construisent leurs maisons derriere quelque petite colline, capable d'arrêter, ou de rompre la force des *lauvines*. Pour passer la montagne de Gothard, on traverse la vallée d'Urseren; & l'on voit au-dessus d'un Village, un bois qui forme un triangle, dans lequel il est défendu, sous des peines fort rigoureuses, de couper des arbres, parce qu'ils mettent ce Village à l'abri des *lauvines*. En plusieurs endroits où elles sont à craindre, on a bâti des murs triangulaires, dont l'angle aigu est tourné vers le côté le plus dangereux de la montagne. Quant aux Voyageurs, on leur recommande en Suisse, de prendre avec eux des Guides, qui connoissent les endroits les plus redoutables, de faire leur voyage sans bruit, & de ne pas même parler haut. Enfin, pour derniere sureté, on tire au milieu des vallons quelques coups de pistolets, qu'on croit capables de mettre en mouvement les pelotes qui pourroient être sur le point de tomber. Dans les passages étroits on pousse en hiver & au printemps la précaution jusqu'à boucher les sonnettes & les grelots des chevaux & des mulets, afin que leur son n'excite point la chute de quelque *lauvine*. En plusieurs endroits, sur-tout dans le pays des Grisons, on voit au pied des montagnes des voûtes maçonnées, & des mines pratiquées dans le roc, où l'on peut en appercevant une *lauvine* en mouvement, se retirer, & la laisser passer par-dessus. On avertit encore les Voyageurs de ne pas regarder long-temps les *lauvines*, quand même leur direction ne paroîtroit pas dangereuse, parce qu'elles causent un vent si violent, que les hommes & les animaux en sont étouffés. Quelquefois les lavanches sont réduites en poussiere à l'instant de leur chute, & cette poussiere glacée se répand à une assez grande distance & élévation. C'est un spectacle des plus beaux & des plus terribles qu'on puisse voir: il faut en avoir été témoin pour s'en former une idée précise: *Voyez* GLACIERS. M. *Mikheli* dit que toutes les montagnes de la Suisse, que la neige couvre toujours, ont au moins 1500 toises de hauteur: en effet celles dont le sommet ne s'éleve pas autant, ne conservent guere leur neige, & l'on prétend que la Zône vaporeuse n'excédant pas trois mille six cens toises d'élévation, il n'est plus possible de trouver de neige au-dessus de cette hauteur ; au reste l'élévation de la région de l'air où il gèle continuellement, n'est pas la même sur toute la terre. A l'Equateur elle est de 2440 toises, & descend par degrés de là vers les Poles.

On sera peut-être bien aise de savoir comment on voyage en Laponie, où le terrain est toujours couvert de neige. Dès le commencement de l'hiver on marque avec des branches de sapin les chemins qui doivent conduire aux lieux fréquentés. A peine les voitures (qui sont des traîneaux & de petits bateaux) ont foulé la premiere neige qui couvre ces chemins & ont commencé à les creuser, que de nouvelle neige que le vent répand de tous côtés les releve, & les tient de niveau avec le reste de la campagne, ou du lac, ou du fleuve. Les voitures qui passent ensuite refoulent de nouveau cette neige, que d'autre neige vient bientôt recouvrir ; & ces chemins creusés alternativement par les voitures, & recouverts par le vent qui y met par-tout la neige de niveau, quoiqu'ils ne paroissent pas plus élevés que le reste du terrain, sont cependant des especes de chaussées ou des ponts formés de neige foulée : mais si on s'égare à droite ou à gauche, on tombe dans des abîmes de neige. On est donc fort attentif à ne pas sortir de ces chemins ; & d'ordinaire ils sont creusés vers le milieu d'une espece de sillon, formé par tous les traîneaux qui y passent, & qui sont traînés par des *rhennes* : voyez ce mot. Mais dans le fond des forêts, dans les lieux qui ne sont pas fréquentés, il n'y a point de tels chemins ; les Finnois & les Lapons ne se retrouvent alors que par quelques marques faites aux arbres. Les rhennes eux-mêmes enfoncent quelquefois jusqu'aux cornes dans la neige ; & si dans ces lieux on étoit surpris par quelqu'un de ces orages pendant lesquels la neige tombe dans une si grande abondance, & est jetée de tous côtés par le vent avec tant de fureur, qu'on ne peut voir à deux pas de soi, il seroit impossible de reconnoître aucun chemin, & l'on périroit infailliblement, sur-tout si l'on ne s'étoit pas muni de tentes pour parer une partie de l'orage. On observa en 1729 sur les frontieres de Suede & de Norwege près du village de Villaras, qu'il y tomba une si affreuse quantité de neige, que 40 maisons en furent couvertes, & que tous ceux qui étoient dedans en furent étouffés. (On trouve aussi dans le *Journal Étranger 1757*, la relation d'une famille ensevelie sous la neige pendant six semaines.) S'il arrive qu'on veuille franchir une montagne fort élevée, remplie de rochers qu'une quantité prodigieuse de neige cache, & dont elle recouvre les cavités dans lesquelles on peut être abîmé, on ne croira guere possible d'y monter : il y a cependant deux manieres de le faire ; l'une en glissant sur deux planches étroites, longues de huit pieds, dont les habitans se servent pour ne pas enfoncer dans la neige, (maniere qui a besoin d'un long exercice) ; l'autre en se confiant aux rhennes qui peuvent faire un pareil voyage, & dont la maniere de marcher mérite d'être connue : *voyez au mot* RHENNE. On lit dans la nouvelle Histoire de Kamtschatka, que les neiges sont très-abondantes dans la presqu'île de Lopatka ; elles ont presque la solidité de la glace : de sorte qu'elles réfléchissent les rayons du soleil, & avec tant de force qu'il est impossible d'en soutenir l'éclat. Les habitans portent ordinairement dans le printemps des couvertures percées de petits trous ou des réseaux de crins noirs, afin de briser une partie des rayons ; mais malgré ces précautions, ils ont la peau basanée comme les Indiens ; la plupart ont les yeux affoiblis & malades, & un grand nombre même perdent la vue.

NEMOTELE, *nemotelus*, genre d'insecte ailé, de la classe des *dipteres*, dont les antennes grenues sont terminées par une pointe, & placées sur la gaîne de la trompe comme dans les charançons ; sa bouche est un bec aigu : les articles ou grains des antennes sont ronds, courts, menus & au nombre de cinq, mais terminés par une sixieme piece longue & filiforme. Les *némoteles* ne ressemblent aux mouches que par leur port extérieur ; on en distingue de plusieurs sortes, on les trouve sur les fleurs.

NÉNUPHAR, *nymphæa*. Plante aquatique, dont on distingue deux especes ; l'une est à fleur blanche, & est préférée à l'autre, dont la fleur est jaune.

1°. Le Nénuphar blanc, ou Blanc d'eau, ou Lys d'étang, ou Volet, ou Plateau a Fleur blanche, *nymphæa alba*. Cette plante qui est fort en usage en Médecine, ne se cultive point dans les jardins, elle croît naturellement dans les marais, dans les eaux croupissantes, ou dans les ruisseaux qui coulent lentement, dans les étangs & les grandes pieces d'eau, même dans les rivieres sur les bords, où elle est assez agréable à voir. Sa racine est vivace, longue, grosse comme le bras, garnie de plaques brunes ou noires, en forme de nœuds sur son écorce, blanche en dedans, charnue, fongueuse, chargée de suc visqueux, attachée au fond de l'eau dans la terre par plusieurs fibres : elle pousse des feuilles grandes, larges, arrondies, épaisses, charnues, cuirassées, nageantes à la surface de l'eau, veineuses, échancrées en fer à cheval, vertes-blanchâtres en dessus, & vertes-brunâtres en dessous, soutenues par des queues longues, grosses comme le petit doigt, rougeâtres, tendres & fongueuses. Ses fleurs qui paroissent depuis le mois de Mai jusqu'en automne, sont grandes, grosses, larges quand elles sont épanouies ; elles ont plusieurs feuilles disposées en rose, blanches comme celle du lys, presque inodores, contenues dans un calice, ordinairement à cinq feuilles blanchâtres, d'autres fois à quatre feuilles. A ces fleurs succede un fruit rond, ressemblant à une tête de pavot, partagé en plusieurs loges, qui contiennent des semences oblongues, noirâtres & luisantes. Cette plante est toute d'usage, elle paroît être la même que l'*aguape* du Brésil ; ses feuilles qui nagent sur l'eau & ses belles fleurs en forme de volant, ornent magnifiquement un canal pendant l'été ; au printemps lorsque ses feuilles paroissent sur l'eau, elles indiquent qu'il est temps de sortir les plantes de l'orangerie, & qu'il n'y a plus de gelées à craindre.

2°. Le Nénuphar a fleur jaune, ou Jaunet d'eau, ou Plateau a fleur jaune, *nymphæa lutea*. Sa feuille est un peu oblongue, sa fleur est jaune, plus courte que le calice, qui est à cinq feuilles ; son fruit est de figure conique ; sa racine est verte en dehors. Il croît aux mêmes lieux, & sert quelquefois aux mêmes usages que le précédent, notamment à Paris & en Angleterre, où le nénuphar blanc est plus rare.

On emploie ordinairement la racine de nénuphar dans les tisanes rafraîchissantes qui conviennent dans les inflammations des reins & de la vessie, dans les fièvres ardentes, les insomnies, enfin dans tous les cas où il est nécessaire de tempérer l'impétuosité du sang & des esprits vitaux. M. *Bourgeois* dit, que cette racine en tisane tempéroit & adoucissoit l'ardeur de l'urine dans le gonorrhées virulentes. Dans les boutiques on tient une eau distillée, une conserve, un miel, un sirop & une huile, le tout préparé de ses fleurs. On donne communément le sirop de nénuphar pour ralentir le désir du coït.

NÉPENTHES. Espece de philtre dont Hélene se servoit, suivant *Homere*, & qui vraisemblablement n'étoit que l'opium. Consultez l'*Histoire de la Médecine* par M. *le Clerc*, pag. 73.

NÉRÉIDES, sont, ainsi que les Syrenes, de prétendus monstres marins. *Voyez au mot* Homme marin. On donne aussi le nom de *néréide* à l'animal du *tubipore*.

M. *Pallas*, dans ses *Mélanges zoologiques*, traite des *néréides* & les divise en deux genres ; savoir, les *néréides errantes*, & les *néréides tubicoles*. Les premieres sont des *animaux mous* qui rampent & nagent parmi les fucus & les autres plantes marines. Elles s'attachent aussi quelquefois aux rochers,

se

se cachent dans le fond de la mer, ou dans les bois pourris qu'on y jette.

Les *néréides tubicoles* ont beaucoup de rapport avec les *vers à tuyaux* ou *vers tubicoles*: elles sont cachées dans une espece de petit tube, qu'elles forment de différentes matieres. On divise les *néréides tubicoles* en *néréides cylindriques*, & en *néréides applaties*.

En général, les néréides ont le corps mince, souvent très-long, linéaire, devenant plus petit vers la tête qui est ornée de franges. Le corps est divisé en plusieurs anneaux, & on remarque sur chaque ségment ou anneau une espece de pied. Selon notre Auteur, les néréides peuvent comme les *lombrics* ou vers de terre, s'étendre, se contracter, se glisser facilement dans les interstices ou fentes les plus étroites. Elles different de certaines *aphrodites*, en ce qu'elles sont privées d'ouïes. *Voyez* APHRODITE.

NERF. Les Anatomistes donnent ce nom à des corps ronds, blancs & longs qui tirent leur origine ou du cerveau ou du cervelet: *voyez à l'article* HOMME. Dans le Commerce on donne le nom de *nerf de bœuf* à la partie génitale séche de cet animal: les Selliers le réduisent en maniere de filasse longue de huit à dix pouces par le moyen de grosses cardes de fer, & l'emploient pour nerver avec de la colle forte les arçons des selles & les panneaux des chaises & carrosses.

NÉRIETTE ANTONINE. C'est le nom d'une plante dont les fleurs rouges produisent un bel effet en été dans les parterres des curieux. Ses semences aigretées, soyeuses, font de bonne ouate. On a essayé de les filer en Suéde.

NÉRITE. Coquillage univalve, operculé, & que plusieurs Naturalistes mettent dans la famille des limaçons à bouche demi-ronde ou ceintrée. Il y a des nérites qui ont des dents blanches, d'autres qui les ont rougeâtres, telle que la *quenotte-saignante*; d'autres nérites sont ombiliquées, telle que la *grive*. Comme le noyau des nérites n'est point du tout apparent à leur ouverture, ces coquilles ne peuvent pas avoir de bec. Les tours de spirales sont fort peu sensibles au dehors & en très-petit nombre, souvent la pointe n'en sort que peu ou point. M. *Adanson* fait un genre de la nérite, il la range à la fin des coquillages operculés, & la rapproche plus que tout autre des bivalves, comme étant le coquillage qui a le plus de rapport avec eux ? mais l'animal est, dit-il, fort différent de celui des bivalves. Les nérites sont ou marines, ou fluviatiles. Celles-ci ne sont point hermaphrodites comme les limas, les buccins & les planorbes ; les unes sont mâles & les autres femelles. Elles bouchent leurs coquilles d'une espece d'opercule empreinte de spirales. Il n'y a qu'une espece de nérite fluviatile qui soit vivipare : les petits sortent tout vivans avec leurs coquilles du corps de la mere. On distingue sur-tout l'espece appellée *porte-plumet* : voyez ce mot. Les nérites de riviere que les enfans ramassent dans le sable, sont mortes & toutes bariolées de rose ou de lignes noires. L'espece qui nous vient du Mississipi & connue sous le nom d'*idole*, est verte noirâtre, ventrue, ombiliquée, à stries inégales en forme de rides. Lorsque ces sortes de coquilles sont devenues fossiles, on les nomme *nérites*. On n'en trouve point de terrestres vivantes.

NEROLI. Nom que les Parfumeurs donnent à l'huile essentielle d'orange. *Voyez* ORANGER.

NERPRUN, NOIRPRUN ou BOURG-ÉPINE, *rhamnus catharticus*. Il y a plusieurs especes de nerpruns : celui qu'on nomme simplement *nerprun purgatif ordinaire*, *rhamnus catharticus*, qui s'éleve en arbrisseau & quelquefois en arbre : le *petit nerprun purgatif*, ou *graine d'Avignon*, qui donne cette graine qu'on emploie dans la teinture : & d'autres à *feuilles longuettes*, à *fleurs vertes & baies noires*.

Les *nerpruns* ont des fleurs petites, de couleur herbeuse ou jaunâtre, qui naissent comme par paquets le long des branches, en forme de petits entonnoirs, à pavillon recoupé en quatre parties, rabattues le plus souvent sur les côtés, avec autant d'étamines. Aux fleurs succedent des baies qui contiennent plusieurs semences applaties d'un côté & bombées de l'autre : (le nerprun ordinaire a, dit M. *Haller*, les fleurs mâles sur une plante, & le fruit sur une autre : le nerprun de Baviere a les étamines réunies au fruit :) les feuilles des nerpruns sont assez petites, entieres, ordinairement brillantes, finement dentelées ; souvent elles sont opposées sur les branches, & quelquefois elles sont alternes. Ces arbrisseaux se plaisent dans les haies, dans les bois, dans les endroits humides; ils peuvent être placés dans les bosquets d'été, & encore mieux dans les remises; car les oiseaux se nourrissent de leur fruit, quoiqu'il soit purgatif. On en fait faire des palissades & des boules dans les parterres.

On prépare avec les baies du nerprun une pâte dure qu'on appelle communément *vert de vessie*. Pour la faire, on écrase ces baies quand elles sont noires & bien mûres; on exprime le suc, qui est visqueux & noir; on le met évaporer à petit feu jusqu'en consistance de miel, en y ajoutant un peu d'alun de roche pour rendre la matiere plus haute en couleur & plus belle. On la met dans des vessies que l'on suspend dans un lieu chaud, & on l'y laisse durcir pour la garder. Cette substance donne un beau vert, dont les Peintres & les Teinturiers font usage sous le nom de *vert de vessie*, ainsi nommé, parce que cette matiere verte a été durcie dans des vessies.

On prétend que préparée en divers temps elle donne différentes couleurs : avant la maturité des baies, une couleur jaune ou safranée; lorsqu'elles sont mûres, un beau vert; enfin encore plus tard, vers la S. Martin, une couleur d'écarlate utile pour teindre les cuirs & pour enluminer les cartes à jouer. On prépare avec les baies de nerprun un extrait purgatif; il est peu d'usage en Médecine. Le sirop qu'on prépare avec le suc de ces baies lorsqu'elles sont mûres, est très-usité dans toutes les especes d'hydropisies; il purge abondamment les férosités par les selles, & dissipe l'enflure : on le donne à la dose de deux onces. Ce remede est très-doux & sans danger : c'étoit, dit M. *Bourgeois*, le grand remede du célebre *Sydenham*.

On peut greffer des cérisiers & des pruniers sur le nerprun, & avoir par ce moyen des cérises & des prunes purgatives; mais ces especes de fruits occasionnent souvent des superpurgations & des vomissemens énormes. Les feuilles de cet arbrisseau passent pour être détersives.

Les fruits du petit nerprun, *lycium gallicum*, étant cueillis verts se nomment *graine d'Avignon*, ou *grainette*, ou *graine jaune*, & fournissent une belle teinture jaune dont on fait un grand usage pour teindre les étoffes. Les Peintres à l'huile & en miniature se servent aussi de ces baies, dont on a incorporé la teinture dans une matiere terreuse qui est ordinairement la base de l'alun, pour en faire ce qu'on appelle *stil de grain*. Les Teinturiers, & sur-tout les Corroyeurs, se servent de la grainette pour teindre en jaune, en y joignant de l'alun par parties égales. Cette espece de nerprun croît en abondance dans les lieux rudes & terreux, aux environs d'Avignon & dans le Comtat Venaissin. On en trouve aussi en Dauphiné, en Languedoc & en Provence, &c. C'est un arbrisseau épineux dont les racines sont jaunes & ligneuses, les rameaux longs de deux à trois pieds, couverts d'une écorce grisâtre.

NEVROPTERE. *Voyez à l'article* INSECTE.

NEZ COUPÉ, *staphilodendron*, est selon quelques Auteurs le faux-pistachier, ou une espece de pistachier sauvage, dont le fruit est vésiculaire & nauséabonde : mais en considérant tous ses caracteres on trouve qu'il n'a presque aucun rapport avec le pistachier. *Voyez ce mot & celui de* FAUX-PISTACHIER.

NGO-KIOO. *Voyez à l'article* ANE.

NHAMDUI. Espece d'araignée venimeuse du Brésil : son corps est long d'un pouce & demi, garni sur le dos d'une forme de bouclier triangulaire très-luifant, orné aux côtés de six cônes pointus, blancs avec des taches rouges: elle a huit jambes longues comme le doigt; sa partie antérieure est de couleur jaune ou rouge brune; une singularité remarquable, c'est que la postérieure est luisante & argentée, & qu'elle représente un visage d'homme comme s'il y avoit été peint. Cet insecte file de la toile comme les autres araignées. Dans le pays on porte cet animal en amulette; on l'attache au cou dans le temps de l'accès de la fiévre quarte.

NHANDIROBA ou NOIX DE SERPENT. *Voyez* AHOUAI & AVILA.

NICKEL. Il est mention dans le *Tome XIII des Mém. de l'Acad. Roy. de Suéde*, ann. 1751, d'une nouvelle substance minérale trouvée dans la mine de cobalt de Fœrila en Helsingie, & qui ressemble beaucoup à la substance que les Mineurs appellent *kupfernichel*: voyez ce mot. Son tissu est grenu, elle est solide & brillante quand on la casse. Lorsqu'elle a été long-temps exposée à l'air, elle se décompose & se couvre d'un enduit vert qui se dissout dans l'eau, & dont on peut retirer par l'évaporation, &c. des cristaux verts qui se forment en prismes quadrangulaires. Ce sel fondu avec le flux noir donne un régule qui ressemble au bismuth, & qui se dissout dans l'eau forte, dans l'eau régale & dans l'esprit de sel. Ce qui est encore singulier, c'est que la mine elle-même, lorsqu'on la calcine, répand une fumée d'abord sulphureuse, ensuite d'un blanc jaunâtre, d'une odeur désagréable, comme arsenicale. Si on laisse cette mine exposée à une chaleur plus vive, il s'y forme des rameaux métalliques qui deviennent d'un vert clair & sonnans: à mesure qu'on a tenté quelques expériences, on a découvert dans cette substance, du fer & du cobalt, mais il paroît par un nouveau travail du même Auteur, inséré dans le *XVI Tom. des Savans de Suéde*, ann. 1754, que le nouveau demi-métal se trouve en plus grande quantité dans le *kupfernichel* que dans aucune autre substance minérale, & M. *Cronstedt* penche à croire que le *nickel* n'est autre chose qu'un alliage de substances métalliques ou sémi-métalliques déjà connues, & non un cobalt imparfait. On trouve aussi du *nickel* dans la mine de Kuhschacht à Freyberg en Saxe, il n'entre en fusion qu'après avoir parfaitement rougi.

M. *Baumé* regarde le *nickel* comme un cobalt dans un état particulier & dépouillé de la substance qui fournit du bleu par la vitrification. *Consultez la* Chymie expérimentale *de M.* Baumé, *Tom. II. p. 299, &c.*

NICOTIANE, ou TABAC, *nicotiana*. Plante très-usitée, dont on distingue trois especes principales : savoir, le *grand tabac*, le *moyen* & le *petit*.

1°. La NICOTIANE A LARGE FEUILLE, *nicotiana major latifolia*. La racine de cette plante, qui est le grand & le vrai tabac mâle, est blanche, fibreuse, d'un goût fort âcre. Elle pousse une tige à la hauteur de cinq ou six pieds, grosse comme le pouce, ronde, velue, remplie de moëlle blanche : ses feuilles sont amples, sans queue, alternes, velues, nerveuses, de couleur verte pâle, un peu jaunâtres, glutineuses au toucher, d'un goût âcre ; elles teignent la salive ; elles sont attachées à la tige par de larges appendices. Le haut de la tige se divise en plusieurs rejetons, qui soutiennent des fleurs faites en godets, découpées en cinq parties, de couleur purpurine : à ces fleurs succedent des fruits membraneux, oblongs, partagés en deux loges, contenant beaucoup de semences petites, rougeâtres, & très-abondantes en huile. Toute la plante a une odeur forte, ainsi que la suivante. C'est une plante d'été chez nous; cependant elle endure quelquefois un hiver modéré dans nos jardins : elle fleurit, comme les autres nicotianes, en Juillet & Août dans notre pays, & y est ordinairement annuelle ; au lieu que dans le Brésil, où la terre est bonne & l'air toujours tempéré, elle fleurit continuellement, & vit dix ou douze ans. Sa graine se peut conserver dix années en sa fécondité, & ses feuilles près de cinq avec toute leur force.

2°. La Nicotiane a feuille étroite, ou le Tabac de Virginie, ou le Petun des Amazones, *nicotiana major angustifolia*. Elle ne differe de la précédente que par ses feuilles, qui sont plus étroites, plus pointues & attachées à leur tige par des queues assez longues.

3°. La Nicotiane a feuille ronde ou petite Nicotiane, ou Tabac femelle, ou faux Tabac, ou Tabac du Mexique ; *nicotiana minor fœmina*. Sa racine est quelquefois simple & grosse comme le petit doigt ; d'autres fois elle est divisée en plusieurs fibres tendres, blanchâtres & rampantes. Elle pousse une tige à la hauteur d'un à deux pieds, ronde, dure, velue, grosse comme le doigt, rameuse, glutineuse au toucher. Ses feuilles sont espacées & alternes, oblongues, grasses, de couleur verte-brunâtre, & attachées à des queues courtes. Ses fleurs, ses fruits & ses semences sont semblables à celles des especes précédentes ; mais ses fleurs sont jaunes-verdâtres ; il leur succede des capsules arrondies, qui dans la maturité s'ouvrent en deux parties, remplies d'un nombre infini de menues semences d'un jaune tanné & d'un goût âcre.

Cette plante, ainsi que les précédentes especes, nous vient originairement d'Amérique ; elle est annuelle : par la culture elle s'est comme naturalisée dans toute l'Europe ; car dès qu'une fois elle a été transplantée dans un jardin, elle y repullule tous les ans avec abondance, & commence à paroître au mois de Mai : au reste elle se renouvelle aisément de graine. *Clusius* dit que ce tabac femelle est bon à la plupart des maladies auxquelles sert le véritable petun, mais qu'il est beaucoup plus foible ; aussi a-t-il peu d'odeur en comparaison des autres. Cette espece de nicotiane est selon M. *Bourgeois* un excellent vulnéraire : elle déterge & cicatrise les plaies les plus opiniâtres, & même les ulceres d'un mauvais caractere : elle guérit en peu de temps les contusions : pendant l'été on applique les feuilles vertes sur la partie malade, & on les change matin & soir. On en conserve pour l'hiver dans de l'eau-de-vie foible, dont on fait le même usage.

Les Continuateurs de la *Matiere Médicale de M. Geoffroy*, disent qu'en Espagne & en Portugal le tabac demeure toujours vert comme le citronier ; mais dans les pays froids il périt aux premieres gelées, & l'hiver on ne le peut conserver que très-difficilement dans les serres, en pot ou en caisse. En Amérique il vient très-haut, sur-tout le mâle, & son odeur est très-pénétrante : l'on emploie indifféremment les feuilles des deux premieres especes pour faire le tabac en corde, à mâcher & en poudre, dont l'usage est si commun. C'est en Août & en Septembre qu'on ramasse les feuilles des plantes dont on a coupé les sommités des tiges pour les empêcher de fleurir. C'est moins par la diversité des feuilles de nicotiane, que par la préparation qu'on leur fait subir (en y mêlant du sirop de sucre ou de l'eau de pruneau, ou de l'eau de bois de violette ou de bois de rose) qu'on parvient à produire de la différence dans les sortes de tabac, connues sous l'épithete de *scaserlati du Levant*, de *canasse*, d'*andouille de S. Vincent* ou *cigale d'Amérique*, de *rolle de Montauban*, de *briquet du Brésil*, &c. La nature du climat, le temps de la récolte, l'espece de lessive dont on arrose les feuilles, le mélange du tabac d'un pays avec celui d'un autre, tout contribue à lui donner une certaine couleur, saveur & odeur. Celui de la Havanne & de Séville, vulgairement appellé *tabac d'Espagne*, est préparé sans aucune drogue odoriférante, on le colore avec le *Rubrica*. Le *tabac de Macouba* a naturellement l'odeur de la rose : il est d'une couleur très-foncée, il tire son nom d'un canton situé dans la partie du Nord de la Martinique, où des habitans le cultivent.

Lorsqu'on veut cultiver du tabac, ce doit être dans une terre grasse & humide, exposée au midi, labourée & engraissée avec du fumier consommé : on le seme en France à la fin de Mars ; les Indiens & les Espagnols le sement en automne ou en Août au plutôt. On fait un petit trou en terre de la longueur du doigt, on y jete dix à douze graines de tabac, & on recouvre le trou: lorsqu'il est levé, on doit arroser la plante pendant le temps sec, & la couvrir avec des paillassons dans le grand froid. Comme chaque grain pousse une tige, on doit séparer les racines: lorsque les tiges sont hautes d'environ trois pieds, on coupe le sommet avant la floraison, afin qu'elles se fortifient, & l'on arrache celles qui sont piquées de vers, ou qui veulent pourrir. On connoît que les feuilles sont mûres quand elles se détachent facilement de la plante, qu'elles se cassent, & que froissées elles exhalent déjà une odeur pénétrante: on doit alors cueillir les plus belles, les enfiler par la tête, en faire des paquets & les mettre sécher dans un grenier. On laisse la tige en terre pour donner le temps aux autres feuilles de mûrir.

On a donné à la nicotiane bien des noms différens. Dans les Indes Occidentales, son pays natal, elle a toujours porté celui de *petun*, sur-tout au Brésil & dans la Floride, & elle le garde encore aujourd'hui dans l'un & l'autre monde. Les Espagnols qui la connurent premierement à Tabaco, île de la mer du Mexique, lui donnerent le nom de *tabac*, du lieu où ils l'avoient trouvée, & ce nom prévalut sur tous les autres. On l'a appellé *nicotiane* du nom de M. *Nicot*, Ambassadeur de France à la Cour de Portugal en 1560, qui en ayant eu connoissance par un Marchand Flamand, la présenta au Grand-Prieur à son arrivée à Lisbonne, & puis à son retour en France à la Reine Catherine de Médicis; de sorte qu'elle fut nommée *nicotiane*, *herbe du Grand-Prieur* ou *herbe de la Reine*. Le Cardinal de Sainte-Croix, Nonce en Portugal, & Nicolas Ternabon, Légat en France, l'ayant les premiers introduite en Italie, donnerent aussi leurs noms au tabac: quelques-uns l'ont appellé la *buglose* ou la *panacée antarctique*, d'autres l'*herbe sainte* ou *sacrée*, & propre à tous maux, apparemment à cause de ses vertus miraculeuses. Il y a eu des Botaniftes qui, à raifon de fa feule vertu narcotique, femblable à celle de la jufquiame, l'ont nommée *jufquiame du Pérou*. Thevet a difputé à Nicot la gloire d'avoir donné le tabac à la France ; & c'eft fans conteftation que François Drack, fameux Capitaine Anglois, qui conquit la Virginie, en enrichit fon pays. Les trois efpeces de tabac font d'ufage, mais on fe fert plus communément du mâle, tant intérieurement qu'extérieurement.

La nature n'a jamais rien produit en végétaux dont l'ufage fe foit étendu fi univerfellement & fi rapidement. Le tabac n'étoit autrefois qu'une fimple production fauvage d'un petit canton de l'Amérique ; mais depuis que les Européens ont contracté la furieufe habitude d'en prendre, foit râpé en poudre, par le nez, foit en feuilles au moyen d'une pipe, ou en mafticatoire, l'on en a prodigieufement étendu la culture. Les lieux les plus renommés où cette plante croît, font Vérine, le Bréfil, Bornéo, la Virginie, le Mexique, l'Italie, l'Efpagne, la Hollande & l'Angleterre ; car le tabac vient par-tout & fe vend très-cher quoiqu'il coûte fort peu. Il eft à préfent défendu d'en cultiver prefque par toute la France : ailleurs on ne le cultive guere que pour avoir fes feuilles. Quel que foit l'intérêt de cette défenfe, il eft certain que le tabac d'Amérique eft préférable à celui de l'Europe, & qu'il eft d'un produit confidérable pour les Souverains. L'on ne nous apporte point de tabac de l'Afie, & notamment de la Chine où l'on en cultive & confomme beaucoup. Le tabac de ce pays feroit-il moins bon que celui d'Amérique ?

Le tabac a eu fes Antagoniftes ainfi que fes Panégyriftes. Amurat IV, Empereur des Turcs, le Czar & le Roi de Perfe en défendirent l'ufage à leurs fujets fous peine de la vie ou d'avoir le nez coupé. Jacques Stuart, Roi d'Angleterre, & Simon Paulli ont fait un traité fur le mauvais ufage du tabac. On trouve une bulle d'Urbain VIII, par laquelle il excommunie ceux qui prennent du tabac dans les Eglises. Le P. *Labat*, dit que le petun fut comme une pomme de discorde, qui alluma une guerre très-vive entre les Savans, & qu'en 1699 M. *Fagon*, premier Médecin du Roi, n'ayant pu se trouver à une these de Médecine contre le tabac, à laquelle il devoit présider en chargea un autre Médecin dont le nez ne fut pas d'accord avec la langue; car on remarqua que pendant tout le temps que dura l'acte, il eut la tabatiere à la main, & ne cessa pas un moment de prendre du tabac.

Nous ne nous arrêterons point sur l'usage du tabac en poudre, pris par le nez autant par plaisir ou par usage que pour la nécessité. Personne n'ignore qu'il excite l'éternuement & procure une abondante évacuation de sérosité, *mucus narium*, sur-tout à ceux qui n'en ont pas contracté l'habitude. L'excès ou l'abus du tabac en poudre ou en feuilles n'est pas moins dangereux qu'un usage réglé en peut être utile. Le mouvement convulsif que le tabac excite dans les nerfs, quoiqu'irrégulier, peut être bon à quelque chose, ne fît-il que nous délivrer d'une humeur superflue, alors il est un remede: mais y a-t-il apparence que pour être en santé il faille avoir toujours le remede à la main, & qu'on puisse regarder comme un régime utile d'être à tout moment en convulsions?

Toutes les especes de tabac purgent par haut & par bas avec violence. Pris intérieurement en substance il convient dans l'apoplexie & la léthargie, même contre l'épilepsie: mais on ne peut trop en redouter les effets; il faut une main habile & prudente pour diriger un tel remede, car le caractere âcre & caustique de cette plante s'est décélé plus d'une fois, même envers ceux qui le prennent en fumée pour la premiere fois; ils deviennent ivres, & s'ils ne rejetoient pas la fumée, ils tomberoient dans un triste état. Combien de malades, tombés dans des assoupissemens léthargiques, n'ont recouvert le sentiment & la connoissance que pour mieux sentir d'autres convulsions accompagnées de vomiſſemens, de ſueurs froides, d'un pouls foible & frémiſſant, & d'autres accidens plus funeſtes ? S'il faut être ſur ſes gardes quand on emploie ce remede, même dans les affections ſoporeuſes, que doit-on penſer de ſes effets, quand en bonne ſanté on en fait un uſage continuel, ſouvent immodéré & toujours ſans correctif ? Le meilleur bien qu'il en arrive eſt de faire couler les catarres, la migraine, &c. comme le font moins dangéreuſement la poudre de bétoine, de muguet, &c. mais le plus petit mal qu'il puiſſe produire eſt, dit-on, de deſſécher le cerveau, d'amaigrir, d'affoiblir la mémoire & de détruire, ſinon entiérement, au moins en partie la fineſſe de l'odorat. Heureux, mille fois heureux les Savans qui s'abſtiennent de l'uſage du tabac ! On lit dans un des *Journaux d'Allemagne, ann. 1730, pag. 179*, des exemples de vertiges & de cécité, même de paralyſie, occaſionnés par l'uſage immodéré du tabac. *Jean Bauhin* vante la nicotiane pour détruire comme par enchantement toute eſpece de vermine qui déſole les hommes & les brutes. En Italie on ſe ſert de ſa ſemence pour appaiſer le priapiſme : c'eſt de-là qu'on a donné à la troiſieme eſpece de tabac le nom de *priapée*. Enfin nous concluons que l'uſage du tabac peut convenir en fumée pour le mal de dents, pour rendre les ſoldats & les matelots moins ſenſibles à la diſette des vivres, qui n'eſt que trop fréquente dans les armées ou vaiſſeaux, & les préſerver des attaques du ſcorbut. (M. *Bourgeois* dit que le tabac d'Eſpagne appliqué ſur les gencives attaquées du ſcorbut & ſaignantes, les guérit entiérement & raffermit les dents branlantes). Mais nous répétons qu'il en faut prendre peu à la fois & rarement, afin de s'y accoutumer par dégré, & que cependant il faut tâcher de ne s'en pas faire un beſoin en tout temps. La fumée de l'eſpece de tabac que les Hollandois appellent *canaſter* (*canaſſe*), introduite par l'anus dans les inteſtins au moyen d'une machine faite exprès, & dont on peut voir la figure & la deſcription dans la Chirurgie d'*Heister*, est un grand remede dans le *miséréré*, sur-tout celui qui a pour cause une hernie avec étranglement du boyau, qui intercepte totalement le passage du canal intestinal. Cette fumée introduite dans l'anus & la trachée-artere est aussi très-utile pour rappeler à la vie les noyés. On estime la cendre de tabac très-bonne pour blanchir les dents. En Europe, en Turquie, en Perse & même en Chine on se sert de la pipe pour fumer : mais les Caraïbes des îles Antilles ont une autre façon très-singuliere, & qui nuit beaucoup à la force de l'odorat & de la vue. Ils enveloppent des brins de tabac dans certaines écorces d'arbres très-unies, flexibles & minces comme du papier ; ils en forment un rouleau, l'allument, en attirent la fumée dans leur bouche, serrent les lévres, & d'un mouvement de langue contre le palais font passer la fumée par les narines : dans les deux presqu'îles de l'Inde & dans les îles de l'Océan oriental presque tous les peuples idolâtres fument des *chirontes* ou petits rouleaux de feuilles de tabac appelés *cigales* en Amérique. Les Mahométans du Mogol & de l'Inde fument avec un gargoulis double, dont la construction est aussi bizarre que dispendieuse ; l'un sert à recevoir la fumée à travers de l'eau, & l'autre à contenir le tabac & le charbon allumé. Cette fumée de tabac est très-douce & beaucoup plus agréable. Ils y mêlent quelquefois des feuilles de bangue qu'ils nomment *ganja* & qu'ils aiment beaucoup. *Voyez* BANGUE.

Le tabac infusé dans l'urine d'homme est très-efficace, dit M. *Bourgeois*, pour détruire toute espece de vermine, soit celle des enfans, soit celle des brutes. Les Maréchaux & les Vachers de la Suisse s'en servent fréquemment pour détruire les poux qui attaquent les jeunes poulains & les veaux. Ce remede est aussi très-bon pour détruire les fourmis & les les fourmillieres. *Lisez l'article* FOURMI, où est décrite la maniere d'en faire usage contre ces insectes.

NICTALOPE. *Voyez l'article* ESCARBOT COMMUN.

NID D'OISEAU, *nidus avis*, est une plante qui croît dans les bois, communément aux pieds des sapins : sa racine est composée de grosses fibres, fragiles, pleine de suc, entremêlées de maniere qu'elles ne représentent pas mal un nid d'oiseau : elle pousse deux ou trois tiges hautes d'un pied ou environ, revêtues de feuilles creusées, luisantes & cannelées, ayant la figure d'un cœur : ses fleurs sont rangées aux sommets des tiges, comme dans l'orchis, composées chacune de six feuilles pâles ; à ces fleurs succede un fruit formé en lanterne, à trois côtes arrondies, & qui renferme des semences semblables à de la sciure de bois. On a donné aussi le nom de nid d'oiseau à une espece de carotte.

Toute cette plante a un goût amer, âpre : elle est détersive, résolutive & vulnéraire appliquée extérieurement.

NID D'OISEAU. Nom que l'on donne à un petit réduit composé de diverses matieres où l'oiseau pond, couve & éleve ses petits. *Voyez l'article* OISEAU. On donne le nom d'*aire* au nid ou à l'endroit qu'habitent les grands oiseaux de proie, tels que l'*aigle*, le *faucon*, l'*autour*, &c. *voyez ces mots*.

Il y a peu de nids dont la Médecine fasse usage, excepté celui d'*hirondelles*. Voyez ce mot, & celui dont nous avons parlé sous le nom d'ALCION.

A l'égard des nids d'oiseaux pétrifiés avec les œufs de ces animaux, rien n'est plus faux que leur existence ; à moins qu'on ne regarde comme pétrifiés les nids & les œufs que l'on met dans la fontaine de Carlsbad en Bohême, & qui en peu de temps se trouvent incrustés de façon à faire croire qu'ils seroient véritablement changés en pierres.

NIDS DE DRUSEN. *Voyez à l'article* FILONS.

NIEKE CORONDE. C'est la fausse cannelle du Ceylan.

NIELLE, *nigella*. Plante dont M. *de Tournefort* distingue douze especes tant sauvages que cultivées; nous n'en citerons que trois.

1°. La Nielle des champs ou la Nielle sauvage ou batarde, la Barbue ou Poivrette commune, *nigella sylvestris aut arvensis cornuta*, est une plante que l'on trouve en France & en Allemagne dans les blés, sur-tout après la moisson. Sa racine est fibreuse, petite, blanchâtre: elle pousse une tige, tantôt simple, & tantôt rameuse, grêle, cannelée & haute d'un pied; ses feuilles qui ressemblent assez à celles de l'aneth, sont découpées en petits filamens alternes: ses fleurs qui paroissent vers la fin de l'été, sont comme étoilées, composées de cinq feuilles, bleuâtres, grandes & agréables; il leur succede des fruits membraneux, terminés par cinq cornets, qui au sommet s'écartent les uns des autres, mais qui sont unis ensemble depuis le milieu jusqu'en bas, partagés ainsi dans leur longueur par autant de loges qui renferment plusieurs semences noires. Cette plante a la même propriété en Médecine que la suivante.

2°. La Nielle romaine ou Nielle des Jardins ou Nielle cultivée et domestique ou Cumin-noir ou le Faux Cumin, *nigella romana, flore minore simplici, candido*. Cette plante que l'on cultive dans les jardins où elle vient aisément, ressemble à la précédente; ses fleurs sont d'un blanc pâle, ses semences sont noires ou jaunes & anguleuses, d'une odeur aromatique & d'un goût piquant. Quelques-uns l'ont déjà employée dans les cuisines aux mêmes usages du poivre. La meilleure nous vient d'Italie.

3°. La Nielle de Candie ou du Levant, *nigella Cretica*, est une espece de nielle plus petite que les précédentes, & qui se distingue encore par ses fleurs bleuâtres & par l'odeur de sa graine, que l'on prendroit du cumin, tant elle est forte: elle a les mêmes propriétés des autres nielles: on la cultive dans quelques campagnes en terre grasse : elle fleurit dès le mois de Juin.

La semence de nielle, qui de toutes les parties de sa plante, est la seule dont nous nous servions en ce pays-ci, doit être bien desséchée avant qu'on en fasse usage ; car elle contient une humidité qui, selon *Tragus*, est fort pernicieuse : son infusion est apéritive & rétablit les regles ; elle convient aussi dans la colique venteuse : cette même infusion remédie parfaitement au rhume de cerveau & à l'henchifrenement : pour cela on tire cette liqueur par le nez, ayant soin auparavant de s'emplir la bouche d'eau, parce que sans cela ce qu'on attire par le nez passeroit dans la bouche & dans le gosier : on tire beaucoup d'huile essentielle de la nielle, qui est excellente pour résister au mauvais air & tuer les vers. M. *Cartheuser* dit aussi en avoir retiré par expression, & l'appelle *unguineuse*.

NIELLE DES BLÉS, FAUSSE NIELLE ou NIELLE BATARDE, *nigellastrum*. Espece de lychnis que M. *Linnæus* appelle *agrostemma*. Cette plante naît dans les champs, & se trouve par-tout dans les blés : sa racine est petite, mais sa tige est haute de trois pieds ; velue, genouillée, creuse & rameuse : ses feuilles qui sont opposées deux à deux, sont étroites, longues, pointues, & embrassent la tige par une large base, revêtues de longs poils blanchâtres : ses fleurs qui paroissent depuis Mai jusqu'en Juillet, sont purpurines, quelquefois blanchâtres, à cinq pétales, échancrées, contenues dans un calice d'une seule piece divisée en cinq lanieres oblongues qui dépassent la fleur. A ces fleurs succedent des capsules séminales, oblongues, à-peu-près de la figure d'un gland : dans la maturité elles s'ouvrent en cinq parties & contiennent plusieurs semences noirâtres, rudes & assez inodores. Cette plante est annuelle comme la nielle commune : elle convient dans la curation des ulceres, des fistules, & pour arrêter les hémorragies. *Sennert* a passé dans le Danemarck pour

un

un magicien, pour avoir guéri, comme par miracle, de telles maladies. La façon de s'en servir est de tenir sous la langue un petit morceau de cette racine nouvellement tirée de terre.

M. *Sarcey de Sutieres*, membre de la Société d'Agriculture de Paris, prétend que la graine de la nielle des blés produit une farine plus blanche & plus légere que celle de froment, & qu'on peut faire une poudre à poudrer supérieure en qualité, en un mot qu'un arpent de terre ensemencé de cette graine produiroit autant de farine que trois arpens en blé. Cette culture peut donc être avantageuse: elle ménageroit le blé qu'on emploie à faire la poudre.

On donne aussi le nom de nielle à une maladie qui attaque certains végétaux : *voyez ce que nous en avons dit au mot* ARBRE, *& notamment à l'article* BLÉ.

NIGUAS. *Voyez* NINGAS.

NIHILUM ALBUM ou POMPHOLIX ou TUTHIE BLANCHE. *Voyez* ZING.

NIMBO, *nimbo folio & fructu oleæ, aut arbor Indica fraxino similis, oleæ fructu; seu azedarach floribus albis semper virens*. Arbre des Indes Orientales, nommé *bépole* en Malabar. Cet arbre est vert toute l'année, & ressemble assez au frêne : ses fleurs sont petites, blanches, composées de cinq pétales; leur odeur est semblable à celle du triolet odorant ; aux fleurs succede un fruit jaunâtre de la forme d'une petite olive; ses feuilles sont vertes, ameres au goût, dentelées aux bords, & estimées. Trempées dans le suc de limon & exprimées, elles donnent une liqueur réputée un grand vulnéraire: prise intérieurement; c'est un spécifique contre les vers. On tire de son fruit par expression une huile bonne pour les piqûres & contractions des nerfs.

NINGAS ou NIGUAS ou NIGUE. C'est une sorte de vermine des Indes, fort incommode pour les hommes : elle se cache dans la poussiere, & saute à la maniere des puces : elle se fourre entre cuir

Tome VI. F

& chair dans les orteils de ceux qui marchent pieds nus, elle y laisse des œufs en si grande abondance, qu'on a de la peine à les détruire, à moins que ce ne soit par un cautere, ou en coupant les chairs par où elle s'est nichée : cette vermine est presque la même que le *tous* du Brésil & la *chique* des Antilles. *Voyez ces mots.*

Lesser, dans sa *Théologie des Insectes*, dit que c'est par le moyen des ningas que les Anatomistes ont eu occasion de revenir d'une erreur générale. On croyoit autrefois que le sang prenoit son cours par les extrémités des arteres; mais cet insecte, dit *Lesser*, nous a appris le contraire.

Il paroîtroit, d'après les observations de feu M. l'Abbé *Chappe* dans son *Voyage de la Californie*, que ces insectes qui sont si incommodes à la Vera-Cruz & dans le Mexique, ne sont pas les mêmes que les chiques des Antilles, quoiqu'ils s'introduisent de même dans la peau & y multiplient. Ce qui le fait croire à M. l'Abbé *Rozier*, c'est qu'au Mexique les Indiens n'y connoissent point pour remede l'infusion du tabac, remede si simple, & que la plaie qu'y font les niguas devient, dit-on, mortelle si on y laisse couler de l'eau. Le premier soin après avoir arraché la nigua, est de boucher avec du suif le trou qu'elle a fait en s'enfonçant dans la chair.

NINTIPOLONGA, est un magnifique serpent des Indes Orientales, dont la morsure cause un sommeil mortel. Il n'est pas rare dans l'île de Ceylan; sa couleur est brune tirant sur le noir, il est tiqueté ou marbré de fleurs blanches ; ses yeux qui sont grands & bleus brillent beaucoup; l'ouverture de sa gueule qui est garnie de dents courbées & aiguës, est munie dans son contour d'écailles épaisses ; sa queue va en diminuant & finit en pointe. *Thes. Seb. Tab. 37.*

NIN ZIN ou NISI ou NINDSIN. *Voyez son histoire à la suite du mot* GENS-ENG.

NIRUALA. C'est un arbre de plusieurs pays des Indes, sur-tout du Malabar, dont les feuilles distillent un suc qui, reçu dans un linge qu'on applique sur les aines, provoque fort promptement l'urine.

NITRE ou SALPÊTRE, *nitrum*, est un sel à qui la cristallisation donne une figure prismatique, hexangulaire avec une petite pointe aigue; il est d'une saveur fraîche, salée & amere. Le nitre est en partie fixe, & en partie volatil: il fuse sur les charbons ardens: il entre en fusion au feu; mêlé avec de la poudre de charbon, il détonne.

Bien des Naturalistes regardent l'origine du nitre comme due au regne minéral. La plupart des Chimistes, & notamment *Glaubert*, disent que ce sel appartient au regne végétal, & qu'il est uniquement l'ouvrage de la végétation. Quelques modernes d'entr'eux le donnent au regne animal. Le célèbre *Stahl* a donné une savante théorie sur la génération de ce sel qu'il attribue à la putréfaction des corps. Quoi qu'il en soit de ces diverses opinions, il est constant qu'on trouve du nitre tout formé dans quantité d'endroits où l'air a un libre cours; tantôt il est attaché contre des murailles dont le ciment n'est pas sec; alors il est fort impur; mais il s'y reproduit toujours tant que le mur est humide & voisin des latrines ou des habitations d'animaux quelconques: on l'en détache avec des balais, c'est ce qu'on appelle *nitre* ou *salpêtre de houssage*: tantôt, mais plus rarement, le nitre se rencontre sur certaines roches désertes dans les Indes. On en a trouvé dans une mine de charbon près celle de Tutweiler, dont la montagne brûle toujours, & dans une espece de granite destructible de Finlande. Ainsi l'on trouve du nitre dans les pierres, près de la superficie de la terre; dans les végétaux, sur-tout dans les borraginées; dans les plantes ameres, telles que la fumeterre, le cresson de fontaine, l'héliotropium. *Rauvolf* dit que les Mahométans tirent un nitre des feuilles & des rameaux du saule incinérés : d'autres retirent du salpêtre de la terre où les animaux vont uriner.

La terre nitreuse, celle qu'on dit être la seule matrice propre à produire du nitre, & qui l'a déjà produit, & qui est absolument nécessaire pour en produire, doit être visqueuse & alkaline : c'est une telle terre qui coopere si merveilleusement à l'amélioration ou fécondité des végétaux. M. *Godefroi Pietsch*, qui a remporté le prix de l'Académie de Berlin en 1749, par un Mémoire sur le salpêtre, est parvenu à faire du nitre même avec du vitriol, (on a dit du vinaigre) de l'urine putréfiée & de la chaux : *voyez* aussi quelques détails sur les *nitriaires* artificielles à *l'article* SALPÊTRE.

Tout le sel de pierre, autrement dit le salpêtre du commerce qui se fait à Paris, se retire des platras qui proviennent de la démolition des vieux bâtimens, sur-tout des caves, &c. On lessive en grand ces matériaux, & on fournit à la liqueur une base alkaline : puis par la voie de l'épuration, ensuite de l'évaporation graduée, on parvient à en obtenir des cristaux plus ou moins transparens, &c. *Voyez* pour ce procédé le *Dictionnaire de Chymie*.

Le nitre entre dans la composition de la poudre détonnante & de celle à canon, dans les flux employés par les Artistes pour fondre quantité de métaux : le nitre est la base de l'eau-forte, de l'eau-régale : on s'en sert aussi pour préparer des glaces, & pour saler les viandes & quelques poissons, ce qui donne à leur chair une couleur rouge. En Médecine ce sel est d'un usage très-étendu & très-fréquent. Il calme l'effervescence du sang & tempère l'ardeur de toutes les especes de fiévres, même les ardeurs d'urine. On en fait des tablettes très-efficaces dans les maux de gorge inflammatoires. Le nitre est la base de la *poudre antispasmodique* ou tempérante de *Stahl*. On en fait le cristal minéral ou sel de prunelle, dont les propriétés sont les mêmes que celles du nitre.

NIVA-TOKA, est le sureau commun du Japon. Sa moëlle sert dans ce pays de méche pour les chandelles.

NIVEAU D'EAU DOUCE. *Voyez* MARTEAU INSECTE.

NIVEROLLE. C'est le *pinçon de neige, fringilla nivalis.* Voyez PINÇON.

NLANNETONS. Nom que l'on donne à des vers noctiluques du Royaume de Siam. Ils sont d'un vert doré extrêmement beau. *Voyez* VER LUISANT.

NOERZA. Espece de fouine de la grandeur de la marte; son poil approche, par la couleur, de celui d'une loutre; cet animal se cache dans les endroits les plus épais des bois, & il exhale une très-mauvaise odeur. *Agricola* dit que le noerza habite les vastes & sombres forêts de la Souabe du côté de la Vistule.

NŒUD. *Voyez à l'article* PLANTE.

NOIR. Cette couleur qui est opposée au blanc, en ce qu'elle est la plus obscure de toutes, est connue sous différentes épithetes & formée de diverses matieres. Il y a les *noirs* d'ivoire & d'os calcinés dans un vase couvert. Le *noir* d'Allemagne qui est fait avec la lie de vin, les noyaux de pêche, l'ivoire & l'os, le tout brûlé & calciné, ensuite lavé & porphyrisé. Le *noir* de charbon. Le *noir* des Corroyeurs, c'est une espece d'encre. Le *noir* d'Espagne, il se fait de liége brûlé. Le noir de fumée, il est produit par des résines brûlées. Le *noir* de terre, est une espece de charbon fossile tendre & gras au toucher. Dans nos Colonies on désigne sous le nom de *Noirs* les Négres. *Voyez l'article* NÉGRE.

NOIRPRUN. *Voyez* NERPRUN.

NOISETIER. *Voyez* COUDRIER.

NOIX. *Voyez* NOYER.

NOIX D'ACAJOU. *Voyez* ACAJOU

NOIX D'AREQUE. *Voyez à l'article* CACHOU.

NOIX DES BARBADES. *Voyez* RICIN.

NOIX DE BEN. *Voyez* BEN.

NOIX DE BENGALE. *Voyez au mot* MYROBOLANS.

NOIX DE BICUIBA. C'est une espece de fruit des Indes qui brûle comme du linge imbibé de poix. A mesure qu'il brûle, il en sort une huile, avec laquelle M. *Jean Verdois*, Consul de la Nation Françoise, atteste avoir guéri plusieurs cancers & certaines especes de coliques. On lit dans l'*Histoire de l'Académie des Sciences*, année *1710*, pag. *16*, que M. *de la Mare*, Officier de Marine, ayant apporté de ce fruit des Indes, fit l'épreuve d'en tirer l'huile en le brûlant chez M. *Boudin*, alors premier Médecin de feue Madame la Dauphine.

NOIX DE COCO. *Voyez* COCO.

NOIX DE COURBARI. *Voyez* COURBARIL.

NOIX DE CYPRE ou CHYPRE. *Voyez* CYPRÈS.

NOIX DE GALLE, *galla*. Espece de coque végétale que l'on trouve en maniere d'excroissance sur les chênes du Levant, laquelle est occasionnée par la piqûre d'une sorte d'insecte qui y dépose ses œufs, &c. Ces galles, qui sont astringentes, varient pour la grosseur, la couleur, le poids, la figure & leur superficie qui est unie ou raboteuse. Si l'on ouvre les noix de galles encore récentes, on trouve à leur centre une ou plusieurs larves & nymphes logées en autant de différentes cellules. Si les noix de galles sont vieilles, elles sont perforées chacune d'un trou rond que le vermisseau métamorphosé en mouche, a fait pour se procurer une issue & s'envoler. Les noix de galles nous viennent d'Alep, de Tripoli & de Mozal. On préfère celles qui sont épineuses, noires, dures & pesantes, aux blanches, légeres, peu dures & rougeâtres qui viennent dans nos climats & qu'on appelle *cassenoles*; elles donnent à la solution de vitriol martial une couleur violette & noire. La noix de galle réduite en poudre est comme la pierre de touche pour s'assurer de la qualité martiale des eaux. On les estime fébrifuges & propres à resserrer & fortifier les parties qui sont trop relâchées ; mais M. *Bourgeois* prétend qu'on n'en doit faire usage qu'extérieurement ; elles arrêtent les accès sans évacuer la matiere morbifique, & produisent des maladies & des accidens beaucoup plus dangereux que la fiévre : elles sont la base de l'encre ; elles servent aussi aux Foulons, aux Tanneurs, aux Chapeliers, aux Teinturiers, &c. *Voyez à l'article* CHÊNE *& le mot* GALLES. *Voyez aussi* BAISONGE *à l'article* PUCERON.

NOIX DE GIROFLE ou DE MADAGASCAR. *Voyez* CANNELLE GIROFLÉE.

NOIX IGASUR ou FEVE DE SAINT IGNACE. *Voyez à la suite du mot* NOIX VOMIQUE.

NOIX D'INDE. On donne ce nom tantôt au fruit du *cacaotier*, & tantôt à celui du *cocotier*. Voyez ces mots.

NOIX MÉDICINALE ou COCOS DES MALDIVES. *Voyez* Cocos.

NOIX DU MÉDICINIER D'ESPAGNE. *Voyez* RICIN.

NOIX MÉTHEL ou DATURA. *Voyez à l'article* POMME ÉPINEUSE.

NOIX DES MOLUQUES. C'est la *noix vomique*. *Voyez ci-après*.

NOIX MUSCADE. *Voyez au mot* MUSCADE.

NOIX NARCOTIQUE, *nux insana*, est un fruit des Indes, gros comme nos petites prunes, rond, couvert d'une écorce rude, rougeâtre, contenant un noyau membraneux, noir & marqué d'une grande tache blanche, entouré d'une pulpe noire, semblable à celle de la prune sauvage : ce noyau renferme une amande grisâtre. Ce fruit croît à un arbre grand comme un cerisier, & porte des feuilles longues & étroites comme celles du pêcher.

La noix narcotique cause un assez mauvais effet

à ceux qui en mangent, car elle produit des vertiges au cerveau & un délire qui dure quelquefois deux ou trois jours, ou bien elle donne un cours de ventre : on peut l'employer extérieurement dans les onguens anodins, pour calmer les douleurs.

NOIX PACARIE. *Voyez aux articles* NOYER & PACANE.

NOIX PÉTRIFIÉES. Il y a quelques années qu'en creusant des anciens puits de salines abandonnés depuis cent cinquante ans à Lons-le-Saunier en Franche-Comté, on trouva à environ trente toises de profondeur des noix pétrifiées, très-singulieres en ce qu'il n'y a que l'amande qui soit pétrifiée, tandis que l'extérieur ou la coque ligneuse & le zest même, n'ont point changé de nature. *Consultez Mémoires de l'Académie Royale des Sciences de Paris, année 1742, pag. 33 & 34.*

NOIX DE PISTACHE. *Voyez au mot* PISTACHIER.

NOIX DU RICIN INDIEN. *Voyez* RICIN.

NOIX DE SERPENT ou NOIX NHANDIROBA. *Voyez* AHOUAI & AVILA.

NOIX DE TERRE. *Voyez* TERRE-NOIX.

NOIX VOMIQUE, *nux vomica aut malus Malabarica fructu corticoso, amaricante, semine plano, compresso.* C'est une petite amande plate, de la forme d'un bouton, d'une substance dure comme de la corne, de couleur grise, un peu lanugineuse, remarquable par une espece de nombril qui est au centre. Ces amandes se trouvent au nombre de quinze dans un fruit rond, qui croît sur un arbre très-gros (son tronc ayant dix pieds de contour), lequel naît au Malabar & à la côte de Coromandel, & qui porte des fleurs d'une seule piece, en entonnoir. On soupçonne que cet arbre est le même que celui qui donne le *bois de couleuvre*. Voyez ce mot. Mais ce sont, selon M. *Linnæus*, deux especes du genre qu'il nomme *strychnos*.

Les noix vomiques, ainsi que tous les médicamens amers, secouent violemment les nerfs sensibles de l'estomac des animaux, & les font périr. La noix vomique est un poison pour les quadrupedes & les oiseaux, ainsi que pour l'homme, dont une très-petite dose bouleverse l'estomac & occasionne des mouvemens convulsifs & de terribles angoisses. Diverses expériences faites sur des chiens, prouvent que ce poison produit le même phénomene dans les autres animaux, c'est-à-dire des mouvemens convulsifs, l'épilepsie & la mort. La dissection des animaux, à qui on en avoit fait manger, a appris qu'il n'agit point par voie de coagulation dans le sang ou dans le suc nerveux, car il n'a paru aucun engorgement semblable à ceux qu'occasionnent les poisons coagulans; tel que l'on dit qu'en produit la ciguë d'eau. Ce poison ne corrode point les membranes de l'estomac, mais il irrite les fibres nerveuses, dont il détruit le mouvement uniforme & oscillatoire. Dès que le suc stomacal a commencé à dissoudre la noix vomique, les effets du poison commencent à se faire sentir, c'est au bout d'un quart-d'heure ou d'une demi-heure.

Tout prouve que la noix vomique est très-dangereuse, quoique quelques-uns osent assurer qu'elle n'est funeste qu'aux bêtes & point aux hommes; son usage doit donc être absolument banni, à moins qu'on n'en fasse usage à l'extérieur, la poudre de ces noix étant résolutive. On lit dans l'*Encyclopédie, vol. IV, p. 251, col. 2*, qu'on peut sauver la vie des oiseaux qui auroient avalé de ce poison, en leur faisant boire de l'eau par force, & qu'on sauve pareillement le chien en lui faisant avaler du vinaigre.

L'on croit, mais à tort, que la noix igasur des Philippines, autrement dite *féve de S. Ignace*, est aussi une espece de noix vomique. L'igasur, si connu chez les Indiens sous le nom de *mananaag* & *cathologan*, & chez les Espagnols sous celui de *pépita de Bisayas*; est un noyau arrondi, inégal, comme noueux, très-dur, d'une substance comme de corne, semblable à l'hermodacte, d'une saveur de graine de citron, mais trèsamere, d'une couleur blanche-verdâtre, qui devient brune en vieillissant. La plante qui donne l'igasur, s'appelle *cantara* ou *catalongay*, elle est très-rampante; son tronc est ligneux, lisse, poreux, de la grosseur du bras; ses feuilles ressemblent à celles du malabathrum, sa fleur à celle du grenadier, & il lui succede un fruit gros comme un melon, couvert d'une peau fort mince & d'une autre substance dure, comme pierreuse; l'intérieur de ce fruit est rempli d'une chair un peu amere, jaune & molle, dans laquelle sont renfermés communément vingt-quatre noyaux gros, mais qui diminuent beaucoup en se séchant.

Ce sont les Jésuites Portugais Missionnaires, qui nous ont apporté depuis peu ces fruits, qui étoient inconnus jusqu'alors. Le P. *George Camelli*, l'un d'entr'eux, raconte des choses surprenantes du cas que les Indiens en font. Le commun du peuple, dit-il, donne indifféremment la noix igasur pour guérir généralement tous les maux du corps humain, sans avoir aucun égard au temps, à la maladie, à l'âge, ou même à la dose; & même plusieurs la portent suspendue au cou, & ils croient que par le moyen de cette amulette, ils sont à l'abri & exempts de tout poison, de la peste, de la contagion, des enchantemens magiques, des philtres, & spécialement du *sopto*, ou de cette espece de poison que l'on dit qui tue en le respirant seulement, &, ce qui est bien plus, du démon même. Cependant notre Missionnaire dit qu'il ne faut pas prendre ce remede témérairement, parce qu'il produit des mouvemens convulsifs, entr'autres le ris sardonique & le spasme dans les Espagnols, au lieu qu'il n'en excite aucun dans les Indiens: en général ses vertus semblent différer peu de celles de la noix vomique, mais ces amandes n'ont aucune ressemblance entr'elles; au reste ce remede, dit M. *Haller*, n'a pas pu prendre en Europe.

NOIX VOMIQUE FOSSILE, c'est la *pierre lenticulaire*. Voyez ce mot.

NOKTHO. Les Siamois donnent ce nom à un oiseau appellé *grand gosier* en Afrique par tous les Voyageurs, & en Amérique *pélican*, ou *onocrotale* par les Naturalistes. *Voyez* PÉLICAN.

NOMBRIL, ou OMBILIC, *umbilicus*, est le nœud formé de la peau & de la réunion des vaisseaux ombilicaux, au milieu du ventre, & que l'on coupe à l'enfant aussitôt qu'il est né. Chez les hommes le *nombril* est apparent & bien marqué, au lieu que dans la plupart des brutes il est presque insensible & souvent entierément obliteré; les singes n'ont même qu'une espece de callosité ou de dureté à la place du nombril. Il est probable que les hommes n'auroient pas le nombril plus apparent s'il avoit été lié & coupé à fleur du ventre, après la naissance de l'enfant. *Voyez à l'art.* HOMME. Le nombril est sujet, particuliérement aux femmes, à la tumeur que les Médecins nomment *exomphale*.

NOMBRIL MARIN, *umbilicus marinus*, est un limaçon ombiliqué. *Voyez au mot* LIMAÇON DE MER.

Les Naturalistes donnent aussi le nom de *nombril marin* aux opercules des coquillages marins & operculés. *Voyez à l'article* COQUILLAGE.

NOMBRIL DE VÉNUS, *umbilicus Veneris*. Plante autrement connue sous le nom de *cotyledon*, & dont on distingue deux especes principales que nous allons décrire.

1°. LE GRAND COTYLEDON ou NOMBRIL DE VÉNUS, ou ESCUDES ou ESCUELLES COMMUNES, *cotyledon major*. Cette plante, qui croît naturellement dans les rochers & vieux murs des édifices, aux lieux pierreux & chauds, est assez commune dans plusieurs Provinces de France; elle ne s'éleve pas si aisément dans les jardins. Sa racine est tubéreuse, charnue, blanche, fibreuse en dessous; elle pousse des feuilles rondes, épaisses, grasses, pleines de suc, creusées en bassin comme un nombril, attachées par des queues longues, verdâtres, d'un goût visqueux & insipide; d'entre lesquelles s'élève une tige menue, haute d'environ un demi pied, qui se divise en plusieurs rameaux revêtus de petites fleurs en cloches, de couleur blanchâtre ou tirant sur le purpurin: ces fleurs sont remplacées par des fruits à plusieurs gaînes membraneuses, qui renferment des semences fort menues. Cette plante commence à paroître vers l'automne; elle conserve ses feuilles pendant l'hiver, elle fleurit en Avril & Mai, alors ses feuilles se flétrissent.

2°. Le COTYLEDON ou NOMBRIL DE VÉNUS A FLEUR JAUNE, *cotyledon flore luteo*: sa racine est longue, vivace & rampante; ses feuilles sont plus épaisses que les précédentes, & crenelées en leurs bords; la tige est rougeâtre, les fleurs jaunes & disposées en épi: à ces fleurs succedent cinq capsules oblongues, verdâtres, remplies de graines très-menues & rougeâtres. Cette plante vient ordinairement de Portugal; on la cultive dans les jardins curieux, où elle n'est pas difficile à conserver; mais elle périt comme la précédente espece.

Les feuilles du cotyledon ont un goût visqueux & aqueux; elles sont rafraîchissantes, & produisent, ainsi que la joubarbe, de très-bons effets dans les inflammations externes, sur les brûlures & les hémorroïdes.

NONNATA. *Voyez* APHIE.

NONNETTE. *Voyez au mot* MÉSANGE.

NOPAL. *Voyez* OPUNTIA.

NORD-CAPER, est une petite espece de baleine, qui se pêche sur les côtes de Norwege & d'Islande: c'est la baleine glaciale de *Klein*. Voyez au mot BALEINE.

NORRKA. Les Naturalistes Suédois donnent ce nom à une pierre de roche composée, comme graniteuse, où le mica abonde; nous en avons qui contiennent aussi du talc.

NOSTOCH. Espece de fucus terrestre. *Voyez à l'article* MOUSSE.

NOTOPEDE. *Voyez* TAUPIN.

NOYAUX, *nuclei aut metroliti*. Communément on donne ce nom aux empreintes intérieures & solides des coquillages : la matiere qui compose ces noyaux varie beaucoup : elle provient ordinairement des mêmes couches qui forment les lits des pierres où ces fossiles étoient enfermés ; elle s'est insinuée sous la forme d'une vase liquide dans la cavité de la coquille, & s'est endurcie & moulée à mesure que l'eau s'en retiroit : il n'est pas toujours possible de bien déterminer à quelle sorte de coquille tel noyau peut se rapporter, cette empreinte ne pouvant porter le caractere que la plupart des coquilles ont extérieurement, & qui souvent en fait la différence spécifique.

On dit aussi noyaux d'amande, de pêche, de cerise, de prune, d'abricot, &c. Le *noyau*, *osficulum*, est la partie dure des fruits qui contient un corps tendre & bon à manger, auquel on a donné le nom d'amande.

Enfin on appelle noyau la partie la plus dure qui se trouve au centre de certains cailloux.

NOYER, *nux juglans*. Le noyer est un arbre qui devient très beau, agréable par son feuillage, & qui est d'une très-grande utilité, tant par ses fruits que par son bois.

Il y a plusieurs especes de noyers qui different soit par leurs fruits, soit par leurs feuilles. On distingue le noyer ordinaire, dit aussi *noyer royal* : le noyer à gros fruit, dit *noix de jauge* ; ses noix sont extrêmement grosses, mais elles ne sont jamais bien pleines, & ont peu de saveur : il y a une espece de noyer à fruit tendre, un autre à feuilles découpées : le noyer qui donne ses fruits deux fois l'année : le noyer de la Louisiane, dont le fruit a la figure d'une noix muscade, & que l'on nomme *pacano* ; & quelques autres especes du Canada, même celle d'Europe qu'on nomme en France *noyer de la S. Jean*, & que *Carlowiz* & *Valvaffor* ont décrit ne fructifier qu'à la S. Jean ; c'est le *nux fructu serotino* des Auteurs.

Comme les noyers se multiplient de semence, il se forme beaucoup de variétés dans ces arbres.

Les noyers portent sur les mêmes pieds des fleurs mâles & des fleurs femelles. Les fleurs mâles forment des chatons ; cette poussiere fécondante des chatons passe pour être bonne dans la dyssenterie. Les fleurs femelles sont assemblées deux ou trois ensemble. Aux fleurs succedent les fruits, qui sont couverts d'une écorce charnue, verte, acerbe & un peu amere, que l'on nomme *brou de noix*, qui recouvre une écale ou coque ligneuse qui renferme une amande divisée en quatre lobes. Presque tous les noyers ont les feuilles conjuguées & attachées sur une côte terminée par une feuille impaire ; elles ont une bonne odeur.

Les noyers se plaisent le long des chemins, dans les vignes, le long des terres labourées, sur les collines & dans les gorges des montagnes à l'exposition du Nord & du Levant. Leurs racines pénétrent dans du tuf, dans de la craie, lieux où aucun arbre ne jeteroit des racines, si on en excepte la vigne. On doit avoir soin de labourer la terre au pied des noyers réunis en quinconce, si on ne veut point les voir périr. On prétend que les cendres sont le meilleur & le seul engrais qui convienne aux noyers. Il faut cependant avertir les Économes rustiques qu'on ne doit point planter des noyers dans les vignes, ni dans les terres labourées, leur ombrage leur est pernicieux ; les graines ne mûrissent point sous leur ombre : ajoutons que les racines des noyers s'étendant à plus de six toises dans les terrains cultivés & fumés, elles dérobent la nourriture aux ceps de la vigne, qui languit & ne produit rien.

Les noyers ne se multiplient ordinairement que par semences ou noix, quoique quelques personnes disent avoir réussi avec succès à les greffer. Cet arbre commence à donner quelques fruits au bout de sept ans de semence, & il est à sa perfection lorsqu'il est âgé d'environ soixante ans. Si l'on fait une incision à son tronc, il en fort une liqueur abondante qui peut servir de boisson.

Les noix different par la grosseur, la figure, la dureté & le goût : il y en a une espece dont l'amande est amere. Les noix sont très-bonnes à manger quand elles approchent de leur maturité, on les nomme alors *cerneaux*. Les noix que l'on garde pour l'hiver, acquierent un peu d'âcreté ou de rancidité en séchant ; mais en les mettant tremper quelques jours dans l'eau, l'amande se gonfle, on peut la dépouiller de sa peau, & alors elle est assez douce. On confit les noix vertes, soit avec leur brou, soit sans brou. On fait avec les noix séches & pelées une espece de conserve brûlée assez agréable, que l'on nomme *nouga*. On emploie les noix vertes pour faire un ratafia de santé très-stomachique. Pour cela on les dépouille de leur brou & on les grille au sucre. Quelquefois on fait infuser les noix vertes entieres dans de l'eau-de-vie & du sucre ; c'est encore un ratafia très-usité & connu sous le nom de *brou de noix*. Les noix vertes n'ont d'autre emploi médicinal que d'être un des ingrédiens de l'eau appellée l'*eau de trois noix*. M. *Baron*, dans ses Notes sur *Lémery*, prétend qu'au lieu de noix il vaudroit mieux n'employer que des fleurs de noyer, & ne les distiller qu'une fois.

Le plus grand usage que l'on fait des noix séches & pilées sous la meule, est d'en retirer par expression une premiere huile, que quelques personnes préférent au beurre & à l'huile d'olive, pour faire des fritures : cette huile en vieillissant acquiert de la vertu ; elle devient propre à entrer dans plusieurs emplâtres, dans les cataplasmes contre l'esquinancie, dans les lavemens adoucissans. On prend ensuite la pâte qui reste après avoir exprimé cette huile, on la met dans de grandes chaudieres de fer sur un feu lent ; lorsque cette pâte est brûlante, on la met aussi-tôt dans des toiles & on la porte au pressoir ; par ce moyen on en retire une seconde huile, qui a une odeur désagréable, mais qui est bonne à brûler, pour faire du savon, & excellente pour les grosses peintures, sur-tout quand on a soin de la mêler avec de la litharge: cette huile a la propriété de faire sécher plus promptement les couleurs. L'huile de noix mêlée avec de l'essence de térébenthine est propre à faire un vernis gras, qui est assez beau & qu'on peut appliquer sur les ouvrages de menuiserie.

La décoction des feuilles de noyer dans de l'eau simple, déterge les ulceres, sur-tout en y ajoûtant un peu de sucre. Elle est très-efficace (sans sucre) pour détruire les fourmis qui gâtent les arbres & les prairies. *Voyez la maniere d'en faire usage à l'article* FOURMI. On prétend qu'un cheval qui a été bouchonné ou épongé avec la décoction de feuilles de noyer, n'est point tourmenté de mouches pendant la journée, parce que cette amertume empêche les mouches de s'y attacher. On a dit que l'ombre de cet arbre étoit fatale aux animaux; l'expérience, dit-on, fait voir que le mal de tête survient à quelques personnes qui se couchent sous les noyers pour y reposer & y dormir; ce qui n'est pas causé par l'ombre, mais par les exhalaisons qui sortent de ses feuilles, & qui sont contraires à quelques cerveaux. Si cette ombre pouvoit causer quelque incommodité, cela pourroit peut-être arriver à des personnes qui, par la suite d'un exercice violent ayant extrêmement chaud, se mettroient sous son feuillage, & dont la transpiration se trouveroit arrêtée par la trop grande fraîcheur de la place.

On fait usage en Médecine de toutes les parties du noyer. Cet arbre est très précieux pour les Arts. Les Teinturiers en emploient les racines, l'écorce, sur-tout celle des racines, les feuilles & le brou pour faire des teintures en fauve ou de couleur de café ou de noisette très-solides; les étoffes même que l'on teint avec ces substances, n'ont pas besoin d'être alunées. La décoction de brou de noix est spécifique contre les punaises & le venin des animaux; les coquilles & les zestes

zestes de ce fruit sont sudorifiques & utiles aux personnes qui ont une constipation de ventre habituelle; les noix confites sont fort prolifiques & corrigent la mauvaise haleine; elles sont estimées pour fortifier l'estomac & arrêter les vomissemens qui viennent de la foiblesse de ce viscere. Les Menuisiers & les Tourneurs font avec le brou pourri dans l'eau une teinture qui donne aux bois blancs une belle couleur de noyer. Le bois de noyer est liant, assez plein, facile à travailler; on en fabrique les meilleurs sabots. Il est recherché par les Sculpteurs, les Ébénistes, les Armuriers, les Tourneurs, &c. & c'est un des meilleurs bois de l'Europe pour faire toutes sortes de meubles, il n'est pas sujet à la vermoulure. M. *Bourgeois* dit que c'est surtout de la racine de noyer que les Ébénistes & les Tabletiers se servent pour faire de beaux meubles de chambre, comme tables, commodes, tablettes, armoires. On scie ces racines en travers & en lames minces d'un quart de pouce, pour en faire des placages qui représentent le marbre & toute sorte de ramages. Ces racines sont si fort recherchées en Angleterre où les noyers sont rares, qu'on en transporte par eau depuis la Suisse.

Les noyers de la Virginie & ceux de la Louisiane, dit M. *Duhamel*, ont leur bois plus coloré que le nôtre; il est quelquefois presque noir, mais ses pores sont fort larges: ce sont de fort beaux arbres; leurs feuilles sont très-longues, & quelquefois chargées d'onze folioles. Mais le fruit des noix noires, n'est bon qu'en cerneaux, parce qu'étant mûres, les cloisons intérieures sont trop dures; cependant les Naturels du pays en font une espece de pain: voici leur méthode. Ils écrasent les noix avec des maillets, & ils lavent cette pâte dans quantité d'eau: le bois surnage avec une portion d'huile, à mesure qu'ils remuent la pâte avec les mains, & il se précipite au fond une espece de farine: c'est celle dont ils font usage. Il n'y a que la *noix pacarie* ou de pacane qui soit fort bonne, non-seulement parce que son écorce n'est pas fort dure, mais encore parce que son amande participe un peu du goût de la noisette. En Canada il y a une espece de noyer qui fournit, quoiqu'en petite quantité, une liqueur aussi épaisse & aussi sucrée qu'un syrop; mais cette liqueur est moins agréable que celle de l'érable.

Il croît sur le tronc du noyer un champignon ou une substance spongieuse, de la consistance du cuir, dont les Anciens se servoient comme de cautere: ils l'appliquoient d'un bout sur la peau & mettoient le feu à l'autre bout, & le laissoient ainsi brûler jusqu'à ce qu'il fût réduit en cendres. Les Turcs employoient de la même maniere le sarment de vigne, &c.

NUAGES ou NUÉES, *nubes*. Un amas de vapeurs humides qui sont suspendues dans l'air supérieur, ou qui sont mues par le vent, produit les nuages: ainsi les nuées sont formées par l'évaporation des eaux, tant stagnantes que coulantes, & notamment par celles de la mer. Elles ne se forment point lorsqu'il pleut; au contraire, elles se détruisent; mais dès qu'il fait beau temps, c'est-à-dire quand la lumiere du soleil, qui doit éclairer notre atmosphere, n'est point affoiblie par l'interposition des nuages, alors l'évaporation des eaux a lieu, & ces vapeurs humides montent avec la fumée des cheminées en colonnes, en trompes; &c. jusques dans une certaine région de l'air, dont elles égalent la pesanteur, & où elles paroissent flotter & nager sous la forme de nuages d'abord légers, ensuite plus épais, enfin noirâtres: c'est alors qu'ils absorbent la lumiere, obscurcissent l'air d'autant plus qu'ils sont plus amassés & arrêtés ensemble; mais dans tous les temps, ils sont le jouet des vents qui agitent l'air; ils leur font prendre différentes formes & en augmentent la grandeur, c'est-à-dire la longueur & le diametre, les dispersent de telle maniere qu'ils disparoissent entierement. Le vent fait quelquefois avancer les nuées avec tant de rapidité, qu'elles font deux à trois lieues en une heure. C'est quand les nuages sont trop épais, ou que la colonne d'air qui les soutient est trop foulée, qu'il tonne, ou qu'il fait une violente tempête de vents, que le cours, l'amas, le choc & la séparation des nuages a lieu, & qu'ils se résolvent en gouttes plus ou moins grosses, ce qui produit les différentes *pluies*. Voyez ce mot, celui de Mer, & celui des Eaux du ciel, à l'article Eaux.

Il y a des nuages qui paroissent rouges au lever & au coucher du soleil, & d'autres qui se trouvent plus proches de l'horizon paroissent violets & deviennent bientôt après de couleur bleue. Ces couleurs dépendent de la lumiere qui pénétre dans les globules de vapeur transparente, & qui venant à réfléchir, sort par un autre côté & se sépare en ses couleurs, dont le rouge vient d'abord frapper notre vue, ensuite la violette, puis la bleue, suivant la différente hauteur du soleil. Ces couleurs se forment à-peu-près de la même maniere que celle de l'arc-en-ciel. *Voyez ce mot.*

Tous les voyageurs Physiciens s'apperçoivent facilement de la formation des nuages; il suffit de contempler dans un lointain le lieu où se rendent les brouillards des rivieres, de la mer, & les vapeurs qui sortent des cheminées d'une grande Ville. Dans les pays de montagnes, on voit les nuages se former, comme si les montagnes rendoient de la fumée. Ces nuages naissent, montent, se réunissent, s'étendent & occupent bientôt tout l'horizon. On a éprouvé mille fois que les nuages, même les plus épais que l'on a vu du pied des montagnes s'accrocher au sommet, & que l'on a ensuite traversés pour arriver au haut, ne sont que des brouillards semblables à ceux qui s'abaissent de temps en temps sur les plaines. On voit quelquefois des nuages qui sont suspendus les uns au-dessus des autres, & qui paroissent fort distincts & très-éloignés les uns des autres, ce qui dépend sur-tout de la différence de leur pesanteur spécifique qui les tient en équilibre avec un air plus ou moins dense. Ces différens nuages plus ou moins élevés, prennent souvent différentes routes, sans se mêler ensemble; ils sont aussi de différentes figures, & quand ceux de même élévation se réunissent, c'est toujours par leurs bases qu'ils se confondent. Selon l'élévation ou la région qu'habitent les nuages, l'eau qui en distille est souvent congelée avant que de parvenir sur notre sol. *Voyez aux mots* GRÊLE *&* NEIGE. Au reste les nuages, d'où tombe la grêle, ne sont jamais plus élevés, dit *Kepler*, que d'un quart de mille, c'est-à-dire, cinq mille pieds du Rhin. *Fromond*, dans sa Météorologie, prétend qu'un nuage de pluie est rarement placé plus haut qu'à cinq cents pas ou à deux mille cinq cents pieds de la terre. Ceux qui sont blanchâtres, peu opaques, & qui réfléchissent encore la lumiere du soleil, sont élevés d'environ demi-lieue : ainsi l'usage des nuages est, 1°. de soutenir & de contenir la matiere dont la pluie est formée; 2°. de défendre la terre contre la trop grande & trop longue ardeur du soleil qui la pourroit dessécher. 3°. Enfin d'être une des principales causes des vents libres qui soufflent de toutes parts, & sont d'une très-grande utilité.

NUIT, *nox*. Nom donné à cet état de ténèbres opposé à la clarté, à la lumiere du jour, qui ne commence qu'à la fin du crépuscule, & qui dure tant que le soleil est sous l'horizon. *Voyez* JOUR. Sous l'Equateur les nuits sont égales au jour; sous le Pôle la nuit dure la moitié de l'année. Le jour des équinoxes, les nuits sont égales aux jours dans tous les climats de la terre. Dans l'hémisphere septentrional que nous habitons, les nuits sont plus grandes que les jours, depuis l'équinoxe d'automne jusqu'à celui du printemps; & les nuits sont plus courtes que les jours, depuis l'équinoxe du printemps jusqu'à celui d'automne. Les plus grandes nuits de l'hémisphere septentrional arrivent au solstice d'hiver, & les plus courtes au solstice d'été; c'est le contraire dans l'hémisphere méridional.

NUMISMALES. On donne ce nom aux pierres *frumentaires* ou *nummulaires*, & notamment aux *pierres lenticulaires.* Voyez ce mot & l'article Pierres numismales.

NUMMULAIRE, ou Monnoyere, ou Herbe aux Écus, ou Herbe a cent maux, *nummularia aut centimorbia, aut lysimachia, humi fusa, folio rotundiore, flore luteo,* Tournefort. C'est une plante qui croît très-communément à la campagne dans des lieux humides, le long des fossés & des chemins, & proche des ruisseaux. Sa racine est traçante, menue : elle pousse plusieurs tiges longues, grêles, anguleuses, rampantes à terre, portant des feuilles opposées deux à deux, larges d'un doigt, arrondies & un peu crêpées, vertes, jaunâtres, d'un goût fort astringent. Ses fleurs sortent pendant l'été des aisselles des feuilles : elles sont grandes, jaunes, formées en rosette : il leur succede de petits fruits sphériques, qui contiennent des semences fort menues. Cette plante est du genre des *lysimachies.* Voyez Chassebosse.

La nummulaire s'étend, plus ou moins en grandeur, suivant les terres où elle naît ; celle qui se trouve dans les jardins est plus grande que celle des champs. On doute que cette plante fasse aucun mal aux moutons, comme le prétendent quelques Paysans : elle est astringente, anti-scorbutique, vulnéraire, excellente pour arrêter toutes sortes de flux, & pour consolider les plaies & les ulceres du poumon.

NUTATION. En Botanique c'est la direction de la plante du côté du soleil : *voyez cette espece de mouvement à l'article* Plante. La *nutation* en Astronomie se dit d'une espece de mouvement qu'on observe dans l'axe de la terre, en vertu duquel il s'incline tantôt plus, tantôt moins à l'écliptique. La nutation de l'axe de la terre vient de la figure de cette planete qui n'est pas parfaitement sphérique & sur laquelle l'action du soleil, & notamment de la lune est un peu différente, selon les situations où ces deux astres sont par rapport à nous, c'est-à-dire que la force de cette action ne passe pas toujours exactement par le centre de gravité de la terre, & par conséquent elle doit produire dans son axe un petit mouvement de rotation. *Voyez* TERRE.

NYCTANTES. Cette nouvelle plante Indienne présentée à la Société Royale de Londres par M. *Jonas Berguès*, Médecin Suédois & Membre de cette Société, porte ses branches penchées, opposées, rondes ; les inférieures sont unies, les supérieures sont velues, rameuses, & les rejetons que la tige pousse sont opposés. Les feuilles sont opposées, en forme de cœur alongé, terminées en pointe, grandes de deux pouces, aiguës, entieres, unies de tous les côtés, nerveuses, ayant le bord un peu ondulé & d'un beau vert. Les feuilles inférieures sont plus petites, & celles qui sont tout-à-fait au bas sont en forme de cœur ovale & petites. Les fleurs sont rassemblées au nombre de cinq ou six, disposées en ombelles, ou plutôt en corymbe, & elles ont un pédicule fort court. Le calice ou périanthe est d'une seule piece, tubulé, à six ou sept divisions dans sa partie supérieure : ces divisions sont en forme d'alênes & velues, la corolle est monopétale, le tube cylindrique, cannelé long d'un pouce & renflé dans le haut, le limbe est plane, séparé en huit ou neuf divisions qui sont ovales, oblongues & aiguës ; les étamines au nombre de deux sont fort courtes, leur sommet ou anthere est linéaire, obtus sillonné de part & d'autre, caché dans le tube de la corolle. Le germe est de forme ronde, tronqué, émoussé, poli, & le stile est en forme de fils de la longueur des étamines : le stigmate est gros & fendu en deux.

NYMPHE & CHRYSALIDE, AURÉLIE, FÊVE & NÉCYDALE, sont des termes dont les anciens Naturalistes se sont servis indifféremment pour désigner la forme & l'état mitoyen, par lequel les chenilles, les mouches, & le plus grand nombre des insectes, passent en sortant de l'état de chenille ou de ver, pour parvenir à celui de mouche ou de papillon ; c'est cet état, qu'en matiere de ver à soie, on exprime par le mot de *fêve* ;

mais aujourd'hui le sens en est fixe, comme nous le verrons à la fin de cet article.

La Nature, si féconde & si variée dans ses œuvres, n'observe point les mêmes lois dans la naissance des insectes, que dans celle des grands animaux. Les grands animaux naissent, ou d'un œuf couvé dans le ventre de la mere, si nous nous en rapportons au sentiment d'un grand nombre d'Anatomistes, ou d'un œuf couvé hors de son ventre; ce qui fait nommer les premiers *vivipares*, & les autres *ovipares*. *Voyez ces mots*. Dans l'un & l'autre cas, ils sortent de l'œuf tout parfaits: ils n'ont plus besoin que de croître. La nature paroît avoir fait de plus grands préparatifs pour les insectes: elle les fait passer (du moins le plus grand nombre des insectes ailés que nous connoissons) par plusieurs états, avant de les amener à leur perfection; elle les fait être successivement trois especes d'animaux, qui paroissent à l'extérieur n'avoir nul rapport l'un à l'autre. Prenons l'exemple du papillon. Il est d'abord contenu dans un œuf; mais que sort-il de cet œuf? Ce n'est point un papillon, c'est un insecte que l'on appelle *larve* ou *chenille*, qui rampe, qui broute l'herbe, qui a de fortes mâchoires, un prodigieux estomac, grand nombre de jambes, qui file & fait une coque avec beaucoup d'art. Après un certain nombre de jours marqués par la Nature, ce prétendu ver jeune, devient malade, mue ou change de forme, & devient ce qu'on appelle *féve*, ou *chrysalide* & *nymphe* dans d'autres insectes. L'animal ne prend cette forme, qu'après s'être défait de sa peau, de ses jambes, de l'enveloppe extérieure de sa tête, de son crâne & de ses mâchoires, de sa filiere, de son prodigieux estomac, & d'une partie de ses poumons. En quittant cet état de chenille, & les parties qui lui étoient propres, il reparoît couvert d'une membrane dure & ferme, qui l'enveloppe de toutes parts, sans lui laisser la liberté d'aucun de ses membres; ainsi empaqueté & emmailloté, il passe un temps assez notable, les uns plus, les autres moins, quelques-uns jusqu'à plus d'un an, sans prendre aucun aliment, & la plupart dans une inaction totale. Pendant cette espece de léthargie, il se fait une transpiration insensible des humeurs superflues, qui fait prendre de la solidité aux parties intérieures de la chrysalide ; & enfin, de ce corps mitoyen entre un animal vivant & un animal mort, il en sort un animal qui n'a plus rien de la forme du premier. Le premier rampoit ; celui-ci vole : le premier broutoit l'herbe, se traînoit lourdement sur la terre ; celui-ci plus agile, vole lestement, n'habite plus que la région de l'air, ne vit que de miel, de rosée, & du suc qu'il pompe dans les glandes nectariferes des fleurs. La larve avoit des mâchoires pour hacher ; le papillon n'a plus qu'une trompe pour sucer, & ne rend pas d'excréments sensibles : la larve ignoroit parfaitement les plaisirs de l'amour, elle n'avoit aucune connoissance de son sexe ; le papillon semble n'avoir plus d'autres pensées, & n'être né que pour perpétuer son espece. Ce changement est le dernier que l'insecte éprouve.

Les anciens Philosophes ont raisonné beaucoup sur ces changemens, & souvent assez mal : les uns ont pris ces changemens pour des métamorphoses complettes, les autres ont regardé l'état de *féve* ou *chrysalide*, comme une véritable mort ; & le retour de l'animal en papillon, comme une résurrection parfaite. Rien de plus contraire à la vérité & même à la raison, que ces divers sentimens. Le ver à soie, dans quelque temps qu'on le prenne, soit chenille, soit féve, soit papillon, n'a jamais cessé de vivre, ni d'être le même animal ; la seule différence qu'on peut remarquer dans ses différents états, est qu'il avoit, étant chenille, des parties qui devoient être inutiles au papillon : elles se sont dessechées & détruites, lorsque le ver a pris la forme de féve ou chrysalide. D'autres parties nécessaires au papillon, comme les ailes, la trompe, les parties de la génération étant inutiles au ver, n'ont commencé à se développer que lorsque le temps d'en faire usage s'est approché. Cette merveille, que la Nature opere dans les insectes, arrive aussi en nous. Combien de parties deviennent inutiles à un enfant qui vient de naître? Le *thymus*, le *trou ovale*, le *cordon ombilical*, & bien d'autres, s'anéantissent après la naissance; d'autres, qui étoient inconnues à la premiere enfance, se développent avec l'âge. Cet échange de parties se fait en bien plus grand nombre, & dans un temps plus court dans les insectes, ce qui le rend plus remarquable: c'est aussi ce qui a donné lieu à quelques Auteurs de regarder le ver à soie comme un animal différent de son papillon, de penser que le papillon est un fœtus nourri & élevé dans le corps du ver. Il est aisé de démontrer le contraire. Un fœtus peut périr dans le ventre de la mere, sans qu'il en arrive d'accident à la mere, parce que le fœtus & la mere sont deux animaux complets, qui ont séparément les parties nécessaires à la vie. Il n'en est pas de même du ver à soie & du papillon. Que l'on ouvre un ver à soie, lorsqu'il est dans l'état de ver, on lui trouvera distinctement un cœur ou une longue artere qui en fait l'office, une moëlle épiniere, un cerveau, un grand nombre de muscles, & des ouvertures qui tiennent lieu de poumon. Que l'on ouvre un semblable animal étant chrysalide, étant papillon, on retrouvera toujours ces mêmes parties. Ces parties essentielles à la vie & au mouvement, sont uniques dans le ver à soie, qui paroît successivement sous trois formes différentes; quoiqu'il ne soit toujours que le même animal, puisque les parties qui constituent la vie sont toujours les mêmes.

A tout instant l'Histoire Naturelle nous présente de semblables merveilles, qui toutes réfléchissent la puissance du Créateur. La chrysalide, ainsi nommée à cause de sa couleur d'or, ou féve à cause de sa forme, sont deux termes sous lesquels est connu l'état d'un ver qui, après avoir quitté sa peau de larve, paroît enveloppé d'une membrane nouvelle ordinairement lissée & quelquefois velue, qui se desséche, devient solide & forme une espece de boîte angulaire ou arrondie, dans laquelle il est incrusté ; le ver à soie & toutes les chenilles se mettent en *chrysalides*. On ne connoît point de coques angulaires qui ne donnent des papillons diurnes ; & on en connoît peu d'arrondies qui ne produisent des *phalènes*. *Voyez ce mot & l'article* Papillon. On appelle *nymphe* l'état des insectes qui s'enveloppent d'une membrane transparente, très-fine, flexible & qui laisse voir la figure du futur insecte toute formée. Toutes les mouches passent par cet état, où elles ne laissent pas d'aller & venir quelquefois, & de prendre de la nourriture. Parmi les chrysalides ou fèves celles qui n'ont point de mouvement progressif, sont autant de coques soyeuses ou nues cachées sous des feuilles ou dans des creux d'arbres, ou dans des trous en terre ; parmi celles-ci quelques-unes ressemblent à de petits lingots d'or. Ce sont les véritables aurélies, sur-tout les insectes, tels que les larves des cousins, des tipules, &c. qui naissent dans l'eau.

M. *de Réaumur* a cherché d'où pouvoit venir aux chrysalides cet or qui les couvre quelquefois avec profusion ; & il a découvert qu'une peau brune très-fine couvre une autre peau lisse, polie d'un blanc très-clair ; la couleur de cette derniere peau mêlée à celle de la peau supérieure, nous fait voir de l'or où il n'y en a pas : c'est ainsi encore que les écailles de plusieurs poissons paroissent dorées. C'est un effet produit par la réflexion de la lumiere. Ainsi la différence entre les *fèves*, les *nymphes*, les *chrysalides* ou *aurélies*, consiste dans leur forme, dans la transparence du voile qui les couvre ou son opacité, dans leur inaction ou leur mouvement. La pellicule membraneuse qui les couvre est une toile derriere laquelle l'insecte rampant change d'habit. La toile se brise. L'acteur paroît avec un appareil éclatant, & vient jouer un nouveau rôle sur le théatre de l'Univers. Il faut observer que la plupart des chrysalides, nymphes, &c. résistent aux vapeurs les plus pernicieuses ; celle du soufre ne les détruit pas absolument : la privation de l'air par le moyen de la machine pneumatique sembleroit indiquer qu'elles n'ont pas besoin de respirer ; mais si on les plonge dans l'huile d'olive elles périssent, signe certain du besoin de l'air.

Pour avoir une idée plus complette de la vie & des mœurs des insectes, *voyez les articles* INSECTE & CHRYSALIDE.

Nymphe, selon M. *Pluche*, signifie *jeune mariée*, parce que c'est dans cet état que l'insecte prend ses plus beaux atours, & la derniere forme sous laquelle il doit paroître pour multiplier son espece par la génération.

NYMPHES. En Anatomie le mot *nymphes*, *nymphæ*, signifie deux especes de crêtes spongieuses, sensibles au toucher, d'un rouge vermeil & fermes dans les jeunes filles, une de chaque côté, qui descendent en grossissant jusques vers le milieu de la vulve. Elles ne sont ni de même longueur dans tous les sujets, ni toujours de même grosseur l'une que l'autre : elles s'alongent tellement dans quelques femmes, sur-tout en Afrique, qu'on est obligé de les couper, autrement elles incommoderoient en s'asseyant, en marchant, & même dans l'acte vénérien. L'excision des nymphes a lieu en Orient sous le nom de circoncision. *Voyez au mot* HOMME.

O

OAILLE. *Voyez* à l'article PHOLADE.

OBIER ou AUBIER ou OPIER, *opalus*. C'est un arbrisseau qui se trouve en Europe & dans l'Amérique Septentrionale, & dont il y a plusieurs espèces : l'une assez jolie, qui croît dans les haies ; & l'autre que l'on cultive dans les jardins. Les rameaux de la première espèce sont fragiles, & remplis d'une moëlle blanche comme le sureau. Ses feuilles sont découpées en trois lobes. Ses fleurs sont blanches, odorantes, disposées en parasol ; mais de deux sortes. Celles de la circonférence sont plus grandes que les autres : elles sont découpées en rosettes à cinq quartiers inégaux, & sont stériles ; les fleurs plus petites, qui sont au centre, sont en godets, découpées aussi en cinq quartiers & contenant le même nombre d'étamines. Celles-ci sont hermaphrodites : on voit succéder à ces fleurs des baies molles, assez semblables à celles du sureau, mais plus grandes & rouges. Elles sont vomitives & purgatives ; souvent cet obier s'appelle le *sureau d'eau*. L'obier du Canada est le *pemina*.

L'arbrisseau que l'on cultive pour faire des bosquets, &c. ne diffère du précédent que par ses fleurs, qui étant blanches ou quelquefois purpurines & ramassées en un globe épais, font un coup d'œil charmant : toutes les fleurs en sont stériles. On donne à cet arbrisseau divers noms, tels que ceux de *rose gueldre* ou *pelote de neige*, (c'est l'obier à fleurs doubles) ou *pain blanc* ou *caillebote*. Cet arbrisseau s'élève à douze ou quinze pieds, & se multiplie facilement par marcottes ou par drageons enracinés. Il se plaît de préférence dans les lieux humides & gras : il fleurit en Mai ; ses fruits mûrissent à la fin de Septembre, mais ils ne sont bons qu'après l'hiver. Ils restent long-temps sur l'arbre après la chute des feuilles. Les oiseaux sont fort friands des baies de l'obier ; ainsi il est propre à être planté dans les remises : on met ses fleurs dans les appartemens pour le plaisir de la vue & de l'odorat. La rose-gueldre dont les fleurs sont ramassées en rond, produit un effet des plus agréables dans les parterres.

OBIER ou AUBIER, est la couche ligneuse qui se trouve immédiatement sous l'écorce du tronc des arbres. *Voyez au mot* ARBRE.

OBLETIA. M. *le Monnier* a appellé ainsi un genre de plante, du nom de M. *Oblet*, Botaniste François, qui a enrichi le *Jardin Royal des Plantes* d'une quantité de semences qu'il a rapportées de Cayenne & de l'île de France. On a démontré cette année (1771) dans le Jardin Royal une plante de ce genre sous la dénomination de *Verbenna Americana tubo floris longissimo*. Le Professeur en a reçu la graine, il y a trois ans, de l'Amérique Septentrionale, dans des terres de *miclos*.

L'*obletia* est une plante vivace qui se conserve ici l'hiver dans l'orangerie ; elle réunit à la beauté l'avantage d'être en fleur une très-grande partie de l'année. La fleur est de couleur pourpre & à quatre étamines : les semences sont brunes, les feuilles sont en forme de cœur & opposées ; la tige qui est haute de deux ou trois pieds, est rougeâtre, quadrangulaire, très-velue : la racine est blanchâtre, fibreuse & chevelue.

OBSIDIENNE. *Voyez* PIERRE OBSIDIENNE.

OCÉAN. C'est cette immense étendue de mer qui embrasse les grands continens du globe que nous habitons. L'océan ne comprend pas en général toutes les mers, comme toutes celles qui sont resserrées & enfermées dans de certains espaces de terres. *Voyez au mot* MER.

OCELOT. Animal du nouveau monde, d'un naturel féroce & carnassier, & qui ressemble assez pour la figure au *jaguar* & au *couguar*. Voyez ces mots. Le mâle, dans cette espece de quadrupede, est de tous les animaux tigrés celui dont la robe est la plus belle & la plus élégamment variée. On y voit beaucoup de fleurs & d'ornemens qui manquent à celle de la femelle, dont les couleurs sont en général moins vives. On a vu en 1764 deux de ces jeunes animaux à Paris, à la foire S. Ovide : ils avoient été apportés des terres voisines de Carthagene. A trois mois ces ingrats furent déjà assez forts & assez cruels pour tuer & sucer une chienne qu'on leur avoit donnée pour nourrice ; ils lui déchirerent la tête, & sucerent jusqu'à la derniere goutte de sang.

Ces animaux arrivés à leur grandeur naturelle, peuvent avoir deux pieds & demi de haut, sur quatre pieds de longueur, ils sont plus altérés de sang qu'avides de chair, c'est pourquoi ils font beaucoup de meurtres pour se rassasier ou étancher leur soif ardente. Ils grimpent sur les arbres, d'où ils épient les animaux & fondent sur eux ; ils sont cependant timides ; & lorsqu'ils sont poursuivis par des chiens, ils se sauvent en grimpant promptement aux arbres les plus voisins.

Parmi ces animaux le mâle prend sur la femelle un empire bien décidé ; il n'a aucun égard pour elle ; celle-ci tremblante n'ose point toucher à ce qu'on leur donne à manger, que le mâle, brute & sauvage, ne soit tout-à-fait repu & ait rassasié son appétit vorace : elle attend même patiemment que le mâle daigne lui jeter quelques morceaux dont il ne soucie plus. Je suis humilié de connoître des hommes qui ont les mœurs de l'ocelot. ...

OCHRE ; *ochrus folio integro capreolos emittente.* Plante qui croît dans les champs des pays chauds, entre les blés. Sa racine est fibreuse, & pousse des tiges qui ne ressemblent pas mal à celles de la gesse. Ses feuilles sont oblongues, les unes simples, les autres composées d'autres feuilles rangées par paires, & terminées par des vrilles. De l'aisselle des feuilles naissent des fleurs légumineuses, blanches & succédées de fruit en gousses ou cosses, lesquelles contiennent cinq ou six graines arrondies, de couleur d'ochre obscure. Cette plante est estimée résolutive.

OCHRES, *ochra, terra metallica*, sont des terres plus ou moins mélangées, grasses pesantes, qui ont de la saveur & une couleur dont l'intensité s'augmente par l'action du feu ; quelquefois, mais rarement, elles y entrent en fusion, & donnent un culot demi-métallique ou métallique : propriétés qui font regarder les ochres comme terres métalliques. Effectivement on en tire facilement le métal en y joignant une matiere inflammable qui lui rend le phlogistique qu'il avoit perdu.

M. *Wallerius* dit qu'il n'y a que les métaux qui peuvent être dissous par l'eau qui donnent des ochres chacun selon leur espece ; c'est par la même raison, dit-il, qu'il y a différens vitriols.

L'ochre n'est point un métal proprement dit, mais une décomposition, une terre métallique, qui se sépare du vitriol après qu'il a été dissous dans l'eau, & se précipite : elle est d'une consistance terreuse, & l'origine en est probablement dûe à la décomposition des pyrites sulfureuses, martiales, &c. d'autant plus que quantité d'ochres de Suéde en sont encore chargées. Parmi les ochres, il y en a d'une consistance pulvérulente ; & d'autres qui sont par croûtes, placées dans la terre, les unes au-dessus des autres ; on les reconnoît par la couleur qu'elles tiennent des métaux dont elles sont formées ; par leur poids qui surpasse celui des terres ordinaires, & par leur réduction. On trouve les ochres dans la plupart des sources minérales : ce sont ces substances qui en alterent la transparence, & qui ensuite se déposent au fond des couloirs ou des bassins sous la forme d'une rouille. On rencontre encore l'ochre dans les terres bolaires, dans quelques marnes. Voici les différentes sortes d'ochres.

L'*ochre de zinc*, est une *terre calaminaire*, qui contient du *zinc*, & communément du *fer*. Voyez *les mots* ZINC *&* PIERRE CALAMINAIRE.

L'*ochre de cuivre*, est un cuivre dissous & précipité dans l'intérieur de la terre. Selon le degré de couleur de cette substance, on lui donne différens noms: celle qu'on appelle *vert de montagne*, *terre verte*, *terre de vérone* ou *ochre verte*, est ou en poussiere, ou en morceaux solides de couleur verte brunâtre, grasse au toucher comme de la glaise, & contenant très-peu de terre métallique. La *terre* ou *cendre bleue de montagne* est aussi une ochre de cuivre: elle se trouve en Auvergne en petits grains poreux & friables. La *terre mêlée de bleu & de vert* participe du fer & du cuivre, & a pour matrice ordinaire une terre argileuse, mêlée d'un guhr de craie. L'ardoise ou la pierre schisteuse, qui est devenue une mine de cuivre, telle que celle qu'on trouve en Allemagne, doit ce métal à la décomposition d'un vitriol de cuivre.

L'*ochre de fer* est effectivement une terre ferrugineuse, précipitée, qui n'est minéralisée, ni par le soufre, ni par l'arsenic; & qui de jaune ou de brune qu'elle est ordinairement, devient rouge au feu, comme l'argile à brique, enfin, qui peut, à l'aide d'un phlogistique, produire une petite quantité de fer cassant à chaud.

L'*ochre jaune* est d'une consistance peu ferme, friable: elle a la propriété de tacher les mains. Il s'en trouve des minieres dans le Berry, dont les lits ou couches ont depuis cinquante jusqu'à cent, deux cents pieds de profondeur, & de l'épaisseur de quatre jusqu'à huit pouces: au-dessus est un lit de sablon blanc, au-dessous une couche de terre argileuse, d'un jaune plus ou moins foncé; on l'appelle dans le commerce *terre jaune*, *jaune de montagne* & *ochre jaune*; on s'en sert en peinture.

On trouve aussi dans les boutiques, sous le nom de *terre* ou *jaune de Naples*, *giallolino*, une autre substance pesante, quoique poreuse, également utile en peinture. On est encore incertain si son origine est dûe aux volcans, ou si c'est un tuf ochreux, jaunâtre,

tre, formé, soit par précipitation, soit par dépôt; ou si c'est une préparation de l'art, au moyen de l'antimoine.

L'*ochre brune* n'est que le jaune de montagne altéré par une couleur étrangere : elle ressemble tantôt à l'*ochre de rue des Peintres*, laquelle n'est que la terre jaune calcinée ou colorée en jaune safrané ; & tantôt à la *terre cimolée* ou *moulard des Couteliers*. Voyez ces mots.

L'*ochre rouge naturelle* ou *rouge de montagne*, est d'une couleur plus ou moins foncée, & acquiert encore de l'intensité au feu : elle est friable; on l'emploie, ainsi que le *jaune de montagne*, dans la grosse peinture à l'huile, & en détrempe pour mettre les planchers en couleur. On nomme *rouge d'Inde* ou *d'Espagne*, l'ochre de Murcie, espece de *rubrique* : il est sec, peu dur : on s'en servoit autrefois pour rougir les talons des souliers ; c'est le *brun rouge*, dont les Frotteurs se servent en France. On en envoie une autre espece d'Angleterre, qui a été plus calcinée par la nature ou par l'art; les Ouvriers l'appellent *potée de montagne*, ou *rouge-brun* ou *biauty*: on s'en sert aux mêmes usages que les précédentes, & pour polir les glaces.

Lorsque ces sortes d'ochres font effervescence avec les acides, elles décelent alors un mélange de craie. La connoissance des terres avec lesquelles les ochres sont mêlées, est très-importante.

La *terre d'Ombre*, terra Ombria, est très-connue par son usage pour les couleurs: elle est moins une sorte d'ochre brunâtre qu'une terre bitumineuse, subtile, légere, abondante en glaise & en matiere inflammable qui exhale une odeur fétide de charbon de terre : elle devient blanche par la calcination ; on l'appelle quelquefois *brun de montagne* ou *ochre brune*: celle de Nocera en Ombrie, pays d'Italie, est préférée à celle de Sahlberg en Suéde, & à celle des Cévennes en Languedoc.

La *terre de Cologne* est d'un brun noirâtre, grasse au

toucher, en poudre ou en masse, s'imbibant difficilement d'eau, répandant une odeur bitumineuse, bien plus fétide & plus désagréable que la *terre d'Ombre*. On la nomme *terre de Cologne*, parce qu'elle nous vient des environs de cette ville : on en trouve aussi dans une tourbiere du Duché de Berg En Saxe on s'en sert en teinture ; & dans la plupart des pays elle est utile en peinture. Ces deux dernieres terres sont très-bitumineuses, & contiennent très-peu de terre métallique. On pourroit les ranger dans la classe des terres minérales & inflammables. Combien de végétaux qui, en se décomposant, se trouvent minéralisés par certaines eaux, & n'offrent plus qu'une substance friable & semblable à la terre de Cologne, ou à la terre d'Ombre : on rencontre aussi dans quelques terrains tourbeux & marécageux des couches pénétrées d'un suc bitumineux, & qui ressemble absolument à la terre de Cologne qui seroit d'un beau brun & en masses.

Enfin, on trouve souvent dans la deuxieme couche de la terre d'étang ou de prairie un tuf d'ochre disposé par lits : ailleurs on rencontre des ochres qui contiennent du charbon, de l'alun, &c. *Gmélin*, dans la *Relation de son voyage en Sibérie*, *Vol. II*, *p. 59*, dit avoir trouvé une ochre de plomb mêlée avec de l'argent & de l'or : on doit encore regarder le crayon rouge ou *sanguine des Peintres*, & quantité de mines limoneuses comme une sorte d'ochre de fer.

Divers Minéralogistes regardent aussi les guhrs des métaux comme des especes d'ochres : mais on n'a que trois sortes d'ochres qui proviennent des métaux dont on a des vitriols connus, c'est-à-dire, formées de la décomposition des métaux qui se vitriolisent ; savoir, du *zinc*, du *cuivre* & du *fer*. Selon la nature de la décomposition, de la précipitation & des mêlanges accidentels, ces terres paroissent sous différentes couleurs. En général, les ochres sont astringentes & dessicatives.

OCOCOLIN. Les Mexicains donnent ce nom à une espece de pic & à une perdrix de montagne de leur pays.

Le *pic ococolin* est d'un plumage magnifique, d'un noir d'ébene, varié çà & là d'un bleu céleste & éclatant ; le bout de ses plumes est coloré du même bleu ; sa gorge est d'un pourpre très-vif ; son ventre & ses cuisses sont d'un bleu mourant : on l'apporte du Mexique & des forêts de Tetzcocanara au Brésil.

La *perdrix ococolin* habite les montagnes du Mexique : elle est de la taille de notre corbeau, & porte sur la tête une longue & belle crête; son bec est rougeâtre ; ses yeux sont brillans & défendus par des paupieres d'un rouge de sang ; le plumage du corps est d'un brillant d'or mêlé de bleu & de vert : les ailes sont peintes d'un pourpre clair, le bout des grosses plumes est noirâtre, ses pieds sont courts, gros, & ses doigts garnis de forts ongles. La perdrix ococolin nous paroît être une espece de *faisan*. Voyez ce mot.

L'*ococolin* d'Europe est notre *perdrix de montagne.* Voyez ce mot.

OCOSOL ou **OCOSCOL.** *Voyez à l'article* STYRAX.

OCOZOALT, c'est une espece de serpent à sonnettes, qui se trouve au Mexique dans la Province de Tlascala, & dont la morsure est mortelle : il a autant de sonnettes au bout de la queue qu'il a d'années ; il les fait mouvoir violemment & sonner fort : il a deux dents courbées dans la mâchoire supérieure qui communiquent son venin : ceux qui sont blessés de ce serpent meurent en vingt-quatre heures avec de grandes douleurs : tout leur corps se fend, dit-on, en petites crevasses : les Sauvages mangent sa chair, & les Médecins se servent de ses dents & de sa graisse. *Voyez l'article* SERPENT A SONNETTES *& le mot* BOICININGUA.

ODONTOPÈTRES, ou ODONTOLITES, ou OPHIODONTES. Voyez *Glossopêtres*.

ŒDICNEMON. Nom que l'on donne quelquefois au *courlis de rocher*, & d'autres fois à l'*outarde*. Voyez ces mots.

ŒIL, *oculus*, est un des organes les plus admirables que les animaux aient reçu de la Nature : sa propriété est de faire distinguer les différens objets qui se présentent à la vue : l'œil dans les divers animaux varie, ou pour la figure, ou pour les propriétés méchaniques. *Voyez* ce que nous en avons dit entr'autres aux mots ARAIGNEE, ŒIL A RÉSEAU à l'article INSECTE, & celui du CHAT : *voyez* aussi l'article des SENS, qui est vers la fin du mot HOMME de ce Dictionnaire : nous y avons parlé de la vue & des appartenances anatomiques de l'œil ; organe qu'on peut regarder comme le miroir de l'ame, puisque les passions se peignent d'ordinaire dans cet organe nerveux, voisin du cerveau & abondant en esprits, qui ne peuvent manquer d'y exprimer les états divers qui les agitent.

ŒIL DE BŒUF ou FAUSSE CAMOMILLE, *buphtalmum vulgare*, est une plante qui croît dans les champs, aux bords des chemins, dans les sentiers & dans les ravines, en Allemagne, en Italie, en Provence, &c. Sa racine est dure, ligneuse & vivace : elle pousse des tiges hautes d'un pied & demi, grêles, un peu velues : ses feuilles sont découpées comme par paires, dentelées aux bords & lanugineuses ; ses fleurs sont jaunes & radiées comme celles de la camomille, ressemblantes à l'œil d'un bœuf : il leur succede vers la fin de l'été des semences menues & anguleuses. Cette plante est détersive, vulnéraire & résolutive : on la cultive dans les parterres, parce qu'elle produit beaucoup de fleurs, qui, quoique inodores, sont assez agréables à la vue. *Jean Bauhin* dit que ses fleurs ont toutes les facultés de la camomille odorante, & qu'on peut l'employer en place des sommités d'absinthe. Il y a quelques cantons d'Allemagne où les Paysannes en ramassent les fleurs aux mois de Juin & de Juillet ; elles les séchent & les gardent pour le besoin ; elles en frottent même leurs lits au lieu de safran. On estime beaucoup dans le Nord la teinture jaune qu'on tire des fleurs de cette plante.

ŒIL DE BŒUF. On donne aussi ce nom à un oiseau d'Afrique, qui se trouve à Sierra-Leona & au Cap de Bonne-Espérance; on l'appelle aussi *élanceur* : ces noms lui conviennent, 1°. à cause de ses mouchetures blanches cerclées de noir, & qui ont l'apparence d'autant d'yeux ; 2°. à cause de la légéreté avec laquelle il s'élance pour fuir ou pour attaquer ce qui le blesse.

ŒIL DE BŒUF. *Voyez à l'article* VENTS.

ŒIL DE BOUC. On donne ce nom à une espece de *pyretre*, de *marguerite* & au *lépas* : Voyez ces mots.

ŒIL DE BOURIQUE. Les François donnent ce nom au fruit d'un phaséole sauvage qui croît à la Martinique.

ŒIL DE CHAT ou BONDUC. *Voyez* POIS DE TERRE.

ŒIL DE CHAT, *oculus cati*, est une espece d'agate dont la pâte est très-fine, transparente, dure, d'un gris de paille, ou jaune, ou verdâtre; des accidens heureux lui donnent des taches qui ont quelque ressemblance avec l'œil d'un chat, & les Lapidaires les taillent fort adroitement. L'œil de chat quand il est parfait doit avoir un point dans le milieu, d'où partent en rayonnant ou chatoyant des traces & des cercles, rarement de couleur rose, mais verdâtres, très-vifs, couleur de poireau, comme entre-mêlés de taches dorées, & dont l'ensemble rend assez bien le brillant de l'œil d'un chat. Cette pierre, qui est suceptible d'un beau poli, produit un effet assez agréable quand on l'expose entre la lumiere & l'œil. L'œil de chat est très-rare & très-estimé quand il est dans sa perfection : l'on en voit un dans le cabinet du Grand Duc de Toscane, qui est plus gros que le pouce.

ŒIL DE CHRIST. *Voyez à l'article* ASTER.

ŒIL DU MONDE, ou CHATOYANTE DES LAPIDAIRES, *oculus mundi aut lapis mutabilis Gemmariorum*. Cette pierre à peine demi-transparente est un caillou naturel, très-rare; peu de Naturalistes en ont parlé. *Cnoeffel* l'a nommée *pierre caméléon*; *Hill* l'a rangée dans le genre des pierres hydrophanes. Elle est grise, roussâtre ou cendrée, & entre-coupée de veines jaunâtres, elle est assez dure, cependant peu pesante, un peu poreuse, reçoit bien le poli, & réfléchit fortement les rayons de la lumiere; de façon qu'étant exposée au soleil, elle reluit & en réfléchit continuellement l'image avec un éclat qui fait plaisir, effet que l'on appelle *chatoyant*: voyez CHATOYANTE.

L'espece de pierre chatoyante la plus rare se reconnoît par la propriété de paroître en quelque sorte opaque à l'air, c'est-à-dire étant séche, & de s'éclaircir étant plongée dans l'eau, mais de reprendre peu-à-peu son premier état au sortir de l'eau & à mesure qu'elle se séche. Ce phénomene seroit-il dû à des particules d'eau limpides qui s'insinuant dans les petits pores de la pierre, en remplissent les espaces, & se réfléchissent elles-mêmes ? M. le Docteur *Maty* nous a fait voir cette expérience sur une telle pierre qui est au *Muséum* de Londres; M. *Vosmaër*, Directeur des Cabinets du Stathouder, nous en a montré une qui a la même propriété. L'une & l'autre ressemblent à une petite lentille, un peu laiteuse au centre. Nous avons répété les expériences connues sur cette pierre, & nous avons en effet observé avec admiration qu'en la plongeant dans de l'eau, elle y devenoit peu-à-peu transparente & changeoit de couleur. Il n'est pas nécessaire de la mouiller entiérement, la moitié ou même une moindre partie de son épaisseur suffit. Quand on veut qu'elle redevienne plus promptement opaque, ou dans son premier état, il faut l'essuyer au sortir de l'eau, & en l'examinant ainsi, on voit bientôt naître un point blanc & opaque au centre; ce point s'augmente peu-à-peu, il s'étend & l'opacité augmente aussi peu-à-peu, & passe de sa surface au milieu & jusqu'au fond de l'épaisseur de la pierre. Plus la pierre a été desséchée, & moins promptement la transparence aura lieu; si elle a été mouillée depuis peu de jours, elle change sur le champ par l'immersion, & augmente un peu en pesanteur. Cette augmentation de poids réel prouve évidemment qu'elle absorbe une quantité de liqueur qui lui est nécessaire pour devenir transparente. En général, son retour à l'opacité commence plutôt & s'acheve plus lentement que le passage à la transparence, sur-tout si on a employé l'eau chaude & pure. Les acides n'ont point de prise sur cette pierre. Les liqueurs éthérées ne changent pas sensiblement sa couleur & ses effets. L'huile de tartre l'éclaircit, & semble détruire la mutabilité de cette pierre. On peut consulter les *Observations de M.* VanWinperse *sur la pierre chatoyante*.

Cette chatoyante nous vient, ainsi que l'œil-de-chat, de l'Arabie & de l'Egypte: on en trouve aussi en Chine.

ŒIL-DE-PAON. Nom donné à un beau papillon de jour provenant d'une chenille épineuse, à fond noir, piqué d'un peu de blanc, qui se nourrit de feuilles d'orties. Ce papillon *œil-de-paon* est connu de tous les Curieux d'insectes: mais il ne faut pas le confondre avec le *paon de nuit*, qui est une belle espece de phalene dont la chenille se plaît sur l'abricotier, le pêcher, le prunier & autres arbres fruitiers. La chenille du *petit paon* se trouve sur la ronce & le rosier. *Voyez* CHENILLE A TUBERCULES *&* CHENILLE ÉPINEUSE.

ŒIL-DE-SERPENT, en Italien *occhio di serpe*. Les Joailliers donnent quelquefois ce nom à la *crapaudine* ou *bufonite*, laquelle n'est que la dent molaire, de forme hémisphérique ou oblongue, soit de la dorade, soit du grondeur. D'autrefois ils appellent ainsi les taches cerclées d'une sorte d'agate, connue sous le nom d'*onix*, que l'on taille de façon à repréfenter un œil. *Voyez les mots* Crapaudine *&* Onix.

ŒILLET, *caryophyllus major hortenfis.* C'eft une plante que l'on éleve dans les jardins, à caufe de la beauté de fes fleurs, de leur douce odeur, & de fa taille légere. Sa racine eft fimple & fibreufe; fes tiges font nombreufes, liffes, cylindriques, haute d'une coudée, genouillées, noueufes & branchues: fes feuilles naiffent de chaque nœud deux à deux; elles font longues, étroites, dures, épaiffes & verdâtres. Les fleurs naiffent aux fommets des tiges; elles font à plufieurs feuilles difpofées en rond, légérement dentelées, fouvent de différentes couleurs, & d'une odeur douce de clou de girofle. Le calice eft d'une feule piece en tube découpé à fon extrémité en cinq dents, & garni à fa bafe de deux paires d'écailles; ce qui fait, dit M. *Deleuze*, le principal caractere de ce genre. Le piftil des fleurs devient dans la fuite un fruit arrondi, rempli de femences applaties, comme feuillées & noires.

Qualités des Œillets.

Il y a un grand nombre de ces fleurs qui forment un genre de plante. M. *de Tournefort* en diftingue quatre-vingt-neuf efpeces qui différent par la grandeur, la couleur & le nombre des pétales. Toutes ces variétés viennent de la différente culture, & font regarder l'œillet comme la premiere des fleurs. Les noms que les Fleuriftes donnent aux œillets, font nombreux, & dépendent de la fantaifie des Amateurs, qui les appellent, par exemple, le *Duc de Candale*, le *Grand-Céfar*, le *Grand-Cyrus*, la *Beauté triomphante*: ce dernier eft un œillet d'un rouge de fang fur un blanc de lait, &c. Les œillets qu'on diftingue communément font les *violets*, les *rouges*, les *incarnats*, les *couleurs de rofe*, les *piquetés* & les *œillets tricolors*. L'œillet de la Chine eft décrit par *Tournefort* dans les *Mémoires de l'Académie Royale des Sciences*, ann. *1701*, Ca-

ryophyllus Sinensis, *supinus*, *leucoii folio*, *flore vario aut pleno*. Les œillets les plus estimés aujourd'hui par les Fleuristes, sont, dit M. *Bourgeois*, les œillets jaunes piquetés de cramoisi ; mais sur-tout les *œillets d'un jaune citron* de trois pouces de large, sans mouchetures, & qui ne crevent point. Ces œillets n'étoient point connus dans la Suisse il y a vingt ans, ils y sont venus d'Hollande ; ce sont des œillets de graine que le hazard a produit. On a encore une nouvelle espece d'œillet, qu'on appelle *œillets de plume*, parce qu'ils ressemblent parfaitement à ces œillets artificiels qu'on fait de plumes d'oiseaux à Venise : le cœur de cette fleur est d'un cramoisi foncé, & les feuilles du tour sont d'un blanc de neige : on les estime sur-tout parce qu'ils fleurissent un mois avant les autres especes ; mais ils sont fort délicats & périssent souvent en hiver par l'humidité & la gelée. *Bradley* & *Miller* ont trouvé qu'on pouvoit assez commodément diviser le genre des œillets en cinq ordres, qu'ils distinguent par les noms d'*œillets piquetés*, de *dames-peintes*, de *bizarres*, d'*étincelans* & de *flambés*. Les piquetés ont le fond blanc & sont tachetés de rouge ; les dames-peintes ont les pétales blancs en dessous & tachetés de rouge en dessus. Les bizarres sont rayés & diversifiés de quatre couleurs. Les étincelans ne sont que de deux couleurs, mais toujours par raies. Enfin les flambés ont un fond rouge, toujours rayé de noir ou de brun très-foncé : aujourd'hui nos Auteurs y ajouteroient les *œillets jaunes* & les *œillets de plume*.

Un œillet pour être parfait doit avoir les panaches bien opposés à la couleur dominante, & nullement confondus avec elle. Ces panaches doivent s'étendre sans interruption, depuis la racine des feuilles jusqu'à leur extrémité. Les gros panaches, par quart ou par moitié, sont plus beaux que les petits. Un bel œillet doit avoir trois pouces de large & neuf ou dix de tour : ceux qui en ont quatorze sont trop sujets à crever. L'œillet doit se terminer en formant une houpe ronde ; il ne doit pas avoir une trop grande quantité de mouchetures, ni de dentelles, qui le brouillent & le hérissent, & les feuilles ne doivent point s'alonger en pointe.

Culture des Œillets.

On les peut élever de graines, de marcottes & d'œilletons : mais on les multiplie plus souvent par les marcottes que l'on sépare des pieds, que par la graine : car les fleurs qui viennent sur les pieds élevés de graine, deviennent sauvages, & donnent des fleurs communément plus petites, variées, mais toujours moins odorantes & simples, quoique la semence ait été tirée d'œillets à fleur double. La terre qu'on donne aux œillets, doit être réglée sur l'espece dont ils sont : les *violets*, les *pourpres*, les *rouges*, les *piquetés*, demandent une terre composée d'un tiers de sable noir, qui se trouve sur le bord des eaux ; l'autre tiers, moitié de terreau de cheval & moitié de terreau de vache, bien pourris, & un tiers de terre douce & moëlleuse, le tout mêlé, passé à la claie & au crible quand on veut les emporter ; les *incarnats* veulent une terre composée moitié de terreau bien pourri, moitié de sable noir ou de terre taupinière. La marcotte des œillets dure depuis le 20 Juillet jusqu'au mois d'Août : elle se fait au milieu du nœud, près de la racine. Dans l'hiver il faut les garantir du froid, au moyen des paillassons ou de la serre ; arroser au besoin, & les éloigner des murailles, afin que l'air circule autour d'eux également. Il faut encore ménager les feuilles, soutenir les tiges avec des baguettes, & les y attacher avec des fils ; ôter les nœuds du dard & du pied, afin que le maître bouton réussisse ; faire la guerre aux poux verts, aux pucerons, aux chenilles, & particuliérement aux perce-oreilles, qui ruinent cette fleur. Les soins de la culture relevent beaucoup la beauté & les graces que les œillets ont reçu de la nature. On récolte la graine à la fin de Septembre, &

on la seme à la fin de Mars. On peut consulter *Bradley* & *Miller* sur la culture des œillets.

Propriétés des Œillets.

L'odeur des œillets est subtile, pénétrante & d'une odeur de girofle très-agréable : on les recommande, sur-tout ceux dont la couleur est d'un beau rouge pourpré, dans toutes les maladies de la tête & du cœur, mais sur-tout dans les maladies malignes & pestilentielles. Quelques-uns vantent le suc de cette plante entiere comme propre à résister au venin. On prépare dans les boutiques un sirop, *sirupus de tunica*, une conserve, un vinaigre, une poudre & une eau distillée d'œillets : l'eau excite les sueurs; le vinaigre d'œillets rouges a une saveur & une odeur agréables. Dans les temps de peste, on en imbibe des linges qu'on flaire, & dont on frotte les tempes : on en prend aussi deux cuillerées le matin. La conserve & le sirop d'œillet sont estimés en Médecine comme de grands cordiaux : on fait aussi un ratafiat d'œillet domestique très-agréable avec l'eau-de-vie, le sucre & un peu de cannelle.

ŒILLET-DE-DIEU ou PASSE-FLEUR, *lychnis*. Plante dont on distingue deux especes principales ; l'une cultivée & l'autre sauvage.

1°. La PASSE-FLEUR CULTIVÉE, *lychnis vulgaris*. On cultive cette plante dans les jardins : sa racine est fibreuse, & pousse des tiges hautes d'un pied & demi, droites, rameuses & cotonnées : ses feuilles sont longues de trois ou quatre doigts, larges d'un doigt, pointues, lanugineuses & molles : ses fleurs sont composées de cinq feuilles disposées en œillet, garnies vers leur centre de deux ou trois pointes qui, jointes à celles des autres feuilles, forment une couronne au milieu de cette fleur : sa couleur est variée quelquefois d'un rouge enflammé, d'autres fois d'un rouge clair ou incarnat, ou blanche. A cette fleur passée succede un fruit de figure conique qui s'ouvre par la pointe, & prend souvent la figure d'un pot : il contient deux semences arrondies.

2°. La PASSE-FLEUR SAUVAGE, *lychnis sylvestris, alba simplex*. Lémery dit que sa racine est longue de trois pieds, grosse quelquefois comme le poignet, blanche, fendue ; & plongée profondément en terre, d'un goût âcre & amer. Les autres parties de la plante ressemblent assez à celles de l'espece précédente : elle croit dans les champs proche des haies.

Le suc de ces plantes aspiré par les narines excite l'éternument : leurs semences prises au poids de deux scrupules dans du vin, conviennent pour la piqûre du scorpion. La graine de *lychnis*, suivant *Dioscoride*, étoit autrefois en usage contre les morsures venimeuses des serpens ; aujourd'hui on ne la voit gueres recherchée que par les moineaux, & sur-tout par les chardonnerets.

ŒILLET FRANGÉ ou la MIGNARDISE, *diosanthos*, est une espece d'œillet sauvage simple, dont les fleurs sont petites & découpées comme la barbe d'une plume, de couleur blanche ou incarnate ; & comme elle représente par la finesse de ses découpures les franges ou effilures du linge qu'on porte dans le deuil, on l'a nommée effilée : ses fleurs sont propres à résister au venin.

ŒILLET-D'INDE, *tagetes*. Plante de genre & de classe entiérement différens de l'œillet, & dont on distingue deux especes principales.

1°. Le GRAND ŒILLET D'INDE, *caryophyllus Indicus major*. Sa racine est fort fibreuse ; elle pousse une tige haute d'environ trois pieds, grosse comme le pouce, nouée, rameuse, pleine de moëlle : ses feuilles ressemblent à celles de la tanaisie ; leurs bords sont tiquetés de points transparens qui sont des glandes vésiculaires : ses fleurs naissent seules aux sommets, belles, garnies, radiées, rondes & quelquefois grosses comme le poing : elles sont, dit M. *Deleuze*, composées d'un disque de fleurons & d'un petit nombre de demi-fleurons portés fur un placenta ras, & foutenus par un calice d'une feule piece en godet à cinq pointes. A ces fleurs fuccedent des femences rondes, couronnées de pointes inégales & noirâtres.

2°. Le petit Œillet d'Inde, *caryophyllus Indicus minor*. Sa racine eft courte & fibrée; elle jette des tiges hautes d'un pied, moëlleufes: elle reffemble pour le refte à l'efpece précédente.

On cultive les œillets d'Inde dans les jardins, à caufe de la beauté de leur fleur. On diftingue plufieurs variétés du grand œillet d'Inde; il y en a dont les fleurs font d'un jaune pâle ou de foufre, d'autres de couleur orangée: il y en a même à fleurs blanches; toutes ces variétés font ou fimples ou doubles, & elles ont une odeur peu agréable; elles commencent à s'épanouir vers le mois de Juillet, & durent jufqu'aux gelées. Le grand œillet d'Inde vient originairement du Mexique: nous l'avons naturalifé dans ce Royaume. Dès le mois de Mai le petit œillet d'Inde commence à donner des fleurs jaunes veloutées, mêlées de roux & de couleur fafrannée; ces fleurs durent pendant tout l'été, & leur odeur n'eft pas plus agréable que celle du grand œillet d'Inde.

Les Fleuriftes cultivent depuis peu une nouvelle efpece d'œillet d'Inde dont l'odeur eft agréable.

L'œillet d'Inde fe multiplie de graine; on la feme fur une couche tempérée, & on la tranfplante quand elle a acquis un peu de force, elle fe plait dans prefque tous les terrains; quand on veut la conferver pour l'hiver, il faut l'abriter de la gelée. Les Auteurs font peu d'accord fur les vertus médicinales de cette efpece d'œillet. *Hermandez*, dans fon Hiftoire des Plantes du Mexique, dit que le fuc ou la décoction des feuilles provoque l'urine, la femence, les menftrues & les fueurs. *Dodonée* au contraire prétend que l'œillet d'Inde eft un poifon: il en cite plufieurs exemples. En attendant que cette conteftation foit décidée, il vaut mieux ne point mâcher ni avaler les feuilles de cette plante qui, employée extérieurement, est bonne pour déterger & pour résoudre.

ŒILLET DE MER. Espece d'*astroïte* ou de production à polypier. Ce corps marin & organisé est creusé par des sillons ondoyans ou feuilletés, & a en général la figure d'un œillet qui seroit comprimé & épanoui. *Voyez* MADRÉPORE.

ŒILLETON. *Voyez à l'article* PLANTE. Quand on détache avec la main les œilletons de l'œillet & de l'oreille d'ours, & qu'on les replante dans les pots, cela s'appelle *œilletonner*.

ŒNANTHE ou **FILIPENDULE AQUATIQUE** ou **PERSIL DE MARAIS**, *œnanthe*, plante dont on distingue deux especes principales qu'il faut bien se garder de confondre ensemble.

1°. L'ŒNANTHE A FEUILLE D'ACHE, *œnanthe apii folio*. Ses racines sont des especes de navets noirs en dehors, blancs en dedans, suspendus par des fibres longues, s'étendant plus en large qu'elles ne pénetrent avant dans la terre : elles ont un goût de panais. Ses feuilles sont d'abord larges, répandues à terre, & semblables à celles du persil ; ensuite elles prennent la forme de celles de la queue de pourceau. Il s'éleve d'entre-elles plusieurs tiges hautes de deux piés, rameuses, cannelées : ses fleurs qui paroissent pendant l'été, sont disposées en ombelles, composées chacune de cinq feuilles rangées en fleur de lys, de couleur blanche tirant sur le purpurin. Elles sont succédées par des semences jointes deux à deux, oblongues & cannelées. M. *Deleuze* observe que les fleurs de la circonférence de l'ombelle sont stériles : chaque graine est à cinq angles, couronnée d'un petit calice à cinq pointes, & du pistil. Les ombelles particulieres sont garnies à leur base d'une fraise de feuilles. Cette plante croît aux lieux marécageux : on la cultive aussi dans les jardins des Curieux. Sa racine qui ressemble un peu à celle de la filipendule, est apéritive, dissipe les vents & appaise les douleurs des hémorroïdes.

2°. L'ŒNANTHE A FEUILLE DE CERFEUIL, *œnanthe chærophylli foliis aut cicutæ facie, succo viroso, croceo.* Cette plante qui ne croît gueres que dans les pays froids & septentrionaux, le long des ruisseaux en Angleterre, en Irlande & en Hollande, a beaucoup de rapport & de ressemblance avec la ciguë, même pour les propriétés. Ses racines sont des navets, comme celles de l'asphodele, blancs, attachés immédiatement à leur tête, sans aucunes fibres, remplis du même suc que la plante. Il sort de la racine plusieurs tiges hautes d'environ trois pieds, éparses, rondes, rameuses, portant des feuilles assez semblables à celles du cerfeuil, vertes brunâtres, d'un goût âcre & dégoûtant, remplies d'abord d'un suc laiteux, mais qui jaunit ensuite & devient virulent, puant, venimeux & ulcérant. Ses fleurs sont disposées en ombelles comme celles de la ciguë, composées de plusieurs feuilles rangées en rose ou en fleur de lys : elles sont succédées par de petits fruits, composées de deux semences oblongues & cannelées.

Cette espece d'œnanthe, appellée dans le pays de Galles *racine à cinq doigts*, & dans la Province de Cumberland, *langue morte*, est un poison corrosif, dangereux. Il cause dans le ventricule une ardeur très-douloureuse ; il trouble la vue & l'esprit, resserre les mâchoires, excite des hoquets & des efforts inutiles de vomir, des hémorragies par les oreilles, une tension considérable vers la region de l'estomac, & il en cautérise la tunique nerveuse. Les antidotes ou remedes à ce poison consistent à boire beaucoup d'huile, de graisse ou de beurre fondu, de lait, & d'autres liqueurs onctueuses qui puissent adoucir le suc rongeant de cette plante, & l'évacuer par haut & par bas. La saignée est encore utile en pareil cas. Dix-sept prisonniers François dans la guerre de 1744 eurent la liberté de se promener à Pembroke & aux environs ;

ayant rencontré une grande quantité de cette plante forte, qu'ils prirent pour du céleri sauvage, la cueillirent avec les racines, la laverent & en mangerent sur le champ & en petite quantité la racine avec du pain & du beurre ; deux en moururent, & les autres éprouverent une partie des symptômes annoncés ci-dessus. M. *Haller* dit que c'est de l'œnanthe dont parle *Stalpaart wan der Wiel*, & que M. *Méad* a pris pour de la ciguë aquatique de *Wepfer*. C'est la même plante encore qui a été funeste à quelques soldats François en Corse, & qui pourroit bien être l'*herbe fardoa* des Anciens.

Des Naturalistes ont aussi donné le nom d'*œnanthe* à plusieurs oiseaux, tels que le *cul-blanc*, le *traquet*, &c. *Voyez ces mots.*

ŒSIPE ou SUINT. *Voyez au mot* LAINE.

ŒSTRE, *œstrus*. Genre d'insecte diptere, c'est-à-dire à deux ailes, dont les antennes sétacées, courtes & fort petites, naissent d'une grosse base qui représente un bouton rond. Au lieu de bouche ce petit animal a trois points enfoncés qui lui servent probablement de suçoirs pour tirer quelque peu de nourriture liquide. Peut-être que l'œstre devenu insecte parfait, n'a plus besoin de nourriture ; cette propriété lui seroit commune avec plusieurs autres insectes.

Les larves de l'œstre ressemblent à des especes de vers courts. On remarque à leur partie postérieure deux grands stigmates. Ces larves varient de figure suivant les différens endroits où elles vivent ; on les rencontre tantôt dans le fondement des chevaux, tantôt dans les cavités du nez des bœufs & des moutons, quelquefois sous la peau des bœufs. *Voyez à l'article* VERS DES TUMEURS DES BÊTES A CORNES, *& à l'article* TAON. A l'égard de l'œstre aquatique ; *Voyez* MOUCHE A CORSELET ARMÉ. *Voyez aussi* MOUCHES DES INTESTINS DES CHEVAUX, MOUCHE DE LA GORGE DU CERF, MOUCHE DU NEZ DES MOUTONS.

ŒUF,

ŒUF, *ovum*. Ce nom se donne à la substance que pondent les femelles des oiseaux, des poissons, des lézards, de la plupart des serpens & des insectes; l'on dit ordinairement œuf de poule, œuf de tortue, œuf de carpe, œuf de fourmi, œuf de serpent, œuf de crocodile, &c. Tous les animaux ovipares produisent une substance semblable; mais les uns couvent leurs œufs fécondés dans le sein de la mere, & les font éclore par la chaleur de l'incubation; tels sont les oiseaux: d'autres les déposent au fond des eaux pour être ensuite vivifiés par les mâles & perfectionnés dans ce même élément; tels sont les poissons proprement dits: d'autres enfin mettent bas leurs œufs, fécondés dans le sein de la mere, dans un lieu, où quand ils viennent à éclore par la chaleur de l'atmosphere, ils trouvent à se nourrir: tels sont la plupart des insectes qui naissent reptiles, & finissent par être volatiles; tels sont encore les lézards, les tortues & la plupart des serpens. On appelle ovaire, la partie de la femelle dans laquelle l'œuf se forme. Tous les animaux ovipares peuvent pondre, ou frayer & couver (un œuf proprement dit est ce total de quoi l'animal se forme); mais ces œufs ne produiront rien s'ils ne sont fécondés par l'approche plus ou moins immédiate du mâle. C'est ainsi que la poulette met bas communément des œufs stériles; souvent des poulettes en font de petits qui n'ont point de jaune, & que le vulgaire superstitieux ou ignorant amateur du merveilleux & par préjugé d'éducation, attribue faussement au coq. Ces œufs se nomment *œufs blancs*; étant couvés ils ne produisent rien. *Voyez à l'article* Coq *l'extrait d'un Mémoire de M. de la Peyronie imprimé dans l'Histoire de l'Académie des Sciences, année 1710, sous le Titre d'Observations sur les œufs de poule sans jaune, que l'on appelle vulgairement œufs de coq.*

Il y a des poules qui pondent quelquefois des œufs sans écaille ou coque; cela leur vient probablement, ou d'une maladie, ou par une grande fécondité, ou d'être trop grasses ; il en est peut-être de même pour les gros œufs qui ont deux blancs & deux jaunes, *ova gemellifica*. On a cependant observé qu'ils sont ordinairement le fruit des poules jeunes, vigoureuses & lascives. Les jaunes sont toujours nus dans l'ovaire & dans les trompes, le blanc & la coque ne se forment jamais que dans la matrice ; de pareils œufs jumeaux & formés sont distincts & séparés dans l'ovaire, & dans le conduit des œufs ; mais parvenus à l'utérus, ils commencent par jaunir & sont ensuite enveloppés par le blanc & par la même coque. En pourroit-on dire autant de ces œufs qui contiennent un autre œuf, *ovum in ovo*, ayant également sa coque ? On nomme les œufs sans coque ou simplement recouverts d'une membrane, *œufs hardés* (on tenteroit inutilement de faire couver un tel œuf) & *œuf nain*, *ovum centeninum*, le petit & dernier œuf que la poule pond de la saison. Il est aussi sans jaune. M. *Wolff* a montré aux Membres de l'Académie des Sciences de Pétersbourg un œuf simple, contenant dans un seul blanc & un seul jaune deux embryons développés par six jours d'incubation ; ce phénomene mérite une place parmi les faits les plus rares.

Pour compléter l'histoire de l'œuf, *Voyez l'article* INSECTE, *celui de* POISSON *& celui d'*OISEAU. On verra dans ce dernier ce que contient l'œuf, & la maniere dont le petit s'y forme & en sort. Quelques Auteurs, & même le plus grand nombre des Modernes, pensent que tous les animaux & les hommes même sont produits *ab ovo*. Ce que les Anciens appelloient *testicules* chez les femmes, porte aujourd'hui le nom d'ovaire. On trouve les ovaires dans les filles, & divers Auteurs citent des femmes accouchées d'une quantité d'œufs plus ou moins considérable ; chacun de ces œufs est ordinairement de la grosseur d'un pois, il est fécondé, organisé & animé lorsqu'il est encore dans la femme. *Voyez l'article* HOMME.

Nous invitons instamment nos Lecteurs à consulter

les *Considérations sur les corps organisés* & la *Contemplation de la Nature*, ils y trouveront l'esquisse la plus sublime, la plus profonde sur la maniere dont on peut concevoir la nutrition & l'accroissement des germes avant la fécondation dans l'hypothese de l'emboîtement. Ces ouvrages savans & immortels du célebre M. *Bonnet* de Geneve, sont aujourd'hui dans les mains de tout le monde, & exigent des plus savans Physiciens, Naturalistes, Philosophes &c. la plus grande attention & les méditations les plus profondes : je ne peux trop le dire, ces ouvrages font honneur au génie de M. *Bonnet* : s'ils effrayent l'imagination, ils élevent l'ame, étendent la pensée, offrent & crayonnent à l'entendement des vues vastes & des hautes idées de la puissance & de l'intelligence de l'Auteur qui a présidé à la construction des êtres organisés : en un mot ces ouvrages ne sont point susceptibles d'extrait. Parmi les poissons, il y en a dont les œufs sont venimeux, ou du moins qui purgent violemment : tels sont ceux du brochet, du barbeau, &c. Chez les oiseaux les œufs des premieres pontes sont moins gros que ceux de la seconde & de la troisieme.

On appelle *œufs frais*, ceux qui sont récemment pondus, & même tous ceux qui n'ont point encore perdu cette partie qu'on nomme le *lait* & qu'on trouve d'abord en les ouvrant, quand ils ne sont point trop cuits. Non-seulement c'est une chose curieuse de conserver frais par leurs qualités des œufs qui sont vieux par le temps ; mais il y a un avantage réel à se procurer toujours en bon état un aliment qui devient souvent équivoque quand il est gardé. Dans les voyages de mer, & dans les saisons où les poules ne pondent que très-rarement, c'est une véritable ressource qu'une provision d'œufs qui sont aussi bons que s'ils étoient nouvellement pondus. On sait que l'œuf exposé à l'air s'y corrompt par le laps du temps. Sous la machine pneumatique il se conserve sans se gâter. D'après ces principes connus, feu M. *de Réaumur* nous a offert un moyen fort simple, facile & très-sûr : il a conseillé de boucher les pores de la coquille de l'œuf avec un enduit indissoluble à l'eau, tel que deux ou trois couches de vernis le plus commun, ou une légere couverture de graisse de mouton, ou d'huile, ou de cire liquéfiée. On a l'expérience qu'un œuf ainsi préparé & gardé six mois, fait encore le lait, & n'a pas le moindre mauvais goût. Cependant quand on veut les conserver plus sûrement & plus long-temps, il faut choisir des œufs qui n'ayent point été fécondés, autrement le germe étouffé sous le vernis ne manquera pas d'en corrompre une partie. Ces œufs vernis n'ont pas seulement l'avantage de se conserver bons, pour être mangés comme frais ; ils ont encore celui de pouvoir être couvés en toute sûreté, pourvu qu'on n'attende pas au-delà de six semaines ; en pareil cas l'on ôte le vernis qui est sur la coque de l'œuf fécondé : ceci nous offre encore un moyen d'élever des oiseaux étrangers qu'on ne peut transporter vivans qu'avec beaucoup d'embarras, & qui pour l'ordinaire ne s'accouplent point hors de leur pays. Ces différentes manieres d'interdire la transpiration & l'accès de l'air extérieur dans les œufs & dans tous les corps que l'on veut préserver de corruption ou d'altération, expliquent en même-temps la cause qui auroit fait conserver pendant trois cents ans trois œufs dans un mur d'Eglise dans le Milanez, & qu'on a trouvés après ce temps très-bons. En effet, un de ces œufs ouvert à l'instant n'avoit rien perdu de sa fraîcheur, odeur & saveur. Les deux autres ouverts huit jours après, commençoient à se gâter. Les Paysans se contentent de conserver leurs œufs dans de la sciure de bois, du son, de la cendre bien pressée dans un tonneau. Ils savent aussi que tout œuf vieux offre une cavité intérieure quand il est cuit, & que ce vide est la mesure de la quantité du liquide qui a transpiré au travers de la coque ; ainsi un œuf frais doit être plein, ce qu'on reconnoît en le plaçant entre une lumiere & l'œil. Un œuf cuit pour être salutaire, doit être ni glaireux, ni dur, mais d'une substance molle & humide, comme le dit par ce vers, l'École de Salerne :

Si fumas ovum, molle fit atque novum.

M *Bourgeois* rapporte un fait singulier par rapport à la conservation des œufs de poule, & dont il est difficile de donner une raison physique satisfaisante : c'est que les œufs pondus pendant le courant du mois d'Août, se conservent beaucoup mieux & ne se corrompent pas comme ceux pondus dans les autres mois de l'année : cependant de tous les mois c'est celui d'Août où les substances animales & même les végétales tendent plutôt & plus facilement à la corruption. Les Paysannes de la Suisse conservent presque tous leurs œufs du mois d'Août, pour les vendre pendant l'hiver dans les foires & les marchés ; parce qu'ils sont beaucoup plus rares & plus chers. Quoique ces œufs ne soient pas aussi bons que les œufs frais, il est cependant rare qu'on en trouve de corrompus, & qu'on ne puisse employer aux usages de la cuisine.

Entre les animaux ovipares, il y en a qui, au sortir de l'œuf, se trouvent sous leur forme parfaite : ils ne la quitteront plus tant qu'ils vivront : tels sont la plupart des poissons & des amphibies cuirassés, les limaçons qui sortent de l'œuf avec une petite maison sur le dos, les araignées qui changent de peau, ainsi que les crustacées & les amphibies ; d'autres passent par différens états, tels que les insectes qui se métamorphosent ; la grenouille qui a d'abord une queue sans pied, & ensuite des pieds sans queue. Les oiseaux sortent de l'œuf avec une sorte de duvet, mais bientôt ils acquierent des plumes qui les garantissent du froid, de l'humidité, & leur servent à voler. Consultez le *Nouvel Art de faire éclore en toutes saisons des œufs d'oiseaux domestiques* à la suite de l'article Coq.

Les œufs different entr'eux par le volume, par la dureté de la coque & la marbrure de cette enveloppe, dont le fond de la couleur est ou blanc, ou d'un bleu verdâtre, les taches sont ou noirâtres ou roussâtres : ils different aussi par la forme & par le goût de leur substance intérieure. Les œufs de serpent sont ronds, ceux d'autruche sont oblongs, également gros ou pyramidaux par les extrémités : ceux de poule ont un bout plus conique que l'autre ; enfin il y en a de longs & ronds comme un cylindre. Certains œufs d'insectes sont aigretés, ou bien ornés d'une espece de couronne de poils. Ceux des poissons se couvrent d'une espece de blanc, *albumen*, pour les garantir de l'eau lorsqu'ils sont hors du corps de la mere.

ŒUF COQUILLE. On donne ce nom à un testacée du genre des porcelaines : ceux qui sont épais ont la lèvre extérieure renflée & dentée, & le dedans orangé. Ceux qui sont minces & fragiles, sont *papyracés*.

ŒUF MARIN. Nom donné par quelques-uns à une espece particuliere d'oursin, *brissus*. Voyez à l'article Oursin.

ŒUF DE SERPENT ou ŒUF DES DRUIDES. La superstition de ces Prêtres Gaulois les portoit à dire que les œufs de serpent étoient formés de la propre bave de ces animaux. *Voyez à l'article* Serpent. *Boëce de Boot a donné le nom d'œuf de serpent, ou d'œuf de mer* à des *échinites* ou oursins pétrifiés. *Voyez* Oursin.

ŒUFS DE MER, *carnumi*. Voyez Microscome.

ŒUFS DE PIERRE ou PIERRE OVAIRE. Nom que l'on donne à un pierre composée de petits grains gros comme des têtes d'épingles. *Voyez* Cenchrites, Méconites & Pisolites, *& sur tout le mot* Oolithes.

Il y a des Auteurs qui ont aussi donné le nom d'*œufs de pierre* à un oursin fossile. *Voyez* Échinites.

ŒUFS DE VACHE & DE CHAMOIS. *Voyez* Égagropile.

OFFE, est une espece de jonc qu'on apporte d'Alicante en Espagne, & qu'on emploie beaucoup dans nos provinces méridionales, sur-tout à faire des filets pour la pêche. *Voyez à l'article* JONC.

OIE. *Voyez* OYE.

OIGNON ou OGNON, *cepa*, est une plante potagere, bulbifere, & généralement connue : son nom est commun à la plante & au fruit ; sa racine est bulbeuse, de différentes couleurs & figures, suivant l'espece. L'oignon est rempli d'un suc subtil & très-âcre, qui pique les yeux & les fait pleurer ; ses feuilles sont fistuleuses : cette plante ne fleurit qu'à la seconde année ; elle porte à son sommet une tête de la grosseur du poing, composée de fleurs en lys : à ces fleurs succedent des fruits arrondis, partagés en trois loges qui contiennent la graine.

Outre les treize especes d'oignons que compte M. de *Tournefort*, il s'y trouve encore d'autres variétés en couleur, en grosseur, en forme, que produit l'art de la culture. L'espece la plus commune dans nos jardins est l'oignon blanc ou rouge, *cepa vulgaris, floribus & tunicis candidis vel purpurascentibus*. L'oignon blanc d'Espagne est l'*oignon doux* par excellence, *cepa Africana maxima bulbâ lignariâ dulci*. L'oignon de Strasbourg est plus amer & se conserve plus long-temps : mais aucun oignon d'Europe n'approche de la douceur, du goût agréable & du parfum léger des oignons d'Égypte.

Tout le monde sait les usages des oignons ; les blancs sont plus doux & plus estimés que les rouges. Leurs vertus pour la santé sont très-remarquables : ils sont pectoraux & apéritifs, & souverains dans plusieurs maladies. Dans la derniere peste de Marseille, on s'en est servi avec le plus grand succès pour guérir les pestiférés : on donnoit au malade le suc exprimé d'un oignon dont on avoit ôté le cœur, à la place duquel on substituoit un peu de thériaque, & qu'on faisoit cuire ensuite au four : le malade qui l'avoit mangé, suoit abondamment & étoit guéri ; on appliquoit aussi sur le bubon un semblable oignon. (M. *Bourgeois* craint qu'un tel remede n'augmente la fonte, la dissolution & la putréfaction des humeurs qu'on doit, dit-il, plutôt chercher à prévenir. C'est dans cette vue que les bons Praticiens modernes se servent presque uniquement des acides minéraux & végétaux, & du quinquina dans les fièvres malignes & pestilentielles). On prétend qu'un oignon pelé, assaisonné de miel & de sel, est un souverain remede pour la morsure des chiens enragés : son jus exprimé, dont on imbibe un peu de coton, mis dans les oreilles, en arrête les bruissemens ou tintemens. L'oignon cru ou cuit sous la cendre, & même dans les alimens, est selon M. *Bourgeois*, un excellent remede contre l'hydropisie : il ouvre les obstructions, il rétablit la circulation de la lymphe arrêtée dans le tissu cellulaire, & procure une copieuse évacuation par les urines. Il produit presque le même effet que l'oignon de scille, qui est si utile dans cette maladie.

La Ciboule, *cepa fissilis*, a à peu-près les mêmes qualités & propriétés que l'*échalote*, voyez ce mot : elle en differe par la grandeur, mais elle lui ressemble par la fleur : on peut substituer l'un au défaut de l'autre : ils demandent tous les deux la même culture. On coupe les feuilles de la ciboule menu & on les mêle crues dans la salade & dans les viandes salées pour leur donner du haut goût : mais ces feuilles se digerent difficilement ; elles rendent l'haleine mauvaise & produisent des rapports désagréables.

Les oignons ne viennent que de graine ; ils aiment une terre bien ameublie, mais plutôt maigre que grasse, & même un peu sablonneuse : si on les plante dans une terre bien fumée & humide, ils poussent, dit M. *Bourgeois*, beaucoup en feuilles, & la racine ou la bulbe reste petite. Selon cet Observateur, pour avoir de beaux & gros oignons, il ne faut point mettre de fumier dans la couche où on les plante, mais il faut la couvrir avec de la fiente de poulailler. Lorsqu'ils sont devenus grands & qu'ils ne profitent plus, on en foule les montans avec le pied, afin qu'ils deviennent plus beaux. Voyez le *Journal Economique, Janvier 1758.*

Les Fleuriſtes donnent le nom de *caïeux* (*ſoboles*) à de petits oignons de fleurs, qui naiſſent autour des gros, & qui ſe conſervent long-temps hors de terre pour y être repiqués quand on veut ; ils ſe fortifient quand ils reſtent trois ans de ſuite en terre, & ils portent dans l'année qu'on les replante. Lorſque l'on tire les oignons tous les ans, les *caïeux* ne ſont point aſſez forts ; il faut les mettre dans une planche en pépinière, dont on leve de temps en temps des oignons qui ſont en état de fleurir. Les *caïeux* dans les anemones changent de nom, ils s'appellent *pattes :* dans les renoncules ce ſont des *griffes*. Les *caïeux* conſervent ſeuls les plus belles eſpeces de fleurs, ſans dégénérer, *Voyez à l'article* FLEURS.

OIGNON MARIN ou DE SCILLE. *Voyez* SCILLE.

OIGNON MUSQUÉ, *muſcari*, eſt une plante que l'on cultive dans les jardins des Fleuriſtes : l'on en diſtingue pluſieurs eſpeces, qui different par la couleur de leurs fleurs, ou par la largeur de leurs feuilles, ou parce qu'elles ſont ſauvages. M. *de Tournefort* a fait une différence de ce genre de plante d'avec la jacinthe, par la fleur, qui dans le muſcari eſt un grelot, c'eſt-à-dire, une cloche rétrécie par l'ouverture, au lieu que celle de la jacinthe eſt fort évaſée. La racine de l'oignon muſqué eſt une groſſe bulbe, couverte de pluſieurs tuniques, d'un goût amer, garni en deſſous de quelques fibres longues & groſſes ; cette racine eſt vomitive : elle pouſſe cinq à ſix feuilles cannelées & couchées à terre ; il ſort d'entr'elles une groſſe tige, haute d'un demi-pied, revêtue, dans le milieu de ſa longueur, de fleurs en grelots, crenelées, d'un vert bleuâtre, ou purpurines d'abord, enſuite jaunâtres & aromatiques, comme muſquées : à ſes fleurs ſuccedent des fruits triangulaires, qui renferment, dans trois loges, des semences grosses comme des orobes, rondes & noires. *Voyez* MOUSSE GRECQUE.

OISEAU, *avis*, est un animal bipede, couvert de plumes, qui a des ailes & un bec de substance de corne, &c. Sa femelle est ovipare : ses plumes sont renversées en arriere, & couchées les unes sur les autres dans un ordre régulier : son corps n'est ni extrêmement massif, ni également épais par-tout, mais bien disposé pour le vol, aigu par devant, grossissant peu-à-peu ; par-là il est plus propre à fendre l'air. Tous les oiseaux viennent d'œufs : leur maniere de vivre, la variété de leurs couleurs suivant les saisons, leur chant, leurs différentes figures & grandeurs, tout mérite l'attention du Philosophe, & pique la curiosité de l'homme qui cherche à s'instruire. Nous en tracerons quelques esquisses dans le tableau raccourci que nous nous proposons d'en donner ici d'après les Naturalistes qui en ont traité.

Tous ceux qui, depuis *Aristote* & *Pline* jusqu'à MM. *Linnæus*, *Klein* & *Brisson*, ont écrit sur la nature des oiseaux, les ont divisés en *terrestres* & en *aquatiques*, puis en *oiseaux domestiques*, en *passagers*, en *oiseaux des bois*, *oiseaux de riviere*, *oiseaux de nuit*, & en *oiseaux de proie*. Ils ont marqué, dans les différentes classes qu'ils en ont faites, ce qui les distingue les uns des autres, soit par les plumes, le bec, les ongles, soit par la tête, le cou, les ailes, les cuisses, les jambes & les pieds.

On peut réduire les oiseaux à six ordres principaux.

1°. Ceux du *genre corbin*, c'est-à-dire, qui ont le bec courbé, fort, & les ongles crochus ; tels sont les oiseaux de proie qui sont carnivores, c'est-à-dire, qui vivent de rapine ou de chair, qui tiennent leur proie dans une patte, & qui la déchirent & la mangent étant appuyés sur une jambe, comme les aigles, le faucon, les chat-huants, le duc, le milan, le lanier, le hobereau, le condor, le vautour, l'épervier, le coucou, même les perroquets & les pies-grieches, &c. cependant ceux-ci vivent plus communément de fruit que de chair. Nous disons que le bec des oiseaux de proie est assez fort pour dépecer les chairs; les serres ne sont pas moins propres à déchirer & à porter la proie; leurs cuisses sont très-robustes, ils ont une vue perçante & subtile pour épier de loin. On distingue ces oiseaux en *diurnes* ou *oiseaux de jour*, & en *nocturnes* ou *oiseaux de nuit*. On connoît les oiseaux de rapine, sur-tout les diurnes, par leur tête & leur cou court, par leur bec & leurs ongles crochus, par leur langue large, épaisse & charnue comme celle de l'homme. Les *oiseaux de proie nocturnes*, qui ne volent que la nuit pour butiner, ont la tête grosse & faite à-peu-près comme celle des chats; tels sont les hiboux cornus ou chant-huants, la frésaie, le faucon de nuit, la chevêche, &c. Les oiseaux de nuit ont les doigts irréguliers, car le dernier n'est pas, à proprement parler, un doigt de devant, il est placé de côté & peut se tourner en arriere; ces oiseaux l'alongent pour prendre leur proie, c'est ce qui fait que la plupart des oiseaux de nuit semblent avoir deux doigts devant & deux derriere: ces oiseaux ont une membrane calleuse que les Naturalistes nomment *céra*, & qui fait le tour de la base du bec.

Presque tous ces oiseaux vivent solitaires, ne s'attroupent point, multiplient peu, & ne produisent guere que deux petits à la fois; ils sont très-garnis de plumes, & vivent plus long-temps que les autres especes d'oiseaux: comme les repas de ces oiseaux ne sont pas toujours assurés, la nature leur a donné la faculté de souffrir long-temps la faim. Dans ce genre d'oiseaux, les femelles sont plus grandes que les mâles, d'un plus beau plumage, plus fortes, plus courageuses, & plus féroces, parce qu'elles ont seules soin de leurs petits; les mâles étant d'un tiers moins grands sont appellés *Tiercelets, tercellini, quasi tertiarii*. Ces oiseaux sont non-seulement les tyrans des airs, ils chassent aussi dans les plaines. On divise les *oiseaux de rapine diurnes* en grands & en petits: les grands sont les aigles

& les vautours; leur caractere est si féroce, si indomptable, qu'on ne peut les dresser pour la fauconnerie. Les petits oiseaux de proie diurnes, sont encore considérés comme poltrons, tels que le milan, ou comme courageux & de haut vol, tels que l'autour, l'épervier, le gerfault & l'émerillon; ceux de bas vol, sont le faucon, le lanier, le hobereau & le sacre. Voyez, pour l'histoire & la maniere de dresser ces oiseaux à la chasse du vol, *au mot* FAUCON.

Le second ordre comprend les *oiseaux à bec de pic*, tels que les corbeaux, les corneilles, les pies, les pics, le geai, la huppe, le loriot, l'étourneau, les merles, &c. Quelques-uns de cette famille ont le bec un peu oblong, fort & gros; on les appelle *demi-oiseaux de proie*, ou *demi-rapaces*. Ces oiseaux fréquentent indifféremment les pâtis, les guérets, les taillis, de même que les prairies & les rivages: ils vivent de fourmis, de moucherons, de fruits & de graines.

Le troisieme ordre contient les *oiseaux* qui fréquentent les bords des eaux douces, les lieux marécageux, & les rivages de la mer, qui volent autour de cet élément pour y trouver du poisson dont ils font leur nourriture, & qui cependant ne nagent pas; ils ont les pieds fendus (*fissipedes*), les jambes & les cuisses fort longues (*imantopedes*), un bec long & pointu (*scolopaces*); ils n'ont point de plumes au dessous des genoux, afin d'entrer plus facilement dans les eaux bourbeuses; tels sont les hérons, la grue, le flamand, le butor, la cigogne, le courlis, &c. Quelques-uns de cette famille sont haut-montés sur leurs jambes & ont le bec court, comme le vanneau, le chevalier, le pluvier, &c. Souvent ces oiseaux se tiennent suspendus en l'air sur les eaux, & guettent d'en haut si par hazard quelque poisson remonte vers la surface des eaux, & quand ils en apperçoivent, ils se plongent sur le champ avec une rapidité étonnante, & il est rare qu'ils manquent leur proie.

Le quatrieme ordre renferme les *oiseaux aquatiques*

par excellence, c'est-à-dire, qui marchent sur terre & nagent dans l'eau ; tels sont le pélican, la palette, le cygne, les oies, les especes de canards, le morillon, la macreuse, le cormoran, &c. en un mot tous les oiseaux dont les doigts des pieds sont unis par une toile membraneuse, ou même qui peuvent nager sans être absolument palmés, comme la foulque. Plusieurs d'entre ces oiseaux, qui ne se nourrissent que de poisson, ont le bec dentelé, crochu à son extrémité : ils sont la plupart *podicipedes*, c'est-à-dire, qu'ils marchent en se tenant presque droits sur leurs pieds comme l'homme ; ils paroissent boiter, & ont presque tous les jambes courtes, les cuisses couvertes de plumes à la jointure, les orteils de derriere courts, le croupion moins élevé que les autres oiseaux, le bec terminé par une appendice qui pend en dessous.

On comprend dans le cinquieme ordre, les *oiseaux* qui n'ont point d'habitation fixe, & qui fréquentent rarement les rivages, les prairies, les hautes futaies ; ils vont indifféremment dans les taillis, les guérets, les buissons & les haies, où ils se nourrissent d'insectes, de graines, de baies, &c. tels sont les pigeons, la tourterelle, les especes de pinçons, l'alouette, le chardonneret, le verdier, le serin, l'ortolan, la linotte, la bergeronnete, les bruants, la fauvette, le roitelet, les hirondelles, le tarin ; & tous ces petits oiseaux, dont le bec est assez droit, quelquefois courbé, plus ou moins long, qui ont les jambes courtes, les ailes fort étendues, un vol fort & rapide, & une queue longue. Ceux qui ont le bec grêle, foible & pointu, vivent d'insectes ; ceux qui vivent de graines, d'herbes épineuses, l'ont fort court & propre à broyer.

Le sixieme & dernier ordre renferme les *oiseaux* du genre des poules ; tels que le paon, le coq d'Inde, le coq privé & celui de bruyeres, le faisan, la perdrix, la gelinote, &c. ces oiseaux ont le bec assez court, un peu recourbé, le corps gras, pesant & la chair blanche, des ailes courtes, concaves, ce qui fait qu'ils ne peuvent pas voler fort haut ni long-temps ; leurs pieds sont, ainsi que ceux de la premiere famille, garnis d'une peau : ils se retirent dans les lieux secs, & vivent d'herbes, quelquefois d'insectes : ils font leur nid à terre ; leurs petits, qui sont couverts de duvet, suivent la mere, courant çà & là, & ramassent ce qu'ils peuvent avec leur petit bec.

On pourroit encore faire un genre d'oiseaux terrestres, qui ont le bec droit & les ongles moins crochus que les oiseaux de proie ; ce sont ceux qui sont d'une énorme grandeur, & qui ont des ailes peu propres à voler ; comme l'autruche, l'émeu ou le casoar & le dodo. L'autruche d'Afrique n'a que deux doigts par-devant, & point sur le derriere : l'autruche d'Amérique en a trois, point par derriere : le casoar, la canne-petiere, l'outarde, &c. fournissent la même remarque.

Quiconque voudroit adopter une méthode facile, pourroit prendre la suivante, qui est de M. *Klein*, elle consiste à ne considérer les oiseaux que par leurs pieds ; alors on en feroit huit familles. La premiere comprendroit ceux qui n'ont que deux doigts aux pieds sur le devant, & point par derriere ; telle est l'autruche. Dans la deuxieme on rangeroit ceux qui en ont trois par-devant & point par derriere ; tels sont l'émeu, l'outarde, la pie de mer, le pluvier vert, le vanneau, l'autruche d'Amérique. Dans la troisieme les oiseaux qui ont quatre doigts, dont deux sont dirigés en avant, & les deux autres en arriere ; tels que le perroquet, le coucou, la pie, &c. Dans la quatrieme les oiseaux à quatre doigts, trois devant & un derriere ; tels que les oiseaux chantans, les rossignols, les alouettes, les colibris, même les aigles, les vautours, les faucons, les oiseaux de nuit, les corneilles, les grues, les cigognes. Dans la cinquieme les oiseaux palmipedes, à quatre doigts aux pieds, trois devant & un derriere ; tels que le canard & le plongeon. Dans la sixieme les oiseaux palmipedes, à quatre doigts en avant, tels que le cormoran, l'onocrotale, &c. qui ont tous les doigts unis par la membrane du pied. Dans la septieme les palmipedes à trois doigts en avant, tels que le pinguin : enfin dans la huitieme les oiseaux dactilobes, à quatre doigts frangés de chaque côté, c'est à dire bordés par une membrane, & dont plusieurs ont trois doigts devant & un derriere, tels que le colimbe & les foulques. En réfléchissant sur cette distribution synoptique, on y trouve quelque confusion : on voit dans la quatrieme famille l'aigle, le colibri, le coq & la grue : on pourroit, en se servant des caracteres généraux dont il est fait mention ci dessus, étendre les subdivisions au nombre de vingt six ordres, ainsi que l'a fait M. *Allamand* d'après M. *Brisson*; alors on auroit :

Premier Ordre.

Le *genre du pigeon*, qui contient quarante-quatre especes & un grand nombre de variétés : les *tourterelles* appartiennent à ce genre.

Second Ordre.

Il est divisé en deux sections.
La premiere est composée
- Du *genre du dindon*, & comprend deux especes & deux variétés.
- ——— Du *genre du coq & de la poule*, & comprend six especes & quelques variétés.
- ——— Du *genre de la pintade*.

La deuxieme section est composée
- Du *genre de la gélinote*, & comprend douze especes. Le *coq de bruyeres* appartient à ce genre.
- ——— Du *genre de la perdrix*, & comprend vingt-une especes & quelques variétés. Le *francolin* & la *caille* appartiennent à ce genre.
- ——— Du *genre du faisan & du paon*, & comprend

dix-huit especes & quelques variétés. Les *hoccos* appartiennent à ce genre d'oiseaux.

TROISIEME ORDRE.

Il est divisé en deux sections :
La premiere est composée

Du *genre de l'épervier*, & comprend trente-neuf especes & quelques variétés. L'*autour*, le *faucon*, le *lanier*, le *gersault*, le *sacre*, le *hobereau*, l'*émérillon*, le *busard*, le *milan* appartiennent à ce genre.

——— Du *genre de l'aigle*, & comprend quinze especes.

——— Du *genre du vautour*, & comprend quatorze especes.

La seconde section est composée

Du *genre du hibou*, & comprend neuf especes & quelques variétés. Les *ducs* appartiennent à ce genre.

——— Du *genre du chat-huant*, & comprend onze especes. La *hulote* & la *chouette* appartiennent a ce genre.

QUATRIEME ORDRE.

Il est divisé en deux sections :
La premiere est composée

Du *genre du coracias*, & comprend deux especes.

——— Du *genre du corbeau*, & comprend onze especes & quelques variétés. La *corneille*, & le *choucas* sont de ce genre.

——— Du *genre de la pie*, & comprend six especes & une variété.

——— Du *genre du geai*, & comprend quatre especes & une variété.

——— Du *genre du casse-noix*, & comprend une espece.

La deuxieme section du quatrieme ordre est composée

Du

Du *genre du rollier*, & comprend dix especes.
—— Du *genre du troupiale*, & comprend trente-deux especes. Le *cassique*, le *baltimore* & le *carouge* sont de ce genre.
—— Du *genre de l'oiseau de paradis*, & comprend deux especes.

Cinquieme Ordre.

Il est divisé en deux sections :
La premiere est composée
Du *genre de la pie-grieche*, & comprend vingt-six especes & une variété. L'*écorcheur* est de ce genre.
—— Du *genre de la grive*, & comprend soixante-six especes & quelques variétés. Le *mauvis*, la *litorne*, la *rousserole*, le *merle*, le *moqueur*, le *mainate*, le *loriot*, le *jaseur* sont de ce genre.
—— Du *genre du cotinga*, & comprend dix especes.
La deuxieme section du cinquieme ordre est composée
Du *genre du gobe-mouche*, & comprend trente-huit especes. Le *tyran* est de ce genre.

Sixieme Ordre.

Il est divisé en deux sections :
La premiere est composée
Du *genre du pique-bœuf*, & comprend une espece.
La seconde section est composée
Du *genre de l'étourneau*, & comprend quatre especes & quelques variétés.

Septieme Ordre.

Il est divisé en deux sections :
La premiere est composée
Du *genre de la huppe*, & comprend une espece.
La seconde section est composée
Tome VI. K

Du *genre du promérops*, & comprend cinq especes.

Huitieme Ordre.

Il est composé
    Du *genre du tête-chevre*, & comprend sept especes.

———— Du *genre de l'hirondelle*, & comprend dix-huit especes & une variété. Le *martinet* est de ce genre.

Neuvieme Ordre.

Il est divisé en trois sections :
La premiere est composée
    Du *genre du tangara*, & comprend trente-quatre especes. L'*esclave*, l'*évêque* & le *cardinal* sont de ce genre.

———— Du *genre du chardonneret*, & comprend sept especes & un plus grand nombre de variétés. Le *tarin* est de ce genre.

———— Du *genre du moineau*, & comprend soixante-quatorze especes & quelques variétés. La *veuve*, quelques *cardinaux* étrangers, la *linotte*, le *pinçon*, le *serin*, le *verdier*, le *bengali*, le *senegali*, le *maïa*, le *grenadin* sont de ce genre.

———— Du *genre du gros-bec*, & comprend vingt especes, parmi lesquelles se trouve le *cardinal huppé*.

———— Du *genre du bruant*, & comprend quinze especes & quelques variétés. L'*ortolan*, le *proyer* appartiennent à ce genre.

La seconde section est composée
    Du *genre du coliou*, & comprend deux especes.

———— Du *genre du bouvreuil*, & comprend dix especes & deux variétés.

La troisieme section est composée
    Du *genre du bec croisé*, & comprend un espece.

Dixieme Ordre.

Il est divisé en deux sections :
La premiere est composée

Du *genre de l'alouette*, & comprend treize especes & trois variétés. Le *cujelier*, la *farlouse*, la *calandre* sont de ce genre.

—— Du *genre du bec-figue*, & comprend quatre-vingt-deux especes & quelques variétés. La *fauvette*, le *rossignol*, le *rouge-queue*, la *gorge-bleue*, la *rouge-gorge*, le *roitelet*, le *traquet*, le *cul-blanc*, la *lavandiere*, la *bergeronnette*, le *chantre*, le *figuier*, le *pipit* sont de ce genre.

La deuxieme section est composée

Du *genre de la mésange*, & comprend dix-huit especes. Le *pou* ou *soulci* appartient à ce genre.

Onzieme Ordre.

Il est composé

Du *genre du torchepot*, & comprend cinq especes & deux variétés.

Douzieme Ordre.

Il est divisé en deux sections :
La premiere est composée

Du *genre du grimpereau*, & comprend trente-trois especes & une variété. Le *sucrier* appartient à ce genre.

—— Du *genre du colibri*, & comprend seize especes.

La deuxieme section est composée

Du *genre de l'oiseau mouche*, & comprend vingt especes.

Treizieme Ordre.

Il est divisé en cinq sections :

La premiere est composée
>Du *genre du torcol*, & comprend une espece & une variété.
>—— Du *genre du pic*, & comprend trente-deux especes.

La deuxieme section est composée
>Du *genre du jacamar*, & comprend deux especes.

La troisieme section est composée
>Du *genre du barbu*, & comprend cinq especes.
>—— Du *genre du coucou*, & comprend vingt-huit especes & une variété.

La quatrieme section est composée
>Du *genre du couroucou*, & comprend sept especes.
>—— Du *genre du bout-de-petun*, & comprend deux especes.
>—— Du *genre du perroquet*, & comprend quatre-vingt-dix-sept especes & deux variétés. Les *arras* ou les *macaos*, les *kakatous*, le *loris*, les *perruches* sont de ce genre.

La cinquieme section est composée
>Du *genre du toucan*, & comprend douze especes.

QUATORZIEME ORDRE.

Il est divisé en cinq sections :
La premiere est composée
>Du *genre du coq-de-roche*, & comprend une espece.
>—— Du *genre du manakin*, & comprend treize especes.

La deuxieme section est composée
>Du *genre du momot*, & comprend deux especes.

La troisieme section est composée
>Du *genre du martin-pêcheur*, & comprend vingt-six especes.

—— Du *genre du todier*, & comprend trois especes.
La quatrieme section est composée
 Du *genre du guêpier*, & comprend treize especes.
La cinquieme section est composée
 Du *genre du calao*, & comprend six especes.

QUINZIEME ORDRE.

Il est divisé en trois sections ;
La premiere est composée
 Du *genre de l'autruche*, & comprend une espece.
La deuxieme section est composée
 Du *genre du thouyou*, & comprend une espece.
—— Du *genre du casoar*, & comprend une espece.
La troisieme section est composée
 Du *genre du dronte*, & comprend une espece.

SEIZIEME ORDRE.

Il est divisé en trois sections :
La premiere est composée
 Du *genre de l'outarde*, & comprend trois especes. La *canne petiere* est de ce genre.
La deuxime section est composée
 Du *genre de l'échasse*, & comprend deux especes.
—— Du *genre de l'huîtrier*, & comprend une espece.
La troisieme section est composée
 Du *genre du pluvier*, & comprend seize especes. Le *courlis de terre* est de ce genre.

DIX-SEPTIEME ORDRE.

Il est divisé en douze sections :
La premiere est composée
 Du *genre du vanneau*, & comprend huit especes.

——— Du *genre du jacana*, & comprend cinq especes. Le *chirurgien* est de ce genre.

La deuxieme section est composée
Du *genre du coulon-chaud*, & comprend deux especes.

La troisieme section est composée
Du *genre de la perdrix de mer*, & comprend quatre especes.

La quatrieme section est composée
Du *genre du râle*, & comprend dix especes.

La cinquieme section est composée
Du *genre du bécasseau*, & comprend vingt-une especes & une variété. La *guignette*, le *combattant*, le *chevalier*, l'*alouette de mer*, la *maubêche*, le *merle*, la *grive d'eau* & le *canut* sont de ce genre.

——— Du *genre de la barge*, & comprend huit especes.

——— Du *genre de la bécasse*, & comprend six especes & une variété.

La sixieme section est composée
Du *genre du courlis*, & comprend quatorze especes & une variété. L'*ibis* est de ce genre.

La septieme section est composée
Du *genre de la spatule*, & comprend trois especes.

La huitieme section est composée
Du *genre de la cicogne*, & comprend douze especes. La *grue* appartient à ce genre, ainsi que la *demoiselle de Numidie*.

——— Du *genre du héron*, & comprend quarante-sept especes. Le *butor*, l'*aigrette*, le *crabier*, le *bihoreau* sont de ce genre.

——— Du *genre de l'ombrette*, & comprend une espece.

La neuvieme section est composée
Du *genre de la cuillier*, & comprend deux especes & une variété.

La dixieme section est composée
> Du *genre de l'oiseau royal*, & comprend une espece.

La onzieme section est composée
> Du *genre du cariama*, & comprend une espece.
>
> —— Du *genre du kamichy*, & comprend une espece.

La douzieme section est composée
> Du *genre de la poule-sultane*, & comprend dix especes & une variété.

Dix-huitieme Ordre.

Il est divisé en deux sections :
La premiere est composée
> Du *genre de la poule d'eau*, & comprend trois especes.

La deuxieme section est composée
> Du *genre du phalarope*, & comprend quatre especes.
>
> —— Du *genre de la foulque*, & comprend trois especes.

Dix-neuvieme Ordre.

Il est composé
> Du *genre du grêbe*, & comprend onze especes & une variété.

Vingtieme Ordre.

Il est divisé en deux sections :
La premiere est composée
> Du *genre du guillemot*, & comprend quatre especes.

La deuxieme section est composée
> Du *genre du macareux*, & comprend une espece.
>
> —— Du *genre du pingoin* ou *penguin*, & comprend trois especes.

K 4

Vingt-unieme Ordre.

Il est divisé en deux sections :
La premiere est composée
 Du *genre du manchot*, & comprend deux especes.
——— Du *genre du gorfou*, & comprend une espece.
La deuxieme section est composée
 Du *genre du plongeon*, & comprend six especes.

Vingt-deuxieme Ordre.

Il est composé
 Du *genre de l'albatross*, & comprend une espece.

Vingt-troisieme Ordre.

Il est divisé en deux sections :
La premiere est composée
 Du *genre du puffin*, & comprend quatre especes.
——— Du *genre du pétrel*, & comprend trois especes.
——— Du *genre du stercoraire*, & comprend trois especes.
——— Du *genre du goëland*, & comprend quinze especes. Les *mouettes* sont de ce genre.
La deuxieme section est composée
 Du *genre de l'hirondelle de mer*, & comprend sept especes.
——— Du *genre du bec en ciseaux*, & comprend une espece.

Vingt-quatrieme Ordre.

Il est divisé en deux sections :
La premiere est composée
 Du *genre du harle*, & comprend huit especes.
La deuxieme section est composée
 Du *genre de l'oie*, & comprend seize especes

& une variété. Le *cygne* est de ce genre, ainsi que l'*éderdon*.

—— Le *genre du canard*, & comprend quarante-deux especes & plusieurs variétés. La *tadorne*, le *morillon*, la *macreuse*, la *sarcelle* sont de ce genre.

Vingt-cinquieme Ordre.

Il est divisé en deux sections :
La premiere est composée
    Du *genre de l'anhinga*, & comprend un espece.

—— Du *genre du paille-en-cu*, & comprend trois especes.

La deuxieme section est composée
    Du *genre du fou*, & comprend sept especes. L'*oie de Soland*, l'oiseau *frégate* sont de ce genre.

—— Du *genre du cormoran*, & comprend deux especes.

—— Du *genre du pélican*, & comprend trois especes & une variété.

Vingt-sixieme Ordre.

Il est divisé en deux sections :
La premiere est composée
    Du *genre du flamand*, & comprend une espece.

La deuxieme section est composée
    Du *genre de l'avocette*, & comprend une espece.

—— Du *genre du coureur*, & comprend une espece.

Amours des oiseaux, leurs nids, leur accouplement, leur ponte, leur habitation, leurs émigrations, leur vol, leur durée, leur marche, leur chant, leur plumage, &c.

Le printemps paroît être la saison déterminée pour les amours des oiseaux ; c'est alors que les testicules des mâles commencent à s'enfler considérablement, & qu'ils desirent tous perpétuer leur espece. Entre les oiseaux l'on en voit qui sont plus portés à l'amour que les autres, même des mâles plus lubriques que des femelles, & des femelles plus amoureuses que les mâles. Pour ce vœu de la Nature, on voit ces animaux briller non-seulement par la beauté de leur plumage, mais encore l'amour les fait chanter presque tout le jour ; alors leur voix est plus forte. Les mâles paroissent se disputer à qui chantera le plus mélodieusement & le plus long-temps, comme on le remarque dans les rossignols, dans les fauvettes, & même dans les coqs, qui s'animent à la vue de leurs rivaux. La tourterelle a un chant plaintif, attendrissant. Chaque oiseau a son chant & son cri particulier, par lequel on le peut distinguer. Ils s'entendent les uns les autres, & se répondent constamment ; & comme dans ces animaux les mâles (sans en excepter aucun) chantent mieux que les femelles, celles-ci semblent donner la préférence à ceux qui dans leur espece les charment le plus, & méritent mieux de jouir de leurs faveurs. Nous exposerons dans la suite de cette article plusieurs détails sur la voix des oiseaux.

Tous les mâles qui, selon *Redi*, ont deux verges, & qui sont ou crêtés, ou éperonnés, ou barbus, ne cochent pas leurs femelles de la même maniere : les uns la tiennent contre terre, les autres tout debout. Il semble que la plupart des oiseaux ne fassent que comprimer fortement la femelle, comme le coq, les moinaux, les pigeons, &c. dont la verge est fort courte ;

d'autres à la vérité, comme l'autruche, le canard, l'oie, &c. ont un membre d'une grosseur considérable, & l'intromission n'est pas équivoque dans ces especes. L'accouplement étant passé, la plupart se tiennent compagnie pendant tout le reste de l'année jusqu'au retour du printemps. Voyez les *Exercitations de Harvey sur la génération*.

On cite plusieurs observations qui tendent à prouver que la morsure des oiseaux, excités par un certain degré de colere, notamment dans la saison qu'ils sont animés de la passion de l'amour, étoit vénimeuse, & même mortelle, sans en excepter ceux des oiseaux dont le bec paroît le moins propre à mordre, tels que les canards. Consultez la *Nature considérée*, &c. p. 246, 15 Novembre 1774.

Les femelles des oiseaux pondent les œufs : elles les couvent constamment de leur propre chaleur jusqu'à ce que le petit vienne à éclore. Cette action de couver s'appelle *incubation*.

La poule, qui est un trésor pour l'homme, pond presque tous les jours en certaines saisons ; d'autres oiseaux pondent indifféremment toute l'année, d'autres une fois l'an. La quantité des œufs est en quelque sorte déterminée à chaque espece ; car si l'on en casse, ou qu'on leur en retire quelques-uns, ils en font bientôt un pareil nombre pour compléter la couvée ; c'est surtout ce qu'on remarque dans les canards, les hirondelles & les moineaux. Qu'on ne touche point aux œufs des poules, on remarquera qu'elles cesseront de pondre & se mettront à couver aussi-tôt qu'elles en auront quatorze ou quinze : au contraire qu'on leur ôte tous les jours leurs œufs, elles continueront de pondre jusqu'à ce qu'elles en ayent produit quatre ou cinq fois autant. Ceci démontre que si les oiseaux n'ont pas une connoissance exacte du nombre de leurs œufs, ils ne laissent pas de distinguer un grand nombre d'avec un petit. Il est heureux que les oiseaux les moins nuisibles & les meilleurs à manger de tous les bipedes, sont ceux qui se multiplient le plus. Au reste, on a remarqué que ceux de ces animaux qui nourrissent leurs petits, n'en ont ordinairement qu'un petit nombre ; ceux au contraire dont les petits mangent seuls dès qu'ils voient le jour, en ont jusqu'à dix-huit, & quelquefois plus. Mais quel soin ne prennent-ils pas de leurs œufs ! l'on ne peut qu'être enchanté du mécanisme même de l'œuf, de la naissance & de l'éducation des petits. Commençons par examiner les nids.

Les oiseaux construisent leurs nids & les façonnent avec un art admirable ; les uns les font sous l'herbe à plate terre, les autres au haut des arbres, ou les suspendent à des branches ; d'autres dans des arbrisseaux ; d'autres dans des creux d'arbres ; d'autres dans la terre ; d'autres dans des roseaux ; d'autres dans des fentes de rochers ; enfin, en quelqu'endroit qu'ils les logent, c'est toujours sous quelque abri, soit sous des herbes, ou sous une grosse branche, ou sous des feuilles doublées.

On ne peut trop admirer, dit M. *Pluche*, la parfaite ressemblance qui se trouve entre les nids des oiseaux d'une espece & ceux d'une autre ; chaque famille en effet les construit avec la même matiere & de la même façon ; l'industrie, la propreté & la précaution y regnent par-tout. Supposons dans un seul endroit un amas de brins de bois sec, des écorces, des feuilles séches, du foin, de la paille, de la mousse, de la bourre, du crin, du coton, de la laine, de la soie, des toiles d'araignées, des plumes, & quantité d'autres menues provisions, on verra nos habitans de l'air venir en faire emplette à cette foire. Celui-ci a besoin d'un brin de mousse ; celui-là demande une plume ; il faut à cet autre un fétu, à un autre de la laine : Il y a quelquefois des grandes querelles, alors chacun tire de son côté, & emporte au nid ce qu'il peut. Les dehors du nid sont des matieres grossieres pour servir de fondement : on y emploie les épines, les joncs, le gros foin, & la mousse la plus épaisse : sur cette premiere assise encore informe, ils étendent, entrelacent & plient en rond des matériaux plus délicats, & disposés de maniere à fermer l'entrée aux vents & aux insectes. Comme chaque espece a son goût ou une façon pour se meubler, ils ne manquent point de tapisser le dedans de petites plumes, ou de l'étoffer avec de la laine, des duvets, trésor & luxe de leur nid, mais nécessaires, de peur que leurs œufs ne se froissent ou ne se cassent, & pour entretenir une chaleur autour d'eux & de leurs petits.

L'étendue du nid est proportionnée au nombre des enfans qui doivent naître, & jamais la ponte n'en prévient la structure. Les outils des oiseaux sont leur bec ; avec un tel instrument ils fabriquent des ouvrages où l'on trouve la propreté du Vannier, & l'industrie du Maçon : il y en a dont toutes les pieces sont proprement attachées & liées avec un fil que l'oiseau se fait avec de la boure, du chanvre, du crin & des toiles d'araignées ; telle est la *mésange*. Voyez ce mot.

Les loriots, dont le mâle & la femelle se recherchent presqu'à leur arrivée dans nos climats, font leurs nids sur des arbres élevés, quoique souvent à une hauteur fort médiocre ; ils les façonnent avec une singuliere industrie ; ils les attachent ordinairement à la bifurcation d'une petite branche & ils les enlacent autour des deux rameaux qui forment cette bifurcation ; de longs brins de paille ou de chanvre, dont les uns allant droit d'un rameau à l'autre, forment le bord du nid par devant, & les autres pénétrant dans le tissu du nid ou passant par dessous & revenant se rouler sur le rameau opposé, donnent la solidité à l'ouvrage. Ces longs brins de chanvre ou de paille qui prennent le nid par dessous en sont l'enveloppe extérieure ; le matelas intérieur destiné à recevoir les œufs, est un tissu de petites tiges de gramens, dont les épis sont ramenés sur la partie convexe, & paroissent si peu dans la partie concave, qu'on a pris plus d'une fois ces tiges pour des fibres de racines : enfin entre le matelas intérieur &

l'enveloppe extérieure il y a une quantité considérable de mousse, de lichen & d'autres matieres semblables qui servent, pour ainsi dire, d'ouate intermédiaire & rendent le nid plus impénétrable au dehors, & tout à la fois plus mollet au dedans. Ce nid étant ainsi préparé, la femelle y dépose quatre ou cinq œufs, dont le fond blanc sale est semé de quelques petites taches bien tranchées, d'un brun presque noir, & plus fréquentes sur le gros bout que par-tout ailleurs : elle les couve avec assiduité l'espace d'environ trois semaines, qui est le terme de l'incubation de cet oiseau.

D'autres oiseaux, comme le merle & la huppe, enduisent l'intérieur du nid d'une petite couche de mortier, qui colle & maintient tout ce qui est dessous, & qui, à l'aide d'un peu de bourre ou de mousse qu'ils y attachent quand il est encore frais, forment par dedans une muraille ou un appartement meublé, d'une propreté parfaite. D'autres enfin, comme l'hirondelle, font un nid sans bois, sans foin, sans liens; ils gâchent la poussiere avec l'eau qu'ils ont prise en volant à la superficie de l'eau, & construisent un logement d'une structure tout-à-fait singuliere.

C'est ainsi que les oiseaux fabriquent pour leurs petits une habitation solide, & qu'ils ne la bâtissent pas indifféremment en toutes sortes d'endroits, mais toujours dans un lieu où ils puissent être tranquilles, & à l'abri de leurs ennemis. Tous couvent leurs œufs nuit & jour avec tant de patience, qu'ils aiment mieux souffrir la faim que de les exposer en allant chercher leur nourriture. L'oiseau, cet animal si agile, si inquiet, si volage, oublie en ce moment son naturel, pour se fixer sur ses œufs pendant le temps nécessaire. Les oiseaux les plus timides & les plus foibles montrent du courage & de la force lorsqu'il s'agit de sauver leurs œufs, même des œufs stériles, ou des œufs qui ne viennent pas d'eux, & ce qui est encore plus étrange des œufs simulés. L'ardeur que les poules ont pour couver est très-grande ; lorsque ce feu les anime, on les entend gloufler, on les voit s'agiter, abaifler leurs ailes, hériffer leurs plumes & chercher par-tout des œufs qu'elles puiffent couver. Mais paffons à l'hiftoire de l'œuf.

Les *œufs* des oifeaux différent par la couleur de leur robe & par la groffeur; tous ont une coque ou écorce affez dure, blanche, fragile, calcaire, & en dedans une membrane qui enveloppe tout l'œuf. Prenons pour exemple l'œuf d'une poule, où les parties font plus fenfibles: on y diftingue facilement le jaune, *vitellum*, qui eft au cœur; le premier blanc, *albumen*, qui environne le jaune; un fecond blanc dans lequel la maffe du milieu nage, les ligamens qui foutiennent le jaune vers le centre de l'œuf, les membranes qui enveloppent l'une le jaune, l'autre le premier blanc, & une troifieme & une quatrieme qui environnent le tout; enfin la coque qui fert de défenfe à tout le refte. Tout ce qui eft intérieur eft façonné le premier; la coque fe forme la derniere, & fe durcit d'un jour à l'autre: l'ufage de cette croûte eft double; 1°. elle met la mere en état de fe délivrer de l'œuf fans l'écrafer; 2°. elle met le petit à couvert de tout accident, jufqu'à ce qu'il foit formé & en état de fortir. On peut dire de même que l'œuf tient lieu aux petits oifeaux de la mamelle & du lait qui nourrit les petits des autres animaux, parce que le poulet qui eft dans l'œuf, fe nourrit d'abord du blanc de l'œuf, & enfuite du jaune lorfqu'il eft un peu fortifié, & que fes parties commencent à s'affermir. C'eft fur la membrane qui environne le jaune que fe trouve la *cicatricule*, *cicatricula*, ou petite tache blanche, qui eft feule le véritable germe, *ftamen*, où réfide le poulet en petit. Il a dès-lors tous fes organes, (dit M. *Pluche* d'après *Villughbi & Malpighi*) mais applatis, repliés & enveloppés dans un point; dès que la moindre portion de l'efprit vital qui eft deftiné à l'animer, a pafsé au travers des enveloppes jufqu'au cœur, alors le poulet vit & tout commence à fe mouvoir en lui. Il y a, pour ainsi dire, une sorte de rapports généraux pour la maniere dont l'esprit vivifiant se glisse par les pores des membranes de l'oiseau encore dans son œuf, & du fœtus dans la matrice ; il en est à-peu-près de même pour la maniere dont le poulet reçoit des sucs nutritifs. Tous ces petits canaux auparavant applatis, se gonflent ; tout prend nourriture, & le poulet commence à croître.

Il est presque impossible de démêler dans les liqueurs qui l'environnent la nature des progrès & des changemens qui lui arrivent de jour en jour pendant le temps de l'incubation jusqu'à ce qu'il perce son écaille. M. *Pluche* fait encore observer ici une précaution aussi sensible qu'admirable, qu'on remarque dans la situation de la *cicatricule* où le poulet se forme. Cette petite tache ronde, *chalasa*, qui est sur l'enveloppe du jaune, se trouve toujours placée presque au centre de l'œuf & vers le haut du côté de la mere, pour en recevoir la chaleur dont il a besoin. De quelque maniere qu'on remue l'œuf, le petit n'est jamais renversé : le jaune est soutenu par deux ligamens qu'on trouve toujours à l'ouverture de l'œuf, & qui s'attachent de part & d'autre à la membrane commune qui est collée sur la coque. Si on tiroit une ligne d'un ligament à l'autre, elle ne passeroit pas juste par le milieu du jaune, mais au-dessus du centre, & couperoit le jaune en deux portions inégales ; en sorte que la moindre partie du jaune où le germe est posé, demeure nécessairement élevée vers le ventre de l'oiseau qui couve l'œuf ; & que l'autre partie étant plus grosse & plus pesante, descend toujours vers le bas autant que les liens le permettent. Si l'œuf se déplace, le petit n'en souffre point, & il jouit, quoiqu'il arrive, de la chaleur qui met tout en action chez lui, & qui perfectionne peu-à-peu le développement de ses parties. Ne pouvant plus glisser en bas, il se nourrit à l'aise, d'abord de ce blanc liquide & délicat qui est à portée de lui ; ensuite il tire sa vie & son accroissement du jaune ;

jaune, qui est une nourriture plus forte. Lorsque son bec est durci, & qu'il a presque rempli toute la capacité de sa maison, il se met en devoir de rompre la coque; il fait déja entendre distinctement sa voix avant que sa coque soit fêlée, ce qui prouve la pénétrabilité de l'air à travers les pores de la coque : enfin il en sort ayant le ventre rempli de ce jaune qui lui tient lieu de nourriture encore quelque temps, jusqu'à ce qu'il puisse s'affermir sur ses pattes, & aller chercher lui-même à vivre; (chez la plupart des oiseaux ce sont le pere & la mere qui lui en viennent apporter). On prétend avoir observé qu'en général les petits oiseaux ne voient que le septieme jour qu'ils sont éclos; mais ils entendent aussi-tôt l'*appel* ou *cri* du pere ou de la mere qui leur annoncent la nourriture. *Voyez* la maniere dont les poulets s'y prennent pour sortir de l'œuf, à la suite de l'article Coq : *voyez aussi le mot* Œuf.

Le corbeau & les corneilles mâles, dans le temps de la couvée, apportent à manger à leurs femelles. Avec quel art les oiseaux mâles partagent & adoucissent la peine de leurs fidelles compagnes! l'un réitere ses voyages sans se rebuter, & met dans le bec de la femelle, la mangeaille toute préparée ; un autre accompagne ces petits services de son ramage; par-tout l'on voit l'inquiétude officieuse du mari, & l'assiduité pénible de la mere.

Les pigeons, les moineaux, & plusieurs autres oiseaux, qui ne s'accouplent point indifféremment, & font comme un ménage à part de mâle à femelle, couvent tour à tour; mais parmi les autres, on ne voit pas que les mâles prennent le moindre soin de leurs petits, puisque même ils abandonnent leur femelle. On remarque que la plupart des canards, quand ils sont obligés de quitter leurs œufs pour aller chercher à manger, s'arrachent une bonne quantité de plumes pour les couvrir & les garantir du froid. Quel soin, quelle sollicitude pour pourvoir à la nourriture de leurs petits nouvellement éclos, jusqu'à ce qu'ils ayent assez de force pour voler & pour aller chercher eux-mêmes leur pâture !

Non-seulement le pigeon mâle couve les œufs & travaille à la construction du nid comme la femelle, mais les petits pigeons ne pourroient pas digérer des graines dures, si le pere & la mere ne les avaloient auparavant pour les ramollir dans leur gosier ; ensuite de quoi, ils les dégorgent dans le bec des pigeonneaux.

Le hibou fait son nid sur le haut de quelque montagne escarpée, dans l'endroit qui est le plus exposé aux ardeurs du soleil, afin que les cadavres qu'il y apporte, se changent par la chaleur en une espece de bouillie propre à nourrir ses petits.

Le coucou pond ses œufs dans le nid des autres oiseaux : il laisse à ceux-ci le soin de les couver & de les faire éclore. Mais quelle étrange surprise pour la mere, qui croit trouver de l'affection dans le nouveau né ! A peine celui-ci a-t-il quelques jours, qu'il dévore les petits de l'oiseau dont le nid lui a servi de berceau, & souvent, comme carnivore, il extermine & mange sa prétendue mere. *Voyez à l'article* Coucou.

Tous les oiseaux (excepté le coucou) sont très-attachés à leurs petits : ils sentent alors ce que c'est que d'être chargé de famille ; il faut trouver à vivre pour six ou dix au lieu de deux. Dans le temps que les petits grandissent, le rossignol & la fauvette suspendent leurs concerts accoutumés ; le besoin les fait aller en quête dès le soleil levant : de retour, ils distribuent la nourriture aux petits avec beaucoup d'égalité. Au devoir de nourrice succede celui de sentinelle, & l'amitié change les humeurs, en corrigeant les défauts ; c'est ainsi qu'une poule gourmande & insatiable n'a plus rien à elle quand elle a des petits. Cette mere, naturellement timide, ne savoit que fuir auparavant : à la tête d'une troupe de poussins, c'est une héroïne qui affronte tous les dangers pour la défense de ses petits. Cette conduite est égale au desir qu'elle a de pondre & de couver.

La poule d'Inde, suivie de sa petite famille, a l'art

de pousser un cri lugubre qui oblige tous ses enfans à se tapir sous les buissons, & de contrefaire les morts. Ce cri annonce qu'il y a dans l'air un oiseau de proie prêt à fondre sur eux ; l'oiseau de proie disparoît-il, l'alarme cesse, & la mere de famille pousse un autre cri qui retire les petits de la consternation. A mesure que l'on étudie de plus en plus la Nature, son mécanisme, son art, ses ressources, la multiplicité de ses moyens dans l'exécution, ses désordres mêmes apparens, tout nous étonne, tout nous surprend. On peut consulter l'article PERDRIX.

Lorsque les petits loriots sont éclos, la mere les défend contre leurs ennemis & même contre l'homme, avec plus d'intrépidité qu'on en attendroit d'un si petit oiseau : on a vu le pere & la mere s'élancer courageusement sur ceux qui leur enlevoient leur couvée, & ce qui est encore plus rare, on a vu la mere prise avec le nid, continuer de couver en cage & mourir sur ses œufs.

Les perdrix blanches habitent les Alpes, où elles se nourrissent de semences du bouleau nain ; & afin qu'elles fussent plus en état de courir parmi les neiges, la nature leur a donné des pattes couvertes de plumes; semblablement à nos perdrix grises, elles s'apparient le mâle avec la femelle, & s'aident mutuellement pour élever leurs petits.

Le pélican habite dans les déserts arides ; & comme il fait son nid dans les lieux fort éloignés de la mer, & qu'il lui faut aller chercher bien loin la provision de l'eau, &c. qui lui est nécessaire, tant pour lui que pour ses petits, la Nature l'a pourvu d'un instrument propre à cet usage : il porte sous sa gorge une espece de sac assez ample & profond : il le remplit d'une quantité d'eau & de poisson, qui lui est suffisante pour s'abreuver & se nourrir pendant plusieurs jours. *Voyez à l'article* PÉLICAN.

Les oies, les canards & les plongeons, qui vivent dans l'eau, y trouvent à se nourrir d'insectes aquatiques, de petits poissons, d'œufs de poissons, &c. La forme de leur bec, de leur cou, de leurs pattes & de leurs plumes, répond admirablement bien à l'instinct & au genre de vie qui leur sont propres. La même remarque peut se faire dans toutes les autres especes d'oiseaux.

Les canards & tous les oiseaux qui comme eux ont les doigts des pieds réunis par une membrane, qui dans nos climats se reposent pendant la nuit sur la terre, ceux qui vivent au bord des eaux & qui ne se perchent point en Europe, passent toute la nuit sur des branches d'arbres à la Guiane : ils auroient couru trop de périls sur une terre couverte de reptiles dangereux par leur nombre & par leur force, la nécessité leur a appris à triompher de leur forme & des obstacles qu'elle a dû leur causer. Ainsi le mécanisme & la disposition des organes, ne déterminent pas seuls les actions des animaux. L'instinct, une main invisible, ou une prévoyance bienfaisante, en reglent & en dirigent les mouvemens.

Un oiseau palmé de Norwege (espece de *mouette* ou plutôt de *stercoraire* qui est le *strund-jager* de Ray) a une façon de vivre tout-à-fait particuliere. Comme il n'a pas la même facilité que les autres oiseaux aquatiques de plonger dans l'eau pour prendre des poissons, il se nourrit aux dépens des mauves, qui, se voyant poursuivies, rejettent une partie de leur proie dont il fait son repas. Comme les poissons se tiennent en automne au fond de l'eau, une espece de plongeon, qui a la facilité de s'y enfoncer encore plus avant que les mauves, fournit aussi de quoi vivre à cet oiseau.

La nourriture la plus ordinaire des petits oiseaux est le *polygone vulgaire* (renouée), plante fort commune, qui se trouve par-tout jusques dans les grands chemins, & qui après la moisson est très-abondante dans les champs. Les semences dont elle est toute chargée, tombent à terre, & sont recueillies durant toute l'année par les oiseaux qui portent le nom de *granivore*.

Les gros *oiseaux de rapine* vivent de petits quadrupedes & de divers petits oiseaux. Ceux d'entr'eux qui font foibles & plus lâches que les autres, se contentent des cadavres que le hasard leur fait trouver. Dans tous les animaux qui passent l'hiver sans prendre de nourriture, on observe que le mouvement péristaltique des intestins est suspendu, ce qui fait que pendant ce temps-là ils ne sont nullement pressés de la faim : telle est l'expérience qu'en a faite *Lister*. Leur sang ne se coagule point dans la palette, comme celui des autres animaux, & en est par-là plus propre à entretenir la circulation.

Les *coqs de bruyere* se creusent souvent des retraites sous la neige, où ils se promenent pendant l'hiver, mais ils muent en été ; de sorte que ne pouvant plus voler au mois d'Août, ils sont contraints de courir à travers les bois pour chercher leur nourriture, qu'ils trouvent néanmoins sans peine, parce que le fruit de l'*airelle*, qui est alors en sa maturité, leur fournit abondamment de quoi manger. Les petits, au contraire, ne muent point au commencement de l'été, parce que n'étant pas encore en état de bien courir, ils ont besoin de leurs ailes pour s'éloigner en cas de péril.

Les autres oiseaux qui se nourrissent d'insectes, vont vivre chaque année sous un climat plus tempéré, tandis que toutes les terres situées plus près du Nord, où ils ont passé l'été fort agréablement, sont couvertes de neiges & de glaçons. Rien de plus singulier que la maniere dont voyagent les oiseaux de passage. Le jour du départ est marqué pour chaque espece ; ils s'assemblent par troupes : la résolution étant prise & annoncée à chacun d'eux, ils se mettent en route, & maintiennent une sorte de discipline ; nuls traîneurs, aucuns déserteurs: sans boussole & sans carte, mais par l'instinct des besoins, ils suivent invariablement la route qui conduit au lieu où ils se proposent d'arriver (*a*).

(*a*) On prétend que la peste peut quelquefois être apportée par les oiseaux; voici les observations sur lesquelles on se fonde. Dans la derniere peste de Marseille les oiseaux quitterent le pays & n'y revinrent qu'après qu'elle fut entièrement dissipée. On se rappelle qu'elle fut apportée, il y a quelques années, en Italie

Le degré de froid ou de chaud qui regnent dans l'atmosphere, accelere ou retarde les émigrations des oiseaux de passage; il y a apparemment un rapport secret entre la température qui convient à la constitution de certaines especes, & celle qui est nécessaire pour la production des alimens dont elles se nourrissent. Les vents paroissent avoir aussi une grande influence sur les voyages des oiseaux: l'histoire de ces émigrations est essentiellement liée aux observations météorologiques, & les suppose. Quoi qu'il en soit, ces émigrations régulieres sur notre hémisphere, par diverses sortes d'oiseaux, sont très avantageuses à plusieurs Nations différentes, qui profitent de la visite de ces nouveaux habitans. Ces oiseaux sont nommés *passagers*, & presque tous retournent par bandes chacun dans leurs climats à jour marqué: il en reste cependant beaucoup, qui ne sortent point du pays d'où ils sont nés. Le Moteur de la nature a donné à ceux-ci l'instinct puissant de trouver constamment la nourriture annuelle dans leur pays natal. On observera que ceux des oiseaux qui ne font pas de transmigrations ont le bec fort & mangent de tout, tandis que ceux qui ne vivent que d'insectes ailés ont le bec foible; ceux-ci sont donc obligés pour vivre de passer en d'autres contrées.

Les *grives*, les *etourneaux*, les *pinçons* & les *cailles*, forment autant de caravanes emplumées, qui nous quittent dans l'automne; & pour nous dédommager en quelque sorte de leur absence, le froid nous amene les bécasses, les bécassines, & toutes sortes d'oiseaux aquatiques. (M. *Bourgeois* observe ici que le passage & le séjour des différens oiseaux varient dans chaque pays, suivant la nature du climat. En Suisse, dit-il, les grives à pieds noirs n'arrivent qu'à l'entrée de l'hiver, & elles y restent pour l'ordinaire jusqu'au printemps: les bécas-

par une corneille. Comme cet oiseau y est très-rare, il fut ramassé avec empressement par plusieurs personnes. De vingt-sept qui composoient la compagnie & qui toucherent l'oiseau fatal, il en mourut seize.

ses & les bécassines font leur passage au printemps & en automne: on n'en voit point en cette contrée pendant l'hiver, ni pendant l'été.)

L'*étourneau*, dit M. *Linnæus*, ne trouvant plus en Suéde, sur la fin de l'été, une aussi grande quantité de vermisseaux qu'auparavant, descend chaque année dans la Scandinavie, l'Allemagne & le Danemarck.

Quelque répandu que soit le *loriot*, il y a des pays qu'il semble éviter; on ne le trouve ni en Suéde, ni en Angleterre, ni dans les montagnes de Bugey, ni même à la hauteur de Nantua, quoiqu'il se montre réguliérement en Suisse deux fois l'année. C'est vers la fin du printemps que les loriots arrivent dans nos climats. Dès que les petits sont élevés, la famille se met en marche pour voyager; c'est ordinairement vers la fin d'Août ou le commencement de Septembre: ils ne se réunissent jamais en troupes nombreuses, ils ne restent pas même assemblés en famille; car on n'en trouve guere plus de deux ou trois ensemble, quoiqu'ils volent peu légérement & en battant des ailes, comme le merle: il est probable qu'ils vont passer leur quartier d'hiver en Afrique, car on les voit passer à Malthe dans le mois de Septembre & repasser au printemps. Arrivés dans nos climats, ils font la guerre aux insectes, & vivent de scarabées, de chenilles & de vermisseaux; mais leur nourriture de choix, celle dont ils sont le plus avides, ce sont les cerises, les figues, les baies de sorbier, les pois, &c. Les loriots ne sont point faciles à élever ni à apprivoiser; on les prend à la pipée, à l'abreuvoir, & avec diverses sortes de filets.

Quand l'automne répand dans nos climats les derniers rayons qui annoncent les approches de l'hiver, alors les insectes commencent à disparoître, les hirondelles planent dans l'air, volent en rasant les eaux, s'assemblent & se rejoignent pour se transporter dans des climats plus chauds où elles trouvent un asyle & des vivres. *Voyez* HIRONDELLE. De même les *pinçons*, notamment les femelles passent en grandes troupes par

L 4

la Hollande aux environs de la Saint Michel, se joignent aux nôtres, & vont habiter tous les hivers les pays Méridionaux.

Les *oiseaux aquatiques* quittent les régions du Nord avant que les eaux soient glacées, & se retirent l'hiver dans celles du Midi. On voit aussi de ces oiseaux à qui les besoins font braver l'intempérie des saisons les plus opposées : c'est ainsi que tout Paris a vu en Août 1765, des légions de cigognes qui voloient sur deux couches au-dessus l'une de l'autre ; l'inférieure étoit si basse qu'on auroit pu en prendre à la main ; les unes se répandirent dans les environs de cette ville, les autres se percherent sur les toits des édifices les plus élevés de la capitale : ces oiseaux accoutumés à vivre dans des pays aquatiques & froids (la Hollande & l'Allemagne), sembloient venir par la route d'Espagne pour gagner les endroits du Nord où ils trouvent de quoi vivre facilement & en abondance.

Autrefois lorsque ces passages extraordinaires de cigognes arrivoient, on les regardoit comme un présage de grands malheurs ; mais aujourd'hui que l'on connoît la cause de ces effets naturels, l'on n'en est point effrayé ; l'oiseau quitte les pays qu'il habite quand la nourriture nécessaire y manque, la nature le presse d'en chercher ailleurs.

Les *grues* quittent pendant l'hiver les régions Septentrionales, pour voler vers les campagnes du Midi : on les voit passer par troupes de cinquante, de soixante & de cent ; la nuit elles s'abattent sur la terre pour prendre de la nouriture, & après l'hiver elles retournent à leur premiere demeure où regne un froid plus supportable : elles s'élevent toujours en troupe & forment un vol figuré.

On voit en automne, sur les marais de Pologne, une multitude innombrable de *canards*, d'*oies* & de *cygnes*, qui par différentes rivieres vont se rendre au Pont-Euxin, dont l'eau salée ne se gêle point, & qui reviennent au retour du printemps, vers les marais Septentrionaux, pour y pondre leurs œufs, parce que dans ces régions, sur-tout dans la Laponie, ils trouvent une grande quantité de moucherons.

La *bécasse* reste dans les vallons & les bois en Angleterre & en France pendant la saison des frimats, & en sort aux approches du printemps, après que le mâle s'est appareillé avec sa femelle; ensuite elle remonte sur les montagnes.

Dans ces plages où l'Océan Septentrional bouillonne en de vastes tourbillons autour des îles éloignées, tristes & solitaires de Thulé, ainsi qu'aux lieux où les flots Atlantiques se brisent contre les orageuses Orcades, l'air est comme obscurci au printemps par l'arrivée d'une multitude d'oiseaux aquatiques qui viennent y aborder; la rive retentit du bruit sauvage que produit l'ensemble de leurs cris. Le canard à duvet repaire aussi dans les creux des rochers éboulés dans les eaux.

Le *canard d'Islande* passe en Suéde au mois d'Avril, & continue sa course jusqu'à la mer blanche. L'oiseau nommé *bec recourbé*, se retire en Italie tous les ans chaque automne. Le *colymbe* passe tous les étés, ainsi que tous les automnes, en Allemagne. La *grive* remplit les forêts de Suéde au printemps, & les quitte en hiver pour passer en France & ailleurs. Le *moineau de neige* (emberiza) abandonne les Alpes pendant tout l'hiver & passe en Allemagne & en Suéde. La *mauve*, pendant l'hiver, voyage en Espagne, en Italie & en France. L'*hirondelle* poursuit les différentes espèces d'insectes qui voltigent dans l'air. Le *pic*, pour se nourrir, tire avec sa langue les insectes qui se tiennent cachés dans l'écorce des arbres. Les *corbeaux* vivent de cadavres, & suivent quelquefois les armées. Qui peut raconter combien de ces nations volantes vont & viennent sans cesse? Combien de nuages ailés s'élevent au-dessus des nuages de l'air dans toutes les saisons?

Les *oiseaux* évitent les ruses de leurs ennemis par le vol qui leur est particulier, & par ce moyen ils échappent même souvent aux oiseaux de proie; car si le pigeon, par exemple, voloit de la même maniere que l'épervier, il ne pourroit presque jamais éviter ses griffes.

Les *cigognes* & les *faucons* sont des bêtes de rapine très-nécessaires pour empêcher la trop grande multiplication des autres especes. Ces oiseaux, au rapport de *Belon*, nétoyent l'Egypte d'une multitude infinie de grenouilles, dont tout le pays est couvert après les inondations du Nil. Ils détruisent aussi les rats qui infestent la Palestine.

Les oiseaux (dit M. *Clayton*, dans les *Transactions Philosophiques*) qui ont le bec plat, & qui cherchent leur nourriture en tâtonnant, ou en fouillant dans la terre, ont trois paires de nerfs qui s'étendent jusques dans leur bec: c'est par ces nerfs qu'ils distinguent avec tant de sagacité & d'exactitude, ce qui est propre à leur servir de nourriture d'avec ce qu'ils doivent rejeter; choix qu'ils font uniquement par le goût, sans qu'ils voient les aliments: ces nerfs paroissent avec plus d'évidence dans le bec & dans la tête du canard, aussi n'y a-t-il pas d'oiseau qui fouille autant pour trouver sa nourriture. On trouve aussi deux de ces nerfs dans la partie supérieure du bec de la corneille, du grôle, & probablement les autres oiseaux à bec rond ont ce même avantage. Par-tout on voit que le Créateur a donné aux brutes une espece d'instinct qui leur fait rejeter ce qui leur est nuisible: cet instinct l'emporte souvent sur notre raison par l'abus que les hommes en font.

La nature a aussi placé sous le gosier de ces animaux une poche qu'on nomme le *jabot*, où ils mettent leur mangeaille en réserve: la liqueur où elle nage dans ce jabot, aide à en faire la premiere digestion; le gésier, cette poche musculeuse où il n'entre que très-peu de nourriture à la fois, fait le reste, souvent à l'aide de quelques petits graviers & de cailloux raboteux que l'oiseau avale pour mieux briser sa nourriture, & peut-être pour tenir les passages libres. Ainsi l'on voit que dans les oiseaux la digestion se fait par voie de dissolution & de trituration: par dissolution dans ceux qui ont, comme la buse, un estomac membraneux, & par trituration dans les oiseaux qui ont un gésier. M. de *Réaumur*, qui avoit étudié la Gastrologie des oiseaux, fit avaler à des dindons de petites boules de verre, pour prouver cette derniere propriété de digérer ; ce qui lui réussit asfez bien. Au reste, le gésier des oiseaux est très-robuste, très-compacte, & a une faculté de trituration bien étonnante. L'intérieur de cette poche est rempli de rugosités & de plis très-compactes. Voyez *l'Hist. de l'Acad. des Scienc. ann. 1752*. En un mot, il résulte des expériences de M. *de Réaumur*, dont on peut voir aussi le détail dans le *Journal des Savans*, de Juin & Juillet 1763; il résulte, dis-je, que dans les oiseaux de proie la digestion paroît se faire uniquement par l'action d'un suc dissolvant, sans indice de trituration : cette derniere action est au contraire très-marquée & paroît le principal moyen de digestion dans les oiseaux de l'ordre des poules, des pigeons, & généralement dans les granivores.

Il n'en est pas, dit *Bélon*, des oiseaux comme des animaux terrestres, qui dans chaque espece sont ou plus grands ou plus petits, suivant les régions qu'ils habitent. Les oiseaux sauvages, suivant l'espece dont ils sont, conservent asfez constamment par-tout leur grandeur, leur forme, leur couleur, leur nature : un coq vivant en Afrique, est semblable au coq qui vit en Asie & en Europe. Tous les oiseaux, excepté ceux qui ne sortent que la nuit, ont la tête petite à proportion de la grosseur du corps. Ils ont aussi le corps plus court, plus large, & plus épais que les animaux quadrupedes ; l'oiseau mouche est le pygmée des oiseaux connus, & l'autruche & le condor en sont les géants.

Les oiseaux ont des yeux & des paupieres, comme les autres animaux ; mais les yeux des oiseaux comme ceux des poisfons ont moins de convexité que ceux des quadrupedes : ils couvrent leurs yeux d'une membrane qui sort du grand angle de l'œil, & qui recouvre l'œil en tout ou en partie au gré de l'oiseau ; quoique les paupieres restent ouvertes. Cette membrane se trouve aussi dans plusieurs quadrupedes, elle sert à nétoyer la surface de l'œil. Les oiseaux voient tous fort clair, mais les uns plus que les autres; les uns voient pendant le jour, & les autres pendant la nuit. Les oiseaux de proie ont les yeux ombrés. Aucun oiseau n'a de cils, ni de sourcils, du moins qui portent du poil autour des yeux, comme chez les quadrupedes: il est vrai cependant qu'il y en a, tels que les faisans, qui ont quelque chose d'approchant. L'on a toujours cru que la paupiere supérieure des oiseaux ne se baissoit point, excepté celle de l'autruche, & qu'il n'y avoit que la paupiere inférieure qui s'élevoit sur l'œil; cela est vrai dans le coq-d'inde, le coq domestique, la poule, l'oie, le canard, le moineau & le merle; mais le pigeon, la tourterelle, le serein & toutes les especes de hiboux ont la paupiere supérieure mobile, elle se baisse & va trouver la paupiere inférieure. C'est le contraire quand ces oiseaux sont morts. Il convient d'exposer tous les détails connus sur cet article. En voici le sommaire: nous disons que les yeux des oiseaux sont dans quelques parties, organisés différemment de ceux de l'homme & des animaux quadrupedes, qu'outre les deux paupieres supérieure & inférieure, les oiseaux en ont encore une troisiéme nommée paupiere interne, *membrana nictitoria aut nictitans*; elle se retire & se plisse en forme de croisant dans le grand coin de l'œil, ses cillements fréquents & rapides s'exécutent par une mécanique musculaire très curieuse. La paupiere supérieure est presque entiérement immobile, mais l'inférieure est capable de fermer l'œil en s'élevant vers la supérieure, ce qui n'arrive que lorsque l'animal dort, ou lorsqu'il ne vit plus; ces deux paupieres ont chacune un point lacrimal, & n'ont point de rebords cartilagineux; la cornée transparente est environnée d'un cercle osseux, composé de quinze pieces, plus ou moins, posées les unes sur les autres en recouvrement, comme les tuiles ou les ardoises d'un toit; le cristallin est plus dur que celui de l'homme, mais moins dur que celui des quadrupedes & des poissons, & sa plus grande courbure est en arriere; enfin il sort du nerf optique, entre la rétine & la choroïde, une membrane noire de figure rhomboïde & composée de fibres paralleles, laquelle traverse l'humeur vitrée, & va s'attacher quelquefois immédiatement par son angle antérieur, quelquefois par un filet qui part de cet angle, à la capsule du cristallin; c'est à cette membrane subtile, transparente, que MM. les Anatomistes de l'Académie des Sciences ont donné le nom de *bourse*; son usage est, selon M. *Petit*, d'absorber les rayons de lumiere qui partent des objets qui sont à côté de la tête, & qui entrent directement dans les yeux: l'organe de la vue chez les oiseaux, comme on le voit, est plus composé que dans les quadrupedes, aussi les oiseaux l'emportent-ils par ce sens sur les autres animaux. Les oiseaux ont sur le bec deux trous qui leur servent pour l'odorat. Ils ont un bec sans dents; mais il y a quelques oiseaux de riviere, qui ont le bec dentelé & souvent crochu, d'autres voûté & tranchant, d'autres droit & rond, d'autres long & pointu, &c. *Voyez à l'article* Bec.

Les oreilles des oiseaux n'ont point de conque à l'extérieur, & dans la plupart le conduit auditif est sans aucun couvercle, mais il y en a dans les oiseaux de proie nocturnes, & dans quelques-uns des diurnes. Consultez la *Théologie Physique* de *Derham*, & voyez l'article Ouïe.

Non-seulement les oiseaux different par le bec, mais encore par la langue: les uns l'ont courte, les autres large; d'autres déliée & la plupart dure: il y en a qui ont la queue longue, d'autres courte, & d'autres qui n'en ont point du tout, tous ont les plumes fendues & attachées à la peau. La racine en est creuse: outre ces plumes, ils ont encore une espece de poil, ou une espece de duvet.

Les oiseaux qui ont les pattes longues ont aussi le

cou long, autrement ils ne pourroient prendre leur aliment sur la terre; mais tous ceux dont le cou est long n'ont pas les pattes longues, tel est le cygne. Ceux qui n'ont point de doigt en arriere ne se trouvent jamais sur les arbres. Avec quel artifice les palmipedes replient leurs orteils & leurs pieds, quand ils tirent à eux leurs jambes, ou qu'ils les étendent pour nager; ils élargissent & ouvrent tout le pied quand ils pressent l'eau, ou quand ils veulent aller en avant. Les jambes sont pliées dans tous les oiseaux, afin qu'ils puissent se percher, jucher & se reposer plus facilement. Cette duplicature leur aide encore à prendre l'essor pour voler.

En général les oiseaux vivent long-temps; cependant on a remarqué que ceux qu'on détenoit en cage, & même qu'on apprivoisoit, n'avoient pas une vie de si longue durée, que quand ils ne sont point esclaves. Les uns vivent deux ans, d'autres dix: on prétend qu'il y en a qui vivent cinquante, & même plus; tels sont les oiseaux de proie, le perroquet, dont le cours de la vie ne paroît pas réglé: au reste les femelles de ce genre d'animaux vivent plus long-temps que les mâles. Ceux qui ont les ongles droits & qui fréquentent les rivieres, se lavent en tout temps dans l'eau: ceux qui ne volent pas fort haut, comme les poules, aiment à se vautrer dans la poussiere. On voit qu'un oiseau est malade quand son plumage est hérissé & mal en ordre; cette maladie est souvent indépendante de la mue qu'éprouvent tous ces animaux. La *mue* consiste dans leur changement de plumes, ce qui arrive une fois chaque année: c'est pour eux un temps critique & qui leur est souvent mortel. Cette mue se fait quand les tuyaux des plumes cessent de prendre de la nourriture & se desséchent; alors les sucs nourriciers qu'elles ne s'approprient plus, sont portés au germe de la plume nouvelle qui croît & force l'ancienne plume au bout de laquelle il est, de lui laisser la place & de tomber. Jamais les oiseaux ne pondent dans cet état maladif, & il arrive quelquefois que la couleur du plumage souffre dans la mue des changemens. Cette singularité dépendroit-elle de l'âge, des passions, ou de la nourriture de l'oiseau? On peut consulter un Mémoire intitulé, *Parallele de la nourriture des plumes, & de celle des dents*, par M. *Rostan*.

On connoît les oiseaux à la différence de leur vol & de leur marcher: plusieurs d'entr'eux marchent toujours pas à pas comme le paon; d'autres ne peuvent aller qu'en sautant, comme la pie; d'autres en courant, comme la perdrix; d'autres en jetant leur pas en avant; quelques-uns ne pouvant marcher sur terre, ne cessent de voler, ou s'arrêtent bien peu.

Les oiseaux qui ont de grandes ailes, ainsi que ceux qui ont des ongles crochus, tels que les oiseaux de proie, ne marchent que difficilement. Il y en a qui pressent leurs ailes en volant, après avoir frappé l'air seulement d'un seul coup; d'autres ne peuvent voler qu'ils ne remuent souvent les ailes; d'autres s'élancent par reprises, ou avancent par bonds; d'autres semblent se glisser dans l'air, ou le fendre d'une course égale. Ceux-ci vont toujours terre à terre; ceux-là s'élevent jusqu'aux nues; d'autres ne s'élevent de terre qu'en jetant un grand cri avant de partir; d'autres ne font aucun bruit. Les uns s'élevent tout droit de terre; d'autres ne peuvent s'élever sans prendre leur course: d'autres partent du sommet de quelques hauteurs; d'autres enfin savent diversifier leur vol: ils montent en ligne oblique ou circulaire, ou paroissent se laisser tomber & se relever tout d'un coup, se suspendre & demeurer comme immobiles, planer ensuite, s'écarter à droite, à gauche, rebrousser chemin, &c.

La tête de l'oiseau, & sur-tout le bec, est fait pour se frayer un chemin commode au travers de l'air: la situation du poumon, la disposition de la poitrine & de ses os rangés en forme de quille, tout sert à contrebalancer sa tête & son cou; sa queue lui tient lieu de gouvernail, tandis qu'il rame avec ses ailes. Mais ce gouvernail ne sert pas seulement à maintenir l'équilibre du vol, il fert auſſi à hauſſer, baiſſer, tourner où l'oiſeau veut; car la queue ne ſe porte pas plutôt vers un côté, que la tête ſe porte d'un autre. Les oiſeaux qui ont la queue courte & les pattes longues étendent les pieds en arriere lorſqu'ils volent. Si la queue eſt grande, l'oiſeau approche ſes pieds de ſon corps en volant ou les laiſſe pendans: l'oiſeau qui a peu ou point de queue comme le colymbe, vole difficilement & a le corps preſque droit en l'air. Les grandes plumes de la queue ſont toujours en nombre pair.

Que l'art brille dans la conſtruction générale des ailes & dans chacune de leurs parties ! Elles ont été placées par la Nature dans le centre de gravité, l'endroit le plus propre à tenir le corps de l'animal volant dans un exact équilibre au milieu d'un fluide auſſi ſubtil que l'air. Quant à ceux qui nagent & qui volent, leurs ailes, pour cet effet, ſont attachées au corps hors du centre de gravité; & pour ceux qui ſe plongent plus ſouvent qu'ils ne volent, leurs jambes ſont plus reculées vers le derriere, & leurs ailes plus avancées vers le devant du corps.

Quelle légéreté dans ces ailes, & en même-temps quelle force! Le tuyau de chaque plume eſt creux; roide, léger, & cependant très-fort; les barbes des plumes ſont rangées de chaque côté, & compoſées de filets artiſtement travaillés: elles ſont creuſées & bordées de petites plumes qui s'engrenent les unes dans les autres. Les grandes plumes des ailes ſont recouvertes, à leur origine, d'autres petites plumes en deſſus & en deſſous. C'eſt par cet arrangement mécanique, que les ailes peuvent frapper l'air qui eſt ſi fluide, & ſervir à l'oiſeau de point d'appui continuel pour s'élever à ſon gré & pour mieux aider à ſon mouvement progreſſif dans l'air.

Quel appareil d'os très-forts, mais ſur-tout légers, de jointures qui s'ouvrent, ſe ferment, ou ſe meuvent de tel côté que l'occaſion le demande, ſoit pour étendre les ailes, ſoit pour les reſſerrer vers le corps ! De quel

quel usage ne font point les plumes de la queue, pour conduire l'oiseau dans son vol, ou lorsqu'il veut s'abaisser! La force des muscles pectoraux est sur-tout remarquable, parce qu'ils sont plus forts & plus robustes à proportion dans les oiseaux, que dans l'homme & dans les autres animaux qui n'ont point été faits pour voler.

Indépendamment de tous les autres obstacles qui s'opposent à l'art extravagant qu'ont cherché les hommes de voler, les muscles des bras ne seroient point assez forts; les jambes y seroient plus propres. Mais il faut reléguer cette entreprise avec celle de produire le mouvement perpétuel, de trouver un remede universel, & autres semblables, qui font plutôt voir la foiblesse que la force de l'esprit humain.

Quand on considere un oiseau qui vole, rien de plus naturel aux yeux de l'habitude, rien de si étonnant aux yeux de la raison. Cette masse qui s'éleve dans l'air, malgré le poids de cet air qui gravite sur tous les corps, est emportée, non par une force étrangere, mais par un mouvement qui lui est propre, & qui s'y soutient long-temps avec vigueur & avec grace. Les gros & grands oiseaux ont l'art de s'enfler, & d'avoir toujours des provisions d'air en volant. A volonté ils rendent leur corps plus ou moins léger dans leur vol, ou plus gros lorsqu'ils nagent, ou plus pesant & moins gros lorsqu'ils plongent.

Quoique tous les oiseaux ayent des ailes, il y en a qui ne peuvent pas voler; tels sont l'autruche, l'émeu, le pingouin, qui n'étendent & n'agitent leurs ailes que pour accélérer leur course. On ne jouit point de cet aspect varié lorsque les oiseaux sont détenus en cage, pas même dans une grande voliere. Leur génie est flétri par la captivité: les visites fréquentes interrompent également ces petits prisonniers; ce n'est qu'après un certain temps qu'on y peut voir leurs caresses, leurs querelles & leurs ménages. La nouvelle nourriture qu'on leur donne, & qui ne consiste pas en vers, en chenilles, en mouches, en especes de grai-

Tome VI. M

nes particulieres, dont ils savent tous se traiter chacun suivant leur appétit dans chaque saison, ne leur fait pas moins regretter la solitude & la liberté ; en un mot, ils agissent moins librement, & on reconnoît moins la diversité de leurs caracteres & de leurs travaux. Ajoutons que la domesticité ou l'esclavage produit les grandes variétés dans les individus de la même espece d'oiseau. Tout au contraire des oiseaux sauvages. C'est cet état d'esclavage qui les rend dociles à la voix ; ils apprennent à chanter, à siffler un air, à prononcer quelques mots. A cet égard ils sont au-dessus des animaux quadrupedes, quoique leur cerveau ne paroisse pas plus adapté à l'imagination & à la mémoire. La langue des oiseaux mérite plus notre attention par ses variétés, la forme, la structure, les attaches & les muscles : nous en citerons des preuves ci-après

Des Voyageurs ont dit que les oiseaux des Indes, sur-tout dans le pays de Juda, surpassent pour le plumage & pour le chant ceux d'Europe. C'est à tort ; le concert que les oiseaux forment dans les bois de l'Europe est supérieur à celui qu'on entend dans les autres parties du monde, & il nous semble que pour la beauté même du plumage, nous n'avons rien à desirer dans nos oiseaux Européens ; car sans parler du paon, qui est sans contredit le phœnix des oiseaux, ni de nos autres volailles domestiques, n'avons-nous pas le faisan, la perdrix rouge, les canards, l'outarde, le francolin, les especes de geais, la huppe, le loriot, l'étourneau, le pluvier doré, le vanneau, la pie, les pics, le bouvreuil, le chardonneret, le martinet pêcheur, & plusieurs autres ? Quant à la différence des plumes, il est aisé de s'en convaincre en jetant les yeux sur les plumes de l'*autruche*, du *paon*, de l'*aigle*, du *cygne*, du *perroquet*, de la *chouette*, du *pingouin*, de l'*oiseau de paradis*, du *casoar*, enfin de toutes les especes d'oiseaux que nous connoissons.

Les plumes varient suivant l'âge de l'oiseau. Les jeunes loriots mâles ressemblent assez aux femelles pour le plumage lorsqu'ils sont jeunes; dans le premier temps ils sont mouchetés encore plus que les femelles, ils le sont même sur la partie supérieure du corps; mais dès le mois d'Août le jaune commence déjà à paroître sous le corps, ils ont aussi un cri différent de celui des vieux; ceux-ci disent *yo*, *yo*, *yo*, qu'ils font suivre quelquefois d'une sorte de miaulement comme celui des chats.

Les plumes du côté du corps sont garnies d'un duvet mou, chaud: *voyez* Duvet. Du côté de l'air elles sont garnies d'un double rang de barbes plus longues d'un côté que de l'autre. Ces barbes de largeur inégale, font une enfilade de petites lames minces & plates, couchées & serrées dans un alignement aussi juste, que si on avoit taillé les extrémités avec des ciseaux. Les plumes, sur-tout, celles de l'aile, sont outre cela disposées de façon que le rang des petites barbes de l'une se glisse, joue & se découvre plus ou moins entre les grandes barbes de l'autre plume qui est au-dessus : un nouveau rang de moindres plumes, sert de couverture aux tuyaux des grosses: l'air ne peut passer nulle part, & par-là, comme nous l'avons dit plus haut, l'impulsion des plumes sur ce fluide devient très-forte & très-agissante: on nomme les plumes de l'aile le *pennage*. Mais comme cette économie si nécessaire pourroit souvent être altérée par la pluie, les oiseaux ont aussi un moyen de les en préserver, au moyen d'une bourse pleine d'un suc huileux, faite comme un mamelon, lequel compose presque tout le croupion: ce mamelon a plusieurs ouvertures; & lorsque l'oiseau sent ses plumes desséchées, gâtées, entr'ouvertes ou prêtes à se mouiller, il presse ou tiraille ce mamelon avec son bec: il en exprime une humeur grasse qui est en réserve dans deux glandes, & faisant glisser successivement la plupart de ses plumes par son bec, il les passe à l'huile; l'onction de cette matiere visqueuse les lustre, les raffermit aussi & remplit tous les vides; après quoi l'eau ne fait plus que couler sur l'oiseau. La poule de nos basses-cours est moins fournie de cette liqueur que les oiseaux qui vivent au grand air, & d'où il arrive qu'une poule mouillée est un oiseau singulier à voir : au contraire, les cygnes, les oies, les canards, les macreuses, & tous les animaux destinés à vivre sur l'eau, ont la plume enduite d'huile dès leur naissance ; d'ailleurs leur réservoir graisseux est abondant, & une de leurs plus grandes occupations est de passer leurs plumes à l'huile continuellement.

Les anciens ont appellé *pulvérateurs* les oiseaux qui ont l'instinct de gratter la terre, (ces oiseaux sont frugivores, granivores) d'élever la poussiere avec leurs ailes, & en se poudrant, pour ainsi dire, avec cette poussiere, de se délivrer de la piqûre des insectes qui les tourmentent, de même que les oiseaux aquatiques s'en délivrent en arrosant leurs plumes avec de l'eau.

La plupart des oiseaux cachent leur tête sous leur aile pendant leur sommeil ; la plupart aussi ne se tiennent que sur un pied pendant qu'ils dorment, ils approchent l'autre de leur corps pour le réchauffer.

Les jambes & les pieds sont dénués de plumes dans la plupart des oiseaux, quelques-uns n'en ont point sur la tête, tels sont le coq d'Inde, l'émeu ; mais il n'y a peut-être que l'autruche qui n'ait pas le corps entier couvert de plumes.

Il y a des oiseaux qui sont toujours attroupés plusieurs ensemble, soit qu'ils volent, soit qu'ils restent en repos ; tels que les pigeons : d'autres vont deux à deux, le mâle & la femelle dans la saison de leurs amours, de la ponte & de l'accroissement de leurs petits, qui est infiniment plus prompt que chez les quadrupedes.

Il y a des oiseaux qui chantent, d'autres ne chantent pas ; tels que les oiseaux de proie, & plusieurs femelles de divers oiseaux. C'est lorsque le temps est serein qu'on entend ces animaux chanter dans les bois. La saison du printemps ramene les amours que le triste hiver a fait fuir ; c'est aussi la saison des mélodieux concerts des oiseaux : ils sont alors, & sur-tout la nuit, l'agrément des bois. L'un chante à minuit & au point du jour, l'autre à l'aurore & à midi, un autre au soleil couchant, &c. tels sont le coq, l'oie, les sarcelles, l'alouette, le vanneau, le courlis, le pluvier, la grue, le rossignol, la perdrix, & plusieurs autres qui servent d'horloge aux Paysans.

On trouve dans le XIIIe vol. part. II. *des Transactions Philosoph.* des expériences & observations sur le chant des oiseaux, par M. *Daniel Barrington*, Vice-Président de la Société de Londres : en voici le précis. Ce Physicien dit, que pour se faire mieux entendre de ses Lecteurs, il a été obligé de créer, pour ainsi dire, des mots ; à la vérité la disette de mots pour exprimer les différens sons ou notes des oiseaux, a forcé *Belon* à dire de la grue, du rossignol, de l'oison, qu'ils chantent. Ceci ne donne aucune idée du chant de ces bipedes. Le P. *Kircher* a rapporté dans sa *Musurgia* quelques traits du chant du rossignol, du coucou & de la caille, & il les a désignés par des notes de musique ; mais ces exemples prouvent seulement que le chant de certains oiseaux renferme des notes qui correspondent aux intervalles de notre octave. M. *Barrington* dit que le premier accent ou son du jeune oiseau, tant mâle que femelle, est 1°. le *piaulement* ; il s'en sert pour demander sa nourriture à sa mere. Ce premier son qui est si différent dans tous les oiseaux, qu'il fait distinguer leurs especes sans les voir, est foible, très-plaintif, & diminue à mesure que l'oiseau prend de l'accroissement. A-t-il acquis sa force, sa grandeur, ces différens sons changent absolument. Le jeune rossignol a un piaulement rauque & désagréable. Le piaulement est formé d'un son simple, répété dans des intervalles très-courts. 2°. Le son que l'oiseau rend un mois après sa naissance, est l'*appel* : dans le plus grand nombre c'est la répétition d'une même note que l'oiseau, tant mâle que femelle, conserve toute sa vie ; à moins qu'ils n'ayent été enlevés de leur nid le deuxiéme ou troisieme jour après leur naissance, pour entendre l'appel d'un autre oiseau au moment de la becquée. 3°. Les Oiseleurs appellent *flutoyer*, *siffler*, *gazouiller*, le chant qui se développe ensuite dans les jeunes oiseaux.

On peut comparer les efforts que les jeunes oiseaux font pour chanter à ceux d'un enfant qui tâche de bégayer ; ce n'est pas le seul trait de comparaison dans la gradation des sons : on a entendu plusieurs fois des oiseaux qui n'avoient guere qu'un mois, préluder ou commencer à siffler. Il paroît que ce premier essai ne contient pas les principes du ramage dont l'oiseau doit par la suite affecter si agréablement nos oreilles : quelles peuvent être les vues de cet essai ? Suivons l'oiseau dans ses différens âges. Dans le temps que ce jeune musicien bipede s'exerce ainsi à former son gosier, s'il saisit quelque passage agréable, il répéte souvent & conserve ce ton. S'il prend un ton faux, peu concordant avec celui qu'il semble chercher, assez souvent il l'abandonne, semblable à nos Chanteurs qui haussent la voix lorsqu'ils se souviennent de quelques parties d'un air, qu'ils peuvent exécuter avec précision ; & d'autres fois glissent légérement par dessus les tons dont ils ne se sont pas tout-à-fait rendus les maîtres, ou comme si ce passage ne leur faisoit pas plaisir, ou peut-être dans la crainte de se compromettre : l'oiseau paroît en faire autant. L'oiseau détenu en cage s'exerce ordinairement à siffler pendant plus des deux tiers de l'année : quand il est sûr, pour ainsi dire, de ses notes & en état d'exécuter toutes les parties de son chant naturel, ou d'un air qu'on lui a appris au moyen d'une serinette, il ne varie plus dans sa mélodie ; il s'exerce à les chanter de suite, & en lie les différens passages sans se reposer.

M. *Barrington* dit, qu'il paroît que le chant des oiseaux n'est qu'une succession de trois notes différentes ou d'un plus grand nombre continuées de suite dans un intervalle qui correspond à une croche de musique de quatre noires, ou bien l'espace de quatre secondes. Ceci étant, on doit en exclure l'*appel* du coucou & le gloussement de la poule, qui ne consistent qu'en deux notes. Il y a plus, on a observé que la poule qui couve, répéte souvent la même note à des intervalles très-courts, & finit sur une sixieme qu'elle fait extrêmement longue; c'est un *appel varié*. On doit encore distinguer de ce qu'on appelle *ramage* ces courts éclats de voix que les oiseaux font entendre quand ils s'efforcent de le disputer à d'autres par le chant, & qu'ils forment comme une espece de concours vocal, alors leur chant ne se continue pas quatre secondes.

Tout ce que nous venons de dire, ne peut guere s'appliquer qu'aux oiseaux qui ont reçu une éducation suivie. Les notes ne sont pas plus innées dans les oiseaux que le langage dans l'homme: elles dépendent donc du maître qui les éleve. Ajoutons qu'il faut que leurs organes soient tels qu'ils puissent imiter les sons qu'ils doivent entendre souvent. Les linots mâles en état de voler, que l'on distingue dès leur bas âge des femelles par une blancheur qui s'étend dans toute la longueur du fanon de la plume, (dans la femelle elle ne va qu'à moitié); ces sortes d'oiseaux, dis-je, offrent une grande docilité & un talent singulier pour l'imitation du chant: dans la plupart des autres oiseaux qui ont un chant décidé, on ne distingue pas aussi sûrement le mâle de la femelle. Il est aussi rare d'entendre les femelles d'oiseaux chanter comme les mâles, qu'il est extraordinaire d'entendre les poules chanter comme les coqs. L'on présume aussi que les perroquets & les pies qui apprennent si difficilement à parler, sont des femelles de leur espece. M. *Barrington* dit qu'il avoit trois especes d'alouettes qui étoient séparées, & qui chantoient parfaitement bien; l'une étoit l'*alouette des champs*, l'autre celle *des bois*, & la troisieme l'*alouette mésange*. Il plaça avec chacune de ces alouettes de jeunes linots qui imiterent bientôt chacun le chant de leur maître de Musique: quand le chant de ces écoliers fut entiérement fixé, on les plaça avec d'autres jeunes linotes, dont ils devinrent à leur tour les maîtres de musique, & tous ces linots oublierent absolument les notes & tout le mode de leur chant, pour conserver constamment celui de l'alouette. Un jeune linot d'Europe fut élevé dans une cage où étoit un *vengolina* d'Afrique, qui est un beau chanteur : le petit Européen parvint à imiter l'Africain avec une si grande perfection, que quand ils chantoient ensemble, il étoit impossible de les distinguer l'un de l'autre : un chardonneret chantoit uniquement l'appel du roitelet, parce qu'il n'avoit jamais entendu d'autre accent. Tous ces faits prouvent assez que les oiseaux n'ont point d'idées innées des notes qu'on suppose particulieres à chaque espece. Si dans l'état de vie sauvage ils apprennent & gardent tous constamment le même chant, c'est parce que les jeunes oiseaux n'ont donné leur attention qu'au chant du pere, qui néglige lui même les notes de tous les autres oiseaux qui chantent dans les environs; son génie & ses besoins lui font chercher & trouver la nourriture qui lui convient : dans une cage ce génie se flétrit par la captivité, il s'attache à son pourvoyeur, qui le caresse, qui le siffle, & il en retient des sons, des parties d'airs ou des airs entiers ; & nous le répétons, s'il n'a été mis en cage qu'un mois après sa naissance, il n'oubliera point l'*appel* de son espece. On voit dans des volieres des serins avec des oiseaux d'especes différentes, chacun ne chante que le ramage de son pere. Les moineaux qui nichent dans les maisons, n'ont jamais que le piaulement de leur espece, tant qu'ils restent sauvages : leur chant devient mixte ou composé, si après leur naissance on les met avec un linot, un chardonneret, un rossignol, une gorge-rouge. Il y a aussi de jeunes oiseaux qui, n'ayant pas entendu l'appel de leur pere, paroissent plus enclins étant dans une voliere à retenir les sons de certains oiseaux que d'autres : on en voit qui aiment assez le *roulis* du rouge-gorge.

Les oiseaux dans l'état de vie sauvage ne chantent

ordinairement que pendant deux mois & demi de l'année, ou tant que la pâture est abondante, encore les seuls mâles de quelques especes jouissent de ce précieux avantage, (car il y a beaucoup d'oiseaux qui ne chantent aucunement). M. *Barrington*, croit que cette propriété ou avantage du chant dépend de la force des muscles du larynx, qui est supérieure dans les mâles. Des observations anatomiques démontrent qu'il n'y a aucune différence sexuelle à cet égard dans les oiseaux qui ne chantent point. Mais pourquoi ne chantent-ils pas, notamment les gros oiseaux ? Notre Physicien prétend que si ces gros bipedes étoient doués de cette faculté, la plénitude de leur voix, jointe au volume de leur corps, tout les déceleroit à leurs ennemis ; & que la Nature n'a pas permis aux oiseaux femelles de chanter, parce que ce talent seroit pour eux un talent funeste & pernicieux dans le temps de l'incubation : ainsi ce qui est un défaut physique est compensé par un bien moral. On dit qu'il y a plusieurs oiseaux qui chantent & qui cherchent à récréer leurs femelles pendant cette pénible fonction. Notre Observateur paroît nier ce fait.

Voyons maintenant en quoi le chant des oiseaux ressemble aux intervalles de notre musique, qui ne sont jamais ou rarement moindres d'une demi-note. *Ligon* dit que le chant de la grive est composé de quarts de notes, qui par progression montent successivement les uns au-dessus des autres. Le chant d'un petit nombre d'oiseaux offre des passages qui correspondent aux intervalles de la game de notre musique ; l'appel du coucou en est un exemple bien frappant & bien connu ; mais la plus grande partie du ramage des petits oiseaux ne peut guere s'exprimer en caracteres de Musique, parce qu'il est trop rapide, & que l'on ne connoît presque pas le point où l'oiseau doit s'arrêter : sa voix ordinairement perçante qui se fait entendre de fort loin, s'éleve à un degré beaucoup plus haut que les notes les plus aiguës de nos instrumens, & les intervalles des octaves si élevées, d'ailleurs si courts, si délicats, sont plus difficiles à saisir que ceux des bas, & plus encore que ceux des octaves qui gardent le milieu. Aussi parmi les hommes qui ont voulu chanter comme les oiseaux, il y en a peu qui aient pu imiter le ramage de quelques-uns, tels que le *rossignol*, *l'alouette*, le *merle*, la *perdrix* : encore mettent-ils dans leur bouche une espece d'appeau. Si quelques serins, &c. détenus en cage sifflent des airs connus, avec de plus longs intervalles, ce sifflement n'est, comme nous l'avons dit, que la répétition de la leçon qu'on leur a donnée depuis l'instant qu'on les a pris dans le nid. Si on entend chanter une douzaine d'oiseaux d'especes différentes, rassemblés dans un même lieu, l'oreille n'est frappée d'aucune dissonance désagréable : le chant des oiseaux n'est cependant pas toujours à la même élévation, ou chanteroient-ils tous d'après la même game ? M. *Barrington* le présume d'après le tableau suivant, qui a été fait ou remarqué au moyen d'une harpe. *F naturel de l'alouette des bois ; A naturel dans un coq ordinaire ; C naturel dans l'oiseau moqueur mâle ; B bas dans un très-gros coq ; C tombant communément en A dans le coucou ; A dans les grives ; D dans quelques chouettes ; B bas dans d'autres; G sur un rossignol qui étoit détenu en cage.* Voilà six notes ; il ne manque plus que *E* pour compléter la game : au reste ces six notes suffisent en supposant que les oiseaux chantent sur la clef de *F* avec une tierce aiguë, ou sur la clef de *G* dans une tierce basse : ceci étant *Lucrece* a eu raison de dire que les oiseaux nous ont enseigné la Musique.

Parmi les oiseaux chanteurs & éduqués, il y en a qui imitent non-seulement les mêmes notes, les mêmes tons, mais ils articulent encore des mots & même de petites phrases qu'on leur répéte souvent. Les Grecs & les Romains se sont beaucoup occupés de cet art. On a observé que quand les oiseaux entrent dans la saison où ils chantent, leur bec change sensiblement & par degrés de couleur. On assure que le coq ne chante jamais tant qu'il a la tête bien rouge. Le pinçon & le linot, ont d'abord leur bec d'un bleu foncé, & il pâlit de nouveau quand la saison du chant est passée. Ce changement paroît être plutôt un symptôme qu'une cause du chant des oiseaux. Il n'en est pas de même des oiseaux châtrés, ils ne chantent pas, l'éducation ne donne pas de nouveaux organes à l'oiseau ; mais dans l'étendue de sa voix il est le maître de l'imitation. Le perroquet articule les mots plus distinctement qu'aucun autre oiseau. Il est aussi plus familier, & ses manieres supposent aussi plus de mémoire. A l'égard des différences qu'on remarque dans le chant des oiseaux d'une même espece, quelques-uns les comparent aux différens dialectes de chaque Province. Cette différence d'unité de voix n'est-elle pas due au rétrécissement du larynx, ou à son alongement dans d'autres. M. *Barrington*, d'après ses Observations sur le chant des oiseaux, a fait une Table qui sert à comparer le mérite du chant de quelques oiseaux, tels que le *rossignol*, *l'alouette des champs*, celle des *bois*, *l'alouette-mésange*, le *linot*, le *chardonneret*, le *pinçon*, le *verdier*, la *tête-rousse*, la *grive*, le *merle*, la *gorge-rouge*, le *roitelet*, le *moineau de marais*, la *tête noire*, ou *rossignol moqueur*, ou *polyglotte*. Dans cette Table qui est en colonnes, on y trouve des degrés de perfection, comparés pour la mélodie du ton, l'élévation des notes, les notes plaintives, le période ou longueur du ramage & pour l'exécution. On y trouve que le rossignol a le plus grand nombre de ces degrés, excepté par l'élévation des notes, l'alouette des champs le surpasse en cela. Nous osons nous flatter que notre Lecteur ne désapprouvera pas la longueur de cette digression sur le chant des oiseaux. Cet extrait offre trop de singularités, & il convenoit d'en faire mention.

On donne le nom de VOLIERE, *aviaria*, à l'endroit où l'on tient des oiseaux enfermés. Les Grecs & les Latins ont aussi tiré la dénomination de chaque espece d'oiseau de la nourriture qu'il prend. C'est ainsi que les Grecs ont nommé *sarcophages*, & les Latins *carnivores*, ceux qui vivent de chair. On nomme les oiseaux de proie *rapaces*; & *demi-rapaces* ceux qui, comme les corbeaux, n'ont pas le bec crochu. On appelle *entomophages* ou *insectivores*, les mangeurs d'insectes ; *acantophages*, ceux qui ne vivent que de chardons; *carpophages* ou *frugivores*, les mangeurs de fruits; *graminivores*, les mangeurs de plantules ; *granivores*, les mangeurs de graines ; *piscivores*, ceux qui ne vivent que de poisson ; *panphages*, ceux qui vivent également de toutes choses ; *scolopaces*, ceux qui ont le bec long & effilé ; *macropteres*, ceux qui ont les ailes longues ; *imantopedes*, ceux qui ont les cuisses & les jambes longues ; *palmipedes*, ceux qui ont les doigts des pieds unis par une membrane afin de nager ; *fissipedes*, ceux qui ont les doigts détachés ; *diurnes*, ceux qui volent & butinent le jour ; & *nocturnes*, ceux qui, comme la chouette, ne sortent que la nuit. On appelle OISEAUX DE PASSAGE, *passeres*, ceux qui ne restent qu'un certain temps de l'année dans un pays, &c.

Quant à la chasse du vol, *voyez ce que nous en avons dit au mot* FAUCON pour les oiseaux de proie. Les oiseaux de nuit sont universellement haïs ; & dès qu'on en a découvert quelqu'un, il se fait une conjuration générale contre ce malheureux oiseau : petits & grands, tous l'environnent avec grand bruit, quoiqu'il soit rare qu'il en soit attaqué aussi impunément qu'il en est insulté. A quels dangers ne s'exposent pas certains hommes dans la chasse aux oiseaux, qu'on pratique parmi les rochers de la Norwege ? Pour les oiseaux de jour, de plaine, des bois, &c. ils se prennent ou au fusil ou à la piste, aux filets ou à la traînasse, ou aux gluaux, & par quantité de méthodes différentes, dont nous avons fait mention dans l'histoire particuliere des oiseaux. Au reste nous parlerons ci-après des moyens de se procurer les oiseaux pour être conservés dans les Cabinets des Curieux. Nous avons parlé aussi des diverses qualités de leur chair, qui est plus ou moins délicate. Celle des oiseaux de proie est maigre, & n'est pas bonne à manger; celle des oiseaux de riviere est ordinairement fibreuse, & plus difficile à digérer que celle des oiseaux terrestres.

En général, les oiseaux qui se nourrissent de grains, d'herbes & de fruits, fournissent un meilleur suc & plus facile à digérer, que ceux qui se nourrissent d'insectes, de viandes ou de poisson. La chair des premiers n'est ni trop terrestre ni trop aqueuse. Au reste les saveurs sont analogues aux goûts des differentes Nations : c'est ainsi que l'autruche est un régal chez les Africains, comme l'est le poulet parmi nous. Les oiseaux les plus en usage sur les tables en Europe, sont le courlis, la poule d'eau, le cu-blanc, la poule d'Inde, l'ortolan, la caille, le pluvier, la bécasse, le faisan, la poule privée, les pigeons & les mauviettes. Les Paysans mangent volontiers le paon, la corneille, la pie, le geai, & tous les autres petits oiseaux. Dans tous ces animaux les os sont si vides & si minces, qu'ils n'ajoutent presque rien au poids des chairs.

Nous ne parlons point ici de l'utilité des diverses plumes des oiseaux, ni des combats de ces animaux ; nous en avons fait mention à chacun de leurs articles. Il nous suffira de dire que c'est avec les plumes de l'autruche qu'on orne quelquefois la tête des Rois, des Héros, & même des Dames ; celles du coq servent aussi à faire des panaches ; l'édredon, qui est une espece de duvet, est employé dans les couvre-pieds ; les grosses plumes de cygne, &c. servent à écrire. Les Vénitiens & les Napolitains savent mieux que toute autre Nation colorer les plumes du ventre du cygne, &c. pour l'usage des fleurs artificielles. Le caractere belliqueux des oiseaux se reconnoît dans le coq, dans les oiseaux de proie, &c. Il est encore d'usage en Angleterre & en quelques lieux de l'Italie, de faire battre ensemble les coqs, les cailles, &c. chacun selon son espece. C'est un spectacle pour tout le Peuple, & souvent pour bien des Grands, *voyez aux mots* COQ, CAILLE, &c. Il y a beaucoup d'oiseaux qui n'ont point de noms particuliers : tels sont ceux dont nous ferons mention ci-après. Ils ont conservé le nom général d'oiseau, avec une épithete qui sert à les désigner.

Par cet exposé des oiseaux, on voit qu'il y en a peu qui ne nous soient utiles. Les plus redoutables mangent les charognes qui nous infecteroient ; & s'ils font quelquefois main basse sur nos volailles, combien d'autres oiseaux nous délivrent de cette immense quantité d'insectes, dont la multiplicité est un fléau. D'autres nous amusent par leur ramage, ou nous servent de nourriture. En Europe on récompense ceux qui tuent le laemmer-geyer : *voyez au mot* CONDOR ; au lieu que dans le pays de Benin, les habitans respectent un animal semblable, qu'ils appellent *oiseau noir* : il est même défendu sous peine de mort de lui faire le moindre mal. Il y a des Ministres établis pour servir ces oiseaux & pour leur porter de la nourriture dans un endroit des montagnes qui leur est particuliérement consacré.

Maniere de se procurer les différentes especes d'oiseaux, de les préparer & de les envoyer des pays que parcourent les Voyageurs.

Nous avons donné à l'article *Histoire Naturelle*, une esquisse du spectacle enchanteur qu'offre aux regards des Curieux une belle collection d'oiseaux : c'est sans contredit, après celle des papillons, la partie la plus brillante, la plus apparente & celle qui séduit le plus généralement l'homme le plus indifférent. La maniere de se procurer les différentes especes d'oiseaux, &c. a été exposée avec clarté & précision dans un Mémoire instructif qu'a donné sur cet objet M. le Docteur *Mauduit* de Paris, dont le Cabinet en ce genre d'animaux & en insectes, prouve le goût & les connoissances, &c. Voici le sommaire de ce Mémoire circonstancié.

On prend les oiseaux au *piege*, au *filet*, aux *lacets*,

à la *pipée*, par la *chasse du vol*, ou on les tue avec l'*arc* ou le *fusil*. On ne prend que les oiseaux de proie au piege, & cette méthode a par rapport à l'usage que l'on veut faire de ces animaux de grands inconvéniens. Les pieges brisent les os, délabrent les parties engagées, & ne donnent pas toujours la mort aux animaux, on est obligé de les étouffer ou de leur introduire dans le cervelet une épingle proportionnée au volume de la tête de l'oiseau ; dans cette opération on doit avoir soin de ménager le bec & les plumes du cou. On ne prend au *filet* & avec les *lacets*, que les petits oiseaux, & on les a par ce moyen, en très-bon état. On fait la *pipée* par le moyen de petits bâtons enduits de glu (on les nomme *gluaux*) qui colant les plumes les unes aux autres, ôtent aux oiseaux la faculté de voler : les oiseaux pris par cette méthode, ne peuvent guere servir à entrer ensuite dans une collection. La glu est une sorte de résine excessivement tenace, que l'eau ne dissout pas, & que l'esprit-de-vin n'enleve qu'imparfaitement : *voyez l'article* GLU. Les plumes qui en sont une fois imprégnées, le sont pour toujours. La chasse avec l'*arc* ou le *fusil*, est le moyen le plus facile pour abattre les oiseaux ; il est certain que par cette industrie traîtresse & meurtriere, le Chasseur exercé peut s'en procurer davantage. M. *Mauduit* dit qu'il préfere pour les oiseaux, ainsi que pour les quadrupedes, l'arc, quand on se trouve à portée d'en faire usage : le plomb du fusil les crible souvent de toutes parts.

On peut envoyer les oiseaux entiers, ou seulement leur peau, en les préparant de la même maniere que les animaux à quatre pattes; *voyez ce qui est dit à ce sujet à la fin de l'article* QUADRUPEDES. La liqueur conservatrice est la même, & on doit prendre les mêmes précautions en arrangeant les oiseaux entiers dans les barriques. Si l'on a dessein de n'envoyer que des peaux, il faut écorcher les oiseaux ; en voici la pratique.

On pose sur le dos l'oiseau qu'on veut écorcher,

on le doit étendre sur une table. Asséyez-vous devant, de maniere que la queue de l'oiseau soit de votre côté. Ecartez avec le manche d'un scalpel à droite & à gauche, les plumes qui couvrent la poitrine, vous verrez qu'il y a dans son milieu un espace dégarni de plumes ; faites sur cet endroit une incision longitudinale, commencez-la au haut du *brechet* (cartilage *xiphoïde*), & conduisez-la un peu au-dessous de son extrémité. Prenez avec les doigts de la main gauche, ou saisissez avec une pince la peau d'un des côtés de l'incision, détachez cette peau d'avec les chairs, d'abord avec la lame d'un scalpel, ensuite avec le dos du même instrument, ou avec les doigts & même la main entiere, suivant la grosseur de l'animal ; soulevez la peau & la détachez des chairs le plus avant que vous pourrez, en enfonçant, & sur le côté & en haut vers le cou, & en bas vers l'anus. Faites ensuite la même opération de l'autre côté. Craignez-vous en enfonçant les doigts ou le manche du scalpel, de déchirer ou de percer la peau ? Que les doigts de la main opposée répondent toujours en dehors à l'action du scalpel ou à celle des doigts au dessous de la peau. Le tact vous avertira de son état, de la force qu'elle a pour résister, & si l'effort que vous faites n'est pas au-dessus de sa force résistante. Nous convenons qu'il faut ici & de l'adresse & de l'habitude.

La peau étant détachée des chairs aussi avant qu'elle peut l'être par cette pratique, alors saisissez le cou un peu au dessus de son articulation avec le corps ; tirez-le en dedans de la main droite, repoussez la peau de la main gauche, détachez-la du cou, & quand vous êtes parvenu à l'en séparer dans un point circulaire, coupez le cou avec de forts ciseaux, ou avec un couteau, suivant le volume de l'oiseau. Le cou étant séparé d'avec le corps, il faut opérer sur les ailes. Vous en retirez une en dedans, en la saisissant vers son moignon avec la main gauche, tandis que de la droite vous refoulez la peau en dehors, vous la détachez des chairs.

Êtes-

Êtes-vous parvenu au pli de l'aile, alors vous coupez les chairs, & vous séparez les os dans l'articulation. Vous remettez la peau dans son état, & vous opérez de la même maniere sur l'autre aile. Quand toutes les deux sont dégagées & séparées d'avec le corps, vous passez aux cuisses; vous les dépouillez comme les ailes l'une après l'autre, lorsqu'opérant sur chaque cuisse en particulier, vous en avez retiré une en dedans, & vous l'avez dégagée de sa peau jusqu'au bas du pilon ou jusqu'au genou, alors vous séparez les os dans cet endroit, qui est celui où la cuisse s'articule avec la jambe. Le cou, les ailes, les cuisses, étant séparés d'avec le corps, vous en saisissez & soulevez la masse de la main gauche, tandis que de la droite vous déprimez, vous séparez la peau qui tient encore au dos. Bientôt elle n'adhere plus qu'au seul croupion. Quand il est à découvert, vous le coupez en dedans de la peau, un peu au-dessous de l'endroit où il articule avec le corps. Celui-ci n'adhere plus par aucun point à la peau, vous l'enlevez & le mettez de côté. Vous revenez au cou, vous en prenez le bout avec la main gauche; de la droite vous doublez la peau en la retournant, vous tirez le cou à vous de la main gauche, & vous refoulez la peau de la droite. Le cou sort comme le corps d'une anguille qu'on écorche, ou comme le doigt d'un gant qu'on retourne. Parvenu à la tête vous vous arrêtez quand vous êtes vers son milieu; vous détachez avec le tranchant du scalpel la langue sur les côtés sans la couper; vous séparez le cou à sa jonction avec la tête, & avec le cou vous emportez la langue, l'œsophage ou le conduit des alimens, & la trachée arterre ou le canal qui sert au passage de l'air pour la respiration. Il ne reste plus qu'à agrandir le trou qui se trouve naturellement derriere la tête, & par où passe la moëlle épiniere. Ayant agrandi ce trou avec des ciseaux ou avec un foret, ou la pointe d'un couteau selon les circonstances, vous videz la cervelle, vous remettez ensuite la peau dans

Tome VI. N

son état naturel, vous la remplissez de coton ou de mousse, ou d'une autre matiere analogue ; vous observez de mettre peu de coton dans le pli des ailes. La peau flasque en cet endroit peut vous tromper ; elle prête beaucoup, il faut remplir très-peu cette partie ; au contraire, il faut avoir soin de fourrer la peau qui enveloppoit les cuisses, & de les marquer. Votre opération étant finie, vous réunissez la peau par des points de suture ; vous remettez les ailes dans leur position, & vous les y asujettissez en entourant tout le corps d'un ruban ou d'une ficelle. Il reste encore les yeux qu'il faut enlever, en les arrachant avec un fer pointu & courbé, en prenant garde d'endommager les paupieres ; puis prenant un côté de la paupiere avec le bout d'une pince, le soulevant d'une main, vous introduisez de l'autre main du coton pour en remplir la cavité. (Ceux qui voudroient conserver dans le pays natal, l'oiseau ainsi préparé, y mettroient des yeux d'émail de grandeur & de figure naturelles, on les introduit dans l'orbite en écartant les deux côtés des paupieres.) On peut encore exécuter autrement cette opération : en voici la maniere. Quand, redoublant la peau du cou, on est parvenu à la tête, on continue de redoubler la peau jusqu'à ce qu'on découvre le globe des yeux. On le sépare de la membrane qui l'attache aux paupieres, avec la lame du scalpel ; on remplit l'orbite ou la cavité de l'œil de coton qu'on foule bien & qu'on a roulé auparavant dans ses doigts pour le rendre plus dense ; retirant ensuite la tête en dehors, les yeux se trouvent fermés comme ils doivent l'être. On présume bien qu'en écorchant les oiseaux, il faut avoir soin de n'en pas salir la peau, & y porter les mêmes attentions qu'en écorchant les quadrupedes : en un mot avoir près de soi du coton, & faire usage d'un mélange de poudre de chaux & d'alun, & suivre en tous points pour la préparation des peaux d'oiseaux le procédé indiqué pour celles des *quadrupedes.* Voyez ce mot.

M. *Mauduit* dit encore que quelque attention qu'on apporte à son opération en écorchant les oiseaux, leurs peaux se trouvent souvent salies par trois accidens différens ; par la *vase* sur laquelle ils couchent ; par le *sang* qui sort des plaies ; par la *graisse*, qui au bout de quelque temps s'atténue, devient fluide & s'imbibe dans les plumes. La vase se nétoie aisément par le moyen de l'eau seule ; le sang, quand il est une fois sec, s'enleve difficilement, l'eau pure ne le dissout que très-imparfaitement ; les plumes en restent colorées ; à moins qu'on ne se serve d'eau saturée de nitre ; ce qui, poursuit le même Observateur, est peut-être la seule substance qui ait la propriété de rendre la partie rouge du sang desséchée, parfaitement miscible à l'eau, & par conséquent de fournir le moyen d'en nétoyer les parties qui en sont salies. On enleve la graisse en faisant usage d'une eau de lessive ; on sait que c'est de l'eau chaude qui a filtré à travers des cendres de bois neuf. Ceci étant, il est probable qu'une petite dose de sel alkali fixe, dissoute dans l'eau, auroit la même propriété que la lessive.

Maintenant il convient d'exposer les observations & les notes que les Voyageurs devroient joindre aux oiseaux étrangers qu'ils envoient. Il importe sur-tout de savoir s'ils habitent dans le pays toute l'année, ou s'ils sont de passage ; quand & par où ils arrivent ; de quel côté & en quelle saison ils se retirent ; d'où l'on croit qu'ils viennent, & où l'on pense qu'ils vont ; s'il y a des oiseaux qui ne paroissent qu'un moment & qui disparoissent pour long-temps ; s'ils sont rares ou communs ; quelle est leur nourriture ; comment ils se la procurent ; quelle différence il y a de la taille, du plumage entre le mâle & la femelle ; en quoi les couleurs des petits different des adultes ; si les oiseaux ne muent qu'une ou plusieurs fois l'année, & dans quelles saisons ; s'ils ne changent pas de couleurs plusieurs fois dans la même année, ce qui n'est pas très-rare parmi les oiseaux des climats qui sont entre les Tropiques ;

s'ils pondent toute l'année, ou dans une saison seulement ; & quelle est cette saison ; combien la femelle fait de pontes ; combien d'œufs à chaque ponte ; quelle est la couleur des œufs ; de combien de temps est la durée de l'incubation ; comment & avec quelles substances la mere fait son nid ; où elle le place ; si elle le construit seule, ou si le mâle l'aide dans cette opération ; s'il partage avec elle l'ennui de la couvée, & les fatigues de la nourriture des petits ; si ceux-ci vivent long-temps en société, & quand ils se séparent ; de quelle utilité sont les oiseaux, ou quel tort ils font ; comment on les chasse s'ils sont sauvages ; quels soins on en prend s'ils sont domestiques ; s'informer du nom qu'on leur donne dans les pays où on les trouve ; spécifier sur-tout la forme & la couleur des yeux, du bec & des pieds, leur couleur est très-sujette à changer ; en un mot parler de leurs cris, & les faire connoître autant qu'on le peut.

Maniere d'envoyer les œufs & les nids.

Les *œufs* & les *nids* sont des objets inséparables de l'Histoire Naturelle des oiseaux. Nous avons parlé de l'un & de l'autre dans la suite de l'article *Oiseau* : les *nids* sont ces réduits où l'oiseau pond ses œufs, couve & éleve ses petits ; les nids sont plus ou moins grands, & construits quelquefois d'une maniere fort simple, d'autres offrent de l'élégance, beaucoup de soins dans l'art de les construire ; d'autres ont une forme très-singuliere, quelquefois bizarre & méritent d'être connus, notamment ceux que l'on appelle *pensiles*, qui sont fort longs, se balancent au gré des vents, n'étant attachés au bout d'une branche que par quelques liens fort déliés. On range les nids les uns à côté des autres ; on choisit ceux de la même élévation pour les arranger ensemble dans une même boîte, de maniere qu'ils y soient comprimés également & mollement. On a soin d'y attacher leur nom. Quant aux *œufs*, on distingue ceux qui font frais en les expofant à la lumiere d'une bougie, alors ils offrent une forte de tranfparence; ceux qui font opaques indiquent qu'ils ont été couvés. On doit prendre garde à la fragilité de ces objets quand on veut les vider. Pour cela on les perce par les deux extrémités, on fouffle par l'un des bouts, alors la fubftance liquide de l'œuf fort par le trou oppofé: on l'expofe ainfi à l'air pendant quelques jours; il fe defféche à l'intérieur: on écrit fon nom fur la coque; enfuite on les place dans des boîtes garnies de cafes matelaffées de coton, les cafes font formées plufieurs à côté l'une de l'autre & maintenues par un châffis ou par des traverfes de bois en fautoir & bien affujetties. Ces fautoirs qui doivent avoir une hauteur fupérieure au diametre des œufs fervent à les pincer pour être enlevés de la boîte à volonté: la boîte peut être profonde & contenir plufieurs divifions: on doit mettre les gros œufs au fond & garnir auffi de coton le deffus des œufs, de maniere que la boîte foit pleine.

OISEAU-ABEILLE ou SUCE-FLEUR. On l'appelle auffi *bourdonneur* ou *oifeau murmure* : c'eft ou le colibri ou l'oifeau mouche, *Voyez à l'art*. COLIBRI.

OISEAU D'AFRIQUE ou POULE DE BARBARIE, *avis Afra. Voyez* PINTADE.

OISEAU ARCTIQUE. *Edwards* donne ce nom au *Stercoraire*. Voyez ce mot.

OISEAU DE COMBAT, ou PAON DE MER ou LE COMBATTANT, *avis pugnax*. Les Suédois, chez qui cet oifeau de rivage eft commun, le nomment *bruthane*. Ce volatile eft du genre du bécaffeau, & de la grandeur du chevalier: fon bec & les plumes de fon cou font longs. La bigarrure du plumage dans les mâles eft admirable; il eft toujours fi varié en couleurs qu'on en trouve difficilement deux de pareils. Le devant de fa tête eft couvert d'une infinité de petites papilles couleur de chair; il a le bec & les pieds rouges. Cet oifeau porte fon nom de fa paffion belliqueufe. Les mâles aiment tant à fe battre, fur-tout lorfqu'ils font en amour, que quand deux se rencontrent, le duel s'engage & le combat ne cesse que par la mort du vaincu. Les oiseleurs qui les guettent, tendent alors leurs pieges & les attrapent avant qu'ils soient sur leurs gardes: lorsque ces oiseaux commencent à muer, des enflures blanches s'élevent autour de leurs yeux & de leur tête; quand on veut les élever & les engraisser, on les tient séparés ou ensemble dans un lieu clos & obscur, on les nourrit avec de la mie de pain & du lait. Ils multiplient aussi en été dans les marécages de Lincoln, en Angleterre.

OISEAU DU CADRAN SOLAIRE. *Voyez à l'article* PIE.

OISEAU COURONNÉ DU MEXIQUE. *Voyez* OISEAU DE PLUMES DU MEXIQUE.

OISEAU DE FEU. *Voyez* FOULIMENE.

OISEAU FRÉGATE. *Voyez* FRÉGATE.

OISEAU GOITREUX. *Voyez* PÉLICAN.

OISEAU DES INDES. Ctesias, Aristote, Elien, Pausanias & quelques autres ont donné ce nom par excellence au *Perroquet*.

OISEAU DE JUNON ou DE MÉDIE. *Voyez* PAON.

OISEAU DE JUPITER, est l'aigle. Quelquefois aussi on donne ce nom au chardonneret.

OISEAU DE MER. *Voyez* PAILLE-EN-CU.

OISEAU DE MONTAGNE. *Voyez à l'article* HOCOS.

OISEAU DE MORT. Le peuple donne ce nom au *papillon tête de mort* & à la *frésaie*. Voyez ces mots.

OISEAU DE MOUCHE, *mellisuga*. Voyez à l'article COLIBRI.

OISEAU MURMURE. *Voyez* COLIBRI.

OISEAU DE NAZARETH. On a donné ce nom par corruption à un très-gros oiseau trouvé dans l'île de Nazare, & qui se voit aussi dans l'île Maurice, aujourd'hui l'île Françoise. Cet oiseau a du rapport avec le *dronte* & le *solitaire*, mais il en differe par plusieurs caracteres; il est plus gros qu'un cygne, au lieu de plumes il a tout le corps couvert d'un duvet noir, & cependant il n'est pas absolument sans plumes, car il en a de noires aux ailes, & de frisées sur le croupion, qui lui tiennent lieu de queue. Il a le bec gros, recourbé un peu par-dessous, les jambes hautes couvertes d'écailles, trois doigts à chaque pied, le cri de l'oison, & sa chair est médiocrement bonne. La femelle ne pond qu'un œuf, & cet œuf est blanc & assez gros.

OISEAU DE NEIGE. Oiseau semblable à la linote. Son nom lui vient de ce qu'il ne se voit jamais que sur la neige glacée à Spitzberg. Cet oiseau est si familier qu'il se laisse prendre à la main, ce qui peut être produit par la faim qu'il éprouve dans ce climat glacé: sa chair est d'un assez bon goût. Cet oiseau ne seroit-il pas le *Moineau de neige*! Voyez ce mot.

OISEAU DE NERTE, ou CHACHA. *Voyez à l'article* GRIVE.

OISEAU DE NUIT. *Voyez* au mot OISEAU.

OISEAU DE PARADIS ou MANUCODIATA, *avis paradisea*, est un oiseau très-beau à voir par la singularité, la forme & la situation de ses ailes, différentes de celles de tous les autres oiseaux; car des côtés de la poitrine sortent de très-longues & nombreuses plumes qui passent de beaucoup la longueur de la queue, & qui sont très-larges; & du croupion de quelques-uns de ces oiseaux, sortent deux longs filets noirâtres non emplumés, mais bien plus longs que les plumes mêmes. La tête & les yeux sont petits à proportion du corps, le bec est effilé comme celui de la pie. Les Naturalistes & les Voyageurs en distinguent de plusieurs especes. *Rai* dit que ce sont des oiseaux de proie de la petite espece. On a faussement cru qu'ils se nourrissent de l'air, qu'ils volent toujours sans relâche, & qu'ils sont sans pieds. Ils ne les perdent que par la vieillesse ou par la maladie. Ils ont quatre doigts à chaque pied, trois devant & un derriere, les ongles sont courbés & pointus. Ils font la chasse aux pigeons, aux verdiers & à d'autres petits oiseaux semblables, & se nourrissent comme les autres oiseaux de proie. Il est encore aussi faux qu'on n'en trouve que de morts. Ces oiseaux se perchent sur les arbres, & par rapport à leur vol prompt & rapide, semblable à celui des hirondelles, les Indiens les appellent *hirondelles de Ternate*, du lieu où il s'en trouve beaucoup. *Helbigius* dit qu'on ne rencontre ces oiseaux que dans les terres Australes Orientales.

Clusius fait deux genres de ces oiseaux de Paradis : M. *Brisson* n'en fait qu'un qui comprend la grande & la petite espece. Chaque espece a sa couleur différente. Les grands sont les plus beaux, & se trouvent ordinairement dans la principale des îles d'Arou : ils ont des filets au croupion. Les petits, qui sont moins beaux, se rencontrent dans les îles nommées *Papua*, ou dans la nouvelle Guinée. Ils n'ont point de filets : ils sont blancs & jaunâtres.

Ces deux sortes d'oiseaux ont un Roi distingué par sa petitesse, & par un vol plus élevé que ceux de son espece. Son plumage est éclatant : il porte à sa petite queue deux filets deux fois aussi longs que le corps de l'oiseau, & qui lui sont communs à la vérité avec ses sujets, mais il n'y a que lui qui les ait ornés d'yeux à l'extrémité. Rien ne ressemble mieux aux crins d'une queue de cheval, dont les extrémités seroient terminées par une boucle de plumes frisées & colorées. La spirale de chaque filet tournée en dedans est beaucoup plus grosse que le filet, ce qui présente un coup d'œil très-singulier.

Ces magnifiques oiseaux, si recherchés des Européens curieux, sont nommés, dit *Aldrovande*, par les habitans des îles Moluques, *manucodiatæ*, c'est-à-dire, oiseaux de Dieu, parce qu'on prétend ignorer leur origine. L'oiseau de Paradis de la grande espece, est de la grandeur de la colombe : ses ailes sont rouges. *Helbigius* dit qu'ils sont presque neuf mois sans plumes, à cause des pluies & des tempêtes, & qu'à peine les voit-on une fois pendant tout ce temps : mais au commencement du mois d'Août, lorſqu'ils ont fait leurs petits, leurs plumes reviennent; pendant le mois de Septembre & d'Octobre, ils ſuivent en troupe fidelle & bien diſciplinée leur Roi, comme font en Europe les étourneaux. Amis entr'eux ils demeurent toujours immobiles ſur l'arbre ſur lequel ils ſe ſont aſſemblés le ſoir, juſqu'à ce que le Roi paſſe, & emmene avec lui toute la troupe docile. Toutes leurs démarches ſont réglées ſur la ſienne. Ils ſe nourriſſent auſſi de baies rouges qui croiſſent ſur des arbres branchus & élevés. On conſtruit ſur les branches de ces arbres de petites cabanes percées de pluſieurs trous, dans leſquelles un chaſſeur ſe cache avant l'arrivée des oiſeaux; & de là on les tue, en leur lançant de petites fléches faites avec des roſeaux. Si le Roi eſt percé d'une fléche, on tue aſſez ordinairement tous les autres qui reſtent; c'eſt ainſi qu'on ſe rend preſque maître de la troupe entiere. Dès qu'ils ſont tombés à terre, & qu'on les a ramaſſés, il y en a qui leur ouvrent le ventre avec un couteau, & ayant enlevé les entrailles avec une partie de la chair, ils introduiſent dans la cavité un fer rouge, enſuite les font ſécher à la cheminée, & les vendent à vil prix à des Marchands, ſous le nom de *burang-haru*. Les Portugais appellent l'oiſeau de Paradis *oiſeau du ſoleil*.

Les Indiens de l'île de Papoë coupent les pieds & les ailes de l'oiſeau de paradis noir, les étendent, les préparent & les ſéchent pour en faire des éventails ou des plumets, des panaches dont ils ornent leurs caſques. Cet oiſeau, quoique d'un plumage noirâtre, a auſſi un éclat de pourpre, mêlé d'or très-brillant. Les plumes de la queue ſont les plus variées de vert, de bleu & de rouge très-luſtrés.

Le mélange des couleurs dans les oiſeaux de paradis eſt infini; il n'eſt guere poſſible de déterminer la variété qui appartient à chaque eſpece, ſans entrer dans une énumération plus ennuyeuſe qu'utile. Nous nous contenterons donc de dire que toutes les plus belles couleurs principales s'y trouvent réunies, non pas généralement, mais par des nuances intermédiaires, dont le mélange & le lustre éclatant sont de la plus grande beauté : il y a toujours au moins une couleur dominante ; si c'est la rouge, elle est mélangée de vert, de bleu, de noir, de jaune pâle ou citron, de jaune doré, d'or, &c. Lorsque le dessus de la tête & du cou sont jaunes, la gorge est verte, le dos châtain-rougeâtre, ainsi que les ailes. Les plumes qui servent à couvrir l'animal sont longues, pointues au bout, grises, blanches, jaunes & roussâtres : elles se réunissent & forment un faisceau de plumes, d'autant plus beau, que les plumes sont d'une grandeur différente.

On prétend que ceux qui ont le bec rouge, ainsi que les deux filets du croupion, sont les mâles : ce n'est encore qu'une conjecture.

OISEAU PEINT, *avis picta*. C'est le même oiseau que la poule de Barbarie. *Voyez* PINTADE.

OISEAU POURPRÉ. *Voyez* PORPHYRION.

OISEAU DE PLUMES DU MEXIQUE ou COURONNÉ. Les Ornithologistes ont donné ce nom à un *oiseau huppé* & couvert de plumes, qui pour la plupart égalent la beauté de celles du paon. Il est de la grandeur d'un pigeon ; son bec est courbé & roussâtre, ainsi que ses pieds. Sa queue est garnie de plusieurs longues plumes d'un vert clair & couleur de paon, semblables pour la forme à des feuilles de glaïeul ; les autres qui sont couvertes, sont noires par-dessus & par-dessous, & ressemblent à celles du paon. Sa huppe ou crête qui se redresse & s'abaisse comme celle de notre huppe, est quelquefois fourchue & composée de plumes très-belles & luisantes : il a la poitrine & le bas du cou rouges, & le haut comme le paon, ainsi que le dos, le dessous des ailes & le dedans des cuisses. Les quatre premières plumes des ailes sont rouges, longues & pointues ; le reste du pennage est pourpre ; les petites plumes des épaules sont vertes.

Cet oiseau vit dans la province de Tecolotlan vers Honduras : il aime à se promener au soleil, & ne peut être apprivoisé en cage: il se nourrit de vermisseaux & de certains fruits sauvages appelés *mazatli*: il éleve ses petits dans des trous qu'il fait aux arbres; il a le cri du perroquet, & chante le matin, à midi & le soir: il vole en troupes. Les plumes de ces oiseaux sont plus estimées que l'or: on en fait des aigrettes, &c. On tâche de les prendre vivans, pour avoir leurs plumes sans les tuer. La chasse de cet oiseau est royale comme celle de nos cerfs; aussi n'est-elle permise qu'aux riches du pays: quand ils ont de ces oiseaux sur leurs terres, ils les regardent comme un bien qui doit passer à leurs héritiers.

OISEAU RHINOCÉROS. Espece de calao. *Voyez* ce mot.

OISEAU DE PROIE. *Voyez* à l'article OISEAU.

OISEAU DE ROCHE, *avis charadrios sive hiaticula*. Oiseau de nuit qui fréquente le bord des eaux, il est de la grandeur du pluvier, & a le bec long & effilé, d'un jaune noirâtre; le derriere de sa tête est cendré, & le menton a une couleur blanche; le cou est cerclé de blanc & de noir; le dos & les petites plumes des ailes ont une couleur cendrée; la poitrine & le ventre sont blancs; les pieds ont une couleur jaune-pâle, & les ongles sont noirs. On ne trouve point de doigt derriere. On voit beaucoup de ces oiseaux dans les montagnes de la Laponie & en Amérique.

OISEAU ROYAL. Nom que les habitans de Congo donnent au *héron* & au *butor*. A la Chine on donne le nom d'*oiseau royal* ou d'*oiseau du soleil* au *manucodiata*, (oiseau de Paradis.) M. *Perraut* croit au contraire, ainsi que nous, que la *grue baléarique* est le véritable oiseau royal. *Voyez ces mots*.

OISEAU DE SAINT-MARTIN. *Voyez* JEAN-LE-BLANC.

OISEAU DE SAINT-PIERRE. *Voyez* PETREL.

OISEAU DE SAUGE, *salicaria*. Cet oiseau qui fréquente les endroits humides entre les saules & les grandes sauges, a le bec délié, droit & d'un rouge sombre:

ses mâchoires sont d'un blanc sale: son dos & ses ailes brunâtres: la poitrine & le ventre sont d'un blanc pâle & jaunâtre: tous les bords extérieurs des ailes sont d'un jaune pâle: les jambes & les pieds sont d'un jaune rougeâtre: la queue est composée de douze plumes brunes.

L'oiseau de sauge est la fauvette des roseaux, qui se nourrit de mouches & autres insectes qu'il trouve parmi les saules; & pour les avoir à lui seul il en chasse tous les petits oiseaux.

OISEAU DE SCYTHIE. On a donné ce nom à une espece d'aigle dont la femelle fait, dit-on, éclore deux petits sans couver les œufs fécondés qu'elle a pondus: elle se contente de les mettre dans la peau d'un liévre ou dans celle d'un renard, & elle les porte ainsi enveloppés sur l'enfourchure des branches d'un arbre. Quand elle ne chasse point, elle reste perchée auprès du nid & fait sentinelle: malheur à celui qui alors grimpe sur l'arbre pour lui enlever ses petits, car elle les défend avec une vigueur extraordinaire.

OISEAU DU SOLEIL. *Voyez l'article* OISEAU DE PARADIS.

OISEAU SORCIER ou DE MAUVAIS AUGURE. *Voyez* FRÉSAIE.

OISEAU TAILLEUR. Nom donné à un très-petit oiseau de l'île de Ceylan. Ce bipede vivant au milieu d'une troupe d'ennemis, tels que singes, serpens, &c. a reçu de la Nature un instinct très-singulier & plein d'industrie pour la conservation de sa postérité. Le rameau le plus flexible ne lui paroît pas un asyle assez sûr contre ces brigands. Il prend une feuille morte, la coud à une feuille verte; son bec mince & délié est son aiguille; des fibres de duvet & des plumes lui servent de fil. Ceux qui visitent le curieux *Musæum* de Londres peuvent y observer plusieurs de ces nids.

OISEAU DE TEMPÊTE, *procellaria avis*. Nom donné à un oiseau gros à-peu-près comme un merle: son dos est noir au fond, mais le dessus de ses plumes est d'un beau bleu pourpré chatoyant : le cou est un peu verdâtre : sa tête entiérement bleue : les ailes & le croupion sont tiquetés de blanc. Les ailes sont fort longues à proportion de son corps. Il habite la surface de la mer & se nourrit de poisson : ses pieds n'ont point de talon, mais ses doigts sont palmés : il a le regard assuré, les jambes très-longues & sans plumes, son bec pointu, un peu arqué : cet oiseau se rencontre dans toutes les latitudes des mers un à un, excepté quand la tempête est prochaine ; alors il s'éleve de dessus la surface de la mer, & en un instant il est à perte de vue, & traverse bientôt tout l'horizon visible pour aller chercher quelque abri & s'y mettre à couvert. Mais si cet animal rencontre en pleine mer un vaisseau, il ne manque jamais, pour éviter la tempête qui s'avance dans les airs, de raser la surface de l'eau & de s'attacher au navire du côté opposé au vent ; les Nautonniers, sur-tout ceux de la mer du Danemarck, accoutumés au phenomene de ces messagers, ne manquent pas de plier les voiles & de se préparer contre le gros temps qui menace, quoique la mer soit calme & qu'il ne regne point de vent. Le présage qu'il donne de la tempête, vient apparemment de ce qu'ayant les ailes fort grandes, il ressent l'impression la plus légere qui arrive dans les airs. A cette premiere sensation, la Nature l'invite à chercher les îles & les vaisseaux pour se mettre à couvert du danger. *Voyez* PETREL.

OISEAU DES TERRES NEUVES. *Belon* donne ce nom au toucan vert du Brésil. *Voyez* TOUCAN.

OISEAU TROMPETTE. *Voyez* TROMPETTE.

OISEAU DU TROPIQUE. *Voyez* PAILLE-EN-CU.

OISEAU VERT DU CAP DE BONNE-ESPÉRANCE. Il ressemble assez au perroquet ; mais il n'en a pas toutes les manieres de faire. Il vole autour des arbres où les mouches ont fait des rayons de miel ; il en est très-avide & en fait sa nourriture ordinaire. Quand les habitans du pays voient cet oiseau s'arrêter sur une branche, c'est pour eux un indice sûr de l'endroit où le miel est caché. Le plumage de cet oiseau est de la plus grande beauté.

Séba a donné la description d'un nombre infini d'oiseaux qui n'ont point de noms particuliers. *Voyez* l'Ouvrage de cet Auteur. La plupart se trouvent néanmoins décrits dans le corps de ce Dictionnaire, avec les noms adoptés par les nouveaux Voyageurs ou par les Naturalistes modernes.

OISEAUX DE PASSAGE. Ce sont ceux qui à certaines saisons réglées de l'année se retirent de certains pays, & dans d'autres saisons fixes y retournent en traversant de vastes contrées. *Voyez à l'article* OISEAU.

OISEAU ou OISEAU TESTACÉE. Nom que l'on donne à une coquille bivalve du genre des moules : on l'appelle aussi *ailée* ou *hirondelle* ou *la mouchette*, parce qu'au coin de sa coquille elle porte deux especes d'ailes qui augmentent sa largeur du double de sa longueur. M. *Adanson* la met dans le genre du *jambonneau*. Voyez ces mots.

OISON est le petit d'une *oie*. Voyez OYE.

OLAMPI. *Voyez* RÉSINE OLAMPI.

OLEB. Faux lin qu'on apporte d'Égypte, & qui est aussi bon que celui qu'on nomme *forcette*, mais d'une qualité inférieure à celui du *squinanti*, dont on fait dans le pays un très-grand commerce. Il ne faut pas confondre ce *squinanti* avec le *squenante* ou *jonc odorant* qui est une espece de *gramen*. Voyez SCHÉNANTE.

OLIBAN ou ENCENS, *olibanum aut thus*, est une substance résineuse, séche, dure, d'un jaune blanchâtre, à peine demi-transparente, en larmes grosses comme des noisettes, arrondies & oblongues, farineuses en dehors, brillantes en dedans, d'un goût âcre, amer, & d'une odeur pénétrante, s'enflammant facilement, exhalant une vapeur très-aromatique, & s'éteignant difficilement ; quelquefois ces larmes ou gouttes d'encens sont accouplées, & ressemblent à des testicules ou à des mamelles ; c'est de-là que sont venues les distinctions ridicules d'encens mâle & d'encens femelle.

On appelle *manne d'encens* les miettes ou les petites parties qui se sont formées par le frottement des morceaux, & l'on donne le nom de *suie d'encens* à cette *manne* brûlée de la maniere qu'on brûle l'arcançon ou la poix pour faire du noir de fumée.

L'encens a été connu dans tous les temps, de presque toutes les nations; & son usage a été très-fréquent & très-célebre dans les sacrifices, car autrefois on les faisoit avec de l'encens. On s'en servoit, comme l'on s'en sert à présent, pour parfumer les Temples d'une odeur agréable. Cette coutume a passé chez toutes les Nations & dans toutes les Religions pour le culte divin.

On prétend que cette résine est tirée par incision d'un petit arbre, dont les feuilles sont semblables à celles du lentisque, & qui croît abondamment dans la Terre-Sainte & dans la partie de l'Arabie, appellée *Saba*. On appelle cet arbre *arbor thurifera*; d'autres disent que l'Éthiopie, dont quelques peuples s'appellent aussi *Sabéens*, produit également cette résine odoriférante, &c. On la trouve aussi dans le pays des Maures du côté d'Arguin. Nous ne sommes pas plus certains de l'arbre qui porte l'encens; on dit cependant que c'est un génévrier à fruit jaune; mais les Voyageurs s'accordent presque tous à dire, que les habitans de l'Arabie & du Levant observent des cérémonies superstitieuses dans la maniere de récolter cette résine.

M. l'Abbé *Demanet*, ci-devant Curé & Aumônier pour le Roi en Afrique, dit positivement dans le second volume de l'*Afrique-Françoise*, p. 149, que l'arbre ou arbrisseau qui donne l'encens, est assez semblable au lentisque: ses branches sont nombreuses, assez déliées & flexibles; leur écorce est mince, fort adhérente & de couleur grise; ses feuilles sont longues, étroites, tendres, charnues, toujours vertes & par paires, mais les branches sont terminées par une seule feuille: le pédicule qui les soutient est rouge & assez fort. Ces feuilles ont une odeur forte, aromatique, & quand on les broie dans la main, elles rendent une liqueur onctueuse.

On recommande l'usage interne de l'oliban pour les maladies de la tête, de la poitrine, de la matrice, le flux de ventre, & pour le crachement de sang : on emploie l'encens extérieurement dans les fumigations de la tête, pour les catarrhes & les vertiges ; dissous dans l'esprit de vin, il mondifie les plaies. Selon M. *Bourgeois*, on fait un emplâtre avec l'encens pulvérisé & la térébenthine, qu'on applique avec beaucoup de succès sur les entorses & foulures de nerfs, après avoir dissipé l'enflure & l'inflammation par le moyen des fomentations aromatiques.

Autrefois on avoit coutume d'apporter avec l'oliban l'écorce de l'arbre de l'encens, qui est astringente : on ne s'en sert plus aujourd'hui. On la distribuoit dans le commerce sous le nom de *narcaphte*, ou *thymiama*, ou *parfum*, ou d'*encens des Juifs*, parce que ce Peuple s'en servoit souvent dans ses Temples ; quelquefois aussi c'étoit une masse sèche, un peu résineuse, rougeâtre, en écorce, qui avoit l'odeur pénétrante du storax liquide, tiré par décoction des écorces de l'arbre appelé *rosa mallos*.

Oliban, selon *Lémery*, signifie *huile du Liban*, parce que cette résine découle aussi, dit-il, d'une espece d'arbre qui est au pied du Mont-Liban. Tout l'encens du Commerce nous vient par la voie de Marseille : il en vient cependant aussi des Indes, sous le nom d'*encens de Moka* ; ce sont les vaisseaux des Compagnies des Indes qui s'en chargent dans ce Port de l'Arabie. Cet encens est inférieur au précédent ; on a donné le nom de *gros encens*, d'*encens commun* & de *galipot* à une autre résine, qui découle des pins de différentes contrées de l'Europe. *Voyez au mot* Pin.

OLIET. C'est le trefle sauvage jaune.

OLIVES. Nom que les Conchiliologistes donnent à un genre de coquillage marin, de la classe des univalves, dont

dont M. *d'Argenville* compose la onzieme famille de coquilles appellées *cylindres* ou *rouleaux*, ou qu'il y joint, & que M. *Adanson* met dans le genre des *porcelaines*; voyez ces mots. En général, les coquilles appellées *olives* ont l'échancrure qu'on observe près de la culasse de tous les rouleaux, ce qui forme une spirale intérieurement; mais on distingue toujours le genre de l'olive de celui du rouleau. Les plus grosses olives sont celles de Panama; elles ont depuis un jusqu'à trois & quatre pouces de long.

Ces coquilles sont naturellement belles, brillantes & forment plus de variétés que d'especes. On distingue 1°. l'*olive verte & marbrée*; 2°. l'*olive de couleur d'agate* bariolée par le bas; 3°. le *cylindre* nommé *porphyre*; 4°. l'*olive noire* ou *moresque*; 5°. l'*olive jaune*; 6°. la *solitaire*; 7°. la *bariolée & fasciée* par le bas; 8°. l'*olive alphabet*; 9°. la *violette* de Panama; 10°. l'*olive blanche* marquée de lignes fauves; 11°. celle dont le sommet est couronné; 12°. la *chagrinée*, ponctuée de noir avec des taches jaunes; 13°. la *blanche* marbrée de taches brunes; 14°. l'*olive* faite en zigzags bruns sur une couleur jaune.

OLIVES PÉTRIFIÉES. Nom donné à des pointes d'oursin fossiles, appellées des Naturalistes *pierres judaïques*. Voyez ce mot.

OLIVIER, *olea*. L'olivier est un arbre fort utile, & la source de la richesse de quelques-unes de nos Provinces méridionales; il croît abondamment en Provence, en Languedoc, en Italie, & aussi en Espagne. On peut, moyennant quelques précautions, en élever dans nos jardins, sur-tout en espaliers, mais seulement par curiosité; ils ne nous y donnent du fruit que dans les années chaudes & séches.

On compte plusieurs especes d'oliviers, dont la plus grande partie ne sont que des variétés: on les cultive toutes; les unes, parce que leurs fruits sont propres à être confits; les autres parce qu'elles donnent l'huile la plus fine; d'autres enfin, parce qu'elles fournis-

Tome VI.   O

sent une plus grande quantité de fruits. L'olivier à petits fruits ronds est celui qui donne les olives que l'on nomme *picholines*, ou *olives à la picholini*, & que l'on sert sur les tables, comme étant les meilleures & les plus agréables à manger; les secondes en grosseur, se nomment *amelodes*, on les mange aussi, & bien des personnes les aiment autant en salade que les picholines : enfin, les plus grosses viennent d'Espagne & de Vérone, & sont bonnes à tourner, c'est-à-dire, à être pelées ; on s'en sert en cuisine dans les ragoûts. Il y a beaucoup d'autres olives dont les différences se tirent de la figure, de la couleur, de la grandeur, du suc, de la variété des lieux, ou du nom de ceux qui ont inventé diverses manieres de les préparer, mais qu'il seroit trop long de parcourir.

L'olivier devient plus ou moins beau, & plus ou moins gros, suivant la nature des sols. Il croît assez volontiers dans toutes sortes de terrains ; néanmoins les terres légeres & chaudes lui conviennent mieux ; dans les terres substantielles les arbres sont plus beaux, plus gros, au lieu que dans les terres maigres le fruit est de meilleure qualité : les feuilles des oliviers sont entieres, non dentelées, unies, épaisses, dures & opposées deux à deux sur les branches; elles ne tombent point l'hiver, il y en a de fort longues & d'autres très-courtes, suivant l'espece d'olivier. Les fleurs de ces arbres sont de petits tuyaux très-courts, divisés par le bord en quatre parties ovales ; aux fleurs succedent les olives, qui sont des fruits charnus, ovales, plus ou moins alongés, & plus ou moins gros, suivant les especes; ils contiennent un noyau fort alongé, très-dur, qui renferme deux semences, mais dont il y en a toujours une qui avorte.

Les oliviers se multiplient aisément de drageons enracinés, & qui donnent du fruit au bout de huit ou dix ans, lorsqu'on a eu soin de les greffer. On greffe les especes d'oliviers qui donnent l'huile la plus fine, & ceux qui donnent la plus grande abondance de fruits, sur les especes médiocres & sur les mauvaises. Chaque espece d'olivier est désignée par des noms différens ; ceux qui sont singuliérement estimés pour donner une huile fine, sont le *cormeau*, ainsi nommé en Languedoc, parce que ses fruits ressemblent à ceux du cormier ; l'*ampoullau*, dont les fruits sont gros & arrondis ; & le *moureau*, espece d'olivier précoce à fruid rond. Ces especes en Languedoc, & quelques autres en Provence, donnent l'huile la plus fine quand elles sont dans un terrain favorable. En général on distingue dix-neuf sortes d'oliviers: savoir, 1°. l'*olivier sauvage*, il vient naturellement sur les montagnes, son fruit est très-petit & peu nombreux ; 2°. l'*olivier* à petit fruit long, c'est l'*olive picholine* ; 3°. l'*olivier* à petit fruit rond ou l'*aglaudan* ou la *caianne*, il donne l'huile la plus fine ; 4°. l'*olivier* à gros fruit long & à bosses ou la *laurine* ; 5°. l'*olivier* à fruit de *corniau* ou de *cormeau* ; 6°. l'*olivier ampoullau* ; 7°. l'*olivier moureau* ; 8°. l'*olivier d'Espagne* à très-gros fruit, il est très-amer ; 9°. l'*olivier de Lucques*, son fruit est odorant ; 10°. l'*olivier sauvage d'Espagne*, la pointe de son fruit est tronquée ; 11°. l'*olivier à feuilles de buis*, cette espece est fort robuste ; 12°. le *grand olivier franc* ou l'*amelou*, son fruit est de la forme d'une amande ; 13°. l'*olivier à fruit long*, d'un vert foncé ; 14°. l'*olivier à fruit blanc* ; 15°. l'*olivier royal* à gros fruit très-charnu ; 16°. l'*olivier à fruit rond*, appellé le *verdale* ; 17°. l'*olivier à fruit en grappes* ou le *bouteilleau* ; 18°. l'*olivier à petit fruit rond*, panaché de rouge & de noir, ou le *pigau* ; 19°. l'*olivier à petit fruit rond & noirâtre*, c'est le *falierne*. Les six especes d'olives qu'on connoît aujourd'hui en Provence, proviennent du plant sauvage, nommé *pétoulier*, du plant d'Aix, de celui d'Aiguieres, de Saurin, de Salon, & de celui qu'on nomme enfin d'Aglantau ; elles ont pris différens noms dans plusieurs cantons de la Provence, ainsi qu'ils sont désignés ci-dessus.

On greffe les oliviers à la pousse lorsqu'ils sont en fleur : si on a tardé & que les arbres aient du fruit, on se contentera d'enlever au dessus de l'écusson le plus élevé un anneau d'écorce, de deux doigts de largeur: dans ce cas les branches ne périssent point dans cette premiere année, elles nourrissent le fruit, & on ne les retranche qu'au printemps suivant. On a coutume de planter les oliviers en quinconce, & par rangées fort éloignées les unes des autres; entre ces rangées on plante de la vigne, ou on y seme du grain. On observe que les oliviers, ainsi que quantité d'autres arbres fruitiers, ne donnent abondamment du fruit que tous les deux ans. Tout l'art de la taille de ces arbres consiste à les décharger du trop de bois: on a observé en général, qu'un arbre trop chargé de bois ne donne point autant de fruit ni si bien conditionné.

Lorsqu'on veut confire les olives, on les cueille avant leur maturité. L'art de les confire consiste à leur faire perdre leur amertume, à les conserver vertes, & à les impregner d'une saumure de sel marin aromatisé, qui leur donne un goût agréable. On emploie pour cela différens moyens. On se servoit autrefois d'un mélange d'une livre de chaux vive, avec six livres de cendres de bois neuf tamisées. Mais depuis quelque temps, au lieu des cendres on n'emploie plus que la lessive; on prétend que les olives en sont plus agréables au goût & moins mal-faisantes: ces lessives servent à adoucir les olives. Quelques Provençaux retirent au bout d'un temps leurs olives de leur saumure: ils ôtent le noyau & mettent à sa place une câpre, & ils conservent ces olives dans d'excellente huile: ce fruit ainsi préparé excite beaucoup l'appétit en hiver. Quand les olives sont parfaitement mûres, elles sont molles, & d'un rouge noir; on les mange alors sans préparation, en les assaisonnant seulement avec du poivre, du sel & de l'huile, car elles sont alors très-âcres.

L'huile est sans contredit le revenu le plus certain qu'on puisse se promettre des olives; sa bonté dépend de la nature du terrain où croissent ces arbres, de l'espece d'olive qu'on exprime, & des précautions qu'on prend pour la récolte, la détrition & l'expression de ces fruits, & même de la séparation de la partie extractive. Les olives qui ne sont pas mûres, laissent à l'huile une amertume insupportable: si elles le sont trop, l'huile prend un goût unguineux; le véritable point de maturité est essentiel. Lorsqu'on est dans une position favorable, on s'attache à cultiver les especes d'oliviers qui donnent des huiles fines; autrement on cultive des especes d'oliviers qui donnent beaucoup de fruit, & on en fait de l'huile pour les savonneries, ou pour les lampes. Vers le mois de Novembre & de Décembre, on fait la cueillette des olives; le mieux est de les mettre aussi-tôt dans des cabas, & de les exprimer tout de suite dans le pressoir, afin d'en retirer une huile bien fine. Ceux qui ne font de l'huile que pour les savonneries, les laissent entassées pendant quelque temps dans leurs greniers: on les exprime ensuite, & de cette maniere on en retire une plus grande quantité d'huile. Ceux qui recueillent l'huile dont on fait usage dans les alimens, les laissent aussi quelquefois fermenter en tas, dans la vue de tirer une plus grande quantité d'huile, ce qui est cause que l'huile fine est toujours très-rare. On doit avoir soin de faire déposer l'huile pour l'avoir dans sa pureté; l'huile produite par la chair seule des olives, a toute la perfection qu'on peut desirer, & se conserve pendant plusieurs années, tandis que celle qu'on tire soit des amandes seules, soit du noyau, soit enfin de la totalité de l'olive broyée à l'ordinaire dans des moulins publics, est toujours plus ou moins défectueuse, perd sa limpidité au bout d'un certain temps, & devient très-sujette à se rancir, on doit avoir l'attention de tenir l'huile dans des vases bien fermés. Le marc qui reste, lorsqu'on a exprimé toute l'huile, est nommé *grignon*, & ne peut plus servir qu'à faire des mottes à brûler. On appelle, d'après les Anciens, la fece d'huile récente, *amurca*; c'est un bon remede pour les rhumatismes: on fait communément à Paris la cire à cirer les souliers avec la fece d'huile soutirée & le noir de fumée.

L'huile d'olive entre dans quantité de baumes, d'onguents, d'emplâtres, & de liniments adoucissans & relâchans : elle est émolliente, résolutive ; elle adoucit les tranchées de la colique & les douleurs de la dyssenterie ; c'est un des meilleurs remedes lorsqu'on a eu le malheur d'avaler des poisons corrosifs, mais elle ne prévient pas les accidens funestes de la morsure de la vipere, comme plusieurs lettres de Londres l'avoient annoncé en 1736 ; consultez les *Mémoires de l'Acad. des Sciences*, année *1737*. Elle est, dit M. *Bourgeois*, très-efficace pour guérir les piqûres des guêpes, des abeilles, & d'autres insectes. Il suffit d'appliquer aussitôt sur la piqûre une compresse imbibée d'huile, & l'on est guéri sans qu'il survienne aucune enflure ni inflammation.

Le baume Samaritain ou de l'Évangile, n'est composé que d'huile & de vin. L'huile *omphancine*, si célébrée des Auteurs, se tire des olives vertes : ce n'est à proprement parler, qu'un suc visqueux & brunâtre. Les Athletes, qui se préparoient à la lutte, s'oignoient le corps avec cette huile, ensuite se rouloient dans le sable ; ce qui, mêlé avec les sueurs du corps dans l'exercice, formoit les *strigmenta*, qu'on faisoit racler avec ces sortes d'étrilles (*strigilis*) dont Mercurial nous a donné la figure dans son *Traité de la Gymnastique* : ces raclures, ou plutôt ces ordures, étoient fort estimées pour plusieurs maladies, pour détruire les condylomes, les rhagades, &c. Les Marchands de *strigmenta* faisoient d'assez gros bénéfices.

En Provence, les Paysannes se servent de l'eau des olives pour calmer les affections hystériques : elles en font aussi avaler aux hommes qui sont hypocondriaques.

L'huile d'olive ne vaut rien pour la peinture, parce qu'elle ne séche jamais parfaitement bien. Le bois d'olivier est très-bien veiné, d'une odeur assez agréable ; il prend un beau poli : c'est ce qui le fait rechercher par les Ébenistes & les Tabletiers ; comme ce bois est résineux, il est excellent à brûler.

Une grande sécheresse, ou des pluies abondantes occasionnent une perte considérable sur la récolte des olives. Ce fruit est très sujet à la piqûre d'un ver qui lui est particulier & qui l'endommage au point qu'après la récolte le produit en huile qu'on en retire est réduit à moitié. Voyez *Ver des olives*.

Le terrible hiver de 1709, qui fit périr grand nombre d'oliviers, donna occasion de remarquer que cet arbre pousse quantité de racines, & qu'elles subsistent en terre pendant des siécles entiers. En 1709, on a tiré plus de bois de ces racines que des tiges & des branches des arbres ; & plusieurs particuliers en vendirent alors pour plus d'argent que ne valoit leur fonds. Les branches ou rameaux d'oliviers chargés de feuilles, sont depuis très-long-temps, des signes de concorde, les symboles de l'amitié & de la paix, comme celles de laurier sont présentement les marques de la gloire.

L'huile d'olive est employée avec la soude d'Alicante & la chaux vive, pour faire le meilleur savon. Le savon d'Alicante est recommandé en médecine pour l'usage intérieur ; on l'ordonne pour enlever les obstructions des visceres, même pour la gravelle, la pierre & les maladies scrophuleuses, sur-tout si on joint à son usage celui de l'eau de chaux d'huîtres calcinées. Ce savon est la base du fameux spécifique de Mademoiselle *Stephens*.

Les feuilles d'oliviers sont astringentes ; plusieurs personnes s'en servent dans les gargarismes pour l'inflammation de la gorge.

OLIVIER NAIN. *Voyez* CAMELÉE.

OLLAIRE. *Voyez* PIERRE OLLAIRE.

OMALISE, *omalisus*. Insecte coléoptere, à antennes filiformes. Son corselet est applati, à quatre angles, dont les deux postérieurs finissent en pointes aiguës. *Hist. des Insect. des envir. de Paris*. Cet insecte est rare en France, mais assez commun dans les pays chauds de l'Asie.

OMBELLIFERES, *umbellatæ*. Les Botanistes donnent ce nom à une famille de plantes assez rameuses, presque toutes herbacées: il y en a peu d'annuelles, mais il y en a beaucoup de biennales ou bisannuelles; les autres sont vivaces par leurs racines, lesquelles sont ou en navets ou tuberculaires. Leurs tiges sont cylindriques, remplies de beaucoup de moëlle, souvent creuses. Leurs branches sont alternes ainsi que leurs feuilles, qui sont ou entieres, ou digitées, ou ailées. La plupart des fleurs sont hermaphrodites, & disposées en ombelles ou parasol; elles sont à cinq étamines & à cinq pétales attachés à la couronne du germe qui pousse deux pistils & qui devient un fruit formé de deux graines nues, réunies contre un pivot commun. La naissance des ombelles, ou le centre d'où partent les pédicules des fleurs, est dans plusieurs especes environné de quelques feuilles en forme de fraise. La situation des ombelles sur les tiges fournit souvent des caracteres assez constans. La couleur des fleurs est peu changeante. Quelques-unes de ces plantes sont stomacales & très-échauffantes. La plupart des autres sont des poisons assez vifs, sur-tout celles qui croissent dans les marécages: le suc laiteux de leurs racines est caustique. On se préserve de leurs mauvais effets en buvant des acides végétaux. On range parmi les ombelliferes, les especes du *gens-eng*, du *fenouil*, du *carvi*, du *cerfeuil*, de la *ciguë*, de la *carotte*; de la *berce*, du *panais*, &c. *Voyez* ces mots & celui d'OMBELLE, dans le Tableau alphabétique, &c. à l'article PLANTE.

Nous avons un grand Ouvrage latin sur les *plantes ombelles* par l'illustre *Morison*: en voici le titre: *Plantarum ombelliferarum distributio nova*. Oxoniæ, 1772, in-fol. avec. fig.

OMBILIC & OMBILICAL. *Voyez* NOMBRIL.

OMBRAGE & OMBRE. L'ombre se dit d'un espace privé de lumiere, ou dans lequel la lumiere est affoiblie par l'interposition de quelque corps opaque. L'ombre suit exactement toutes les situations du soleil.

La théorie des ombres est fort importante dans l'Optique & dans l'Astronomie; elle est le fondement de la Gnomonique & de la Théorie des éclipses, & de bien des connoissances géographiques, sur-tout par rapport aux peuples situés sous l'un ou l'autre des deux Tropiques. Ombrager un lieu, est le couvrir de feuillages. On donne le nom de *pénombre* à cette ombre foible qu'on observe dans les éclipses avant l'obscurcissement total, & avant la lumiere totale; ce phénomene est principalement sensible dans les éclipses de lune. *Voy.* Éclipse.

OMBRE, *umbra marina*, est un poisson de mer à nageoires épineuses, connu tout le long de la côte du Languedoc, sous le nom d'*umbrino*: les François l'appellent *maigre*. Il est orné de certaines bandes transversales jaunes obscures, & de différentes teintes qui semblent faire ombre les unes sur les autres. Ce poisson, qui est de la grandeur d'une carpe, a une verrue au menton, deux trous devant les yeux, & d'autres petits trous au bout du museau, & à la mâchoire inférieure, point de dents, des nageoires noires: sa chair est blanche & estimée dans toute l'Italie. C'est le *coragolus thymalus* de *Linnæus*.

L'OMBRE DE RIVIERE, *umbra fluviatilis*, est une espece de truite de couleur brunâtre, ses nageoires sont molles; sa chair est blanche, séche & de bon goût.

Les habitans de Lausanne donnent aussi le nom d'*ombre* ou d'*omble*, au saumon de leur lac: sa chair a le goût de la truite saumonée.

OMBRETTE, *scopus*. Nom donné à un oiseau du Sénégal, seul de son genre. Son bec est épais, long, droit & écrasé par les côtés: le bout de la mâchoire supérieure est crochu. L'ombrette est de la grosseur de l'aigrette: son plumage est brunâtre.

ONAGRE, *onager*. C'est l'âne sauvage. *Voyez ce mot à la fin de l'article* ANE.

ONCE, *onca*. Animal quadrupede de l'ancien Continent, dont nous parlerons dans l'article PANTHERE.

ONDATRA. *Voyez à l'article* RAT MUSQUÉ.

ONDE. Se dit du mouvement oscillatoire que produit alternativement l'élévation & l'abaissement de la surface de l'eau doucement agitée. Les grandes ondes de la mer se nomment *vagues* & *flots*. Voyez ces mots. En Conchyliologie on appelle *ondes* les lignes qui vont en serpentant sur la robe d'une coquille.

ONDÉE. On donne ce nom à une pluie passagere, & qui dure d'autant moins, qu'elle tombe plus fortement. *Voyez l'article* PLUIE.

ONGLE MARIN ou DACTYLE, *unguis dactilus*. C'est un coquillage dont on se sert quelquefois en Normandie pour pêcher : il est connu en France, sous les noms de *solen* & de *coutelier*. Voyez ce dernier mot.

ONGLE ODORANT, *unguis odoratus*. Nom donné à une espece d'opercule de substance cornée qui appartient à un coquillage univalve, du genre des pourpres, lequel se pêche dans les marais des Indes, où croît une plante d'une odeur de spicanard, dont il se nourrit ; c'est ce qui rend, dit-on, son opercule si odorante. On va ramasser ce coquillage dans l'été, quand les marais sont desséchés : les meilleurs sont blancs & gros : les operculés sentent un peu le *castoreum*. On prétend qu'on en fait des parfums utiles aux femmes qui sont près d'accoucher, & aux épileptiques. M. *Adanson* a nommé ce coquillage *kalan* ; cet Auteur dit, que les bords des deux lèvres de cette coquille, se teignent d'une couleur de cuivre, dès qu'elle est restée quelque temps sur le rivage après la mort de l'animal.

ONGLES, *ungulæ*, est cette partie qui se trouve à l'extrémité des doigts tant des mains que des pieds des animaux : on la croit formée par les mamelons de la peau ; on diroit de couches membraneuses, longitudinalement soudées ensemble & qui sont devenues cartilagineuses, & comme osseuses pour la dureté : elle paroît avoir beaucoup de rapport avec la substance qui compose le bec des oiseaux, & la corne de quelques quadrupedes, particulierement avec celles du bélier, du bœuf & du bouc.

Malpighi, Boerhaave, Heister & M. *Winslow*, paroissent avoir développé la formation & la structure des ongles. Les couches de substance cornée aboutissent à l'extrémité de chaque doigt; la couche externe est la plus longue, mais les couches intérieures diminuent par degrés jusqu'au plan le plus interne, qui est le plus court de tous; de sorte que l'ongle augmente par degré en épaisseur depuis son union avec l'épiderme, où il est le plus mince, jusqu'au bout du doigt où il est le plus épais. Nous invitons le Lecteur à lire les remarques particulieres de M. *du Verney* sur les ongles de l'homme, dans le *Journ. des Savans, 23 Mai 1689.*

Les ongles ont différentes couleurs & formes, selon leur usage, & l'espece d'animaux à qui ils appartiennent. Chez l'homme, l'ongle qui sert à donner plus de force à l'extrémité des doigts de la main & du pied, est de trois couleurs: on distingue ces trois parties; savoir, la *racine* qui est blanche, le *corps*, qui est couleur de chair, & l'*extrémité* qui n'est point attachée à la peau, qui croît toujours à mesure que l'on coupe ce bout de l'ongle, qui est insensible: sa couleur est ou blonde, ou terne; nos ongles ne croissent que pendant la vie; ils ont une forme convexe & tranchante; ils recouvrent en partie le doigt où ils sont adhérens. Dans le cheval, l'âne, le mulet, &c. l'ongle s'appelle *corne du pied*; il est plus épais & plus dur à mesure qu'il s'éloigne des chairs; c'est un bouclier qui recouvre, en maniere de chaussure, l'extrémité du pied de ces animaux; c'est un arc-boutant qui sert non-seulement à les renforcer dans ces parties, mais à les préserver d'un frottement, souvent aussi dangereux que douloureux.

Quand les ongles, ainsi que toute espece de poil, ont été une fois taillés, ils sont susceptibles d'un grand accroissement, lequel diminue alors leur force naturelle; c'est pour remédier à ces inconvéniens, qu'on est dans l'usage de renouveller la taille de la corne des chevaux : mais nouvel incident ; cette corne est trop tendre, pour que l'animal puisse marcher sur un chemin cailloureux : il a donc fallu avoir recours à des semelles de fer, qui ne sont, pour l'animal, qu'un gage, qu'un stigmate de son esclavage.

Les bêtes de charge à pied fourchu, ainsi que le cochon, le mouton, l'élan, &c. ont aussi les doigts des pieds revêtus d'un sabot de corne, qui leur sert à battre la terre.

Les quadrupedes d'un genre différent, qui ont les pieds fendus & l'entre-deux des doigts garnis de poil, ont, à l'extrémité de ces mêmes doigts, des ongles crochus, qui restent constamment en dehors dans le chien, &c. ou qui peuvent être retirés en dedans, comme chez le chat, le tigre, &c. ces ongles servent aux uns à fouiller, & aux autres pour grimper, déchirer, fixer un corps, &c. à d'autres ils servent de souliers.

L'ongle dans les oiseaux, est la partie appellée *griffe* ou *serre* ; sa forme est ronde, pyramidale, presque toujours courbée ; son usage est pour grimper & pour tenir l'animal perché : il s'en sert pour emporter sa proie : l'ergot, l'éperon & le bec de ces animaux sont des especes d'ongles.

Les amphibies quadrupedes ont aussi des ongles, dont la forme varie beaucoup. Il suffit de citer ceux du castor, ceux de la tortue (l'écaille de cet animal, ainsi que les gros tuyaux de plumes des oiseaux, semblent être aussi de la nature de l'ongle) ceux du loup marin, ceux du crocodile ; enfin, la défense de la scie de mer est armée d'un grand nombre d'ongles d'une espece particuliere. *Voyez à l'article* BALEINE.

Les ongles ont quelques usages, tant dans les Arts, qu'en Médecine : ceux du dante, de l'élan, du mulet sont astringens & anti-épileptiques ; ceux de l'homme sont vomitifs ; ceux du bœuf & de la tortue servent à faire des manches de couteaux, des tabatieres, &c.

ONGULÉ & ONGUICULÉ. *Voyez à l'art.* QUA-DRUPÈDE.

ONICE ou ONYX, *onychium*. Communément on donne ce nom à une sorte d'agathe, à peine demi-transparente, formée par couches de différentes couleurs, arrangées, ou en maniere de cercles, ou par lits, les unes sur les autres. Un silex veiné de deux teintes très-dur, & également susceptible d'un beau poli, peut aussi porter le nom d'*onyx*.

La plus belle pierre onyx vient d'Arabie : (on en trouve aussi dans l'île de Ceylan, & l'Europe n'en manque pas, sur-tout en Hongrie) l'on y distingue des cercles noirs, des zônes tannées ou brunes, ou bleues, & des cercles blancs & placés distinctement : on appelle *onglet*, la partie laiteuse : la couche tannée, exposée entre la lumiere & l'œil, doit paroître rougeâtre ou enfumée. L'on a de la peine à trouver ces pierres bien parfaites, aussi sont-elles cheres quand elles ont un certain volume. Ceux qui travaillent à les scier & polir, choisissent celles dont les taches sont disposées de maniere à représenter, à l'aide de la taille, quelques parties d'animaux : c'est ainsi qu'en levant une partie de la premiere couche, on évide la seconde, qui est blanche ou bleuâtre, & l'on peut travailler sur trois cordons de différentes couleurs; par ce moyen, dis-je, l'on forme de prétendus yeux pétrifiés d'animaux, que l'on vend assez cher au peuple crédule. On en fait communément des cachets & des bagues : il étoit d'usage chez les Anciens de travailler cette pierre, de façon que le fond étoit d'une couleur, & ce qui étoit gravé, soit en creux, soit en relief, d'une autre couleur. Les Orientaux font un si grand cas de l'onyx, que dans la Chine, où on l'appelle *you*, il n'y a que l'Empereur qui ait droit de la porter : elle est nommée la *pierre des pierres* dans l'Écriture Sainte.

La *memphite* ou *camée* est encore une sorte d'onyx, gravée, mais naturellement composée de couches, l'une noire, roussâtre ou bleuâtre, ou couleur de chair; &

l'autre blanche ou grife : il arrive que l'on peut quelquefois féparer ces couches les unes des autres. Cette forte d'onyx eft très-recherchée des Graveurs en relief, fur-tout quand elle eft d'un certain volume. *Voyez l'article* AGATE.

ONOCROTALE ou GRAND GOSIER. *Voyez* PÉLICAN.

ONOURÉ. Oifeau de marécage qui fe trouve en Guiane ; il a les plumes émaillées de gris & de blanc : fon bec eft court & pointu ; dès que la nuit eft venue il fait entendre ces quatre notes, *ut, mi, fol, ut.* Les Négres en tuent beaucoup ; il n'eft bon qu'à la daube.

ONYCHITES, *unguis lapideus.* Mercati donne ce nom à des pierres qui ont une forte de reffemblance à des ongles humains. Il y a apparence que ce font des foffiles, (peut-être des fragmens de palais de poiffons) qui ont été arrondis par le mouvement des eaux & enfevelis en terre.

OOLITHE. Nom que les Naturaliftes donnent à de petits corps pierreux arrondis, qui ont un certain rapport avec les *centhrites*, les *méconites*, la *pierre ovaire*, ou avec les *ftigmites*, les *hammites*, les *pifolites*, les *orobites*, les *phacites*, &c. M. *Schmidt*, Profeffeur honoraire en antiquité dans l'Univerfité de Basle, qui vient de donner un Mémoire fur les *oolithes*, dit que toutes ces pierres font d'une nature très-différente ; & qu'elles ne fe reffemblent qu'en ce qu'elles font toutes des amas de globules plus ou moins ronds & de toute forte de grandeur, de couleur & de matiere. Il dit avec raifon que ces différens noms ont caufé une telle confufion parmi les Naturaliftes, qu'il eft prefque impoffible de les entendre. M. *Schmidt* entreprend de fixer dans fon Mémoire la véritable nature des oolithes ; & il n'accorde ce nom qu'aux œufs pétrifiés des poiffons, ou d'autres infectes & animaux ovipares aquatiques. Ainfi les véritables oolithes ne fe trouvent, felon lui, que rarement & en petite quantité. (M. *Dannone*, Réfident à Bafle, conferve dans fon cabinet un crabe chargé d'œufs pétrifiés à l'endroit même où ces œufs fortent de l'animal). Les graines des plantes pétrifiées ne font pas plus communes; & il conclut que tout le refte, fur-tout les amas immenfes de corps ronds, qui forment quelquefois des montagnes entieres, ne font autre chofe que des jeux de la Nature prefque toujours formés par une terre glaife ou martiale, difpofée par couches fous une forme plus ou moins arrondie; mais l'Auteur des Annales Typographiques répond à cette affertion, que le hafard n'eft point une caufe; & quand il en feroit une, comment imaginer, dit-il, qu'une caufe fi aveugle eût pu produire des montagnes entieres de corps de même forme déterminée, telles qu'on en trouve près de Neuf-Châtel, dans le Piémont, fur le mont Randen & ailleurs?

Quant à notre fentiment fur les oolithes, il eft certain que parmi ces concrétions globuleufes qui reffemblent plus ou moins bien à des œufs de poiffons, d'écreviffes marines, &c. il y en a d'argilleufes, de martiales, & d'autres qui font fphateufes, femblables à des débris de coquilles roulées; d'autres font compofées de couches comme les bézoards: enfin d'autres reffemblent beaucoup à des boutons d'étoiles marines. Toutes ces variétés de figures & de couleurs indiquent néceffairement une différence dans la caufe comme dans le produit. *M. Defmarets a lu à l'Académie des Sciences en 1761, plufieurs obfervations fur ces fortes de corps.*

L'on a donné à ces corps pierreux des noms arbitraires ou analogues aux fubftances qu'ils repréfentent: *orobites*, quand ils ont la figure d'orobes; *pifolites*, quand ils imitent des pois; *méconites*, quand ils ont la figure des grains de pavot; *cenchrites*, quand ils font de la grandeur des grains de millet, &c. Le gluten qui tient ces corps les uns aux autres, n'eft pas toujours le même; ce qui fait que la maffe totale qui réfulte de leur affemblage a plus ou moins de dureté, de confiftance & de couleur.

OPALE, *opalus*. Cette pierre précieufe défignée

dans *Pline*, sous le nom de *paderos* est d'un bleu laiteux ou de couleur de nacre de perle, presqu'entierement transparente, ayant la propriété de réfléchir tout à la fois les couleurs de l'iris ou de les changer suivant la différente exposition au jour, sous laquelle on la regarde : on en distingue de plusieurs sortes, qui toutes font feu avec l'acier.

1°. L'Opale de couleur de lait, *opalus ireos lacteus*. C'est celle que les Joailliers appellent *opale Orientale* ou *opale Arlequine* ou *opale à paillette*, parce que les lames couleur de gorge de pigeon qui s'y observent, paroissent comme autant de taches de différentes couleurs détachées. *Boéce de Boot*, Auteur du parfait Joaillier, la regarde avec raison comme la plus précieuse des opales, & même comme la pierre la plus merveilleuse que la Nature produise en ce genre : elle est dure, luisante, presque transparente, resplendissante, d'un beau blanc laiteux, d'où sort en chatoyant le feu du rubis, la pourpre de l'améthyste, le jaune de la topaze, le bleu du saphir, le vert de l'émeraude & toutes les autres couleurs les plus brillantes des pierreries. Cet éloge magnifique n'est que la traduction du passage de *Pline* sur l'opale. Cette pierre dont il est fait mention dans l'*Apocalypse*, chap. 21, sous le nom de la *plus noble des pierres*, étoit autrefois en si grande estime chez les Romains, que Nonius le Sénateur aima mieux être privé de sa patrie que céder son opale à Antoine qui la lui demanda. Cette pierre Orientale se trouve dans le Ceylan, où on l'appelle *pierre élémentaire*, *lapis elementarius*. Les Indiens l'estiment autant que le diamant. On ne la taille point en facettes, mais en cabochon.

Il y a une autre sorte d'opale Orientale qui est estimée. On la nomme *opale en flammes*, parce que cette pierre chatoie comme si c'étoient des feux qui s'élançassent par lignes parallèles.

2°. L'Opale occidentale, *opalus occidentalis*, est ou jaunâtre ou noirâtre : la premiere, qui se trouve en Chypre & dans l'Arabie, domine par le jaune au travers duquel on voit quelques couleurs foibles; celle qui est noirâtre, laisse sortir un éclat d'escarboucle; l'on diroit d'un charbon noirâtre allumé par un côté : on la trouve en Égypte. Celle qui est verdâtre est peu estimée. Celle qui se trouve dans la mine d'argent de Freyberg en Saxe est assez belle. On nomme *argentine* celle qui est à fond blanc, & à petits points, couleur d'argent : on trouve aussi des opales à Eybenstock en Saxe, en Bohême, & en Hongrie, elles sont de peu de valeur. Les opales sont ordinairement par morceaux détachés, enveloppés par des pierres d'autre nature, depuis la grosseur d'une tête d'épingle, jusqu'à celle d'une noix. Les opales de cette grosseur sont très-rares.

Il est bien singulier que toutes les belles couleurs de l'opale, soient susceptibles de disparoître ou de changer de modification, quand on la divise en éclats : l'expérience, qui a démontré plus d'une fois ce phénomene, fait croire que tout le jeu éclatant de l'opale est dû à la réfraction des rayons de la lumiere sur cette pierre, disposée naturellement pour produire cette réfraction : peut-être que l'*œil de chat*, l'*œil du monde*, & mieux encore le *girasol* & la *chalcédoine*, ne sont que des especes d'opales : au reste toutes les opales sont les seules pierres que l'art n'a pu contrefaire avec autant de succès que les autres pierreries. On en a cependant apporté une factice d'Égypte qui a trompé l'œil des Joailliers du Levant si experts dans cette connoissance.

OPASSUM, espece de philandre. *Voy.* Didelphe.

OPERCULES, *opercula*, sont les couvercles des coquilles univalves qui ferment leur bouche. *Voyez* l'article Opercules *au mot* Coquillage, *vol. II*, *p.* 695, *de ce Dictionnaire*. On appelle *operculites* les opercules devenus fossiles.

OPHIOGLOSSE, ou Herbe sans couture, ou Petite Serpentaire, ou Laogue de Serpent, *ophio-*

Tome VI. P

glossum, est une plante qui croît dans les lieux humides & quelquefois dans les endroits montagneux où il y a des sources: sa racine s'enfonce profondément en terre, elle est garnie d'un nombre de fibres assez grosses & ramassées comme dans l'*hellébore*. Voyez ce *mot*. Elle pousse une queue haute comme la main, laquelle soutient une seule feuille, assez semblable à une petite feuille de poirée, d'un goût douceâtre & visqueux. Du milieu de cette feuille, c'est-à-dire, du bout de la queue, sort un fruit qui a la figure d'une petite langue applatie, pointue, dentelée, & partagée en plusieurs petites cellules qui renferment, au lieu de semence, une poussiere menue qu'elles laissent échapper lorsqu'elles viennent à s'ouvrir dans la maturité.

L'ophioglosse, transplantée dans les lieux ombrageux des jardins, s'y conserve & repousse tous les ans en Avril: elle reste en vigueur jusqu'au mois de Juin, ensuite elle se fanne entiérement & disparoît. Cette plante est vulnéraire, on en fait une infusion au soleil avec de bonne huile d'olive: alors c'est un baume excellent, tant pour l'intérieur, que pour l'extérieur, particuliérement dans les maux de gorge violens.

OPHIOMORPHITE. Divers Auteurs donnent ce nom à la corne d'Ammon, à cause de ses spirales qui la font ressembler à un serpent entortillé.

OPHIONOT. *Voyez* Musimon.

OPHITE, *ophites*, espece de porphyre à taches de forme carré-long, blanchâtres, disposées souvent en forme d'étoile ou en forme de croix, sur un fond vert foncé. Cette pierre connue des Anciens est, dit-on, le *memphites* de Pline.

OPHTALMITES, nom donné à certaines pierres qui imitent un œil.

OPIER. *Voyez* Obier.

OPIUM ou AMPHION DES INDIENS. *Voyez à l'article* Pavot blanc. L'opium cyrénaïque est l'*Assafœtida*.

OPOBALSAMUM. *Voyez* Baume de Judée.

OPOCALPASUM ou OPOCARBASUM, substance gommo-résineuse, qui ressemble beaucoup à la meilleure myrrhe liquide, & que l'on mêloit du temps de Galien avec la myrrhe même: il étoit difficile, selon cet Ecrivain, de les distinguer l'une de l'autre, sinon par les effets: c'étoit un suc empoisonné, qui causoit l'assoupissement & l'étranglement subit: il dit avoir vû plusieurs personnes mourir pour avoir pris de la myrrhe, dans laquelle il y avoit de l'opocarbasum sans qu'elles le sussent: peut-être n'étoit-ce qu'un suc composé d'une dissolution d'*euphorbe*, dans laquelle on maceroit les *larmes d'opium*. Les poisons de cette espece ont été de tout temps aussi en usage en Afrique, que l'est en Amérique celui des fléches empoisonnées par le suc du *mancelinier*. Voyez ces mots.

OPOPANAX: *Voyez son article au mot* GRANDE BERCE.

OPOSSUM ou OPASSUM. Espece de *Philandre*. Voyez DIDELPHE.

OPUNTIA, FIGUIER D'INDE, RAQUETTE, NOPAL, ou CARDASSE, *cactus coccinellifer*; c'est une plante originaire d'Amérique, & qui se fait remarquer dans les serres du Jardin du Roi, par sa forme. Dans son pays natal elle devient grande & très belle. On dit communément que les feuilles de cette plante sortent les unes des autres, mais on pourroit dire, avec plus de justesse, que ce sont ses branches: les feuilles sont proprement ces petits boutons qui paroissent toujours aux endroits où les épines croissent par la suite. Au reste, puisque ce que nous appellons des branches, avec *Bradley*, a toujours été regardé comme des feuilles, nous continuerons à leur donner le même nom que tout le monde.

Il y a plusieurs especes de ces plantes, qui différent principalement par la grandeur de leurs feuilles, la couleur de leurs fleurs & de leurs fruits, & par la couleur & la longueur de leurs épines. En général, elles ont toutes les feuilles de figure ovale; il y en a des especes qui les ont de près d'un pied de longueur, & d'autres seulement de deux ou trois pouces : leurs feuilles sont ordinairement garnies de distance en distance de nœuds d'épines ; il y en a de si longues, que les Indiens du pays s'en servent au lieu d'épingles ; d'autres ont les épines si courtes qu'on les apperçoit à peine. Les petites épines causent des piqûres cuisantes, & quand elles sont entrées dans la peau, elles sont quelquefois plus d'un mois à sortir, si on n'a bien soin de les chercher sur le champ & de les enlever. Une particularité singuliere, c'est que le fruit paroît toujours avant les fleurs sur cette espece de plante, & lorsqu'il semble être bien mûr, la fleur s'épanouit à son extrémité ; elle est composée d'environ dix pétales & d'une grappe de petits filets au milieu. Cette fleur s'ouvre toujours à la chaleur du soleil, & se referme à l'approche de la nuit. Les étamines sont douées d'une grande sensibilité ; en effet, si l'on touche les filets des étamines, avant qu'elles aient répandu leur poussiere fécondante, qui est composée de molécules ordinairement sphériques, très-petites, jaunâtres & luisantes, ils se couchent tous circulairement les uns sur les autres, pendant que les anterres jetent la poussiere qu'elles contiennent (un mouvement semblable a été observé par M. *de Jussieu* dans les étamines de l'*hélianthême.* Voyez ce mot.) Quand le fruit est mûr, il a une ressemblance grossiere avec nos figues : *Voyez Hist. de la Jamaïque de Hans Sloane.* Il est ordinairement d'une couleur rouge foncée, & il a cela de particulier, qu'il rend l'urine de celui qui en mange trop, rouge comme du sang, sans cependant qu'il en éprouve la moindre douleur. C'est le suc de ce fruit, qui donne la couleur rouge à la cochenille. qui s'en nourrit ; aussi cet insecte nous donne-t-il en teinture une des plus belles couleurs. On dit que les Teinturiers Indiens se servent du suc même du fruit pour teindre en rouge.

Les fleurs des opuntia sont jaunes pour l'ordinaire, à l'exception d'une espece qui a des fleurs couleurs d'écarlate ; mais cette espece est plus tendre, plus difficile à conserver, & plus sujete à pourrir que les autres. Celle-ci est le *tuna mitior, flore sanguineo cochenillifera* de Dillenius. Les unes se plaisent à ramper sur la terre, d'autres croissent plus droites ; mais toutes aiment les endroits pierreux & les rochers. Ces plantes demandent une chaleur proportionnée au climat d'où elles viennent : il y en a une petite espece à feuilles rondes, qui vient d'Italie ; on peut la laisser dehors tout l'hiver ; & elle porte du fruit en abondance. Les especes de la Caroline & de la Virginie, peuvent aussi résister en plein air à l'abri d'une muraille bien exposée. On les multiplie toutes en plantant des feuilles simples à deux pouces de profondeur.

Les Indiens plantent & cultivent autour de leurs habitations ces nopals à fruits rouges, sur lesquels ils esperent de faire plusieurs récoltes dans l'année. Ces prétendues feuilles, comme celles de quantité de plantes grasses des pays chauds, peuvent rester long-temps hors de terre, sans se dessécher, & reprendre étant fichées en terre. L'avantage qu'on en peut tirer pour la nourriture des cochenilles (insectes précieux qui fournissant la plus belle couleur rouge, sont l'objet d'un très-riche commerce) : cet avantage, dis-je, donne lieu à quelques Américains d'y employer des terres inutiles, trop maigres, ou comme épuisées par d'autres plantations : elles y croissent jusqu'à la hauteur de huit pieds, quand on a bien soin d'empêcher l'herbe de croître aux environs. *Voyez* COCHENILLE.

OR, *aurum*. Ce métal, le principe de l'aisance, l'auteur du luxe, l'idole de l'avarice, mobile puissant des actions de l'homme ; l'or, dis-je, est un métal ordinairement jaune, peu dur, peu élastique, à peine sonore, mais très-compacte ; il surpasse tous les autres métaux en flexibilité, en pesanteur, en ductilité, en ténacité & en valeur. L'or n'est altéré, ni par l'air, ni par l'eau, ni par le feu des fourneaux. Il tombe au fond du vif argent qui le dissout, ou plutôt avec lequel il s'amalgame en tout ou en partie ; tandis que tous les autres métaux, tant parfaits qu'imparfaits, y surnagent jusqu'à ce qu'ils aient été dissous ou pénétrés par ce menstrue métallique ; il n'y a que ceux qui ne s'amalgament point avec le mercure qui y surnagent continuellement.

Nous disons que l'or est le métal le plus malléable ; c'est ce que l'art du Batteur d'or & celui du Tireur d'or démontrent tous les jours : le premier peut multiplier une étendue donnée d'or, cent cinquante-neuf mille quatre-vingt douze fois, au moyen d'un fourreau de parchemin, de la baudruche & du marteau. On lit dans les *Mém. de l'Acad. des Sciences*, année 1713, qu'une once de ce métal peut être tirée en un million quatre-vingt-quinze mille pieds de long, c'est-à-dire en une ligne de soixante-treize lieues de long, à deux mille cinq cens toises la lieue. Enfin l'idée avantageuse que nous avons de l'or est fondée sur son excellence réelle.

L'or varie par la dureté, la couleur & la pesanteur ; ce qui provient peut-être de ses degrés de pureté : c'est ainsi que l'or d'une guinée est, à volume égal, moins pesant que le louis d'or, celui-ci moins que le ducat dont le pied cube pese vingt un mille deux cens vingt onces poids de Paris. L'or de Siam est moins cassant que le nôtre, & le son des cordes de clavecin qui en sont faites, est infiniment plus grave. Ce métal montre dans l'endroit de la fracture de petits angles prismatiques ; sa couleur est plus ou moins foncée. L'or d'Europe est plus haut en couleur que celui d'Amérique. Ce dernier est pâle, & l'on prétend que celui de Malacasse (ou Malgache) est tout-à-fait pâle & se fond presque qu'aussi promptement que du plomb. L'or s'écrouit sous le marteau ; il entre en fusion un peu plus facilement que le cuivre, & aussi-tôt après avoir rougi : on remarque que lorsqu'il se fond il prend une couleur d'aigue-marine, ou de bleu céladon. Il est de tous les métaux celui qui s'échauffe le plus dans le feu (c'est en raison de sa densité) & qui s'amalgame le plus facilement avec le mercure : on diroit qu'il y a une sympathie entre ces deux métaux. C'est un axiôme en Métallurgie, que l'or n'est jamais minéralisé par le soufre ni par l'arsenic ; cependant la seule vapeur d'un grain d'étain suffit pour ôter la propriété malléable à huit onces de ce métal ; mais il la recouvre par la fusion. L'or résiste à tous acides agissans séparément. Il y a deux grands dissolvans de l'or : l'un est composé de l'acide marin & nitreux, c'est *l'eau régale* ordinaire : l'autre est la combinaison de l'alkali fixe avec le soufre. Ce dernier menstrue ou dissolvant est connu sous le nom de *foie de soufre*. Si l'on en précipite la dissolution faite à l'eau régale nitreuse & ammoniacale, par un alkali fixe ou volatil, on en obtiendra une poudre aurifique, fulminante, qui desséchée détonnera avec soixante-quatre fois autant de force élastique qu'un pareil volume de poudre à canon. On ne peut manier cette poudre avec trop de précaution. Nous le répétons, ses effets sont violens & terribles. La chaleur, le frottement occasionnent son inflammation & son explosion. Il en coûta la vue & presque la vie à un jeune homme de notre connoissance qui, après avoir versé de l'or fulminant dans un flacon, voulut le fermer, un grain pris entre le bouchon & le goulot, s'enflamma par le frottement; l'explosion fut semblable à un fort coup de fusil. Le flacon se brisa en éclats, le renversa par terre & lui creva les deux yeux.

 La vitrification de l'or au foyer d'une des grandes lentilles de *Tschirnhausen*, quoique donnée comme certaine par M. *Humbert*, a été contestée, & est demeurée au nombre de ces faits douteux qui demandent à être vérifiés : mais Mrs. *Macquer, Brisson, Lavoisier & Cadet* ont fait sur cet objet, ainsi que sur un grand nombre d'autres substances, des expériences très-intéressantes avec cette grande lentille de *Tschirnhausen*, tirée du Cabinet de l'Académie, ainsi qu'avec la petite lentille de *Tschirnhausen*, que leur a confié M. le Comte *de la Tour d'Auvergne*; elle est, ainsi que celle de l'Académie, de trente-trois pouces de diametre, mais son foyer est un peu plus court. Ces Académiciens dont on connoît la sagacité, l'intelligence & le coup d'œil fin de l'observation, après avoir exposé au foyer de ces lentilles un grand nombre de fois de l'or très-fin & très-pur, & l'avoir mis successivement sur des supports de différente nature, tels que des creusets d'argile réfractaire, des tessons de poterie de grès, de porcelaine dure, crue ou cuite, de pierre de grès très-réfractaire & de charbon, & dans presque toutes ces épreuves avoir obtenu des vitrifications de couleur brune pourprée à la surface de ce métal, n'osent point encore assurer positivement que ces vitrifications soient dues à une portion de la substance même de l'or ; en variant ces expériences ils ont eu la satisfaction d'appercevoir & de bien constater plusieurs phénomenes importans dont les Physiciens qui les ont précédés n'ont point fait mention. De ce nombre sont, 1°. un cercle de couleur pourprée sur le support de l'or, qu'ils n'ont jamais manqué d'obtenir, de quelque nature qu'ait été ce support ; 2°. une fumée très-sensible sortant certainement de ce métal, de même que de l'argent, & s'élevant quelquefois jusqu'à cinq ou six pouces ; 3°. une lame d'argent a été très-bien dorée à cette seule fumée de l'or, de même qu'une lame d'or a été argentée à celle de l'argent ; 4°. ils ont observé une rotation rapide de petits globes, d'or & d'argent fondus au foyer, qui leur a paru assez constamment dans le sens où elle devoit être, en supposant qu'elle eût pour cause une impulsion de rayons solaires, que ces Messieurs ont déjà soupçonnée, mais qu'ils se proposent de constater par une suite d'observations aussi multipliées & aussi exactes que l'exige l'importance de la matiere. Ces Savans se proposent de suivre ces recherches avec des instrumens bien supérieurs à ceux qu'ils ont employés, & c'est avec une lentille à eau de quatre pieds de diametre, de l'exécution de laquelle M. *Bernieres* s'est chargé. Cet instrument devant surpasser de beaucoup en grandeur, en netteté, & par conséquent en force, tous ceux qui ont été faits jusqu'à présent, semble promettre une Chymie Pyrotechnique nouvelle, & paroît destiné à faire une de ces époques qui deviennent mémorables dans l'Histoire des Sciences.

L'or se trouve dans des mines qui lui sont propres ou particulieres, comme en Asie, à Aracan, & dans le Pégu, au Japon & près de Batavia, dans la Guinée, le Sénégal & le Royaume de Galam en Afrique, & sur-tout à l'endroit que l'on nomme la *Côte d'Or*; (M. *de la Chapelle* a observé que l'or de Guinée ne peut se battre en feuilles, ni se tirer par la filiere), à Malacasse en Madagascar, & dans les pays de Bambouc & de Congo. En Europe, on rencontre des mines d'or en Suéde, en Norwege, en Sibérie & à Chemnitz en Hongrie : la mine d'or de Siderocaps dans le Jamboli en Europe, est fort riche. Dans l'Amérique Méridionale, l'or se trouve dans le Brésil, dans le Mexique, dans le pays de Maricabo, à Sumatra, à Valdivia, à Copiapo & Andacoll, dans le Chili, dans la Province de Quito, & dans le Potosi au Pérou.

Les galions d'Espagne exportent de ces dernieres contrées en Europe pour plus de quinze millions de ducats d'or en barres ou en lingots, par la voie de Cadix. C'est, dit un Auteur moderne, pour le malheur de ses habitans que cette partie de l'Amérique produit une si grande quantité d'or. L'insatiabilité de l'avarice y a fait autrefois commettre sous un dangereux prétexte tous les actes de cruauté que peuvent inspirer le fanatisme & la cupidité. A-t-on eu tort de dire : *Quid non mortalia pectora cogis, auri sacra fames ?* Quel bien ont produit en effet ces riches mines du Pérou ? Il a péri, dit M. *de Buffon*, des millions d'hommes dans les entrailles de la terre pour les exploiter; & leur sang & leurs travaux n'ont servi qu'à nous charger d'un poids incommode.

L'or vierge est d'une couleur jaune aurore ; sa matrice ordinaire est le quartz, quelquefois la pierre cornée, souvent le fer & l'argent, rarement le cuivre &

le plomb ; quelquefois dans de l'argile endurcie, tantôt il est en petits points ou en grains, tantôt en feuilles ou en masses, ou en rameaux. On reconnoît facilement, que les grains jaunes que l'on voit dans une pierre, sont de l'or, quand avec la pointe d'un ciseau on y trace facilement des lignes, ou quand en lui faisant recevoir la vapeur du mercure, il blanchit ; & que jeté dans le feu, il ne se détruit point. C'est par un procédé semblable qu'on a reconnu que la mine de Carthagene au Mexique, dont le métal ressemble tout-à-fait à une mine de cuivre chatoyante grillée, étoit de l'or. Il n'en est pas de même pour l'or qui se trouve dans la pyrite que M. *de Justi* appelle *gelst* ou *gilst*. Cette espece d'or est pâle & solide dans cette sorte de matrice minéralisante les métaux ; lorsque l'or est allié à l'argent dans la mine ou à d'autres métaux, il est déguisé, ou du moins sa couleur est fortement altérée. Des Minéralogistes modernes prétendent que l'or dans l'état de pyrite, a été uni au soufre par l'intermede du fer qui sert comme de lien d'union, entre l'un & l'autre, & que la vitriolisation qu'éprouve ensuite cette pyrite aurifere donne naissance à l'or en cheveux ou en fibres capillaires.

On trouve aussi de l'or dans la belle espece de *lapis lazuli* de Perse : *Voyez ce mot.* Il y a aussi une mine de cinabre en Hongrie qui contient de l'or, on l'appelle *mine d'or rouge*. Combien de sables de rivieres sont auriferes, sur-tout à l'endroit où elles font angle ! Rien ne ressemble mieux à des grains de mica. Nous avons plusieurs rivieres en France qui en contiennent des quantités trop petites pour mériter attention ; tels sont le Rhin, le Rhône, dans le pays de Gex ; le Doux, en Franche-Comté ; la Cese, dans les Cévennes ; le Gardon, près de Montpellier ; la Rigue, près de Pamiers ; l'Arriege, dans le pays de Foix ; la Garonne, près de Toulouse ; la Salat, dont la source est dans les Pyrénées : *Consultez à ce sujet un Mémoire de M. de Réaumur dans les Mém. de l'Acad. des Sciences, ann. 1718, p. 108*

& *suiv.* & *l'Histoire de l'Acad. des Belles-Lettres*, *Tome XXI, p. 24*, à l'occasion du Pactole. On abandonne ces paillettes d'or aux recherches des gens du pays, dont le travail pénible est rarement récompensé par les découvertes qu'ils font. Il y a des rivieres dans la Caramanie & la Silésie, où l'on trouve des grains d'or gros comme des pois: on en trouve aussi dans le Tage & le Danube. Il est certain qu'en rétrogradant & fouillant avec attention les bords de ces rivieres, au-dessus du lieu où elles font angle, ou mieux encore en travaillant dans les hautes montagnes où ces rivieres prennent leur source, l'on parviendroit à découvrir la miniere; peut-être que les Souverains feront un jour exécuter ce projet chacun dans leurs Etats. *Pline* parle de l'or dont la mine étoit dans la Gaule, nous ignorons l'emplacement de cette ancienne mine: il est probable qu'elle n'a pas été entiérement épuisée, mais la fureur des guerres, la barbarie & la révolution des temps en ont effacé jusqu'à la trace: il faut espérer qu'on la retrouvera un jour.

On nomme *Paillotteurs* ou *Orpailleurs* ceux, qui, par le moyen d'une sébille (espece d'écuelle ou de vaisseau profond fait de bois, dont l'intérieur est tout sillonné ou rempli de rainures), prennent & lavent le sable des rivieres, pour en retirer la substance métallique précieuse. *Lémery*, *Dict. des Drogues*, *pag. 11*, dit qu'on voit beaucoup de Négres en Afrique, qui ne sont employés qu'à plonger & aller chercher de l'or. On en ramasse aussi de cette maniere une grande quantité dans le Pérou. M. *Frésier* prétend qu'on y trouve souvent dans le fond des rivieres de l'or en masse, du poids de quatre livres, & quelquefois de beaucoup plus considérables; c'est, dit-il, ce qu'on nomme *pépites*.

Lorsque l'or est répandu dans différentes especes de terres ou de sables, il n'a point de figure déterminée: il y en a aussi de différentes couleurs qui sont comme masquées; il est ordinairement semblable à de petites pointes d'épingles. On en trouve cependant une espece, qui est sous la forme de petits grenats bien rouges, & transparens : c'est ce qu'on appelle *grenats d'or*, on en trouve aux Monts Crapacks en Hongrie. Il s'en rencontre aussi en Amérique.

Quand on trouve l'or pur, on l'appelle *or natif* ou *or vierge :* il est facile à graver ; c'est celui de la premiere espece. L'or qui forme des especes de filons ou veines dans des pierres, ou ferrugineuses, ou schisteuses, ou quartzeuses, est celui de la seconde espece : l'or qui se rencontre dans les glaises rougeâtres, & les sables, (c'est le Lavaderos des Espagnols), & qui est en petites paillettes, n'a besoin que d'une simple lotion pour en être séparé : cet or de lavage est celui de la troisieme espece ; on l'appelle *or paléole* ou *poudre d'or*. Enfin l'or qui est en grains, & que des Plongeurs retirent des rivieres, est celui de la quatrieme espece : il s'appelle *or pépite*, c'est le moins bon, il n'est guere qu'à dix-huit karats.

La méthode usitée pour l'extraction & la purification de ce métal interposé dans les pierres, consiste dans le lavage, le pilage, l'amalgame & l'ignition. S'il y a mélange de métaux, l'on a recours, ou aux dissolvans, ou à la fusion : le procédé en est fondé sur le même principe, que pour le traitement de la mine d'*argent*. Voyez *ce mot*, & ce qui en est dit dans notre *Minéralogie* ; mais particuliérement dans le *Dictionnaire de Chymie*.

Ce métal, qui dans la société est d'une très-grande utilité pour représenter la valeur de tout ce qui peut être nécessaire, utile ou agréable aux hommes, sert aussi beaucoup à cause de son éclat, de sa beauté, de son inaltérabilité, pour quantité d'ornemens & de bijoux précieux.

L'or n'est donc pas seulement un moyen général d'échange entre les peuples, puisqu'il devient une source de chefs-d'œuvres dans les mains industrieuses d'une multitude d'Ouvriers. En effet, ce métal se plie facilement à tous les caprices du goût & de la mode. On l'emploie à masquer tous les autres métaux. Nous avons exposé sa grande ductilité, elle le rend propre à cet usage.

On trouve chez les Batteurs d'or de quatre sortes d'or en feuilles. Le plus beau sert aux Damasquineurs, on l'appelle *or d'épée* : la seconde sorte est employée par les Armuriers, on la nomme *or de pistolet* : la troisieme sert pour dorer les livres, on l'appelle *or de Relieur* : la quatrieme enfin, sert aux Peintres, & en Pharmacie, pour envelopper, orner & masquer le mauvais goût des médicaments, on l'appelle *or d'Apothicaire*. Ses propriétés particulieres en Médecine nous paroissent très-précaires & fort chimériques, nous dirions volontiers une pure charlatanerie. Qui ne connoît le sens figuré de cette expression proverbiale, *dorer la pilule*. On est parvenu, par l'art de la dorure, à appliquer ce métal sur une quantité de différentes matieres auxquelles il donne un extérieur de propreté & d'opulence : en le mêlant avec l'étain on en tire une très-belle couleur pourpre pour la peinture des émaux & de la porcelaine. *Consultez* le *Dictionnaire des Arts & Métiers*.

Les Doreurs se servent d'un mélange d'or & d'argent, qu'ils appellent *amalgame d'or & d'argent*, parce qu'il s'étend facilement sur les ouvrages. On dore sur les métaux, ou sur les cuirs, ou sur le bois, ou sur les lambris de pierre. Ceux qui dorent sur le bois commencent par l'enduire de plusieurs couches de blanc, ensuite de jaune, enfin d'une pâte composée de bol & de molybdene, &c. c'est sur cette derniere couche, mouillée avec de l'eau gommée ou collée, qu'on applique la feuille d'or. On doit à feu M. de *Montamy* la maniere de retirer ce métal précieux employé sur le bois : elle consiste à faire subir une simple ébullition au bois doré ; le métal s'en détache avec la colle qui l'assujettissoit ; on évapore l'eau, il reste une matiere qu'on pulvérise & qu'on jette aussi-tôt dans le feu pour brûler la portion de colle, puis l'on procede par la voie de l'amalgame avec le mercure en la maniere usitée.

Les Ouvriers appellent *or trait*, un lingot d'argent doré au feu, & qui a passé par la filiere. L'*or en lame*, qui est presque le même, est un fil applati entre deux rouleaux d'acier poli ; on l'emploie comme l'*or filé* dans la fabrique des étoffes de soie ou de broderie, ou du galon. Une once d'or peut recouvrir & dorer très-exactement un fil d'argent long de 444 lieues ; quelle ductilité ! L'on peut dire que l'art du Tireur d'or & du Batteur d'or, où le commun des hommes ne trouve qu'un objet de commerce, ou des ressources pour le luxe, présente aux yeux d'un Physicien des merveilles qui n'ont point échappé aux observations de *Boyle*, du P. *Mersenne*, de *Rohault*, & notamment de M. de *Réaumur*. Consultez *Mémoires de l'Académie des Sciences, 1713, pag. 205, &c.*

Ce que l'on appelle *or en coquille*, sont les bactréoles, c'est-à-dire, les rognures de feuilles d'or, qu'on broie & qu'on incorpore avec du miel ; on les met ensuite dans de petites coquilles : cet or ainsi préparé, sert aux Peintres en miniature.

Les Orfévres désignent la pureté de l'or par le mot *karat*. Un karat est la vingt-quatrieme partie du titre de l'or : l'or pur ou fin est nommé *or à vingt-quatre karats*, mais il n'y en a que peu ou point à ce titre. Le karat est un scrupule, le scrupule est vingt-quatre grains ou le tiers d'un gros ; si l'or est allié ou diminue au feu d'un vingt-quatrieme, il n'en restera plus que vingt-trois parties, & l'on dira *or à vingt-trois karats*. L'*or au titre* est à vingt karats : il n'est employé que pour les bijoux d'or. On détermine aussi le karat d'or par l'épreuve de la *pierre de touche* ; voyez ce mot. Depuis quelques années le luxe qui rend les Artistes inventifs, leur a fait imaginer des moyens pour donner à l'or différentes nuances par les alliages, ce qui produit des ornemens agréables à l'œil, mais aux dépens de la valeur intrinseque du métal qui est sacrifié à la beauté de l'ouvrage. Il y a de l'*or vert*, qui se fait en alliant beaucoup d'argent avec l'or : l'*or rouge* se fait en l'alliant avec beaucoup de cuivre : l'*or jaune* est l'or pur : l'*or bleu* se fait par le mélange de l'arsenic ou de la limaille d'acier ou par le moyen du gros fil de fer doux amalgamé dans l'or fondu : l'*or blanc* des mêmes Artistes, est l'argent pur.

OR BLANC OU PLATINE, *Voyez* PLATINE.

OR DE CHAT. *Voyez au mot* MICA.

ORAGE. Nom que l'on donne, tantôt à une tempête de vent sur mer, tantôt à un ouragan sur terre, l'un & l'autre accompagnés d'une grosse pluie souvent mêlée de giboulées, de grêle, & ordinairement précédée d'un changement de vent, ou d'un calme dans l'air, ou d'une grande chaleur, ou d'un temps fort chargé. Alors on voit des éclairs, des arcs-en-ciel, & l'on entend souvent gronder le tonnerre : les nuages sont fortement agités ; ils se rapprochent, se condensent, & dans l'instant ils se convertissent en grosses gouttes d'eaux qui tombent avec vîtesse. Il est rare qu'un orage, accompagné d'éclairs & de tonnerres, continue quelque temps sans qu'il survienne une grosse pluie. Lorsque ces sortes d'ondées viennent à tomber, elles emportent ordinairement avec elles beaucoup de cette matiere qui produit la foudre ; ce qui fait que l'orage cesse beaucoup plutôt lorsqu'il pleut que lorsqu'il fait un temps sec. Ce phénomene n'est jamais universel : il suit le courant d'un vent impétueux, qui siffle & tourbillonne ; aussi ne se fait-il souvent remarquer que dans une petite étendue de quelques contrées, mais il n'y répand pas moins l'épouvante, la désolation & l'horreur. C'est dans des instans semblables que des campagnes fleuries se convertissent en des déserts d'un aspect affreux.

Les orages les plus considérables & les plus effrayans qu'on ait essuyés en Europe, sont celui des environs de Londres en 1723, celui des environs de Ratisbonne le 22 Mai 1720, celui de Leicester en Angleterre le 22 Juin 1724, celui de Hambourg le premier Juillet 1717, celui de Francfort sur le Mein le 25 Juillet 1723, celui de Nimegue en Hollande le 25 Juillet 1725, celui de Créme en Italie le 30 Août 1720, celui de Boulogne en Picardie en 1722. La Suisse est sujete à être affligée & ravagée par les orages: les habitans se souviendront long-temps de celui qui consterna Zurich en 1449, de celui de Rothembourg en 1597, qui fit disparoître toute la moisson; le furieux orage de grêle qui épouvanta tant les Citoyens de Vienne en 1689, fut aussi des plus considérables. L'orage nocturne de Trieste en 1719, fut encore plus terrible: avant que ce météore commençât, on vit courir dans l'air une grande quantité de flammes semblables à des feux follets: on entendit soudain un grand fracas de tonnerre, qui, accompagné d'éclairs & de grêle, fit trembler toute la Nature dans cette contrée, où l'on trouva des maisons criblées de trous, & des arbres déracinés, cassés, brûlés par la chute d'une grêle prodigieuse & du tonnere.

Le 24 Juillet 1771, sur les deux heures après midi, le Ciel s'étant extraordinairement obscurci à Grenoble, il tomba pendant quelques minutes une pluie très-abondante, laquelle fut suivie d'un orage de grêle qui dura un peu plus long-temps. Les moindres grains étoient du volume des plus grosses noisettes, & quelques-uns étoient gros comme des œufs de poule; toutes les vîtres exposées au midi & au couchant furent entiérement fracassées, & une heure après les rues étoient encore couvertes de grêle de la hauteur d'un pied: les blés & les chanvres des environs de cette ville furent coupés & hachés, & tous les arbres furent dépouillés de leurs fruits. Le désastre a été encore plus terrible à Plombieres en Lorraine: sur les dix heures du soir les eaux monterent en un quart-d'heure jusqu'à dix pieds dans les maisons & en firent écrouler dix-sept; les bains furent comblés de décombres & de débris, plusieurs personnes périrent. Le même orage se fit sentir en même-temps dans toute la Province : la Meuse, la Moselle, la Meurte, la Nied, la Seille, la Sarre & les autres rivieres qui y coulent, déborderent, ainsi que tous les ruisseaux qui y affluent : partout les eaux monterent en moins de six heures aussi haut qu'en 1740. Les dégâts que cette inondation générale & subite causa, furent considérables : ce fut particuliérement dans les Vosges qu'on en ressentit les plus terribles effets. L'orage de pluie qu'on a éprouvé à Aix & aux environs de cette ville, le 15 Septembre 1771, a été aussi des plus remarquables, & a causé beaucoup de ravage.

En 1773, le 18 Août, il tomba pendant toute la journée une pluie prodigieuse à Moncontour en Basse-Bretagne ; le vent étoit Sud-Est, le barometre à 27 pouces 4 lignes, la chaleur médiocre, & l'air extrêmement lourd. L'après-midi on entendit le tonnerre gronder, le thermometre varia de 13 à 16 degrés, sur le soir il se fixa à 14 ; alors la pluie augmenta considérablement, & vers minuit elle devint si grosse, qu'elle sembloit tomber en masse. Le vent, disons l'ouragan, ayant tourné au Nord-Est, il s'éleva une tempête affreuse ; le tonnerre gronda sans interruption, l'air étoit tout en feu, & les eaux s'accrurent excessivement. Qu'on se représente un volume immense d'eau se précipitant par une chute rapide entre deux montagnes dans une gorge étroite, couverte de gros quartiers de pierre, roulant avec un fracas horrible ces lourdes masses, entraînant tout ce qui s'oppose à son passage, haies, murs, chaussées, ponts, ravageant & couvrant de pierres, de sable & de limon les vergers, les prairies, &c. après un cours de plus de 800 toises, ce torrent rassemblant toute sa violence, brisant les portes de la ville, inondant les maisons ou les ébranlant, les renversant de fond en comble, noyant les habitans, les bestiaux, détruisant ou bouleversant les moulins ; déposant çà & là dans les vallées les meubles, les débris & les cadavres ; arrachant les moissons, interrompant les communications, & l'on n'aura qu'une image imparfaite de cet épouvantable & funeste spectacle. Le même orage n'a pas moins produit de ravages dans les environs, sur-tout à St. Brieux, à Guingamp, &c. sur la grande route de Brest. La ville de Chatelaudren a presque été entiérement submergée en un moment; la digue de l'étang de la mine, situé à 1200 toises au-dessus de celui de la ville, ayant été renversée, les eaux se précipiterent dans la ville, où elles s'éleverent à plus de dix pieds, & obligerent les habitans dont les édifices inondés résistoient encore à l'effort des eaux, à monter dans leurs greniers, sans pouvoir être secourus; dans cette affreuse situation ils attendoient la mort qui leur étoit inévitable.

Voici la description de l'orage du Bas-Maine faite & observée par M. *Buon*, Prêtre & Précepteur du jeune Marquis de *Dreux*: L'orage du 4 Août dernier (1774) a commencé sur les quatre heures du soir. Il avoit été précédé quelques jours auparavant d'une grande chaleur avec des éclairs au Nord-Ouest; mais ce jour-là la chaleur fut étouffante, & le thermomètre de M. *de Réaumur* étoit à vingt-quatre degrés au-dessus de la congélation. Le tonnerre après avoir grondé sourdement depuis midi, éclata enfin par des explosions qui furent le prélude du fléau terrible qui a désolé ce canton, & ceux qu'il a rencontrés dans sa marche. Un nuage épais & sombre venant de la partie du Nord-Ouest, intercepta la lumiere au point qu'on auroit eu peine à voir lire; il s'éleva un vent impétueux qui suivit constamment la même direction de l'orage. Bientôt après l'on entendit les sifflemens de la grêle qui déjà faisoit au loin un épouvantable fracas, & qui sans être mêlée de pluie ne discontinua point de tomber pendant près d'une demi-heure. La premiere & la plus volumineuse pesoit depuis une livre jusqu'à deux & trois; il y a même des Curés voisins qui ont assuré en avoir trouvé de beaucoup plus pesante. La plus grosse, comme la plus menue, étoit de différentes configurations;

on voyoit des grains ronds & armés de pointes à-peu-près comme certaines noix de galle, d'autres carrés ou triangulaires, ou alongés & terminés en angles, & de diverses autres figures ; & elle étoit si dure & si compacte que notre Observateur en a trouvé trois semaines après dans des endroits sombres plusieurs grains gros comme des œufs ordinaires.

Dans la largeur à-peu-près de cinq quarts de lieue où la grêle a donné, la dévastation a été générale dans la campagne : les maisons totalement découvertes, particuliérement du côté opposé à l'orage, les grains enterrés, les pailles en plus mauvais état que si elles eussent été foulées par vingt mille hommes de cavalerie, les arbres hachés à leurs cimes, pelés en plusieurs endroits à leurs troncs, & dépouillés de leurs feuilles & de leurs fruits, offroient aux yeux des malheureux habitans du Bas-Maine un spectacle tel qu'au mois de Décembre, mais mille fois plus désolant pour eux. Les hommes & les animaux domestiques éloignés de leurs habitations ont beaucoup souffert, & des Laboureurs qui conduisoient leurs voitures chargées de gerbes, ne pouvant dételer leurs bestiaux devenus furieux, les ont laissés aller à leur gré pour se mettre eux-mêmes à couvert. Le gibier a été presque tout détruit, sans même en excepter les renards, qui malgré leurs ruses & leurs fourrures n'ont pu soutenir un si terrible choc.

Aussi-tôt après la tempête une partie de la grêle étant déjà fondue, il s'est élevé un brouillard épais d'une odeur beaucoup plus forte & plus infecte que celle qui frappe ordinairement l'odorat dans les temps orageux.

Vers le commencement de Septembre M. l'Abbé *Buon* a été témoin d'un autre phénomene plus étonnant encore que les précédens. La seve du mois d'Août, dont la circulation étoit alors dans toute son activité, ne trouvant plus rien dans les arbres capable de l'épuiser, a agi fortement sur les boutons qui, suivant l'ordre

Q 2

naturel, ne devoient se developper qu'au printemps suivant, & bientôt après l'on a vu naître de nouvelles feuilles & des fleurs auxquelles ont succédé des fruits qui, parvenus à la grosseur des noix, sont tombés aux premieres gelées.

A considérer les phénomenes qui précedent, qui accompagnent & qui suivent un orage, j'aurois bien des détails à proposer au lecteur : mais la cause des orages tenant au système des autres météores, tels que les *vents*, les *tourbillons*, le *tonnerre*, les *éclairs*, la *grosse pluie*, les *ouragans*, la *grêle*, les *nuées*, &c. (voyez ces mots), une observation importante est que l'air est autant agité avant un orage qu'il est ordinairement calme après. Il y a plus, ceux qui se trouvent sous l'orage ne sentent que peu ou point de vent.

ORANGER, *aurantium*. L'oranger est un arbre des plus beaux, par la blancheur & l'odeur suave de ses fleurs, par ses feuilles d'un beau vert, & dont il n'est jamais dépouillé, par ses fruits couleur d'or, *malus aurantia*, & sur-tout par le spectacle agréable qu'il réunit en même-temps, de boutons, de fleurs épanouies, & de fruits. Quoique cet arbre ne paroisse naturel qu'aux Provinces Méridionales de la France, il fait l'ornement de nos plus beaux jardins, parce qu'on l'éleve en caisse, & qu'on le garantit, dans les serres, des rigueurs de l'hiver. Louis XIV étoit si grand admirateur de cet arbre, qu'il avoit toujours des orangers en fleurs, même pendant l'hiver, dans une galerie de son Palais, où ils étoient placés sur des piédestaux dans des caisses gravées & argentées. Pour parvenir à lui procurer ce délicieux spectacle pendant tout l'hiver, les Jardiniers choisissoient un nombre d'arbres suffisant, cessoient de les arroser jusqu'à ce que les feuilles tombassent, & ayant mis ensuite de la terre nouvelle sur la surface de leurs caisses, ils les arrosoient souvent dans un réduit garni de vitrages, d'où ils ne sortoient que chargés de fleurs & de feuilles nouvelles.

ORA

Parmi les vingt especes d'orangers connues (*l'oranger à fruit aigre* ou *bigarade avec ou sans feuilles panachées* ; *l'oranger à fruit doux* ; *l'oranger à feuilles coquillées* ; *l'oranger à fleurs panachées* ; *l'oranger à fruit cornu* ; *l'oranger hermaphrodite*, dont le fruit participe de l'orange & du citron ; *l'oranger de Turquie* ; *l'oranger tortu* ; le *Pampelmouse* ; la *grosse orange* ; *l'orange étoilée* ; *l'orange à écorce double* ; *l'oranger à fleur double* ; *l'oranger de la Chine* ; *l'oranger nain* à fruit aigre ; le même à feuilles & fruit panachés, &c.) il y en a deux principales, dont le fruit est en usage parmi nous ; savoir, *l'oranger à fruit aigre, amer ou bigaradier*, & *l'oranger à fruit doux*. Il n'y a aucune différence pour le port, les feuilles & les fleurs de ces deux sortes d'orangers. La description que nous allons en donner, conviendra donc aux deux, si ce n'est pour les fruits qui ont des différences bien sensibles.

L'oranger devient d'une hauteur médiocre ; ses racines sont jaunes & s'étendent beaucoup : le bois du tronc est dur, compacte, blanc vers le cœur, odorant : ses feuilles sont toujours vertes, épaisses, lisses, portées sur des queues feuillées, & qui représentent la figure d'un cœur, remplies d'une infinité de petites cellules huileuses, transparentes, qui paroissent autant de petits trous, de même que dans le mille-pertuis. Ses fleurs sont en rose, odorantes, composées de cinq pétales blancs, disposés en rond. Dans le bigaradier le pistil se change en un fruit presque sphérique. Avant d'être mûr, il est de couleur verte, amer, âcre & piquant à la langue ; lorsqu'il est mûr, on exprime des cellules intérieures du fruit un suc acide. Les bigarades sont d'un jaune pâle : au lieu que les oranges douces sont d'une couleur vive de safran ; leur jus est doux & agréable.

Ces arbres sont originaires de la Chine, d'où les Portugais ont apporté les premieres graines. On voit encore à Lisbonne, dans le jardin du Comte de Saint-Laurent, le premier arbre d'où sont sortis tous les orangers qui font l'ornement de nos jardins d'Europe. Les orangers se sont comme naturalisés dans nos Provinces Méridionales: dans les îles d'Hyeres & en Provence, où ils forment des forêts agréables par leur verdure qui ne change point, & par les fruits, dont ils sont toujours chargés. Les feuilles, les fleurs, l'écorce, la moëlle & la graine des orangers sont d'usage. Cet arbre nous charme trop par sa beauté, pour que nous ne disions pas quelque chose sur sa culture. M. *de la Quintinie* a donné un Traité sur cet objet.

L'oranger doux est préférable, tant pour la beauté de ses feuilles, que pour la bonté de son fruit. L'oranger de la Chine ne fait jamais un bel arbre; car il a toujours l'air malade, & son fruit mûrit rarement. L'oranger de Genes, à feuilles de plusieurs couleurs, mérite d'être placé dans un jardin, comme une rareté, à cause de la beauté de ses feuilles. L'oranger nain est très-agréable par ses petites feuilles & la quantité de fleurs dont il se couvre.

On peut élever des orangers par le moyen de quelques jeunes orangers qui nous viennent de Provence ou de Genes, ou en semant des pepins de bigarade dans une terre préparée: on les greffe ensuite. On prétend que la petite espece de citron doit être préférée pour y greffer les especes qu'on desire. Une caisse de douze ou quinze pouces leur suffit jusqu'à l'âge de sept ou huit ans; alors on les transplante dans la derniere caisse, qui doit avoir vingt ou vingt-quatre pouces de large. Une bonne terre pour les orangers, est un mélange d'un tiers de terreau de brebis, reposé depuis deux ans, d'un tiers de terreau de vieille couche, & d'un tiers de terre grasse de marais. En taillant l'oranger, on cherche à lui donner une belle forme. Lorsque par maladie un oranger jaunit, on lui donne une nouvelle terre, ou bien on taille toutes les racines gâtées, & on ne les expose au soleil que pendant deux ou trois heures. S'il est attaqué par les gallinsectes qui le sucent, on doit frotter l'arbre avec du vinaigre. Il faut sur-tout défendre les orangers du froid & du vent. Le fumier à contre-temps leur est également pernicieux : on n'en doit jamais mettre de celui de vaches, ni de pourceaux ; tous les autres doivent être bien consommés & mis avec prudence. Quoique ces arbres aiment l'ombre, ils périssent bientôt lorsqu'on leur donne trop d'humidité ; le fumier de brebis ou de chévre, trempé dans l'eau dont on arrose les orangers, les rends sains & vigoureux. L'effet que produisent les arrosemens fréquens & trop abondans sur ces arbres, est de faire jaunir, & souvent tomber les feuilles ; ils languissent un an ou deux sans pousser aucune tige, & à la fin ils meurent entiérement. On doit serrer les orangers depuis le milieu d'Octobre jusqu'au retour de la belle saison. Il y a dans le *Journal Economique pour le mois de Juillet, année 1757*, un *Mémoire sur la culture des orangers*, où l'on démontre qu'on doit préférer de les mettre dans de grands vases de terre, plutôt que dans des caisses, à l'exemple des Génois, parce que ces pots s'échauffent plus aisément, se refroidissent moins vîte, & conservent mieux tous les sels de la terre que les caisses.

Depuis quelques temps on se sert avec succès des feuilles d'oranger dans les convulsions, les affections vaporeuses & l'épilepsie. On en fait usage en poudre au poids d'un scrupule qu'on délaie dans une tasse de chocolat. Des personnes ne se servent que de la décoction des feuilles, & y joignent du vin & du sucre. C'est encore un spécifique contre la colique des Peintres. La décoction doit se faire dans un vase fermé. On présume que ce remede est efficace dans toutes les maladies du genre nerveux.

Les fleurs d'orange, à cause de leur odeur agréable qui est préférée à celle des roses, de l'ambre & du musc, sont fort en usage parmi nous, soit dans les parfums soit dans les assaisonnemens. On en tire, par la distillation, une eau qui est céphalique, stomachique, hystérique, & une huile essentielle, qui porte le nom

Q 4

de *néroly* ; c'est un excellent parfum. L'eau de fleurs d'orange est aussi très-efficace contre les vers, & contre la toux qu'elle calme ; & selon M. *Bourgeois*, elle facilite l'expectoration ; mais elle ne convient pas à toutes les femmes, contre les vapeurs ; il y en a un grand nombre auxquelles elle est fort contraire. L'*essence de Portugal* se fait avec l'écorce d'orange ; il suffit d'exprimer cette écorce pour l'obtenir. On fait avec ces fleurs des conserves différentes, soit solides, soit molles ; des tablettes qui sont très-agréables au goût & que l'on présente au dessert, ou que l'on mêle dans les médicamens pour corriger leur goût désagréable, & pour fortifier l'estomac. On fait aussi avec ces fleurs, un sirop & un ratafia délicieux. On confit les écorces de ce fruit. Tout le monde sait combien la pulpe d'orange douce est agréable. On prétend que si l'on mange une orange douce toute entière avec l'écorce, avant l'accès de la fiévre intermittente, & sur-tout de la fiévre tierce, elle arrête souvent l'accès, & guérit quelquefois la fiévre. Enfin avec le suc exprimé d'oranges aigres, délayé dans l'eau & adouci avec le sucre, l'on fait une boisson, que l'on appelle communément *orangeat* ou *orangeade* ; c'est un bon rafraîchissant. Quand on veut que cette boisson soit bien aromatisée & plus gracieuse on y joint un peu d'*oleo-saccharum* préparé sur le champ, en frottant un petit morceau de sucre contre l'écorce de la même orange ; c'est le moyen d'unir le parfum de l'écorce à la saveur du suc. L'orange amere n'est employée parmi nos alimens qu'à titre d'assaisonnement ; on arrose de son suc la plupart des volailles & gibiers rôtis, à dessein d'en faciliter la digestion ; son écorce râpée est bonne pour corriger la fadeur, l'inertie des poissons gras mangés en ragoûts, comme l'anguille, &c. Cette même écorce est stomachique, fébrifuge & vermifuge ; mais c'est sur-tout, dit M. *Bourgeois*, un bon remede contre les pertes des femmes, & le flux trop abondant de leurs regles : on la donne séche en poudre à la dose de trente à quarante grains, & on fait une décoction de l'écorce verte, en faisant cuire l'écorce de six oranges avec quatre livres d'eau, pendant une demi-heure : on en donne un verre trois ou quatre fois le jour.

ORANG-OUTANG. Nom que l'on donne aux Indes Orientales, à *l'homme sauvage* ou *des bois*, espece de grand *singe*, connu aussi sous le nom de *barris*. C'est le véritable genre de singe, qui se rapproche le plus de l'homme par la figure ; il marche comme lui debout ; on doit distinguer deux especes d'orang-outang ; la grande espece, qui est le *barris* ou *drill* des Anglois ou le *pongo* de Guinée, & la petite espece qui est le *jocho*. Ce genre de singes differe de l'homme à l'extérieur par le nez, qui n'est pas proéminent, par le front qui est trop court, par le menton qui n'est pas relevé à la base ; ses oreilles proportionnellement sont trop grandes, ses yeux trop voisins les uns des autres ; l'intervalle entre le nez & la bouche trop étendu ; ce sont-là les seules différences de la face de l'orang-outang avec le visage de l'homme. Le corps & les membres different en ce que les cuisses sont relativement trop courtes, les bras trop longs, les pouces trop petits, la paume des mains trop longues & trop serrée, les pieds plutôt fait comme des mains que comme des pieds humains ; les parties de la génération du mâle ne sont différentes de celles de l'homme, qu'en ce qu'il n'y a point de frein au prépuce ; les parties de la femelle, sont à l'extérieur fort semblables à celles de la femme ; à l'intérieur cette espece differe de l'espece humaine par le nombre des côtes ; l'homme n'en a que douze, l'orang-outang en a constamment treize ; il a aussi les vertebres du cou plus courtes, les os du bassin plus serrés, les hanches plus plates, les orbites des yeux plus enfoncés ; il n'y a point d'apophyse épineuse à la vertebre du cou, les reins sont plus ronds que ceux de l'homme, & les ureteres ont une forme différente, aussi-bien que la vessie & la vésicule du fiel, qui sont plus étroites & plus longues que dans l'homme ; toutes les autres parties du corps, de la tête & des membres, tant extérieures qu'intérieures, sont si parfaitement semblables à celles de l'homme, qu'on ne peut les comparer sans admiration, dit M. *de Buffon*, & sans être étonné que d'une conformation si pareille, & d'une organisation qui est absolument la même, il n'en résulte pas les mêmes effets ; par exemple la langue & tous les organes de la voix sont les mêmes que dans l'homme, & cependant l'orang-outang ne parle pas ; le cerveau est absolument de la même forme & de la même proportion, & il ne pense pas : y a-t-il une preuve plus évidente que la matiere seule, quoique parfaitement organisée, ne peut produire ni la pensée, ni la parole qui en est le signe, à moins qu'elle ne soit animée par un principe supérieur ? L'orang-outang n'a point de poches au dedans des joues, point de queue, point de callosité sur les fesses ; il les a renflées & charnues ; il a toutes les dents & même les canines semblables à celles de l'homme ; il a la face plate, nue & basanée ; les oreilles, les mains, les pieds, la poitrine, le ventre aussi nus ; il a des poils sur la tête qui descendent en forme de cheveux des deux côtés des tempes, du poil sur le dos & sur les lombes, mais en petite quantité ; il a cinq ou six pieds de hauteur & marche toujours droit sur ses pieds. *Voyez maintenant l'article* Homme des bois.

ORBAINE. *Voyez* Arbenne.

ORBIS. Nom que les Voyageurs donnent au *poisson rond*, & quelquefois à la *lune poisson*. Voyez ces mots.

ORCA est le cétacée que les Anglois appellent *witlepoole*, & les Naturalistes *épaular*. Voyez à la suite du mot Baleine.

ORCANETTE, *anchusa puniceis floribus aut buglossum radice rubra*, est une espece de buglose, qui croît dans le Languedoc & dans la Provence aux lieux sabloneux. Sa racine est grosse comme le pouce, rouge en son écorce, blanchâtre en sa partie ligneuse : elle pousse plusieurs tiges, hautes de huit pouces ou environ, se courbant vers la terre. Ses feuilles sont semblables à celles de la buglose sauvage, longues, garnies de poils rudes ; ses fleurs sont en entonnoir, à pavillon découpé, de couleur violette ; il succede à chacune quatre semences grisâtres, qui ressemblent à une tête de vipere.

On fait sécher la racine d'orcanette au soleil, & on l'envoie aux Droguistes qui la débitent : on choisit celle qui est nouvellement séchée, un peu flexible, de couleur rouge foncée extérieurement, rendant une belle couleur vermeille quand on en frotte l'ongle. C'étoit le fard des Anciens. On s'en sert en Pharmacie pour donner une teinture rouge aux médicamens qu'on veut déguiser, à l'onguent rosat, à des pommades, à de la cire, à de l'huile, étant infusée dedans. Des Cuisiniers habiles s'en servent aussi pour imiter la sauce ou *beurre d'écrevisses*. Il n'y a que son écorce qui colore : l'intérieur n'est point colorant. Cette racine est astringente ; prise en décoction, elle arrête le cours de ventre.

On nous apporte quelquefois du Levant une espece d'orcanette, appellée *orcanette de Constantinople* ; c'est une racine presque aussi longue & grosse que le bras, mais d'une figure particuliere ; car elle paroît, dit *Lémery*, un amas de grandes feuilles entortillées comme le tabac à l'andouille, de couleurs différentes, dont les principales sont un rouge obscur, & un très-beau violet ; il paroît au haut de cette racine une sorte de moisissure blanche & bleuâtre. Dans le milieu l'on trouve une petite écorce mince, roulée, d'un beau rouge en dehors & blanche en dedans. Quoique cette racine paroisse artificielle, elle rend une teinture encore plus belle que la nôtre, mais moins durable.

Comme la teinture de l'orcanette ne consiste que dans le rouge dont sa superficie est couverte, *Pomet* conseille avec raison de préférer celle qui est menue à une plus grosse ; c'est aussi celle qu'employent les Teinturiers : on la tire de Marseille & de Nîmes.

ORCHIS ; *orchys*. Nom donné à une famille de

plantes qui approche beaucoup de celles des *gingembres* : voyez ce mot. Leurs racines font des especes de tubercules charnus ; leurs feuilles font marquées de nervures longitudinales affez groffieres ; leurs fleurs font en épi ou en pannicule, au fommet des tiges ; (M. *Haller* dit qu'elles ont trois pétales extérieurs, nés du haut du germe, deux pétales intérieurs, les uns & les autres fimples & uniformes, & un fixieme pétale dont la figure varie à l'infini : les étamines naiffent fouvent d'une colonne, qui s'éleve du centre de la fleur & qu'on prend pour la trompe, quoiqu'elle n'en ait pas la ftructure, & qu'une rainure gluante paroiffe être le véritable chemin du fperme mâle :) leur fruit eft une capfule, à une loge & trois battans : les graines font en très-grand nombre & fort menues ; les racines font douées d'une grande âcreté, qu'elles perdent par l'exficcation, ou bien en les échaudant dans l'eau. On range parmi les *orchis* les efpeces du *fatyrion*, de la *vanille*, &c. Voyez ces mots.

OREILLE, *auricula*. Organe de l'ouïe : nous en avons parlé à l'article *Homme*. La ftructure de l'oreille eft très-diverfifiée dans les animaux. Si nous n'avons pas encore eu occafion de reconnoître cet organe dans les infectes, nous n'en dirons pas de même à l'égard des oifeaux, des quadrupedes, des gros poiffons, &c. les uns l'ont large, droite & ouverte ; d'autres cachées bien avant dans le derriere de la tête. Tous les quadrupedes ont l'oreille très-faillante : cette analogie ne fe trouve pas dans les oifeaux & les poiffons. Les taupes qui font enterrées toute leur vie, n'ont point le conduit de l'oreille ouvert à l'ordinaire ; car pour empêcher la terre d'y entrer, elles l'ont fermé par la peau qui leur couvre la tête, & qui fe peut ouvrir ou fe fermer en fe dilatant ou en s'étréciffant. Plufieurs animaux ont ce trou abfolument bouché, comme la tortue, le caméléon, & la plupart des poiffons : il y a une efpece de baleine qui ne l'a pas fermé, mais elle a cette ouverture fur les épaules ou placée derriere l'œil: c'est un conduit couvert d'un épiderme, & au fond duquel est un os en forme de coquille. L'adresse du Pêcheur consiste à enfoncer le harpon dans cet endroit foible & sensible. C'est cet os qui est improprement connu dans les Apothicaireries sous le nom de *pierres de tiburon*. Presque tous les quadrupedes ont ce trou ouvert par des oreilles mobiles & plus ou moins longues, qu'ils levent & tournent du côté d'où vient le bruit. Les lions, les tigres, les léopards ont les oreilles courtes; l'homme, le singe, le porc-épic les ont applaties contre la tête; le veau marin, les lézards, les serpens n'ont point du tout d'oreilles externes: les oiseaux ont le trou auditif couvert seulement de plumes; il s'en trouve cependant parmi ces bipedes qui l'ont découvert, comme l'outarde, le casoar, le coq d'Inde, la pintade.

OREILLE D'ANE. *Voyez* CONSOUDE GRANDE.

OREILLE DE COCHON ou CRÊTE DE COQ. Les Curieux donnent ces noms à une coquille bivalve du genre des huîtres. Sa couleur est d'un brun violet, ses deux valves sont ornées du côté de l'ouverture, de replis anguleux qui s'emboîtent très-exactement les uns dans les autres. *Voyez* CRÊTE DE COQ. On donne aussi le nom d'*oreille de cochon* à un murex ailé; *voyez* MUREX.

OREILLE D'HOMME. *Voyez* CABARET.

OREILLE DE JUDAS. *Voyez* au mot CHAMPIGNON.

OREILLE DE LIEVRE. *Voyez* PERCE-FEUILLE VIVACE *au mot* PERCE-FEUILLE.

OREILLE DE MER ou ORMIER, *haliotis*, est un coquillage univalve, fait en bassin ovale, contourné, dont les spires sont applaties & fort larges, & la bouche extrêmement grande & évasée. Ce coquillage se trouve sur les côtes de la Bretagne, dans plusieurs autres parages de nos mers, & très-communément dans l'Inde, &c.

Il est très-fortement attaché aux rochers à fleur

quets. On contemple, avec plaisir, la richesse du pinceau de la Nature, sur un théâtre garni des especes de ces plantes. Ces fleurs méritent, avec raison, les soins de l'Amateur de la belle nature.

L'oreille d'ours est une plante dont les feuilles sont longues de deux à trois pouces, polies, grasses, tantôt dentelées, tantôt entieres, & d'un goût amer ; le nom de cette plante lui est venu de la ressemblance de ses feuilles avec l'oreille d'un ours. Du milieu de ses feuilles s'élevent des tiges qui soutiennent en leur sommet des fleurs en forme d'un tuyau évasé en entonnoir à pavillon, & découpé en six ou sept parties. Ces fleurs varient en couleur suivant les especes.

Les Amateurs les distinguent en trois classes, l'*oreille d'ours pure*, la *panachée* & la *bizarre*. La pure est celle qui n'a qu'une couleur, comme rouge, cramoisi, violet, pourpre, &c. Les jaunes & les blanches sont des especes dégénérées : on préfere les pures, parce qu'elles sont grandes, plus étoffées, plus veloutées. Les panachées ont leurs partisans, on exige que leurs panaches soient nets ; les panaches blanc de lait & d'un jaune doré, sont les plus beaux. Les bizarres ont diverses couleurs opposées, agaçantes, comme le blanc au noir dans le même fleuron. Le caractere de la belle oreille d'ours, est d'avoir la fleur ronde, l'œil grand, rond, net, n'anticipant point dans la couleur ; que les pistils soient placés à fleur de l'œil, le remplissent & le surpassent : les Curieux exigent encore d'autres qualités qu'il seroit trop long d'expliquer. Les oreilles d'ours estimées les plus belles, sont toutes simples ; celles qui sont doubles n'ont point l'œil qui est la principale beauté de cette fleur, & ne se soutiennent pas. Un point essentiel dans la culture des fleurs, est d'approprier la nature du sol à l'espece de fleur : c'est de la Nature qu'il faut apprendre l'exposition, & l'espece de terre dans laquelle elles peuvent se plaire.

L'oreille d'ours est une plante humide, montagneuse, & qui aime l'ombre : il lui faut une terre qui réponde

à

à son tempérament, & qui conserve toute sa fraîcheur. La terre la plus appropriée à cette plante, est un mélange de terre de taupinière, de curures de riviere ou de fossés de prés, avec un peu de terreau de fumier de cheval ou de vache. Il est essentiel, lorsqu'on emporte une plante, de ménager l'écoulement des eaux superflues; c'est pourquoi il faut mettre au fond du pot une écaille d'huître sur le trou. La terre des oreilles d'ours ne demande à être renouvellée que tous les trois ans; plus souvent, on courroit risque d'avoir de médiocres fleurs, tant la nature des alimens influe sur la structure organique. On peut faire cette opération au commencement de Mars, ainsi que celle de les œilletonner. On sépare, dans la longueur de toute la racine sur les côtés, les œilletons avec le doigt ou avec un couteau de buis ; la tige principale en porte des fleurs plus belles & mieux nourries: on éleve ces œilletons séparés, & ils donnent les mêmes fleurs que la tige principale. Le Fleuriste attentif enduit la blessure avec la térébenthine de Venise, qui empêche l'eau de pénétrer & de pourrir la racine. On laisse fleurir ces plantes dans un endroit où il y a très-peu ou point de soleil, parce qu'il en brûleroit les nuances. Le goût du Fleuriste se fait remarquer dans l'art de disposer les fleurs sur son théâtre, afin de les faire contraster, & d'en relever les beautés par leur opposition. C'est dans le temps de la floraison, que l'Amateur apperçoit que les panachées ou anciennes bizarres dégénerent, ce qui se reconnoît quand elles deviennent entiérement de la couleur dont elles panachoient. La beauté altérée ne reviendra plus. Les pots doivent être conservés à l'ombre, même lorsque la fleur est passée: le Fleuriste ne doit jamais épargner les plus petits soins. La meilleure maniere de les conserver, est de les mettre dans une serre (froide ou non), parce que ces plantes ne craignent pas la gelée. Il faut dépotter tout œilleton, dont les feuilles se recoquillent, afin de le garantir de la pourriture, dont c'est une marque infaillible: on y remédie en coupant le navet jusqu'au vif. (Quoique les oreilles d'ours réussissent assez bien dans les pots, j'ai cependant observé, dit M. *Bourgeois*, qu'elles prosperent beaucoup mieux, & qu'elles viennent plus grosses & plus belles en pleine terre, pourvu qu'on observe de les planter dans des plate-bandes, qui soient un peu humides, & qui n'aient, s'il est possible, que le soleil levant. On doit aussi faire attention, pour avoir de belles oreilles d'ours, de ne laisser à la plante ni trop, ni trop peu d'œilletons. On en doit laisser au plus cinq à six & jamais moins de quatre.) Lorsqu'on veut avoir de belles fleurs, il faut semer, & se fier à la nature, qui est inépuisable dans ses couleurs, surtout sur les oreilles d'ours, dont les especes ne se reproduisent jamais sans variétés. Il faut faire choix, pour semence, de la graine des plus belles fleurs, des plus grandes, des plus veloutées & des plus foncées en couleur, avoir soin que la graine ait toutes les qualités requises de maturité. Il faut semer en Décembre, dans des terrines, sur une terre préparée, ainsi que nous l'avons dit, & recouvrir la graine avec une terre sèche tamisée, environ de l'épaisseur d'un liard : il est essentiel de ne les arroser qu'avec un arrosoir très-fin. Dès le mois d'Avril la graine commence à lever ; lorsque le plant a six feuilles, on le repique ; & au bout de deux ans l'Amateur choisit dans le nombre de celles que la Nature a pris plaisir à embellir. Il est, dans la culture de ces fleurs & des autres que l'on cultive par prédilection, mille petits soins qui font le plaisir de l'Amateur. C'est vraiment dans la culture des fleurs & des fruits, que l'on admire l'empire que l'Auteur de la Nature a accordé à l'homme sur ces individus. Avec quelles délices ne voit-il pas paroître par ses soins de nouvelles beautés inconnues jusqu'alors. Par combien de titres l'oreille d'ours mérite-t-elle d'être chérie ! elle le dispute à la tulipe, par son brillant, par son étoffe veloutée : elle a de plus une odeur suave, un air fin. Sans vouloir relever ses attraits par la comparaison avec les autres fleurs cultivées par les Curieux, deux mots font son éloge: elle fleurit ordinairement deux fois par an, & son feuillage est toujours vert. Vous pouvez consulter dans ce pays un traité fort détaillé sur la *culture* de l'*oreille d'ours*. Il est imprimé à Paris, en 1745, en 2 vol. in-12.

L'oreille d'ours est la *sanicle des Alpes*: ses feuilles sont vulnéraires & bonnes pour les coupures.

L'*oreille d'ours de Mycone*, dont on se sert plus communément en Médecine, est une sorte de petit bouillon blanc qui croît naturellement sur les Pyrenées & en Catalogne, sur le mont Ferrat & autres lieux ombrageux. Ses racines sont aussi déliées que des cheveux; ses feuilles sont éparses & courbées sur terre, ayant à-peu-près la figure de celles de la bourrache, un peu découpées & chargées de poils. Il s'éleve d'entre ces feuilles deux ou trois petites tiges, hautes de huit pouces, rondes, solides, pleines de suc, rougeâtres & d'un goût astringent. Les fleurs sont bleues, à une seule feuille disposée en rose. A cette fleur passée succede un petit fruit ovale qui se divise en deux loges, remplies de semences menues, anguleuses. Cette plante prise en décoction est estimée propre pour la gravelle: on en fait distiller une eau dont les Espagnols se servent pour la toux; & par cette raison ils ont donné à cette plante le nom de *yerva tussera*.

OREILLE DE RAT. *Voyez* PILOSELLE.

OREILLE DE SOURIS, *myosotis incana repens*. C'est un genre de plante qui differe de la morgeline par la figure de son fruit, lequel ressemble à une corne de bœuf tronquée. Celle dont on cite ici le nom est originaire des pays chauds. M. *de Tournefort* en a cité de plusieurs especes. L'oreille de souris la plus usitée croît aux lieux montagneux, notamment sur les Alpes; sa racine est fibrée; ses tiges qui sont couchées à terre, sont velues & garnies de petites feuilles lanugineuses, faites comme des oreilles de souris: sa fleur est à plusieurs feuilles disposées en rose; il lui succede une capsule qui a la figure de la corne d'un bœuf, & qui renferme plusieurs semences menues, arrondies : cette plante est astringente, rafraîchissante; & sa racine est estimée propre pour les fistules lacrymales.

Il y a une espece d'*oreille de souris* à feuilles & à fleurs blanches, avec laquelle on peut faire dans les jardins des tapis soyeux, argentins, de la plus grande beauté.

OREILLERE. *Voyez* PERCE-OREILLE.

OREILLETTE. *Voyez* CABARET.

ORFRAIE, BRISE-OS, OSSIFRAGE ou OSSIFRAGUE; oiseau nommé aussi *grand aigle de mer*, *aquila marina*. Cet oiseau est à-peu près aussi grand que l'aigle; il paroît même avoir à proportion le corps plus long, mais ses ailes sont plus courtes; car l'orfraie a trois pieds & demi de longueur depuis le bout du bec jusqu'à l'extrémité des ongles, & en même temps il n'a que sept pieds de vol ou d'envergure; tandis que le grand aigle qui n'a communément que trois pieds deux ou trois pouces de longueur de corps, a huit & jusqu'à neuf pieds de vol. L'orfraie est remarquable par sa grandeur, & reconnoissable, 1°. par la couleur & la figure de ses ongles, qui sont d'un noir brillant & forment un demi-cercle entier; 2°. par les jambes qui sont nues à la partie inférieure, & dont la peau est couverte de petites écailles d'un jaune vif; 3°. par une barbe de plumes qui pend sous son menton ; ce qui lui a fait donner encore le nom d'*aigle barbu*. Cet oiseau se tient volontiers près des bords de la mer, & assez souvent dans le milieu des terres à portée des lacs, des étangs & des rivieres poissonneuses; il n'enleve que le plus gros poisson, mais cela n'empêche pas qu'il ne prenne du gibier; & comme il est très-grand & très-fort, il ravit & emporte aisément les oies & les liévres, & même les agneaux & les chevreaux. On observe dans l'orfraie une particularité singuliere : l'ouverture de la pupille qui d'ordinaire n'est recouverte que par la cornée, l'est encore dans cet oiseau par une membrane extrêmement mince, qui forme l'apparence d'une petite taie sur le milieu de l'ouverture de la pupille ; la partie circulaire qui environne la pupille est transparente, au lieu que dans les autres oiseaux elle est opaque & de couleur obscure. Il résulte de cette conformation, que cet oiseau porte sur le milieu de tous les objets qu'il regarde une tache ou un petit nuage obscur, & qu'il voit mieux de côté que de face ; cependant on ne s'apperçoit pas par le résultat de ses actions, qu'il voye plus mal que les autres oiseaux ; il est vrai qu'il ne s'éleve pas à beaucoup près à la hauteur de l'aigle, qu'il n'a pas non plus le vol aussi rapide, qu'il ne vise ni ne poursuit sa proie d'aussi loin : ainsi il est probable qu'il n'a point la vue aussi nette ni aussi perçante que les aigles ; mais il est sûr qu'il ne l'a pas comme les chouettes, offusquée pendant le jour, puisqu'il cherche & ravit sa proie aussi bien le jour que la nuit & principalement le matin & le soir. Les oiseaux de nuit voient mal ou point du tout pendant le jour, que parce que leurs yeux sont trop sensibles, & qu'il ne leur faut qu'une très-petite quantité de lumiere pour bien voir. Leur pupille est parfaitement ouverte, & n'a pas la membrane ou la petite taie qui se trouve dans l'œil de l'orfraie. La raison qui a déterminé *Aristote*, dit M. *de Buffon*, à placer l'orfraie avec les oiseaux de nuit, c'est qu'en effet il pêche & chasse la nuit comme le jour ; il voit plus mal que l'aigle à la grande lumiere ; il voit peut-être aussi plus mal que la chouette dans l'obscurité ; mais il tire plus de parti, plus de produit que l'un ou l'autre de cette conformation singuliere de ses yeux, qui n'appartient qu'à lui & qui est aussi différente de celle des yeux des oiseaux de nuit, que des oiseaux de jour. On croit que l'*orfraie* s'unit au *balbuzard* ; ce qui rend croyable cette possibilité du mélange & du produit du balbuzard & de l'orfraie, c'est la conformité des appétits, du naturel & même de la figure de ces oiseaux ; car quoiqu'ils différent beaucoup par la grandeur, l'orfraie étant de près d'une moitié plus grosse que le balbuzard, ils se ressemblent assez par les proportions, ayant tous deux les ailes & les jambes courtes en comparaison de la longueur du corps, le bas des jambes & les pieds dénués de plumes: tous deux ont le vol moins élevé & moins rapide que les aigles: tous deux pêchent beauboup plus qu'ils ne chassent, & ne se tiennent que dans les lieux voisins des étangs & des eaux abondantes en poisson : tous deux sont assez communs en France & dans les autres pays tempérés: ces espèces sont assez voisines pour pouvoir se mêler ; & des raisons d'analogie persuadent à M. *de Buffon* que le mélange est fécond, & que le balbuzard mâle produit avec l'orfraie femelle des orfraies ; mais que la femelle balbuzards avec l'orfraie mâle produit des balbuzards, & que ces bâtards, soit orfraies, soit balbuzards, tenant presque tout de la nature de leurs meres, ne conservent que quelques caracteres de celle de leurs peres, par lesquels caracteres ils différent des orfraies ou balbuzard légitimes. Par exemple, on trouve quelquefois des balbuzards à pieds jaunes & des orfraies à pieds bleus ; quoique communément le balbuzard les ait bleus, & l'orfraie les ait jaune. Cette variation de couleur peut provenir du mélange des deux especes. Comme cet oiseau ne pond que deux œufs par an, que souvent il n'éleve qu'un petit, l'espèce en est peu nombreuse ; mais elle paroît commune aux deux Continens. *Voyez au mot* Fresaie.

ORGANE. Partie du corps animal qui est capable d'exécuter telle action ou telle opération. Les sens extérieurs sont des organes, au moyen desquels l'animal est affecté lorsqu'il touche, qu'il entend, qu'il voit, qu'il flaire ou qu'il goûte.

Les principaux organes des plantes sont les moyens ou les instrumens qui les font agir, & qui leur portent la nourriture nécessaire. Ainsi l'organisation est l'arrangement des parties qui constituent les corps animés,

& dont le premier principe se trouve dans les semences. *Voyez les art.* Animal, Plantes *&* Molécules organiques.

ORGANO. *Voyez à l'article* Rouget.

ORGANSIN. *Voyez à l'article* Ver a soie.

ORGE, *hordeum*. Les Botanistes font mention d'un nombre assez considérable d'especes ou de variétés d'orge; mais nous ne parlons ici que de celles que l'on cultive communément.

L'orge, comme toutes les autres plantes dont la tige est en tuyau, a beaucoup de racines fibreuses: sa tige a deux à trois pieds de hauteur, & est garnie de cinq à six nœuds, à chacun desquels naissent des feuilles assez semblables à celles du chiendent, & verdâtre: ses épis sont composés de paquets de fleurs garnies en leur base de filets barbus, & auxquelles succedent des graines longues, pâles ou jaunâtres, farineuses, pointues & renflées en leur milieu: un même grain pousse plusieurs tuyaux; chaque tuyau qui est penché vers la terre, porte en son épi quelquefois vingt grains sur chaque côté.

Il y a une espece d'orge qu'on peut appeller *orge d'hiver*, parce qu'elle se seme en même-temps que le froment; on la nomme en François *orge carré*, parce que les grains qui sont rangés sur quatre lignes paralleles donnent une forme carrée à l'épi; on la nomme aussi *escourgeon*. Les grains en sont fort gros. Les Brasseurs font usage de ce grain, soit seul, soit mélangé avec du froment pour faire la biere: c'est l'*hordeum polysticum hibernum*.

On peut avec l'escourgeon faire des prés artificiels; on le coupe en vert, on le donne aux chevaux & aux ânesses dont on tire le lait pour les maladies: on pourroit en faire une seconde coupe sans perdre sa moisson, qu'on recolteroit seulement un peu plus tard; mais pour l'ordinaire on laboure la terre, & on y seme des haricots ou des pois. Il est bon d'avertir ici avec M. *Duhamel*, que l'herbe de froment donnée en trop grande quantité aux bestiaux, les rend malades. L'orge carré est excellent pour nourrir la volaille; ce grain est d'un grand secours pour les pauvres dans les années de disettes, quoiqu'il fournisse une nourriture assez grossiere: il a l'avantage de mûrir de bonne heure.

Il y a d'autres especes d'orge qui sont du nombre de ces grains qu'on appelle *mars*, parce qu'on ne les seme que dans le mois de Mars; on les appelle *orge avancé*, *hordeum polysticum vernum*: il y a aussi une de ces especes d'orge qui est carrée. L'orge le plus commun dont les épis sont plats, est celui qui se cultive en plus grande quantité dans plusieurs Provinces; il grene beaucoup. Il y a encore une autre espece que les Paysans nomment *ris*, parce que les grains en sont blancs, & qu'ils rendent peu de son. Les épis d'orge sont remarquables par leur longue barbe.

Toutes les especes d'orge produisent quantité de grains quand on les seme dans un bon fonds bien cultivé & bien fumé: elles se plaisent mieux dans les terres douces que dans les argileuses. Il y a des Provinces où cette récolte est si importante, qu'on y cultive les orges avec presque autant de soin que les fromens. En Suéde l'orge fait la semaille ordinaire; il en est de même aux Alpes, dit M. *Haller*: la récolte est plus riche que celle du froment, & elle est souvent au dodécuple (douze fois autant) de la semence. On a mandé de Berlin qu'un grain d'orge, mis au printemps de l'année 1763 dans une terre de jardin bien fumée, poussa d'abord une touffe d'herbe composée de plusieurs tiges que le Cultivateur (M. *Kretzchmer*) sépara du jet principal pour les transporter dans les environs: chacune de ces tiges ainsi transplantées, forma comme la premiere une nouvelle touffe: elle furent marcotées de même, & les pieds qu'on en tira, formerent à leur tour de nouvelles marcotes au moyen de la transplantation; de sorte que toutes ces marcotes s'étant multipliées successivement pendant l'espace de seize à dix-huit mois, un seul grain d'orge se trouva avoir produit au-delà de quinze mille épis. On parle d'une trousse d'orge que les Peres de la Doctrine Chrétienne de Paris conservoient, & qui étoit composée de deux cents quarante-neuf tuyaux, aux épis desquels on comptoit plus de dix-huit cents grains.

L'orge mêlé avec le froment fait de très-bon pain, mais seul il en fait un qui n'est pas si estimé; il n'est bon que lorsqu'il est frais, ce qui dure fort peu; cependant les pauvres s'en nourrissent dans certains pays: il ne convient qu'à ceux qui s'exercent à de rudes travaux, parce qu'il est difficile à digérer. L'orge n'a pas les mêmes vertus que le froment, qui échauffe; mais de quelque maniere qu'on prépare l'orge, il rafraîchit. On dépouille l'orge de sa peau, & on en fait ce qu'on appelle l'*orge mondé* ou *orge grué*, de même qu'on prépare l'avoine pour en faire du *gruau*: ces nourritures sont excellentes pour les personnes infirmes, & qui ont quelque maladie qui attaque la poitrine. Les tisanes d'orge mondé sont très-bonnes pour appaiser l'ardeur des fiévres bilieuses.

L'orge est fort recherché pour faire de la biere: cette liqueur, nommée autrefois *cervoise*, tient le milieu entre le vin & l'eau. Les peuples du Nord en font un grand usage; l'orge leur est aussi nécessaire pour faire de la boisson, que le froment pour faire du pain: ils sont dans l'habitude de n'employer dans la composition de leur biere que du *malt*, c'est-à-dire, du grain germé par une sorte de fermentation faite à l'air libre, immédiatement après avoir été macéré pendant deux jours dans une cuve: le grain commençant à germer, on le desséche, on le torréfie légérement, ensuite on l'écrase à la meule, puis on l'arrose d'eau chaude, on agite le tout, &c. on ajoute du houblon & du levain ou de la lie de biere, & l'on procede à une bonne fermentation. On substitue quelquefois le froment & l'avoine à l'orge pour faire le *malt*, dont le négoce est en Angleterre d'une étendue considérable; on estime qu'il s'en consomme dans ce pays quarante milliers de boisseaux. Ce calcul est fait d'après le produit de l'impôt appellé *malt-tax*.

En quelques pays on nomme l'orge *pain de disette*. Du temps de *Pline*, les Gladiateurs Athéniens qui avoient coutume de se nourrir d'orge, étoient surnommés *Hordearii*. Le *maza* ou masse-huile des Anciens, étoit composé de farine d'orge rôti, mêlée & pétrie avec quelque liqueur, comme de l'eau, de l'huile, du lait, du vin cuit, du miel, &c. On faisoit aussi une bouillie d'orge, appellée *polenta*. L'orgeat, dont on fait tant d'usage pour désaltérer agréablement, doit avoir pour base une décoction d'orge : l'orgeat est la crème d'orge des Anciens. On prépare en Allemagne & en Flandres un orge réduit en des grains ronds très-blanc, de la grosseur d'un grain de millet ; c'est ce qu'on appelle *orge perlé*, parce qu'il ressemble grossierement à des perles ; on le fait avec l'orge mondé que l'on met sous une meule suspendue ; le grain étant brisé en partie, on passe au crible ce qui a échappé à la meule. Les Allemands en font beaucoup plus d'usage que nous : ils en mangent en bouillie, au lait, & quelquefois avec du bouillon de viande. On peut consulter la lettre sur l'usage d'une nouvelle découverte de pâtes, de sirops & de tablettes d'orge, par M. *de Chamousset*, à Paris, chez *Barbou*.

ORGE PETIT ou PETIT ORGE. *Voyez* CEVADILLE.

ORGUE DE MER, ou TUYAU D'ORGUE, *tubularia marina purpurea*. Espece de vermiculaire rouge ou d'un beau pourpre, (nous en avons de blancs) du genre des vermisseaux tubulaires de mer. L'arrangement de ces tubes comme testacées est admirable ; chaque ver est l'architecte de son tuyau, & ce tuyau presque cylindrique, dur & plus ou moins droit, est adhérent à celui de son voisin par le moyen d'une substance qui leur est commune, & qui sert à les groupper & à joindre leurs différens étages. Ainsi l'orgue de mer, dont l'animal n'est pas bien connu, est composé de tubes réunis en masses, adhérens les uns aux autres par des lames plates, minces, circulaires, extérieures, entourant chaque tuyau & posées irréguliérement, quelquefois ces tuyaux sont collés par leurs côtés. L'orgue de mer se pêche dans les Moluques. On prétend que les Naturels des Moluques, notamment à Amboine, ont une certaine horreur de cette espece de tubulaire marin: ils ne cueilleroient pas le fruit d'un arbre auquel on auroit attaché un de ces tuyaux d'orgue, ils craindroient en touchant ce fruit d'être attaqués d'une ébullition par tout le corps. Superstition qui a pris naissance dans quelque esprit simple, & qui a fait donner à ce corps le nom de *pierre magique* ou des *magiciens*. Les habitans de Java s'en servent comme d'un diurétique. *Voyez maintenant l'article* VERMISSEAU DE MER.

ORCHETTA. Nom donné sur la côte de Genes à une espece de squille à tête large, de la grandeur d'une langouste. On en prend peu du côté de Marseille, mais beaucoup sur les côtes de Barbarie.

ORICHALQUE. *Voyez à l'article* CUIVRE DE CORINTHE.

ORIGAN, *origanum*. Plante dont les Botanistes distinguent avec *Tournefort* quatorze especes: nous en citerons deux qui sont en usage, & qui se trouvent dans notre pays; savoir, l'origan commun & le petit origan.

1°. L'ORIGAN COMMUN OU GRAND ORIGAN, ou la MARJOLAINE D'ANGLETERRE SAUVAGE & BATARDE, *origanum vulgare spontaneum*, est une plante qui croît non-seulement dans les pays chauds, mais aussi dans les pays froids, comme en Allemagne, en Angleterre & en France, on la trouve fréquemment aux lieux secs & exposés au soleil, dans les broussailles, le long des haies, & principalement sur les collines & les montagnes; ses racines sont ligneuses, filamenteuses, traçant obliquement en terre: elles jettent plusieurs tiges à la hauteur de deux pieds ou environ, dures, carrées, velues: ses feuilles naissent des nœuds des tiges, opposées, (les plus grandes ressemblent à celles du calament vulgaire, & les plus petites à celles de la marjolaine,) velues, odorantes, d'un goût âcre & aromatique: ses fleurs paroissent en été, elles sont comme en parasol aux sommités des tiges, dans des épis grêles & écailleux, qui forment de gros bouquets: chaque fleur est en gueule & d'un rouge blanchâtre; il leur succede des semences très-menues & arrondies. Cet origan varie beaucoup par ses feuilles & par ses fleurs. *Tragus* observe que ces fleurs sont de trois sortes, l'une ponceau, l'autre rouge-blanchâtre, & la derniere toute blanche. L'origan commun qui se trouve en Espagne, est préférable au nôtre. En Suéde les sommités d'origan sont usitées pour teindre les laines en rouge & pourpre.

2°. Le PETIT ORIGAN ou la PETITE MARJOLAINE SAUVAGE, *origanum minus*. Cette plante est assez rare, excepté dans la forêt d'Orléans, où elle est abondante: sa racine est ligneuse, roussâtre & fibreuse: sa tige est petite, ronde, haute de six à sept pouces, rameuse: elle ressemble d'ailleurs à l'espece précédente, même pour les vertus.

L'origan est diurétique, hystérique, stomacal & bon pour la tête: on en prend en infusion théiforme dans l'asthme & dans la toux violente: il est utile dans les indigestions, les rapports aigres & les vents, même pour augmenter le lait aux nourrices en facilitant la digestion, & faisant faire un chyle plus abondant. Son huile essentielle est excellente contre la douleur des dents causée par la carie; on tamponne le trou de la dent avec un peu de coton trempé dans cette huile, & la douleur cesse bientôt. On emploie extérieurement cette plante dans les lave-pieds & dans les demi-bains qu'on prépare contre les vapeurs & les pâles couleurs, contre la paralysie & les rhumatismes, notamment pour celui du cou, appellé *torticolis*. Selon M. *Bour*-

geois, l'origan est aussi un excellent aromatique qu'on fait entrer dans la plupart des fomentations qu'on met en usage contre la foiblesse des nerfs, les contusions, les enflures & autres accidens qui sont la suite de quelque coup, de chutes, d'entorses, &c.

ORIGNAC ou ORIGNAL. Espece d'élan de l'Amérique. *Voyez* ÉLAN.

ORISEL. *Voyez* SEREQUE.

ORME, *ulmus*, est un grand & gros arbre de futaie, connu aussi sous les noms d'*ormeau*, *ormille*, & *arbre au pauvre homme*. On distingue plusieurs especes d'ormes qui différent par les feuilles & par la nature de leur bois : mais il y en a beaucoup qui ne sont que des variétés, ainsi qu'on l'éprouve par la culture de la graine d'orme, d'où il naît des arbres dont quelques-uns ont des feuilles aussi petites que l'ongle, & d'autres plus larges que la main ; les uns ont des feuilles rudes, d'autres molles. On dit vulgairement que l'orme à larges feuilles est femelle, & que celui à petites feuilles est mâle, mais c'est improprement. Voici la description de l'orme ordinaire ou *orme franc* : sa racine est grosse, dure & trace au loin d'un côté & d'autre dans la terre : son tronc est fort rameux, assez droit, couvert d'une écorce crevassée, rude, de couleur cendrée, rougeâtre en dehors, blanchâtre & souple en dedans ; son bois est robuste, dur, jaunâtre, tirant un peu sur le rouge ; ses branches étalent ou s'étendent beaucoup : ses feuilles sont assez larges, ridées, veineuses, oblongues, dentelées en leurs bords, pointues, verdâtres & nerveuses : sa fleur qui naît avant les feuilles au sommet des rameaux, est un entonnoir à pavillon découpé : à cette fleur succede un fruit membraneux qui contient une semence blanche, douce au goût : les Latins appellent cette graine *samara*.

L'orme fournit un exemple merveilleux de la fécondité en fait de graines seulement. Un orme peut aisément vivre cent ans, & sans le secours de l'art, il peut rapporter pour une année de fécondité moyenne beaucoup plus de 33000 graines, ce qui donne pour les cent années de la vie de l'orme 3,3000,000 graines provenues d'une seule graine. Voyez *l'Hist. de l'Acad. des Scienc. ann. 1700*.

L'orme croît dans les champs & dans les plaines, en terre grasse & humide, proche les rivieres: il fleurit en Mars & Avril. C'est un arbre assez long à venir; la voie la plus courte est de l'élever de rejetons qui sortent de ses racines en pépiniere. Le temps le plus favorable de le planter est au mois de Février: on peut greffer en écusson à œil dormant les especes qu'on aime davantage, sur celles dont on fait moins de cas. Comme ces arbres se prêtent & se plient à toutes les formes, ils sont très-propres pour faire des bosquets, des quinconces, des salles de verdure, des allées & de grandes avenues qu'on appelle *ormayes* ou *ormoies*, & dont l'ombrage est fort sain tant pour les hommes que pour le bétail. Nos Anciens avoient ordinairement une ormaie derriere leur maison pour servir d'abri, de vue, de promenade, & pour leur fournir le bois de chauffage & de charronnage dont ils avoient besoin. L'orme à petites feuilles convient le mieux pour les palissades. En Italie où l'on n'a que des vignes hautes, on plante des ormes pour les accoler & les soutenir: c'est ce que les Latins ont nommé *ulmus marita*, comme qui diroit *orme marié* avec la vigne. On distingue onze especes principales d'ormes: 1°. l'*orme champêtre*, à feuilles panachées ou non panachées; 2°. l'*orme de montagne*; 3°. l'*orme teille*; 4°. l'*orme à feuilles lisses* plus ou moins panachées; 5°. le *petit orme* à feuilles jaunâtres; 6°. l'*orme d'Hollande* à feuilles quelquefois panachées; 7°. l'*orme d'Angleterre* à feuilles étroites; 8°. l'*orme de France* à graine étroite; 9°. l'*orme à écorce blanche*; 10°. l'*orme de Virginie*; 11°. l'*orme de Sibérie*, c'est un orme nain.

Il y a peu d'arbres forestiers qui souffrent aussi facilement la transplantation que l'orme: on le peut transplanter avec succès, même au bout de vingt ans. On prétend que l'orme reprend de sa nature si aisément, que des personnes ayant semé des copeaux d'orme dans une piece de terre labourée, il en a poussé une grande quantité de ces arbres. *Bradley* qui ne nie pas la possibilité du fait, dit dans ses Observations Physiques sur le Jardinage, qu'il y a certainement des cas où des bourgeons, des feuilles, & même des racines fibreuses de plante, végetent & produisent des arbres. On a fait prendre racine à des feuilles d'orangers, qui ont poussé des branches, des feuilles, des fleurs & du fruit, en les enfonçant à moitié en terre: on a fait la même chose avec des feuilles de laurier thym. Revenons aux plants d'orme: on les place à quinze ou vingt pieds l'un de l'autre dans des trous fort larges & peu profonds. Lorsque l'orme a douze ou quinze ans, on peut en couper les branchages tous les cinq ans, pour en faire des fagots; à trente ans ils produisent le double & au-delà à proportion de leur crue, & si on en a beaucoup, on les ébranche par coupe réglée: depuis quarante ans jusqu'à soixante ils sont dans leur force. On fait ordinairement avec le bois d'orme des moyeux, des essieux, des jantes, des fléches & autres ouvrages de charronage; on en fait aussi des canaux, des pompes, des moulins, les parties des vaisseaux qui sont toujours dans l'eau, &c. On préfere l'*orme tortillard*, c'est-à-dire, qui est plein de nœuds, un peu tortu & le plus dur pour faire les moyeux de roue. On débite ces pieces en grume, & on peut les laisser ainsi deux ou trois ans sans craindre le ver ni la sécheresse. Les Menuisiers, les Carrossiers & les Tourneurs font aussi usage de ce bois.

L'on a observé que l'orme à feuilles très-larges, & qui ne pousse point de rejets sur le tronc, ni sur les grosses branches, a le bois tendre & presque aussi doux que le noyer: l'autre espece d'orme aussi à larges feuilles, mais qui pousse beaucoup de branches, est tout rempli de nœuds: c'est le plus recherché pour faire des moyeux de roue.

Ray dit avoir vu en Angleterre plusieurs ormes de trois pieds de diametre sur une longueur de plus de quarante pieds. Ce fameux Botaniste rapporte encore qu'un orme à feuilles lisses, de dix-sept pieds de diametre au tronc, sur cent vingt pieds de diametre à sa tête ou pomme, ayant été débité, sa tête seule produisit quarante-huit chariots de bois à brûler, & que son tronc, outre seize billots, fournit huit mille six cents soixante pieds de planches; toute sa masse fut évaluée à quatre-vingt-dix-sept tonnes. On a vu dans le même pays un orme creux à-peu-près de même taille, qui servit long temps d'habitation à une pauvre femme qui s'y retira pour faire ses couches. On a des exemples d'autres especes d'arbres infiniment plus monstrueux. *Voyez l'art. baobab au mot* PAIN DE SINGE.

L'écorce de l'orme & ses feuilles sont remplies d'un suc mucilagineux & gluant, qui est propre à la réunion des plaies. L'on emploie la décoction de ses racines contre toutes sortes de pertes de sang: on trouve quelquefois sur les feuilles de l'orme, certaines vessies qui s'enflent jusqu'à la grosseur du poing, semblable en figure aux truffes; elles contiennent une liqueur dans laquelle on voit nager des *pucerons verdâtres*. La liqueur s'appelle *eau d'ormeau*. Ces vessies ont été formées, dit *Lémery*, par des moucherons qui ont piqué les feuilles de l'orme au printemps, & qui ont donné lieu au suc de la feuille de s'étendre; les pucerons qui font sortir de leurs œufs des moucherons, sont comme autant de masques qui couvrent de nouveaux moucherons: (ceci n'est pas tout-à-fait exact, dit avec raison M. *Deleuze*. Les pucerons qu'on trouve dans les vessies d'orme, sont la vraie cause de cette dilatation des feuilles: comme une partie des pucerons acquierent des ailes, c'est peut-être ces pucerons ailés qu'on appelle ici des *moucherons*; mais ils ne sont pas tels en naissant: peut-être *Lémery* a-t-il voulu parler des petits *ichneumons* ou *cynips*, dont les larves vivent dans le corps des pucerons, mais elles ne contribuent point

à

à la formation des vessies) : ces vessies sont nuisibles à l'arbre, mais le baume qu'elles renferment est très-bon pour les plaies nouvellement faites & pour les chûtes : on passe ce baume naturel par un linge pour en séparer les pucerons. *Voyez les Mémoires de l'Académie des Sciences, ann. 1724.* Les Paysans d'Italie & de Provence y font infuser les sommités de millepertuis : la liqueur devient rouge & se conserve plusieurs années ; la plus vieille est la meilleure. On prétend que les fleurs de l'orme sont nuisibles aux abeilles, & ses graines aux pigeons ; mais ses feuilles sont une excellente nourriture en hiver pour les moutons, les chévres, & sur-tout pour les bœufs, qui en sont aussi friands que d'avoine. Pour conserver ces feuilles, on coupe le menu branchage d'orme à la fin d'Août, & on le fait sécher au soleil.

ORMIER ou HALIOTITE. *Voy.* Oreille de mer.

ORMIN, *horminum verum*, est une plante que l'on cultive dans les jardins : elle a quelque rapport avec la sauge, & plusieurs la confondent avec l'*orvale*. Voyez ce mot.

L'ormin a une racine ligneuse & fibreuse ; ses tiges sont hautes d'environ un pied, rougeâtres, carrées, velues & rameuses ; ses feuilles sont opposées & lanugineuses, peu odorantes & d'un goût légérement amer : les sommités des branches sont garnies d'un amas de feuilles purpurines tirant sur le violet : ses fleurs, qui sortent de l'aisselle des feuilles, sont en gueule, verticillées, de couleur purpurine & blanche ; il leur succede des capsules qui contiennent des semences arrondies : toute la plante est détersive, résolutive & stomachique. On distingue aussi l'ormin sauvage, *horminum sylvestre latifolium verticillatum*. Ses propriétés sont les mêmes.

ORNE. Nom donné à une espece de frêne de l'Italie qui croît dans les forêts & sur les montagnes, & dont l'écorce est lisse & roussâtre. *Voyez les mots* Frêne & Manne.

Tome VI.   S

ORNITHOGALE ou CHURLE, *ornithogalum vulgare*: est une plante qui croît dans les haies & dans les blés. Sa racine qui est une bulbe en grappe, blanche & fibreuse, est empreinte d'un suc visqueux tirant sur l'amer; on la mange en guise d'oignon dans les lieux où elle se trouve: ses feuilles ressemblent un peu à celles du gramen, elles sont creuses & marquées d'une ligne blanche dans leur longueur. La tige est haute d'un demi-pied, & porte en son sommet plusieurs pédicules en maniere d'ombelle, qui soutiennent des fleurs disposées en rose, verdâtres en dehors, blanches en dedans: il leur succede des fruits arrondis, relevés de trois coins, & divisés intérieurement en trois loges qui renferment des semences noirâtres. En Médecine on se sert de la racine d'ornithogale pour exciter les crachats & les urines. Il y a l'ornithogale jaune qui fleurit en Mars & Avril, quelques Curieux le nomment *étoile jaune*; ses fleurs sont vertes en dessus, & d'un beau jaune par dedans; elles sont disposées en bouquet & ont la forme d'une étoile; l'ornithogale vert fleurit en été. L'ornithogale à bouquet, surnommé par les Fleuristes *dame d'onze heures*, fait un très-bel effet dans les parterres, ses fleurs sont larges & blanches; elle commence à s'épanouir à neuf ou dix heures, elle l'est entiérement vers les onze heures du matin.

ORNITHOLITES. Nom que l'on donne à des parties d'oiseaux fossiles ou pétrifiées: telles que les *becs*, les *ongles*, les *os*, les *œufs*, les *nids*, &c. celles que nous avons toujours vûes sous ce nom ne sont que des empreintes ou des incrustations.

ORNITHOPODE ou PIED D'OISEAU, *ornithopodium*. Plante dont M. *de Tournefort* compte six especes. Voici la principale, la grande *ornithopodium majus*. C'est une plante qui croît dans les champs sablonneux, tant avant qu'après la moisson, sur les collines, dans les prés arides & exposés au soleil, le long des chemins dans les sables. Sa racine est petite, blanche, simple, fibreuse, & un peu tuberculaire; elle pousse plusieurs petites tiges grêles, rameuses, presque couchées à terre & velues; ses feuilles sont opposées; ses fleurs sont petites, légumineuses & jaunâtres: il leur succede des gousses courbées en faucilles, & réfléchies en haut, composées chacune de cinq, six ou sept pieces attachées bout à bout, & terminées par un ongle pointu. Ces siliques naissent deux ou trois ensemble, disposées comme les griffes d'un oiseau: on trouve dans chacune de leur piece une semence arrondie comme celle du navet.

Cette plante fleurit en Juin: prise en décoction, elle est apéritive & excellente pour chasser les graviers des reins: pilée & appliquée en cataplasme, elle convient pour les hernies.

OROBANCHE, *orobanche*. Plante parasite dont on distingue deux especes principales.

1°. LA GRANDE OROBANCHE, *orobanche major caryophyllum olens*: elle croît toujours au voisinage de quelque autre plante dans les champs, entre les légumes, entre le lin, le chanvre, le fenugrec, & dans les blés proche le genêt, elle se nourrit à leurs dépens. Ses racines sont bulbeuses, grosses comme le pouce, arrondies, formées en cône, écailleuses & noires en dehors, blanchâtres ou jaunâtres en dedans, tendres, empreintes d'un suc visqueux & amer: en se séchant, elles deviennent dures comme de la corne: elles poussent une tige haute d'environ un pied & demi, droite, arrondie, d'un rouge jaunâtre, velue, fistuleuse & fragile: elle ne porte que des feuilles avortées & spongieuses, lesquelles se corrompent en peu de temps: ses fleurs sont velues, purpurines ou jaunâtres, odorantes; chacune d'elles est, selon M. *de Tournefort*, un tuyau évasé & taillé en masque d'une maniere grotesque: elle renferme deux paires inégales d'étamines, & un pistil: le calice est fendu en quatre lanieres oblongues: à cette fleur succede un fruit oblong qui s'ouvre en deux coques remplies de semences très-menues & blanchâtres. *C. Bauhin* dit, que quand cette fleur naît contre le genêt commun, elle est verdâtre ; mais si elle naît contre le genêt d'Espagne, elle est jaunâtre & plus grande. On mange l'orobanche comme les asperges.

2°. LA PETITE OROBANCHE, *orobanche ramosa minor*. Sa racine est tubéreuse, grosse comme une aveline & fibreuse : ses tiges sont hautes d'environ demi-pied, plus menues & plus dures que celles de l'orobanche vulgaire. Ses fleurs sont disposées en épis. Elle ressemble d'ailleurs à l'espece précédente ; elle naît ordinairement entre le chanvre & les blés.

L'orobanche séchée & pulvérisée est propre pour la colique venteuse ; la dose en est depuis un scrupule jusqu'à un gros : on prétend que cette plante met le taureau en rut quand il en a mangé : c'est pourquoi on la nomme aussi *herbe de taureau*. Voyez maintenant à l'article PLANTE PARASITE.

OROBE ou ERS ou POIS DE PIGEON, *orobus, seu ervum verum*, est une plante dont on distingue plusieurs especes.

1°. L'OROBE VULGAIRE DES HERBORISTES, *orobus vulgaris Herbariorum*. Cette plante se seme dans les champs en plusieurs Provinces de France pour la nourriture des bestiaux : elle croît aussi naturellement parmi les blés en Espagne & en Italie. Sa racine est menue & blanchâtre : ses tiges sont hautes d'un pied, anguleuses, très-rameuses ; ses feuilles sont semblables à celles de la lentille, & rangées par paires le long d'une côte ; ses fleurs sont légumineuses, petites, purpurines, quelquefois blanches : elles sont remplacées par des gousses longues d'un pouce, menues, pendantes, ondées, blanchâtres étant mûres, & contenant des semences semblables à de petits pois, d'un rouge brun, & d'un goût de légumes qui n'est ni amer ni désagréable.

Cette plante fleurit à la fin du printems, & sa semence est mûre en Juillet. C'est une nourriture très-agréable aux pigeons, & qui les fait beaucoup multiplier ; l'orobe se plaît en terre maigre & sablonneuse.

2°. La petite espece d'orobe, *ervum femine minore*. On l'appelle communément *orobe de Candie*: elle ne differe de la précédente que par sa petitesse; on la cultive entre les choux.

M. *Haller* observe que quoique l'orobe paroisse être le nom Grec de l'*ervum*, les Botanistes distinguent cependant les deux genres: l'*ervum* a les siliques articulées & elle monte: l'orobe a les siliques lisses & vient toute droite. C'est, dit-il, l'espece premiere & seconde de M. *Vaillant* qui appartiennent à l'*ervum*; la troisieme est un *orobus*.

3°. L'orobe des bois, *orobus sylvaticus nostras*. Ses fleurs sont purpurines bleuâtres; ses semences sont ovales, plus menues que celle de la vesce, un peu ameres: cette plante croît dans les champs & dans les forêts aux lieux incultes.

La semence d'orobe est la seule partie de cette plante qu'on emploie en Médecine: elle est résolutive, apéritive, & augmente le lait aux nourrices. Les anciens Médecins la réduisoient en poudre, & la donnoient incorporée avec le miel dans l'asthme humide pour faciliter l'expectoration. On en a fait du pain dans des années de disette; mais il étoit de mauvais goût, & fournissoit peu de nourriture: aujourd'hui cette semence est une des quatre farines résolutives qu'on emploie si communément en Chirurgie.

OROBIAS, OROBITES. *Voyez* au mot Oolithes.

ORONGE, nom que l'on donne en Guienne à la bonne & délicate espece de *champignon*, si vantée des gourmets, c'est le *laseras* de J. Bauhin. On peut dire aussi que c'est le plus beau des champignons, il se développe dans le suc qu'on trouve dans la racine du panicaut lorsqu'il se pourrit. Il sort de terre enveloppé d'une membrane très-blanche qui, en se fendant, laisse voir la petite oronge sous la forme & la couleur d'une orange de Portugal, laquelle s'épanouit ensuite en un parasol d'un jaune doré en dessus & d'un beau blanc par dessous. *Voyez* CHAMPIGNON.

ORPHIE. Poisson très-commun sur les côtes de Normandie : on l'appelle *éguillette* en Bretagne. Il est long comme une anguille, mais plus gros, plus charnu & plus quarré ; sa peau est d'une couleur argentée bleuâtre ; sa chair est blanche, ferme, un peu séche & a un assez bon goût. Il est également bon à toutes sauces. Les vertebres de l'orphie deviennent vertes par la cuisson, & se détachent aisément de la chair : il a sur le nez un avant-bec, qui est pour l'ordinaire d'une cinquieme partie de la longueur du reste du corps. La figure de ce bec lui a mérité le nom d'*éguillette*, mais il ne faut pas confondre ce poisson avec celui qui est décrit sous le nom d'*aiguille*. Voyez ce mot.

Voici la maniere de faire la pêche de ce poisson, qui dure depuis le mois de Mars, jusqu'en Juin plus ou moins, suivant la situation & l'exposition des côtes que ce poisson vient ranger, comme tous ceux de son genre qui nagent en troupes & par bandes. Les Pêcheurs se mettent la nuit quatre dans leurs bateaux ; l'un est placé en avant avec un brandon de paille enflammée, dont l'éclat attire les orphies, & les trois autres ont des fouanes ou dards en forme de rateaux, avec une douille de fer où le manche est reçu ; ces instruments ont au moins vingt tiges ou branches barbelées, de six pouces de haut & fort pressées ; la tête du rateau n'a au plus que treize ou quatorze pouces de long, avec un manche de la longueur de huit, dix ou douze. Dès que les Pêcheurs voient les orphies ou éguillettes attroupées, ils lancent leurs dards & en prennent souvent plusieurs d'un seul coup. Comme le bateau dérive doucement, la manœuvre de la pêche n'effarouche point les orphies. Les Pêcheurs qui sont les plus heureux ou les plus adroits en peuvent prendre jusqu'à douze ou quinze cents dans une seule nuit ; mais il faut qu'elle soit fort obscure, & que le temps soit calme, ainsi que pour toutes les autres pêches qui se font au feu dans l'obscurité de la nuit. *Dictionnaire des Animaux*, T. III.

Tout le produit de cette pêche ne sert pas à la nourriture des hommes : la plus grande partie s'emploie principalement à faire des appâts pour garnir les hameçons des lignes.

On donne aussi le nom d'*orphie* à un poisson qui se trouve aux Antilles, & qui ressemble beaucoup à l'*aiguille de mer*. Voyez *ce mot*. Il se jete quelquefois en l'air & fait des sauts de trente pas de long : on prétend que si dans ce temps il rencontroit quelqu'un dans son chemin, il le perceroit de part en part ; sa chair est d'un assez bon goût, quand il n'a pas mangé du fruit de *mancelinier*, voyez *ce mot* : ce qu'on reconnoît en lui voyant les dents blanches ; si elles sont autrement, il est fort dangereux d'en manger. L'orphie du Cap de Bonne-Espérance ressemble presque entièrement à l'orphie de nos côtes.

ORPIMENT ou ORPIN MINÉRAL ou ARSENIC JAUNE, *auri-pigmentum aut arsenicum flavum nativum*, est une substance minérale d'un jaune verdâtre ou rougeâtre ou citrin, arsenicale, friable, cependant compacte, remplie de paillettes ou de lames comme talqueuses & dorées, lesquelles ne sont cependant la plupart que des cristallisations feuilletées d'orpiment même ; souvent l'orpiment paroît contenir des veines comme spatheuses ; ce n'est encore que de l'orpiment différemment cristallisé. Cette substance arsenicale est minéralisée par le soufre, brillante dans l'endroit de la fracture, donnant sur le feu une légere flamme d'un bleu blanchâtre, accompagnée d'une fumée fort épaisse, & d'une odeur suffoquante de soufre & d'ail.

On trouve l'orpiment natif en morceaux de différentes grosseurs, disposés par lits & attachés à la surface des fentes de mines, dans la Lusace, dans le territoire de Neuhsol, de Servie & du Piémont, particuliérement dans la Turquie d'Asie, dans la Mysie. Tout l'orpiment du commerce nous vient, par l'entremife de l'Angleterre, de Hollande, d'Allemagne, de Suéde & d'Italie, & notamment du Piémont, où on l'appelle *or de Piémont*.

L'on trouve dans les boutiques une espece d'arsenic jaune factice qui se fait en quelques lieux de l'Allemagne avec une pyrite arsenicale, qui contient plus ou moins de soufre, selon que la couleur en est plus ou moins vive : on l'appelle ou *orpin pur*, ou *réalgar*. Voyez RÉALGAR.

On emploie l'orpiment à divers usages, par la fusion & par la solution, dans la peinture & dans la verrerie : mis en poudre il prend le nom d'*orpin*. On nous a assuré que si les Peintres broient l'orpin à l'eau pendant que le tonnerre roule, la couleur de l'orpin qui est d'un beau jaune devient aussi-tôt noirâtre. Des Marchands de bois de couleur se servent de l'orpin pour jaunir les bois blancs dont on fait des peignes, &c. afin de les faire passer pour du buis. Cette sophistication est dangereuse & criminelle, en ce que des personnes tiennent tous les jours leur peigne à la bouche. On devroit même le défendre en peinture sur les boiseries : car non-seulement il altere les couleurs avec lesquelles on le mêle, & celles qui sont dans son voisinage, mais il en exhale souvent des odeurs pernicieuses qui portent fortement à la tête, & influent certainement sur la santé ; mêlé avec de l'indigo il devient vert. Les Maréchaux en font entrer aussi dans leurs onguens escarrotiques. On fait avec l'orpiment & la chaux, une liqueur dépilatoire qui est d'usage chez quantité de Barbiers en Allemagne. Les Orientaux s'en servent dans la composition de leur *rusma* artificiel. *Voyez* RUSMA. Les Empyriques font avec l'orpiment, la poix blanche & la poix noire, un emplâtre qu'ils appliquent sur la tête des enfans attaqués de la mauvaise teigne. Au bout de vingt-quatre heures, ils enlevent l'emplâtre qui emporte avec lui les cheveux & leurs racines sans grande douleur : on réitere cette opération jusqu'à ce qu'il ne reste plus de cheveux, &

la teigne se trouve entiérement guérie. L'orpiment & la chaux donnent une encre de sympathie & une liqueur à éprouver le vin lithargirisé. Voici sa préparation; on prend une partie d'orpiment & deux de chaux vive qu'on fait dissoudre ensemble dans l'eau commune, on obtient alors le *foie de soufre arsenical*. Si l'on en verse dans des vins suspects, le vin noircit sur le champ. Le phlogistique du soufre s'unit au plomb. La vapeur de ce foie de soufre fait paroître en noir des caracteres tracés avec une dissolution de sel de Saturne par une suite des mêmes principes, & sert alors d'encre de sympathie. *Consultez le Dictionnaire de Chymie & notre Minéralogie*. On a banni l'orpiment de la Médecine comme un poison funeste.

ORPIN, *anacampseros*, *vulgò faba crassa*. Cette plante également connue sous les noms de *reprise*, de *joubarbe des vignes*, de *grassette* & de *féve épaisse*, ressemble à la joubarbe par sa fleur, son fruit & ses feuilles, qui sont épaisses & succulentes: on l'en distingue cependant, parce qu'aussi-tôt qu'elle pousse, elle monte en tige, au lieu que les feuilles de la joubarbe se ramassent en des globules, qui ressemblent à des yeux de bœuf. (M. *Haller* dit qu'il y a des *orpins*, dont les feuilles forment des artichauts mieux marqués que ceux de plusieurs *sedums*; comme le *palustre*). La racine de l'orpin est formée de tubercules charnus & blancs. Ses tiges sont droites, rondes, solides, comme rameuses, hautes de deux pieds: ses fleurs sont rougeâtres.

L'orpin croît dans les lieux ombrageux & humides, sur-tout le long des haies. On fait usage de ses racines & de ses feuilles; elles sont vulnéraires, consolidantes; leur suc exprimé, appliqué extérieurement dans les plaies récentes, arrête le sang, déterge les ulceres; les fait cicatriser, excite la suppuration des tumeurs, & adoucit les douleurs des hémorroïdes. On appelle cette plante *telephium* du nom de Téléphe, Roi de Mysie, qui s'en est servi pour guérir les ulceres. L'orpin est du nombre des simples qui entrent dans la préparation de l'eau d'arquebusade.

Il y a plusieurs autres especes d'orpin, entr'autres celle qu'on appelle ORPIN ROSE, *rhodia radix*, parce que le goût & l'odeur de la rose se trouvent en sa racine, qui est grosse, tubéreuse, inégale, blanche, charnue, succulente : on en fait usage pour guérir les taches qui viennent de coups de soleil. On en vante le cataplasme pour des maux de tête & les migraines : on l'applique sur les tempes. On nous envoie la racine séche des Alpes : elle pousse plusieurs tiges hautes d'environ un pied, chargées de beaucoup de feuilles, charnues, dentelées & vertes. Les fleurs sont des bouquets en ombelles, disposées en rose, jaunâtres ou purpurines : il leur succede des fruits ramassés en maniere de tête, & remplis de semences oblongues & pâles : M. *Haller* dit que cette espece d'*orpin* porte souvent, sur des tiges séparées, des fleurs mâles & des fruits : quelquefois cependant les deux sexes se trouvent sur la même fleur : cette plante croît aux lieux ombrageux des Alpes ou du Nord.

L'orpin doit être cultivé en terre grasse & à l'ombre : il se multiplie de semence & de plant enraciné.

ORSEILLE ou ORSEIL. Dans le commerce on donne ce nom à une pâte molle, d'un rouge violet ou colombin, parsemée de taches, comme marbrée. On en distingue deux especes : l'une qui est commune, moins belle & moins bonne, vient ordinairement d'Auvergne, où elle est appellée *perelle*, & se tire d'un lichen, espece de mousse qui croît sur les rochers. *Voyez* PERELLE : on la prépare avec la chaux & l'urine ; nous l'appellons à Paris *orseille d'Auvergne*, ou *orseille de terre*. La seconde espece, qui est supérieure en tout à la précédente, est appellée *orseille d'herbe*, ou *des Canaries*, ou *du Cap Vert* ; on la prépare à Amsterdam, à Londres & même à Paris. Cette *orseille d'herbe*, qui est le *lichen græcus polypoïdes tinctorius saxatilis*, Cor. 40, ou le *fucus verrucosus tinctorius*, J. Bauh. & Inst. rei herbar. croît abondamment dans les îles Canaries, sur les rochers qui sont les plus exposés à la mer. Ce *lichen* se trouve par bouquets grisâtres, longs d'environ deux pouces, divisés en petits brins, presque aussi menus que du crin, & partagés en deux ou trois cornichons, plus déliés à leur naissance, arrondis & roides, courbés en faucille ; ces cornichons sont garnis dans leurs longueurs d'un rang de bassins plus blancs que le reste, relevés en petites verrues, semblables aux bassins des polypes de mer : toute la plante est solide & d'un goût salé. Les îles de la Gomere & de Fer produisent la plus excellente orseille d'herbe : elle est brunâtre, tachetée de blanc, bien nourrie, ainsi que le porte le Mémoire de M. Porlier Consul, datée de Sainte-Croix de Teneriffe, 29 Janvier 1731 : il dit que dans une année ordinaire l'on récolte cinq cents quintaux d'orseille à Teneriffe, quatre cents aux Canaries, trois cents à Fuerta Ventura, trois cents à Lansarotta, autant à la Gomere & huit cents à l'île de Fer, ce qui produit deux mille six cents quintaux d'orseille Africaine. Il en vient aussi de l'île de Candie & d'Amorgos, qu'on nomme *alga tinctoria*. M. *de Tournefort*, d'après *J. Bauhin* la met dans le genre des *fucus*.

Les orseilles de Teneriffe, des Canaries & de Palène, sont affermées, pour le Roi d'Espagne, à des particuliers qui les font recueillir. En 1730 on donna quinze cents piastres pour cette ferme, sans compter quinze à vingt réaux du quintal à ceux qui la récoltèrent. Les autres îles appartiennent à des Seigneurs qui en tirent aussi un bon parti. Dans les années de disette, on récolte une plus grande quantité d'orseille que ci-dessus, parce que c'est tout le gagne-pain des pauvres de ce pays ; c'est depuis 1725 que l'orseille est devenue chere : des Négocians de Londres l'acheterent jusqu'à quatre livres sterling le quintal.

Les îles de Madere, de Porto-Sancto, & les Sauvages, produisent aussi de l'orseille. Vers la fin de 1730, un Capitaine de vaisseau Anglois, venant des îles du

Cap Vert, apporta à Sainte-Croix un sac d'orseille pour montre, & communiqua son secret aux Espagnols & aux Génois. L'année suivante en Juillet, ces Nations envoyerent aux mêmes îles un bateau, sur lequel ils mirent huit Espagnols accoutumés à faire la cuillette de l'orseille ; ils aborderent aux îles de Saint-Antoine & de Saint-Vincent, où en peu de jours ils en recueillirent si prodigieusement, qu'ils en firent un chargement d'environ cinq cents quintaux ; elle y étoit si abondante, que le Gouverneur n'exigea d'eux qu'une piastre par quintal. Elle sembloit d'abord préférable à celle des Canaries, mais on a cessé d'y retourner, & nous n'en recevons maintenant que de celle que l'on récolte aux Canaries.

Feu M. *Hellot*, Membre de l'Académie des Sciences, homme très-connu des Savans par ses Ouvrages utiles, dit, dans son *Traité de la teinture des laines*, que les Ouvriers font un mystere de la préparation de cette plante ; mais on la trouve, dit-il, assez bien détaillée dans un Traité d'*Antoine-Pierre Micheli*, intitulé *nova plantarum genera*, imprimé en latin, *in* 4°. à Florence, en 1729. p. 78. Voici l'extrait que nous en traduisons.

Des Ouvriers de Florence appellent l'orseille *rocella* ou *orcella* ou *raspa*: ils ont l'art de tirer de cette plante non-seulement une teinture pourpre ou colombine, mais encore les nuances intermédiaires de ces couleurs, & ils s'en servent pour colorer la laine, la soie, &c. Pour cette opération, ils réduisent la plante en une poudre fine, & la passent par un tamis ; ensuite ils l'arrosent légérement d'urine vieille d'homme (*nam mulieris perniciosa habetur*). Ils remuent plusieurs fois ce mélange dans le même jour, en y jetant à chaque fois, pendant plusieurs jours, un peu de soude en poudre, jusqu'à ce que la matiere fournisse une couleur colombine. C'est alors qu'on la met dans un tonneau de bois, en observant de garnir la surface, ou d'urine, ou d'une lessive de chaux, ou de gypse. Tel est l'*oricello* ou *orseille préparée* des Florentins.

On trouve encore une autre préparation de l'orseille dans un petit livre Italien, intitulé *dell' arte tintoria* ou *plicto*. C'est un petit *in*-12. A la page 210 on trouve cette préparation.

Prenez une livre d'orseille du Levant bien nette ; ayez soin de l'humecter avec l'urine (M. *Hellot* dit qu'il faut qu'elle soit demi-putrefiée) du salpêtre, du sel gemme, du sel ammoniac, de chaque deux onces. Faites un mélange du tout après l'avoir pilé, & laissez-le macérer pendant douze jours ; ayant soin de l'agiter de temps en temps, jusqu'à ce que le mélange soit humecté comme il faut. Au bout de deux jours, ajoutez-y deux livres & demie de potasse pilée, & une livre & demie de vieille urine ; laissez reposer encore la matiere pendant huit jours, puis ajoutez-y une pareille quantité d'urine, & enfin deux gros d'arsenic en poudre : alors la matiere ayant bien fermenté, sera en état de servir à la teinture.

Il paroît que M. *Hellot*, dans son art de la teinture, a imité en quelque façon ce procédé : il en a préparé par une méthode où il ne s'agit que de développer la couleur rouge (cachée dans l'orseille) par un volatil urineux, excité par un alkali terreux, c'est-à-dire, qu'il lui a suffi de mêler l'urine & la chaux avec la plante. Il paroît encore qu'il a réussi de même, ou à peu de chose près, sur l'orseille de terre, appellée *perelle d'Auvergne*.

On reconnoît la bonté d'une orseille préparée en mettant un peu de cette pâte liquide sur le dos de la main, & la laissant sécher ; ensuite on lave cette tache avec de l'eau froide : si elle ne paroît s'être déchargée qu'un peu de sa couleur, l'on doit juger & conclure que l'orseille est en état de réussir ; aussi les Teinturiers, tant en soie qu'en laine, veulent que la teinture de l'orseille se tire en deux fois.

M. *Bernard de Jussieu* nous a appris que le *lichen saxatilis tinctorius*, n'est pas la seule plante de ce genre dont on puisse préparer l'orseille ; il en a rapporté de la forêt de Fontainebleau qui ont pris la couleur pourprée avec la chaux & l'urine : c'est une expérience facile à faire sur celles qui peuvent se convertir en orseille. Il suffit d'enfermer dans un petit bocal la plante, & de l'humecter d'esprit volatil de sel ammoniac, ou de partie égale d'eau de chaux premiere, avec une pincée de sel ammoniac : au bout de quatre jours la liqueur sera rouge; & en s'évaporant la plante se chargera de cette couleur; sinon il n'y auroit rien à espérer. M. *Haller* dit aussi que plusieurs autres lichens gris, blancs & noirs, donnent une couleur rouge, que rien n'annonce dans la plante, & l'on s'en sert en Suéde.

Nous terminerons cet article intéressant pour les Arts, en disant que l'on préfere l'*orseille des Canaries* à celle d'Auvergne; car quoiqu'elle soit plus chere, elle rend à proportion beaucoup plus de teinture que celle de terre; d'ailleurs sa couleur est infiniment plus belle, & ne se ternit point. C'est un beau gris de lin, tirant sur violet d'amaranthe, couleur que l'on peut encore aviver par les acides, &c. ou fixer en bleu par le jus de citron. On en peut colorer à froid le marbre & l'albâtre blancs, y former des veines, &c.

ORTHOCÉRATITES, *orthoceratiti*, est le nom que les Naturalistes donnent à des corps pierreux cloisonnés, cylindriques ou coniques, tantôt droits, tantôt recourbés ou arqués à une de leurs extrémités, comme un pommeau de canne en bec de corbin. On distingue extérieurement des sutures à articulations ou des engrenures branchues comme dans les cornes d'Ammon; & dans l'intérieur ces tuyaux, quoique remplis, sont séparés par chambres ou cloisons comme les nautiles. Ces cloisons qui sont comme autant de calotes, convexes d'un côté, concaves de l'autre & empilées les unes dans les autres, sont percées par un petit siphon ou canal qui communique d'une chambre à l'autre, quelquefois par le milieu, plus souvent par les côtés, c'est-à-dire, près du bord intérieur. Ces tuyaux qu'on trouve toujours fossiles & légérement altérés & mutilés, ont depuis quatre pouces jufqu'à plus de deux pieds de longueur ; ils font communément remplis de la même terre, où ils fe trouvent enfouis. Quand on vient à bout de les nétoyer, on apperçoit alors les cellules & le fiphon : pour cela on les met macérer quelque temps dans l'eau, qu'on charge peu-à-peu de vinaigre, qui détache ou diffout la partie terreufe ou fableufe. On peut auffi reconnoître la ftructure intérieure des orthocératites en les faifant fcier longitudinalement. On donne à ces orthocératites le nom de *tuyaux cloifonnés* lorfqu'ils font droits, & celui de *lituites* quand ils font contournés ou arqués à l'une des extrémités comme la croffe d'un Evêque. Ceux qui font applatis ou comprimés de maniere à repréfenter des queues de crabes, font appellés *queue de crabes*. Tout annonce que l'orthocératite eft une efpece de coquillage d'une figure conique, fans fpirales, chambré & foffile, *tubulus concameratus polythalamium*. On ne trouve point l'analogue de ce foffile dans nos mers, ni celui de la bélemnite, qui paroît être du même genre. La Norwege eft la patrie principale des *orthocératites*, dont on ne trouve guere que des noyaux ou parties pierreufes qui s'y font moulées. M. le Marquis de *Cafteja*, Gouverneur de Marienbourg nous en a fait voir de très-belles & grandes efpeces qu'il a trouvées en quantité dans la Principauté de Lignes fur la frontiere de France. M. le Baron *de Hupfh* en a trouvé de plufieurs fortes dans l'Eifel du Duché de Juliers. Il paroît qu'il y en a à chambres plus ou moins étroites, minces & nombreufes. *Voyez* QUEUE DE CRABE.

ORTIE, *urtica*. Plante dont on diftingue plufieurs efpeces : nous rapporterons ici celles qui font d'ufage en Médecine. Entre les neuf efpeces d'ortie piquante que diftingue M. *de Tournefort*, nous ne décrirons que la grande, la petite & la romaine.

1°. LA GRANDE ORTIE PIQUANTE, ORTIE VIVACE OU VULGAIRE, *urtica urens maxima*. Cette plante croît prefque par-tout en abondance, particuliérement aux lieux incultes & sablonneux, dans les haies, dans les fossés, contre les murailles, dans les bois mêmes, & dans les jardins : elle pousse des tiges à la hauteur de trois pieds, carrées, cannelées, roides : couvertes d'un poil très-piquant, creuses & rameuses. Ses feuilles sont opposées, oblongues, pointues & dentelées, également garnies de poils piquans & brûlans. Ses fleurs naissent aux sommités des tiges & des rameaux & dans les aisselles des feuilles, disposées en grappes branchues : chacune d'elles est à plusieurs étamines, soutenues par un calice à quatre feuilles, de couleur herbeuse. Ces fleurs ne laissent aucune graine après elles.

L'on distingue les orties, comme le chanvre, en mâle & en femelle. L'ortie mâle porte sur des pieds qui ne fleurissent point des capsules pointues, formées en fer de pique, brûlantes au toucher, qui contiennent chacune une semence ovale, applatie & luisante. L'ortie femelle ne porte que des fleurs, & ne produit aucun fruit : ce qui est une maniere de parler, usitée seulement chez le vulgaire ; car les Botanistes appellent proprement *fleurs mâles* celles qui ne sont point suivies de graines, & *fleurs femelles* celles qui en sont suivies.

L'ortie fleurit en Juin, & sa graine se mûrit en Août. Ses feuilles se flétrissent chaque hiver, mais sa racine ne périt point : elle repousse de nouvelles feuilles dès le premier printemps. Excepté la tige, toute la plante est d'usage en Médecine : de ses tiges on peut aussi faire de la toile, comme l'on en fait de celles de chanvre. On voit dans le Cabinet de Chantilly un sac fait de tiges d'orties par les Sauvages du Canada ; il paroît fait à l'aiguille, on y observe des desseins colorés assez régulièrement. Mon frere, le Médecin, étant à la campagne il y a quelques années, ramassa une quantité de tiges d'orties mûres, les fit rouir & les prépara ensuite comme le chanvre ; il en a obtenu des fils de différentes qualités, & a reconnu que cette matiere pouvoit effectivement être utile au Cordier & au Tisserand. Il fit aussi quelques essais sur la tige des féves de marais,

mais

mais les fibres lui ont paru trop courtes & trop roides. A Angers on a fait différens essais sur la filasse de l'ortie : on en a fabriqué de la toile qui s'est trouvée assez bonne, & qui se blanchissoit avec facilité ; on en a même fait de la toile peinte. La maturité des tiges d'ortie qu'on destine à la filature s'annonce par une couleur jaune ou d'un rouge pâle, & quand la graine se détache facilement de son enveloppe. M. *Linnæus* dit qu'au printems l'on fait cuire les jeunes pousses avec les légumes. Rien n'est plus commun en Suéde & dans le pays Messin en France, que de voir les gens de la campagne employer les racines de la grande ortie pour jaunir la coque des œufs. Cette espèce d'ortie varie quelquefois par la couleur de ses tiges, de ses racines & de ses feuilles : on l'appelle alors *ortie rouge*, *ortie jaune* ou *panachée*.

2°. LA PETITE ORTIE OU ORTIE GRIECHE, *urtica urens minor*. Elle croît fréquemment le long des maisons, parmi les décombres des bâtimens, dans les jardins potagers où elle se renouvelle tous les ans de graine, ne pouvant endurer la rigueur de l'hiver. Ses tiges sont hautes d'un demi-pied ou environ, un peu crochues ; ses feuilles très-découpées. Ses fleurs, tant mâles ou stériles que femelles ou fertiles, naissent toutes sur le même pied.

3°. L'ORTIE ROMAINE, ou ORTIE GRECQUE, ou ORTIE MALE, *urtica Romana, urens, pilulas ferens*. Cette plante, qui est aussi annuelle, croît en toutes sortes de pays ; cependant elle est plus rare que les deux espèces précédentes. On la seme pour l'agrément dans les jardins : sa tige est haute de quatre ou cinq pieds, ronde, foible, rameuse & garnie de poils qui causent beaucoup de mal quand on les touche. Les feuilles & les fleurs sont comme les précédentes : il succede aux fleurs de celle-ci des globules ou pilules vertes, qui sont autant de petits fruits ronds, gros comme des pois, épineux, & composés de plusieurs capsules qui s'ouvrent en deux parties, & renferment chacune une semence ovale, semblable à de la graine de lin : elle fleurit en Juin, & sa graine est mûre en Août.

Les Latins ont nommé cette plante *urtica*, *ab urere*, brûler, parce que l'ortie est couverte d'un poil très-fin, roide, pointu, qui, s'attachant à la peau de ceux qui la touchent, la pénetre, & fait sur leurs nerfs la même impression de douleur, que si la partie avoit été touchée par le feu. Elle y excite aussi-tôt une chaleur vive, des pustules, & des démangeaisons importunes ; à quoi l'on peut remédier, dit *Parkinson*, avec le suc de la plante même. Ce secours est connu dans l'art sous le nom d'*urtication*.

Hook (*Hookius*) a découvert au microscope, que la base des piquans de l'ortie est une vésicule qui renferme une liqueur âcre, mordicante, vénéneuse, & que la pointe est une substance très-dure, qui a un trou au milieu par où la liqueur coule dans la partie piquée, & y excite de la douleur. Il faut que *Langius* n'ait pu trouver un microscope, tel que celui de *Hook*, puisqu'il n'a pu appercevoir ces sortes de vésicules, ni les cavités ou trous des orties ; mais la preuve que cet effet n'est pas produit par les piquans seuls, c'est que les orties un peu desséchées au soleil, ne font plus de mal.

Les feuilles des orties dont on vient de parler, ont un goût fade & gluant, & un peu styptique. Le suc d'ortie dépuré, arrête le crachement de sang, l'hémorragie du nez, & le flux des hémorroïdes : il convient aussi pour la dyssenterie & pour les fleurs blanches. Dans la Médecine Vétérinaire on donne ce suc à la dose d'une demi-once aux animaux qui pissent le sang. Le suc d'ortie, sur tout celui de la petite espece, est selon M. *Bourgeois*, d'un grand secours dans les pertes immodérées des femmes : la graine de cette plante en tisane, est très-utile dans toutes les especes d'hydropisie, parce qu'elle est très-apéritive & diurétique. La graine d'ortie grieche prise en poudre, à la dose de trente à quarante grains matin & soir, guérit très souvent le goître, sans nuire à l'estomac, ni à la santé, comme la plupart des autres qu'on met en usage contre cette maladie. On sait que les orties hachées & mêlées avec du lait caillé font une excellente nourriture pour les dindonneaux: dans quelques Provinces de la France on donne pendant l'été les feuilles fraîches d'orties aux vaches, & pendant l'hiver les feuilles qui ont été séchées à l'ombre. On assure que la graine d'ortie bien mûre, mangée par les poules, les échauffe & les fait pondre plus tôt. Des Maquignons Danois pulvérisent cette graine, en mettent une poignée avec l'avoine qu'ils donnent à leurs chevaux soir & matin; cet aliment les rend gras & leur rend le poil lisse & luisant. Les tendrons d'ortie cuits, purifient le sang: la racine d'ortie confite est un bon remede contre la jaunisse & pour la vieille toux. Le cataplasme d'ortie est émollient & résolutif, & soulage les goutteux. Plusieurs Médecins praticiens recommandent aussi, comme un bon remede contre la sciatique, la paralysie & la léthargie, de frapper les parties affligées jusqu'à rougeur avec un paquet d'ortie, & de les laver ensuite avec du vin chaud. Ce remede a souvent rendu le sentiment & le mouvement. Passons à quelques autres especes d'orties différentes, & qui sont aussi d'usage en Médecine. Mais nous avertissons que les autres plantes auxquelles on a donné improprement le nom d'*ortie*, sont des *lamium*, & leur caractere, dit M. Haller, est infiniment éloigné des orties. Telles sont:

L'ORTIE MORTE A FLEUR BLANCHE, OU ORTIE QUI NE PIQUE POINT, OU LAMIER BLANC, *urtica iners floribus albis, aut lamium vulgare album*. On trouve cette plante dans les lieux incultes; ses rejetons sont nombreux & rampans. Ses tiges sont longues, carrées & moins grosses vers la terre, branchues, entre-coupées par quelques nœuds, purpurines en leur base; le duvet de leurs feuilles ne fait point de mal: ses fleurs sont verticillées, petites, blanches & formées en gueule: les sommets des étamines sont bordés de noir,

T 2

& ne repréfentent pas mal un 8 de chiffre. A chaque fleur paffée fuccedent quatre graines triangulaires, rougeâtres, luifantes, tombant d'elles-mêmes quand elles font mûres.

Toute la plante a une odeur défagréable. Les Médecins modernes recommandent cette efpece d'ortie pour les fleurs blanches, les maladies du poumon, les tumeurs & les duretés de la rate, & fur tout pour arrêter les hémorragies de la matrice, & pour confolider les plaies : on fait ufage de fes fommités fleuries en infufion théiforme ou en conferve. On applique auffi deux fois par jour la plante pilée avec du fel fur les ulceres gangreneux.

Il y a une autre efpece d'*ortie morte à fleurs purpurines ou jaunes*, qui ne differe de la précédente que par la couleur.

L'ORTIE MORTE PUANTE OU GALIOPSE, OU ORTIE ROUGE, *lamium purpureum, fœtidum, aut lamium folio oblongo, flore purpureo*, (lamier rouge). Sa racine n'eft pas rampante : les tiges font garnies d'une ou deux paires de feuilles prefque nues. Ses fleurs font purpurines, & fes graines triangulaires & brunâtres.

Toute cette plante a une odeur fétide & défagréable, & vient dans les lieux incultes : elle eft vulnéraire, réfolutive, adouciffante & propre à déterger les ulceres putrides. L'on donne auffi le nom d'*ortie pied-de-poule* à une forte d'ortie rouge, annuelle & des jardins, & le nom d'*ortie mufquée* ou *piquante* à une efpece de galeopfis.

En général, fous le nom latin de *galeopfis* de M. *Tournefort*, autre genre, dit M. *Haller*, qui differe du *lamium*, on comprend la *grande* & la *petite orties puantes*, & l'*ortie morte à fleurs jaunes*. La grande ortie puante, *urtica iners, magna, fœtidiffima*, a une racine rampante & donne quelques tiges grêles qui fortent de fes nœuds. Ses fleurs forment des épis longs. Cette plante eft fort puante, & differe peu de l'efpece d'ortie puante & rouge. La petite efpece d'ortie puante, *galeopfis pa-*

lustris, angusti-folio, fœtida, vient sur le bord des ruisseaux : sa racine est inégale & bosselée, & ses fleurs purpurines sont en gueules, ayant les lèvres panachées : on estime ses feuilles très-spécifiques pour l'enrouement & contre les fièvres tierces : elle est encore efficace, appliquée sur les plaies ; c'est elle dont il est parlé dans quelques Auteurs sous le nom de *panax coloni*, c'est-à-dire *panacée du Laboureur* : à l'égard de l'ortie morte à fleurs jaunes, d'une seule pièce & en gueule, *lamium flore luteo & folio oblongo*, cette plante est rarement d'usage ; on s'en sert quelquefois à la place de l'*ortie morte & blanche*. Il y a plusieurs autres espèces de *galeopsis* & de *lamium* dont nous ne ferons pas mention ici. Au reste les *galeopsis* n'ont rien de commun avec les orties, dit M. *Deleuze*, que la dénomination que quelques Auteurs leur ont donnée dans l'enfance de la Botanique.

ORTIE ERRANTE. *Voyez à l'article* ORTIE DE MER.

ORTIE DE MER ou ORTIE MARINE, ou POISSON-FLEUR, *urtica marina*. On donne assez improprement ce nom à certains corps marins dont on distingue deux espèces ; savoir les *orties marines fixes* & les *orties marines errantes*.

Les premières sont appellées *fixes*, de la lenteur de leur mouvement progressif : on diroit qu'elles sont immobiles ; à peine au bout d'une heure ont-elles avancé de l'espace d'un pouce : l'on en trouve beaucoup sur les côtes du Poitou & du pays d'Aunis, où on les appelle *culs de chevaux* ; on les nomme *culs d'ânes* sur les côtes de Normandie. M. *de Réaumur* dit dans un *Mémoire de l'Académie des Sciences*, année 1710, pag. 466, que ces noms leur conviennent beaucoup mieux que celui qui leur est commun avec une plante terrestre, puisqu'ils retracent une image de la figure que ces corps marins font paroître dans un grand nombre de circonstances. Cet Académicien dit que ces orties ne causent point de démangeaisons cuisantes à ceux qui les touchent, comme on l'a prétendu ; que ces corps marins sont de véritables animaux bien organisés, susceptibles de sentiment quand on les touche, qui attrapent des poissons & des coquillages pour s'en nourrir. Ils ouvrent la bouche plus ou moins grande suivant le volume de la proie qu'ils avalent, rejetent ensuite les os ou la coquille par la même ouverture. Lorsque la bouche est ouverte, on voit toutes les cornes de l'ortie de mer qui ressemblent en cet état à une fleur épanouie ; ce qui l'a fait nommer *poisson-fleur*.

Quoique ces orties prennent successivement quantité de figures différentes, on peut cependant dire qu'en général elles ont extérieurement la figure d'un cône tronqué ; leur base est très-fortement appliquée sur les pierres, auxquelles on les trouve toujours adhérentes : il y en a de verdâtres, de blanchâtres & de couleur de rose. Nous en avons trouvé de brunes & de bleuâtres sur les parages de l'île de Rhé, & sur la côte de Plugastel au-delà de Brest. M. *de Romé de l'Isle* m'a assuré en avoir vu de noires à l'île de Sainte-Hélène. Dans quelques orties ces couleurs paroissent par-tout sur la surface ; dans d'autres elles sont mêlées par raies ou par taches distribuées d'une maniere très-agréable : on en trouve aussi dans les fentes des rochers qui bordent la mer ; elles ressemblent à une grande chevelure & paroissent vivipares.

2°. Les ORTIES ERRANTES. Celles-ci n'ont de commun que le nom avec les précédentes : on les appelle *orties détachées* ou *orties errantes*, &c. Mais M. *de Réaumur* dit que s'il vouloit joindre un nouveau nom aux anciens qu'elles ont, il les appelleroit *gelée de mer* ; nom qui effectivement caractérise si bien la substance dont elles sont formées, qu'il vaut seul une petite description pour aider à les reconnoître. Leur chair, leur ensemble, a la consistance & la couleur d'une vraie gelée. Dans l'eau les *gelées marines* remuent avec assez de vitesse, elles s'y soutiennent par un mouvement de contraction & de dilatation ; mais jetées à sec sur la grève, elles paroissent sans aucune action.

Sur les bords de la Méditerranée, les gelées de mer se nomment *capello di mare* (*chapeau de mer.*) Rondelet dit que c'est une masse spongieuse, ronde, creuse & percée au milieu, ayant tout autour un petit cordon rouge ; par cet endroit elle ressemble à un chapeau ; l'autre partie ressemble aux pieds des poulpes : elle en a, dit-il, huit, gros & carrés dans leur commencement, & qui finissent en pointe ; on en trouve aussi qui n'en ont que quatre. Nous en avons vu beaucoup en été dans les parages de Cette en Languedoc, & aux îles d'Hyères ; leur corps est gélatineux, couleur de rose, très-brillant, un peu transparent ; on les voit souvent flotter comme au gré des eaux, & il nous a paru que si on les manie long-temps, elles se dilatent, se contractent, & causent une petite démangeaison aux mains ; il semble même que la chaleur de la main les dissout presqu'entiérement, & si l'on porte aussi-tôt les mains sur les yeux, la sensation de chaleur & notamment de démangeaison est infiniment plus vive. Il paroît que M. *Linnæus* regarde la gelée de mer, comme une espece de *méduse*. Voyez ce mot.

Tous ces individus ont la propriété de faire rentrer dans leur intérieur le rhomb ou rose de pattes dont elles sont fournies. Les orties de mer sont des zoophytes, de la classe des mollusques.

ORTOLAN, *hortulanus aut ortolanus*, est un oiseau de passage, du genre du bruant, très-connu par l'excellence de sa chair : on en distingue de plusieurs especes, qui ne varient que par les couleurs. L'ortolan des roseaux a les plumes de la poitrine & du dessus de la tête, noirâtres. Le véritable ortolan des Naturalistes, *miliaris pinguescens*, est un peu plus grand que l'alouette, il en a aussi la couleur : il a une grosseur notable sur le bec : il se nourrit principalement de millet : c'est un oiseau très-gras : sa chair rôtie est tendre, délicate, succulente, & d'un goût si exquis, que

T 4

les Grands le recherchent beaucoup pour leurs tables. En Suède, on les fait payer aux Etrangers un ducat la piece, quoique ce ne soit pas toujours le véritable ortolan. C'est une nourriture restaurante, fortifiante: sa graisse est émolliente, résolutive & adoucissante. Cet oiseau est si tendre, que la courte application d'une chaleur légere suffit pour le cuire parfaitement. On pourroit facilement l'enfermer dans des coques d'œufs de poule bien réunies, le cuire dans l'eau ou sous la cendre, & répéter à peu de frais une des magnificences de Trimalcion qui est un jeu de festin assez plaisant.

L'ortolan se rencontre dans les pays chauds, depuis le quinze d'Avril jusqu'à la fin d'Août; on en voit vers Saint-Jean de Bonne-Font une si grande quantité, que les Oiseleurs y viennent de vingt lieues à la ronde pour en prendre. On en trouve encore communément sur les térébinthes à Smyrne: son cri est *zi-zi*. Les *ortolans* du Cap de Bonne-Espérance & de la Louisiane, ont de belles couleurs aurores. Il y a aussi l'ortolan jaune; l'ortolan tout blanc; l'ortolan noir; l'ortolan des roseaux: celui de la Caroline, celui de neige: l'ortolan à collier, &c.

ORVALE ou TOUTE-BONNE, ou SCLARÉE, *horminum sclarea dictum*, est une plante que l'on cultive dans les jardins & dans les vergers (il y a aussi la *toute-bonne des prés*). L'orvale est la principale espece du genre des *sclarées* de M. de Tournefort, & celle qu'il désigne sous le nom de *sclarea pratensis, flore cæruleo*. Sa racine est simple, ligneuse & fibrée, brunâtre, d'un goût qui n'est pas désagréable, & qui échauffe le palais & la gorge: elle pousse une tige à la hauteur d'environ deux pieds, de la grosseur du petit doigt, carrée, velue, noueuse, rameuse & remplie de moëlle: ses feuilles sont opposées deux à deux, & portées sur de longues queues; elles sont ridées, gluantes, oblongues, larges, en leur base, & terminées en pointe, légérement crenelées, velues, & d'une odeur désagréable, mais citronnée, d'une saveur amere & aromatique : au sommet de chaque tige, sont deux feuilles opposées, petites, creuses, sans queue, & d'une couleur purpurine : ses fleurs sont disposées en longs épis, comme par anneaux, d'une seule piece, en gueule, bleuâtres, dont la lévre supérieure est alongée en forme de faucille : à chaque fleur succédent quatre grosses graines arrondies, convexes d'un côté, anguleuses de l'autre, de couleur roussâtre.

Toute cette plante a une odeur forte & puante, & une saveur amere; elle est toute d'usage. L'orvale est connue, sur-tout des Cabaretiers Allemands, dit *Ettmuller*, pour falsifier leurs vins ; car ils ont coutume de changer le vin du Rhin en un vin muscat, par l'infusion des fleurs d'orvale & de sureau. *Tragus* assure qu'un tel vin est d'un grand secours pour les femmes qui sont froides, stériles, & pour guérir les fleurs blanches : il faut cependant en faire un usage modéré, car il porte à la tête, & y cause, dit *Lobel*, des pesanteurs. On prétend que la graine d'orvale introduite dans l'œil, en fait sortir les corps étrangers.

L'orvale est beaucoup en usage dans les pays du Nord pour faire de la biere; car quand le houblon est rare, ou qu'on veut rendre la biere plus forte, on en met dans les chaudieres bouillantes, & l'on fait alors une liqueur qui enivre, même prise en petite quantité; souvent elle cause une gaieté qui tient de la folie. *Hoffman* met l'orvale parmi les remedes spasmodiques. *Ray* rapporte que les Anglois font des gâteaux avec des feuilles d'orvale, des œufs, de la créme & un peu de farine, & que l'on frit dans la poîle : ces gâteaux sont agréables, on les présente au dessert pour exciter à l'amour.

L'Orvale des prés est assez commune par tout, & se distingue principalement par la disposition de ses fleurs, rangées en anneaux sur des branches dégarnies de feuilles, dit M. *Deleuze*, chaque anneau formé seulement de six fleurs, & accompagné de deux stipules en cœur fort petites. Les fleurs sont bleues, leur lévre supérieure est grande, en faucille & un peu gluante.

ORVET ou ORVERT, *cœcilia*, est le serpent ovipare, décrit dans beaucoup d'Auteurs sous le nom d'*anvoye* ou d'*aveugle*; il est très-connu en Allemagne & au Cap de Bonne-Espérance : on le trouve le plus souvent dans les fentes des rochers & aux environs : on le tue sans beaucoup de peine : on le prendroit au premier aspect pour une anguille. Sa longueur ordinaire est d'un pied : il est de forme cylindrique : sa peau paroît fort unie tout le long du corps : il a la lévre supérieure très-élevée & obtuse : ses yeux, quoique brillans, sont si petits, que quelques-uns ont avancé qu'il n'en avoit pas : il est partagé de taches noirâtres, blanches & purpurines ; ses dents sont si menues, qu'à peine paroissent-elles : sa langue est fourchue, il rampe d'une grande vîtesse : on prétend que sa morsure est très-dangereuse, mais elle ne l'est pas plus que celle de la couleuvre ordinaire ; sa queue est obtuse & si courte, qu'à peine la distingue-t-on ; l'ouverture de l'anus est placée à l'extrémité du corps. Les Auteurs citent l'anvoye de Surinam, de la Négritie, de l'Amérique, de la Guinée & du Ceylan. *Consultez* SEBA.

ORUBU. *Voyez* VAUTOUR DU BRÉSIL.

OS, *os*, est cette substance endurcie, qui sert à soutenir toutes les autres parties du corps dans les animaux ; c'est un composé de fibres blanches très-dures, très-solides, très-séches & cassantes, entrelacées les unes dans les autres, incapables de flexibilité, & servant de base, de soutien, d'appui, d'attache, de passage, de rempart, de borne & de défense à toutes les parties qui les environnent. En un mot les os sont le support de toute la machine animale.

La charpente de l'os ou l'ossature, appellée *fulchrum*, n'a pas de solidité par elle-même ; elle est cartilagineuse, poreuse, on diroit d'un réseau dont les mailles & tous les intervalles sont remplis d'une matiere compacte, calcaire. Néanmoins la légéreté se trouve dans la construction des os, réunie à la force : leur structure réticulaire est des plus admirable, elle donne passage à une multitude de petits vaisseaux qui y portent la vie & la nourriture ; un réseau soutient la moëlle & l'empêche de s'affaisser. Par-tout on reconnoît la main habile du Créateur... Mais entrons en matiere. Si l'on prend l'os de la jambe ou du bras d'un enfant venant au monde, qu'on le dépouille bien de ses chairs, l'on pourra alors le couper par tranches aussi facilement que les cornichons du cerf, qui s'endurcissent aussi par la suite. Ces os, tendres comme ces cornichons, sont flexibles ; ils se consument entiérement dans le feu : ils ne font point d'effervescence avec les acides ; mais dès que des sucs, chargés de parties calcaires, ont commencé à se déposer dans les pores de ces os, alors ils prennent de la consistance, de la solidité & de la dureté. Si l'on expose ces os à l'action du feu, la partie cartilagineuse brûle, en exhalant une forte odeur de plumes brûlées. Que reste-t-il ? une terre blanche, calcaire, soluble dans les acides. Si l'on se contente d'enlever seulement par l'ustion, le gluten animal, qui masque les surfaces de cette terre, l'acide y aura également prise, & la détruira ; on peut aussi détruire cette terre sans le secours de la calcination, mais par une macération acidulée ; de sorte que l'os qui étoit dur, peut ensuite redevenir mou, être replié & chiffonné comme un linge. Par cette théorie de la nature des os des animaux, qui a un rapport assez immédiat avec les madrépores & les coquilles, & la maniere de les ramollir par le moyen d'une liqueur nitreuse, affoiblie par l'eau commune (opération qui est due à M. *Hérissant* de l'Académie des Sciences) ; par cette théorie, dis-je, l'on peut concevoir l'ossification & même le ramollissement des os, tel qu'on l'a observé en la personne de la femme Supiot il y a quelques années à Paris. On prétend que la suite d'un lait répandu, dont l'acide s'étoit développé, en fut la cause. Nous nous étendrons ci-après davantage sur cet objet, d'après les remarques de M. *Hérissant*.

Nous disons que les os sont quelquefois sujets à une sorte de ramollissement général. Dans cette maladie, que les Anatomistes nomment *carnification* ou *ostéosarcose*, la substance des os est entièrement changée; elle perd sa dureté; ses fibres ne paroissent plus fibres osseuses; les os ont une consistance de chair, & l'on diroit qu'ils sont en effet devenus chair : consultez *Mémoires de l'Académie des Sciences, 1722, p. 229*, plusieurs observations de MM. *Petit* & *Morand*, qui constatent la certitude de cette maladie. En consultant les ouvrages des Anciens on y trouve aussi plusieurs observations de ce genre. *Ismaël Albufeda* parle (en 1570) d'un homme sans os, & *Olhuzy* ajoute qu'on le portoit sur une claie de branches de palmier; il est encore question d'un ramollissement des os par *Abbon*, Moine qui vivoit dans le neuvieme siecle : d'un autre par *Houlier*, Médecin de Paris; on a vu à Sedan, en 1672, le nommé *Pierre Siga*, âgé de 33 ans, dont les os de tout le corps devinrent mous comme de la cire, de sorte que dans trois ans de temps son corps se trouva réduit à la grandeur de celui d'un enfant de trois ans, & il mourut en cet état. On trouve encore des citations d'autres faits semblables dans la Bibliotheque raisonnée, &c. &c.

M. *de Haller* a donné aussi deux Mémoires sur la formation des os, fondés sur des expériences. On y voit avec plaisir, la structure organique de ces corps, qui commencent par être une colle, qui viennent cartilage, & qui finissent par être un os.

De la glu au cartilage, dit M. *de Haller*, le passage est prompt & facile, il paroît qu'il ne faut qu'un degré de solidité de plus; mais du cartilage à l'os, la marche est plus longue & plus obscure; il faut former des fibres, des lames, des alvéoles, des vaisseaux, de la moëlle, & douer le cartilage de toutes ces parties qu'il n'avoit pas. Il n'y a guere, selon cet Auteur, que les arteres capables d'effectuer dans le cartilage les changemens qui le transforment en os. La nature osseuse se déclare par l'opacité, par les fibres longitudinales, & par la couleur jaune qui s'introduit dans le cartilage : le noyau osseux est une nouvelle preuve de l'influence des arteres sur l'ossification ; ces arteres naissent du milieu de l'os & du tronc nourricier. Si tous les cartilages ne deviennent pas osseux, il faut l'attribuer à la petitesse de leurs vaisseaux, toujours trop fins pour admettre les particules du suc osseux. On a observé que les têtes des os destinées à éprouver des frottemens dès l'instant de la naissance, sont les premieres ossifiées, & même les plus dures. Il suffit d'examiner les extrémités de la mâchoire inférieure & des fausses côtes. On peut encore consulter sur l'ossification les *Mém. de l'Acad. des Sciences*, 1730.

Nous ajoutons ici que des fractures dans les articles, des luxations ou autres causes peuvent donner lieu à l'épanchement du suc osseux, nécessaire pour la formation du cal, ou à la synovie, matiere qui lubrefie les jointures des os, entretient leur souplesse. Alors l'anchylose se forme des os qui devroient être mobiles, ils s'articulent, se soudent, & ne font plus qu'une piece continue. Toutes les parties osseuses dans leurs jointures & leurs articulations y sont sujettes : combien d'exemples en ce genre ne voit-on pas dans les divers morceaux d'Ostéologie conservés dans les Cabinets ! On voit quelquefois dans certains sujets, par des vices particuliers, des parties molles s'ossifier, tels que le foie, le pancréas, même des vaisseaux, des veines & des arteres.

La Nature, si sage & si réglée dans sa marche, est quelquefois troublée par diverses causes au moment de son développement ; de là naissent les différentes difformités dans la charpente osseuse. Les enfans noués ou rachitiques le deviennent ordinairement depuis l'âge de neuf mois jusqu'à deux ans. Les extrémités des os grossissent aux articulations des bras & des jambes, leur démarche devient chancelante. Fatigués, ils se plaisent dans l'inaction ; du reste ils ont très-bon appétit, leurs sens sont très-bien disposés, ils sont même plus gais, ont l'esprit plus vif que leurs camarades de même âge. On prétend que cette maladie ne s'est fait connoître dans l'Europe Septentrionale que depuis deux cens ans. Son époque avec celle de la maladie vénérienne pourroit, dit-on, faire soupçonner qu'elle en a été un des principes.

Voici des détails intéressans sur les os & sur les coquilles, & autres corps qui y ont le plus de rapport. Dans le volume des *Mémoires de l'Académie Royale des Sciences de l'année 1758*, on trouve un Mémoire sur l'*Ossification* par M. *Hérissant*, Médecin de la Faculté de Paris, &c. Cet Auteur y fait d'abord une question : il demande qu'est-ce qui constitue la dureté des os, ensuite il démontre par quantité d'expériences très-curieuses, que la transformation des membranes & des cartilages en des parties osseuses, n'est point du tout l'effet d'une ossification parfaite, telle qu'on l'a cru jusqu'au moment de ses découvertes ; mais qu'elle est réellement l'effet d'une espece d'incrustation animale formée par le moyen d'une matiere terreuse qui enduit de toutes parts les fibres & fibrilles du réseau qui constitue le *parenchyme* cartilagineux de la partie qui s'ossifie.

Après cela M. *Hérissant* donne les moyens de faire reparoître sous leur premiere forme les cartilages ou les membranes qui se sont ossifiés, en les dépouillant entièrement de la matiere terreuse dont chaque fibrille est encroûtée en dedans & en dehors. Il suit des découvertes de cet Académicien, que les os sont des organes dans la composition desquels il entre deux substances principales : l'une, qui sert de base à l'autre, est une espece de *parenchyme* cartilagineux qui ne s'ossifie jamais ; la seconde substance est purement terreuse : c'est elle qui donne la solidité & la dureté aux parties osseuses. Le procédé dont notre Auteur s'est servi pour dépouiller la substance animale des os de sa matiere terreuse, consiste à laisser tremper des os plus ou moins de temps dans une liqueur composée d'une partie de bon esprit de nitre & de trois parties d'eau commune; alors les os perdent, au profit de la liqueur, presque la moitié de leur poids. M. *Hérissant* ayant fait évaporer cette liqueur jusqu'à pellicule, il en a retiré des cristaux jaunâtres, assez semblables à un sel neutre vitriolique à base terreuse. Il fit ensuite calciner dans un creuset toute cette masse saline, laquelle devint alors très-blanche & analogue en tous points à une vraie terre absorbante : elle pesoit, à quelques grains près, le même poids que celui que les os d'épreuve avoient perdu après la dissolution entière de la matiere terreuse.

La substance animale & cartilagineuse, dépouillée ainsi de toute sa terre & présentée à la flamme d'une bougie, brûla aussi-tôt comme un morceau de cuir ou de vessie desséchée : il n'en resta qu'un charbon noir, spongieux, luisant, léger & friable.

M. *Hérissant* a fait passer tous les os du corps humain par les mêmes épreuves que les précédentes, & il n'a trouvé que l'émail des dents qui ait apporté une exception à cette conformation, en se dissolvant totalement dans la liqueur acide, sans y laisser aucun vestige de substance animale. Cette conformation de l'émail des dents est encore expliquée par le même Auteur dans un Mémoire de l'Académie, an. 1754.

M. *Hérissant* a prouvé depuis cette époque, que les *madrépores*, les *coraux* & les diverses productions de *polypiers* à consistance de pierre sont, ainsi que les os, formés par incrustation. Les os de poissons & les cartilages en général, ne different des os des autres animaux, que parce qu'ils ne se trouvent incrustés que d'une très-petite quantité de matiere terreuse.

Dans le même volume de l'Académie, M. *Hérissant* rapporte un autre Mémoire intitulé, *Eclaircissemens sur les maladies des os*. Cet Auteur démontre, par une longue suite d'expériences, que toutes les maladies des parties osseuses, (si l'on en excepte les luxations), commencent par un ramollissement plus ou moins sensible, qui se manifeste dans une ou dans plusieurs portions de ces organes : d'où il résulte nécessairement une décomposition plus ou moins complette de l'os malade. En sorte que ces parties sont obligées de se recomposer de nouveau pour se rétablir. L'Académicien établit deux sortes de décompositions ; savoir une *insensible*, & l'autre *sensible*. La premiere consiste en la déperdition plus ou moins grande de la matiere terreuse des os, que les sucs viciés rongent & détruisent peu-à-peu. La décomposition sensible est toujours la derniere, & a lieu lorsque les os perdent leur forme naturelle, leur volume ou leur consistance. La décomposition des os, dit M. *Hérissant*, consiste en ce que les sucs viciés dépouillent la partie terreuse de la substance cartilagineuse, en sorte que les os acquierent par-là un degré de mollesse toujours relative à la déperdition de cette terre calcaire. La décomposition des os a lieu dans les exostoses, dans les anchyloses, dans la carie, dans le cal des os, dans l'exfoliation, &c. & la matiere terreuse se porte alors du côté des urines; c'est ce que M. *Hérissant* a démontré très-évidemment tant dans les cas de vérole, de scorbut & d'humeurs froides, que dans celui où l'on est attaqué d'une goutte avec exostoses ou des nodosités.

M. *Ravaton*, Chirurgien Major de l'Hôpital royal & militaire de Landau, &c. a fait plusieurs remarques sur l'exfoliation des os, qui est proprement l'ouvrage de la Nature. La Nature, dit-il, emploie plus ou moins de temps dans cette opération. L'action de l'air agissant sur la surface d'un os mis à découvert, ne peut être regardé tout au plus que comme cause seconde. Les os ne s'exfolient que parce que le périoste qui les couvroit, & qui leur apportoit par des milliers de petits tuyaux un suc propre à les nourrir, n'existe plus ; d'où il suit que la portion d'os qui en étoit pénétrée, doit se dessécher & perdre insensiblement son principe de vie. L'air seconde cette exfoliation dans une plaie exposée

exposée souvent à nu. Plus les hommes sont jeunes, vigoureux & bien constitués, & plus l'exfoliation des os est prompte & active ; si au contraire les hommes sont vieux, foibles & languissans, l'exfoliation sera longue & tardive : cette différence ne provient que de l'abondance & du degré de bonté des sucs qui s'épanchent au temps que la circulation est cessée dans la portion d'os qui doit se séparer. M. *Ravoton* dit que l'exfoliation de ceux chez lesquels le sang se trouve imprégné d'un vice vénérien, chancreux, écrouelleux ou scorbutique, éprouve des longueurs & des difficultés infinies ; elle se fait le plus souvent par parcelles où il se développe un principe de carie, qu'on ne détruit que bien difficilement, & après avoir mis en usage les moyens les plus propres à combattre le vice dominant. On sait que les exfoliations superficielles du crâne & celle des grands os de la jambe se font en quarante ou cinquante jours ; mais si l'agent qui a mis les os à découvert, les a contusionnés profondément, la portion qui se séparera sera épaisse, & se fera attendre près de trois mois.

M. *Hérissant*, dans un autre Mémoire lu à la Rentrée publique, année 1766, a voulu éclaircir la formation des moules, des pétoncles, des huîtres, &c. Il démontre aussi qu'il y a une grande analogie dans la formation & la nature des os, & dans celles des coquilles. Cet Académicien ayant prouvé de reste l'existance d'une substance animale & d'une substance terreuse dans la composition des coquilles, a cherché à connoître si l'organisation de cette matiere animale étoit la même dans toutes les coquilles, ou bien si elle n'offroit point quelques différences dignes de notre attention.

Pour s'en instruire d'une maniere non équivoque, il a fait passer une quantité prodigieuse de coquilles par des épreuves semblables à celles où il avoit déjà fait passer tout le squelette humain, & il a découvert que cette substance n'est qu'un tissu de fibres à réseau en-

Tome VI. V

gendrées d'une liqueur analogue à celle qui nous donne la foie. La difposition & l'arrangement de ces fibres donnent lieu à deux fortes d'organifations des coquilles, dont l'une eft *fimple*, & l'autre *compofée* : la *fimple* eft celle où ces fibres forment fimplement des membranes ; la *compofée* eft celle où non-feulement ces fibres forment des membranes, mais encore où ces membranes fe trouvent hériffées d'une quantité prodigieufe de petits poils foyeux ramaffés en maniere d'aigrettes.

Enfuite M. *Hériffant* fait voir que les couleurs des coquilles dépendent principalement des particules colorantes des liqueurs variées qui circulent dans la fubftance animale, lefquelles particules teignent les molécules de la fubftance terreufe qui feules fe chargent des particules colorantes.

Cet Académicien fait voir encore que les coquilles croiffent par développement, & que leur dureté dépend de l'interpofition de la fubftance terreufe qui en pénétre les fibres & les incrufte à mefure qu'elles prennent leur forme.

Enfin, cet Auteur finit en difant que les pores, les madrépores, millepores, les coraux, &c. font, 1°. des efpeces fingulieres de grouppes formés par une quantité prodigieufe de petits tubes dont chacun eft à l'individu qu'il renferme ce qu'une coquille eft par rapport à l'animal qui y eft renfermé, & que ces tubes font compofés comme les coquilles d'une fubftance animale & d'une fubftance terreufe. 2°. Que ces belles machines animales, auffi bien que les *glands de mer*, les *tuyaux vermiculaires*, les *perles fines*, les *coquilles d'œuf*, l'*os de féche*, les *cruftacées*, les *belemnites*, les *piquans d'ourfins foffiles*, les *gloffopêtres*, &c. font autant d'incruftations qui donnent, par l'analyfe chymique, les mêmes principes que les coquilles. 3°. Enfin que l'organifation de la fubftance animale de toutes ces productions eft des plus dignes de notre attention, comme on fera à portée d'en juger par les deſſins & gravures qui ſont placés à la fin de ce Mémoire.

Quelle variété ne trouve-t-on pas dans les os des animaux ? Les dents qu'on ne peut s'empêcher de regarder comme des eſpeces d'os, en fourniſſent un exemple ; il nous ſuffira de citer celles du cachalot, de l'éléphant, du narhwal, de la lamie, du lion, de la dorade, de la vache marine, du crocodille, du marſouin, & celles de l'homme, qui ſont de tous les os humains les plus durs & les plus compactes : *voyez l'article* DENTS.

Peut-être que ſi les cornes du bœuf, du bouc, &c. euſſent été remplies par la Nature de ſucs calcaires, elles auroient acquis la dureté de celui du cerf, de l'élan, du chevreuil, qui ſont des eſpeces d'os. Ne pourroit-on pas en dire autant des ongles des oiſeaux & des quadrupedes ?

Dans la tête de la ſêche, de la carpe, de l'aloſe, du merlan, dans le cœur du cerf, & dans une infinité d'autres animaux, l'on trouve une ſinguliere variété d'os : il y a quelques poiſſons, tels que l'orphie, dont les os verdiſſent par la cuiſſon : les os des cruſtacées, animaux que l'on ne peut gueres s'empêcher de regarder comme couverts d'une eſpece d'os, deviennent rouges par une ſemblable cuiſſon : les os des quadrupedes & des volailles, même l'ivoire, ſe ramolliſſent & deviennent friables en les faiſant bouillir dans un vaſe fermé, qui contient une certaine quantité d'eau.

De quelle utilité ne ſont pas les os dans les beſoins de la vie ? Sans parler de ceux qui ſont, dit-on, utiles en Médecine ; tels que ceux du talon & du cœur du cerf, les cornes de cerf, les dents de brochet, la coquille d'huître : celle de l'œuf, l'os de la ſêche, celui du crâne humain, & quantité d'autres que l'on regarde comme aſtringens, anti-épileptiques, alexipharmaques, &c. les os ſont employés par les Tabletiers pour faire des touches d'épinettes, des ſpatules, des peignes, des jetons & quantité d'autres ouvrages moins chers que ceux faits avec l'ivoire ; les dents du cheval de riviere servent à faire des dents artificielles, elles en ont la dureté. L'os de sèche, connu sous le nom de *biscuit de mer*, sert aux Oiseliers pour amuser les serins, & à quelques Fondeurs qui en mettent dans la composition de certains moules où ils coulent des métaux : les os de mouton calcinés donnent une poudre dont les Diamantaires se servent pour dégraisser leurs pierreries : enfin, l'os du bœuf qui ne sembloit être qu'une matiere de rebut, & seulement propre aux Cordonniers pour polir la semelle de leurs souliers, vient d'être employé avec succès comme un moyen de subsistance pour les pauvres, & même pour les riches dans un temps de disette. C'est en employant ces os cruds ou cuits que la Société Littéraire de Clermont-Ferrand a, sinon appris, au moins rectifié l'art utile d'en faire des bouillons gras, très-bons, très-nourrissans, de la gélée, & de les reduire en tablettes pour l'utilité du Voyageur, du Soldat, du Marin, &c. Consultez son *Mémoire sur l'usage économique du Digesteur de* Papin, ann. *1761*.

Les tablettes de bouillon osseux, peuvent aussi servir de coulis de viande, elles ne reviennent pas à un sou chaque : cependant une tablette est la dose d'un excellent bouillon, ou d'un potage très-sain pour une personne.

On ne doit pas inférer de cet avantage connu que les os soient farineux, & que lorsqu'ils ont été épuisés par un long séjour dans une terre humide, ils contiennent encore quelque matiere alimenteuse : il n'en est rien ; & l'idée de réduire en poudre les os humains & de les convertir en aliment à titre de corps *farineux*, qui fut conçu en effet & exécuté pendant le siege de Paris, au temps de la Ligue, ne peut être tombée que dans une tête essentiellement ignorante & bouleversée par la faim & par le désespoir.

Dans les animaux les os composent presque tout le

volume apparent ; réunis enfemble , ils portent le nom de *fquelette* , lequel eft l'image de la conformation de l'animal auquel il a appartenu. Prenons pour exemple celui de l'homme : quel fpectacle merveilleux préfente à un œil philofophique cette charpente animale ! nous l'avons déjà dit , quelle légéreté & quelle force dans ces os ! quel appareil ! quelle variété admirable dans les formes , dans leurs diverfes manieres de fe joindre, de fe mouvoir, tous appropriés d'une maniere finguliere à leurs ufages : mouvement de couliffe , de charniere , de genou , de pivot ; on obferve des cavités , des foffes , des finus , des rainures , des échancrures , des trous deftinés à recevoir , à loger diverfes pieces de la machine , à donner paffage aux veines, arteres, nerfs, vaiffeaux qui portent la nourriture , le mouvement & la vie à toutes les parties du corps animé....... La plupart des brutes ont , pour ainfi dire , une charpente femblable au fquelette de l'homme : ceci étant, on les pourra reconnoître & comparer dans l'hiftoire des os du corps humain que nous allons donner.

Defcription du fquelette de l'homme.

On fait que le fquelette eft l'affemblage de tous les os du corps humain : on le divife en *tête*, en *tronc* & en *extrémités* : la tête comprend le crâne & la face.

Le *crâne* eft une boîte offeufe , arrondie , un peu ovale ou fphéroïde , formée de l'affemblage de huit os , qui font le *coronal* ou frontal , l'*occipital*, les deux *pariétaux* , les deux *temporaux* , le *fphénoïde* & l'*ethmoïde*. On regarde communément les fix premiers comme les os propres du crâne , & les deux derniers, communs au crâne & à la face. Ces os font plus durs à la furface , que dans le milieu de l'épaiffeur : c'eft ce qui les fait diftinguer en deux tables , l'externe & l'interne , & en partie moyenne appellée *diploé* , qui eft d'une fubftance fpongieufe.

La *face* eft formée de l'affemblage de plufieurs pieces

qu'on renferme sous deux principales, appellées *mâchoires*, dont l'une est supérieure & l'autre inférieure. La mâchoire supérieure est immobile, & composée de treize os, savoir de deux os *maxillaires*, qui sont les plus grands, & font proprement la mâchoire supérieure ; de deux os *propres du nez*, de deux *os de la pomette*, des *deux os unguis*, des deux *lames inférieures du nez*, des deux os *du palais* & du *vomer*, à quoi il faut ajouter seize *dents* : savoir, quatre incisives, deux canines ou œilleres & dix molaires. La mâchoire inférieure est faite d'un seul os, qui contient aussi seize dents, quatre incisives, deux canines & dix molaires. *Voyez* l'article DENTS.

Le *tronc* peut être divisé en trois parties ; une commune appellée *l'épine*, & deux propres qui sont le *thorax* ou la *poitrine* & le *bassin*.

L'*épine du dos* est une colonne osseuse très-forte, composée de vingt-quatre *vertebres*, distinguées en *cervicales*, en *dorsales* & en *lombaires*, & de *l'os sacrum* à l'extrémité duquel se trouve joint un autre os appellé *coccix*.

Le *thorax* ou la poitrine est formé 1°. par vingt-quatre *côtes*, douze de chaque côté, dont on appelle les sept supérieures *vraies*, & les cinq inférieures *fausses* ; 2°. par le *sternum* qui est ordinairement composé de deux pieces ; 3°. & par les vertebres dorsales.

Le *bassin* ainsi nommé de sa forme & de son usage est fait de deux grands os, dits *innominés*, ou les os des hanches, qui se joignent ensemble par devant, & se sont attachés par derriere à l'*os sacrum* qui acheve de former le bassin.

Les *extrémités* du squelette sont au nombre de quatre ; deux supérieures & deux inférieures.

Chaque extrémité supérieure est divisée en *épaule*, en *bras*, en *avant-bras* & en *main*. L'épaule est faite de deux pieces, une antérieure appellée *clavicule*, & une postérieure dite *omoplate*. Le bras n'est fait que d'un seul os pommé *humerus*. L'avant-bras en comprend deux, l'un est appellé l'*os du coude*, & l'autre, *rayon*; la main est distinguée en trois parties; savoir, en *carpe* ou poignet qui est composé de huit os, en *métacarpe* qui est fai de quatre, & en *doigts* qui sont au nombre de cinq, chacun desquels est formé de trois pieces appellées *phalanges*.

Chaque extrémité inférieure est partagée en *cuisse*, en *jambe* & en *pied*; la cuisse n'est faite que d'un os appellé *fémur*; la jambe est composée de deux grands os nommés *tibia* & *peroné*, & d'un petit appellé la *rotule*. Le pied est divisé en trois parties comme la main : savoir, en *tarse*, en *métatarse*, & en *doigts*; le tarse est fait de sept os, savoir de l'*astragal*, du *calcaneum* ou os du talon, de l'os *naviculaire* ou scaphoïde, du *cuboïde* & des trois *cunéiformes*. Le métatarse est fait de cinq pieces, & les doigts ou *orteils* sont au nombre de cinq, dont le plus gros est fait de deux os, & chacun des autres de trois appellés *phalanges*. Il se trouve encore plusieurs petits os que l'on ne conserve pas ordinairement dans le squelette; tels sont les *osselets de l'oreille*, l'os *hyoïde*, & ceux qu'on nomme *sesamoïdes*.

On peut aisément supputer le nombre de tous les os qui composent pour l'ordinaire le squelette d'un adulte humain, selon le dénombrement que nous venons de faire; savoir, cinquante-quatre à la tête, cinquante-quatre au tronc, en prenant le *coccix* pour une piece & le *sternum* pour deux, & cent vingt-quatre aux extrémités; d'où résulte le nombre de deux cents trente-deux, auxquels si l'on ajoute les huit *osselets des oreilles*, dont il est parlé à l'article des *sens* au mot HOMME, & les trois principales pieces de l'*os hyoïde*, on trouvera que le total monte à deux cents quarante-trois os, sans y comprendre les os *sesamoïdes*.

Comme le tissu des os est spongieux, & que leurs cavités sont remplies de liqueurs & de moëlle, pour parvenir à former de beaux recueils d'ostéologie, & à conserver leurs os avec leur blancheur, on a recours à quelques procédés. On fait bouillir les os à plusieurs reprises dans de l'eau, & on les place ensuite à l'air pour les faire sécher à l'exposition du levant & du midi; de maniere qu'ils puissent recevoir les différentes impressions de l'air, le soleil, la pluie, la rosée: on les met sur une table couverte de sable, qui en absorbe l'humidité. Si l'on fait macérer les os dans une eau contenant de la chaux vive, du sel de soude, de l'alun, ils acquierent par ce procédé, qui a ses désagrémens, une plus grande blancheur. Après ces opérations, il faut enduire les os d'un vernis léger; il les garantit de l'impression de l'air.

Observations sur les squelettes des hommes & des brutes.

Il y a long-temps qu'on a remarqué de la variété dans le nombre des os du squelette humain. Les jeux de la Nature sur le seul nombre des côtes nous en fournissent un exemple: s'il se trouve par hazard treize vertebres au dos, il s'y trouve aussi treize côtes; mais quelquefois on en trouve onze d'un côté & douze de l'autre. On a nommé *adamites* les hommes qui se sont trouvés dans ce cas-là. *Ruisch*, *Bonius*, *Fallope*, &c. citent des sujets qui avoient chacun vingt-six côtes. Ces faits suffisent pour justifier que ce n'est point une chose étrange que le manque ou l'excès du nombre des côtes, au-delà de l'ordinaire. Mais dans tous les cas notre machine n'en souffre aucun dommage: l'on en peut dire autant des personnes dont les sutures du crâne, sur-tout dans la lambdoïde, sont garnies d'îles osseuses qu'on nomme *clés* ou *os wormiens*, *ossa wormiana* (ainsi appellés de leur Auteur Allemand): ces os surnuméraires qui tombent ordinairement quand on démonte les pieces du crâne, ne se rencontrent pas dans tous les sujets. On peut consulter l'excellente *Ostéogonie* ou *Anatomie des os*, par M. *Monro*, imprimée à Édimbourg, en Anglois, *in-12*, dont M. *Sue* a donné une traduction ornée de très-belles planches.

Nous avons exposé que la tête est une boîte osseuse composée d'une multitude de pieces de diverses formes & structures, lesquelles s'emboîtent avec une justesse singuliere les unes dans les autres; elles sont disposées de maniere que tout le poids qui paroîtroit devoir écraser la tête, tend au contraire à les lier plus étroitement. Avec quel art l'os de la pomette est-il retenu! c'est lui qui est la vraie clef du crâne; c'est sur lui que se porte tout l'effort. Tous les événemens sont prévus par la sage Nature. Elle a disposé les différentes pieces du crâne, comme celles d'un parquet d'appartement. C'est cette structure qui fait que quand un coup est reçu sur une piece, il se trouve anéanti dans les autres. En un mot le crâne peut résister aux différens chocs modérés qui peuvent lui arriver dans tous les temps. S'il eût été d'une seule piece, le moindre coup lui eût occasionné des fêlures. Nous avons dit aussi qu'on distinguoit le crâne en deux tables. C'est encore cette structure qui fait qu'une partie du crâne peut s'exfolier dans toute son épaisseur & se séparer du reste; témoin cette femme de l'Hôtel-Dieu de Paris dont parle *Saviard* (Obs. XC.) qui demandoit l'aumône dans son crâne? objet touchant pour l'humanité, & sujet de spéculation pour un Anatomiste Physicien. C'est cette même femme dont il est question dans les *Mém. de l'Académie des Sciences*, ann. *1700*, p. *45*. Au reste tous les os du crâne sont joints entr'eux, & quelques-uns même avec ceux de la face par sutures, & ces sutures sont d'autant plus apparentes que les sujets sont plus jeunes. On voit au Cabinet du Roi, une suite de crânes humains, dont les variétés qu'on observe dans la figure & le volume paroissent si étranges, qu'on ne comprend pas comment le cerveau a pu se développer d'une façon qui y réponde, & qui soit si différente de celle qu'il doit naturellement avoir. Il est bon d'observer que l'homme en comparaison des autres animaux a la tête plus grosse, & qu'à proportion elle contient plus de cervelle. *Voyez* Cerveau.

Enfin il est digne de remarque, 1°. Que l'épine du dos est le principal appui de la tête, des bras & de la poitrine. 2°. Que les vertebres sont articulées ensemble, tant médiatement qu'immédiatement par des cartilages & des ligamens qui donnent à l'épine la facilité d'obéir aux mouvemens du corps. La forme des vertebres varie admirablement suivant la nécessité de la place où elles ont été mises. La nature descend par nuances de la forme de la premiere jusqu'à la derniere. L'épine des brutes ne ressemble point à celle de l'homme, tant par la quantité des vertebres que par la différence, la difficulté ou la privation du mouvement. Dans les serpens qui, comme les couleuvres ne sont point venimeux, les vertebres sont plus souples & en grand nombre, ce qui fait que pris par la queue, ils peuvent s'entortiller autour du bas. La vipere qui est venimeuse n'a pas cette propriété. Les apophyses spinales peuvent chez l'homme être horizontales au lieu d'être perpendiculaires, ainsi qu'on le remarque dans les personnes qui font des tours & qu'on a exercées dès leur jeunesse à différentes flexions. Les oiseaux n'ont de vertebres qu'au cou, & elles égalent en longueur le reste du corps. Mais on ne les voit point se racourcir, & prendre une forme irréguliere, comme on le voit dans les différens bossus de l'espece humaine. *Voyez* maintenant l'art. *Vertebres*. 3°. Que l'attitude droite est la plus ferme & la plus assurée, parce que la surface du contact des points d'appui est plus large, & que le poids porte dessus plus perpendiculairement. 4°. Que les os sont plus larges, plus épais, plus élastiques à leurs extrémités qu'au milieu, afin de mieux s'articuler & de supporter un effort plus considérable sans se déplacer ou se disloquer facilement. 5°. Que les lames des os & leur gluten sont plus rapprochées les unes des autres & en plus grande quantité dans le milieu qu'aux extrémités: aussi sont-elles dans cet endroit d'un tissu plus fort & plus serré: ce sont elles qui comme autant de petits crochets retiennent la moëlle & l'empéchent de s'affaisser & de tomber au moindre effort, ce qui produiroit des douleurs très-aiguës dans les os; c'est ce mal qu'on appelle *spinamentosa* : en effet la moëlle étant tombée, ne reçoit plus de nourriture, elle se corrompt & gâte les os, qui s'exfolient. Mais heureusement ces cas sont rares. 6°. Que le coccix étant encore cartilagineux se prête lors de l'accouchement; mais lorsqu'il est uni à l'os sacrum, il fait obstacle ou rend plus difficile l'enfantement. (Le coccix est aussi ce qui sert de queue à tous les animaux par son prolongement.) 7°. Que le bassin est plus grand, plus évasé chez la femme que chez l'homme : afin de donner de la place à l'accroissement du fœtus. Ses os innominés sont aussi plus élevés, ses hanches plus égales, plus larges & plus en arriere, ce qui lui donne sinon plus de souplesse, au moins plus de grace dans la marche & la danse. 8°. Que le sternum des femmes va toujours en augmentant depuis le haut jusqu'en bas; il est aussi plus large que celui des hommes. Leur poitrine est encore plus courte, plus relevée, plus large, & le ventre bien plus long que n'ont les hommes. Il manque souvent au sternum un os, ou bien l'on y observe un trou qui sert de passage aux vaisseaux des mamelles. 9°. Que la poitrine des animaux tant quadrupedes que volatiles, differe de celle de l'homme; celle des quadrupedes est terminée par une épine qui regne tout du long, & leurs bras sont placés sur le devant de la poitrine; les oiseaux au contraire les ont sur le dos, & leurs côtes sont attachées à une large épine, unies les unes aux autres, garnies de beaucoup de chair, ainsi que leur poitrine, & de muscles très-forts. 10°. Que les quadrupedes qui se servent de leurs pattes antérieures pour porter à la bouche leur pâture, ont une clavicule comme l'homme. Celle des oiseaux est par proportion infiniment plus longue, ce qui leur est d'une grande utilité pour maintenir les ailes à égales distances, & pour les rejeter en arriere. On a observé que les quadrupedes qui ont une clavicule, ont, comme les souris, les écureuils, les singes, &c. les jambes rentrantes. Le cheval & le bœuf n'ont point de clavicule, leurs bras, (jambes antérieures), sont attachés à l'omoplate en devant de la poitrine; aussi leurs jambes sont-elles cagnes, & leurs mamelles au lieu d'être en devant sont placées en arriere. Les femmes ont la clavicule plus longue & plus large que chez les hommes, ce qui repousse leurs bras plus en arriere & leur donne une plus grande agilité dans tout ce qu'elles font, & ne gêne point le volume des mamelles, sur-tout dans le temps qu'elles allaitent; leur omoplate est aussi plus platte & plus large que celle des hommes qui est voûtée & triangulaire. 11°. Que le pied, pour être bien conformé, doit être large, long & voûté, & que nous sommes d'autant plus fermes & plus forts étant debout, que le triangle que forment les extrémités des pieds avec les talons est plus grand, soit qu'on ait les pieds tournés en dehors, ou en dedans.

OSCABRION ou OSCABIORN, est un coquillage que M. *Adanson* a rangé dans la classe des univalves, à cause de l'animal qui l'habite, & qu'il a reconnu appartenir à la famille des *lépas*. M. *d'Argenville* en compose la seconde famille de ses *mutivalves : voyez ce mot*. Cet Auteur dit aussi que c'est une espece de lépas à huit côtes séparées, qui s'attache aux rochers, ainsi que les autres; mais comme ces pieces détachées ressemblent un peu à la queue d'un petit crabe, & que les divisions de cet Écrivain ne sont en quelque sorte fondées que sur les coquilles même privées de leurs animaux, dans ce système l'oscabrion rentre naturellement dans la classe des coquilles mutivalves.

Les *oscabrions* ont la forme d'un demi-ovoïde, & sont composés de huit écailles courbes, posées en recouvrement les unes sur les autres de devant en arriere, relevées toutes dans le milieu d'une petite côte plus ou moins aiguë, & enclavée vers le bas dans une membrane flexible, écailleuse & chagrinée dans son contour.

L'oscabrion offre plusieurs variétés connues sous différens noms. Si leur forme est un peu applatie, on les appelle *cloporte de mer*, ou *punaise de mer*, *cimex marina* : si la forme est arquée sinueuse, c'est la *chenille de mer* ; enfin s'ils sont un peu arqués on les appelle *nacelle* : en effet ils ressemblent beaucoup à une chaloupe, les membres & les varangues sont représentés par les écailles courbes de la coquille. Quand on détache les huit pieces de l'oscabrion pour en faire voir la structure, il reste une membrane qui ressemble alors à la carcasse d'une chalouppe privée de son bordage. L'on nous en apporte une très-belle espece de l'Amérique : on la prend sur les côtes de la grande Anse, île de Saint-Domingue, à quatre pieds de profondeur ; ils sont d'un gris cendré en dehors, chagrinés sur leurs bords, verdâtres en dedans. Ceux du Chili sont à écailles violet-noir nuées de jaune. Il y en a qui sont d'un bleu céleste en dedans, & dont le dessus est à taches alternatives de gris & de noir. Ceux de la Caroline sont gris de lin, nués de vert en dessus & blancs en dedans. Les oscabrions des parages des Magellans sont fort larges, & leurs écailles étant nétoyées paroissent brunes, tachées dans le milieu de blanc. Ceux de nos mers sont ou gris ou bruns nués de verdâtre, quelquefois violets, en dedans, de forme étroite & alongée.

On dit que l'oscabrion s'attache sur l'algue, sur le bois & sur le dos de la baleine, & qu'il vit en parasite. Il ne faut pas le confondre avec le *pou de la baleine* : voyez ce mot. Les Pêcheurs de la mer d'Islande, où il se trouve des oscabrions, en mangent pour étancher leur soif : on prétend que c'est encore un bon remede pour le mal de mer, notamment l'espece de petite pierre rubine qu'on trouve dans son corps, & que les Islandois avalent volontiers pour obtenir l'accomplissement de leurs souhaits : ils nomment ce corps pierreux, *Peter's stein*, pierre de S. Pierre, & son enveloppe *Peter's skip*, barque de S. Pierre. Consultez les *Actes de Copenh.* & les *Collections Acad. T. IV. p. 354*, pour la description anatomique de l'oscabrion, entr'autres celles de Hannas Tharlevius, & de Jacobæus, où l'on apprend avec étonnement le nombre d'yeux fixes de ce testacée.

OS DE SÈCHE. *Voyez à l'article* Sèche.

OSEILLE ou SURELLE, *acetosa seu oxalis*, est une plante dont on distingue trente-une especes: nous en rapporterons de trois sortes principales qui sont en usage dans les cuisines, dans la médecine & dans les pâturages.

1°. L'Oseille ordinaire ou Oseille longue ou vinette, *acetosa longi folia aut oxalis vulgaris pratensis*. On la trouve communément dans les prés & les forêts, on la cultive aussi dans les jardins pour l'usage de la cuisine: sa racine est fibreuse, longue, jaunâtre, amere & acerbe: elle pousse des feuilles alternes, oblongues, à oreilles du côté qu'elles tiennent à leurs queues, vertes, luisantes & remplies d'un suc acide; sa tige est cannelée & monte à la hauteur d'un pied & demi, portant en sa sommité des fleurs sans pétales. J. Ray observe que dans cette espece de plante il y a des fleurs stériles & d'autres fertiles; les fleurs stériles ne portent point de fruit, & le pistil de celles qui sont fertiles se change en une graine triangulaire de couleur de châtaigne & luisante. La fructification de l'oseille est, dit M. *Deleuze*, essentiellement la même que celle de la *patience*, & elle est du même genre; mais elle porte des fleurs mâles & des fleurs femelles séparées sur différens pieds.

On emploie la graine, les feuilles & la racine de cette plante: le suc de l'oseille est d'un goût acide manifeste, qui donne la couleur de pourpre au papier bleu: aussi en fait-on quelquefois usage pour préparer le fil de lin, celui de chanvre & les toiles de fil pour la teinture rouge: on en tire un sel essentiel qui, jeté sur les charbons ardens, brûle comme la crême de tartre; mais si on le mêle avec le sel de tartre, il répand une odeur urineuse, de même que le sel ammoniac. On peut dire que cette plante potagere possede toutes les propriétés des végétaux. La vertu des graines, dit M. *Geoffroy, Matiere Médic.* est entierement différente de celle des feuilles & des racines.

2°. L'Oseille ronde ou franche, *acetosa rotundifolia hortensis.* Sa racine est rampante ainsi que ses tiges; ses feuilles sont presque rondes, garnies à leur base de deux oreillettes; leur couleur est un vert de mer: du reste elle ressemble à l'espece précédente, mais ses fleurs sont hermaphrodites: on la seme dans les jardins pour l'usage de la cuisine.

3°. La petite Oseille ou l'Oseille sauvage ou Oseille de mouton, *acetosella ovina.* Cette plante qui croît dans les champs aux lieux sablonneux, est haute de quatre pouces ou environ; ses feuilles sont petites & ont la figure d'une lance; ses fleurs sont disposées par grappes: cette petite plante paroît toute rouge sur la terre, principalement quand ses semences sont mûres; sa racine est rampante, ligneuse, fibreuse & rouge: c'est la plus acide de toutes les oseilles: les brebis en mangent; & c'est de-là que lui est venu le nom d'*oseille de mouton.*

On fait avec les feuilles de l'une & l'autre oseille des sauces très-bonnes; car elles rendes les viandes plus agréables, & excitent l'appétit par leur goût acide: on en fait aussi des conserves & un sirop. L'oseille prise intérieurement, est rafraîchissante, tempere le mouvement du sang, réprime la bile qui bouillonne: elle l'épaissit ou l'adoucit selon les circonstances; elle convient dans les fièvres pestilentielles & intermittentes: c'est un bon spécifique dans le scorbut alkalin. *Bartholin* dit dans les *Mém. de Coppenh.* 1671, *Obs. IX*, que les peuples du Groënland en font usage avec le *cochléaria* dans des bouillons d'avoine ou d'orge pour la même maladie qui y est endémique. Il dit aussi que l'oseille & le *cochléaria* naissent abondamment dans ce pays, & qu'on doit faire usage des deux ensemble.

La racine d'oseille est peu ou point acide, mais fort huileuse; elle est apéritive. Cette racine étant séche, à la propriété singuliere de donner à l'eau bouillante une belle couleur rouge délayée : on peut profiter de cette propriété pour faire une tisane dont la couleur imite celle d'un vin rouge, & tromper avec cette boisson certains buveurs malades, à qui il seroit dangereux d'en accorder. La graine de l'oseille est estimée cordiale, & convient dans la dyssenterie : les feuilles sont résolutives, maturatives & suppuratives ; en général l'usage de cette plante potagere est recommandé dans toutes les maladies qui ont pour cause un alkali spontané. Les personnes sujettes à l'asthme, à la toux, aux aigreurs de l'estomac, & les filles attaquées des pâles couleurs, en doivent éviter l'usage.

OSEILLE DE GUINÉE. M. *de Préfontaine* dit qu'on se sert des feuilles de cette plante dans la cuisine comme de l'oseille de jardin, au défaut d'autre : on en fait une boisson agréable & des confitures. *Maison Rustique de Cayenne.* M. *Haller* dit que cette plante est un *geranium*.

OSERAIE. On donne ce nom à un lieu planté de jeunes *osiers*.

OSIER, espèce de saule : *voyez à l'article* SAULE.

OSINOWIECK. Nom que les habitans des environs de Kasimof en Sibérie donnent à un champignon d'une espece très-singuliere : à peine l'a-t-on coupé que le chapeau dont il est couvert devient bleu ; la chair qui est blanche, prend également la couleur bleue lorsqu'elle est exposée à l'air ; ensuite elle devient verte : le jus qu'on en exprime sur un morceau de toile passe presque subitement de nuances en nuances, jusqu'au vert de Saxe, & puis se change en bleu, couleur qui pâlit ensuite & qu'on n'a pu encore fixer. Ce champignon croît sur-tout dans les bois où l'on trouve beaucoup de peupliers ; il ressemble assez au *boletus viscidus*, espece de mousseron, mais il est plus charnu.

Nous avons observé plusieurs fois dans les bois de Chantilly que nombre de champignons de cuisine qui paroissoient

paroiſſoient ſuſpects au jugement des gourmets, devenoient auſſi-tôt bleus à l'endroit où j'en avois enlevé une portion du chapeau.

OSMONDE. *Voyez au mot* FOUGERE.

OSSEMENS FOSSILES ou PÉTRIFIÉS. *Voyez* OSTÉOLITHES.

OSSIFRAGE, c'eſt l'*orfraie* : on la nomme auſſi *oſſifrague.*

OSSONS. Nom que les Négres de Guinée donnent aux éléphans.

OSTÉOCOLLE ou PIERRE DES ROMPUS, *lapis oſſifragus aut ſtelechites.* C'eſt communément une pierre topheuſe ou en forme de tuyaux qui reſſemble à des racines d'arbres, ou à des portions de roſeaux comme pétrifiées ; elle eſt raboteuſe, griſâtre ou blanchâtre ou jaunâtre, d'une ſubſtance marneuſe, où la partie calcaire & le ſable dominent tantôt plus, & tantôt moins : elle ſe forme par incruſtation dans tous les lieux arides, ſablonneux, garnis de végétaux & arroſés d'eaux qui charient avec elles les ſubſtances qui la compoſent, & qui la forment par dépôt. L'oſtéocolle ſe durcit à l'air, mais tant qu'elle eſt en terre, elle eſt tendre & fragile ; ce qui eſt cauſe qu'on a de la peine à la tirer en grands morceaux. *Voyez à l'article* STALACTITES *de cet Ouvrage*, & le Mémoire ſur les Stalactites par M. *Guettard*, lequel ſe trouve parmi ceux de l'*Acad. Royale des Scienc. ann. 1754*. Voyez auſſi les Obſervations ſur l'oſtéocolle par MM. *Gleditſch* & *Margraff, Mémoires de l'Acad. de Berlin, ann. 1748, pag. 35-59*. M. *Herman* fait mention d'une oſtéocolle bleue de Maſſel, qui eſt aujourd'hui très-connue, parce qu'elle contient cinq onces & demie d'argent par quintal.

L'oſtéocolle eſt d'un grand uſage dans la Pharmacie d'Allemagne : on prétend que priſe intérieurement, elle a la propriété de réunir les os rompus ; mais toute la propriété de cette ſubſtance foſſile ne conſiſte gueres que dans les préjugés, qu'on accueille avec enthoufiafme contre toute raifon : auſſi *Cartheuſer* l'appelle-t-il *rude, craſſum & ignobile concretum.*

OSTÉOLITHES. En général on donne ce nom à des os d'animaux décharnés qu'on retire de la terre, & qui font plus ou moins altérés : il y en a qui peuvent recevoir le poli ; quelques-uns font colorés, d'autres font comme calcinés : on en trouve des exemples dans les turquoifes, l'unicorne foſſile ou les os de mammoth, les gloſſopetres, les os humains, ceux d'oifeaux & de quadrupedes. On reconnoît fouvent à quelle efpece d'animaux ces os ont appartenu, témoins ces parties de fquelettes de rhenne & d'hippopotame, qui ont été foupçonnées tels par les Académiciens de Paris, & qui ont été trouvés à mi-côte fous une même roche dans un lit de fable gris près d'Étampes, (M. *Guettard* penſe que ces os ont appartenu les uns à une bête fauve & les autres au tur). Témoins encore ces os d'éléphans, de chiens ou de loups, de brebis, de chévreaux, de bœufs & de cerfs avec leurs cornes, que le Docteur *Targioni-Tozetti* a trouvés dans les collines & dans la vallée inférieure d'Arno en Tofcane : on trouve quelquefois des arêtes de poiſſons très-bien confervées, fur-tout dans les lieux d'où l'on tire les pétrifications des matieres marines. Nous avons ramaſſé des côtes, des mâchoires, &c. dans les plâtrieres de Montmorenci & de Montmartre. Les environs de Dax au pied des Pyrénées offrent auſſi un amas très-confidérable d'os de poiſſons, de dents, de vertebres, & entr'autres la mâchoire d'un crocodile de l'efpece appellée *gavial* dans le Gange : on a trouvé à Mary près de Meaux, un os de la tête de l'hippopotame. La Sibérie, la Pologne, l'Allemagne & l'Angleterre font remplies d'oſtéolithes. *Confultez* une Diſſertation Latine qui a pour titre : *Œdipus oſteolithologicus, feu Diſſertatio de cornibus & oſſibus foſſilibus Conſtadinenſibus,* par *David Spleiſs.* Confultez auſſi les *Mém. de l'Acad. Royale des Sciences,* ann. *1719 & 1727.*

OSTRACITE, *oſtracites.* On appelle ainſi les efpeces d'huîtres proprement dites & devenues fossiles, & parmi lesquelles il y en a dont on ne rencontre pas l'analogue marin : voyez *Huître*. Quantité d'ostracites font encore effervescence avec les acides, & d'autres sont en quelque sorte assez pétrifiées & assez durcies pour faire feu avec le briquet ; on en rencontre par-tout dans des lits de pierres calcaires & sableuses.

Les anciens Métallurgistes ont aussi donné le nom d'*ostracites* aux cadmies des fourneaux de fonderie. *Voyez le mot* CADMIE.

OSTRÉOPECTINITE. *Voyez* HYSTÉROLITE & TÉRÉBRATULE.

OUACAPOU. Arbre de la Guiane qui a les mêmes propriétés & usages que l'*ouapa*. Voyez ce mot.

OUAILLE. Arbre qui croît dans les plaines & sur les hauteurs de la Guiane, & qui sert à faire des canots & des bois de bâtiment ; celui des montagnes est rouge & celui des plaines est blanc.

OVAIRE. En Botanique on entend par *ovaire* l'endroit où les semences des plantes sont attachées, & où elles reçoivent leur nourriture. En Anatomie, on entend par *ovaire* les deux corps blanchâtres, ovales, applatis & attachés aux côtés du fond de la matrice ; ils sont très-petits avant l'âge de puberté, relevés & polis dans cet âge, moins gros & ridés dans les vieilles, & remplis de cicatrices dans celles qui ont eu plusieurs enfans : il y a des choses bien singulieres à remarquer dans les ovaires ; il y a les faux œufs qu'on appelle *hydatides*. L'ovaire est ordinairement de la grosseur d'un œuf de pigeon ; on y trouve quelquefois vingt œufs chacun gros comme un pois. Des Anatomistes pensent que le fœtus se forme d'un de ces œufs fécondé par la liqueur séminale du mâle, ensuite détaché de l'ovaire & porté dans la matrice. Toujours est-il vrai que les femelles ne sauroient concevoir sans les ovaires, & que celles à qui on les a coupés cessent, dit-on, d'avoir du penchant à l'amour.

OUANDERONS ou OUANDEROU. Nom donné

aux singes babouins du Ceylan. Il y en a en grande abondance, & de diverses especes, les uns sont grands comme nos épagneuls; ils ont le poil gris & le visage noir, avec une grande barbe blanche, qui va d'une oreille à l'autre, laquelle les feroit prendre pour des vieillards sauvages; il y en a aussi dont la barbe & le corps est couleur d'écarlate pâle; ils ne vivent que de feuilles & de bourgeons: d'autres qui se nomment *rillours*, sont sans barbe, mais leur visage est blanc, & leurs cheveux se partagent comme ceux de l'homme: cette espece de singe fait beaucoup de tort aux grains. On lit dans l'*Hist. génér. des Voyag. T. VIII, p. 546, édit. in-12*, que les Chingulais estiment autant la chair de ces especes de singes que celle de chévreuil.

Le véritable ouanderon est une espece de babouin qui a des abajoues, des callosités sur les fesses, la queue de sept ou huit pouces de long, la tête environnée d'une large criniere & d'une grande barbe de poils rudes, marche plus souvent à quatre pieds qu'à deux: il y a dans cette espece des races qui varient pour la couleur du poil; les uns ont celui du corps noir & la barbe blanche; les autres ont le poil du corps blanchâtre & la barbe noire. Lorsque les ouanderons ne sont pas domptés, ils sont si méchans qu'on est obligé de les tenir dans une cage de fer, où souvent ils s'agitent avec fureur; mais lorsqu'on les prend jeunes, on les apprivoise aisément, & ils paroissent même être plus susceptibles d'éducation que les autres babouins. Les Indiens se plaisent à les instruire, & ils prétendent que les autres singes, c'est-à-dire les guenons, respectent beaucoup ces babouins, qui ont plus de gravité & plus d'intelligence qu'elles. Les ouanderons blancs sont les plus forts de tous & les plus méchans: ils sont très-ardens pour les femmes, & assez forts pour les violer lorsqu'ils les trouvent seules, & souvent ils les outragent jusqu'à les faire mourir.

OUANGUE ou OUANGLE. *Voyez* SESAME *à l'article* JUGOLINE.

OUAPA. C'est l'orobe en arbre qui croît en Guiane dans les terres grasses: il est tortueux & souvent creux; mais il est utile pour divers ouvrages: on en fait des fourches & des piquets qu'on emploie au soutien des terres. On s'en sert dans le pays avec le plus grand succès pour le pilotis, parce qu'il se conserve dans l'eau & dans la vase. *Maison Rust. de Cay.*

OUARINE. L'ouarine & l'alouate sont de la famille des sapajous; & ce dernier ne diffère de l'ouarine que parce qu'il n'a point de barbe bien marquée, qu'il a le poil d'un rouge-brun, au lieu que louarine l'a noir. L'ouarine a la face large & carrée, les yeux noirs & brillans, les oreilles courtes & arrondies, la queue nue à son extrémité, avec laquelle il s'accroche & s'attache fermement à tout ce qu'il peut embrasser: les poils de tout le corps sont longs, luisans & polis; des poils plus longs sous le menton & sur la gorge lui forment une espece de barbe ronde; le poil des mains, des pieds & d'une partie de la queue est brun; il n'a point d'abajoues, point de collosités sur les fesses; ces parties sont couvertes de poil comme le reste du corps; il est de la grandeur d'un lévrier; le poil long qu'il a sous le cou lui forme une espece de barbe ronde, & il marche ordinairement à quatre pieds. Ces sapajous ont une voix qui retentit comme un tambour, & se fait entendre à une très-grande distance. *Marcgrave* raconte que tous les jours, matin & soir, les ouarines s'assemblent dans les bois; que l'un d'entr'eux prend une place élevée & fait signe de la main aux autres de s'asseoir autour de lui pour l'écouter; que dès qu'il les voit placés il commence un discours à voix si haute & si précipitée: qu'à l'entendre de loin on croiroit qu'ils crient tous ensemble; que cependant il n'y en a qu'un seul; & que pendant tout le temps qu'il parle tous les autres sont dans le plus grand silence; qu'ensuite, lorsqu'il cesse, il fait signe aux autres de la main de répondre, & qu'à l'instant tous se mettent à crier ensemble, jusqu'à ce que par un autre signe de main il leur ordonne le silence ; que dans le moment ils obéissent & se taisent ; qu'enfin alors le premier reprend son discours ou sa chanson, & que ce n'est qu'après l'avoir encore écouté bien attentivement qu'ils se séparent & rompent l'assemblée. Ces faits dont *Marcgrave* dit avoir été plusieurs fois témoin, pourroient bien être exagerés & assaisonnés d'un peu de merveilleux : le tout, dit M. *de Buffon*, n'est peut-être fondé que sur le bruit effroyable que font ces animaux ; ils ont dans leur gorge une espece de tambour osseux, dans la concavité duquel le son de leur voix grossit, se multiplie & forme des hurlemens par écho ; aussi a-t-on distingué ces sapajous de tous les autres par le nom de *hurleurs*.

OUAROUCHI. C'est l'arbre à suif de la Guiane. Il paroît un peu différent de celui dont nous avons parlé sous le nom d'*arbre à suif* de la Chine : celui de Cayenne est laiteux, & passe pour un figuier : sa graine, qui est jaune, de la figure d'une muscade, & de la grosseur d'une noisette, est couverte d'une petite pellicule, qui renferme son amande : c'est de cette amande grattée, lavée & pilée, qu'on fait une pâte qu'on doit remuer fortement dans une chaudiere jusqu'à ce qu'elle se couvre d'humidité & d'une espece de fumée : on la met alors à la presse, & il en sort le suif qui se fige : on le fait rebouillir le lendemain, on le passe dans un linge, ensuite on le jette dans un moule. L'on récolte la graine en Mars, temps où elle tombe ; on la laisse sécher pendant deux ou trois jours avant que de la mettre en œuvre.

Le lait qu'on fait sortir de l'arbre, en l'entaillant, est un remede contre les vers auxquels les enfans sont sujets : on fait prendre cette matiere laiteuse avec de l'huile & du citron.

OUASSACOU. Arbre de la Guiane auquel on donne des coups de hache, pour en faire sortir le lait, prenant garde qu'il n'en saute dans les yeux, à cause de sa vertu corrosive : on prend autant d'eau que de lait, que l'on brasse avec un peu de vase; on met le tout dans une feuille, ou linge qu'on laisse tremper dans les fosses à prendre du poisson : la subtilité du poison est telle, que le poisson enivré de cette façon, paroît sur le champ sur l'eau : il faut même éventrer ce poisson aussi-tôt après, car il se gâte en très-peu d'instans. *Maison Rust. de Cayenne.*

OUATTE ou HERBE DE LA HOUETTE ou OUATIER. *Voyez* APOCIN & TON-NYHIOU.

OUAYE. Plante de la Guiane, appellée ainsi du nom de la Nation Indienne des Ouayes, où elle a été d'abord connue : elle est fort rare en Guiane, & ne vient que dans les endroits qui lui sont propres & particuliers. La moëlle desséchée sert de *bois de méche*, ou d'amadou aux habitans; son tronc, dont la couleur est brune, fait des cannes très-propres, partagées de nœuds; ses feuilles sortent de terre : elles sont plates, courtes, en éventail, & formées comme celles du latanier; elles sont les meilleures de toutes celles qu'on emploie dans le pays de Cayenne, pour couvrir les maisons; elles durent très-long-temps, sur-tout quand elles sont employées par les Indiens : le feu n'y fait que son trou, & ne se communique pas au reste. On en garnit aussi les chapeaux de paille contre la pluie.

OUCLE, est une liane grosse & épineuse fort commune à la côte de Mahury : on peut s'en servir pour faire des cercles de barriques. *Voyez* LIANE.

OUIE, est une sensation excitée par les sons reçus dans l'oreille, c'est-à-dire une perception du son qui se fait dans l'ame par le secours de tout l'organe nommé *auditif*. Voyez ce que nous avons dit de l'*ouïe* à l'article des sens à la suite du mot HOMME.

OVIPARE. Se dit des animaux qui se multiplient en faisant des œufs, tels que les oiseaux, la plupart des insectes, les crustacées, les serpens, les lézards, les tortues, &c. L'on oppose à cette classe d'animaux les vivipares, c'est-à-dire ceux qui produisent leurs petits tout vivans, comme l'homme, les quadrupèdes.

Voyez à la suite de l'article VIVIPARE *& le mot* ŒUF.

OUISTITY. Cette espece de petit sagouin, est des plus jolis, a la forme élégante, les mœurs douces, il n'a pas plus d'un demi-pied de longueur le corps & la tête compris ; sa queue a plus d'un demi-pied de long & est marquée par des anneaux alternativement noirs & blancs, sa face est nue de couleur de chair assez foncée ; il est coiffé fort singuliérement par deux toupets de longs poils blancs au devant des oreilles ; en sorte que quoiqu'elles soient grandes, on ne les voit pas en regardant l'animal en face, il n'a ni abajoues, ni callosités sur les fesses ; ses oreilles sont arrondies, plates, minces & nues ; ses yeux sont d'un châtain rougeâtre, il marche à quatre pieds ; ils se nourrissent de fruits, légumes, insectes, limaçons, biscuits, même de poissons ; on en a vu multiplier en Portugal, ce qui donne lieu de croire qu'ils pourroient aussi multiplier dans les Provinces Méridionales de l'Europe : les petits en naissant sont d'abord fort laids, n'ayant presque point de poils sur le corps, ils s'attachent fortement aux tettes de leur mere ; quand ils sont devenus un peu grands, ils se cramponnent fortement sur son dos ou sur ses épaules, & quand elle est lasse de les porter, elle s'en débarrasse en se frottant contre la muraille ; lorsqu'elle les a écartés, le mâle en prend soin sur le champ & les laisse grimper sur son dos pour soulager la femelle. On voit un ouistity du Mexique dans un des Cabinets de Chantilly.

OULEMARY, est un des grands arbres du pays de la Guiane : sa feuille est luisante, & ressemble à celle du citronnier. Il est revêtu d'une écorce brune, épaisse de près d'un pouce. Le dedans se sépare en plusieurs feuillets roussâtres, unis, minces comme les feuilles du balisier, & sur lesquelles on peut écrire comme sur du papier. M. *de Préfontaine* dit qu'il se souvient que ce fut par un feuillet de cet arbre, sur lequel un Indien avoit écrit, *Oyapock est pris*, qu'on apprit en 1745 à Cayenne la prise du Fort d'Oyapock : cet Indien qui étoit alors à Oyapock, trouva le moyen de faire parvenir cette lettre.

Ces feuillets servent aux Indiens à un autre usage : ils roulent dedans, le plus serré qu'ils peuvent, une feuille de tabac, & en font ainsi ce qu'on appelle aux îles une *cigale*, ce qui leur sert de pipe. *Maiss. Rust. de Cayenne.*

OURAGAN. Ce phénomene, qui produit quelquefois la désolation & l'épouvante tant à la ville qu'à la campagne, est un tourbillon ou tournoiement d'air en tout sens produit par des vents contraires très-violens qui s'élevent promptement, & qui se dissipent bientôt après ; ces ouragans sont communs dans la mer de la Chine & du Japon ; dans celles des îles de Bourbon & des Antilles, & dans plusieurs autres endroits de la mer, sur-tout auprès des terres avancées & des côtes élevées ; mais ils sont encore plus fréquens sur la terre, & les effets en sont quelquefois prodigieux ; souvent on en sent les approches par un sifflement qui se fait entendre des montagnes, & ce sifflement est suivi de pluie & de tourbillons de vents affreux. Le Pere *Fournier*, dans son Hydrographie, dit que les signes des vents & des tempêtes sont, 1°. un nuage rouge sur l'horizon, au lever ou au coucher du soleil ; 2°. un cercle bleuâtre ou noir autour du soleil lorsqu'il se couche ; 3°. la pâleur du soleil couchant & celle du soleil levant annoncent la pluie ; 4°. la rougeur du soleil couchant ; 5°. les rayons qui sortent par le milieu des nuées qui couvrent le soleil levant ; car si le soleil darde ses rayons par dessous, il n'y a que de la pluie ; 6°. les nuées qui viennent de toutes parts & s'assemblent autour du soleil ; 7°. une nuée que le soleil entraîne après lui en se couchant ; 8°. plusieurs cercles blanchâtres & interrompus autour de la lune, quand elle paroît rougeâtre ; 9°. enfin c'est signe d'une longue & rude tempête, lorsque la mer paroît noirâtre, & que son écume épaisse çà & là paroît s'élever sur l'eau en bulles. On peut dire aussi que les ouragans tiennent au systême des *moussons*, des *typhons* & des *gouffres*; ceux-ci ne sont que des tournoiemens d'eau qui sont produits par des courans opposés. *Voyez* Vents, Gouffres, Courans, *& ce qui en est dit à l'article* Mer.

M. *de Chanvalon*, dans son *Voyage à la Martinique*, donne la description d'un ouragan furieux qui ravagea une partie de cette île le 12 Septembre 1756. La désolation & la mort accompagnerent cet ouragan: ses traces furent comme celles du feu; tout disparoissoit sur son passage, & ce changement fut aussi prompt qu'il étoit terrible: les maisons furent détruites tout-à-coup, il n'en resta d'autres vestiges que leurs débris répandus de toutes parts. Des arbres, peut-être aussi anciens que nos établissemens dans cette Colonie, & dont la grosseur énorme avoit bravé jusqu'alors tous les efforts des élémens, furent déracinés, enlevés de terre, & renversés tout entiers; ceux qui résisterent furent brisés comme de fragiles roseaux; les plantations de toute espece détruites & bouleversées; l'herbe même foulée & desséchée comme si elle eût été brûlée; l'œil appercevoit de tous côtés des crevasses & des cavernes creusées sur le penchant des côteaux, par l'éboulement des terres qu'entraînerent la chûte des arbres & les torrens de pluie. Qui ne frémiroit pas en voyant des lieux toujours ornés de verdure, dépouillés dans un instant par une main invisible! Les horreurs de l'hiver succederent tout-à-coup aux charmes du printems; la terre étoit comme ébranlée ou tremblante sous les pieds; le jour étoit presque éclipsé par une obscurité qui voiloit tout le ciel, & qui présentoit par tout l'image effrayante de la nuit. Les animaux effarés cherchoient de tous côtés quelque asyle pour se préserver de l'impétuosité de l'air, qui en suffoqua un grand nombre. La terreur & la consternation régnoient par tout: la Nature épouvantée sembloit toucher à son dernier terme; & dans cet instant où tout gardoit un silence d'effroi, le vent seul se fit entendre avec un bruit semblable au tonnerre. La mer offrit en même temps le triste spectacle de tous les ravages d'une tempête, le rivage & les eaux furent couverts des débris des naufrages ; les bâtimens fracassés & battus par les lames, flottoient de toutes parts, confondus avec les membres & les corps défigurés des malheureux qui en avoient été la victime. M. *de Chanvalon*, qui étoit témoins de ce désastre, dit que son habitation essuya ce même ravage, & que les couleurs de ce tableau ne sont ni chargées, ni noircies par la douleur.

Ces ouragans sont des phénomenes si communs en Amérique, qu'ils auroient suffi seuls pour la faire déserter, ou la rendre inhabitable depuis des siecles ; mais ces ouragans si terribles dans le moment de leur action, amenent des récoltes plus abondantes, & hâtent les reproductions de la terre, soit que de si violentes agitations ne déchirent son sein que pour le préparer à la fécondité, soit que l'ouragan charie des corpuscules propres à la la végétation des plantes ; & on a remarqué que ce désordre apparent & passager étoit non-seulement une suite de l'ordre constant qui pourvoit à la régénération par la destruction même, mais un moyen de conserver ce tout, qui n'entretient sa vie & sa fraîcheur, que par une fermentation intérieure, principe du mal relatif & du bien général.

OURDON, espece de plante qu'on nomme aussi *petit séné*, & dont les feuilles se trouvent quelquefois dans les balles de séné qu'on envoie en Europe : souvent ce n'est que du plantin séché & brisé.

OURS, *ursus*, est un animal quadrupede & sauvage, d'une structure informe par lui-même, & qui nous le paroît encore davantage, parce qu'il est couvert de longs poils qui cachent le contour de toutes les parties de son corps ; sa tête a quelque rapport à celle du loup par la forme & la position oblique des yeux ; les pieds de devant de l'ours posent sur la terre jusqu'au poignet, & les pieds de derriere jusqu'au milieu de la plante ; son garot paroît fort élevé, parce qu'il est couvert d'un poil long & hérissé ; sa queue a peu de longueur, & ses pieds de devant sont un peu tournés en dedans.

L'ours, dit M. *de Buffon*, a les sens de la vue, de l'ouïe & du toucher très-bons, quoiqu'il ait l'œil très-petit relativement au volume de son corps; les oreilles courtes, la peau épaisse, le poil fort touffu : il a l'odorat excellent, & même plus exquis qu'aucun autre animal ; car la surface intérieure de cet organe se trouve extrêmement étendue ; on y compte quatre rangs de plans de lames osseuses, qui, séparés les unes des autres par trois plans perpendiculaires, multiplient prodigieusement les surfaces propres à recevoir les impressions des odeurs. Il a les bras & les jambes charnus comme l'homme ; il a cinq orteils aux pieds de derriere ; le plus gros doigt est en dehors de cette espece de main, au lieu que dans celle de l'homme, il est en dedans ; ses doigts sont gros, courts & serrés l'un contre l'autre, aux mains comme aux pieds ; les ongles sont noirs & forts durs. Il frappe avec ses poings, comme l'homme avec les siens : mais ces ressemblances grossieres avec l'homme ne le rendent que plus difforme, & ne lui donnent aucune supériorité sur les autres animaux.

Il n'y a aucun animal, du moins de ceux qui sont assez généralement connus, sur lequel les Auteurs d'Histoire Naturelle aient autant varié que sur l'ours : leurs incertitudes, & même leurs contradictions m'ont paru venir, dit M. *de Buffon*, de ce qu'ils n'ont pas distingué les especes, & qu'ils rapportent quelquefois de l'une ce qui appartient à l'autre.

D'abord il ne faut pas confondre l'ours de terre avec l'ours marin, ni avec l'ours de mer, appellé communément *ours blanc*, *ours de la mer glaciale* ; ce sont des animaux très-différens, tant pour la forme du corps, que pour les habitudes naturelles ; voyez *ours blanc* & *ours marin*. Ensuite il faut distinguer deux especes dans les *ours terreſtres*, les *bruns* & les *noirs*, leſquels n'ayant pas les mêmes inclinations, les mêmes appétits naturels, ne peuvent être regardés comme des variétés d'une ſeule & même eſpece, mais doivent être conſidérés comme deux eſpeces diſtinctes & ſéparées. De plus, il y a encore des ours terreſtres qui ſont naturellement blancs, & non point par la rigueur du climat qui les faſſe blanchir dans l'hiver, comme les hermines ou les lievres.

Quoique ces ours reſſemblent aux ours de mer par la couleur, ils en different par tout le reſte, autant que les autres ours. On trouve ces eſpeces d'ours dans la grande Tartarie, en Moſcovie, en Lithuanie & dans les autres Provinces du Nord.

C'eſt dans les Alpes que ſe trouve aſſez communément l'*ours brun*, & rarement l'*ours noir*, qui ſe trouve au contraire en grand nombre dans les forêts des pays Septentrionaux de l'Europe & de l'Amérique. Le *brun* eſt féroce & ſouvent carnaſſier ; mais comme dit M. *Haller*, il ne l'eſt que par néceſſité, il mange avec plaiſir toute ſorte de fruits, des raiſins même & du pain. C'eſt la faim qui le contraint d'attaquer des troupeaux. On éleve les petits, & on les garde dans des foſſes, en leur donnant des eſpeces de ſoupes ſans leur laiſſer goûter de chair. L'*ours noir* n'eſt que farouche, & refuſe conſtamment de manger de la chair : celui-ci eſt ſi friand de miel & de lait, lorſqu'il en rencontre, qu'il ſe laiſſeroit plutôt tuer, que de lâcher priſe. Suivant le témoignage de M. du *Pratz*, on en voit à la Louiſiane deſcendre en troupes des montagnes couvertes de neige; preſſés par la faim, ils ne recherchent que des fruits & des racines, nourriture que les bêtes uniquement carnaſſieres refuſent de manger. On dit qu'il y a en Savoie, & en Canada, des *ours rougeâtres* qui ſont auſſi carnaſſiers que les loups.

Les *ours noirs* n'habitent gueres que les pays froids ; mais on trouve des ours bruns ou roux dans les climats froids & tempérés, & même dans les régions du Midi. Ils étoient communs chez les Grecs ; les Romains en faisoient venir de Libye, pour servir à leurs spectacles: on trouve des ours dans tous les pays déserts, escarpés, ou couverts; on n'en trouve point dans les pays bien peuplés, si ce n'est peut-être quelques-uns dans les montagnes les moins fréquentées.

L'ours, selon M. *de Buffon*, est non-seulement sauvage, mais solitaire: il fuit par instinct toute société; il s'éloigne des lieux où les hommes ont accès; il ne se trouve à son aise que dans les endroits qui appartiennent à la vieille nature: une caverne antique dans des rochers inaccessibles, une grotte formée par le temps dans le tronc d'un vieux arbre, au milieu d'une épaisse forêt, lui servent de domicile; il s'y retire seul, y passe une partie de l'hiver sans provisions, sans en sortir pendant plusieurs semaines: cependant il n'est point engourdi, ni privé de sentiment, comme le loir ou la marmotte. Mais, comme il est naturellement gras, & qu'il l'est excessivement sur la fin de l'automne, temps auquel il se recele, cette abondance de graisse lui fait supporter l'abstinence, & il ne sort de sa bauge ou tanicre, que lorsqu'il se sent affamé.

On prétend que c'est environ au bout de quarante jours que les mâles sortent de leurs retraites; mais que les femelles y restent quatre mois, parce qu'elles font leurs petits. J'ai peine à croire, continue M. *de Buffon*, qu'elles puissent non-seulement subsister, mais encore allaiter leurs petits, sans prendre elles-mêmes aucune nourriture pendant un aussi long espace de temps. S'il est vrai que les mâles, pressés par le besoin de prendre de la nourriture, sortent au bout de quarante jours, il n'est pas naturel de penser que les femelles ne soient pas encore plus pressées du même besoin, puisqu'en allaitant leurs petits, elles se trouvent doublement épuisées; à moins qu'on ne veuille supposer qu'elles en dévorent quelques-uns avec leurs enveloppes, & tout le reste du produit superflu de leur accouchement; ce qui ne me paroît pas vraisemblable, malgré l'exemple des chattes, qui mangent quelquefois leurs petits. Au refte, nous ne parlons ici que de l'efpece des ours bruns, dont les mâles dévorent en effet les ourfons nouveaux nés, lorfqu'ils les trouvent dans leurs bauges. Mais les femelles, au contraire, femblent les aimer jufqu'à la fureur : elles font, lorfqu'elles ont mis bas, plus féroces, plus dangereufes que les mâles ; elles combattent, & s'expofent à tout pour fauver leurs petits.

C'eft vers l'automne que les ours fe recherchent ; la femelle eft, dit-on, plus ardente que le mâle : on a vu l'ourfe qu'on avoit féparée de fon mâle & qu'on lui avoit enfuite rendu, embraffer le mâle avec une joie & une tendreffe marquée. On prétend qu'elle fe couche fur le dos pour le recevoir, qu'elle l'embraffe étroitement, qu'elle le retient long-temps; mais il eft plus certain qu'ils s'accouplent à la maniere des quadrupedes. On a vu des ours captifs s'accoupler & produire; mais on n'a point obfervé le temps de la geftation : comme l'ours vit vingt ou vingt-cinq ans, & que le temps de la geftation eft ordinairement proportionné à celui de la durée de la vie, il y a lieu de croire que la geftation eft de plufieurs mois. Le mâle & la femelle n'habitent point enfemble, le plaifir ne les réunit qu'un moment : ils ont chacun une retraite féparée, & même fort éloignée. Lorfqu'ils ne peuvent trouver une grotte pour fe gîter, ils grimpent fur les arbres, caffent des branches & ramaffent du bois pour fe faire une loge, qu'ils recouvrent d'herbes & de feuilles au point de la rendre impénétrable à l'eau. La femelle prépare à fes petits *ourfons* un lit de mouffe & d'herbe dans le fond de fa caverne : elle n'en a ordinairement qu'un, deux, trois ou quatre, qui ont befoin du fecours de leur mere, & la fuivent pendant un an ou deux.

La voix de l'ours eft un grondement, un gros murmure, fouvent mêlé d'un frémiffement de dents, qu'il fait fur-tout entendre lorfqu'on l'irrite : il eft très-fufceptible de colere, & fa colere tient toujours de la fureur & souvent du caprice. Quoiqu'il paroisse doux pour son maître, & même obéissant lorsqu'il est apprivoisé, il faut toujours s'en défier & le traiter avec circonspection ; sur-tout ne le pas frapper au bout du nez, ni aux parties de la génération. On lui apprend à se tenir debout, à gesticuler, à danser ; il semble même écouter le son des instrumens, & suivre grossiérement la mesure : mais pour lui donner cette espece d'éducation, il faut le prendre jeune & le contraindre pendant toute sa vie. On voit à Berne, ville d'un Canton de la Suisse, la fosse aux ours ; ce sont deux especes d'antres ouverts, dans lesquels on nourrit plusieurs ours qui, pour être habitans d'une cité très-peuplée, n'en paroissent pas moins cruels : (ils ont déchiré des malheureux qu'une infortune avoit exposé à leur férocité :) ce monument est sans doute consacré aux armes de la ville & du Canton qui sont un ours. L'ours sauvage ne se détourne pas de son chemin, ne fuit pas à l'aspect de l'homme ; (il n'attaque pourtant qu'à l'extrémité, dit M. *Haller*, & il y a plus d'un exemple où cet animal a laissé passer même des femmes sans les insulter :) cependant on prétend qu'en Islande par un coup de sifflet on le surprend, on l'étonne au point qu'il s'arrête & se leve sur les pieds de derriere ; on lui jette un gand pour l'amuser, car il ne manque jamais d'en tourner & retourner chaque doigt : c'est-là le temps qu'il faut prendre pour le tirer.

Ces animaux qui remplissent en été les forêts & les campagnes du pays de Kamtschatka, sont peu farouches & n'attaquent jamais un homme, à moins qu'ils ne le trouvent endormi, encore en tuent-ils rarement. Ce qu'il y a de plus singulier, c'est que les ours de cette contrée ne font jamais de mal aux femmes ; lorsqu'elles vont pendant l'été cueillir des fruits sauvages, ces animaux les suivent & ne leur font d'autre mal que de leur dérober quelques-uns des fruits qu'elles ont ramassés. Quelle peut être la raison physique de cette sorte de prédilection que certains animaux paroissent

avoir

avoir pour les femmes ?... Les habitans ont plusieurs manieres de tuer ou de prendre ces ours, mais le moyen le plus extraordinaire est celui que nous allons décrire. Un homme prend dans sa main gauche un couteau, & à sa main droite un stilet aiguisé par les deux bouts, & une corde dont il enveloppe son bras; il s'avance ainsi vers un ours, lequel se dresse comme d'ordinaire sur ses pattes de derriere & attaque le Chasseur la gueule ouverte. Celui-ci avec autant d'adresse que de courage, enfonce sa main dans la gorge de l'ours & y place le stilet verticalement, de maniere que non-seulement cet animal ne peut plus refermer sa gueule, mais qu'il est forcé par les douleurs cruelles qu'il ressent, de suivre le Chasseur sans résistance par-tout où l'on veut le mener : on tue l'animal ; c'est un jour de fête, on le mange avec ses voisins & ses amis. Il y a une maniere bien moins dangereuse de prendre ces animaux, ainsi qu'il se pratique en Suéde, en Norwege, en Pologne, &c. c'est de les enivrer en jettant de l'eau-de-vie sur le miel qu'ils aiment beaucoup, & qu'ils cherchent dans les troncs d'arbres. A la Louisiane & en Canada où les ours noirs sont très-communs, (l'on en voit un dans la ménagerie de Chantilly), ils se nichent dans des troncs d'arbres pourris à la hauteur quelquefois de trente ou quarante pieds, car ils grimpent très-bien : on met le feu à l'arbre, & quand la mere descend on la tue avant qu'elle soit à terre. Les petits descendent ensuite, on les prend en leur passant une corde au cou, & on les emmene pour les élever ou pour les manger, car la chair de l'ourson est délicate & bonne : celle de l'ours est mangeable & même fort estimée en Chine ; mais comme elle est mêlée d'une graisse huileuse, il n'y a guetes que les pieds dont la substance est plus ferme, qu'on puisse regarder comme une viande délicate. En Allemagne ils sont encore réservés pour la table des Princes, où l'on sert des pattes d'ours salées & enfumées. Les Kamtschadales mangent la chair & la graisse de cet animal ; & quand ils ont tué un ours, ils sont obligés de régaler leurs voisins.

La chasse de toutes les especes d'ours est asséz dangereuse, dit M. *Bourgeois*, car si on ne fait que blesser cet animal sans l'arrêter, il se met en furie & court sur le Chasseur qu'il assomme avec ses pattes antérieures & déchire avec ses griffes; il l'embrasse aussi avec ces mêmes pattes & cherche à l'étouffer: le Chasseur ne peut échapper au danger qu'en montant sur un arbre, pourvu qu'il soit armé d'un bon coutelas; il n'a qu'à couper les pattes de l'ours lorsqu'il grimpe après lui sur l'arbre où il s'est réfugié, ce qui le fait tomber tout de suite à terre, & alors il a le temps de charger son fusil pour le tuer. Cette chasse est très-utile lorsqu'on la fait avec quelque succès. La peau est de toutes les fourrures grossieres celle qui a le plus de prix; la quantité d'huile qu'on retire de l'ours est considérable. A la Louisiane on voit dans l'automne des ours qui se sont tellement engraissés, qu'ils n'ont pas la force de marcher, ou du moins qu'ils ne peuvent courir aussi vîte qu'un homme. Les ours noirs de ce pays s'engraissent ainsi en mangeant des patattes, du mahis & les fruits des plaqueminiers sur lesquels ils grimpent, ils se mettent à califourchon sur une branche, se tiennent d'une patte & de l'autre cueillent les fruits. La graisse dont les ours sont chargés les rend très-légers à la nage; on leur trouve en automne jusqu'à dix doigts d'épaisseur de graisse aux côtes & aux cuisses; le dessous de leurs pieds est gros & enflé: lorsqu'on le coupe il en sort un suc blanc & laiteux. Cette partie paroît composée de petites glandes qui sont comme des mamelons, & c'est ce qui fait que pendant l'hiver dans leurs retraites ils sucent continuellement leurs pattes. On prépare la graisse d'ours, on la purifie; on en retire une huile claire qui surnage, qui, dit-on, est aussi bonne que la meilleure huile d'olive & sert aux mêmes usages. Au dessous de cette huile on trouve un sain-doux aussi blanc, mais un peu plus mou que le sain-doux de porc, & qui sert aux besoins de la cuisine. Les Sauvages trafiquent beaucoup avec les François de l'huile d'ours; on dit qu'elle ne se fige gueres que par un grand froid, que quand cela arrive elle est toute en grumeaux, & d'une blancheur à éblouir. En France les Epiciers-Droguistes ne tiennent point d'huile d'ours; mais ils font venir de Savoie, de Suisse ou de Canada, de la graisse ou axonge qui est rarement purifiée: on se sert de cette graisse comme de topique, pour les hernies, les rhumatismes, &c. & beaucoup de gens assurent en avoir ressenti de bons effets. On dit que la graisse d'ours est encore très-utile pour faire croître & épaissir les cheveux des enfans & des convalescens qui les ont perdu dans quelque maladie.

OURS A FOURMIS. *Voyez* FOURMILIER.

OURS BLANC ou OURS DE LA MER GLACIALE, *ursus albus maris glacialis*. Nom donné à un animal très-cruel, très-vorace qui attaque les animaux, même les hommes, & se jette sur les cadavres. Il ne faut pas confondre l'ours blanc de mer avec l'ours blanc terrestre; ce sont des animaux très-différens par plusieurs caracteres. L'ours blanc de mer est seul de son genre, & ne se trouve que le long de la mer septentrionale.

Voici la copie d'une lettre adressée à feu S. A. S. Monseigneur le Duc de Bourbon, & que nous avons trouvée dans le dépôt des Cabinets de Chantilly; elle concerne les *ours blancs* & les *loups de Labrador*, pays de la Nouvelle France.

" M. *de Brouague*, Commandant à Labrador, re-
" venant de Québec dans un canot d'écorce, lui cin-
" quieme, a trouvé à la mer, à une lieue & demie
" au large de la côte, & à 15 lieues de son poste
" situé à la côte de Labrador, pays des Esquimaux,
" un ours blanc qu'il apperçut nageant à la mer; il
" lui tira un coup de fusil, & l'ayant manqué, l'ours
" plongea & vint au canot. L'ayant apperçu dans l'eau
" il le fit éviter, & l'ours s'étant remis à nager il s'en

» éloigna toujours jusqu'à ce que son fusil fût chargé ;
» il lui tira un second coup & le blessa au cou, & la
» balle sortit par la mâchoire.

» L'ours replongea & revint une seconde fois entre
» deux eaux au canot. Il l'apperçut une seconde fois,
» fit la même manœuvre que la premiere, & l'ours
» s'étant remis à nager il lui tira un troisieme coup,
» ayant chargé son fusil à deux balles, & le tua roide.

» M. *de Brouague* fit approcher son canot de cet
» animal, qui alors flottoit sur l'eau ; il lui fit attacher
» une corde à la patte, & remorqua à terre avec son
» canot.

» En arrivant à la côte il y trouva des Sauvages qui
» étoient venus au coup de fusil qu'ils avoient en-
» tendu ; ils se mirent tous à tirer à terre cet animal,
» qui pesoit aux environs de deux mille, & ils étoient
» tant hommes que femmes, plus de quarante à le
» mettre à sec. Les Sauvages mangent ces animaux,
» & il fut bientôt partagé entr'eux.

» M. *de Brouague* en réserva seulement pour lui la
» peau & un des paturons qu'il fit écorcher ; les Sau-
» vages mangerent la chair ; & la peau de dessous &
» de dessus le paturon avoit trois pieds de large. Il
» a apporté cette peau du paturon en France, laquelle
» après s'être retirée, a encore vingt-un pouces de
» large. (Cette piece qui s'est un peu rétrécie se voit
» actuellement dans l'un des Cabinets de Chantilly).

» C'est le deuxieme ours blanc qu'il a tué à la mer ;
» il en a tué trois autres à terre, dont il y en avoit un
» qui étoit plus gros & qui pesoit environ trois milliers.

» Il y a de ces animaux qui sont aussi gros que trois
» moyens bœufs ; ils ont les jambes plus courtes que
» celles du bœuf & considérablement plus grosses,
» avec cinq griffes à chaque pied. Ils ont environ sept
» à huit pieds de long, la queue de trois à quatre
» pouces de long, le cou court & prodigieusement
» gros, la tête aussi très-grosse & faite comme celle
» d'un mouton, à l'exception que dessous le menton

» il s'y trouve quantité de poil long de plus d'un pied,
» ce qui lui forme une barbe comme à une chévre,
» mais bien plus fournie.

» La peau de cet animal est couverte d'un poil blanc
» & luisant, qui est gros & assez court. Il a à chaque
» patte cinq griffes noires, au lieu que les ours noirs
» ont des doigts comme ceux d'un homme, qui sont
» très-délicats à manger. Le poil de dessous les pattes
» de l'ours blanc est long & en grande quantité.

» On ne fait nul usage de sa peau, & les Sauvages
» se servent seulement de la peau des jeunes pour
» faire des mitaines, & mettent le poil en dedans.

» La chair de cet animal est fort vermeille & tendre
» comme celle de l'ours noir, mais elle n'est pas si
» bonne à manger.

» La graisse ne s'en fige point, non plus que celle
» de l'ours noir, mais elle est bien plus pénétrante.
» Les Sauvages la boivent comme un grand régal.

» Cet animal va par préférence à la mer; il y vit
» de loups marins, de poissons & de coquillages; &
» quand la mer est glacée & qu'il ne trouve plus à
» y manger, il va à terre où il vit de la chasse que
« les loups y font au caribou : en sorte que quand un
» ours blanc arrive dans un endroit où un loup marin a
» tué un caribou, le loup s'en va sur le champ de peur
» d'être mangé, & abandonne sa proie; il manque
» par-là souvent de nourriture, & devient fort maigre
» jusqu'à ce qu'il puisse retourner à la mer.

» Il y a à la côte de Labrador de très-gros loups &
» de différentes couleurs, y en ayant de noirs, de gris
» sale, d'argentés, de blancs & de roux. On en trouve
» des bandes de cinquante qui marchent ensemble.

» L'ours blanc marche au plus trois ensemble, sa
» femelle & deux petits. Il ne cabane point l'hiver
» comme l'ours noir; il va à terre plus vîte qu'un
» homme, & à la mer nage fort vîte, & de maniere
» que c'est tout ce que quatre hommes dans un canot
» peuvent faire que de s'en éloigner.

„ Il se trouve à présent à cette côte très-peu d'ours
„ blancs, ils se retirent du côté de la baie d'Hudson ;
„ la quantité de navires qui vont à la pêche & les ha-
„ bitations de quelques François à la côte les en ont
„ éloignés.

„ Il y a aussi très-peu d'ours noirs.

„ Il se trouve aussi de ces ours blancs au nord du
„ lac supérieur, & il en a été tué dans la riviere de
„ Nepigon. Ceux de ce pays-là sont plus souvent dans
„ le lac & dans les rivieres qu'à terre.

„ Il y a beaucoup de ces ours blancs dans la Na-
„ polie & à la Nova Zembla, qui veut dire en Russe
„ *nouvelle terre* ; ils sont aussi gros & aussi féroces que
„ dans le nord de l'Amérique ».

Il paroît que l'ours blanc est une espece différente de l'ours marin, dont le poil est coloré ou nué de différentes teintes, & dont nous parlerons à l'article *Ours marin*. Sa description est très-curieuse.

L'ours blanc n'est point amphibie comme les phoques, & ne peut point rester sous l'eau aussi long-temps qu'il le voudroit, ainsi que l'ont avancé quelques Auteurs. Le contraire est évident; dit M. *de Buffon*, & résulte de la maniere dont on les chasse ; ils ne peuvent nager que pendant un petit temps, ni poursuivre de suite un espace de plus d'une lieue. On les suit avec une chaloupe, & on les force de lassitude. S'ils pouvoient se passer de respirer, ils se plongeroient pour se reposer au fond de l'eau ; mais s'ils plongent, ce n'est que pour quelques instans ; & dans la crainte de se noyer, ils se laissent tuer à fleur d'eau.

La proie la plus ordinaire des ours blancs sont les phoques, qui ne sont pas assez forts pour leur résister ; mais les morses auxquels ils enlevent quelquefois leurs petits, les percent de leurs défenses & les mettent ensuite à mort. Il en est de même des baleines ; elles les assomment par leur masse, & les chassent des lieux qu'elles habitent, où néanmoins ils ravifsent & dévorent souvent les petits baleineaux ou baleinons.

OURS MARIN. C'est une espece d'animal demi amphibie, vivipare, de l'orde des *phoques*, afsez semblable à l'ours pour la figure de sa tête, l'instinct, la maniere dont il exécute les mouvemens de la partie antérieure de son corps, & la férocité de son naturel. L'histoire de ces animaux présente des particularités afsez singulieres.

M. *Steller*, de l'Académie de Pétersbourg, qui s'est trouvé dans le cas de pouvoir observer les ours marins, dit que ces animaux changent de climats comme les *oies*, les *cygnes* & les *hirondelles* parmi les oiseaux ; les *truites* parmi les poifsons ; les *liévres* & les *rats* parmi les quadrupedes. Certains animaux ne changent de demeure que pour chercher de la nourriture quand ils commencent à en manquer. Les oiseaux cherchent des lieux solitaires, & les poifsons des mers tranquilles pour y déposer plus surement leurs œufs, pour y peupler sans être inquiétés & pour réparer leurs forces. La Nature a donné le même instinct aux ours marins ; ils cherchent les mers méridionales & les îles désertes qui sont en grand nombre entre l'Amérique & l'Asie, depuis le cinquantieme degré de latitude jusqu'au cinquante-sixieme ; ils s'arrêtent dans les parties du Continent qui paroifsent les plus tranquilles ; c'est-là qu'ils se livrent à leurs amours & multiplient sans trouble ; les femelles y mettent bas leur portée, nourrifsent leurs petits & s'en retournent avec eux au bout de trois mois dans leurs premieres demeures. Comme on voit de ces demi-amphibies dans l'hémisphere boréal, il y a lieu de croire que cette même espece d'animaux se trouvent tant dans l'hémisphere boréal que dans l'hémisphere austral sous le même degré de latitude. Les meres mettent leurs petits au jour vivans ; ils sont en naifsant d'un noir très-brillant, mais au bout de quatre ou cinq jours les poils des pieds de devant changent un peu de couleur ; le ventre qui se termine en cône & les côtés se bigarent.

Les mâles, dès en naissant, sont plus grands & plus forts que les femelles, leur peau devient de jour en jour plus noire ; au lieu que celle des femelles est constamment cendrée, avec quelques taches rousses sous les pieds. Lorsque les femelles ont mis bas, elles coupent avec les dents le cordon ombilical ; & à force de le lécher, elles arrêtent le sang & desséchent le cordon. Leurs petits naissent les yeux ouverts, ils les ont fort grands & saillans, & la bouche armée de trente-deux dents ; mais les dents canines qui sont les plus grandes, les plus fortes, & dont ils font le plus d'usage dans leurs combats, ne paroissent que le quatrieme jour : elles sont tournées vers le gosier.

Les femelles ont pour leurs petits une tendresse extrême ; elles ne les quittent pas, & sont toujours rassemblées avec eux sur le bord du rivage où elles passent une partie du temps à dormir. La jeunesse folâtre entr'elle comme de jeunes chiens, ils imitent leurs peres & s'excercent déjà aux combats. Si l'un d'eux renverse l'autre à terre, le pere survient en murmurant, les sépare, caresse le vainqueur, le léche tendrement & légérement ; car sa langue est très-rude : il l'oblige quelquefois à se coucher sur la terre, & s'il résiste il paroît l'en aimer davantage : le pere semble s'applaudir & se féliciter d'avoir un successeur digne de lui ; mais il témoigne moins d'empressement pour les lâches : ces poltrons sont toujours à la suite de la mere, tandis que les courageux accompagnent leur pere par-tout.

Les ours marins, quoique rassemblés par milliers, sont toujours divisés par familles ; une famille est souvent composée de cent vingt ; chaque mâle a son sérail formé de quinze & jusqu'à cinquante femelles : il les possede seul ; jaloux par nature, il les garde avec beaucoup de soin & d'inquiétude : si quelque rival en approche & ose les lui disputer, il entre en fureur, &

le combat le plus sanglant commence entre ces deux amans. Les sultanes tranquilles alors spectatrices se déterminent à suivre le vainqueur, le lèchent amoureusement, & poussent en commun des cris de victoire.

Ces animaux sont d'une intrépidité étonnante : lorsqu'ils ont une fois pris un poste, rien que la mort ne peut le leur faire quitter ; ils ne permettent point aux autres de venir s'établir trop près d'eux. Lorsqu'il s'éleve des sujets de guerre entr'eux, on les voit quelquefois se battre une heure entiere, se tendre des pieges, se coucher de lassitude, l'un auprès de l'autre, haletans, sans force & sans mouvement ; puis se relevant tout-à-coup l'un & l'autre, s'exciter & recommencer avec chaleur un nouveau combat. Chaque athlete ne quitte point la place qu'il a prise : ils tournent la tête de côté, & se frappent de bas en haut, chacun tâchant d'éviter le coup de son adversaire. Tant qu'ils sont d'égales forces, ils ne peuvent frapper que des pieds ; mais bientôt le plus fort saisit son adversaire avec les dents & le terrasse ; les autres ours, spectateurs du combat, accourent alors au secours du plus foible, & terminent la querelle.

On les voit toujours, dit M. *Steller*, prêts à secourir le foible & l'opprimé. Si deux ours en attaquent un seul, les autres, comme indignés de l'inégalité du combat, viennent à son secours : ceux qui sont encore dans la mer, levent la tête pour contempler ce spectacle sanglant ; alors il se fait des partis : la colere les enflamme, ils s'animent, sortent de l'eau, & viennent tout furieux se jeter dans la mêlée & augmenter le carnage.

Les *ours marins*, comme nous l'avons dit, ne quittent point leurs postes. Quelquefois les Voyageurs obligés de poursuivre leur chemin écartent ces animaux, en les attaquant à coups de pierres, sur lesquelles ils se jetent, & qu'ils saisissent avec cette fureur qu'on remarque quelquefois dans les chiens ; leur rage en augmente, & ils remplissent l'air d'hurlemens affreux. Lorsqu'on veut les attaquer, on s'attache d'abord à leur crever les yeux, & à leur casser les dents à coups de pierres : mais quoiqu'aveugle & couvert de blessures, un ours marin ne quitte jamais sa place, parce que s'il s'en éloigne d'un pas, les autres se jetent sur lui, & l'obligent à coups de dents de la reprendre, & quelquefois le mettent en pieces. Si quelques-uns d'entr'eux accourent à lui pour l'empêcher de fuir, d'autres les soupçonnent de vouloir fuir euxmêmes, & se jettent sur eux ; ce qui donne lieu à différens combats particuliers, & forme un spectacle curieux, mais horrible.

On voit ces ours marins rester un mois entier dans la même place, sans la quitter un seul moment. On a tué de ces animaux dans ces circonstances, on les a ouverts, & on n'a trouvé dans l'estomac & les intestins que de l'écume sans excrémens. On a remarqué que le panicule adipeux diminuoit tous les jours, ainsi que la circonférence de leur corps, & que leur peau devenoit si flasque, qu'elle pendoit de tous les côtés comme un sac ; ce qui fait croire que pendant ce temps d'inaction & de repos ces demi-amphibies ne se nourrissent que de leur propre graisse, qui est repompée par les vaisseaux absorbans.

L'accouplement de ces animaux se fait, dit-on, sur le bord des eaux, ils n'ont que la tête dehors. Pour cette fonction la femelle se couche sur le dos, & reçoit son mâle entre ses bras, elle le serre vigoureusement ; le mâle appuie mollement l'extrémité de ses lèvres sur celles de sa femelle, comme s'il vouloit la baiser. Cette opération se fait ordinairement vers la fin du jour. Une heure avant que de s'accoupler, le mâle & la femelle nagent tranquillement à côté l'un de l'autre, & reviennent sur la greve ; ensuite le mâle appuyé sur ses pieds de devant se livre ardemment à son instinct ; ses pieds sont entièrement cachés dans le sable, dans lequel son poids fait enfoncer tout le corps de la femelle, à l'exception de la tête ; ils sont si fort occupés de leurs amours qu'on est souvent long-temps à les examiner avant qu'ils s'en apperçoivent. Si on s'avisoit de les troubler & de les distraire, le mâle quitteroit sa femelle, se jetteroit sur la personne & la dévoreroit, si elle ne pouvoit se sauver par la fuite, ou tuer l'animal.

Quand les ours marins sortent de l'eau, ils secouent tout le corps, se frottent la poitrine & arrangent ce qu'ils peuvent de leurs poils avec leurs pieds de derriere, lesquels sont palmés. Lorsqu'ils sont couchés à quelque abri au soleil, ils élevent les pieds de derriere en haut, & les remuent sans cesse, comme les chiens remuent la queue. Ils se couchent tantôt sur le dos, tantôt sur le ventre, tantôt tout le corps plié en cercle. Quelque profond que soit leur sommeil, avec quelque précaution qu'un homme puisse marcher, ils s'en apperçoivent & s'éveillent. Le sentent-ils, l'entendent-ils? C'est ce qu'on n'a pas encore découvert.

On dit que ces animaux nagent avec tant de facilité, qu'ils peuvent faire plus de deux mille d'Allemagne par heure. Quand ils nagent sur le ventre, on ne voit jamais leurs pieds de devant, mais ceux de derriere paroissent souvent hors de l'eau. Ces animaux peuvent demeurer très-long-temps dans l'eau, parce qu'ils ont le trou ovale un peu ouvert.

Les Kamtschadales attaquent & blessent les ours marins avec une espece de javelot troué, dont le fer abandonnant le bois, reste dans le corps de l'animal; & comme il entre de biais, il n'en peut sortir: le fer est arrêté à une corde très-forte, dont les Pêcheurs tiennent l'autre extrémité. L'animal blessé fuit avec la vitesse d'une fléche, entraîne avec lui la barque, jusqu'à ce que fatigué par sa course & épuisé par la perte de son sang, il s'arrête. Dans ce moment les Pêcheurs tirent à eux la corde, percent l'ours de leurs lances; & s'il fait quelques mouvemens pour renverser la barque, on lui coupe les pieds de devant avec une hache. Ils s'attachent particulierement aux femelles qui viennent de mettre bas au printemps, & entre les mâles aux plus jeunes. On voit une grande quantité de ces ours marins dans l'île de *Béring*. La chair & la graisse des mâles est fort dégoûtante, celle des femelles est délicate.

OURS DE MER. Nom donné à un crustacée, sans piquans, que l'on pêche en Walachie, en Bulgarie & en Servie : c'est le même qu'on appelle à Naples & à Messine, *messacara*.

OURSE. Nom de deux constellations voisines du pôle Septentrional, l'une portant le nom de *grande ourse*, l'autre celui de *petite ourse*; cette derniere est celle où se trouve l'étoile polaire, ainsi nommée parce qu'elle n'est qu'à deux dégrés du pôle. Suivant *Ptolomée*, la grande ourse est composée de 35 étoiles.

OURSIN DE MER, Bouton ou Chataigne de mer, ou Hérisson de mer, *echinus marinus*. C'est un genre de coquille multivalve, de forme voûtée, plus ou moins convexe, ronde, ovale à pans irréguliers, quelquefois applatie & toute unie, d'autres fois mamelonnée & élevée. L'oursin est composé d'une quantité prodigieuse de pieces de rapport à sutures & fragiles, couvertes de pointes fort nombreuses, assez semblables en cela, & pour la forme, aux enveloppes des châtaignes. Ces pointes tombent souvent après la mort de l'animal, & laissent alors à découvert les apophyses & les petits trous sans nombre dont la coquille est couverte; l'appareil avec lequel est formé cet animal est merveilleux.

Ce ver testacée ou coquillage est fort connu sur le bord des mers, & particuliérement sur les côtes de la Méditerranée : il y en a de noirs, de verts, de rouges, de purpurins ou violets; mais ces couleurs s'alterent après la mort de l'animal : les uns habitent les bords des mers; d'autres vivent en haute mer. Leurs piquans sont plus ou moins gros & plus ou moins longs, les uns sont obtus, d'autres très-pointus & plus ou moins durs; aussi voit-on des oursins qui ne sont revêtus que de petites pointes semblables au poil des animaux, tandis que d'autres ont des pointes fort grandes en forme de baguettes. Ces piquans sont ou ronds, ou triangulaires, en un mot de différentes configurations, selon l'espece d'oursin, mais tous sont assez durs & se cassent net ; ils servent de pieds à l'animal ; car quand il veut aller d'un lieu à un autre, il s'appuie sur ces pointes, mobiles dans leurs charnieres, & tourne non sur lui-même, mais assez horizontalement : son mouvement progressif est si prompt, qu'il est souvent difficile de l'attraper. M. *de Réaumur* est le premier qui nous a donné une idée exacte du squelette de l'animal, & qui a développé la mécanique singuliere de son mouvement progressif. *Mém. de l'Acad. des Sciences, ann. 1712.*

Ce qui sert de tête aux oursins est placé au centre inférieur, c'est la partie concave, qui est toujours contre terre : mais la partie par où ils fientent est en-dessus, quelquefois aussi en-dessous près de la bouche même. Cet animal a cinq dents aiguës & visibles, creuses en dedans, semblables à des osselets, qui toutes ensemble ont la figure d'une lanterne (aussi l'appelle-t-on la *lanterne d'Aristote*), & entre lesquelles est un petit morceau de chair qui lui sert de langue, à laquelle est attaché le gosier, ensuite le ventre, divisé en cinq parties, de sorte que l'on diroit que l'oursin a plusieurs ventres séparés les uns des autres & pleins d'excrémens ; mais ils dépendent d'un seul ventricule, & tous se terminent à un boyau culier. Ainsi les oursins n'ont que deux ouvertures proprement dites, dont l'une est la bouche & l'autre l'anus.

Les oursins n'ont point de chair vers le ventre comme au reste du corps : leurs œufs sont attachés aux cinq pans ou parois ou lobes intérieurs de la coquille en grand nombre ; les oursins sont tous bons à manger ; leur couleur est rouge étant cuits ; ils ont le goût des écrevisses, sur-tout ceux de la Méditerranée.

On prétend avoir observé que ces animaux présagent la tempête, & qu'ils coulent à fond pendant l'orage, en s'attachant aux plantes du fond de la mer, ou à d'autres corps, avec des filets gonflés par le bout, d'une substance assez semblable aux cornes des limaçons : on a compté plus de treize cents de ces filets, ce sont autant de cordages dont l'animal se sert, soit pour tâter le terrain, soit pour se tenir à l'ancre dans le fort de la tempête. Ces filets sortent par les petits trous dont nous avons parlé : il peut marcher la bouche en haut, en bas & dans une infinité d'autres positions. Dans la séance publique que l'Académie de Rouen tint le 3 Août 1774, M. *Dufay*, de Dieppe, lut un Mémoire sur les oursins. Cet observateur décrit cet animal avec un appareil plus nombreux. Il résulte qu'un oursin de quatre pouces & demi de diametre, sur trois pouces de hauteur, est formé de neuf cents cinquante pieces, parsemées de quatre mille cinq cents mamelons, dont chacun sert de genou à une épine mobile, & qu'il est perforé de trois mille huit cents quarante petits trous, par lesquels passent autant de cornes flexibles qui aident aux sensations de l'animal ; il est à présumer que les petits oursins de la même espece ont leur coquille, composée d'autant de pieces, d'autant de mamelons, d'autant d'épines, d'autant de trous & d'autant de cornes ou filets flexibles ; mais les oursins d'especes différentes ne paroissent pas être munis d'un appareil de pieces aussi nombreux : au reste on ne peut qu'admirer la symétrie des pointes & des mamelons de l'oursin. M. *d'Argenville* dit avoir compté sur la superficie d'un oursin de la mer rouge, cinq divisions à deux rangs de mamelons, & de grandes pointes au nombre de soixante-dix, sans compter cinq autres rangs de petites, & toutes les bandes qui séparent les rangs des mamelons, lesquelles sont percées d'une infinité de petits trous par où sortent ses cornes ou *tentacula*.

Dès que l'oursin est à flot, il contracte ses filets entre les bases ou mamelons de ses pointes. On apperçoit aussi l'oursin sur la greve par un beau temps, & comme il est souvent couvert de dix à douze pieds d'eau, on se sert pour le prendre d'un long roseau entr'ouvert dans un des bouts par un petit morceau de bois pour en écarter les parties : on l'enfonce dans l'eau, on le darde sur l'oursin, & à la place du morceau de bois qui se dégage aisément de lui-même, l'oursin s'y loge ; alors on le retire de l'eau : quelquefois, quand le flux & le reflux est grand, on le suit sur la greve très-avant dans la mer ; alors on peut le prendre à la main. On vend dans les rues de Marseille les oursins, comme l'on vend à Paris les huîtres. Pour les ouvrir on a une main gantée à cause des pointes, & des ciseaux à l'autre ; on les cerne tout au tour, puis avec de petits morceaux de pain taillés en carrés longs, comme quand on veut manger un œuf à la coque, on ratisse la substance interne, rougeâtre, pleine d'œufs, avec ce pain, & on le mange ainsi assaisonné. On en est dégoûté dans les premiers jours ; car rien ne ressemble mieux à du pus, que cet amas d'œufs, qui procure souvent un petit cours de ventre ; mais on s'accoutume bientôt à ce mets, qui étant cuit a le goût des écrevisses. On nomme l'intérieur de l'oursin, *echinus ovarius*, & l'extérieur *echinus digitatus*.

Les oursins de la Mer Rouge sont plus épais que ceux de la Méditerranée ; ceux-ci sont d'un meilleur goût que ceux de l'Océan & de la Manche.

M. *Klein* a donné au public deux distributions synoptiques de ces coquilles ; l'une tirée de l'anus, l'autre de la bouche : on peut y joindre celle tirée de la figure extérieure de la coquille.

Voici les especes principales des oursins, & les endroits où on les trouve.

1°. Les oursins de forme hémisphérique ou sphéroïdale, nommés *turbans* (*cidares*). Le sommet est élevé, à bouche arrondie & située au milieu de la base, qui est un peu convexe, à grands & petits colures, chargés d'apophyses nombreuses en *forme de grains de millet* : ses pointes sont fines comme des aiguilles, bien rondes ou striées ; tel est le *turban miliaire*. Il y en a de différentes couleurs, rougeâtres, verdâtres, violets, d'un gris cendré ; quelquefois l'extrémité des pointes est blanche ; ils se trouvent dans nos mers : les *turbans à panneaux* on les colures marbrés ou nués de couleur rose, de verdâtre & de brun ; ceux à bouche décagone sont un peu anguleux ; tantôt ce sont les grands colures qui sont élevés, tantôt ce sont les petits ; tel est le *turban turc*. Ceux dont les apophyses sont un peu grands s'appellent *turbans à grains de petite vérole*. Celui que l'on nomme l'*artichaut* ou le *chardon*, a de grands piquans applatis en forme de spatule ou de pignons de pommes de pin, se recouvrant mutuellement, & ne laissant voir que les extrémités en petits pentagones : la base de ces oursins est aussi hérissée de petites pointes. L'*oursin digité* est hérissé de gros piquans en forme de pieux de pallissade ou de doigts, cendrés, rayés vers le bout & par zônes de fauve clair, longs, arrondis, finissant en tiers-point. On voit à la base d'autres pointes plus petites en forme de spatule. On en voit dont les piquans sont en lames d'épée, triangulaires & verdâtres. Le *turban à mamelon* a les apophyses séparées les unes des autres par des bandes onduleuses dont les bords sont ordinairement en filigrane ; ainsi qu'on le voit bien dans le *turban maure* dont les piquans sont pyramidaux, striés dans leur longueur & forés dans le bout ; ces derniers oursins ne se trouvent guères que dans les parages des Indes.

2°. Les oursins de forme ovoïde, échancrée d'un côté, à base un peu applatie & à partie supérieure un peu sillonnée, nommés *pas de poulain*, *barillets*, *cœurs marins* (*spatagi*). Ils sont ornés en dessus d'une espece d'étoile en maniere de fleur à cinq pétales rabattus, quatre desquels sont bordés d'une double ou quadruple rangée de petits trous, semés dans le reste

d'apophyses

d'apophyses inégales & peu saillantes. La bouche est près de la circonférence.

3°. Les oursins de forme ovoïde sans échancrure, & fort convexe depuis la bouche jusqu'à la pointe tronquée: on les nomme *œufs marins* (*briſſi*). On y distingue quatre larges sillons partant d'une cavité garnie de quatre trous, ornés chacun de quatre rangées de petits trous, & entourés d'un autre sillon très-léger. Les apophyses sont comme autant de petites semences de perles, & les pointes sont capillaires. La couleur de ces oursins est ordinairement d'un gris ou blanc sale. Le contour de quelques-uns semble représenter cinq bastions avec leurs flancs & leurs courtines qui correspondent à une étoile à cinq rayons qui se voit sur le dos. Ces oursins sont communs dans les mers des Indes.

4°. Les oursins à pans irréguliers, de forme large & peu bombée, & ornés dans leur partie convexe d'une espece de fleur à cinq pétales, nommés *pavois ou boucliers* (*scuta*): leur base est concave, la robe est semée de petits cercles creux dans lesquels sont les apophyses. Les cinq dents molaires sont doubles: ces oursins sont plus communs aux parages de l'Amérique, qu'ailleurs.

5°. Les oursins de forme applatie, ornés dans leurs deux faces de cinq feuilles, quelquefois percés de plusieurs trous oblongs; on les nomme *gâteaux* ou *beignets* (*placenta*); l'espece nommée le *pain d'épice* est percée de part en part de plusieurs larges fentes; la bouche est au centre, & l'anus près de la troisieme partie de l'axe; ses pointes sont capillaires, de couleur grise: ces coquilles se trouvent dans les deux Indes.

6°. Les oursins appellés *rotules* (*rotulæ*) ont la même forme que les précédens, mais plus de la moitié de la circonférence est rayonnée ou dentée en forme de roue, tandis que l'autre moitié est entiere & arrondie. L'espece appellée *oursin solaire* a douze rayons, dans la moitié de sa circonférence.

Tome VI.   Z

Lorsqu'on veut conserver des oursins pour les Cabinets des Curieux, il faut aussi-tôt qu'ils sont sortis de la mer, les faire tremper dans l'eau douce pendant quelques heures, ensuite les laisser sécher sans les vider, afin d'en conserver les mâchoires, & de ne rien défigurer. Sa substance intérieure n'est qu'une gélatine dont la plus grande partie s'évapore, & l'autre se dessèche : il importe d'en hâter la dessication, avant que la putréfaction attaque les membranes qui soutiennent les pointes dont l'animal est hérissé, ce qui cause leur chûte. Pour éviter cet accident, M. *Mauduit* conseille de faire promptement sécher ces animaux au grand soleil ou dans un four, dont la chaleur soit très-douce, il faut ensuite les tenir dans des lieux bien secs.

OURSINS DE MER FOSSILES, *echinites*, sont les mêmes coquilles multivalves que les précédentes, devenues fossiles par la récession des mers qui couvroient autrefois les lieux où l'on en trouve présentement. Il y a de ces fossiles qui sont mutilés ou changés de nature ; l'on en trouve qui sont d'une nature spatheuse, d'autres sont changés en silex, & ont conservé leur forme & leurs caracteres primitifs. On distingue encore sur ces coquilles, les sutures, les petites éminences, les milliers de petits trous, les especes de gravures autour des mamelons, dont il est parlé dans l'article des *oursins vivans*. On peut consulter l'Ouvrage latin sur les oursins de M. *Klein*, & qui est traduit en françois par M. *Desbois*, & imprimé à *Paris* en 1754, in-8°.

On peut aussi rapporter aux oursins fossiles, les parties qui en sont séparées, & que l'on trouve également dans la terre, telles que leurs dents, leurs osselets, leurs pointes & leurs mamelons.

Les pierres ou pointes judaïques, sont aussi des dards fossiles d'oursins. *Voyez* PIERRE JUDAÏQUE.

Les pointes d'oursins fossiles & ordinaires, sont des baguettes pierreuses, communément spatheuses, cylindriques, liſſes ou ſtriées, & de différentes grandeurs. *Voyez* OURSIN DE MER.

On donne le nom d'*écuſſon d'ourſin pétrifié*, à ces pieces carrées: ou de figure irréguliere, dont l'aſſemblage d'un certain nombre compoſe l'ourſin lui-même; on en peut ſouvent compter juſqu'à ſix cents. Les écuſſons orbiculaires ſont les mamelons de l'ourſin mamillaire. *Voyez* MAMELONS.

On trouve beaucoup d'ourſins ou de parties qui en dépendent, devenues foſſiles ou pétrifiées, dans pluſieurs Provinces en France, en Angleterre, dans les Pays-Bas Autrichiens, en Suiſſe, & en quantité d'autres contrées.

OURSINE, eſt le nom que l'on donne à un phalene (papillon nocturne) qui provient d'une chenille toute velue, laquelle ſe trouve ſur la laitue.

OUTARDE, OTARDE ou BITARDE, *otis, ſeu tarda avis*. Genre d'oiſeau dont on diſtingue pluſieurs eſpeces. L'*outarde vulgaire* ou la *biſtarde* eſt un oiſeau de la grandeur du coq d'Inde; elle a la tête & le cou de couleur cendrée, le ventre eſt blanc & le dos bigarré par des lignes tranſverſales, rouſſes & noires; ſon bec eſt conique & un peu ſemblable à celui d'une poule: elle n'a point de doigts de derriere, ce qui eſt fort notable, car par cette marque & par ſa grandeur elle eſt ſuffiſamment diſtinguée de tous les autres oiſeaux avec leſquels on a voulu la confondre. Elle n'a que trois doigts poſés antérieurement, dont les ongles ſont larges, courts, peu crochus, peu pointus, de figure ovale & convexe, tant en deſſus qu'en deſſous. Le duvet de l'outarde eſt un peu roſe ou rougeâtre.

En hiver les outardes vivent en troupes dans les plaines, ces ſociétés ſe déſuniſſent en Avril, c'eſt la ſaiſon de leurs amours. Lorſqu'elles ſont à terre, en bandes, il y en a toujours quelques-unes un peu éloignées de la troupe qui font ſentinelle, ayant toujours la tête levée pour avertir par un cri les autres quand quelqu'un paroît; & comme elles ont beaucoup de peine à s'élever, à cause de leurs aîles courtes, elles s'y prennent de bonne heure. Lorsque l'outarde est chassée elle court fort vîte, en battant des aîles, & va quelquefois plusieurs milles de suite & sans s'arrêter; mais comme elle ne prend son vol que difficilement & lorsqu'elle est aidée, ou si l'on veut, portée par un vent favorable, & que d'ailleurs elle ne se perche ni ne peut se percher sur les arbres, soit à cause de sa pesanteur, soit faute de doigt postérieur dont elle puisse saisir la branche & s'y soutenir, les lévriers, les chiens courans la peuvent forcer, & même l'attrapent souvent lorsqu'elle est peu élevée de terre : on la chasse aussi avec l'oiseau de proie, & on lui tend des filets. On prétend que dans ce genre d'oiseaux d'Europe les individus sont ceux qui ont le plus de rapport avec l'autruche, que les femelles ont au-dessus de l'ovaire des testicules comme les mâles, & que le mâle, dans le temps de l'amour, fait aussi la roue avec sa queue. On la prend encore à l'hameçon, en y attachant un morceau de pomme ou de viande.

On prétend que les outardes sont carnassieres & qu'elles se nourrissent de grenouilles, de souris, de mulots, de petits oiseaux & de différens insectes : toujours est-il vrai que pendant l'hiver elles mangent des feuilles de navets, des choux, des plantules & des graines. On a trouvé souvent dans leur estomac, de petits cailloux qu'elles avalent comme l'autruche, pour faciliter le broiement des grains qu'elles mangent.

Quand ces oiseaux s'accouplent, ils vont ordinairement à l'écart, (chaque couple) pour jouir solitairement de leurs plaisirs. Quelquefois des rivaux se disputent une femelle, ils se battent à toute outrance, & on trouve de temps en temps de ces victimes de l'amour sur le champ de bataille. Le mâle exprime ses desirs à sa femelle, en faisant la roue ou l'éventail avec sa queue, comme le coq d'Inde; pendant qu'il se pavane ainsi, la peau de dessous son cou s'enfle; se colore, de même que lorsqu'il entre en fureur. Ils font leurs nids dans les terres en friches, & se contentent le plus souvent de creuser la terre. La femelle y dépose deux œufs, qui sont blancs, avec quelques taches rousses aux gros bouts, du reste ils sont aussi blancs que des œufs de cygne.

La ponte se fait sur la fin de Mai ou de Juin. La couvaison est à-peu-près de cinq semaines, comme celle des dindes. Les petits courent comme les poulets, aussi-tôt qu'ils sont éclos. Le cri des outardes est à-peu-près semblable à celui du corbeau. La chair de cet oiseau a le goût de celle du dindon.

On voit beaucoup d'outardes aux environs de Châlons en Champagne : il y en a aussi en Poitou. On trouve quelquefois de ces oiseaux engourdis au milieu des neiges, & on les prend aisément. On en éleve dans les basses-cours.

La vraie outarde est fort rare dans bien des pays. La graisse de cet oiseau est anodine & résolutive. Les Sauvages se font des robes des plumes d'outarde : on trouve la description anatomique de l'outarde, dans les *Mémoires de l'Académie des Sciences*.

PETITE OUTARDE OU CANNE-PETIERE, *otis minor, anas campestris, vulgo dicta*. Cette petite espece d'outarde a, dit M. *de Buffon*, tous les attributs extérieurs de la grande, & même presque toutes les qualités intérieures, le même naturel, les mêmes mœurs, les mêmes habitudes ; il semble que la petite soit éclose d'un œuf de la grande, dont le germe auroit eu moins de force de développement ; le mâle se distingue de la femelle par un double collier blanc & par quelques autres variétés dans les couleurs ; la femelle pond au mois de Juin, trois, quatre, & jusqu'à cinq œufs fort beaux, d'un vert luisant ; les petits ne commencent à voler que vers le milieu d'Août, & quand ils entendent du bruit ils se tapissent contre terre, & se laisseroient plutôt écraser que de remuer de la place ; leur cri d'amour est *brout* ou *prout*, ils le répétent sur-tout la nuit, & on l'entend de fort loin. La petite outarde est moins répandue que la grande, & paroît confinée dans une zône beaucoup plus étroite; elle paroît particulierement habiter le climat de la France & est commune dans le Maine, dans la Normandie. La petite outarde est naturellement rusée & soupçonneuse, au point que cela a passé en proverbe, & que l'on dit des personnes qui montrent ce caractere, *qu'ils sont de la canne-petiere*. Lorsque ces oiseaux soupçonnent quelque danger, ils partent & font un vol de deux ou trois cents pas très-rapide, & fort près de terre; puis lorsqu'ils sont posés, ils courent si vîte, qu'à peine un homme les pourroit atteindre. La chair de la petite outarde est noire & d'un goût exquis.

On trouve en Afrique une espece de petite outarde: *voyez* HOUBARA; & en Arabie une grande outarde huppée; *voyez* LOHONG. On trouve aussi en Afrique une petite outarde hupée connue sous le nom de *rhaad*. Voyez ce mot.

OUTIN. *Voyez* HAUTIN.

OUTREMER EN PIERRE. *Voyez* LAPIS LAZULI.

OXICEDRE ou PETIT CEDRE. *Voyez au mot* CEDRE.

OXIPETRE, est tantôt une terre farineuse, & tantôt une pierre cristalline, blanche, jaunâtre, d'un goût aigrelet, laquelle se trouve dans le territoire de Rome: on nous a assuré qu'on s'en sert dans le pays en boisson, pour modérer la chaleur de la fièvre. Les oxipetres que nous avons reçues de cette contrée, étoient alumineuses ou vitrioliques. *Voyez* ALUN & VITRIOL.

OYE ou OIE, *anser*, est un oiseau très-vorace, aquatique, & dont on distingue beaucoup d'especes dont le caractere est d'avoir trois doigts antérieurs & palmés, & celui de derrier sans membranes; le bec est convexe en dessus, plane en dessous, d'une largeur & grosseur égale dans toute la longueur, onguiculé par le bout qui est obtus, les côtés du bec sont denticulés comme une lime. Nous donnerons ici l'histoire de l'*oie domeſtique*, & nous ne rapporterons que les ſingularités des autres eſpeces qui ſont ſauvages.

L'Oie domestique ou privée, *anſer vulgaris*. C'eſt un oiſeau de baſſe-cour, connu de tout le monde; il eſt plus petit que le cygne, mais plus grand & plus gros que le canard: il peſe juſqu'à dix livres étant engraiſſé: ſa longueur depuis le bout du bec juſqu'à celui des pieds, eſt de trois pieds; l'envergure a plus de quatre pieds & demi: le bec eſt long de deux pouces & demi: la queue longue de ſix pouces & demi, & compoſée de dix-huit grandes plumes; les aîles ont chacune vingt-ſept grandes plumes. L'oie a le cou plus court que le cygne, & plus long que le canard: la couleur de ſon plumage varie comme dans tous les autres oiſeaux domeſtiques; tantôt elle eſt brune & bigarée; tantôt elle eſt cendrée ou blanche, mêlée de brun. Le mâle eſt ordinairement blanc. Le bec & les pieds ſont jaunes dans les jeunes oies, qu'on nomme *oiſillons* & *oiſons*, ou *oyons* quand elles ſont un peu plus grandes: ceux des vieilles ſont rouges. On nomme le mâle *oyard* ou *jars*.

Quand l'oie ſe met en colere, elle ſiffle comme le ſerpent: elle vit fort long-temps. *Willughby* cite une oie qui avoit quatre-vingts ans, (il ſuffit de lire vingt ans) & qu'on fut obligé de tuer à cauſe de ſa méchanceté & des mauvais traitemens qu'elle faiſoit aux oiſons.

L'oie eſt un oiſeau amphibie, qui vit comme le canard ſur la terre & dans l'eau. L'on en voit le long de la Loire s'aſſembler en certains temps de l'année, & faire leur paſſage en d'autres pays d'où elles reviennent enſuite chacune dans leurs maiſons. Cet oiſeau ſe nourrit principalement d'herbes & de grains: il eſt peſant, s'exerce peu à voler & marche lentement: cependant on mene quelquefois une troupe d'oies à plus de quinze lieues comme l'on conduit des dindons. Bel'on dit que l'oie privée tire son origine de l'oie sauvage, & qu'il y en a une espece grande, de belle couleur & féconde; & l'autre qui tire sur l'oie sauvage, est plus petite & de moindre revenu. Les bons Économes qui savent tirer avantage des oies, préférent celles qui sont blanches & de grande race à celles dont le plumage change de couleur. Mais quoique ces oiseaux s'élevent par-tout, l'on n'en peut tirer bon parti que quand l'on est proche d'une riviere, d'un ruisseau ou d'un étang, ou d'un très-grand vivier toujours plein d'eau pour les faire barboter. Deux mâles suffisent pour six ou sept femelles: celles-ci font jusqu'à trois pontes par an, & dix à douze œufs à chaque ponte. *Jean Liébault* nous apprend dans sa *Maison Rustique*, que si l'on ne retire pas les œufs des oies à mesure qu'elles pondent, elles les couvent dès que leur ponte est complette; mais que quand on les leur ôte, elles ne cessent point de pondre quelquefois jusqu'à deux cents œufs, & même jusqu'à en périr. Leur ponte commence en Mars & finit en Juin: elles n'oublient point l'endroit où on les a menées pondre pour la premiere fois: elles couvent trente jours, & la couvée est de quinze à trente œufs. Dans le Hainault, l'Artois & dans quelques autres Provinces de France on en tire un grand profit; aussi y voit-on après la moisson de nombreux troupeaux d'oies pâturer dans les champs avec les dindons: en automne on les engraisse dans l'espace de quinze jours ou trois semaines, en leur crevant les yeux; les Juifs excellent dans la maniere d'engraisser ces oiseaux. On en fait vers la S. Martin un débit considérable. Autrefois l'on en débitoit à Paris dans la seule *rue aux oies*, d'où l'on a fait par corruption la *rue aux ours*: les Rôtisseurs qui les vendoient se nommoient *Oyers*.

Les jeunes oies sont attaquées aux mois de Juin & de Juillet d'un plus grand nombre de maladies, & de maladies plus dangereuses que dans les autres saisons de l'année; c'est à cette époque qu'elles périssent en quantité. La négligence avec laquelle on élève ordinairement ces fortes d'oifeaux, doit être regardée comme la caufe principale de ces pertes. On lit dans la *Nature confidérée fous différens afpects*, des moyens pour prévenir la mortalité des oifons, tirés de la Gazette d'Agriculture. Dans ces deux mois de l'année (Juin & Juillet) il faudroit donner à ces jeunes oifeaux plus de foins que dans tout autre temps; parce qu'alors la nature les pourvoit d'ailes & leur fait poufser leurs plus groffes plumes, ce qui doit les affoiblir beaucoup: d'ailleurs la nourriture maigre & fouvent féche qu'ils trouvent dans les prairies pendant les grandes chaleurs, n'eft pas fuffifante pour les nourrir & ajouter à leurs forces; il faudroit donc leur donner une bonne pâture avant qu'ils fe répandent dans les prairies & à leur retour: l'expérience a démontré le fuccès de cette pratique pendant que ces oifeaux prennent leurs plumes. D'autres efpeces de maladies font une cruelle guerre à ces jeunes oifeaux, en voici les divers fymptômes: fi dans les mois de Juin & de Juillet il vient à pleuvoir beaucoup, l'herbe qui pouffera trop rapidement, acquiert une qualité qui donne le dévoiement aux oies qui la picorent; ces pluies abondantes rafraîchiffent & même refroidiffent par trop ces oifeaux. Peut-être auffi le mal peut-il provenir d'une eau rougeâtre, remplie d'infectes du genre des *monocles* & des *binocles*, qu'on leur laiffe boire en cette faifon: *voyez l'article* Binocle. D'habiles Économes ont employé divers moyens fuivis de bons effets, & dont voici la méthode. Il faut faire boire aux oifons attaqués de la diffenterie une infufion légere de baies & de petites branches vertes de fapin pilées & broyées enfemble dans de l'eau bien propre: le lierre mêlé avec un peu d'orge égrugée eft auffi un bon remede en pareil cas; l'ufage de ce breuvage eft pour le matin avant d'envoyer ces oifeaux aux champs, & le foir lorfqu'ils font de retour. La paille hachée très-menue & le fon forment dans l'eftomac des oifons une bouillie visqueuse, qui tempere l'âcreté de l'eau sale, des insectes & de l'herbe tendre & froide qu'ils ont avalés. Cette nourriture en fortifiant l'estomac, adoucit aussi les intestins & arrête la dyssenterie. Le chardon pilé & mêlé avec le marc des brasseries & un peu d'orge égrugée est encore un remede plus sûr que les précédens, sur-tout si on saupoudre cette nourriture trois ou quatre fois par semaine d'un peu de cendre de tabac: alors c'est encore un excellent spécifique contre les autres maladies des oisons, que les insectes, & sur-tout les sang-sues qu'ils avalent leur occasionnent. Un autre fléau pour les oisons, ce sont les petits insectes, poux, moucherons, cousins, &c. qui se mettent dans les oreilles & les naseaux de ces bipedes, qui les tourmentent, les fatiguent, les épuisent de force, & les font périr par l'excès de la douleur. Les oisons qui en sont attaqués marchent les ailes pendantes, secouent la tête, ou alongent le cou & ne mangent que peu ou point: pour faire déloger ces hôtes importuns & cruels, il faut présenter aux oisons au retour des champs de l'orge au fond d'un vase rempli d'une eau bien claire; ces oiseaux avides de l'orge, voulant la manger, sont obligés nécessairement de mettre la tête & le cou dans l'eau, les insectes fuient ou se retirent au haut du cou, c'est-à-dire, près du corps, les parties affectées & malades se nétoient & bientôt ces bipedes recouvrent la santé: en répétant pendant quelques jours cette opération, les insectes n'y tiennent pas & abandonnent leur proie pour toujours. Une friction d'huile de sapin battue dans de l'eau ou d'onguent mercuriel peu chargé de vif-argent, écarte & détruit aussi ces ennemis opiniâtres.

C'est à tort qu'on a taxé l'oie d'être stupide, elle est vigilante; son sommeil est léger, elle se réveille au moindre bruit; elle est même aussi propre que quelques chiens à garder la nuit une maison de campagne; car dès qu'elle entend quelque chose, elle ne cesse de jeter des cris. On en cite un exemple fameux dans l'Histoire Romaine, où elle étoit au rang des oiseaux sacrés, pour avoir averti les soldats de l'approche des Gaulois, près de s'emparer du Capitole. Il est certain, dit *Lémery*, que cet oiseau est disciplinable, cet Auteur en a vû un tourner une roue de cheminée pour faire rôtir de la viande.

Personne n'ignore combien cet oiseau entre dans nos usages domestiques: ses petites plumes servent à faire des lits, des coussins & des oreillers, qui nous facilitent un sommeil agréable; & les grandes plumes de ses aîles nous fournissent des plumes à écrire, dont l'usage est connu de tout le monde. On peut plumer les oies deux fois l'année, au printemps & en automne. Il ne paroît pas que les Anciens eussent coutume de se coucher sur la plume d'oie: *Belon* dit qu'ils ne connoissoient pas même les lits de plumes, puisqu'ils ne sont pas encore aujourd'hui en usage chez les Orientaux; leurs lits sont composés de bourre de chameau, de laine, de coton & de sommités de roseaux.

On prétend que la fiente de l'oie gâte un peu les prés & brûle l'herbe; ces oiseaux sont capables de faire beaucoup de dégâts dans les jardins & dans les blés, si l'on n'y prend garde: la jusquiame, la ciguë & l'amande amere sont des poisons pour ces animaux; mais en revanche l'oie aime beaucoup l'orge qui l'engraisse. Il y a peu de volaille plus sujette à produire des monstres que l'oie: les Paysans prétendent connoître par la grosseur & par la figure des œufs ceux qui doivent en faire naître, & ils les rejettent comme peu propres à être couvés, ou plutôt comme ne devant pas produire des êtres d'une longue & bonne durée.

La chair de l'oie est un assez bon manger, mais elle est peu salutaire, étant grossiere & difficile à digérer: il faut être robuste, faire de l'exercice pour qu'elle nourrisse bien & qu'elle produise un aliment solide & durable; ceux qui sont sédentaires, & particuliérement les gens de cabinet, doivent s'en abstenir. On choisit cet oiseau d'un âge moyen, car étant trop jeune, sa chair est visqueuse & moins saine; quand au contraire il est trop vieux, sa chair est séche, dure & indigeste. On mange l'oie rôtie ou en ragoût: l'on fait en quelques pays des pâtés de cuisses d'oies qui sont fort estimés; en Gascogne on les marine, en les salant à sec, les faisant cuire à demi dans de la graisse d'oie: c'est ainsi qu'on les mange dans les potages aux choux verts, que les Béarnois appellent *garbure*. Les œufs de cet oiseau se mangent chez le petit peuple, mais ils ne sont pas à beaucoup près aussi agréables que ceux de poule. Le sang de l'oie est alexipharmaque: sa graisse qui est très-fine, très-douce, est émolliente, résolutive, nervale & laxative; elle empêche les grains de la petite vérole de creuser profondément: cette substance, ainsi que le foie du même oiseau, passoit chez les Romains pour quelque chose d'exquis; tout le monde connoît encore les foies gras de l'oie qui nous viennent de Metz. Sa fiente est hystérique, diurétique, fébrifuge, sudorifique, & très-propre contre la jaunisse: on prétend que la premiere peau des pieds de l'oie est propre pour arrêter toutes sortes de flux, &c. L'*oie huppée* n'est qu'une variété de l'oie domestique.

L'OIE DE NEIGE, *anser niveus*, est blanche par tout le corps; les cinq premieres grosses plumes sont noires: elle ne paroît chez nous qu'en hiver, où elle vole en troupes.

L'OIE SAUVAGE, *anser ferus aut sylvestris*. Cet oiseau fréquente les terres labourées où il pâture; il est plus petit que l'oie domestique, s'apprivoise difficilement; il arrive chez nous en hiver après les *grues*; voyez ce mot. Il vole par bandes le jour & la nuit avec beaucoup d'ordre en forme d'angle rectiligne, comme font les grues & les canards sauvages. Celui qui est en tête fend l'air dont il soutient le choc, les deux colonnes suivent; lorsqu'il est fatigué, il retourne à la queue & est remplacé par celui qui le suit. La troupe s'abat sur terre; comme ils ne s'élevent de terre que difficilement, un d'entr'eux fait sentinelle, est aux aguets, avertit ses camarades du moindre danger. Leur cri est perçant & se fait entendre de fort loin; aussi a-t-on remarqué que dans l'oie sauvage la trachée-artere est réfléchie comme dans la grue en façon de trompe. Son envergure est très-étendue, son cou est fort long; son bec, ses jambes & ses pattes sont d'un jaune safrané; sa mâchoire supérieure est toute garnie de plusieurs rangs de petites dents, & celle de dessous d'un seul rang de chaque côté, la langue en a aussi un de chaque côté sur la membrane extérieure; quelquefois le palais est aussi denté.

Cette oie se plaît dans les grandes plaines remplies de blé vert qui lui sert de pâture. Elle fait ses petits dans les îles & dans les lieux maritimes où il y a des marécages. Sa chair est infiniment plus légere, plus savoureuse & plus délicate que celle de l'oie domestique.

On voit aux environs de Ferrare en Italie & dans la Flandre, quelques oies sauvages qui varient par le plumage. Il y a aussi l'oie sauvage du Nord: c'est *l'oie moqueuse* d'Edwards, la même aux aîles bleues de la baie d'Hudson.

L'Oie de mer, *merganser*. Cet oiseau qui est le grand plongeon de plusieurs Naturalistes, a une envergure moins considérable que les autres oies en proportion de sa taille. Il a le corps long, le dos large & plat; son plumage supérieur est d'un cendré brunâtre, l'inférieur est de couleur isabelle, les grandes aîles ont les pointes blanches: le bec est plus long que le doigt index, d'une couleur brune-jaunâtre; la mâchoire supérieure est crochue par le bout: toutes deux sont armées de dents, & ressemblent à une petite scie de chaque côté: les jambes & les pattes sont rouges. C'est une espece de *harle*. Voyez ce mot.

L'Oie Nonnette. Cet oiseau n'est pas fort commun parmi nous: on le nomme ainsi, de sa contenance commune avec celle de l'oie, & parce que son plumage ressemble à l'habillement d'une Religieuse vêtue de blanc & de noir. Il n'est pas si grand que l'oie vulgaire; mais il est plus grand que le canard. Sa queue est courte & noire: il est haut monté sur jambes; ses pieds son plats, larges & fort noirs, de même que ses jambes, son bec & ses yeux; son bec est court, mais large & comme denté. *Belon* dit que l'oie nonnette a la finesse du renard pour faire échapper ses petits quand quelqu'un veut s'en saisir. Elle fait semblant de vouloir se laisser prendre, & leur donne le temps de s'échapper. Quelquefois elle fait comme si elle avoit les ailes & les cuisses cassées; & quand elle voit ses petits hors de danger, elle s'envole & s'échappe à son tour des mains des Chasseurs. Elle prend les mouches qui volent sur l'eau; ce qui l'a fait appeler *anas aut anser muscaris*. Plusieurs Méthodistes regardent l'oie nonnette comme une variété de la *bernache, bernicla*.

L'OIE DE SOLAND, OIE D'ÉCOSSE, OIE DE BASSAN, *anser Bassanus*. Elle a la peau sur les côtés de la tête, au-delà des yeux, dégarnie de plumes: elle n'a point de narines; mais il y a une rigole à leur place qui s'étend des deux côtés tout le long du bec: les bords des deux mâchoires sont toujours gluans; les quatre doigts sont liés ensemble par la membrane qui va jusqu'à la naissance des ongles; ses pattes sont noires. Cette sorte d'oiseau, qui est une véritable espece de *fou*, voyez ce mot, ne multiplie que dans l'île de Bass en Écosse, où il en vient annuellement un nombre prodigieux; chaque femelle ne pond qu'un œuf. Elle fait son nid dans les rochers élevés de l'île située dans la mer d'Écosse: elle aime ses petits très-tendrement; malheur aux enfans du pays qui iroient les dénicher, ils s'exposeroient à perdre la vie. Comme on tire rarement sur ces oiseaux, & que personne ne les effraie, ils nourrissent avec confiance leurs petits tout près des habitations. Leur nourriture est de poisson. Les Écossois disent que la chair de cet oiseau est exquife : ils fe fervent de fa graiffe pour la compofition de quelques remedes. Le Seigneur de l'île en tire annuellement de grands revenus, car on les vend cher : ils ne viennent que dans le printemps, & s'en vont dans l'automne. Ces oifeaux font d'excellens pêcheurs ; ils vont à la pêche pour eux & pour leurs petits ; moyennant quoi les Infulaires font fournis pendant tout l'été de poiffon frais, car ils partagent fouvent le fervice de la table de ces oifeaux.

L'OIE DE MOSCOVIE, *anfer Mofcoviticus*, eft plus grande que les oies ordinaires ; la mâchoire fupérieure eft chargée d'une forte de tubercule ou de boffe large, ronde & de couleur orangée ; & le deffous du bec a une grande bourfe. Le bec, les jambes & les pieds font d'une belle couleur d'orange ; le plumage eft d'une couleur fombre. C'eft le *cygnoïdes Orientalis* de LINN.

Les Naturaliftes font mention de plufieurs autres fortes d'oies : il y a celle de Brenta, *Brenta anas torquata Bellonii* ; c'eft le *cravant* : celle de Canada, *anas Canadenfis* ; l'une & l'autre ne font que des variétés de l'oie ordinaire : celle d'Efpagne & de Guinée, *anfer Hifpanicus aut Guineenfis*, qui eft très-grande & qui femble être une efpece de cygne abâtardie par l'accouplement du cygne & de l'oie, fa chair eft excellente. L'oie de marais eft la même que l'oie fauvage ; l'oie d'Iflande eft le canard de montagne de Spitzberg. M. *Anderfon* dit que les oies d'Iflande font connues fous le nom de *margées* ; & qu'elles y viennent en fi grande quantité, que leurs troupes font par milliers. Ces oifeaux font, dit-il, fi fatigués en arrivant, vraifemblablement par la grande route qu'ils viennent de faire en traverfant la mer, qu'on en peut tuer des milliers à coups de bâton. L'oie de Magellan eft, felon *Ray*, le penguin des Anglois. *Voyez* PENGUIN.

Au cap de Bonne-Efpérance on trouve trois fortes d'oies ; favoir l'*oie fauvage*, celle de *montagne* & l'*oie aquatique* : elles différent beaucoup foit pour la couleur soit pour la grosseur; celle de montagne est plus grosse que nos oies d'Europe. Ses plumes sont d'un beau vert éclatant : on donne à ces oies sauvages le nom de *jabotieres*, à cause de la grosseur extrême du jabot qu'elles ont. On dit que les soldats & le commun du peuple en font des poches pour mettre du tabac, qui peuvent en contenir environ deux livres. Ces oies ne seroient-elles pas des especes de *pélicans* ? L'*oie à duvet* du Danemarck est le *canard à duvet* d'Islande.

Les *oies sauvages* de la Gambra ont des éperons aussi longs, dit-on, que ceux de nos coqs. Les lacs de la Chine sont aussi remplis d'oies.

L'*oie Magellanique* de *Clusius* est une espece de *manchot*. Voyez ce mot.

Nous le répétons, les marques caractéristiques de ces oiseaux sont d'être grands de corps, d'avoir le cou long, les aîles amples, ainsi que la queue qui est ronde ; un anneau blanc proche du croupion ; le dos élevé & rond, & non aussi plat que dans le genre des canards; le bec fort, épais à la base, comme denté, pointu vers le bout, & plus crochu que celui des canards.

P.

P

PAC. C'est le nom que les Persans donnent à une espece d'*aigle de mer*, nommée en Afrique *maroly*. Voyez ce mot.

PACA. Petit quadrupede semblable à un pourceau de deux mois. Il y en a une grande quantité dans l'Amérique Méridionale, & il ne se trouve point dans notre continent: quelques-uns sont d'un blanc de neige; leur chair est entrelardée & tendre, ainsi que leur peau, mais difficile à cuire: elle a le goût de celle du liévre: c'est un mets exquis pour les habitans du pays; les blancs se trouvent rarement ailleurs qu'aux rivages de la riviere de Saint François. Le paca a depuis le bout du museau jusqu'à la queue environ un pied de long; sa tête est grosse, sa mâchoire inférieure courte: cet animal a une grande barbe de liévre, des oreilles pointues & très-courtes, ainsi que la queue; les jambes de devant plus courtes que celles de derriere: il a cinq doigts à chaque pied; le corps couvert de poils courts, rudes au toucher, il est tacheté régulierement de blanc, gris & noir: aussi sa peau donne-t-elle une assez belle fourrure. Les Guianois l'appellent *ourena* & *pach*. Ces petits animaux ont le grognement & l'allure du cochon: comme lui ils fouillent la terre avec leur museau pour chercher leur nourriture. Ils sont organisés de maniere à plonger & rester plusieurs heures sous l'eau. Ils sont difficiles à chasser pendant l'hiver. Les grandes eaux leur sont favorables. Les femelles portent au commencement des pluies ou de l'hiver. La chasse de ces animaux est alors très-pénible. Il faut des chiens dressés pour les prendre. Ils se creusent des terriers comme les lapins, mais peu profondément; de sorte que souvent les Chasseurs en marchant enfoncent dans l'endroit où ils sont cachés, & les font partir. Il y a trois issues en triangle dans la retraite qu'ils se font. Ils la recouvrent de feuilles séches, qui font croire au Chasseur que c'est un ancien trou abandonné. Quand on veut les prendre en vie, on bouche deux issues & on fouille la troisieme; mais il faut être sur ses gardes, car ils se défendent vigoureusement & se vengent en mordant avec autant d'acharnement que de vivacité. M. *Brisson* place le *paca* dans le genre du lapin; mais M. *Klein* le range parmi les cavia, petits animaux, dit-il, que les Portugais nomment *ratos do matto*, qui habitent les bois, qui ont le poil & le cri du cochon, & qui se retirent dans des trous ou dans des creux d'arbres.

PACAGE ou PASCAGE. C'est un pâturage humide dont on ne fauche point l'herbe, & qui sert pour la nourriture des bestiaux. Quand le pâturage est sec on le nomme *pâtis*. Les mots de *pacages*, *pâturages*, *pâtures*, *pâtis* ou *pasquis*, *herbages* & *communes*, sont presque synonymes.

PACAL. Arbre de l'Amérique méridionale, qui croît aux bords d'une riviere distante de vingt-cinq lieues de Lima: la description de cet arbre est insuffisante. On dit que les Indiens en retirent par l'ustion une cendre qu'ils mêlent avec du savon, pour guérir toutes sortes de vieilles cicatrices, de dartres & de feux volages.

PACANE ou PACANIER. Espece de noyer de la Louisiane. *Voyez au mot* NOYER.

PACAY. C'est le *pois sucré* de la Guiane. *Voyez ce mot.*

PACHÉE. *Voyez au mot* ÉMÉRAUDE.

PACO ou PACOS. L'histoire de ce quadrupede & du *lama*, que nous réunissons dans ce même article d'après ce qu'en a dit M. *de Buffon*, fournit un exemple que dans toutes les langues on donne quelquefois au même animal deux ou un plus grand nombre de noms différens, dont l'un se rapporte à son état de liberté, un autre à celui de domesticité, &c. Le *sanglier* & le *cochon* ne font qu'un animal, & ces deux noms ne font pas relatifs à la différence de la nature, mais à celle de la condition de cette espece, dont une partie est sous l'empire de l'homme, & l'autre indépendante. Il en est de même des *pacos* & des *lamas* qui étoient les seuls animaux domestiques des anciens Américains ; ces noms sont ceux de leur état de domesticité ; le lama sauvage s'appelle *huanacus* ou *guanaco*, & le paco sauvage *vicunna* ou *vigogne*. Les Anglois ont désigné le lama par la dénomination de *peruicheattle*, c'est-à-dire *bétail du Pérou*. Quelques-uns l'appellent aussi *cornera de tierra*, mouton de terre. C'est le *guanapo* de *Gentil*, le *wianaque* de *Wood*, le *pelon ichiatl oquitli* d'*Hernandez*, le *chameau du Pérou* de M. *Brisson*, le *glama* de plusieurs Auteurs, & la *brebis du Pérou* de *Marcgrave*.

Le lama & le paco sont des animaux à laine qui appartiennent uniquement au nouveau Continent, & ne se trouvent pas dans l'ancien ; ils affectent même de certaines terres, hors desquelles on ne les trouve plus ; en effet ils paroissent attachés à la chaîne des montagnes qui s'étend depuis la Nouvelle Espagne jusqu'aux terres Magellaniques. Ainsi ils habitent les régions les plus élevées du globe terrestre, & semblent avoir besoin pour vivre de respirer un air plus vif & plus léger que celui de nos plus hautes montagnes de France.

Il est assez singulier, dit M. *de Buffon*, que quoique le lama & le paco soient domestiques au Pérou, au Mexique, au Chily, comme les chevaux le sont en Europe, ou les chameaux en Arabie, nous les connoissions à peine, & que depuis plus de deux siécles que les Espagnols regnent dans ces vastes contrées, aucun de leurs Auteurs ne nous ait donné l'histoire détaillée & la description exacte de ces animaux dont on se sert tous les jours, & qui étoient les seuls animaux domestiques des Indiens du Pérou, avant l'arrivée des Espagnols : ils prétendent à la vérité qu'on ne peut les transporter en Europe, ni même les descendre de leurs hauteurs sans les perdre, ou du moins sans risquer de les voir périr après très peu de temps. On ignore comment ils sont conformés intérieurement, combien de temps ils portent leurs petits, quelle est leur véritable forme & figure; l'on ignore si ces deux especes sont absolument séparées l'une de l'autre, si elles ne peuvent se mêler par l'accouplement, s'il n'y a point entr'elles de races intermédiaires, & beaucoup d'autres faits qui seroient nécessaires pour rendre cette histoire complette.

Quoique les Espagnols prétendent que ces animaux périssent lorsqu'on les éloigne de leur pays natal, il n'en est pas moins vrai qu'immédiatement après la conquête du Pérou, & même encore long-temps après, l'on a transporté quelques lamas en Europe. L'animal dont *Gesner* parle, sous le nom d'*allocamelus*, & dont il donne la figure, est un lama qui fut amené vivant du Pérou en Hollande en 1558, c'est le même quadrupede dont *Mathiole* fait mention sous le nom d'*elæphocamelus*.

Gregoire de Bolivar qui a rassemblé beaucoup de faits sur l'utilité & les services qu'on tire des *lamas* & sur leur naturel, dit que le Pérou est le pays natal, la vraie patrie de ces animaux : on les conduit à la vérité dans d'autres Provinces, comme à la Nouvelle Espagne, mais c'est plutôt pour la curiosité que pour l'utilité; au lieu que dans toute l'étendue du Pérou, depuis Potosi jusqu'à Caracas, ces animaux sont en très-grand nombre : ils sont aussi de la plus grande nécessité : ils font seuls toute la richesse des Indiens, & contribuent beaucoup à celle des Espagnols; leur chair, sur-tout celle des jeunes, est bonne à manger; leur poil est une laine fine d'un excellent usage, & pendant toute leur vie ils servent constamment à transporter toutes les denrées du pays : leur charge ordinaire est de cent cinquante livres, & les plus forts en portent jusqu'à deux cents cinquante; ils font des voyages assez longs dans des pays impraticables pour toutes les autres bêtes de charge ; ils marchent assez lentement, & ne font que quatre ou cinq lieues par jour ; leur démarche est grave & ferme, leur pas assuré ; ils descendent des ravines précipitées, & surmontent des rochers escarpés, où les hommes même ne peuvent les accompagner ; ordinairement ils marchent quatre ou cinq jours de suite, après quoi ils veulent du repos & prennent d'eux-mêmes un séjour de vingt-quatre ou trente heures avant de se remettre en marche. On les occupe beaucoup au transport des riches matieres que l'on tire des mines du Potosi. *Bolivar* dit que de son temps on employoit à ce travail trois cents mille de ces animaux. Leur voyage le plus ordinaire, dit *Frésier*, est depuis Cozer jusqu'à Potosi, d'où l'on compte environ deux cents lieues : on les conduit comme les chameaux par caravanes, ou par milliers ; & ils portent toutes sortes de marchandises.

Leur accroissement est assez prompt, & leur vie n'est pas bien longue ; ils peuvent produire dès l'âge de trois ans, ils sont en pleine vigueur depuis cet âge jusqu'à dix & onze ans ; ils commencent à dépérir à douze ; ensorte qu'à quinze ils sont entiérement usés : leur naturel, dit M. *de Buffon*, paroît être modelé sur celui des Américains, ils sont doux & flegmatiques, & font tout avec poids & mesure : lorsqu'ils voyagent & qu'ils veulent s'arrêter pour quelques instans, ils plient les genoux avec la plus grande précaution, & baissent le corps en proportion, afin d'empêcher leur charge de tomber ou de se déranger ; mais dès qu'ils entendent le coup de sifflet du Conducteur, ils se relevent avec les mêmes précautions & se remettent en marche : ils broutent chemin faisant, & par tout où ils trouvent de l'herbe verte, mais jamais ils ne mangent la nuit, quand même ils auroient jeûné pendant le jour, ils emploient ce temps à ruminer : ils dorment appuyés sur la poitrine les pieds repliés sous le ventre, & ruminent aussi dans cette situation. Si on les excede de travail & qu'ils succombent une fois sous le faix, il n'y a nul moyen de les faire relever, on les frapperoit donc inutilement; la derniere ressource qu'on emploie quelquefois pour les aiguillonner, est de leur serrer les testicules, mais cette correction barbare est souvent inutile; communément ils s'obstinent à demeurer au lieu même où ils sont tombés, & l'on a vu nombre de fois que si l'on continue de les maltraiter, ils se désesperent & se tuent en battant la terre à droite & à gauche avec leur tête. Ils ne savent pas se défendre des pieds ni des dents, & n'ont pour ainsi dire d'autres armes que l'indignation; ils vomissent ou crachent à quelques pas de distance, à la face des hommes qui les inquiétent, qui les insultent, qui les outragent, & l'on prétend que cette salive qu'ils lancent dans la colere par la fente de leur lévre supérieure, est âcre & mordicante, au point de faire lever des ampoules sur la peau.

Le lama (les Espagnols prononcent *l'hama*) est un animal sans cornes, bisulce, ruminant & porte-laine; il est haut d'environ quatre pieds, sa longueur est de cinq ou six pieds; le cou seul a près de trois pieds de long; sa tête qu'il tient levée est bien faite, cependant petite en proportion du corps, & tenant un peu de celle du cheval & de celle du mouton, dit *Frésier*; ses yeux sont grands, le museau alongé, les lévres épaisses, la supérieure fendue & l'inférieure un peu pendante; il manque de dents incisives & canines à la mâchoire supérieure; ses oreilles sont longues de quatre pouces, il les porte en avant, les dresse & les remue avec facilité; sa queue qui a huit pouces de longueur, est droite; menue & un peu relevée; ses pieds sont fourchus comme ceux du bœuf, mais ils sont surmontés d'un éperon en arriere, qui aide à l'animal à se retenir & à s'accrocher dans les pas difficiles; il est couvert d'une laine courte sur le dos, la croupe & la queue, mais fort longue sur les flancs &

sous le ventre : du reste les lamas varient par les couleurs ; il y en a de blancs, de noirs & de mêlés : leur fiente ressemble à celle des chévres.

La nature qui dans toutes ses opérations, agit ordinairement par les moyens les plus faciles, paroît s'en écarter dans le physique de ces animaux ; le mâle a le membre génital menu & recourbé, ensorte qu'il pisse en arriere ; c'est un animal très-lascif, & qui cependant a beaucoup de peine à s'accoupler. La femelle a l'orifice de la vulve fort étroit ; elle se prosterne pour attendre le mâle, & l'invite à l'acte de la génération par ses soupirs ; mais il se passe toujours plusieurs heures & quelquefois un jour entier avant qu'ils puissent jouir l'un de l'autre, & tout ce temps se passe à gémir, à gronder, & sur-tout à se conspuer ; & comme ces longs préludes les fatiguent plus que l'acte même, on leur prête une main secourable, officieuse, pour abréger, c'est-à-dire pour les aider à s'arranger, à s'appareiller : ils ne produisent ordinairement qu'un petit, & rarement deux. La mere n'a aussi que deux mamelles, & le petit la suit au moment qu'il est né. Nous avons dit que la chair des jeunes est très-bonne à manger, celle des vieux est séche & trop dure ; en général celles des lamas domestiques est bien meilleure que celle des sauvages, & leur laine est aussi beaucoup plus douce & mieux fournie : leur peau est assez ferme ; les Indiens du Pérou en faisoient leurs chaussures, & les Espagnols l'emploient pour faire des harnois de cheval. Ces animaux si utiles & même si nécessaires dans le pays qu'ils habitent, ne coûtent ni entretien ni nourriture ; la conformation de leurs pieds & l'épaisseur de leur fourrure, dispensent de les ferrer & de les bâter. Le Conducteur prend seulement soin d'arranger leur laine de façon qu'elle ne porte pas sur l'épine du dos. L'herbe verte qu'ils broutent eux-mêmes leur suffit, & ils n'en prennent qu'en petite quantité ; ils sont encore plus sobres sur la boisson : & l'on assure qu'au besoin ils s'abreuvent de leur salive.

Aa 4

qui dans cet animal est plus abondante que dans aucun autre.

Le lama dans l'état de nature, & que l'on appelle *huanacus*, est plus fort, plus vif & plus léger que l'espece domestique; le lama sauvage court comme un cerf & grimpe comme le chamois sur les rochers les plus escarpés : sa laine est moins longue, moins fournie & toute de couleur fauve : ces especes sauvages, quoiqu'en pleine liberté, savent se rassembler en troupes, & sont quelquefois deux ou trois cents ensemble : lorsqu'ils apperçoivent quelqu'un, ils regardent avec une sorte d'attention, sans marquer d'abord ni crainte, ni plaisir ; bientôt l'étonnement succede, ensuite ils soufflent des narines & hennissent à-peu-près comme les chevaux, & enfin ils prennent la fuite tous ensemble vers le sommet des montagnes ; ils cherchent de préférence le côté du Nord, & la région froide ; ils grimpent & séjournent souvent au-dessus de la ligne de neige : nous l'avons déjà dit, ces animaux bisulces voyageant dans les glaces & couverts de frimats, ils se portent mieux que dans la région tempérée ; autant ils sont nombreux & vigoureux dans les *sierras*, qui sont les parties élevées des Cordillieres, autant ils sont rares, rabougris, au moins chétifs dans les *lanos* ou parties qui sont au dessous.

On chasse les *huanacus* ou *lamas sauvages*, pour en avoir la toison ; les chiens ont beaucoup de peine à les suivre ; si on donne aux *huanacus* le temps de gagner leurs rochers, le Chasseur & les chiens sont contraints de les abandonner. Ils paroissent redouter la pesanteur de l'air autant que la chaleur ; on ne les trouve jamais dans les terres basses, & comme la chaîne des Cordillieres qui est élevée de plus de trois mille toises au-dessus du niveau de la mer au Pérou, se soutient à-peu-près à cette même élévation au Chili, & jusqu'aux terres Magellaniques, on y trouve des *huanacus* ou lamas sauvages en grand nombre ; au lieu que du côté de la Nouvelle Espagne où cette chaîne de montagnes se rabaisse considérablement, on n'en trouve plus, & l'on n'y voit que les lamas domestiques que l'on y conduit.

M. *de Buffon* dit que les *pacos* ou *vigognes* sont aux lamas une espece succursale, à-peu-près comme l'âne l'est au cheval ; ils sont plus petits & moins propres au service, mais plus utiles par leur dépouille ; la longue & fine laine dont ils sont couverts est une marchandise de luxe aussi chere, aussi recherchée & aussi précieuse que la soie. Les pacos qu'on appelle aussi, dit *Frésier*, *alpagnes* ou *alpaques*, & qui sont les vigognes domestiques, sont souvent tout noirs & quelquefois d'un brun mêlé de fauve. La toison des vigognes ou pacos sauvages est de couleur de rose séche, un peu claire, & cette couleur naturelle est si fixe, qu'elle ne s'altere pas sensiblement sous la main de l'Ouvrier. On fait de très-bons mouchoirs de cou, de très-beaux gants & bas fort doux, très-chauds, & autres ouvrages de bonneterie avec cette laine de vigogne ; l'on en fait d'excellentes couvertures & des tapis d'un très-grand prix ; en un mot le castor du Canada, la brebis de Calmouquie, la chévre de Syrie ne fournissent pas un plus beau poil, & la laine de vigogne forme seule une branche dans le commerce des Indes Espagnoles. On distingue même dans le commerce trois sortes de laines de vigogne, la *fine*, la *carneline* ou *bâtarde*, & le *pelotage* ; toutes trois néanmoins sont employées ; on en mêle aussi avec du poil de lapin & de liévre pour faire des chapeaux ; on en fait aussi des cordes. La vigogne, c'est le *vicunas* des Espagnols, a beaucoup de choses communes avec le lama ; mêmes mœurs, même naturel, même tempérament, originaires de la même contrée, habitant le même canton : cependant comme la laine de la vigogne est beaucoup plus longue & plus touffue que celle du lama, l'animal vigogne paroît craindre encore moins le froid ; il habite & passe dans les endroits les plus élevés des montagnes ; il se tient plus volontiers dans la neige &

sur les glaces, & les contrées les plus froides paroissent plutôt le récréer que l'incommoder ; on le trouve en grande quantité dans les terres Magellaniques.

Les vigognes ressemblent aussi par la figure aux lamas, mais elles sont plus petites, leurs jambes sont plus courtes & leur mufle plus ramassé ; leur toison est d'une teinte bien différente. Les vigognes n'ont point de cornes ; elles vont en troupes & courent très-légérement : timides ou craintives, dès qu'elles apperçoivent quelqu'un, elles s'enfuient, & si elles ont des petits, elles les chassent devant elles. Les anciens Rois du Pérou, qui connoissoient bien les avantages réels que produisoient ces animaux, en avoient rigoureusement défendu la chasse, parce qu'ils ne multiplient pas beaucoup, & aujourd'hui il y en a infiniment moins que dans le temps de l'arrivée des Espagnols. Comme la chair des vigognes sauvages ou pacos sauvages n'est pas si bonne que celle des *huanacus* ou lamas sauvages, on ne recherche les vigognes que pour leur toison & pour les bézoards qu'elles produisent. La maniere dont on prend ces animaux, prouve leur extrême timidité, ou si l'on veut, leur imbécillité : quantité d'hommes s'assemblent pour battre les bois, on les fait fuir & ils s'engagent dans des passages étroits où l'on a tendu des cordes à trois ou quatre pieds de haut, le long desquelles on laisse pendre des morceaux de linge ou de drap ; ces animaux arrivant à ce passage, sont tellement intimidés par le mouvement de ces lambeaux agités par le vent, qu'ils n'osent passer au-delà, & qu'ils s'attroupent, demeurent en foule & deviennent la proie du Chasseur qui les tue en grand nombre, ou qui peut les prendre vivantes avec un lacet de cuir ; mais si dans la troupe, dit *Frésier*, se trouvent quelques *huanacus* (lamas sauvages), comme ceux-ci sont plus hauts de corps & moins timides que les vigognes, ils sautent par dessus les cordes ; & dès qu'ils en ont donné l'exemple, les vigognes sautent de même & échappent aux Chasseurs.

On se sert de vigognes domestiques ou pacos comme des lamas pour porter des fardeaux ; mais les pacos étant plus petits, plus foibles, ils portent beaucoup moins ; ils sont encore plus capricieux, plus obstinés ; lorsqu'une fois ils se couchent avec leur charge, ils se laisseroient plutôt hacher que de se relever. Les Indiens n'ont jamais fait usage du lait de ces animaux, parce qu'ils n'en ont que la quantité nécessaire à la nourriture de leurs petits.

Le grand profit que les Espagnols avoient retiré des vigognes, les avoit engagés à tâcher de naturaliser ces animaux en Europe : ils en ont transporté plus d'une fois, ainsi que des lamas, par ordre du Roi, en Espagne pour les y faire peupler ; mais le climat se trouva si peu convenable, qu'ils y périrent tous. Cependant, dit M. *de Buffon*, je suis persuadé que ces quadrupedes plus précieux encore que les lamas, pourroient réussir dans nos montagnes, & sur-tout dans les Pyrénées. Ceux qui les ont transportés en Espagne n'ont pas fait attention qu'au Pérou même les vigognes abandonnées à la Nature, ne subsistent que dans la région froide, c'est-à-dire, dans la partie la plus élevée des montagnes, où elles paissent en troupes ; qu'on ne les trouve jamais dans les terres basses, & qu'elles meurent dans les pays chauds : qu'au contraire elles sont aujourd'hui très-nombreuses dans les terres voisines du Détroit de Magellan, où le froid est beaucoup plus grand que dans notre Europe méridionale, & que par conséquent il falloit, pour les conserver, les débarquer non pas en Espagne, mais en Ecosse ou même en Norwege, & plus surement encore aux pieds des Pyrenées & des Alpes, où elles eussent pu grimper & atteindre promptement la région qui leur convient, celle qui approche le plus de celle des Cordilleres. Je n'insiste sur cela, dit M. *de Buffon*, que parce que je m'imagine que ces animaux seroient une excellente acquisition pour l'Europe, & produiroient plus de biens réels que tout le métal du Nouveau

Monde, qui n'a servi qu'à nous charger d'un poids inutile, puisqu'on avoit auparavant pour un gros d'or ou d'argent ce qui nous coûte une once de ces mêmes métaux.

Les animaux qui se nourrissent d'herbes & qui habitent les hautes montagnes de l'Asie & même de l'Afrique, donnent les bézoards que l'on appelle *orientaux*, dont les vertus sont, dit-on, les plus exaltées; ceux des montagnes de l'Europe, où la qualité des plantes & des herbes est plus tempérée, ne produisent, dit M. *de Buffon*, que des pelotes sans vertus qu'on nomme *égagropiles*: (cependant ils donnent quelquefois des bézoards), & dans l'Amérique méridionale tous les animaux qui fréquentent les montagnes sous la zône torride donnent d'autres bézoards que l'on appelle *occidentaux*, qui sont encore plus solides & peut-être aussi qualifiés que les orientaux: néanmoins ils ne sont pas autant estimés en médecine, ni aussi recherchés des Commerçans. La vigogne sur-tout en fournit en grand nombre, le huanacus en donne aussi, & l'on en tire, dit *Acosta, Hist. Natur. des Indes Occid. pag. 207.* des cerfs & des chevreuils dans les montagnes de la Nouvelle Espagne. Les lamas & les pacos ne donnent de beaux bézoards qu'autant qu'ils sont huanacus & vigognes, c'est-à-dire, dans leur état de liberté, en un mot sauvages; ceux qu'ils produisent dans l'esclavage, dans leur condition de servitude, sont petits, noirs & ont peu de vertu : les plus estimés sont ceux dont la couleur est d'un vert obscur, & ils viennent ordinairement des vigognes, sur-tout de celles qui habitent les parties les plus élevées de la montagne, & qui paissent habituellement dans les neiges: de ces vigognes montagnardes les femelles comme les mâles produisent des bézoards, & ces bézoards du Pérou tiennent le premier rang après les bézoards orientaux, & sont plus estimés que les bézoards de la Nouvelle Espagne qui viennent des cerfs, & sont les moins efficaces de tous. Vers le mois de Novembre on trouve aussi dans le premier ou second ventricule de quelques vigognes l'espece de bézoard de poil appellé *égagropile*. Voyez maintenant les mots Bezoard & Egagropile.

PACOCEROCA, *alpinia*, plante d'un genre particulier, selon quelques Botanistes. Cette plante croît à la Martinique & au Brésil, elle a le port & le feuillage de la canne d'inde. Sa tige principale est haute de six à sept pieds, droite, spongieuse, verte, & ne donne point de fleurs ; mais de sa racine, & même à côté d'elle, s'élevent deux ou trois autres tiges moins hautes, d'environ un pied & demi, grosses comme le petit doigt, & chargées de fleurs rouges, auxquelles succedent des fruits gros comme une prune, oblongs, triangulaires, remplis d'une pulpe filamenteuse, succulente, d'un jaune safrané, d'une odeur vineuse & agréable au goût, renfermant beaucoup de semences triangulaires, jaunâtres & ramassées en un petit peloton, contenant chacune une petite amande blanche : le suc du fruit donne une teinture d'un très-beau rouge, ineffaçable à la lessive. Si l'on y mêle un peu de suc de citron, le mélange teindra alors en un beau violet. La racine de cette même plante est noueuse, & rend une belle couleur jaune, étant bouillie dans de l'eau : *Lemery* dit que toute la plante étant écrasée avant que son fruit soit mûr, rend une odeur de gingembre, & que les Indiens l'emploient dans leurs bains.

PACQUIRES, especes d'animaux semblables aux porcs, lesquels se trouvent dans l'île de Tabago : ils ont le lard ferme, peu de poil, & le nombril sur le dos ; les Sauvages en mangent beaucoup.

PADUS ou BOIS DE SAINTE-LUCIE : *voyez à l'article* Cerisier.

PAGALOS, oiseau étranger assez semblable à une poule pour le port & la hauteur. Son plumage est de différentes couleurs fort vives ; sa queue a environ deux pieds de longueur : on en a vu dans la Ménagerie de Chantilly.

PAGANELLO. A Venise on donne ce nom à une espece de goujon de mer, qui est mis dans le rang des poissons à nageoires épineuses : *Voyez* BOUILLEROT *au mot* GOUJON.

PAGAYE, arbre de Cayenne, mal bâti, creux, mais fort droit. Il y est fort commun ; il dure long-temps ; il est bon à faire des fourches : on en fait principalement des canots & des avirons, qu'on appelle de son nom. *Maison Rust. de Cayenne.*

PAGE DE LA REINE. En Hollande on donne ce nom à un beau papillon de Surinam, qui provient d'un chenille toute couverte de pointes, au bout desquelles pend une toile noire. (Consultez *l'Histoire des Insect. de Surinam*, *Pl. 48*).

PAGEL, *rubellio erythrinus*. Poisson de mer à nageoires épineuses, mis par *Artedi* dans le rang des *spares*. En hiver, ce poisson ne quitte point la haute mer ; mais en été, il vient proche des rivages où on le pêche : la couleur de son dos est rousse en hiver, bleuâtre en été ; celle de son ventre est blanche : il a beaucoup de ressemblance extérieure avec le pagre : cependant il en differe par son museau plus pointu, plus étroit ; il a le corps moins large, les yeux grands, la bouche petite, ainsi que les dents qui sont rondes & pointues : sa chair est blanche, nourrissante, laxative & de bonne digestion. Il a des pierres dans la tête ; on pêche plus de femelles que de mâles.

PAGGERE. Les Portugais appellent ainsi un animal testacée du Cap de Bonne-Espérance. *Kolbe* dit qu'il a une espece de corne ou piquant si venimeux, que si la main en est blessée, on y sent aussi-tôt des douleurs très-vives, l'inflammation s'y joint, & même on perd la main, si l'on n'est secouru promptement.

PAGRE, *phagrus*, poisson de mer à nageoires épineuses qu'*Artedi* met, ainsi que le pagel, au rang des spares. *Voyez ce mot*. Ce poisson se trouve souvent dans le Nil : *Rondelet* dit qu'il ressemble, par les nageoires, à la petite dorade ; mais il en differe par les aiguillons, par la queue & par la couleur qui est rousse en tout temps; il a le museau épais & figuré en nez aquilin: ce poisson a une grande vessie pleine d'air. On lui trouve des pierres dans la tête : il vit de bourbe, d'algue, de séches, & de petits poissons. *Rondelet*, Hist. Natur. des Poiss. *I. part. L. V. Chap. XV.*

PAGUL ou PAGURUS, est une des especes de cancres de la Méditerranée : il y en a qui pesent jusqu'à dix livres. *Voyez* CANCRE.

PAILLE, se dit du tuyau ou de la tige du blé, de l'avoine, &c. lorsque le grain en est dehors. *Voyez* à la suite du mot FOURRAGE. Les pailles d'un diamant sont autant de défauts. *Voyez* DIAMANT.

PAILLE DE LA MECQUE : *Voyez* SCHENANTE.

PAILLE-EN-CU ou FÉTU-EN-CU, ou OISEAU DES TROPIQUES ou OISEAU DE MER, *lepturus*, c'est le *phaëton œthereus* de Linnæus. On a donné ce nom à un genre d'oiseau qui habite la Zône Torride, c'est-à-dire, l'espace qui est entre les deux Tropiques. Le Pere Labat, dans ses *Voyages aux Isles de l'Amérique, Tome VIII, p. 305*, dit que ces oiseaux sont à-peu-près de la grosseur d'un pigeon : ils ont la tête petite & bien faite ; le bec d'environ trois pouces de longueur, asez gros, fort, pointu, un peu courbé, dentelé & tout rouge, ainsi que les pieds qui sont palmés : en effet les quatre doigts tiennent ensemble par une membrane commune. Leurs aîles sont très-grandes & longues, à proportion de la grandeur du corps; le plumage est assez blanc. Il y en a aussi de tachetés de noir & de fauves. La queue est composée de douze à quinze plumes de cinq ou si pouces de longueur, du milieu desquelles sortent deux plumes longues d'environ quinze à seize pouces, lesquelles semblent accollées, & n'en faire qu'une : c'est ce qui a donné occasion aux Matelots d'appeller cet oiseau, *paille-en-cu*. Il a un cri perçant ; il vole très-bien & fort haut ; il s'éloigne de terre autant que l'oiseau nommé *frégate* : mais si le trajet est trop long, il se repose sur l'eau, comme les canards. Il vit de poissons; il pond, couve & éleve ses petits dans les îles désertes. Le Pere du Tertre, *Hist. Natur. des Antilles*, T. II, p. 276, croit que c'est un oiseau de paradis; cependant il ne lui ressemble gueres: cet Auteur ajoute qu'on ne le voit presque jamais à terre pour couver & nourrir ses petits : Les Sauvages font grand cas des deux longues plumes de la queue ; ils les mettent dans leurs cheveux, & les passent aussi dans l'entre-deux des narines en guise de moustaches.

PAIN, *panis*. Nom donné à une pâte cuite qui se fait avec la farine de blé & de plusieurs autres grains, ou fruits & racines, tels que de *seigle*, d'*orge*, de *millet*, de *riz*, d'*épeautre*, d'*avoine*, de *sarasin*, de *manihot*, de *gland*, de *marron*, d'*arum*, d'*asphodele*, &c. Voy. ces mots.

La maniere de bien faire le pain de froment, consiste, 1°. en la quantité & qualité du levain que l'on met dans la farine ; 2°. dans le degré de chaleur de l'eau que l'on verse sur la farine & le levain ; 3°. dans l'exactitude du pétrissage ; 4°. dans le degré de fermentation & de gonflement qu'on doit donner à propos à la pâte ; 5°. enfin, au degré de chaleur qu'on employe pour faire cuire le pain dans le four.

M. *Bartholin*, Médecin Danois, dit qu'en certains pays de la Norwege, on fait une sorte de pain qui se garde jusqu'à quarante ans ; & c'est dit-il, une commodité, car quand un homme de ce pays-là a une fois gagné de quoi faire du pain, il en cuit pour toute sa vie, sans craindre la famine. Ce pain, de si longue durée, est une sorte de *biscuit* fait de farine d'orge & d'avoine pétries ensemble, & que l'on fait cuire entre deux cailloux creux, ce pain est presque insipide au goût : plus il est vieux, & plus il est savoureux ; de sorte qu'en ce pays-là l'on est aussi friand de pain dur, qu'ailleurs on l'est de pain tendre. Aussi a-t-on soin d'en garder très-long-temps pour les festins, & il n'est pas rare qu'au repas qui se fait à le naissance d'un enfant,

on

on mange du pain qui a été cuit à la naissance du grand-pere.

PAIN A COUCOU, est la plante appellée *alleluia*: voyez ce mot.

PAIN BLANC. *Voyez* Obier.

PAIN DE CASSAVE ou de Madagascar. *Voyez* Manihot.

PAIN D'ÉPICE. Pain fait de miel & de farine de seigle. C'est à Reims qu'on a l'art de le faire plus nourrissant & d'un goût plus agréable que par-tout ailleurs; il s'y en fait un très-grand débit. Ce pain peut servir de cataplasme maturatif dans la formation des abcès qui viennent dans la bouche. Ce qu'on voit dans les droguiers sous le nom de *pain d'épice*, paroît être une préparation du fruit du Courbaril. *Voyez ce mot*.

PAIN FOSSILE, *artolithus aut panis dæmonum*. Quelques Auteurs ont donné ce nom à des concrétions pierreuses à qui la nature a donné accidentellement la forme d'un pain: ce sont là de vrais jeux de la nature propres à amuser ceux qui ne cherchent que le singulier: ils en trouveront dans le voisinage de la ville de Rothweil, dans les montagnes des environs de Bologne en Italie; on en rencontre aussi dans les grotes des montagnes du Hartz.

PAIN D'OISEAU ou Vermiculaire brulante: *voyez* à l'article Joubarbe.

PAIN DE POURCEAU COMMUN, *cyclamen orbiculato folio, internè purpurascente*. C'est une plante qui croît dans les bois parmi les buissons, & sous les arbres; on la cultive aussi dans nos jardins: sa racine est orbiculaire, grosse, large, charnue, fibreuse, noirâtre en dehors, & blanchâtre en dedans; d'une saveur âcre, piquante, désagréable & sans odeur: elle pousse de larges feuilles arrondies, d'un vert brunâtre, piquetées de blanc en dessus & de pourpre en dessous; il s'éleve d'entr'elles des pédicules longs qui soutiennent de petites fleurs purpurines, & d'une odeur agréable: ces fleurs sont à cinq étamines, & partagées en cinq lobes qui se rabattent vers le pédicule ; elles sont succédées par des fruits sphériques & membraneux, renfermant des semences anguleuses & brunâtres.

Cette graine, semée dans la terre, ne germe pas ; mais, contre l'ordinaire de toutes les graines, elle se change en un tubercule ou en une racine qui pousse des feuilles dans la suite : ses fleurs paroissent au commencement de l'automne : ses feuilles durent tout l'hiver ; mais elles périssent vers le mois de Mai : sa racine étant séchée, n'est plus âcre ; c'est cependant un violent purgatif ; souvent elle excite des inflammations à la gorge, à l'estomac, aux intestins : on s'en sert extérieurement pour résoudre les tumeurs dures & squirreuses ; appliquée en cataplasme sur l'estomac, elle produit des nausées & le vomissement.

M. *Bourgeois* dit avoir connu un Chirurgien, qui faisoit usage de la racine de cette plante, pour faire sortir l'arriere-faix, lorsque le cordon se trouvoit rompu par l'imprudence d'une sage femme ignorante ; il en donnoit demi-gros en poudre dans un demi-verre de vin : ce remede causoit deux ou trois vomissemens, qui étoient bientôt suivis de l'expulsion de l'arriere-faix ; mais ce remede, dit M. *Bourgeois*, me paroît dangereux, & très-propre à produire une funeste hémorragie de matrice. Il n'en faut faire usage que dans des cas désespérés, & après avoir tenté inutilement tout autre moyen plus doux & moins dangereux.

PAIN-DE-SINGE. Les François donnent ce nom au fruit d'un arbre monstrueux, qu'ils nomment *calebassier*, & qui croît au Sénégal, où cet arbre est appellé, par les gens du pays, *goui* ; & son fruit, *boui*. Le véritable nom de cet arbre est *boabab*. M. *Adanson* a donné, dans les Mémoires de l'Académie, une exacte description de cet arbre, dont nous allons tracer l'idée d'après l'Extrait de l'Histoire de l'Académie.

On dit communément, observe l'Historien de l'Académie, que la Nature a des bornes & des limites, dont elle ne s'écarte pas dans ses productions : mais ne se presse-t-on pas trop quelquefois de poser ces bornes & d'assigner ces limites ? On regarderoit comme une chose dénuée de vraisemblance la description d'un arbre qui forme seul un bois considérable dont le tronc a communément deux fois autant de diametre qu'il a de hauteur, & qui met peut-être un grand nombre de siecles à parvenir à cette énorme grosseur ; c'est cependant la peinture fidele de l'arbre dont nous parlons.

Le baobab ne peut croître que dans les pays très-chauds : il se plaît dans un terrain sablonneux & humide, sur-tout si ce terrain est exempt de pierres qui puissent blesser ses racines ; car la moindre écorchure qu'elles reçoivent est bientôt suivie d'une carie : qui se communique au tronc de l'arbre, & le fait infailliblement périr.

Le tronc de ce singulier arbre n'est pas fort haut, M. *Adanson* n'en a gueres vu qui excédassent soixante à soixante & dix pieds de hauteur ; mais il en a vu plusieurs qui en avoient soixante & quinze, ou soixante & dix-huit pieds de tour, c'est-à-dire, vingt-cinq à vingt-sept pieds de diamettre. Les premieres branches s'étendent presque horizontalement, & comme elles sont grosses, & qu'elles ont environ soixante pieds de longueur, leur propre poids en fait plier l'extrémité jusqu'à terre ; en sorte que la tête de l'arbre, d'ailleurs assez régulièrement arrondie, cache absolument son tronc & paroît une masse hémisphérique de verdure, d'environ cent vingt ou cent trente, & même cent soixante pieds de diametre. Mais d'autres Voyageurs en ont vu de plus gros dans le même pays du Sénégal ; *Ray* dit qu'entre le Niger & la Gambie on en a mesuré de si monstrueux, que dix-sept hommes avoient bien de la peine à les embrasser, en joignant les uns aux autres leurs bras étendus, ce qui donneroit à ces arbres environ quatre-vingt-cinq pieds de circonférence, ou environ vingt-neuf pieds de diametre. *Jule Scaliger* dit qu'on en a vu qui avoient jusqu'à trente-sept pieds ;

ainsi le baobab est dans le regne végétal ce qu'est la baleine dans le regne animal.

' L'écorce de cet arbre est grisâtre, épaisse, fort souple & très-liante : celle des jeunes branches est parsemée de poils fort rares. Le bois de l'arbre est tendre, léger & assez blanc. Les feuilles sont longues d'environ cinq pouces, sur deux pouces de large, attachées, trois, cinq ou sept, sur un pédicule commun, à-peu-près comme celles du marronier, auxquelles elles ressemblent beaucoup : elles ne naissent que sur les jeunes branches.

M. *Adanson* a vu de ces arbres, quoique de médiocre grosseur, dont il estimoit que la racine, qui s'étend pour l'ordinaire horizontalement, pouvoit avoir cent cinquante ou cent soixante pieds de longueur. Les fleurs sont proportionnées à la grosseur de l'arbre : elles ont, lorsqu'elles sont épanouies, quatre pouces de longueur sur six de diametre. Ces fleurs sont du genre des malvacées : on pourroit les appeler des *belles de jour*, parce qu'elles ne s'ouvrent que le matin, & se ferment à l'approche de la nuit : elles sont composées de cinq pétales, égaux entr'eux, courbés en dehors en demi-cercle, blancs, épais, parsemés de quelques poils. Cette fleur est garnie de sept cents étamines, qui se rabattent sur le pistil comme une houppe ; & chacun de ces filets porte, à son extrémité, un sommet en forme de rein : en s'ouvrant, il laisse échapper la poussiere fécondante, qui est reçue par les stigmates du pistil. Aux fleurs succedent des fruits oblongs, pointus à leurs deux extrémités, ayant quinze à dix-huit pouces de long sur cinq à six de large, recouverts d'une espece de duvet verdâtre, sous lequel on trouve une écorce ligneuse, dure, presque noire, marquée de douze ou quatorze sillons qui la partagent comme en côtes, suivant sa longueur ; ce fruit tient à l'arbre par un pédicule d'environ deux pieds de long.

Ce fruit renferme une espece de pulpe ou substance

blanchâtre, spongieuse, remplie d'une eau aigrelette & sucrée. Cette pulpe ne paroît faire qu'une seule masse, quand le fruit est frais; mais en se desséchant, il se retire & se sépare en un nombre de corps à plusieurs facettes, qui renferment chacun une semence luisante, de la figure à-peu-près de la fève de haricot, de cinq lignes de largeur. *Prosper Alpin* dit que la pulpe qui les enveloppe, se réduit aisément en une poudre fine qu'on apporte ici du Levant, & que l'on connoît depuis long-temps sous le nom très-impropre de *terre sigillée de Lemnos*; parce qu'effectivement les Mandingues la portent aux Arabes, qui la distribuent ensuite en Égypte, & dans toute la partie orientale de la Méditerranée, où elle est d'un usage familier, prise à la dose d'un gros, soit en substance, soit en dissolution dans une liqueur appropriée, pour les crachemens de sang, le flux de sang hépatique, les fièvres pestilentielles & putrides, où l'*alcali* domine, dans la lienterie, la dyssenterie, & pour procurer les régles: elle a les mêmes usages au Sénégal. Cet Auteur prétend qu'il savoit que cette poudre étoit végétale; mais on ne se seroit certainement pas avisé de chercher au Sénégal l'origine d'une drogue que l'on tiroit de l'Archipel. Nous ajouterons cependant, quoi qu'en dise *Prosper Alpin*, que la terre sigillée de Lemnos est une véritable terre argileuse bolaire, & non une substance immédiatement végétale. Il peut bien exister des pastilles de pulpe de baobab; mais tous les Naturalistes qui ont voyagé, & les Négocians instruits savent très-bien quelle est la nature de la terre de Lemnos, & d'où elle vient. *Voyez à l'article* BOLS.

Outre la carie qui attaque, comme nous l'avons dit, le tronc de cet arbre lorsque ses racines sont entamées, il est encore sujet à une autre maladie, plus rare à la vérité, mais qui ne lui est pas moins mortelle; c'est une espece de moisissure qui se répand dans tout le corps ligneux, & qui, sans changer la texture de ses fibres, l'amollit au point de n'avoir pas plus de consistance que la moëlle ordinaire des arbres, alors il devient incapable de résister aux coups de vents, & ce tronc monstrueux est cassé par le moindre orage.

La véritable patrie du baobab est l'Afrique; si l'on en voit actuellement en Asie ou en Amérique, ils doivent probablement leur origine à des graines transportées, car les Négres esclaves qu'on fait passer tous les ans d'Afrique dans nos Colonies, ne manquent gueres d'emporter avec eux un petit sachet de graines, qu'ils présument devoir leur être utiles; & dans le nombre, est toujours celle de baobab.

On ne verra de long-temps en Asie & en Amérique de ces baobabs aussi gros qu'en Afrique; car quoique ces arbres soient d'un bois fort tendre, ils sont fort long-temps à parvenir à cette énorme grosseur. M. *Adanson* a rassemblé soigneusement tous les faits, dont il a cru pouvoir tirer des connoissances sur cet article. Il a vu deux de ces arbres, dans une des îles de la Magdeleine, sur l'écorce desquels étoient gravés des noms Européens, & des dates, dont les unes étoient postérieures à 1600, d'autres remontoient à 1555, & avoient été probablement l'ouvrage de ceux qui accompagnoient Thevet dans son voyage au terres australes; car il dit lui-même avoir vu des baobabs dans cet endroit: d'autres enfin paroissent antérieures à 1500; mais celles-ci pourroient être équivoques. Les caracteres de ces noms, avoient environ si pouces de haut, & les noms occupoient deux pieds en longueur, c'est-à-dire moins de la huitieme partie de la circonférence de l'arbre. En supposant même que ces caracteres eussent été gravés dans la premiere enfance de l'arbre, il en résulteroit que, si en deux cents ans il a pu croître de six pieds en diametre, il faudroit plus de huit siecles pour qu'il pût arriver à vingt-cinq pieds de diametre, en supposant qu'il crût toujours également; mais il s'en faut bien que cette supposition puisse être regardée comme vraie, car M. *Adanson* a observé que les accroissemens de cet arbre, très-rapides dans les premieres années qui suivent sa naissance, diminuent ensuite assez considérablement; & quoique la proportion dans laquelle se fait cette diminution, ne soit pas bien connue, il croit cependant devoir soupçonner que les derniers accroissemens du baobab se font avec une extrême lenteur; & que ceux de ces arbres qui sont parvenus à la grosseur dont nous avons parlé, peuvent être sortis de terre dans des temps peu éloignés du Déluge universel. En un mot, il paroît par nombre d'observations, dit notre Auteur, qu'un baobab qui a vingt-cinq pieds de diametre, a déjà vécu trois mille sept cents cinquante ans, & qu'il doit vivre & grossir infiniment au-delà. Celui dont le tronc aura trente pieds de diametre, soixante & treize pieds & demi de hauteur, aura cinq mille cent cinquante années: qu'on juge à présent de l'âge de celui qui avoit trente-sept pieds de diametre. Mais ce qui est bien à remarquer, c'est que ceux que l'on éleve ici dans des serres tenues soigneusement à la température de leur climat, n'y prennent tout au plus que la cinquieme partie de l'accroissement qu'ils reçoivent au Sénégal, dans un temps semblable; observation qui prouveroit bien, s'il étoit possible d'en douter, que la chaleur artificielle ne peut, que très-imparfaitement, tenir lieu aux plantes étrangeres de la température de leur climat naturel.

Le boabab, comme toutes les autres plantes de la famille des malvacées, a une vertu émolliente, capable d'entretenir dans le corps une transpiration abondante, & de s'opposer à la trop grande ardeur du sang. Les Négres font sécher ses feuilles à l'ombre, & ils en font une poudre qu'ils nomment *alo*; ils la mêlent avec leurs alimens, non pour leur donner du goût, car cette poudre n'en a presque aucun; mais pour en obtenir l'effet dont nous venons de parler. M. *Adanson* lui-même en a éprouvé la vertu: la tisane faite avec ces feuilles réduites en poudre, l'a préservé, lui & un seul des Officiers François qui voulut s'astreindre à ce régime, des ardeurs d'urine & des fiévres ardentes qui attaquent ordinairement les Etrangers au Sénégal, pendant les mois de Septembre; & qui regnerent encore plus furieusement en 1751, qu'elles ne l'avoient fait depuis plusieurs années.

Le fruit récent de cet arbre n'est pas moins utile que ses feuilles: on en mange la chair, qui est aigrelette & assez agréable; on fait, en mêlant le jus de cette chair avec de l'eau & un peu de sucre, une boisson très-propre dans toutes les affections chaudes, dans les fièvres putrides & pestilentielles; enfin, lorsque ce fruit est gâté, les Négres en font un excellent savon en le brûlant, & mêlant ses cendres avec de l'huile de palmier qui commence à rancir.

Les Négres font encore un usage bien singulier de cet arbre prodigieux; ils agrandissent les cavités de ceux qui sont cariés, & en font des especes de chambres, où ils pendent les cadavres auxquels ils ne veulent pas accorder les honneurs de la sépulture: ces cadavres s'y dessèchent parfaitement, & y deviennent de véritables momies, sans aucune autre préparation. Le plus grand nombre de ces cadavres, ainsi desséchés, sont ceux des Guiriots, appellés *Guéouls*, qui peuvent être comparés aux anciens Jongleurs, si fameux chez nos Aïeux: ce sont des Poëtes-Musiciens, en assez grand nombre à la Cour des Rois des Négres, qui les divertissent & qui les flattent avec excès dans leurs poésies; (ils entreprennent aussi la conduite des fêtes, des bals & des danses du pays). Cette supériorité de talens les fait regarder des autres Négres comme des Sorciers.

Cette description du baobab fait présumer que cet arbre est vraisemblablement le plus gros des végétaux connus de l'univers. On cite cependant, dans les Ouvrages de différens Naturalistes dignes de foi & dans quelques Voyageurs célébres, d'autres exemples d'arbres très-connus, & dont la grosseur étoit si prodigieuse, qu'on doit les regarder comme des monstres dans les végétaux. Nous en avons fait mention aux articles Poirier, Saule, Yeuse, Ceiba, Platane, Tilleul, Orme, Chêne, Chataigner, &c. *Ray* cite encore le rapport des Voyageurs qui ont vu au Bréfil un arbre de cent vingt pieds de tour, c'eft-à-dire quarante-deux pieds de diametre ou environ, & qu'on conferve religieufement à caufe de fon ancienneté : c'eft peut-être un *baobab*. Il eft dit dans l'*Hort. Malab.* que le figuier appellé *atti-meer-alou* par les Malabares, a communément cinquante pieds de circonférence, ce qui fait environ dix-fept pieds de diametre, & qu'il y en a un dans la Province de Cochin, près du Temple de Beika, qui vit depuis deux mille ans. Mais *Pline* en cite de beaucoup plus gros : il dit, Liv. II, Ch. 5, de fon Hift. Nat. que la conquête d'Alexandre en fit connoître qui avoient pour l'ordinaire foixante pieds de diametre. Il eft encore mention d'autres arbres plus merveilleux dans les dernieres Hiftoires de la Chine : le premier de ces arbres fe trouve dans la Province du Suchu, près de la ville de Kien : il s'appelle *fiennich*, c'eft-à-dire, *arbre de mille ans*. Il eft fi vafte, qu'une feule de fes branches peut mettre à couvert deux cents moutons. Un autre arbre de la Province de Chékiang a près de quatre cents pieds de circonférence, & environ cent trente pieds de diametre. M. *Adanfon* dit que fi la groffeur, fi difproportionnée de ces arbres de la Chine à celle des arbres actuellement exiftans en Europe, n'eft pas digne de croyance, le baobab d'Afrique, qui a trente & trente-fept pieds de diametre, fuffiroit feul pour en conftater la poffibilité.

Le châtaigner coloffal qui exifte encore en Angleterre, qu'on croit âgé de plus de neuf cents ans, & dont M. *Collinfon* a envoyé la defcription en 1767 à M. *Duhuamel*, mérite bien d'être rangé parmi ces individus gigantefques. Suivant l'échelle jointe à la defcription, le tronc de ce châtaignier a cinquante pieds de circonférence à cinq pieds au-deffus de terre, c'eft-à-dire, plus de seize pieds & demi de diametre, mesure d'Angleterre.

PAISSE SOLITAIRE ou PASSE, *passer solitarius*, est un oiseau assez commun en France, c'est une espece de moineau: il tient beaucoup du rossignol par sa contenance; il est de la grosseur d'un *mauvis*: on pourroit le prendre pour une espece de grive; son plumage est d'un roux fauve grivelé de gris: il remue sa queue après avoir volé ou marché en avant; son bec est rond & pointu, d'un gris noirâtre, & plus fort que celui d'un merle. Il a les jambes & les pieds comme ceux d'une grive & de la même couleur; il se nourrit d'insectes, & se plaît dans les vallées; il se retire dans certains temps de l'année sous les toits des maisons couvertes de tuiles concaves ou imbricées; il fait son nid dans les lieux pleins de rochers & de buissons. On éleve quelquefois cet oiseau en cage; son chant doux & agréable le rend esclave de nos amusemens, il chante la nuit comme le jour, la vue de la lumiere lui donne encore plus de gaieté: cet oiseau est sujet aux mêmes maladies que le serin commun, sur-tout à l'épilepsie.

PALAIS DE LIEVRE. *Voyez* LAITRON.

PALE ou PALETTE ou BEC A SPATULE, *platea seu leucorodius*. M. Perrault, qui dans les *Mém. de l'Acad. des Sciences, Tom. III, Part. III*, a donné la description anatomique de quatre *palettes*, dit qu'il ne sait pas pourquoi l'on a mis cet oiseau au nombre des hérons; car d'avoir un panache au derriere de la tête & vivre de poissons comme le héron, sont des choses qui lui sont communes avec beaucoup d'oiseaux: cet oiseau est, dit-il, d'ailleurs très-différent. Les noms qu'on lui a donnés à cause de la figure de son bec, semblent avoir plus de fondement; son bec vers le bout est large, arrondi & applati en dessus & en dessous comme une pelle, & la partie voisine de la tête est étroite & faite comme le manche d'une palette. Ce bec est droit dans sa longueur, & ressemble en total à la spatule dont les Apothicaires se servent.

L'oiseau *bec à spatule* ne doit pas être non plus confondu avec le pélican. M. *Perrault* dit que ceux qu'il a disséqués étoient blancs par tout le corps, & d'un blanc sale vers l'extémité des plumes, ayant des plumes courtes au cou, fort longues & fort étroites au derriere de la tête, où elles faisoient comme un panache renversé en arriere, les jambes étoient garnies de plumes jusqu'à moitié, le reste étoit couvert d'ecailles, les ongles longs & pointus, le bout du bec supérieur avoit une petite pointe recourbée en dessous; ce bec qui est d'une figure particuliere & extraordinaire, quoique d'une substance ferme, nuancée de gris, de brun, de noir & de rouge, ne sauroit serrer que foiblement, parce qu'il est long de six pouces, mince, uni & flexible. Sur la partie du bec la plus large, il y a quatorze grandes canelures.

M. *Brisson* fait un genre particulier de la palette, & l'on en distingue plusieurs especes.

Albin dit que ces oiseaux font leur nid dans un petit bois près de Leyde en Hollande sur le sommet des arbres les plus hauts, & qu'ils y engendrent annuellement en grand nombre. Lorsque les petits sont presque en état de s'envoler, ceux qui tiennent le bois à ferme les descendent dans leur nid avec des crochets attachés à de longues perches. Les œufs en sont aussi gros que ceux d'une grande poule, ils sont blancs & mouchetés de rouge. La palette a trente-quatre pouces de longueur depuis la pointe du bec jusqu'à l'extrémité des griffes, & vingt-quatre pouces de cette pointe jusqu'au bout de la queue: elle n'a ni plume, ni duvet au-delà des yeux; l'angle de la mâchoire inférieure est chauve; & selon *Albin*, les doigts de devant sont attachés ensemble par une membrane; il ajoute encore que les bouts de quelques grandes plumes sont noirâtres.

Belon prétend que cet oiseau se voit aussi sur les confins de la Bretagne & du Poitou: on le rencontre assez communément dans la Guiane, près des bords de la mer; dans la mue ses plumes changent de couleur, elles changent aussi de nuance à mesure que l'animal vieillit. *Willughby* cite la palette *du Mexique*, *tlauhquechul*, qui est d'une couleur rouge ou d'un blanc rougeâtre; son bec a une couleur cendrée; la tête, le cou & une partie de la poitrine sont dégarnis de plumes & blancs; il y a un large trait noir entre la tête & le cou. La *palette de Cayenne* est d'un beau couleur de rose, mais cette couleur n'est pas toujours la même dans la durée de l'oiseau; son bec est jaunâtre. Quand on approche de cet oiseau, il fait résonner son bec avec le même bruit que si l'on frappoit deux palettes de bois l'une contre l'autre.

PALÉTUVIER ou PARÉTUVIER. Quelques-uns prétendent que ce n'est pas le même arbre que le *figuier admirable* de l'Amérique. Peut-être ces arbres ne sont-ils avec l'*ensade*, le *chivef*, le *mangrove*, le *manglier*, &c. que des variétés du même arbre, & qui ont dégénéré par transplantation, ou par la nature du sol & du climat; peut-être aussi ces différences ne proviennent-elles que de la confusion que certains Voyageurs peu instruits ont jeté dans leurs descriptions.

M. *de Préfontaine* dit dans la *Maiſ. Ruſt.* à l'uſage de *Cayenne*, qu'il y a trois sortes de palétuviers, le *blanc*, le *rouge* & le *violet*. Le bois n'en est bon qu'à brûler. Les Indiens se servent de l'écorce du violet pour teindre en cette couleur & en noir: elle seroit propre aussi à tanner les cuirs, de même que le chêne & l'orme. Il part des branches des palétuviers un grand nombre de filamens, qui de même que dans la cuscute, descendent verticalement à terre, & y prennent racine, ce qui produit en peu d'années une forêt épaisse. Les Caraïbes s'en servent pour lier. Quand on veut conserver les seines, les lignes & les autres instrumens de pêche, on les fait bouillir avec l'écorce de cet arbre, à laquelle on joint un morceau de gomme d'acajou; la teinture violette qu'ils acquierent, les rend plus durables.

Suivant M. *de Préfontaine*, le palétuvier blanc de Cayenne diffère beaucoup par ses parties essentielles du *mangle véritable*; voyez ce mot. M. *Fermin* dit que la deuxième écorce du palétuvier ressemble beaucoup au *quinquina* ; voyez ce mot.

PALIPOU ou PAREPOU, *palma dactylifera, fructu minori turbinato.* BARR. est un palmier de Cayenne, dont le *régime* ressemble à celui du *palmier aouara*. Voyez ce mot.

Le fruit est petit ; on le présente au dessert cuit simplement avec de l'eau & du sel. Son goût est si peu attrayant, qu'on a de la peine à s'y accoutumer ; mais on s'y fait, & on le mange ensuite avec d'autant plus de plaisir, qu'il excite à boire & provoque l'appétit.

PALIURE, ou ÉPINE DE CHRIST, ou PORTE CHAPEAU, ou L'ARGALOU DES PROVENÇAUX, *paliurus.* Espece d'arbrisseau qui croît naturellement dans les haies, aux lieux humides & incultes des pays méridionaux de la France & de l'Italie : il est quelquefois de la hauteur d'un arbre. Sa racine est dure, ligneuse ; ses longues tiges sont d'un bois très-ferme, courbées, & garnies à chaque insertion de deux épines, dont l'une est droite & l'autre crochue. Les épines qui se rencontrent proche des feuilles, sont plus petites & moins nuisibles que celles des autres endroits, qu'on ne manie pas impunément tant elles sont aiguës & roides. Ses feuilles sont petites, arrondies, d'un vert brillant ou rougeâtre : ses fleurs qui paroissent en Juin, sont jaunes, petites, ramassées aux sommets des branches, disposées en rose ; elles se changent ensuite en un fruit fait en chapeau dégancé, contenant un noyau divisé en trois loges qui renferme ordinairement chacune une semence de la couleur & du poli de la graine de lin.

Les fleurs du paliure paroissent à la fin du printemps, ou au commencement de l'été, son fruit mûrit en automne, & tient à l'arbrisseau tout l'hiver. Quelques-uns nomment le paliure *épine de Christ*, en Anglois *the*

Christ-thorn, parce qu'ils croient que la couronne d'épine que les Juifs mirent sur la tête de Notre Sauveur, étoit faite de cet arbrisseau. Aujourd'hui l'on en fait des haies vives, très-commodes pour empêcher les incursions des animaux. Il supporte aussi assez bien l'hiver: cet arbuste n'est pas encore bien commun en France. La racine, les tiges & les feuilles de cet arbrisseau prises en décoction, arrêtent le flux de ventre; son fruit est très-diurétique, & facilite l'expectoration dans l'asthme humide. M. *Gustaldi* le regarde comme un excellent remede contre la pierre. Ses graines ont été employées avec succès dans l'hydropisie, comme donnant le ton aux fibres trop relâchées.

On sait que l'espece de paliure qui est le *ceanothus* de M. *Linnæus*, passe pour le spécifique, non-seulement des gonorrhées qu'elle arrête en deux ou trois jours sans aucune suite fâcheuse, mais même des maladies vénériennes les plus invétérées qu'elle guérit, à ce qu'on prétend, en moins de quinze jours dans la Virginie & le Canada où croît cette plante. Pour préparer ce remede, on fait bouillir un gros de la racine dans une livre & demie d'eau jusqu'à réduction d'une livre, qu'on prend en deux fois tous les jours: il faut se servir d'un grand vase pour cette décoction, parce que cette plante jette pendant l'ébullition une grande quantité d'écume qu'il ne faut pas perdre: peut-être que les racines du paliure de notre pays auroient les mêmes propriétés.

PALME DE CHRIST ou KARAPAT, *palma Christi*. Sous-arbrisseau commun aux îles du Vent, dont le tronc & les branches sont creuses comme un roseau, & dont les feuilles ressemblent à celles du plane; mais elles sont plus grandes & plus noires. Les Jardiniers ont comme naturalisé par la culture cette plante dans nos jardins pour servir d'ornement dans les plate-bandes: on prétend qu'elle chasse les taupes. Les Négres tirent de sa graine, qu'on appelle *faux café*, une huile fort commode dans nos habitations d'Amérique, sur-tout pour éclairer & pour faire mourir la vermine ou pour s'en préserver. Les Caraïbes en levent la peau par aiguillettes, en font un frontal contre le mal de tête, chauffent la feuille, en frottent la partie douloureuse, & en reçoivent du soulagement. On ramasse le fruit en Novembre: il s'ouvre de lui-même au soleil & lance au loin ses graines. Quand on en a tiré l'huile avec précaution, on s'en sert pour purger. Huit grosses graines de karapat pilées & brassées dans un verre d'eau chaude, passée ensuite par une étamine, font un remede dont les Négres se servent contre la fiévre.

On donne aussi le nom de *palma Christi* à la racine d'une espece d'orchis ou satyrion, qui est disposé en main ouverte. Il paroît que le *ricin ordinaire* & le *palma Christi*, autrement *karapat*, différent peu l'un de l'autre. *Voyez à l'article* RICIN. Le *palma Christi* est fort commun aussi à la côte de Coromandel. M. *de Romé de l'Isle* est porté à croire que le nom de *karapat* donné à cet arbrisseau, vient de la ressemblance de sa graine avec l'insecte appellé *tique*, que l'on nomme *karapat* aux Indes. Cette conjecture est d'autant mieux fondée, que le nom latin *ricinus* convient également à cet insecte & au ricin, qui est une espece de *palma Christi*.

PALME MARINE ou PANACHE DE MER, *litophyton reticulatum purpurascens*. C'est une espece de lithophite à réseau, étendu en éventail. Le *lacis* ou les *mailles* de cette production à polypier ressemblent à un rets à prendre des poissons & des oiseaux : il y en a de différentes couleurs, mais plus communément d'un rouge violet ; les plus beaux & les plus curieux se trouvent en Amérique & aux Indes Orientales. On dit que les Dames Indiennes s'en servent comme d'éventail dans les grandes chaleurs. *Voyez l'article* LITHOPHYTE, *à la suite du mot* CORALLINE, *vol. III, p. 14 de cet Ouvrage.*

PALMIER, *palma.* C'est ou un arbre ou un arbrisseau, également vivaces, & ayant depuis deux jusqu'à cent pieds de tige, & dont les feuilles font ramaſſées en faiſceau au ſommet des tiges; les racines forment une maſſe de fibres communément ſimples. Les jeunes pouſſes de la plupart de ces plantes forment, à leur ſortie de la terre, comme une bulbe conique, totalement couverte d'écailles imbiçées qui ne ſont autre choſe que des appendices de feuilles imparfaites. La tige eſt ordinairement ſimple, non rameuſe, cylindrique, remplie d'un ſuc vineux & entiérement compoſée de fibres longitudinales très-groſſieres, ſans écorce apparente; la partie ſupérieure de la tige, qui porte le nom de *chou*, eſt ordinairement bonne à manger; les feuilles ſont alternes, diviſées en éventail ou en paraſol, ou aîlées & portées ſur un pédicule ou branche feuillée, dont l'origine embraſſe ſouvent la plus grande partie de la tige, mais ſans faire gaîne: elles ſont toutes d'abord recouvertes d'une pouſſiere brune & groſſiere comme celles des fougeres. Les fleurs ſont communément ou toutes mâles ou toutes femelles ſur le même pied; quelques-unes ſortent d'une gaîne qu'on appelle *ſpathe*, les autres ſont accompagnées d'écailles; mais elles ſont toutes diſpoſées en pannicule. Les fleurs, ſoit mâles, ſoit femelles, ont chacune un calice à ſix feuilles. La pouſſiere fécondante eſt compoſée de grains ovoïdes, jaunâtres & tranſparens; le fruit qui vient par *régime*, eſt arrondi ou ovale, charnu & recouvert d'une peau coriace, ſouvent comme écailleuſe, contenant des oſſelets. La famille des palmiers ne laiſſe pas d'être nombreuſe, & toutes les eſpeces peuvent être élevées de graines. Enfin, quand on examine le palmier en Naturaliſte, l'on apperçoit qu'il mérite à tous égards l'attention du Phyſicien. On peut même dire avec M. *Guettard*, que la claſſe des palmiferes eſt une de celles qui ont le plus fourni aux Indiens, aux Aſiatiques, aux Américains pour leurs habillemens, pour les cordages, les voiles des navires & autres uſtenſiles.

PALMIER DE L'AMÉRIQUE ou A PAPIER. C'eſt le même que l'*arbre de la Nouv. Eſpagne*. Voy. ce mot.

PALMIER

PALMIER AOUARA. Espece de chou palmiste qui naît à Cayenne; il croît aussi au Sénégal, au Brésil & aux Indes Orientales: il est fort haut & épineux le long de sa tige. Son fruit vient par bouquets dans une espece de gousse, qui se fend lors de sa maturité. Ces fruits sont gros comme des œufs de poule, charnus & de couleur jaune dorée, &c. Les Indiens en mangent: sa chair renferme un noyau gros comme des noix de noyer, ayant trois trous, dont deux sont plus petits. L'écorce de ce noyau a deux lignes d'épaisseur, & est assez dure pour être travaillée au tour: l'amande est blanche & d'une très-grande dureté; étant mâchée elle a d'abord un goût agréable, qui devient bientôt âcre, semblable à celui d'un fromage rance. Les habitans de la Guiane s'en servent pour engraisser leurs bestiaux; mais une autre utilité bien plus grande, c'est qu'on tire de cette amande par décoction ou par expression une huile épaisse comme du beurre, de couleur jaune dorée & d'un goût assez doux.

Dès qu'on a récolté la noix d'aouara, qu'on ramasse au pied de l'arbre, on la met par tas qu'on couvre de feuilles & qu'on charge de bois, pour la garantir du grand air & du soleil: elle est pourrie au bout de quinze jours: on la pile alors dans un canot (espece d'auge qui ne sert qu'à cet usage), afin de séparer toute la chair d'avec le noyau. On acheve avec la main ce que le pilon n'a pu faire. On jette cette chair dans une chaudiere placée sur le feu; & quand elle fume fortement, on la met sous une presse; l'huile qui en sort est reçue dans un vase & mise tout de suite dans des pots. Quand toute la récolte est finie, on fait rebouillir cette huile pour la purger de ses parties aqueuses; alors elle est de garde: on s'en sert pour éclairer dans les maisons; elle brûle en entier sans la moindre perte. Les Négres de l'Amérique & de l'Afrique en mangent comme du beurre: ils en assaisonnent leurs mets. Les Blancs s'en servent aussi pour le même usage, quand ils n'en ont point d'autre. Cette graisse s'appelle *huile de Sénégal* ou de *Quioquio*, ou de *Pumicin* ou *de palme des îles*. Étant extérieurement appliquée, elle est propre pour adoucir la goutte & les rhumatismes, pour les douleurs de coliques & celles d'oreilles, & pour fortifier les nerfs. Cette huile de palme est différente de celle du Commerce, qui communément est falsifiée.

L'amande du fruit aouara est adoucissante & astringente. Le noyau qu'on a séparé du fruit, se conserve pendant une année, au bout de laquelle on le casse pour en tirer l'amande. Il ne faut prendre de ces amandes que trois ou quatre poignées, qu'on jette dans une chaudiere moyenne mise sur un feu modéré, pour pouvoir les brasser à son aise. L'huile surnage peu-à-peu : on l'enleve à mesure avec une cuiller : on a grand soin de la passer avant que de la mettre dans un vase, parce qu'elle se fige presqu'aussi-tôt. Si on la veut employer en friture, on la fait bouillir auparavant avec un peu de cassave ; ce qui acheve de lui ôter un goût aromatique qui lui est naturel. Huit cuillerées de cette huile dans quatre d'eau de pourpier, purgent fortement, mais sans tranchées, le Négre le plus robuste. *Maison Rust. de Cayenne.*

PALMIER A COCO. En parlant des cocos de mer des Maldives à deux lobes, nommés ainsi parce qu'on les trouvoit flottans sur le rivage de ces îles, où ils étoient portés par les courans, nous avons omis de dire que la découverte du palmier qui les produit dans l'île des *Trois Freres* (aujourd'hui *l'île Sechelles*), située presque sous l'Équateur dans l'Océan Indien, en a été faite par M. *Marion*, Capitaine de vaisseau de la Compagnie des Indes. *Voyez à l'article* Coco.

PALMIER DATTIER. Nous avons parlé de cet arbre célèbre à l'article DATTES.

PALMIER DU JAPON ou D'AMBOINE ÉPINEUX. C'est le *palmier à sagou*. *Voyez* SAGOU.

PALMIER DES INDES, *palmites*. Son tronc est fort gros ; ses feuilles sont très-longues ; son fruit est un peu plus gros qu'un pois, rond, fort dur, couvert d'une petite écorce grise, facile à séparer, sous laquelle il est lisse, compacte & marbré : on en fait des chapelets.

PALMIER ÉVENTAIL. *Voyez* LATANIER.

PALMIER HUILEUX ou OLÉAGINEUX, *palma foliorum pediculis spinosis, fructu pruni-formi, lacteo, oleoso*. Il ressemble beaucoup au *palmier aouara*. Il est fort commun sur la côte de Guinée & dans les îles du Cap Vert, où il s'éleve beaucoup. Cet arbre a merveilleusement réussi à la Jamaïque & aux Barbades. Les Négres tirent de son tronc une liqueur enivrante, une espece d'huile ou de beurre de la pulpe de son fruit, & emploient l'écorce du tronc à en faire des nattes pour se coucher dessus.

PALMIER MARIN. C'est un animal marin que M. *Guettard* a vu à Paris dans le cabinet de feue Madame de Bois-Jourdain. Par le dessin exact qu'il en a fait tirer, ainsi que par l'examen qu'il en a fait, il prétend avoir découvert quelle étoit la véritable origine de divers corps fossiles, qui avoit été inconnue jusqu'à présent. Ces fossiles sont les *encrinites*, les *pierres étoilées* ou *astéries*, les *trochites* & les *entroques*, dont il est parlé d'une maniere fort obscure dans les Auteurs. Il est bon de prendre une idée de ces différens fossiles que l'on voit aujourd'hui dans quantité de cabinets d'Histoire Naturelle.

Les pierres étoilées ou *astéries* sont des corps plats à cinq rayons, sur le plat desquels on apperçoit deux lignes courbes comme burinées, se réunissant aux extrémités, & qui, par leur concours au centre, forment une espece d'étoile. Plusieurs de ces astéries, mises les unes sur les autres, forment une colonne pentagone, à laquelle on donne le nom d'*astérie* ou *colonne en étoile*.

Les *trochites* different des astéries en ce qu'elles n'ont point de pointes & qu'elles sont circulaires : on observe sur leur plat des rayons partant du centre & allant à la circonférence. Les colonnes, composées de celles-ci, sont cylindriques & se nomment *entroques*.

Les trochites, ainsi que les colonnes qui en sont composées, sont percées dans leur milieu d'un petit trou qui forme un canal dans l'axe de la colonne : on observe de petites dentelures à la circonférence de toutes ces pierres.

Les *encrinites* sont des amas de petits corps de différentes figures, qui forment par leur réunion des lames longues & sillonnées en travers, dont l'assemblage a quelque ressemblance avec la fleur d'un lis : c'est le *lilium lapideum*. Quelquefois l'encrinite se trouve soutenue par une de ces colonnes formées d'astéries ou de trochites dont nous venons de parler, & alors on la nomme *encrinite à queue*. On va voir, par la description du palmier marin, le rapport qu'il a avec ces fossiles que l'on trouve abondamment en Suisse, en Allemagne & en France.

Qu'on imagine une colonne pyramidale, composée de pierres étoilées à cinq pans, mises les unes sur les autres, on aura une idée assez juste de ce qui compose le corps de cet animal. Cette colonne a, d'espace en espace, des renflemens, d'où partent cinq pattes, composées de plus ou moins de vertebres, suivant leur longueur, & qui finissent par un crochet pointu. M. *Guettard* compare l'ensemble de cet animal à la plante qu'on nomme *prêle* ou *queue de cheval*, qui offre des verticilles semblables, & rangées de même par étages décroissans. La colonne qui, dans la planche gravée, est de six pouces de longueur, est surmontée par une espece d'étoile composée de cinq pattes, mais qui se subdivisent communément trois fois en deux branches. Ces pattes sont garnies de doigts crochus, & de mamelons qui peuvent concourir avec ces doigts à retenir la proie de l'animal, & peut-être à la sucer.

Il est aisé de voir que les encrinites & les pierres étoilées ont été produites par les débris de la charpente osseuse de cet animal, qui ont formé les cavités où se sont depuis moulés ces fossiles. On sera moins surpris du nombre que l'on trouve de ces pétrifications, lorsqu'on saura qu'un seul palmier marin contient près de vingt-six mille vertebres, nombre d'articulations prodigieux, & qui doit donner à cet animal une grande souplesse, favorable pour exécuter les mouvemens nécessaires pour s'emparer de sa proie. M. *Guettard* apprit, lors de la lecture de son Mémoire, que M. *Ellis*, de la Société de Londres: avoit reçu un animal du même genre, quoique différent à beaucoup d'égards, qui avoit été pêché dans les mers du Groënland à une très-grande profondeur; il le rangeoit au nombre des étoiles de mer, connues sous le nom de *tête de Méduse*. *Voyez ce qu'il en est dit à la suite du mot* Zoophyte. Que de conjectures différentes n'avoit-on pas données sur l'origine de ces corps fossiles! conjectures qui sont devenues plus vraisemblables lorsqu'on a consulté l'observation, & que l'inspection seule de l'animal même a changées en certitude.

L'Auteur de l'Histoire de l'Académie observe très-bien, dans l'Extrait qu'il a donné du Mémoire curieux de M. *Guettard*, pour l'année 1755, & dont nous avons tiré cet article, il observe, dis-je, que c'est le fort ordinaire de toutes les questions physiques: on dispute, tant qu'on ne fait qu'imaginer; l'observation seule peut lever les doutes & conduire à la vérité.

PALMIER DE MONTAGNE, *yecolt*, est un fruit de l'Amérique, long & couvert de plusieurs écailles brunâtres, un peu semblables à la pomme de pin, de différentes figures & grandeurs, renfermant une chair qu'on mange avec plaisir. Les Américains l'appellent *guichele popotli*: l'arbre qui le produit pousse d'une seule racine deux ou trois troncs, qui portent des feuilles longues, étroites & épaisses comme celles de l'iris, mais beaucoup plus grandes. Ses fleurs sont en rose, disposées par grappes. On fait avec les feuilles de ce palmier un fil très-délié, très-fort, & propre à fabriquer de la toile.

PALMIER NAIN ÉPINEUX, *palma minor*. Il est commun en Espagne & en Portugal; il n'a pas plus de quatre pieds de hauteur ; mais ses racines s'étendent fort loin, & se multiplient si facilement, qu'un grand pays qui n'est pas cultivé en est couvert au bout de vingt ans. Ses feuilles servent à faire des balais de jonc. Il y a aussi le palmier nain sans épines, à feuilles en éventail & à racines multipliantes.

PALMIER ROYAL. *Voyez à l'article* PALMISTE.

PALMIER A SAGOU. *Voyez* SAGOU.

PALMIER SANG-DRAGON. *Voyez à l'article* SANG-DE-DRAGON.

PALMIER VINIFERE de Thevet, *palma vinifera Theveti*. Ce palmier est célebre par sa verdure perpétuelle & est précieux aux Ethiopiens qui percent son tronc à deux pieds de terre, & en tirent une liqueur qui a, dit-on, le goût du vin d'Anjou.

PALMIPEDE, *palmipes*. Se dit de tout oiseau qui a le pied plat, & dont les pieds sont joints par une membrane comme dans les oies ; ce qui facilite les oiseaux aquatiques à nager.

PALMISTE, *palma altissima non spinosa, fructu pruniformi, minore, racemoso sparso*. SLOANE. Dans quelques contrées de l'Amérique on donne ce nom à une sorte de palmier, dont la principale se nomme PALMISTE FRANC, *palma dactilifera latifolia*. Sa tige n'a qu'un pouce de bois en rond, mais brun, pesant, compacte & si dur, que la hache y a prise difficilement : le dedans est molasse, spongieux : cette tige est droite, & haute assez souvent de plus de trente pieds. Il n'a qu'une racine de médiocre grosseur qui s'enfonce en terre, & qui ne seroit pas capable de le soutenir, si elle n'étoit pas aidée comme nourrie par une infinité d'autres petites racines rondes, flexibles, entrelacées de maniere à faire une grosse motte ou bourrelet au pied de l'arbre à raz de terre ; du sommet de la tige, sortent des branches fort longues, qui sont garnies de deux rangs de feuilles vertes, longues & étroites : au bout du tronc il se forme une espece d'étui, d'où sort un épi de petites fleurs, au-dessous desquelles naissent des fruits de la grosseur d'une petite balle de paume, & dont on retire, ainsi que de son amande, une huile bonne pour éclairer. Quand le palmiste est abattu, on coupe sa tête à deux pieds ou deux pieds & demi au-dessous de l'endroit où les branches feuillées prennent naissance ; & après qu'on a ôté l'extérieur, on trouve le chou ; ce sont des parties comme feuillées, arrangées en éventail non déplié, blanches, tendres, délicates, & d'un goût approchant de celui des culs d'artichauts : on les appelle en cet état, *choux palmistes*. On les lave & on les mange en salade, ou bien on les fait bouillir dans l'eau avec du sel ; puis on les met, tout égouttés, dans une sauce blanche : on les met aussi dans la soupe. Enfin, de quelque maniere qu'on les mange, ils sont très-bons ; c'est une nourriture légere & de facile digestion, mais comme pour l'avoir il faut sacrifier l'arbre entier, on en mange moins souvent qu'on ne feroit sans cela.

Le tronc des palmiers est excellent pour faire des tuyaux & des gouttieres : il sert aussi aux usages du tour & de la menuiserie. Entre plusieurs especes de palmistes, on en distingue une si épineuse, que les Sauvages sont obligés, avant de s'en servir, de brûler les épines, en faisant du feu autour de l'arbre : le chou de cette espece est un peu jaune, d'un goût de noisette & incomparablement meilleur que celui du palmiste franc, dont les feuilles servent aux Sauvages à couvrir leurs cases.

Ray cite d'après *Ligon* & quelques autres Voyageurs, un palmier appellé *palmiste royal* aux Antilles de l'Amérique, dont le tronc, qui a à peine demi-pied de diametre, a jusqu'à trois cents pieds de longueur. Un tel arbre, s'il existe, est sans contredit un prodige ; mais M. *Adanson* dit que ces Voyageurs veulent sans doute parler du *rotan*, qui en serpentant, entrelace tous les arbres d'une forêt ; car les plus grands palmistes que cet Auteur a vus dans l'île de Gorée en Afrique, ne passent gueres cent pieds, quoiqu'ils ayent plus de deux pieds de diametre, ils n'ont ordinairement que soixante à quatre-vingts pieds de tige.

Les Malabares & autres peuples de l'Inde Orientale, se servent aussi des feuilles d'une espece de palmiste différent de celui d'Amérique, assez semblable à celui qui se voit au Jardin du Roi. Le *palmiste de l'Inde* est infiniment plus fort & plus élevé ; ses feuilles sont à l'extrémité de la branche, & disposées en éventail. C'est sur ces feuilles ou *olles*, plus consistantes que celles du cocotier, que les Indiens écrivent ; ils en prennent une entre le doigt index & le pouce de la main gauche : il y a une petite échancrure à l'ongle de ce pouce, qui sert de point d'appui à un stilet de fer qu'ils tiennent de la droite, & avec lequel ils gravent avec une vitesse surprenante ce qu'ils veulent écrire dans la longueur de cette feuille, qui a assez d'épaisseur pour que les traits ne paroissent point du côté opposé : aussi quand l'un est rempli, se sert-on de l'autre. Le fruit de ce palmier est de la grosseur d'une poire de coing, quand il est vert & peu avancé ; son écorce, qui a près d'un pouce d'épaisseur, renferme une pulpe moëlleuse d'assez bon goût, qui fond en un instant dans la bouche, & y laisse une grande fraîcheur : l'écorce alors n'est bonne à rien, mais quand il est mûr, c'est tout le contraire : on ne suce que l'écorce, & l'on jette le dedans, qui s'est changé en un noyau très-dur. Le tronc de ce palmier sert aux mêmes usages que celui du cocotier. L'on peut dire aussi que le vin du palmiste est encore plus estimé pour sa douceur, que celui du cocotier. Il peut se conserver potable jusqu'au troisieme jour ; plus il est récent, frais, & plus il est agréable ; après ce temps, il devient aigre. Il se tire au moyen d'une incision faite à l'arbre.

Presque tous ces arbres lorsqu'ils sont abattus, attirent de fort loin une multitude de gros scarabées noirs, qui s'introduisent sous l'écorce, dans la partie la moins dure, y déposent leurs œufs & produisent des larves ou vers gros comme le pouce, dont les Créoles & les habitans des Antilles se régalent, après les avoir fait rôtir enfilés à des brochettes de bois. *Voyez* VER PAL-MISTE & *l'article* CAUMOUN.

PALMISTE. Nom donné à des oiseaux du genre du merle qui nichent dans les arbres palmistes; il y en a de différentes couleurs.

PALO DE CALENTURAS, est le nom que les Espagnols du Pérou donnent à l'arbre du *quinquina*. *Voyez ce mot*.

PALO DE LUZ. *Voyez* BOIS DE LUMIERE.

PALOMARIA. *Voyez à l'article* BAUME VERT.

PALOMBE. *Voyez* PIGEON RAMIER.

PALOURDE ou PELOURDE. Coquillage bivalve, assez commun sur les côtes du Poitou, d'Aunis, de Saintonge & de Provence, & de la famille des cames à bases ovales régulieres. *Voyez à l'article* CAME. La couleur de sa coquille est d'un blanc sale, tirant sur le jaunâtre; en quelques endroits elle est large d'un pouce, & longue d'un pouce & demi. M. *d'Argenville* dit que c'est une came à réseaux fins & serrés, rayonnée du centre à la circonférence, traversée de cercles, avec de grandes taches blanches, plus foncées que la couleur principale. Les valves sont ordinairement dentelées & cannelées. Cet animal fait sortir comme la boucarde, du côté le plus alongé de sa coquille, un corps membraneux & lisse, qui se divise en sortant en deux tuyaux faits en croissant, minces & blancs, avec une ouverture garnie de petits poils blancs, qui, en se repliant sur eux-mêmes, servent à sceller la bouche de l'animal, & à retenir l'eau dont il est rempli : ces deux tuyaux se communiquent intérieurement, de maniere que l'eau de la mer, qui s'insinue, soit par le canal supérieur, soit par le canal inférieur, se vide tout d'un coup, quand l'animal veut se remplir de nouvelle eau. Au moyen de cette opération réitérée, l'animal peut jeter de l'eau à près de quinze pieds de distance. Tout son mouvement consiste à porter en ligne droite une jambe triangulaire, de couleur blanche, dans l'endroit où la coquille est située, & à l'opposite des deux tuyaux, sans la replier sur elle-même. Comme cette coquille est ordinairement dans un fond vaseux, elle ne tend qu'à s'ensevelir & à se cacher dans la vase; elle tâte d'abord le terrain à gauche & à droite, & à force de mouvement elle s'y enfonce, en repliant sa jambe sous la valve qui touche à terre. *Consultez les Mém. de l'Acad. des Sciences ann. 1710.* On en mange beaucoup à Marseille & à Toulon.

PALTAS ou AGUACATE. *Voyez* AVOCAT.

PAMBE, *pambus.* Poisson plat qui a quelquefois douze à quinze pouces de long, sur huit à dix de large: sa couleur est d'un vert changeant; il est garni d'aiguillons tournés vers la tête, au-dessous desquels il y a une longue pointe, tant sur le dos qu'au ventre, à laquelle sont attachées ses nageoires, qui s'étendent jusqu'à la queue. Le pambe est fort estimé, & l'on en fait beaucoup d'usage dans toutes les Indes Orientales, sur-tout dans l'île d'Amboine & à la côte de Coromandel. Pour le conserver long-temps, il suffit de le dessécher au soleil; & quand on veut le manger, on le laisse quelque temps tremper dans l'eau pour l'attendrir. On a encore une autre méthode de le dessécher, c'est de le couper par tranches & de le mettre ainsi dans une espece de saumure faite avec le tamarin: c'est du poisson confit de cette maniere que les Portugais appellent *pesce-para*. Les vaisseaux exposés à des voyages de long cours, en font de grandes provisions.

PAMPELMOUSE. C'est le nom que les Siamois donnent à une espece d'orange de la grosseur d'une tête humaine, dont la chair est excellente & d'un goût de fraise; entre cette chair pulpeuse & la peau est une substance épaisse comme le doigt, blanchâtre & fort amere: le jus de ce fruit est très-rafraîchissant. La pampelmouse n'est pas rare aux îles de France & de Bourbon, & dans plusieurs autres de l'Océan Oriental. Elle est encore assez commune à Surinam, où elle a plus de douze pouces de diametre; sa chair est un peu aigrelette, avec un véritable goût de raisin. Ce fruit se trouve aussi à Cayenne, où il a été apporté du Brésil; il ne ressemble pas mal à une très-grosse poire; on nous a fait manger de ce fruit à différentes tables de Londres.

PAMPRE. Nom que les Anciens ont donné à un *sarment de vigne*, communément orné de ses feuilles & de son fruit; *pampinus aut capreolus vitis*.

PANACÉE. *Voyez* GRANDE BERCE.

PANACHE. Nom d'un petit coléoptere. Cet insecte vient d'un ver qui se loge dans le bois & les troncs d'arbres, tels que le saule où il fait des trous ronds & profonds, se métamorphose en insecte aîlé, prend son essor & vole sur les fleurs. On le distingue par ses antennes pectinées d'un côté, d'où lui vient le nom de *panache*.

PANACHE ou PANESSE. *Voyez* PAON.

PANACHE DE MER. Espece de lithophite. *Voyez* PALME MARINE.

PANACOCO, est un très-grand arbre qui passe à Cayenne pour l'ébene noire. Son aubier, dit M. *de Préfontaine*, est aussi compacte que son cœur, ou son bois proprement dit; il sert à faire des pilons si durs qu'ils émoussent le fer : chaque graine de cet arbre est comme un pois parfaitement rouge, avec une petite tache noire. Les Négresses en font des colliers, des chapelets, &c. Il y a un petit panacoco qui est une liane, dont on se sert en tisane; ses fleurs sont jaunes; le fruit est petit, rouge, marqueté de noir.

PANAIS ou PASTENADE, *pastinaca*, est une plante dont on distingue plusieurs espèces.

1°. Le PANAIS ORDINAIRE DES JARDINS OU PASTENADE, ou le GRAND CHERVI CULTIVÉ, *pastinaca sativa latifolia*. Cette plante, fort en usage dans la cuisine, est cultivée dans les jardins potagers, & dans les terres grasses. Il paroît, dit M. *Deleuze*, qu'elle n'est qu'une variété de la suivante. Sa racine est longue, quelquefois grosse comme le poignet, charnue, jaunâtre, ayant au milieu une corde ou nerf qui parcourt sa longueur : elle est d'une assez bonne odeur & d'un goût agréable ; elle pousse une tige à la hauteur de trois ou quatre pieds, grosse, droite, ferme, cannelée, vide & rameuse ; ses feuilles sont amples, composées d'autres feuilles semblables à celles du térébinthe, oblongues, dentelées, velues, d'un vert brunâtre, rangées par paires, d'un goût assez agréable & aromatique. Les sommités sont terminées par des parasols qui soutiennent de petites fleurs jaunes, disposées en rose, auxquelles succedent des semences jointes deux à deux, grandes, ovales, minces & bordées d'un feuillet. Cette plante fleurit en Juillet & Août, la seconde année après qu'elle a été semée. Les racines de panais sont plus nourrissantes que les carottes. *Boerhaave* en employoit la graine dans les coliques néphrétiques & les abcès de la vessie.

Les Anglois prétendent que les panais trop vieux causent le délire & la folie, ce qui fait qu'ils les appellent *panais foux*.

2°. Le Panais sauvage ou le petit Panais, *pastinaca sylvestris*. Cette plante differe de la précédente non-seulement en ce que ses feuilles sont plus petites, mais aussi en ce que sa racine est plus menue, plus dure, blanche & moins bonne à manger : elle croît aux lieux incultes, dans les prés secs, sur les collines & ailleurs parmi les plantes sauvages : quoique ce panais soit moins recherché pour la cuisine, on peut le substituer au précédent dans l'usage médicinal : sa fleur paroît en été : on prétend que par la culture & une semaille réitérée de sa graine on lui fait produire le panais cultivé, de même qu'avec la carotte sauvage on fait naître la carotte cultivée.

3°. Le Panais sauvage étranger, *panax costinum*. Sa tige s'éleve beaucoup plus que les précédentes : ses racines sont vivaces, d'une odeur forte, & ses feuilles recomposées : il en sort dans le pays une gomme-résine jaunâtre, semblable à l'*opopanax* ; voyez ce mot. Ces racines s'emploient pour purger : c'est un faux *coſtus*.

La racine de la premiere espece de panais est la plus tendre, d'une odeur & d'un goût beaucoup plus agréables & plus facile à digérer qu'aucune autre espece : elle est diurétique, hystérique & fébrifuge ; la marmelade de panais, légérement sucrée, excite l'appétit & est très-propre pour les convalescens.

Jean Bauhin avertit avec raison de prendre garde de confondre les racines de panais avec celles de la ciguë, qui ont beaucoup de ressemblance, tant par le goût douceâtre que par la figure : la méprise a, dit-on, occasionné des accidens funestes.

PANAPANA. Nom que les Marins du Brésil donnent à une espece de chien de mer connu sous le nom de *marteau*. Voyez ce mot.

PANAVA ou PANOMA. *Voyez* BOIS DES MOLUQUES.

PANGOLIN ou PANGGOELING. Nom que les Indiens de l'Asie méridionale donnent à une espece d'animal que les François habitués aux Indes Orientales appellent improprement *lézard écailleux* ; car cet animal dont il y a deux especes, l'une que les Indiens nomment dans leur Langue *pangolin*, & l'autre *phatagin*, est un quadrupede vivipare, au lieu que les lézards sont des *reptiles ovipares*. Ce sont, dit M. *de Buffon*, deux especes extraordinaires, peu nombreuses, assez inutiles & dont la forme bizarre ne paroît exister que pour faire la nuance de la figure des quadrupedes à celle des reptiles ; on les trouve aussi en Afrique.

Le pangolin & le phatagin ont, il est vrai, au premier coup d'œil quelque ressemblance avec le lézard ; mais ils ont d'autres caracteres très-distinctifs. Le *pangolin* est de la longueur de trois pieds, sa queue est à-peu-près de la même longueur : le *phatagin* est plus petit. Ils ne vivent que de fourmis : ils ont la langue très-longue, la gueule étroite & sans dents apparentes; le corps très-alongé; ils ont cinq ongles à chaque pied. Tous les lézards sont recouverts en entier, & jusques sous le ventre d'une peau lisse & bigarrée de taches qui représentent des écailles; mais le pangolin & le phatagin sont recouverts de véritables écailles, excepté sous la gorge, sous la poitrine & sous le ventre. Le phatagin, comme tous les autres quadrupedes, a du poil sur toutes ces parties inférieures du corps, le pangolin n'a qu'une peau lisse & sans poil dans ces endroits-là. Les écailles qui revêtent & couvrent toutes les autres parties du corps de ces deux animaux, ne sont pas collées en entier sur la peau; elles y sont seulement fortement adhérentes par leur partie inférieure: elles sont mobiles comme les piquans du porc-épic: & elles se relevent ou se rabaissent à la volonté de l'animal; elles se hérissent lorsqu'il est irrité; elles se hérissent encore plus lorsqu'il se met en boule comme le hérisson. Ces écailles sont si grosses, si dures & si coupantes qu'elles rebutent tous les animaux de proie, c'est une cuirasse offensive, dit M. *de Buffon*, qui blesse autant qu'elle résiste; les animaux les plus cruels & les plus affamés, tels que le tigre, la panthere, ne font que de vains efforts pour dévorer ces animaux armés; ils les foulent, ils les roulent; mais en même-temps ils se font des blessures larges & douloureuses dès qu'ils veulent les saisir; ils ne peuvent ni les violenter, ni les écraser, ni les étouffer en les surchargeant de leur poids. Ce sont de tous les animaux, sans en excepter même le *porc-épic*, ceux dont l'armure est la plus forte & la plus offensive; ensorte qu'en contractant leur corps & présentant leurs armes, ils bravent la fureur de tous leurs ennemis.

Lorsque le pangolin & le phatagin se resserrent, ils ne prennent pas comme le hérisson, une figure globuleuse & uniforme; leur corps en se contractant se met en peloton; mais leur grosse & longue queue reste au dehors, & sert de cercle ou de lien au corps. Cette partie extérieure par laquelle il paroît que ces animaux pourroient être saisis, se défend d'elle-même; elle est garnie dessus & dessous d'écailles aussi dures & aussi tranchantes que celles dont le corps est revêtu, & les côtés de la queue sont revêtus d'écailles tranchantes qui ôtent toute prise à leurs ennemis les plus voraces. Mais l'espece humaine triomphe par force & par adresse de toutes les especes d'animaux. Les Négres mangent la chair du pangolin & du phatagin qu'ils trouvent délicate & saine, & ils se servent de leurs écailles à plusieurs petits usages.

Le pangolin & le phatagin n'ont rien de rebutant que la figure; ils sont doux, innocens, & ne font aucun mal; ils ne se nourrissent que d'insectes; ils courent lentement, & à l'approche du danger se retirent quand ils peuvent dans des trous de rochers, ou dans les terriers qu'ils se creusent & où ils font leurs petits: on voit deux pangolins dans le cabinet de Chantilly. On nomme aussi cet animal *diable de Java*, ou de *Tavoyen*, ou de *Tayven*.

PANICAUT, & PANICAUT DE MER. *Voyez* CHARDON ROLAND.

PANIS ou PANIZ, *panicum*, est une plante que *Dioscoride* compte parmi les especes de blé, & *Galien* parmi les légumes: selon *Lémery*, le panis ressemble en tout au millet, excepté que ses fleurs & ses graines naissent dans des épis fort serrés; au lieu que celles du millet naissent en bottes & en bouquets. Les graines du panis sont en grand nombre, plus petites & plus rondes que celles du millet, luisantes, enveloppées de follicules blanches, jaunâtres ou purpurines. Le calice des panis, dit M. *Adanson*, a deux balles & renferme deux fleurs, dont l'une est hermaphrodite & l'autre est mâle ou avorte; (selon d'autres Auteurs, le calice ne renferme qu'une fleur & est formé de trois balles, dont une plus petite que les autres), & il est accompagné d'une enveloppe composée d'une à dix écailles en forme de soies, ou d'une seule piece découpée en dix à trente piquans. Toutes les especes de panis ont trois étamines, deux styles & deux stigmates en pinceau. La gaîne de leurs feuilles est applatie par les côtés avec ou sans couronne de poils.

On seme le panis dans les champs en Allemagne, en France, en Italie: il demande une terre légere, sablonneuse, humide. On faisoit autrefois beaucoup plus d'usage du panis dans la boulangerie qu'aujourd'hui : on voit cependant encore dans la Hongrie, dans la Bohême, & en quelques autres lieux de l'Allemagne, des personnes qui font avec la semence mondée de son écorce des bouillies & des crêmes qui ne sont pas désagréables; on la fait cuire dans du lait comme du riz; elle est astringente, elle nourrit peu, & se digére difficilement. Les oiseaux sont assez friands de cette graine.

PANORPE, *panorpa, aut musca corpiura*. Nom que divers Naturalistes donnent à la *mouche scorpion*, appellée ainsi de sa partie antérieure faite comme celle du scorpion: c'est la fausse guêpe de *Swammerdam*, qui infeste les raisins ; elle fréquente aussi les prairies. *Voyez* Mouche-scorpion.

PANTAGA, est l'arbre du santal rouge. *Voyez au mot* Santal.

PANTHERE, ONCE & LÉOPARD. Nous allons réunir sous cet article, d'après l'illustre M. *de Buffon*, ces trois especes d'animaux, qui non-seulement ont été pris les uns pour les autres par les Naturalistes, mais qui même ont été confondus avec les especes du même genre qui se sont trouvées en Amérique. Ces animaux sont propres à l'ancien Continent, & sur-tout aux climats chauds ; ils ne se sont jamais répandus dans les pays du Nord, ni même dans les régions tempérées.

La premiere espece de ce genre, est la grande panthere, que nous appellerons simplement *panthere*, *panthera*.

Le corps de cet animal, lorsqu'il a pris son accroissement entier, a cinq ou six pieds de longueur, en le mesurant depuis l'extrémité du museau jusqu'à l'origine

de

de la queue, laquelle est longue de deux pieds. Sa peau est pour le fond du poil, d'un fauve plus ou moins foncé sur le dos & sur les côtés du corps, & d'une couleur blanchâtre sous le ventre: elle est marquée de taches noires en grands anneaux, ou en forme de rose, ces anneaux sont bien séparés les uns des autres sur les côtés du corps, évidés dans leur milieu, & la plupart ont une ou plusieurs taches au centre, de la même couleur que le tour de l'anneau; ces mêmes anneaux, dont les uns sont ovales, & les autres circulaires, ont souvent plus de trois pouces de diametre: il n'y a que des taches pleines sur la tête, sur la poitrine, sur le ventre & sur les jambes.

La seconde espece est l'*once*. Cet animal est beaucoup plus petit que la panthere, n'ayant le corps que d'environ trois pieds & demi de longueur: il a le poil plus grand que la panthere, la queue de trois pieds de longueur, & quelquefois davantage. Le fond du poil de l'once est d'un gris blanchâtre sur le dos & sur les côtés du corps, & d'un gris encore plus blanc sous le ventre; les taches sont à-peu-près de la même forme, & de la même grandeur que celle de la panthere.

La troisieme espece, est le *léopard*. C'est un animal du Sénégal, de la Guinée & des autres pays Méridionaux du vieux Continent. Il est un peu plus grand que l'once, mais beaucoup moins que la panthere, n'ayant gueres plus de quatre pieds de longueur: la queue a deux pieds ou deux pieds & demi: le fond du poil sur le dos & sur les côtés du corps est d'une couleur fauve, plus ou moins foncé: le dessous du ventre est blanchâtre: les taches sont en anneaux ou en rose; mais ces anneaux sont beaucoup plus petits que ceux de la panthere ou de l'once, & la plupart sont composés de quatre ou cinq petites taches pleines; il y a aussi de ces taches pleines, disposées irréguliérement.

Ces trois animaux sont, comme l'on voit, très-différens les uns des autres. Les Fourreurs appellent les peaux de la premiere espece, *peaux de panthere*; ils appellent ceux de la seconde espece, *peaux de tigre d'Afrique*; enfin, ils appellent improprement *peaux de tigre*, celles de l'animal que nous appellons *léopard*.

La panthere que nous avons vu vivante, continue M. *de Buffon*, a l'air féroce, l'œil inquiet, le regard cruel, les mouvemens brusques, & le cri semblable à celui d'un dogue en colere. Elle a la langue rude & très-rouge, les dents fortes & pointues, les ongles aigus, tranchans & durs, la peau belle, d'un fauve plus ou moins foncé, semée de taches noires arrondies en anneaux. La panthere est de la taille & de la tournure d'un dogue de forte race, mais moins haute de jambes.

La panthere, cet animal qui habite les climats brûlans de l'Asie & de l'Afrique, & qui repaire dans les forêts les plus épaisses, paroît être d'un naturel fier, sauvage & peu flexible; l'industrie humaine la dompte plutôt qu'elle ne l'apprivoise: jamais elle ne perd en entier son caractere féroce, sanguinaire; cependant on s'en sert pour la chasse, mais il faut beaucoup de soin pour la dresser, & encore plus de précautions pour la conduire & l'exercer. On la mene sur une charrette, enfermée dans une cage de fer, dont on lui ouvre la porte, lorsque le gibier paroît; elle s'élance avec impétuosité vers la bête, l'atteint ordinairement en trois ou quatre sauts, la terrasse & l'étrangle: mais si elle manque son coup, elle devient furieuse, & se jette quelquefois sur son maître, qui d'ordinaire prévient ce danger, en portant avec lui des morceaux de viande, ou des animaux vivans, comme des agneaux, des chévreaux, & lui en jette un pour opposer à sa rage & calmer sa fureur.

L'once au contraire, s'apprivoise aisément, on la dresse à la chasse; elle est assez douce pour se laisser manier & caresser à la main. Il y en a de si petites, qu'un cavalier peut les porter en croupe. Aussi-tôt que le chasseur apperçoit une gazelle, il fait descendre l'once, qui est si légere, qu'en trois bonds elle saute au cou de la gazelle, quoiqu'elle coure fort vîte: si la gazelle lui échappe, elle demeure sur la place, honteuse & confuse.

L'espece de l'once paroît être plus nombreuse & plus répandue que celle de la panthere; on la trouve très-communément en Barbarie, en Arabie, & dans toutes les parties Méridionales de l'Asie; elle s'est même étendue jusqu'à la Chine, où on l'appelle *Hinen-pao*.

Ce qui fait qu'on se sert de l'once pour la chasse, dans les climats chauds de l'Asie, c'est que les chiens y sont très-rares; il n'y a, pour ainsi dire, que ceux qu'on y transporte, & encore perdent-ils, en peu de temps, leur voix & leur instinct. En Europe, nos chiens n'ont pour ennemi que le loup; mais dans un pays rempli de tigres, de lions, de pantheres, de léopards & d'onces, qui sont tous plus forts & plus cruels que le loup, il ne seroit pas possible de conserver des chiens. Au reste, l'once n'a point l'odorat aussi fin que le chien, elle ne sent pas les bêtes à la piste; il ne lui seroit pas possible non plus de les atteindre dans une course suivie, elle ne chasse qu'à vue. Souvent elle grimpe sur les arbres, pour attendre les animaux au passage, & se laisser tomber dessus: cette maniere d'attraper la proie est commune à la panthere, au léopard, à l'once & au carcajou.

Le léopard a les mêmes mœurs & le même naturel que la panthere, & je ne vois nulle part, dit M. *de Buffon*, qu'on l'ait apprivoisé comme l'once, ni que les Négres de Guinée & du Sénégal, où il est très-commun, s'en soient jamais servis pour la chasse. L'espece du léopard paroît être sujette à plus de variétés que celle de la panthere & de l'once; cependant dans toutes les peaux de léopard, les taches sont chacune à-peu-près de la même grandeur, & c'est plutôt par la force de la teinte qu'elles different, étant moins fortement exprimées dans quelques-unes de ces peaux, & beaucoup plus fortement dans d'autres.

La panthere, l'once & le léopard, se plaisent en général dans les forêts touffues, & fréquentent souvent les bords des fleuves, & rodent autour des habitations isolées, où ils cherchent à surprendre les animaux domestiques, & les bêtes sauvages qui viennent avec sécurité chercher les eaux. Ils se jettent rarement sur les hommes, quand même ils seroient provoqués, il faut cependant en excepter les grands accès de colere: la seule vue d'un homme met ordinairement le léopard en fuite. Ils grimpent avec beaucoup d'adresse & d'agilité sur les arbres, où ils suivent les chats sauvages, & les autres animaux qui ne peuvent leur échapper; nous avons dit qu'il leur arrive quelquefois de rester sur les arbres, & de guéter au passage les animaux, ils se laissent tomber dessus, les déchirent cruellement avec leurs griffes, leurs dents, & les dévorent. Quoiqu'ils ne vivent que de proie, & qu'ils soient ordinairement fort maigres, les Voyageurs prétendent que leur chair n'est pas mauvaise à manger; les Indiens & les Négres la trouvent bonne, mais il est vrai qu'ils trouvent celle du chien encore meilleure, & qu'ils s'en régalent comme si c'étoit un mets délicieux. A l'égard de leurs peaux, elles sont toutes précieuses, & font de très-belles fourrures. La plus belle & la plus chere est celle du léopard: une seule de ces peaux coûte huit ou dix louis, lorsque le fauve en est vif & brillant, & que les taches en sont bien noires & bien terminées.

Dapper (*Descript. du pays des Négres, page 257.*) dit que quand on a pris quelque léopard dans un des villages où le Roi du pays des Négres ne demeure pas, on est obligé de le porter au lieu de sa résidence. Ils regardent le léopard comme le roi des forêts; ce qui a produit une plaisante coutume. Les habitans du village royal vont au devant des porteurs du léopard pour se battre avec eux, croyant qu'il leur seroit honteux qu'un autre Roi que le leur, entrât dans la place sans avoir résisté auparavant: on en vient d'abord aux mains; enfin le combat cesse à l'arrivée d'un Député du Roi Négre, qui introduit les athletes dans le village; on les mene en triomphe sur le marché, où tout le peuple est assemblé : là on écorche le léopard ; on lui arrache les dents : c'est le lot du Roi Négre ; puis on fait cuire sa chair, on la distribue au peuple, qui passe tout ce jour-là comme si c'étoit une fête solemnelle. Le Roi ne mange point de cette chair ; parce que, dit-il, *nul animal ne mange son semblable* : il ne veut pas même s'asseoir sur sa peau, ni marcher dessus. Pour éviter ce malheur il la fait vendre aussi-tôt. Quant aux dents il en fait présent à ses femmes, qui les pendent à leurs habits ou en font des colliers mêlés de corail.

PANTOUFLIER. *Voyez* MARTEAU.

PAON, *pavo*. C'est un oiseau connu de tout le monde (c'est le *thuchim* des Hébreux) & distingué de tous les autres bipedes ou oiseaux par la longueur de sa queue & par les yeux brillants dont elle est ornée. Le paon est du genre des poules, & grand comme une dinde médiocre : le mâle a la tête, le cou & le commencement de la poitrine d'une couleur bleue foncée ; la tête petite à proportion du corps, ornée de deux taches grandes, oblongues, dont l'une passe par-dessus les yeux ; l'autre plus courte, mais plus épaisse, est située au-dessous des yeux, puis suivie d'une troisieme marque noire : il porte au sommet de la tête une huppe qui n'est point entiere comme dans quelques autres oiseaux ; mais composée en quelque sorte de vingt-quatre tiges nues, foibles, verdâtres, qui portent en leurs sommités des especes de fleurs de lis bleuâtres. Le paon a le bec grisâtre, très-ouvert, courbé comme dans tous les oiseaux qui vivent de grain, avec des narines fort larges : l'iris des yeux est jaunâtre : le cou est un peu long & fort menu à proportion du corps ; le dos est d'un blanc tiqueté de fauve & de taches noires transversales ; les aîles sont pliées, noires en-dessus du côté du dos, & rousses en dessous du côté du ventre, ainsi qu'en dedans : la queue disposée de façon qu'elle est comme divisée en deux ; car lorsqu'elle s'étend en forme de roue, il y a des plumes plus petites, brunâtres, qui semblent composer la queue entiere : elles ne sont pas roides comme les plus longues, mais étendues comme dans la plupart des oiseaux ; de sorte qu'il faut nécessairement que les plus longues s'inserent dans un muscle, au moyen duquel elles puissent se redresser & s'étendre. *Belon* dit que ces dernieres naissent du croupion, & que les premieres sont faites pour les soutenir. Le croupion est d'un vert foncé, & l'oiseau le dresse avec sa longue queue : les plumes du croupion sont courtes & comme tuilées ; elles dérobent la vue d'une partie des longues plumes de la queue, qui étant étendues sont toutes de couleur de châtaigne, ornées de lignes dorées très-élégantes, qui vont de bas en haut, & terminées par d'autres plumes fourchues, d'un vert très foncé, qui resemblent à des queues d'hirondelles. Les ronds, ou comme le dit *Pline*, les *yeux des plumes* ont l'éclat de la chrysolite, & des couleurs d'or & de saphir. Ces mêmes yeux sont composés de quatre cercles, dont le premier est d'or, le second châtain, le troisieme vert, & celui du milieu est bleu ou de saphir, à-peu-près de la figure & de la grandeur d'une féverole. Ces couleurs ont la beauté majestueuse de l'arc-en-ciel & les reflets pétillans des pierreries. Les cuisses, les jambes & les pieds sont d'un cendré parsemé de taches noires, & armés d'éperons ou d'ergots très-forts, à la maniere des coqs : le ventre près de l'estomac est d'un bleu verdâtre, noirâtre ou du moins brunâtre vers l'anus. C'est ainsi que la nature a réuni sur le plumage du paon toutes les couleurs du ciel & de la terre, pour en faire le chef-d'œuvre de sa magnificence : elle les a mêlées, asforties, nuancées, fondues de son inimitable pinceau, & en a fait un tableau unique où elles tirent de leurs mélanges avec des nuances plus sombres & de leurs oppositions entr'elles un nouveau lustre & des effets de lumiere si sublimes, que notre art ne peut ni les imiter ni les décrire.

La femelle qui s'appelle *paonesse* ou *panache*, n'a pas les couleurs du plumage si brillantes que le mâle : elle est d'un gris cendré, tirant sur le brunâtre ; le sommet de la tête & la huppe sont de même couleur, tachetés cependant de point verdâtres ; l'iris des yeux est tout-à-fait plombé ; le menton tout blanc ; les plumes du cou ondées, vertes, blanches aux extrémités près de la poitrine. Sa queue n'a pas le beau pennage du mâle.

La nature a pourvu le paon de très-grandes aîles, afin qu'il puisse s'élever en l'air & aller se percher sur les toits, dans les arbres & sur les lieux élevés où il se plaît, mais il dégrade les tuiles & autres espèces de couvertures des bâtimens ; les paons causent aussi beaucoup de dégâts aux jardins. Comme l'oie, il sert de garde aux maisons où il est ; c'est une sentinelle vigilante qui crie ordinairement quand elle voit quelqu'un, mais son cri est triste & désagréable.

Le paon se nourrit des mêmes alimens que les poules, il aime sur-tout l'orge : il a la lubricité du coq ; il peut satisfaire à six femelles ; son ardeur le porte à attaquer même celle qui couve, & à casser ses œufs, à moins qu'il n'en trouve d'autres qu'il puisse cocher à discrétion : aussi sa femelle cache-t-elle son nid autant qu'elle le peut dans un lieu retiré. Elle pond douze œufs à chaque couvée, mais la premiere couvée n'est que de six ; ces œufs ont la coque dure, grisâtre & joliment tachetée : les petits sont difficiles à élever, on les nomme *paonneaux*. Dès l'âge de trois ans ils sont en état de se reproduire ; ils s'accouplent au printems. On observe que jusqu'à ce qu'ils soient un peu forts, ils portent mal leurs aîles, les ont traînantes, & ne savent pas encore s'en servir. Dans ces commencemens, dit M. *de Buffon*, la mere les prend tous les soirs sur son dos & les porte l'un après l'autre sur la branche où ils doivent passer la nuit ; le lendemain matin elle saute devant eux du haut de l'arbre en bas, & les accoutume à en faire autant pour la suivre, & à faire usage de leurs aîles. Lorsque les petits ont quarante jours d'âge, l'aigrette commence

D d 4

à leur pousser, & alors ils sont malades comme les dindonneaux lorsqu'ils poussent le *rouge* : ce n'est que de ce moment que le coq paon les reconnoît pour les siens; car tant qu'ils n'ont point d'aigrette, il les poursuit comme étrangers.

L'on prétend que ces oiseaux sont étrangers d'origine, & qu'ils ont été apportés des Indes en Europe, où ils se sont bien naturalisés; ils sont à présent communs par-tout : ils tiennent le premier rang parmi les oiseaux domestiques, comme l'aigle entre les oiseaux de proie; mais ils étoient autrefois si rares qu'on n'en voyoit que dans les Cours des Princes à cause de leur beauté ravissante : on les appelloit *oiseaux de Médie* ou *de Perse*.

Le paon est le seul des oiseaux, à l'exception du coq d'Inde, de l'outarde, qui ait la faculté d'étendre sa queue en rond, comme s'il se plaisoit à en faire voir les yeux rayonnans. (On connoît aussi une espece de pigeon qui porte sa queue étendue en rond, & qu'on appelle *pigeon paon*). M. *Pluche* observe que le paon est à la vue ce qu'est le rossignol à l'oreille. Cet oiseau, dit-il, l'emporte sur le coq, les canards, le martin-pêcheur, le chardonneret, les perroquets, le faisan, &c. Au milieu de tous ces oiseaux dont la parure est magnifique, on distingue le paon, les yeux se réunissent sur lui. M. *de Buffon* dit dans son *Histoire Naturelle des Oiseaux*, que si l'Empire appartenoit à la beauté & non à la force, le paon seroit sans contredit le Roi des oiseaux : il n'en est point sur qui la Nature ait versé ses trésors avec plus de profusion; la figure noble, l'air de sa tête ornée d'une aigrette mobile & légére, la légéreté ou l'élégance de sa taille, sa démarche grave & majestueuse, les couleurs de son corps, les yeux & les nuances de sa queue, l'or & l'azur dont il brille de toute part, couleurs qui changent à différens aspects; cette roue qu'il promene avec pompe, sa contenance pleine de dignité & de fierté, l'attention même avec laquelle il étale ses avantages aux yeux d'une compagnie que la curiosité lui amene; tout en est singulier

& ravissant : mais fier de tant d'appas lorsqu'il voit les yeux toujours fixés sur lui, il marche en face du soleil, se mire dans sa queue, alors il semble enfler d'orgueil. C'est aussi sous cet aspect éclatant que, dans la saison du printemps, il se présente aux yeux de sa femelle pour la séduire.... Cet oiseau est tout seul un spectacle éblouissant, & sa beauté a été cause qu'il a été consacré à la Déesse *Junon*.

Voici ce que dit M. *de Buffon* concernant les amours du paon. Si la femelle vient tout-à-coup à paroître devant le paon ; si les feux de l'amour se joignant aux secretes influences de la saison, le tirent de son repos, lui inspirent une nouvelle ardeur & de nouveaux desirs, alors toutes ses beautés se multiplient, ses yeux s'animent & prennent de l'expression, son aigrette s'agite sur sa tête & annonce l'émotion intérieure. Les longues plumes de sa queue déploient en se relevant leurs richesses éblouissantes, sa tête & son cou se renversant noblement en arriere, se dessinent avec grace sur ce fond radieux, où (dans un beau jour de printemps) la lumiere du soleil se joue en mille manieres, se perd & se reproduit sans cesse, & semble prendre un nouvel éclat plus doux & plus moëlleux, de nouvelles couleurs plus variées & plus harmonieuses; chaque mouvement de l'oiseau produit des milliers de nuances nouvelles, des germes de reflets ondoyans & fugitifs, sans cesse remplacés par d'autres reflets & d'autres nuances toujours diverses & toujours admirables. Le paon ne semble alors connoître ses avantages que pour en faire hommage à sa compagne, qui en est privée sans en être moins chérie, & la vivacité que l'amour mêle à son action, ne fait qu'ajoûter de nouvelles graces à ses mouvemens qui sont naturellement nobles, fiers & majestueux, & qui dans ces momens sont accompagnés d'un murmure énergique & sourd qui exprime le desir. Mais ces plumes brillantes qui surpassent en éclat les plus belles fleurs, se flétrissent aussi comme elles & tombent chaque année. Le paon, comme s'il sentoit la honte de sa perte, craint de se faire voir dans cet état humiliant, & cherche les retraites les plus sombres pour s'y cacher à tous les yeux, jusqu'à ce qu'un nouveau printemps, lui rendant sa parure accoutumée, le ramene sur la scène pour y jouir de l'hommage dû à sa beauté. Nous avons dit ci-dessus qu'il est sensible à l'admiration; que le vrai moyen de l'engager à étaler ses belles plumes, c'est de lui donner des regards d'attention & des louanges; au contraire, si on paroît le regarder froidement & sans beaucoup d'intérêt, il replie tous ses trésors & les cache à qui ne sait point admirer.

On voit plus communément dans les pays septentrionaux des *paons blancs* que des paons colorés; & quoiqu'ils aient la même configuration & les mêmes caracteres que notre paon vulgaire, nous ne savons pas trop par quelle raison il y a des personnes qui les trouvent plus merveilleux que les nôtres; au reste les Russes & les Danois en disent autant des nôtres : c'est ainsi que l'on apprécie davantage ce qui naît chez l'étranger; cependant le paon coloré doit être le plus admirable. *Antoine Mizauld* rapporte, que si l'on veut produire une race de paons blancs, il n'y a qu'à tenir les femelles qui pondent & couvent, enfermées dans des lieux tendus en blanc de toutes parts; il prétend que leurs yeux étant continuellement frappés de cette couleur blanche, les petits en reçoivent l'impression. Notre Auteur avoue qu'il ne sait pas encore si ce secret a jamais été éprouvé; & nous n'y avons aucune foi. Le paon blanc a sur les longues plumes de sa queue les mêmes yeux ou ronds, & également conformés, à la couleur près. Ces paons ne sont que des variétés du paon ordinaire. M. *Brisson* fait mention du *paon panaché*, pavo varius, (c'est le produit du mélange du paon ordinaire & du paon blanc), & de l'espece d'oiseau appellé *hocco*, voyez ce mot; & du *paon du Thibet*, pavo Tibetanus, c'est le *chin-tchien-khi* des Chinois; son plumage est par ondes blanches, bleues, violettes & dorées. *Voyez* CHIN-QUIS.

Aldrovande a représenté & décrit le *paon du Japon* mâle & femelle : cet oiseau est aussi d'une rare beauté ; sa queue a cependant moins de plumes que celle des paons de France, la couleur en est plus brune ; les yeux de la queue sont beaucoup plus grands ; les plumes du dos sont vertes & bleues ; celles de la poitrine sont d'un jaune doré, mêlé de vert & de bleu ; le commencement des ailes est bleu & vert.

Le *paon de la Chine* est d'un brun châtain, le mâle a deux ergots dans la longueur de chaque jambe.

Aux environs de Barroche, ville du Royaume de Cambaye, il y a, dit *Tavernier*, quantité de paons dispersés dans les champs par troupes ; ils sont très-sauvages, & s'enfuient au travers des broussailles dès qu'ils apperçoivent le Chasseur. Ils se perchent la nuit sur les arbres ; on en approche avec une espece de banniere où des paons sont représentés de chaque côté, on met des chandelles allumées au haut du bâton ; la lumiere surprenant le paon, fait qu'il alonge le cou jusques sur le bâton, où il se prend dans une corde à nœuds coulans que tire celui qui tient la banniere. Il se trouve aussi des paons sauvages à la côte de Coromandel. Le paon d'Afrique ou de Guinée, *avis Afra, aut pavo Africanus*, est la *Demoiselle de Numidie*. Voy. ce mot.

Sur les confins d'Angola, on trouve un bois environné de murs, où l'on éleve des paons, dont les plumes servent à faire les parasols & les enseignes du Roi. Celui de ses sujets qui voleroit de ces plumes seroit puni par l'esclavage.

Les Auteurs de la *suite de la Mat. Médic.* disent que le paon est aujourd'hui un oiseau de peu d'usage en aliment : sa chair dure, séche & difficile à digérer, le fait rejeter de toutes les bonnes tables ; mais en Médecine, cette chair est estimée contre le vertige ; les bouillons qu'on en fait sont diurétiques : la fiente de cet animal passe pour être spécifique contre l'épilepsie ; la dose en est depuis un scrupule jusqu'à un gros :

on estime l'usage de ses œufs propre à remédier à la goutte vague.

PAON. On donne aussi ce nom à un grand & beau papillon, sur les aîles duquel sont peints des yeux chatoyans semblables à ceux de la queue du paon. *Voyez au mot* CHENILLES A TUBERCULES. *Voyez* aussi *œil de paon & chenille épineuse.*

PAON MARIN, *pavo marinus*, est un poisson à nageoires épineuses, mis dans le rang des *labres*: il est orné des plus belles couleurs, vert, bleu, noir & rouge. *Voyez* TOURD.

PAON DE MER, petit insecte observé dans les mers de Ceylan, par M. *Godeheu*; le corps de ce petit insecte est d'une forme alongée, il porte sur la tête deux cornes terminées par quelques nervures très-déliées. Lorsqu'on observe cet insecte au microscope, on voit sa queue ornée d'un panache singulier, elle se termine en deux branches, de chacune desquelles sortent quatre véritables plumes couleur de rose, qui contrastent avec la couleur verdâtre de son corps. *Consultez le III. tome des Mém. présentés à l'Académie Royale des Sciences.*

PAON DE MER, dit *l'oiseau de combat.* Voyez ce mot.

PAON DES ROSES, oiseau connu à Cayenne sous ce nom: il n'a de rapport avec le paon que par la maniere de soutenir sa queue: d'ailleurs il a le caractere & la forme du râle: il fréquente les prairies & suit le cours des ruisseaux: sa queue est longue & bien fournie. *Consultez le Journal d'Histoire Naturelle*, par M. l'Abbé *Rozier, Mars, 1772.*

PAPAICOT, arbre des îles de l'Amérique, qui ne pousse aucune branche, & dont les feuilles qui ressemblent à celles du figuier, regnent le long du tronc, & font au sommet une espece de couronne: il porte sous ses feuilles des fruits orangés, de la grosseur d'une poire de coing, dont la chair est semblable à celle du melon, mais doucereuse & fade. On dit que dans l'île de la Guadeloupe, ils deviennent aussi gros que nos plus beaux melons. Le papaicot n'est peut-être qu'une sorte de *papayer*. Voyez ce mot.

PAPAROI. Nom donné à une espece de grenadier à fleurs doubles. *Voyez les mots* Grenadier & Balaustier.

PAPAS. *Voyez* Batatte.

PAPAYER ou PAPAU, *papaya aut pinoguacu*, arbre de l'Amérique & des Indes orientales, dont on distingue deux especes, l'une mâle & l'autre femelle: la premiere, dit *Feuillée*, ne porte que des fleurs sans fruits, & la seconde ne fructifie point sans être fécondée par la premiere, ainsi qu'on l'a remarqué dans les papayers qui ont fleuri dans les serres chaudes du Jardin du Roi, & qui étant tous de l'espece femelle n'ont point fructifié faute de mâles. *Pison* assure cependant que chaque individu porte des fleurs & des fruits, sans avoir besoin l'un de l'autre. La différence qu'on y remarque est que l'espece appellée *mâle*, a les feuilles moins grandes que la femelle, & qu'elle est commune dans les forêts. L'espece femelle y est plus rare & se cultive dans les jardins; plus de la moitié inférieure de la tige dans l'une & l'autre espece est sans feuilles, (le reste en est garni tout autour), sans branches & couverte d'une écorce cendrée. Peut-être que ces différences ou distinctions de sexe dans les papayers ne proviennent que de leur fécondité, considérés les uns comme sauvages, les autres comme cultivés.

Le Papayer mâle, *pinoguacu mas*, croît à la hauteur de vingt pieds, & est de la grosseur de la cuisse; son bois est creux & spongieux en dedans, si tendre qu'on peut le couper entiérement en travers d'un seul coup de sabre: il s'éleve en peu de temps; ses feuilles sont à-peu-près grandes comme celles du figuier, découpées en six ou sept parties, attachées à des queues longues, grosses, rondes, creuses, rougeâtres & recourbées: ses fleurs sont longues, disposées en étoiles jaunâtres, inodores: elles sont, dit-on, stériles.

Le Papayer femelle, *pinoguacu fæmina*, que l'on cultive dans les jardins au Brésil, aux îles Antilles & aux Indes orientales, est un peu plus élevé; ses feuilles sont bien plus grandes & attachées à des queues vertes. Lorsque cet arbre est voisin d'un papayer mâle, il porte toute l'année des fleurs & des fruits : ses fleurs sont grandes comme celles du glaïeul, composées de cinq feuilles jaunes & d'une odeur de muguet : son fruit que l'on nomme *papaie*, & qui est suspendu au haut de la tige, près de l'endroit où les tiges & les feuilles prennent naissance, a la figure de la grosseur d'un melon médiocre, verdâtre d'abord, & ensuite jaune, mais il contient un suc laiteux, d'un goût fade, moins exquis que la chair du melon, on s'en sert pour effacer les taches de la peau produites par la chaleur du soleil : le milieu de la chair est d'un beau jaune, garni d'un grand nombre de semences, grosses comme des grains de coriandre, ovales, cannelées, rougeâtres en dessus, blanchâtres en dedans, d'un goût aigrelet. Chacune de ces semences mises en terre produit, dans l'espace d'une ou deux années, un arbre papayer portant fruit ; mais sa durée n'est que de quatre ou cinq ans, après quoi sa sommité se pourrit & fait périr le reste de l'arbre. *Lémery* dit que, quoique ce fruit soit très-bon étant mangé crud, il est encore meilleur quand il a été cuit avec de la viande, ou confit en marmelade avec du sucre & de l'écorce d'orange : c'est un bon stomachique ; ses semences sont estimées propres pour le scorbut, diurétiques & hystériques.

On lit dans la *Maison Rustique de Cayenne*, que les semences du papayer commun, dont les Créoles mangent le fruit, ont un goût de poivre ; & qu'un scrupule de ces semences en poudre, pris intérieurement pendant quelques jours, fait mourir les vers.

Le fruit du papayer sauvage ne se mange point. Cet arbre est plus gros que le papayer ordinaire, & il ne rapporte des feuilles qu'au haut de la tige. Il n'est pas rare de rencontrer vers le pied de ces arbres, de petits serpents cachés, que les Portugais appellent *cobre de Capello*. Voyez ce mot.

PAPE, *fringilla tricolor*. *Catesbi* donne ce nom à un bel oiseau de la Caroline, qui est de trois couleurs & gros comme un serin; on le trouve aussi à la Louisiane, *chloris Ludoviciana, vulgò papa dicta*: on le rencontre encore en Canada. Il a la tête & le dessus du cou d'un bleu d'outre-mer; la gorge, la poitrine & le ventre sont d'un rouge brillant, le dos est vert; le bas du dos de même que la queue, sont d'un rouge foncé; le dos, en approchant des aîles, est d'un jaune verdâtre; les plumes de l'aîle qui sont près du dos, sont de couleur rouge; les aîles sont violettes, les cuisses rouges, & les pieds grisâtres.

PAPECHIEN, c'est le *vanneau*. Voyez ce mot.

PAPEGAI ou PAPEGAUT, est le gros perroquet que les Portugais appellent *papagayos*; selon *Oviedo*, on trouve cet oiseau dans l'île de Cuba à la nouvelle Espagne: on le rencontre aussi à la Jamaïque. *Voyez* à l'article Perroquet.

PAPIRACÉE. Les Naturalistes donnent ce nom à une espece de nautile blanc, qui se trouve dans la Méditerranée, & même à plusieurs autres sortes de coquilles, dont la robe est mince comme du papier, au lieu que les autres coquilles de la même famille & especes sont épaisses & pesantes.

PAPIER du Nil, *papirus Nilotica*, est, selon *Lémery*, une plante qui ressemble au souchet. Ses tiges croissent à la hauteur de neuf à dix pieds: elles sont grosses, de couleur pâle ou cendrée. Ses feuilles sont longues comme celles du roseau. Ses fleurs sont à plusieurs étamines, disposées en bouquet aux sommités des branches, comme au souchet; ses racines sont grandes, grosses, ligneuses, nouées, d'une odeur & d'un goût foibles. Cette plante croît en Egypte le long du Nil & en Sicile; les Anciens en séparoient l'écorce, & la polissoient pour leur servir de papier à écrire. Le même Auteur ajoute que ses feuilles étoient autrefois employées par les Chirurgiens, pour faire suppurer & pour déterger les ulceres.

Nous avons sur le papier du Nil une dissertation très-savante, par feu M. le Comte *de Caylus* (en 1758), dans laquelle cet Académicien, aussi éclairé que bon Citoyen, prouve que le *papyrus* ou papier d'Egypte, dont il est si souvent fait mention dans les ouvrages modernes, & qui a servi à nous transmettre les Auteurs anciens, est une matiere encore assez neuve pour être examinée de nouveau. A l'aide des idées que les Auteurs anciens lui ont données, & des secours qu'il a tirés d'un des plus grands Botanistes de l'Europe (M. *de Jussieu*) M. *de Caylus* a discuté ce que *Guilardin* & *Pline* avoient dit sur le *papyrus*. L'on voit que cette plante naît dans les marais de la basse Egypte, ou même au milieu des eaux dormantes que le Nil laisse après son inondation. Sa racine est tortueuse, rampante, & de la grosseur du poignet; la tige est triangulaire, & ne s'éleve pas à plus de sept à neuf coudées: elle est remplie d'une substance fongueuse; elle va toujours en diminuant, & se termine en pointe. Cette espece d'arbre porte une chevelure, un panache en parasol, & un épi qui forme un thyrse. Ses feuilles qui sortent immédiatement de la racine, ressemblent à celles du *sparganium* ou *ruban d'eau*. Les habitans du pays mangent la partie inférieure & succulente de la tige, mais on a cessé de faire du papier avec le *papyrus*.

Ainsi le *papyrus* ou *berd des Egyptiens*, est une plante aquatique, qu'il ne faut pas confondre avec le figuier d'Adam, appellé *musa*; c'est le *cyperus Niloticus*, *vel Syriacus maximus*, *papyraceus*, lequel paroît être le même que le *sanga-sanga* qui croît à Madagascar, dans la riviere que les Malgaches appellent *Tartas*, & qui est voisine de Foulepointe: on y emploie l'écorce du *papyrus* pour faire des nattes, des cordes pour les filets, & des cordages pour les bateaux de pêche; ils en font aussi des voiles. On soupçonne aussi que le *papero* de Sicile est une espece de *papyrus*. Les habitans du Nil employoient

employoient les racines du *papyrus* pour brûler & pour faire différens vases à leurs usages. On entrelaçoit la tige en forme de tissu pour construire des barques que l'on goudronnoit ; & de l'écorce intérieure ou *liber*, on faisoit des voiles, des nattes, des habillemens, des couvertures de lit & pour les maisons, des cordes, des especes de chapeaux & du papier à écrire. Ce papier étoit anciennement appellé *sacré* ou *hiératique* ; il ne servoit que pour les livres de la Religion Egyptienne. Porté à Rome & différemment préparé, lavé, battu & lissé, ce papier prit le nom d'*Auguste*, de *Livie*, même celui du Papetier *Fannius* qui excella dans l'art de *sanner* le papier, c'est-à-dire le coller.

Le papier se préparoit en Egypte avec les fortes tiges du *papyrus* : à l'aide d'une aiguille on en séparoit les membranes circulaires ; on les divisoit en vingt lames fort minces : on les étendoit sur une table, & on les arrosoit avec de l'eau ; on les faisoit dessécher ainsi au soleil ; puis on les croisoit en différens sens, & on les mettoit à la presse. On faisoit aussi du papier avec les feuilles. On appelloit *papier ténéotique* l'espece de gros papier emporétique, qu'on faisoit avec les parties qui touchoient le plus près l'écorce du *papyrus* ; car le beau papier étoit fait avec la matiere qui est au-dessous de l'écorce & de la lame qui la touche immédiatement. Il étoit très-léger, comme calandré, & d'une assez mauvaise odeur ; mais il se perfectionna sous l'Empereur Claude.

Après avoir détaché & enlevé l'écorce de la tige de cette plante, on employoit encore la partie intérieure moëlleuse & spongieuse, pour en faire les mêches des flambeaux qu'on portoit dans les funérailles, & qu'on tenoit allumés tant que le cadavre restoit exposé. *Antipater* dit que ces mêches de *papyrus* étoient enduites de cire ; au reste, elles ressembloient assez à cette mêche de jonc que nous avons vu il y a quelques années à Paris, & qu'on présentoit aux passans, en la décorant du titre de *mêche perpétuelle*. Tel est l'Extrait du Mémoire de M. *de Caylus*. Mais il y a trop à perdre de ne pas lire cette Dissertation en entier : elle est pleine de recherches les plus instructives.

L'usage du papier d'Egypte paroît avoir succédé à celui de plusieurs autres substances, dont se sont servis les Anciens pour se communiquer leurs idées lorsqu'ils étoient éloignés les uns des autres, pour fixer la mémoire des faits & immortaliser les hommes ; car on écrivoit sur la pierre, sur des peaux d'habillement, sur des tablettes de cire, sur des coquilles, sur des métaux, sur l'écorce intérieure des arbres, (*corticea charta*, ce que font encore quelques habitans de l'Amérique), sur des boyaux, sur l'ivoire, sur l'écaille de tortue, sur les feuilles de palmier, sur l'amiante préparée, sur la toile de lin & de coton, & ensuite sur du parchemin, &c. On lit dans les *Mém. de l'Académie des Sciences*, *an. 1751*, qu'avant l'invention de notre papier, on en faisoit en Orient avec les chiffons de toile de coton ; & avant celui-ci, les Egyptiens préparoient la deuxieme écorce d'une espece de chiendent, connu aussi sous le nom de *papyrus*, dont ils tiroient du papier, & dont le nôtre a retenu le nom. Quelques-uns disent que l'époque du papier de chiffon est de 1470, mais M. *Haller* observe que cette époque est plus ancienne. *Coster*, dit-il, imprimoit en 1440 sur du papier de chiffons, & on a des titres même beaucoup plus anciens.

Les Japonnois font leur papier avec l'écorce de *canschy* ou *kaadsy*, arbre très-gros qui ressemble au mûrier, & qui croît dans leur pays. Voici comment ils s'y prennent. On coupe l'arbre à ras de terre ; il continue à pousser de petits rejetons : quand ils sont de la grosseur du doigt on les coupe, on les fait cuire dans un chauderon jusqu'à ce que l'écorce s'en sépare, on séche cette écorce & on la remet cuire encore deux fois, en remuant continuellement, afin qu'il se forme une espece de bouillie ; on la divise & on l'écrase encore plus dans des mortiers de bois ; on met cette bouillie dans des boîtes carrées, sur lesquelles on met de grosses pierres pour en exprimer l'eau : on porte la matiere sur des formes de cuivre, on procede de la même maniere que font les Papetiers.

On trouve, de temps immémorial, du papier chez les Chinois, & de très-beau : ils y emploient le chanvre, le coton, les écorces d'arbres, dont la principale est celle du bambou. Le P. *Parennin*, en a envoyé de plus de quarante sortes, toutes curieuses par quelques circonstances particulieres. Leur papier est doux & uni, d'une grande beauté, fort, & les feuilles sont d'une grandeur à laquelle toute l'industrie de nos ouvriers n'a encore pu atteindre. Souvent on l'appelle *papier de soie*, quoiqu'on y emploie rarement les chiffons de soie. On sait que les chiffons sont débarrassés par les lessives de la partie spongieuse, nommée *parenchyme*; mais on n'auroit pas cru que la filasse, simplement battue, pût produire une pâte dont on a formé un papier assez fin, & qui paroît se perfectionner. Il est plus que probable que les filasses d'aloès, d'ananas, de palmier, d'ortie, & d'une infinité d'autres plantes ou arbres, même la chenevote du chanvre, seroient susceptibles de la même préparation. Nous ne sommes point aussi riches en plantes & en arbres dont on puisse détacher les fibres ligneuses, que les Indiens de l'un & de l'autre hémisphere. Nous avons cependant l'aloès sur certaines côtes. En Espagne, on a une espece de sparte ou de genêt, qu'on fait rouir pour en tirer la filasse, & dont on fabrique ces cordages, que les Romains appellent *sparton*; on en pourroit donc tirer du papier. On voit plusieurs titres anciens écrits sur du papier de jonc, aux archives de la Cathédrale de Vicque en Espagne. Nous avons dans notre cabinet plusieurs écorces intérieures du bouleau de Canada, lisses, fines, taillées en papier à lettres, & aussi souples. On écrit dessus ce papier comme sur du parchemin. M. *Guettard* a fait du papier avec nos orties & nos guimauves des bords de la mer; & il ne désespere pas qu'on n'en puisse faire avec quelques-unes de nos plantes & de nos arbres mêmes, sans les réduire en filasse. Le raisonnement qui avoit conduit cet Académicien à fabriquer du papier immédiatement avec la filasse, lui a fait essayer d'en faire avec du coton, à l'exemple des Chinois, & il a réussi. Il vouloit s'assurer si ce duvet étranger donneroit une bonne pâte, pour travailler avec plus de sureté sur le duvet de nos chardons, & sur celui de l'apocin de Syrie, qui quoique étranger, vient bien chez nous. Enfin M. *Guettard*, dont le zele & la sagacité sont très-connus, a voulu nous faire voir les avantages que nous pourrions tirer à cet égard d'une infinité de substances que nous rejetons comme inutiles : on en trouve le détail dans son Mémoire, & dans le Journal Economique, au mois de Juillet & d'Août 1751, ou dans un Ouvrage de sa composition qui a pour titre; *Mémoires sur différentes parties des Arts & des Sciences, vol. 1. p. 227*. MM. *de Réaumur*, *Gleditsch*, *Schæffer* & *Séba* ont donné aussi de bonnes observations sur le papier de notre pays. M. *Haller* observe que M. *Schæffer* a employé un grand nombre de plantes pour en faire du papier, en y ajoutant une certaine portion de chiffons, & il y en a eu qui ont très-bien réussi. On a fait en Angleterre du papier avec des navets, des panais, des feuilles de choux, &c. *Voyez* HOUGHTON *Collections, n° 360. T. II, pag 418, &c.*

A l'égard du papier Européen qui est notre papier ordinaire, on le fait avec de vieux drapeaux ou chiffons de linge de chanvre ou de lin, blanchis, hachés & brisés au moulin en parties très-menues, humectées avec de l'eau, & tellement délayées, qu'elles ne paroissent que comme une eau remplie de petits flocons visqueux & collans. On leve cette liqueur par parties, prenant toujours la superficie avec un châssis garni de fils de laiton très-serrés, & qui est de la grandeur de la feuille qu'on veut faire. On met ensuite égoutter ces feuilles; on les passe à la colle, pour que le papier destiné à l'écriture & à l'impression ne boive point, & enfin on le met en presse. Le papier gris ou brouillard n'a point été collé : il est fait de chiffons plus grossiers, moins lavés, &c. il boit les liqueurs, sert même à les filtrer. Le papier bleu a reçu la teinture du tournesol. Le papier marbré de diverses couleurs se fait en appliquant une feuille de papier sur différentes couleurs, détrempées en huile & mêlées avec de l'eau, qui en empêche la liaison ; & selon la disposition ou l'arrangement qu'on donne ensuite à ces couleurs, on forme, dit *Lémery*, des ondes & des panachures.

Presque tout le papier d'Hollande a la finesse, le corps, la blancheur, le lissé & le poli ou le luisant au-dessus du nôtre ; ce qui dépend de la pureté de l'eau, du choix des chiffons & de plusieurs autres circonstances. On a encore l'art d'amincir le papier par la presse & à coups de marteau. *Consultez le Dictionnaire des Arts & Métiers.*

Quelques personnes ont reconnu que quatre feuilles de papier fin, coupées par morceaux & bouillies dans une pinte de lait de vache jusqu'à ce que le papier soit réduit en bouillie, on en obtenoit une boisson qu'on passe par un linge & édulcore avec le sucre, & qui est spécifique pour la dyssenterie. C'est de la colle du papier que dépend la principale vertu de ce remede.

PAPIER FEUILLE D'ARBRE. Nom donné à la feuille de l'Arbre de la Nouvelle Espagne, & mieux encore à celle d'un Palmiste. *Voyez ces mots.*

PAPIER FOSSILE. *Voyez* Cuir Fossile.

PAPIER NATUREL. On a découvert depuis peu en Italie, aux environs de la ville de Cortonne en Toscane, une nouvelle espece de papier fossile. On pense qu'il est formé d'un mélange de plantes écrasées & pourries, & qui dans leur état de corruption forment une pâte capable de flotter sur l'eau, & dont les parties, malgré leur dissolution, restent unies entr'elles au moyen d'un substance visqueuse. M. *Strange* prétend avoir reconnu plusieurs plantes propres à se convertir en un papier fossile, entr'autres le *conserva* qui est abondant dans plusieurs marais ou lieux marécageux de la Toscane. *Voyez* CONFERVA.

Au reste, ce papier naturel de couleur brune, n'est point une découverte particuliere à l'Italie : on en a trouvé en plusieurs endroits de la France, de l'Allemagne & en différens autres pays. M. *Linnæus*, qui en a trouvé dans la Province de Dalekent en Suéde, prétend que ce papier est formé du *bissus* qu'il appelle *flos aquæ*, & qui se blanchit aux rayons du soleil. M. *Matani*, Professeur de Médecine à Pise, pense que toutes les plantes filamenteuses & membraneuses, lorsqu'elles sont dépouillées de leur substance visqueuse & entiérement dissoutes dans l'eau, peuvent se transformer en toute espece de papier.

Les plantes les plus propres à produire le *papier naturel*, sont les mauves, les algues marines, le chiendent, les orties, les joncs, le panais, les carottes, le lupin, le genêt, le glaïeul, le foin, le lin, la paille, les plantes marécageuses, les différens bissus & conferva, tant de marais que de riviere, les fleurs des arbres, &c. Plus le tissu de ces plantes est lâche & délicat, plutôt elle sont détrempées & dissoutes. C'est ainsi qu'il s'éleve du fond des marais une matiere visqueuse formée de corps dissous de plusieurs petits animaux, & notamment de végétaux qui ayant croupi & s'étant corrompus dans la bourbe, sont devenus très-propres à fournir le papier fossile dont il est mention. Voyez la *lettera sopra l'origine della carta naturale di Cortona*.

PAPILLON, *papilio*, petit insecte qui a six pieds, quatre aîles, des yeux & des antennes. L'histoire des papillons est nécessairement liée avec celle des chenilles, puisque tous les papillons ont été originairement des chenilles, qui ont subi les métamorphoses qui les ont amenés à l'état de chrysalide, & enfin à celui de papillon ; ainsi on trouvera réunis sous ces trois mots de *chenille*, de *chrysalide* & de *papillon*, l'histoire complette des papillons dont la vie est la plus remplie de phénomenes singuliers.

Il convient de parler d'abord du premier essor de cet insecte : spectacle trop peu connu du grand nombre des hommes, mais que le Naturaliste ne se lasse pas d'admirer. Quelle matiere sublime de réflexion pour l'observateur qui étudie l'organisation des êtres de la nature ! La chenille nous apprend de quelle maniere elle se prépare au sommeil léthargique qui doit servir de passage à sa métamorphose. Le terme de sa vie rampante est-il accompli, elle change de forme pour devenir habitant de l'air. La chrysalide est tout à la fois le tombeau de la chenille & le berceau du papillon. C'est dans ces coques soyeuses, ou sous un voile de gaze, que s'opere tous les jours ce grand miracle de la nature : tâchons d'expliquer ceci.

Le nouveau papillon, averti par l'instinct, qu'il a acquis afsez de force pour rompre ses fers, fait un puissant effort qui lui ouvre une seconde fois les portes de la vie ou plutôt de la lumiere qu'il va voir avec de nouveaux yeux. Tous ses organes deviennent plus sensibles & plus parfaits ; ses aîles, qui d'abord ne paroissent pas ou qui sont si petites, qu'on les prendroit volontiers pour celles d'un papillon manqué, sont encore couvertes de l'humidité du berceau, &c. mais aussitôt qu'elles sont à l'air & libres, les liqueurs qui circulent dans leurs canaux, s'élançant avec rapidité, les forcent à s'étendre & à se développer. Pour accélérer & donner plus de force à ce développement, le papillon nouvellement éclos & impatient de voler, les agite de temps en temps, & les fait frémir avec une douce vîtesse : en même-temps tous ceux qui ont une trompe (car tous n'en ont pas) qui étoit étendue & alongée sous le fourreau de la chrysalide, la retirent & la roulent en spirale pour la loger dans le réduit qui lui est préparé. Si quelque cause, soit intérieure, soit extérieure, s'oppose à l'extension des aîles dans le temps qu'elles sont encore aussi flexibles que des membranes, la sécheresse qui les surprend dans cet état arrête la suite du développement, les aîles restent contrefaites, incapables de lui servir,

& le pauvre animal se voit condamné à périr, faute de pouvoir aller chercher sa nourriture.

C'est ainsi que tous les papillons sortent de leur état de nymphe ou de chrysalide, tant ceux qui viennent de chenilles qui font des coques, que ceux qui viennent de celles qui se lient & qui se suspendent. Ces dernieres en sortant se trouvent d'abord à leur aise & en plein air. Mais comment les papillons foibles, sans armes, qui sont renfermés dans des coques d'un tissu si serré, que nous ne pourrions pas les déchirer avec nos doigts, telle, par exemple, que la coque du ver à soie, comment, dis-je, ces papillons auxquels nous ne connoissons aucun instrument capable de faire cette opération, s'y prendront-ils pour percer ces murs impénétrables qui servoient à les garantir de l'insulte pendant leur engourdissement? On peut parvenir à voir cette industrie en enlevant avec des ciseaux, une partie d'une coque: l'ouverture étant faite, collez ensuite la coque contre un verre; observez l'insecte, vous verrez les organes se développer sensiblement: suivez-le des yeux, il fait effort pour sortir de sa prison; remarquez cette liqueur qu'il dégorge de sa bouche, (on connoîtra par la suite que c'est le seul usage pour lequel elle lui a été donnée) c'est une liqueur mousseuse qui humecte, amollit le bout de la coque; alors à coups de tête donnés à plusieurs reprises contre cet endroit affoibli par la liqueur, il vient à bout de le crever, la barriere s'ouvre, le papillon sort en se glissant, le voilà entièrement formé. Dans toutes ces coques, on trouve toujours deux dépouilles, celle de la chenille & celle de la chrysalide.

D'autres papillons, qui ont encore des coques plus épaisses, se sont ménagés une ouverture, lorsqu'étant chenilles, ils ont filé leur coque. Telle est la chenille à tubercules, qui donne le papillon paon. *Voyez* CHENILLE A TUBERCULES.

Lorsque les aîles des papillons ont acquis assez de fermeté, les uns prennent leur vol dans le moment; d'autres se contentent de marcher & d'aller se placer à quelque diſtance; mais tous ſe purgent abondamment, les uns avant de s'éloigner de leurs coques, d'autres après. Cette évacuation eſt le ſuperflu du corps graiſſeux, & de toute la matiere que la Nature a employée pour leur faire changer d'état. Ces reſtes ſont liquides & aſſez ordinairement rougeâtres; ceux de ces papillons qui firent autrefois ſi grande peur à la ville d'Aix en Provence, ſont comme du ſang; *voyez l'expoſé de cet événement au mot* CHENILLE ÉPINEUSE. *Voyez auſſi* PLUIE DE SANG.

Nous avons dit que le papillon au ſortir de ſa coque eſt entiérement formé: agréablement ſurpris de ſe voir rendu au jour, tandis qu'il s'occupe de ſon bonheur, qu'il ſe plaît à reconnoître les lieux qu'il a habités dans ſon enfance, il agite ſes aîles avec un doux frémiſſement, il doit maintenant, & tout le reſte de ſa vie ſoutenir l'éclat de la lumiere & la vivacité de l'air: bientôt il prend l'eſſor, & d'un vol ſinueux parcourt les prairies émaillées de fleurs, plonge ſa trompe dans leur calice nectarifere. La douce liqueur dont il s'enivre, ſemble lui donner plus de gaieté, plus de feu, plus d'action, plus d'agilité. Heureux dans ſes amours, il ne ſe repoſe que pour jouir. Ses aîles légeres le tranſportent de plaiſirs en plaiſirs; dès qu'il en a cueilli la fleur, il s'élance & va goûter ailleurs les douceurs apparentes de l'inconſtance & de la nouveauté. Au reſte, nous verrons ci-après que l'animal agit en eſclave de la nature.

Deſcription des organes du Papillon.

On ne remarque plus dans l'intérieur du papillon, ce nombre de trachées que l'on voit le long des côtés de la chenille. De ces dix-huit ſtigmates, il n'en reſte que deux qui ſont ſur le corſelet; mais l'on trouve dans la partie ſupérieure du ventre une veſſie pleine d'air, d'une grandeur aſſez conſidérable. Cette veſſie a un cou qui aboutit à la bouche ou à la trompe de ceux qui en ont une. C'eſt par ce canal, auſſi bien que par celui des deux stigmates, que l'air entre & sort ; au lieu que dans l'état de chenille, les organes de la respiration étoient distribués des deux côtés de son corps. Ce changement jusques dans les organes de la respiration, fait juger de la prodigieuse révolution qui se fait dans l'intérieur de l'animal pendant qu'il nous paroît si tranquille sous la forme de chrysalide : c'est à la poitrine, que sont attachés les muscles qui font mouvoir les aîles.

Lorsqu'on ouvre le papillon, on découvre l'estomac, le cœur & la moëlle épiniere, qui sont autant de canaux, dont une partie réside dans le ventre, & l'autre en passant par la poitrine, va se terminer dans la tête. Le cœur du papillon est le même qu'étoit celui de la chenille, c'est-à-dire en quelque sorte un assemblage de cœurs qui regne dans toute la longueur du corps. Mais on peut remarquer que la circulation s'y fait dans un sens contraire à celui où elle se faisoit dans la chenille. Cependant cette circulation n'est pas toujours constante ; je l'ai vu souvent changer, dit un Observateur ; cela venoit-il à l'occasion des douleurs que je lui faisois sentir ? Mais quelle qu'en soit la cause, on voit toujours avec grand étonnement que cet insecte ait une si grande facilité de changer la circulation de son sang. La moëlle épiniere est la même que celle qui étoit dans la chenille ; elle remonte du bas ventre vers la tête : mais ce qu'elle fait voir de particulier, c'est qu'elle est dans un mouvement continuel & vermiculaire, mouvement qu'elle n'avoit point dans la chenille. On peut observer ce phénomene en faisant tomber le poil de dessus la peau du ventre de la femelle du papillon provenant de la chenille à oreille. La peau en est si transparente, qu'en la frottant d'un peu d'huile, on voit très-distinctement à travers de son épaisseur, tout le jeu de cette moëlle épiniere, qui est fort vif.

Les organes des sexes dont on ne trouve aucune trace dans la chenille, se trouvent tout formés dans le papillon naissant, & situés comme la Nature a coutume de les placer dans les autres insectes. Les femelles se font reconnoître aisément à la grosseur de leur ventre, qui est si prodigieusement rempli dans certaines especes, qu'il en paroît prêt à crever; il arrive même quelquefois aux femelles de papillon de la chenille à oreille & de la chenille commune, de commencer à déposer leurs œufs avant qu'ils ayent été fécondés, tant elles sont pressées du besoin de pondre. Il y a des especes de papillons femelles qui pondent jusqu'à quatre, cinq, six & sept cents œufs de suite.

Beauté des Papillons.

Ces insectes semblent se disputer à l'envi la vivacité, la surprenante variété des couleurs, l'élégance de la forme, en tout ils font le charme des yeux; la légéreté, l'air animé, la course vagabonde & volage, tout nous plaît en eux. Une collection de papillons nous présente le plus beau & le plus brillant spectacle, tel qu'on le voit au Cabinet du Roi, & dans ceux de la plupart des Curieux; le seul aspect en est ravissant. Les papillons de la Chine, des Indes, sur-tout ceux de l'Amérique & de la riviere des Amazônes, se font remarquer par leur grandeur, & par la richesse & le vif éclat de leurs couleurs les plus variées, ils s'offrent à l'œil surpris avec toutes les graces des nuances & du compartiment; c'est un spectacle à voir, & non point à être décrit. A la Chine on envoie les papillons les plus beaux & les plus extraordinaires à la Cour de l'Empereur; ils servent à l'ornement du Palais. Il n'est pas aisé d'attraper cet insecte volage: pour le prendre au vol, on se sert d'un filet d'un petit réseau de soie ou de gaze de huit pouces de large, monté sur un fil d'archal emmanché d'un bâton léger. On les fait mourir en leur comprimant légérement du bout des doigts le corselet, ensuite on les perce d'une épingle, & on les laisse mourir & dessécher fixés sur un carton. *Voyez à la fin de l'article* INSECTE, *la maniere de se procurer ces animaux, de les conserver & de les envoyer des pays plus ou moins éloignés*. On dit qu'il y a des Chinoises assez curieuses pour étudier la vie de ces sortes d'insectes : elles prennent des chenilles parvenues au point de faire leurs coques ; elles les enferment plusieurs ensemble dans une boîte remplie de petits bâtons ; & quand elles les entendent battre des ailes, elles les lâchent dans un appartement vitré & rempli de fleurs : c'est un moyen sûr & facile d'avoir de ces beaux insectes. Un Auteur moderne observe que nous avons aussi en France des Dames distinguées par leurs connoissances & leur goût pour l'Histoire Naturelle ; puisse, dit-il, leur exemple & notre hommage respectueux bannir l'esprit de mode & de frivolité ! il faut en convenir, les douceurs que procure l'étude de la Nature sont préférables au petit mérite d'avoir l'inconstance & la légéteté du papillon.

On prétend qu'on se procure rarement de plus beaux papillons & d'autres sortes d'insectes que ceux qu'on obtient en nourrissant des vraies ou fausses chenilles pour en avoir les chrysalides, les nymphes, &c. ou lorsqu'on fait ramasser des nymphes, des chrysalides, soit à la suite du Laboureur, soit dans les terres des fossés qu'on remue ou qu'on releve, soit en défrichant ou arrachant des plants, soit en visitant les aisselles des branches d'arbres & les murs des jardins, où elles sont enveloppées ou nues, suivant leur espece : mais cette éducation exige beaucoup de soins ; car pour peu que les insectes dans cet état de coques, &c. soient blessés, ils ne subissent point leur derniere métamorphose. La nature ne souffre point de contraintes ou rarement : elle semble indiquer à l'individu les ressources de son salut, les moyens de son existence. On observe que les chrysalides des papillons de jour sont la plupart triangulaires & nues. Au reste, ceux qui veulent voir développer ces animaux, doivent tenir les chrysalides, les nymphes &c. dans des boîtes spacieuses, couvertes des cannevas ou de gaze claire, ou dans un lieu clos ; on pose sur de la terre celles qui ont été trouvées dans la terre, & on les couvre de mousse que l'on entretient dans un état de fraîcheur en l'humectant de temps en temps. On peut prendre facilement l'insecte quand on s'apperçoit qu'il est sorti de sa dépouille, qu'il s'est alongé, que ses aîles sont bien affermies, en un mot qu'il est bien conformé, & on le saisit pour le faire mourir & le conserver, suivant la maniere indiquée à l'article *Insecte*. Les chrysalides & nymphes que l'on trouve dans nos climats en automne, ne donnent gueres leurs papillons qu'au printems suivant : pour transporter ces chrysalides, on peut les mettre dans des boîtes & entre des lits de coton, de maniere qu'elles ne puissent pas balotter & qu'elles ne soient pas trop serrées, de peur de les blesser : il faut observer que si la durée du voyage excédoit le terme de leur métamorphose, l'animal périroit au milieu de sa prison.

Lorsqu'on considere le papillon, quatre de ses parties paroissent mériter entr'autres une attention particuliere, savoir, les aîles, les antennes, la trompe & les yeux.

Les aîles, qui sont toujours au nombre de quatre, lui constituent un genre particulier parmi les insectes aîlés, en ce qu'elles ne sont point couvertes d'étuis, mais seulement d'une espece de poussiere farineuse, opaque, qui s'attache facilement aux doigts imprudens ou indiscrets qui les touchent ; cette prétendue poussiere considérée au microscope, est un assemblage très-régulier & organisé de petites écailles colorées, taillées sur différens modeles, couchées & implantées sur un tissu de gaze solide, transparente & à rainures, quoiqu'extrêmement fine & légere. C'est la dureté & le poli de ces petites écailles qui les rend si brillantes. Le dessus & le dessous des aîles en sont également couverts. Avec de grandes aîles légeres, la plupart des papillons volent de mauvaise grace, ils vont toujours par zigzags, de haut en bas, de bas en haut, de droite à gauche, effet qui dépend de ce que leurs aîles ne frappent l'air que l'une après l'autre, & peut-être avec des forces alternativement inégales. Ce vol leur est très-avantageux, parce qu'il leur fait éviter les oiseaux qui les poursuivent; car comme le vol des oiseaux est en ligne droite, celui du papillon est continuellement hors de cette ligne.

Telle est la structure la plus ordinaire des aîles des papillons: mais il y en a d'autres espèces que l'on a surnommées *papillons à aîles d'oiseaux*, parce qu'effectivement leurs aîles paroissent disposées comme celles des oiseaux; ces aîles sont cependant recouvertes d'écailles, taillées de manière à en imposer & à paroître comme des plumes. On voit voltiger quelquefois sur le bord des ruisseaux de ces petits papillons, qui sont blancs & des plus jolis: ils nous ont paru provenir d'une espèce de chenille qui se nourrit de framboises où elle établit son domicile. Une autre espèce porte des aîles vitrées, ainsi nommées parce que n'étant pas entièrement couvertes d'écailles, les parties qui en sont dégarnies, semblent autant de vitres; enfin la troisième espèce, sont les aîles d'un petit papillon provenant d'une teigne, qui vit dans l'épaisseur des feuilles d'orme & de pommier; ces aîles présentent au microscope tout ce qu'on peut imaginer de plus riche en or, en argent, en azur & en nacre. On peut voir les figures différentes que plusieurs Auteurs, & en particulier, *Bonanni*, *Swammerdam* & M. *de Réaumur* ont données des écailles, des aîles & du corps des papillons.

Les papillons portent, comme la plupart des autres insectes, des antennes sur la tête: on peut voir *au mot* ANTENNE *& à l'article* INSECTE, de quel usage on croit que ces parties sont aux insectes. Comme les antennes sont très-apparentes dans les insectes, on s'en est servi pour diviser les papillons en classes & en genres, suivant les différentes formes.

La première division & la plus simple est celle qui distingue les papillons en papillons de jour, & en papillons de nuit ou phalenes : ces derniers font en bien plus grand nombre que les autres. *Swammerdam* en a obfervé cent quatre-vingt-treize fortes : favoir, treize des plus grands, vingt-huit d'une moyenne grandeur, quatre-vingt-fix plus petites, & foixante-fix de la plus petite efpece. Il en a décrit cent quatorze efpeces avec leurs nymphes dorées. *Aldrovande* en a fait mention de cent dix-huit fortes ; *Mouffet* en repréfente quatre-vingt-fix & *Hoffnagel* cinquante. Ces papillons ne volent que la nuit : *Goëdard* n'a fait mention que de foixante-dix-fept fortes de papillons de jour.

Ces deux genres de papillons fe diftinguent par les *antennes.* Voyez ce mot. Ceux qui compofent la clafse des diurnes, ont des antennes de trois différentes formes. Il y a, 1°. celles que l'on appelle *antennæ à maffe* ou *à bouton, antennæ clavatæ,* parce qu'elles fe terminent par un bouton, qui a le plus fouvent la figure d'une olive, & quelquefois d'une olive tronquée. Le plus grand nombre des papillons que l'on voit pendant le jour fe repofer fur les fleurs, portent des antennes de ce genre.

2°. Les *antennes en forme de maffue.* Les papillons de cet ordre fe foutiennent en volant au-defsus des fleurs fans qu'on les voie jamais s'appuyer defsus ; mais ils font un bourdonnement continuel avec leurs aîles.

3°. Celles qui font tournées en forme de *cornes de béliers*; elles refsemblent un peu aux *antennes en maffue*; mais indépendamment de leur figure elles n'ont pas à l'extrémité le bouquet de poil de ces dernieres. Les papillons de cet ordre font communs dans les prairies.

La clafse des phalenes ou papillons nocturnes fe diftingue auffi par des antennes de trois formes différentes. La premiere eft celle à qui on a donné le nom d'*antennes prifmatiques* à caufe de leur forme ; la feconde comprend les *antennes à filets coniques* ou *grenées,* parce qu'ils font formés d'une fuite de grains difpofés comme ceux d'un chapelet. La troifiéme eft celle des *antennes à barbes de plumes* ou *en plumes,* à caufe de leur refsemblance avec une plume d'oiseau. Dans les différens genres de papillons qui portent de ces antennes, elles servent à distinguer les sexes; celles des mâles sont plus belles & mieux formées que celles des femelles: parmi ces papillons il y en a de tout unis, de velus & de colorés; ils volent rarement de jour; plusieurs d'entr'eux ont des heures déterminées pour voler; leur corps est plus gros que celui des papillons de jour. On les trouve dans des lieux obscurs, appliqués contre les murs, ou dans les creux des vieux arbres.

On peut distinguer encore les papillons en ceux qui sont pourvus de trompes & en ceux qui n'en ont pas. Tous les papillons diurnes en sont pourvus; mais parmi les phalenes plusieurs paroissent en manquer, d'autres en manquent tout-à-fait. Le véritable instant de distinguer la structure de la trompe des papillons qui en sont pourvus, c'est lorsque le papillon ne fait que quitter sa chrysalide: sa trompe est encore étendue sur l'estomac; elle se dégage, elle se roule en spirale; mais dans le premier instant les deux parties ne se dégagent pas toujours ensemble, & l'on apperçoit deux lames creusées en gouttiere, qui forment par leur réunion la trompe du papillon, c'est l'organe qui seul fait les fonctions de la bouche & du nez. Lorsque le papillon veut pomper le suc des fleurs, dont la consistance est quelquefois trop visqueuse pour pouvoir être attirée, sa bouche dégorge dans le fond de la fleur une liqueur qui rend l'extrait de la plante plus fluide: on peut voir cette manœuvre en présentant un morceau de sucre à un papillon diurne qui vient de paroître au jour. Quant aux yeux des papillons ils sont d'une structure admirable. *Voyez au mot* INSECTE *l'article* YEUX A RÉSEAU.

On se fait ordinairement une idée agréable de la vie & des mœurs d'un papillon: on se le représente comme un animal toujours en joie, dont l'amour & la bonne chere font l'occupation, volant de fleurs en fleurs, de femelles en femélles; mais il s'en faut bien que tout le peuple papillon jouisse d'un bonheur si complet. Si

on

on considere les papillons de nuit, on voit que c'est à leur dernier changement que se terminent les desseins qu'avoit la Nature en les faisant naître. La propagation de l'espece est le seul signe de vie qu'ils donnent ; c'est pour les amener là qu'elle les a fait passer par tant de métamorphoses, de travaux & de dangers. Plusieurs especes n'ont point de trompe, ni aucune organe propre à prendre de la nourriture : aussi n'est-ce point pour ceux-ci que les fleurs ont des sucs. Plusieurs ne font aucun usage de leurs aîles pour voler, tels que le papillon mâle du ver à soie. Quoi qu'il en soit, on peut croire que ces aîles lui servent à animer ses esprits & à exciter le cours de ses liqueurs ; car elles sont dans une agitation prodigieuse dans le temps de l'accouplement. Lorsque les mâles ont consommé toutes leurs forces à s'acquitter de leur emploi, & les femelles à pondre & à mettre leurs œufs à couvert, tout est fini. Un épuisement total dans les uns & dans les autres termine une vie qui ne leur avoit été donnée que pour assurer l'existence de leur postérité. C'est ainsi que Vénus corrompt & épuise les forces. Une singularité remarquable, c'est que ces mâles qui ont observé un jeûne complet depuis le moment qu'ils ont commencé à faire leurs coques jusqu'à celui dont nous parlons, se trouvent encore avoir assez de vigueur pour se montrer les plus amoureux & les plus pétulans des animaux de leur espece.

Nous avons déjà dit que c'est parmi les papillons nocturnes que l'on trouve les grandes especes, comme le *papillon à tête de mort*, les *papillons paon*, ceux *de la tithymale*, &c. Ceux-ci restent ordinairement durant tout le jour appliqués contre les troncs d'arbres ou contre les murs ; mais la nuit les réveille & les rappelle à l'usage de la vie. Comme les papillons nocturnes ou *phalenes* fuient la lumiere du jour, on voit avec étonnement que ce sont précisément ceux qui se rendent auprès d'une lumiere qu'on porte dans un jardin. Voici la conjecture bien voisine du vrai que l'on en

Tome VI. F f

donne. Il peut se faire que les femelles de ces papillons, jettent une lumiere qui est imperceptible pour nos yeux, mais très perceptible pour le papillon qui a, dit-on, plus de trente-quatre mille yeux. Cette conjecture est appuyée sur un fait qui lui donne beaucoup de vraisemblance ; c'est que tous ces papillons qui viennent la nuit tourner autour de la lumiere & s'y brûler, sont toujours des mâles. Ceci prouve aussi que l'amour fascine les yeux, même aux papillons.

PAPILLON DES BLÉS. C'est sous ce nom qu'est connu dans l'Angoumois, parce que c'est sous cette forme qu'il se manifeste le plus sensiblement, un très-petit insecte, qui jusqu'à présent n'avoit été connu que des Naturalistes ; mais qui vient de s'attirer l'attention du Gouvernement par les ravages qu'il fait dans cette Province. Il faut bien distinguer ces *papillons de la chenille des grains*, des *papillons des fausses teignes* : ces derniers sont très-communs dans toutes les Provinces de France ; ils ont à l'extérieur, beaucoup de ressemblance avec ceux de la chenille du grain ; mais ils en different beaucoup par la maniere de vivre ; & ceux-ci font un tort bien moins dangereux que les papillons de la chenille des grains. Comme on distingue mieux les choses par la comparaison, nous donnerons l'histoire du papillon de la fausse teigne, à la suite de celle-ci.

Quant aux papillons de la chenille des grains, depuis environ trente ans on s'étoit apperçu dans l'Angoumois, qu'en certaines saisons il sortoit des papillons des tas de blés : ces insectes n'exciterent d'abord que la surprise ; M. *de Réaumur* en donna une histoire curieuse. Depuis quelques années, cet insecte s'y est multiplié au point de consommer, en peu de mois, les récoltes les plus abondantes : il commence à dévorer les grains dans les épis flottans au milieu des champs ; il continue ses ravages dans les granges, & acheve de tout dévaster dans les greniers. Le Cultivateur, qui se voit frustré de ses plus douces espérances, est découragé. L'Académie des Sciences envoya, par ordre du

Gouvernement, des Académiciens pour observer sur les lieux cet insecte, pour opposer à ses ravages les remedes les plus prompts & les plus efficaces, & pour faire les expériences nécessaires, afin d'en détruire l'espece, s'il étoit possible. C'est dans ces vues, que M. *Duhamel* & M. *Tillet* se rendirent dans l'Angoumois, en 1760 : ils y retournerent en 1761, ils trouverent plus de deux cents Paroisses désolées par cet insecte. Plusieurs Curés & quelques Gentilshommes qui s'étoient appliqués à la destruction de ces insectes, leur firent part de leurs conjectures sur leur origine, & sur les moyens d'en arrêter la multiplication. C'est du concours de toutes ces expériences, & des observations de nos Académiciens, dans leurs deux voyages dans cette Province, que résulte un Ouvrage *in-12*, livre intéressant pour le Naturaliste, utile au Citoyen, & nécessaire au Cultivateur.

Nous pensons ne pouvoir rien faire de mieux, que de nous aider de l'extrait qu'ont donné de ce livre, les Auteurs du Journal des Savans.

Le papillon auquel on attribuoit en Angoumois tout le mal fait aux grains, quoiqu'il soit destitué d'organes capables de leur nuire, est de la classe des phalenes : il a des antennes à filets grenés : il porte ses ailes inclinées en forme de toît ; elles sont longues par rapport à leur largeur, de couleur de café au lait, brillantes au soleil, bordées d'une frange de poils, sur-tout du côté intérieur : il a deux barbes qui partent de dessus la tête ; passent entre les antennes, se prolongent jusqu'au dessus des yeux, où elles rencontrent un toupet de poils relevés en arriere. A la premiere vue, ce papillon paroît être assez semblable à celui des fausses teignes.

Ce papillon ne semble occupé que du soin de se multiplier, il s'accouple la nuit ou dans l'obscurité ; l'accouplement dure plusieurs heures : le mâle & la femelle se réunissent quelquefois après s'être séparés. A peine les œufs sont-ils fécondés, que la femelle s'en délivre : elle jette cà & là des paquets de quatre, cinq, trente œufs, en sorte que chaque femelle produit depuis soixante jusqu'à quatre-vingt-dix œufs. Les œufs sont imbibés d'une humidité visqueuse, qui les rend adhérens aux différens corps sur lesquels ils ont été déposés : ils sont de taille à passer par un trou fait dans une feuille de papier avec la pointe de la plus fine aiguille ; au microscope ils paroissent striés dans leur longueur, & comme chagrinés.

Quatre, six, ou huit jours après que l'œuf a été pondu selon la température de la saison, il en sort une chenille grosse comme un cheveu, de la longueur d'un quart ou d'un cinquieme de ligne ; aussi-tôt elle travaille à s'introduire dans l'intérieur du grain, pour se nourrir de sa substance farineuse. Elle se glisse d'abord dans la rainure qui sépare les deux lobes : elle y file quelques fils de soie, puis elle déchire le son avec ses dents, qu'elle range de côté & d'autre, de façon que lorsqu'elle a pénétré dans l'intérieur du grain, le son retombe & ferme assez exactement l'ouverture.

Il en périt plusieurs avant qu'elles soient parvenues à s'introduire dans la substance farineuse, soit que la fatigue, l'épuisement ou la faim les fassent mourir, ou que, comme l'a soupçonné M. *de Réaumur*, elles s'entre-détruisent elles-mêmes dans des combats cruels qu'elles se livrent, pour s'assurer la possession d'un grain dans lequel elles veulent s'introduire.

Une chenille se contente d'un seul grain de blé, elle n'en sort point pour en attaquer un autre ; mais on n'en trouve jamais deux dans le même grain, une seule suffit pour en consommer toute la substance farineuse : elle ne laisse absolument que la pellicule du son. Lorsqu'elle a pris tout son accroissement, elle se dispose à filer sa coque ; la chenille peut avoir alors deux lignes & demie de longueur : sa grosseur peut égaler la moitié du grain de blé qu'elle a consommé ; son corps est ras, entiérement blanc : elle a deux especes de cornes sur la tête, qui se dirigent vers la partie postérieure ; elle en a deux autres plus longues dans la même direction, placées vers l'anus ; elle a seize jambes.

Comme si elle prévoyoit que sous la forme de papillon, il ne lui restera aucun organe avec lequel elle puisse entamer la pellicule du son qui la renferme, elle prend la précaution de tailler avec ses dents, vis-à-vis l'endroit où doit être la tête de la chrysalide, une trappe assez large pour donner issue au papillon, & qui reste fermée jusqu'à ce que cet insecte ait quitté sa dépouille de chrysalide. Cette sage mesure étant prise, elle file une coque qui remplit exactement un des lobes du grain ; l'autre est occupé par les excrémens. Le papillon étant dégagé de sa robe de chrysalide, perce la coque à coups de tête, leve la trappe faite à l'écorce du son, & sort de cette espece de tombeau, pour travailler à la propagation de l'espece.

Tel est le cercle de la vie & des développemens de cet insecte : les différentes températures des saisons en alongent ou racourcissent la durée. Il paroît que dans le temps le plus favorable, une génération s'accomplit en vingt-huit ou vingt-neuf jours, ainsi il s'en fait plusieurs dans une année. Sur la fin de Mai & au commencement de Juin, on trouve des œufs & de petites chenilles sur les épis de la campagne ; en Juillet il en naît des papillons qui déposent sur les mêmes épis une nouvelle postérité ; celle-ci peut en donner encore une autre dans la grange ou dans le grenier, vers la fin d'Août ; si les premiers froids sont retardés, on en voit une nouvelle en Septembre ; & enfin, une derniere en Novembre, si ce mois est encore chaud. Ce seroit cinq générations en un an : le concours de toutes ces circonstances est très-rare ; mais il n'est pas nécessaire que cet insecte multiplie jusqu'à ce point, pour faire de grands ravages. Jusqu'aux premiers froids, on voit continuellement sortir des papillons des tas de grains, & chaque papillon vit encore un mois ; mais il y a certain temps où on voit éclore, presque à la fois une quantité prodigieuse de papillons qui couvrent le tas, & semblent lui communiquer une sorte de frémissement. Ce sont ces essaims que nos Auteurs appellent *une volée*. Cette volée est toujours précédée d'une chaleur considérable qui s'excite dans le tas, & fait monter le thermometre à vingt-cinq, trente, & quelquefois cinquante degrés, tandis que la température extérieure n'est qu'à treize ou quatorze degrés : une telle chaleur favorise considérablement les progrès des chenilles qui se trouvent dans les grains voisins ; quand il ne doit pas y avoir de volée, la chaleur du tas n'excede pas sensiblement celle de l'air extérieur.

Il y a ordinairement trois volées bien sensibles ; celle du printemps vers la mi-Mai, ou le commencement de Juin ; celle d'Août, & une autre dans quelques-uns des mois suivans. La volée du printemps a une inclination décidée à sortir des greniers ; tous les soirs au coucher du soleil, on voit des essaims de papillons se répandre dans la campagne. Les volées des autres mois passent le jour en repos, s'agitent la nuit, voltigent sur les tas, sans qu'on voie aucun de ces insectes se montrer au dehors. Qui a appris aux papillons du printemps qu'ils trouveront au milieu des champs un aliment plus tendre & plus propre à leur postérité que celui dont ils ont vécu, & à ceux de l'été que la famille qu'ils vont mettre au jour mourroit de faim par-tout ailleurs que dans l'endroit où ils sont nés ?

Nos Académiciens ont eu l'attention de chercher au printemps, la lanterne à la main, ces papillons vagabonds ; ils les ont trouvés en grand nombre accouplés sur les épis encore verts, & y déposant leurs œufs. Ils ont eu la précaution de les montrer aux habitans de la province pour lesquels, alors seulement, l'origine des chenilles que l'on trouve en Juin dans les épis cessa d'être une énigme.

Cette découverte a encore expliqué une autre observation qui auroit pu embarrasser, c'est que les récoltes sont ordinairement d'autant plus endommagées, qu'elles sont plus près d'un hameau & d'un lieu habité. Ces papillons peuvent même se transporter assez loin.

Moyen de faire périr ces insectes & de conserver les blés.

Un certain degré de chaleur suffit pour faire périr les insectes, chenilles, chrysalides, papillons. Un autre degré de chaleur peut endommager le germe des grains, & les empêcher de lever. Il a fallu trouver un degré fixe, qui pût faire jouir de l'avantage du premier, sans entraîner l'inconvénient du second. Les étuves, telles que celles décrites dans le *Traité de la Conservation des Grains*, produiroient tous ces avantages; mais la construction en est dispendieuse, ainsi on a eu recours à l'usage des fours, en remédiant aux inconvéniens qui s'y rencontrent.

Les expériences ont appris les faits suivans : une chaleur de soixante degrés suffit pour dessécher en onze heures les chenilles, les papillons, les chrysalides, & les chauffe tous au point de les rendre friables; cette même chaleur n'ôte point au blé la faculté de germer; & une chaleur de trente-trois degrés continuée pendant deux jours, suffit pour faire périr tous ces insectes. Comme la chaleur ordinaire des fours, deux heures après qu'on en a retiré le pain, est environ de cent degrés, on ne doit mettre dans le four le grain de blé que l'on veut étuver pour le conserver que cinq ou six heures après que le pain a été retiré du four; le grain y éprouve alors un degré de chaleur capable de faire périr les insectes en moins de quarante-huit heures, mais qui ne sauroit altérer le germe. Lorsqu'on veut se procurer une semence bien pure & bien nette, on trempe pendant deux minutes les paniers dans lesquels on a mis du blé, dans une forte lessive de cendres, à laquelle on a ajouté de la chaux vive; cette lessive acheve de faire périr les insectes qui peuvent avoir résisté à la chaleur, & de plus, elle sauve encore les moissons de la carie qu'on nomme *pourri* en Angoumois. Lorsqu'on veut garder les blés étuvés, un excellent moyen d'empêcher que d'autres papillons n'y viennent de nouveau déposer leurs œufs, c'est de couvrir le tas de blé de chaux en poudre d'un pouce d'épaisseur ; il suffit même de le couvrir de cendres, ou de l'envelopper dans des sacs de toiles, ou de le mettre dans des tonneaux. Quand il ne s'agit que d'étuver le grain pour en faire du pain ou un objet de commerce, il y a fort peu de précautions à prendre du côté du degré de chaleur. Deux heures après que le pain a été retiré du four, on peut y introduire une grande masse de grains & l'y laisser deux ou trois jours, en le remuant de temps en temps. Une des précautions importantes, est de battre le blé le plutôt qu'il est possible ; le fléau, le van, le crible détruisent ou emportent toujours un grand nombre de chenilles.

Il seroit aisé par ces moyens simples & peu dispendieux de parvenir à la destruction totale de cet insecte dans l'Angoumois, ou du moins d'en approcher beaucoup, il ne s'agiroit que de les appliquer pendant un an ou deux à toutes les récoltes de la province. Il y a sur cela d'excellentes vues, qu'il faut voir dans l'Ouvrage même de Mrs. *Duhamel* & *Tillet*.

Papillon de la fausse teigne du blé.

Les papillons de la fausse teigne qui paroissent dans le courant du mois de Juin, sont du genre des phalenes ; ils ont quatre aîles plus larges du côté de la queue que du côté de la tête ; la couleur des aîles supérieures est gris blanc, la superficie en est assez brillante, & elle paroît au soleil comme argentée. On apperçoit sur les aîles avec la loupe des taches de figure irréguliere & un peu plus brunes que le fond ; ces papillons portent leurs aîles en forme de toit, & les bords intérieurs sont frangés ; leur tête est garnie de deux antennes assez longues, formées de grains articulés : entre ces antennes & les yeux il y a un toupet de poils.

Ces papillons viennent d'une fausse teigne, qui est une petite chenille dont le corps est ras & blanchâtre ; elle est pourvue de seize jambes : elle ne se loge point dans les grains, mais elle a l'adresse d'en lier plusieurs ensemble avec de la soie qu'elle file, & dont elle se forme un tuyau comme celui des teignes ordinaires ; ce tuyau est ordinairement recouvert du son & de la farine que cet insecte a broyés. C'est dans ce tuyau que la fausse teigne se loge au milieu du tas de grains qu'elle a choisi pour sa provision ; mais elle a la liberté de sortir de son fourreau pour manger les uns après les autres, les grains qui l'entourent : cette manœuvre la distingue de la vraie teigne : souvent même elle en attaque plusieurs à la fois & toujours sans ordre, car elle ronge tantôt de l'un, tantôt de l'autre, sans qu'aucun soit entièrement mangé.

Quand il se trouve une grande quantité de ces fausses teignes dans un grenier, on voit tous les grains de la superficie du tas, liés les uns aux autres par des fils de soie ; ce qui forme une croûte qui est quelquefois de trois pouces d'épaisseur. Cette teigne se transforme en chrysalide dans un grain qu'elle a creusé, ou dans le tuyau qu'elle s'est formé ; & vers le mois de Juin on l'en voit sortir en papillon. Lorsqu'on remue un tas de grain où il y a beaucoup de fausses teignes, elles montent aux murailles ; mais elles ne tardent pas à rentrer dans le tas, qui se trouve dès le lendemain couvert d'une nouvelle nappe soyeuse.

PAPILLON DU CHOU. *Voyez* CHENILLE DU CHOU.

PAPILLON DE JOUR & PAPILLON DE NUIT. *Voyez leur différence à l'article* PAPILLON.

PAPILLON DE FAUSSE TEIGNE. *Voyez à la suite du mot* PAPILLON DES BLÉS, *& à la suite de l'article* TEIGNE.

PAPILLON PAON. *Voyez* Chenille a tubercules.

PAPILLON FEUILLE MORTE, ou Papillon paquet de feuilles sèches. Ce papillon de nuit a été très-bien nommé à cause de sa forme & de sa couleur; il n'y a personne qui ne prît ce papillon lorsqu'il est en repos sur un arbre, pour un paquet de feuilles séches. Tout concourt à faire prendre cette idée à qui le voit pour la premiere fois: ses aîles supérieures qui couvrent tout le corps ont des nervures, qui par leur espece de relief & leur disposition imitent celles des feuilles; leur contour est dentelé comme est celui de plusieurs feuilles; les aîles inférieures qui débordent les supérieures, sont comme d'autres feuilles qui seroient mêlées confusément; une espece de bec qu'il porte au devant de la tête, formé par deux tiges barbues & appliquées l'une contre l'autre, semble être la queue d'une de ces feuilles.

Ce papillon provient d'une chenille commune dans nos vergers, & qui habite communément les pêchers, les poiriers, les pommiers, les amandiers; quoiqu'elle ne soit pas rare, elle est difficile à trouver, parce que sa figure en impose, ainsi que celle de son papillon. Cette chenille est de la classe des demi-velues, sa couleur est d'un gris brun, le dessous de son ventre est d'un jaune feuille morte; elle porte sur son pénultieme anneau une corne assez courte & de substance charnue, & de deux autres à-peu-près semblables aux deux côtés de la tête; sa tête est bleuâtre. Cette chenille a quatre pouces de longueur quand elle a acquis toute sa grandeur; elle ne mange que la nuit, & se tient pendant tout le jour appliquée contre le tronc ou les grosses branches de l'arbre, mais si ramassée, qu'on ne lui voit ni tête ni queue; on la prendroit pour une de ces tubérosités ou bosses qui s'élevent souvent sur l'écorce des arbres, sa couleur grise donne d'autant plus lieu d'en imposer.

Elle se construit contre les branches ou contre le mur une coque grisâtre, d'un tissu peu serré, elle en tapisse l'intérieur avec les poils de sa robe. Aussi-tôt qu'elle s'y est renfermée, elle dégorge une bouillie blanche, qui se séche promptement, se réduit en poudre, & rend sa coque opaque. La chenille instruite que son papillon habillé en phalene, n'auroit pas la force de percer sa coque, pour sortir de ce logement, elle lui ménage une petite ouverture.

PAPILLON DE LA CHENILLE DU SAULE. Voyez son histoire à l'art. *Chenille du saule, à double queue, volume II.* Voici une anecdote sur cette chenille & le papillon qui en provient, elle nous a été adressée par Madame B* de F* l'une de nos disciples qui joint aux graces & à l'esprit le goût naturel de l'observation. " J'avois une chenille qui se trouve sur
» le saule, elle avoit été prise à Luxeuil en Franche-
» Comté ; elle se mit en chrysalide le 3 Septembre
» 1770. Je la portai à Paris, l'ai mené aux Pyrénées,
» comptant qu'au mois d'août elle deviendroit papil-
» lon, apparemment que les neiges l'ont empêchée de
» suivre l'ordre de la nature : je l'ai menée sur les fron-
» tieres d'Espagne en Octobre, je posai la boîte qui la
» contenoit sur le manteau d'une cheminée où j'avois
» bon feu, même en Août ; elle a toujours gardé l'*inco-*
» *gnito* ; enfin le 21 Janvier 1772, j'ai trouvé un assez
» vilain papillon gris avec des filets noirs & jaunes,
» dont le dessin imitoit le point d'Hongrie ; calcul
» fait, ladite chenille a été cinq cents six jours en chry-
» salide, elle naquit chenille sur les rives du *Breuchier*,
» & devint papillon sur celles de la *Charente*. Sont-ce
» les voyages qui ont retardé sa métamorphose ? » Je le crois ; d'ailleurs la chaleur abrege, de même que le froid prolonge, l'état de chrysalide.

PAPILLON DE TEIGNES : *voyez à la suite du mot* TEIGNES.

PAPILLON A TÊTE DE MORT. Ce papillon, l'un des plus singuliers, & qui porte des caracteres uniques, vient de l'espece la plus grande de nos chenilles. Lorsque cette chenille a acquis toute sa grandeur naturelle, elle a quatre pouces & demi de longueur : sa couleur est un jaune clair, pointillé de noir sur certains anneaux ; on observe sur son dos comme des especes de chevrons. Cette chenille a cela de singulier qu'elle porte une corne à l'extrémité postérieure, contournée en sens contraire de celle des autres : cette corne est rougeâtre & toute chargée de petits grains graveleux, qui imitent assez bien une rocaille : on trouve cette chenille principalement sur le jasmin, quoiqu'elle s'accommode aussi de feuilles de feves de marais & de celles de choux ; c'est dans le mois d'Août qu'il faut la chercher. Vers ce temps elle se creuse un trou dans la terre ; c'est là qu'elle se change en chrysalide de laquelle, au mois de Septembre, sort le papillon à tête de mort, qui a porté plus d'une fois l'allarme & l'effroi dans l'esprit du peuple imbécile, & des gens foibles & ignorants. Ce papillon est très-grand, il a trois pouces de longueur de la tête à la queue ; c'est un phalene du genre des *sphinx éperviers*. Ses aîles étendues ont jusqu'à cinq pouces de vol ; la couleur de ses aîles est obscure, d'un brun noir mêlé avec des taches de jaune feuille-morte ; ce jaune divisé par quelques traits noirs, forme sur son corselet une figure qui n'imite pas mal une *tête de mort*, ce qui lui en a fait donner le nom. A cette image funébre, peinte sur son corps, se joint encore une singularité unique dans ce papillon, le seul dans lequel on l'ait observée ; il fait entendre un bruit fort aigu, qui approche un peu de celui d'une souris, mais qui a quelque chose de plus plaintif & de plus lugubre. En falloit-il davantage pour jeter l'effoi dans l'esprit du peuple qui a donné à ce papillon le nom d'*oiseau de mort* ? Aussi l'allarme se répandit-elle, il y a quelques années, dans certains cantons de la Basse-Bretagne, parce que ces papillons y furent plus communs que d'ordinaire, positivement dans un temps où il y avoit beaucoup de maladies. On leur attribuoit tout le mal, on ne les voyoit qu'avec frayeur, on les regardoit comme les sinistres avant-coureurs des malheurs; & même encore présentement le peuple s'allarme, dit-on, à leur présence: tant les préjugés populaires sont difficiles à déraciner. Le cri singulier que fait entendre ce papillon, sur-tout lorsqu'il est troublé dans sa marche ou renfermé, & qu'il redouble sans cesse lorsqu'on le tient entre les doigts; ce cri, dis-je, sujet de tant de frayeurs, est occasionné par le bruit que fait la trompe de ce papillon, qui est courte & écailleuse, en frottant contre deux lames mobiles & très-dures entre lesquelles elle est logée. L'épreuve en est facile; que l'on écarte avec la pointe d'une épingle une des deux lames d'auprès de la trompe, l'animal ne rend que la moitié du son ordinaire; qu'on les écarte toutes deux, il est muet. C'est en Septembre & Octobre que l'on voit ces papillons en diverses provinces du Royaume: on le trouve aussi sous divers climats, en Angleterre, en Égypte.

Nous avons déjà eu occasion de dire que chaque plante a son insecte, & peut-être n'y a-t-il point d'arbres, d'arbustes, d'arbrisseaux & de plantes qui n'aient aussi leur chenille & son papillon: c'est pourquoi nous renvoyons, pour les papillons qui sortent des chenilles, *au mot même* CHENILLE, où nous avons décrit les principales. On trouvera à leur article, suivant l'ordre alphabétique, l'Histoire d'une quantité d'autres chenilles & de papillons célébres, sous les noms particuliers qu'ils portent. Nous terminerons cet article en disant que si les papillons des Indes sont plus grands & plus beaux que les nôtres, ils sont en plus petit nombre d'espèces que ne le sont chez nous ces sortes d'insectes.

PAPILIONACÉES. (Plantes). *Voyez* ce que c'est à la suite de l'article LÉGUMES.

PAPION ou BABOUIN, *papio*, espèce de singe propre à l'ancien continent; il se trouve particulierement aux îles Philippines & au Cap de Bonne-Espérance. On en distingue deux ou trois espéces pour la grandeur de la taille. Le papion a la queue très-courte; il marche plus souvent à quatre pieds qu'à deux : ses griffes sont des armes redoutables : les chiens n'ont gueres de prise sur lui que quand il s'est enivré de raisin, mets dont il est très-friand. Sa femelle est stérile dans les climats tempérés ; dans son climat natal, elle ne fait même qu'un petit qu'elle porte entre ses bras & comme pendu à sa mamelle. Ces animaux qui sont forts & robustes tiendroient tête à plusieurs hommes. Ils font de grands dégâts dans les vignes, les jardins & les vergers. Pour exercer leur brigandage, ils se réunissent en troupes ; une partie entre dans l'enclos pour piller, le reste forme une chaîne de communication depuis le lieu du pillage, jusqu'à l'endroit du rendez-vous. On cueille, on arrache, on jette de main en main, on reçoit avec une adresse singuliere : en un instant, un jardin est dévasté, ravagé, & quelques-uns de ces individus placés en sentinelle, avertissent au moindre danger, & la troupe s'enfuit en gambadant. Le naturel des papions & babouins est méchant & féroce ; mais les traits principaux de leur caractere sont l'impudence & la lubricité. L'aspect des femmes excite l'effronterie des mâles ; de même, l'aspect des hommes excite la lasciveté des femelles. Sur cet article ils sont incorrigibles. *Voyez* ce qui en est dit à la suite de l'article SINGE.

PAPYRACÉE. Épithete qu'on emploie en Histoire Naturelle, pour désigner une coquille extrêmement mince.

PAPYRUS. *Voyez* PAPIER DU NIL.

PAQUERETTE ou PASQUETTE. *Voyez* MARGUERITE PETITE.

PARANACARE, espece de crâbe du Brésil, qui, selon *Marcgrave*, n'est pas bon à manger. Il est long de trois doigts : il a deux bras garnis de pinces, quatre jambes longues de trois doigts, & quatre autres qui sont très-courtes ; une queue striée & longue d'un doigt &

demi : deux yeux longs & élevés, & deux filets. Sa coquille est brunâtre, ainsi que les poils qui la recouvrent ; toutes les parties inférieures sont bleuâtres, de même que les yeux & les filets ou antennules : on le trouve sur le rivage, proche du fleuve Paraiba. *Ruifch, exfang, p. 27.*

PARASILENE. C'est un météore dans lequel on apperçoit quelquefois l'image apparente de la lune : cet effet est occasionné par les mêmes causes que les *parhélies* du soleil. *Voyez* PARHÉLIE.

PAREIRA BRAVA ou BUTUA. C'est le nom d'une racine qui nous est apportée du Brésil par les Portugais : on ne connoît pas encore bien la plante dont on la retire : cependant on soupçonne que c'est la même que le *caapéba*. Voyez ce mot. Cette racine est ligneuse, dure, tortueuse, brune en dehors, d'un jaune grisâtre intérieurement ; étant coupée transversalement, on y voit plusieurs cercles concentriques, traversés de plusieurs rayons qui aboutissent au centre : elle n'a point d'odeur & est un peu amere ; elle est de la grosseur du doigt, & quelquefois du bras d'un homme. Les Portugais & les habitans du Brésil la regardent comme une panacée souveraine. Ils sont dans l'usage de la tremper dans l'eau, & de l'user sur une pierre à aiguiser ; ils la délaient ensuite dans quelque liqueur appropriée, & la font prendre à leurs malades : nous l'employons aussi rapée. L'expérience a appris que son usage est spécifique dans la colique néphrétique & la suppression d'urine : la douleur est dissipée presque en un instant par un écoulement abondant d'urines. Cette racine produit son effet en divisant les matieres muqueuses qui engorgent les couloirs des reins. Elle a été employée avec succès dans un asthme humoral qui suffoquoit le malade : son usage a été suivi d'expectoration. Cette racine est fort utile dans la gonorrhée, & pour arrêter les hémorrhagies. On la donne en poudre à la dose de vingt à trente grains, trois à quatre fois le jour, dans la tisane de fleurs de mauve ; & en décoction, à la dose de deux à trois gros. A Cayenne on l'emploie en tisane au défaut du sassafras. *Pareira brava* est un nom Portugais, qui signifie *vigne sauvage* ou *bâtarde*. *Butua* est un nom Indien, qui signifie un bâton. (M. *Lochner* qui a écrit sur le *pareira brava*, le distingue du *butua*). Les Brésilois donnent aussi le nom de *membrocq* à cette racine. M. *Amelot*, Conseiller d'État, est le premier qui ait apporté le *pareira brava* en France, au retour de son Ambassade de Portugal, en 1688.

PARELLE. *Voyez* PATIENCE.

PAREPOU. *Voyez* PALIPOU.

PARESSEUX ou AI ou HAY. Quadrupede de l'Amérique & du Ceylan, dont on distingue deux especes, le grand & le petit. M. *Linnæus* les met dans l'ordre des *anthropomorphes*, ou animaux à figure humaine. Il nomme *bradype* celui d'Amérique. Cet animal habite les endroits les plus chauds de cette partie du monde. Il a trois doigts aux pieds de devant, & il est sans queue. C'est l'*ignavus gracilis aut agilis* de *Seba*. La grande espece a cependant une sorte de queue longue d'un demi-doigt, & ronde. L'animal est de la grandeur d'un renard de moyenne taille, & a des yeux noirs fort sombres ou endormis. Le même Auteur nomme le second *tardigradus Ceylanicus*. Ce grand *Aï* est l'*ignavus major hirsutus, pilis longis & griseis* des Auteurs.

M. *Klein* fait aussi une différence de l'*Aï* du Ceylan, d'avec celui de l'Amérique. Celui du Ceylan n'a que deux doigts aux pieds de devant, & trois à ceux de derriere, tous armés d'ongles forts & crochus. Ses oreilles, qui sont placées & appliquées contre la tête, sont cachées sous les poils. Il n'a point de queue: tout son corps est couvert de poils épais, roux ou de couleur incarnat par dessus le dos, & d'un cendré clair par dessous le ventre. Il a le museau un peu plus alongé que le paresseux de l'Amérique. On dit que les femelles

de

de ces animaux ont deux mamelles entre les pieds de devant.

M. *Brisson* met le *paresseux* dans l'ordre second de la classe des quadrupedes velus, qui n'ont que des dents molaires. Ces dents ne sont point à lobes, comme celles des autres quadrupedes : elles sont cylindriques, & terminées par un bout arrondi.

Le petit que la femelle de l'*Aï* met bas, naît sans poils; il ressemble au petit chien par l'ouverture de la gueule, & par tout le corps à l'espece de singe cynocéphale. Il n'a point de queue; ses oreilles sont courtes & rondes, collées contre la tête, comme sont celles des singes : ce qui fait que M. *Klein* le nomme *simia personata*. *Seba* fait mention d'un *paresseux de l'Amérique*, dont les poils sont très-épais, crépus & semblables à de la laine. Ces animaux, dit-on, rient & pleurent en même-temps: *risum fletu miscent.* Leur voix est claire comme le cri d'un jeune chat, mais qui prononce gravement *i, i, i, i, i*, sur le ton des notes *la, sol, fa, mi, re :* ce cri a fait dire plaisamment à *Clusius* que l'*Aï* étoit l'inventeur de la Musique.

On trouve dans les *Observations d'Histoire Natur.* de M. *Gautier, T. I, Part.* 2, *p.* 240 *& suiv.* une description de l'extérieur & de l'intérieur de cet animal. *Voyez* aussi *Séba* pour les descriptions & les figures qu'il donne des différentes especes d'*Aï*.

Autant, dit M. *de Buffon*, la Nature nous a paru vive, agissante, exaltée dans les singes, autant elle est lente, contrainte & resserrée dans ces *paresseux ;* & c'est moins paresse que misere, c'est défaut, c'est dénuement, c'est vice dans la conformation; point de dents incisives ni canines, les yeux obscurs & couverts, la mâchoire aussi lourde qu'épaisse, le poil plat & semblable à de l'herbe séchée, les cuisses mal emboîtées & presque hors des hanches, les jambes trop courtes, mal tournées & encore plus mal terminées; point d'assiette de pied, point de pouces, point de

Tome VI. Gg

doigts séparément mobiles; mais deux ou trois ongles excessivement longs, carinés, pointus, recourbés en dessous, qui ne peuvent se mouvoir qu'ensemble, & nuisent plus à marcher qu'ils ne servent à grimper; la lenteur, la stupidité, l'abandon de son être, & même la douleur habituelle, résultans de cette conformation bizarre & négligée; point d'armes pour attaquer ou se défendre, nul moyen de sécurité, pas même en grattant la terre; nulle ressource de salut dans la fuite; confinés, je ne dis pas au pays, mais à la motte de terre, à l'arbre sous lequel ils sont nés; prisonniers au milieu de l'espace; ne pouvant parcourir qu'une toise en une heure, grimpant avec peine, se traînant avec douleur, une voix plaintive & par accens entrecoupés qu'ils n'osent élever que la nuit; tout annonce leur misére, tout nous rappelle ces monstres par défaut, ces ébauches imparfaites, mille fois projettées, exécutées par la Nature, qui ayant à peine la faculté d'exister, n'ont dû subsister qu'un temps, & ont été depuis effacés de la liste des êtres; & en effet si les terres qu'habitent les *paresseux* n'étoient pas des déserts, si les hommes & les animaux puissans s'y fussent anciennement multipliés, ces especes ne seroient pas parvenues jusqu'à nous, elles eussent été détruites par les autres, comme elles le seront un jour.

Faute de dents, dit notre illustre & sublime Écrivain, ces pauvres animaux ne peuvent ni saisir une proie, ni se nourrir de chair, ni même brouter l'herbe; réduits à vivre de feuilles & de fruits sauvages, ils consument du temps à se traîner au pied d'un arbre, il leur en faut encore beaucoup pour grimper jusqu'aux branches, & pendant ce lent & triste exercice qui dure quelquefois plusieurs jours, ils sont obligés de supporter la faim & peut-être de souffrir le pressant besoin: arrivés sur l'arbre ils n'en descendent plus, ils s'accrochent aux branches, ils les dépouillent par parties, mangent successivement les feuilles de chaque rameau, passent ainsi plusieurs semaines sans pouvoir délayer par aucune boisson cette nourriture aride; & lorsqu'ils ont ruiné leur fond, & que l'arbre est entiérement nu, ils y restent encore retenus par l'impossibilité d'en descendre; enfin quand le besoin se fait de nouveau sentir, qu'il presse & qu'il devient plus vif que la crainte du danger de la mort, ne pouvant descendre ils se laissent tomber, & tombent très-lourdement comme un bloc, une masse sans ressort, car leurs jambes roides & paresseuses n'ont pas le temps de s'étendre pour rompre le coup.

A terre ils sont exposés à la merci & même livrés à tous leurs ennemis: comme leur chair n'est pas absolument mauvaise, les hommes & les animaux de proie les cherchent & les tuent: il paroît qu'ils multiplient peu, ou du moins que s'ils produisent fréquemment ce n'est qu'en petit nombre; car ils n'ont que deux mamelles. Tout concourt donc à les détruire, & il est bien difficile que l'espece se maintienne: il est vrai que quoiqu'ils soient lents, gauches & presqu'inhabiles au mouvement, ils sont durs, forts de corps & vivaces; qu'ils peuvent supporter long-temps la privation de toute nourriture; que couverts d'un poil épais & sec, & ne pouvant faire d'exercice, ils dissipent peu & engraissent par le repos, quelque maigres que soient leurs alimens; ces animaux ayant quatre estomacs comme les quadrupedes ruminans, peuvent compenser ce qui manque à la qualité de la nourriture par la quantité qu'ils en prennent. Une singularité remarquable, c'est que leurs intestins, au lieu d'être longs comme ils le sont dans les animaux ruminans, sont au contraire très-petits & plus courts que ceux des animaux carnivores; une autre singularité c'est qu'au lieu de deux ouvertures au dehors, l'une pour l'urine, l'autre pour les excrémens, au lieu d'un orifice extérieur & distinct pour les parties de la génération, ces animaux n'en ont qu'un seul, au fond duquel est un égout commun, un cloaque comme dans les oiseaux.

Au reste, dit M. *de Buffon*, avec cet esprit philosophique qui regne toujours dans ses ouvrages, si la misere qui résulte du défaut de sentiment n'est pas la plus grande de toutes, celle de ces animaux, quoique très-apparente, pourroit ne pas être réelle; car ils paroissent très-mal ou très-peu sentir: leur air morne, leur regard pesant, leur résistance indolente aux coups qu'ils reçoivent sans s'émouvoir, annoncent leur insensibilité; & ce qui la démontre, c'est qu'en les soumettant au scalpel, en leur arrachant le cœur & les visceres, ils ne meurent pas à l'instant. *Pison* qui a fait cette dure expérience, dit que le cœur séparé du corps battoit encore vivement pendant une demi-heure, & que l'animal remuoit toujours les jambes comme s'il n'eût été qu'assoupi; par ces rapports ce quadrupede se rapproche non-seulement de la *tortue*, dont il a déjà la lenteur, mais encore des autres reptiles & de tous ceux qui n'ont pas un centre de sentiment unique & bien distinct: or, tous ces êtres sont misérables, sans être malheureux; & dans ses productions les plus négligées, la Nature paroît toujours plus en mere qu'en marâtre.

M. *Vosmaër*, Naturaliste Hollandois, vient de donner la description du *paresseux penta-dactyle* (à cinq doigts) *du Bengale*, & qui a vécu dans la chambre du Stadhouder. Sa longueur, depuis le sommet de la tête jusqu'à l'anus, est de treize pouces. Il a la tête presque ronde, n'ayant que le museau qui soit un peu pointu. Les oreilles sont fort minces, ovales & droites, mais presque entièrement cachées sous un poil laineux; elles sont velues aussi en dedans. Les yeux gros, orbiculaires & placés sur le devant du front, immédiatement au-dessus du nez, & tout proche l'un de l'autre, de couleur brun-obscur. Quand on éveille l'animal pendant le jour, la prunelle est d'abord fort petite, mais elle grossit par degrés à un point considérable : lorsque cet animal, qui paroît du sexe mâle, s'éveille le soir, & qu'on se présente à lui avec une chandelle allumée, on voit également cette prunelle s'étendre & occuper à-peu-près tout le rond de l'œil. Le nez est petit, applati en devant & ouvert sur les côtés. La mâchoire inférieure a au-devant quatre dents incisives, étroites & plates, suivies des deux côtés d'une plus grande, & enfin de deux grosses dents canines : après la dent canine, sont de chaque côté deux autres dents rondes & pointues, ce qui fait en tout douze dents. M. *Vosmaër* dit qu'il y a de chaque côté deux ou trois dents mâchelieres : la mâchoire supérieure n'a au-devant dans le milieu, que deux petites dents écartées ; un peu plus loin, deux petites dents canines, une de chaque côté ; ensuite deux dents plus petites encore, ce qui fait huit dents sans compter les mâchelieres qui sont au nombre de deux ou trois. La langue est assez épaisse & longue, arrondie en devant & rude. Le poil long, fin, laineux, mais rude au toucher : sa couleur est grisâtre ou cendré-jaunâtre-clair, un peu plus roux sur les flancs & aux jambes ; autour des yeux, des oreilles, la couleur est aussi un peu plus foncée, & depuis la tête tout le long du dos regne une raie brune. Cet animal a une petite apparence de queue d'environ deux ou trois lignes de longueur. Les doigts des pieds antérieurs sont au nombre de cinq ; le pouce est plus long & plus gros que les autres doigts, dont celui du milieu est le plus long, & celui du devant le plus court ; les ongles sont comme ceux de l'homme ; les doigts des pieds postérieurs sont conformés de même, à l'exception que celui de l'index (premier doigt) est fort long & se termine en pointe aiguë. Tous les doigts, continue M. *Vosmaër*, paroissent avoir trois articulations ; ils sont seulement un peu velus en-dessus & garnis d'une forte pellicule brune en-dessus : la longueur des pieds antérieurs est de six pouces, celle des pieds postérieurs est de huit pouces.

A cette description *du paresseux penta-dactyle du Bengale*, M. *Vosmaër* joint l'histoire naturelle de cet animal, & ajoute quelques réflexions sur ce qu'à écrit M. *de Buffon*, concernant le paresseux. M. *de Buffon*, dit-il, *Hist. Nat. Tom. XIII. p. 34.* n'assigne pour patrie au paresseux que le Nouveau Monde ; c'est une créature si surprenante, par son incroyable lenteur, qu'il s'est attiré l'attention de tous ceux qui l'ont vu ; sa conformation, sa voix plaintive, son assoupissement continuel, tout en lui excite tour à tour des sentimens naturels d'horreur & de compassion..... mais cet état, selon M. *Vosmaër*, n'est pas aussi misérable que son premier aspect l'annonce ; souvent nos premieres idées, dit-il, nous font illusion dans l'examen extérieur des êtres créés dont nous ignorons les rapports à la nature entiere ou à eux-mêmes. Notre Naturaliste Hollandois prétend avoir été détrompé à cet égard par des recherches plus exactes, & que ces nouvelles observations le conduisant à des idées plus générales, plus sublimes, l'ont convaincu que chaque être relativement à soi-même ou au tout pris ensemble, *étoit très-bien*. Il envisage sous une toute autre fin l'affreuse misere que M. *de Buffon* attribue à cette créature. Le tableau le plus magnifique seroit plat & désagréable, sans les ombres, les dégradations & les autres secours de l'art. Il en est de même de la nature, dit M. *Vosmaër*; son grand Architecte, qui a disposé toutes choses avec une sagesse impénétrable, n'a point jugé que toutes ses créatures brillassent d'une égale beauté de forme & de coloris, ni qu'elles fussent douées de la même intelligence, de la même force, du même naturel doux ou féroce, d'une même lenteur, ou d'une même agilité : que l'on compare le superbe paon avec le difforme dodo, le singe & le cheval, le mouton & le tigre, le paresseux & l'écureuil ; que l'on parcoure tous les genres d'animaux en général, & qu'on descende de la contemplation de ces créatures terribles, telles que le crocodile, la baleine & l'éléphant, à celle de la puce aquatique, du puceron & des autres petits animaux microscopiques ; qu'on lise enfin le grand livre de la nature, dans les œuvres de la création qu'on obferve le naturel, les propriétés & l'économie des créatures; que de tableaux admirables ne vont pas s'offrir à nos yeux! on y verra que la chétive taupe, qui habite dans des ténèbres éternelles, y mene une vie heureufe; & qu'un animal comme le pareffeux, deftiné, pour ainfi dire, à ne vivre que la nuit, confiné à l'arbre fous lequel il eft né, dormant fur fes branches, & fuivant M. *de Buffon*, ne fe nourriffant auffi que de feuilles & de fruits fauvages; qu'un tel animal, dis-je, eft formé & difpofé d'une façon analogue à fa maniere de vivre.

J'avoue, continue M. *Vofmaër*, qu'à l'égard du tableau de la nature entiere, le pareffeux paroît en être une ombre, une tache obfcure, & comme deftiné à rehauffer l'éclat des autres objets; mais confidéré en lui-même, & par rapport à fa nature, de quoi lui ferviroit une plus grande agilité? Pendant la nuit, lorfqu'il fe traîne fur les branches des arbres, elles ne pourroit que l'expofer à mille accidens; malgré fa lenteur il a une force incroyable dans fes pattes, (fi on lui laiffe faifir une canne, il la ferre peu à peu tellement, qu'il la fait fendre); cette force lui eft néceffaire, ainfi que la difforme ftructure de fes pieds poftérieurs, pour fe tenir la nuit & en dormant attaché aux branches & pour grimper d'un arbre fur l'autre. M. *Vofmaër* prétend que ces animaux ne font pas obligés de fe laiffer tomber comme un bloc lorfqu'ils font fur un arbre & qu'ils veulent être à terre, & il dit encore que quant à leur anéantiffement total, on ne le doit pas craindre: ils fe font confervés depuis tant de fiecles; d'ailleurs la vigilante nature paroît y avoir fuffifamment pourvu de toutes parts. Cet Obfervateur remarque avec M. *Daubenton*, que cet animal a les mâchoires garnies de dents canines, (M. *de Buffon* dit qu'ils n'en n'ont pas); le nombre des dents canines & mâchelieres eft dans l'*aï* ou pareffeux le même que dans l'*uneau*: voyez ce mot. M. *Vofmaër* avoue que le paresseux se trouve dans le Nouveau Monde; mais il soutient qu'il s'en trouve aussi une espece dans l'Ancien Monde, & qui a sa demeure en Asie; c'est le *paresseux penta-dactyle du Bengale* que nous avons décrit ci-dessus. *Valentin* avoit déjà dit que le paresseux se trouve aux Indes Orientales, & *Séba* en avoit reçu deux qui lui avoient été envoyés du Ceylan.

M. *Vosmaër* dit que le paresseux de Bengale paroît former une espece intermédiaire, (eu égard uniquement à la figure extérieure) entre les paresseux vulgaires & connus des Indes Occidentales, & ces animaux singuliers, que *Séba* nomme *paresseux fluets de Celan*, & auxquels M. *de Buffon* donne le nom de *loris*. Voyez ce mot.

Le paresseux de Bengale que M. *Vosmaër* nourrissoit dans sa chambre, avoit une odeur désagréable; il dormoit tout le jour, c'étoit en été, il ne s'éveilloit qu'à huit heures & demie : il dormoit constamment assis sur son derriere, la tête penchée en avant entre les pattes antérieures, repliées contre le ventre : dans cette attitude, il se tenoit toujours en dormant très-fermement attaché au treillis de fer de sa cage par les deux pattes de derriere, & souvent encore par une des pattes antérieures : cette étrange propriété suppose que l'animal dort ordinairement sur les arbres; & se tient attaché aux branches qui l'environnent : son mouvement, étant éveillé, étoit extrêmement lent, se traînant de barre en barre qu'il saisissoit avec ses pattes antérieures : s'il rampoit à terre sur le foin, il se mouvoit & traînoit avec la même lenteur : si on le chassoit avec une bâton, il n'alloit pas plus promptement, il ne lâchoit pas prise, il mordoit le bâton, c'étoit là toute sa défense : dès qu'il s'éveilloit il mangeoit, & ensuite il rendoit ses excrémens : son urine avoit une odeur forte, désagréable; il étoit friand de riz, de fruits, de pain, de biscuit sec; il flairoit l'eau sans la boire, il aimoit beaucoup les œufs & portoit sa nourriture à sa bouche à la maniere des écureuils & des souris. M. *Vosmaër* lui présenta un moineau, ensuite un hanneton, un pinçon qu'il avala fort goulument & en entier : quoique lent dans sa démarche, cet animal étoit adroit à saisir une proie vivante, & elle ne pouvoit plus échapper de sa griffe : son cri continuel étoit *aï, aï, aï,* traînant fort long-temps chaque *aï* d'un ton plaintif, langoureux & tremblant.

PARESSEUX. Nom que *Goëdaert* donne aussi à un ver qui se trouve dans les lieux d'aisance, & se nourrit de l'excrément de l'homme : sa marche est très-lente. Il se métamorphose en une petite mouche, qui ne se nourrit aussi que de nos excrémens.

PARESSEUSE. Le même Auteur appelle ainsi une fausse chenille que l'on trouve souvent sur les feuilles du rosier, où elle se nourrit pendant la nuit : elle marche très-lentement, & quand on la presse, sa défense ne consiste qu'à faire de son corps un petit monceau. Cette larve se fait une maisonnette transparente & tissue comme un filet, pour y attendre sa métamorphose, qui se fait depuis le mois de Septembre jusqu'en Mai. Alors elle en sort dans l'état de mouche.

PARETURIER ou PARETUVIER. *Voyez* PALETUVIER.

PARFUM. Nom donné à l'odeur aromatique, plus ou moins subtile & suave, qui exhale d'une substance quelconque. Les parfums solides ou secs & les plus estimés sont ceux de l'Arabie; qui sont l'encens, la myrrhe, le benjoin, le storax, le labdanum, le baume blanc, le styrax liquide, le *thymiama* ou narcaphte, la graine d'ambrette, le *costus* odorant; ensuite les parfums de l'Inde, qui sont pour l'ordinaire, des pots-pourris, composés d'écorce de citron, de bois d'aloès, de girofle, de santal citrin, de macis, de muscade, de cannelle, d'ambre, de musc & de civette. Nos parfums d'Europe ne sont peut-être pas moins agréables; on les compose avec les fleurs de lavande, de jasmin, de thym, de romarin, de roses, de tubéreuses, un citron piqué de clous de girofle, les bois de rhode & de cedre, & de l'iris de Florence : on aromatife ce mélange d'un peu d'huile efsentielle de bergamotte. Les parfums liquides font en général les efprits & efsences des plantes très-odorantes. Souvent les fleurs qui ornent les parterres de nos jardins communiquent à l'atmofphere une vapeur auffi douce, auffi délicieufe, que les odeurs qu'un vent chaud fait exhaler des plaines aromatiques de l'Arabie.

Telle eft communément la bafe de nos *pots-pourris* & de nos *caffolettes*. On fait que ce nom a été donné à une compofition odoriférante, formée de l'amas de tout ce qui rend une odeur agréable ; obfervant toutefois qu'il y ait une certaine analogie entre les odeurs, car il peut arriver, ou qu'elles foient rendues plus fuaves, ou qu'elles fe corrompent par le mélange : on renferme ces aromates tantôt dans de petites boîtes d'or ou d'argent portatives & bien fermées, mais qu'on ouvre à volonté, tantôt dans des vafes de faïance ou de porcelaine, garnis de baguettes en maniere de pied de réchaud, & dont le couvercle eft percé de part en part, afin que les odeurs pafsent & fe répandent dans l'appartement où les *caffolettes* font dépofées. *Voyez l'article* ODORAT *dans le chapitre des* SENS, *inféré à la fuite du mot* HOMME.

L'ufage des *caffolettes* eft fort ancien. Les Indiens ont de tout temps brûlé des parfums dans des efpeces de réchauds, pour recevoir plus magnifiquement leurs convives : l'encenfoir fumant eft dans la main du Prêtre une cafolette. L'*acerra* des Anciens étoit un vafe ou coffret deftiné aux parfums. Ces inftrumens de facrifices fe voient très-fouvent dans les anciens monumens, & quelques-uns font ornés de figures fimboliques. A quel degré les Romains n'ont-ils pas pouffé leur luxe dans les odeurs, foit pour l'ufage des facrifices, foit pour donner une marque de leur refpect envers les hommes conftitués en dignité ? on s'en fervoit encore aux fpectacles, dans les bains ; les rofes y étoient prodiguées, & la profusion des parfums devint si excessive dans la célébration des funérailles, que l'usage en fut défendu par les lois des douze Tables. Par quel contraste les Dames Romaines ont-elles aujourd'hui de l'aversion pour les odeurs ? & pourquoi les Poëtes ne chantent-ils que la douceur de l'haleine de leur maitresse, sans chanter aussi le musc & l'ambre dont elles sont parfumées par l'action de ces corps odoriférans ? *Voyez* AROMATES.

Les Sculpteurs sont aussi dans l'usage d'imiter les cassolettes en faisant des especes de vases isolés de peu de hauteur, du sommet & souvent des côtés desquels s'exhalent des flammes ou des parfums affectés : ces vases servent souvent d'amortissement à l'extrémité supérieure d'une maison de plaisance, ou bien ils couronnent les retables d'autels ; on les emploie aussi dans la décoration des catafalques, des arcs de triomphes, feux d'artifice, &c.

PARHÉLIES ou FAUX SOLEIL. C'est un météore dont l'aspect a quelque chose de fort étonnant : on apperçoit un ou plusieurs faux soleils sous la forme d'une clarté brillante, qui paroissent à côté du soleil, & qui sont formés par la réflexion des rayons du soleil. Ces parhélies ne paroissent jamais qu'au lever & au coucher du soleil, parce qu'alors les rayons de cet astre ont à traverser une plus grande quantité de vapeurs, & que ces apparences sont l'effet de la lumiere réfléchie par les vapeurs.

Ces apparences s'offrent quelquefois avec un très-grand appareil, quelquefois elles sont plus simples ; mais toujours effrayantes pour le peuple : quelquefois on n'en voit qu'une partie, parce que la totalité dépend d'un grand nombre de circonstances qui ne se rencontrent pas toujours à la fois. L'agitation de l'air causée par le vent, des nuages qui passent au dessous interceptent le spectacle ou en rompent le cours ; leurs figures ne sont pas aussi parfaitement rondes que celles du soleil ;

on leur remarque souvent des angles; elles ne brillent pas non plus tant que le soleil, quoique leur lumiere ne laisse pas d'être quelquefois aussi grande que celle de cet astre. Lorsqu'il en paroît plusieurs à la fois, quelques-unes ont moins d'éclat & sont plus pâles que les autres. Les cercles des parhélies différent tant en nombre qu'en grandeur, ils ont cependant tous le même diametre, lequel est égal au diametre apparent du soleil; il se trouve des cercles qui ont le soleil dans leur centre; ces cercles sont colorés, & leur diametre est de 45 degrés & même de 90: plus les couleurs de ces cercles sont vives, plus la lumiere du véritable soleil paroît foible. On voit ordinairement les parhélies en hiver lorsqu'il fait froid ou qu'il gele un peu, tant qu'il regne en même-temps un petit vent du nord. Lorsque les parhélies disparoissent, il commence à pleuvoir ou à neiger, & on voit alors tomber une espece de neige oblongue, faite en maniere d'aiguilles.

PARIÉTAIRE, *parietaria*. Cette plante connue également sous les noms de *paritoire*, *vitriole*, *casse-pierre*, ou *perce-muraille*, croît abondamment dans les vieux murs, quelquefois le long des haies ou des masures: sa racine est fibreuse & rougeâtre, elle pousse plusieurs tiges à la hauteur d'environ deux pieds; ces tiges sont rondes, rougeâtres, fragiles & rameuses: les feuilles de cette plante sont oblongues, velues, pointues, & s'attachent facilement aux habits; ces feuilles en se séchant deviennent presque transparentes: ses fleurs sont petites, elles sortent par tas des aisselles des feuilles le long de la tige; elles sont composées ordinairement chacune de quatre étamines, dont les sommets sont d'un blanc purpurin; elles sont aussi si élastiques, que dès qu'on y touche avec un stilet, elles se développent subitement & secouent fortement leur poussiere roussâtre: à ces fleurs fertiles & différentes pour la figure des fleurs stériles, il succede des semences oblongues & luisantes, renfermées dans des capsules rudes au toucher.

Les feuilles de cette plante font d'un grand usage en Médecine ; elles sont apéritives, émollientes & rafraîchissantes, tant à l'intérieur qu'à l'extérieur. On vante cette plante pour les maux de reins, & on rapporte des exemples où elle a suspendu pendant des années entieres les douleurs de la pierre. Plusieurs Médecins assurent avoir guéri des hydropisies rebelles avec la décoction de ce diurétique. Les Paysans se servent de la plante pour nétoyer les verres.

PARŒTONIUM. Des Naturalistes modernes croient que le sel dont les Anciens ont parlé sous ce nom, est un sel marin tiré par l'évaporation des eaux de la mer. Le *parœtonium* a une saveur muriatique & la lucidité de l'alun. Quelques Auteurs prétendent cependant que le *parœtonium* des Anciens étoit tiré des murailles.

PAS. *Voyez* DÉTROIT.

PASAN. C'est l'*antilope bezoartica* de M. *Pallas*. Voyez à l'article GAZELLE.

PAS D'ANE. *Voyez* TUSSILAGE.

PAS DE POULAIN, *passus equinus*. Quelques Naturalistes donnent ce nom à deux coquillages multivalves du genre des oursins de mer : l'un est connu sous le nom de *spatagus*, & l'autre sous celui de *bryssus* ou *œuf marin*. Le premier, dit M. *d'Argenville*, ressemble à un petit tonneau garni de spatules ; l'ouverture de son dos a la figure d'un cœur, au lieu que le bryssus qui n'a point cette ouverture, est toujours de figure ovale avec des sillons crenelés & ponctués au sommet. On prétend qu'ils n'ont point de dents ni l'un ni l'autre, ils ont une mâchoire pour prendre l'eau & le sable, & en dedans un seul intestin rempli d'eau qui leur tient lieu de chair & d'œufs. Le compartiment de l'*oursin bryssus* en étoile percée à jour, & tous ses points saillans sont agréables à la vue ; sa couleur est grise ou blanche, avec une ouverture dans le haut &

une autre vers le milieu dans la partie de dessous; c'est par ces trous que l'animal respire & vide ses excrémens: la partie inférieure, qui est le ventre, est toute chagrinée. Les autres oursins sont ouverts dans le milieu. L'*oursin spatagus* ressemble communément au *bryssus* pour la couleur & les ouvertures, mais son compartiment est différent, il est échancré, semé d'apophyses très-fines & garnies de spatules, & comme nous l'avons dit ci-dessus, l'ouverture de son dos représente la figure d'un cœur. On en voit quelquefois, mais rarement d'une couleur violette. *Voyez* OURSIN DE MER.

PASSE ou PASSERILLES, *passulæ*. On donne ce nom à des raisins muscats séchés au soleil: on en fait un grand commerce à Frontignan, à Damas, à Smyrne & en Candie. *Voyez* RAISIN.

PASSE-BUSE. C'est la *fauvette de haie*. Voyez FAUVETTE.

PASSE-FLEUR. On donne ce nom à la COQUELOURDE DES JARDINS & à l'ŒILLET DE DIEU. *Voyez ces mots*.

PASSE-MUSC, petit animal, dont il est mention dans les *Transact. Philosoph. n. 137 :* ses testicules quoique long-temps gardés, & même desséchés jusqu'à devenir noirs, exhalent une odeur de musc, qu'on préfere au musc des boutiques.

PASSE-PIERRE ou PERCE-PIERRE, BACILE, CRISTE ou CRÊTE MARINE, ou FENOUIL MARIN ou HERBE DE ST. PIERRE, en latin *crithmum*. Plante maritime ou espece de pourpier de mer, dont on distingue deux especes, savoir, la grande & la petite. C'est presque la seule différence qu'on y remarque: nous ne parlerons que de la petite *passe-pierre*. C'est une plante qui pousse des tiges longues d'environ un pied, rampantes pour l'ordinaire à terre: ses feuilles sont découpées, étroites, fermes, charnues, subdivisées trois à trois, d'un vert brun, & d'un goût salé : ses fleurs sont jaunes, mais dans la grande espece elles sont blanches, toutes deux en ombelles, & disposées en rose. Sa graine ressemble à celle du fenouil, elle est seulement plus grande. Le goût en est agréable, piquant & aromatique. Cette plante, qui croît naturellement dans les lieux maritimes & pierreux, meurt tous les ans au commencement de l'hiver, & renaît vers la fin de Juin ou le commencement de Juillet ; on la nomme *passe-pierre*, parce qu'elle sort d'entre les fentes de pierres : on l'éleve cependant dans les jardins, le long des murailles. La cueillette de la *perce-pierre* est permise à tout le monde ; néanmoins il n'y a gueres que les femmes, les filles & les enfans des riverains qui en font la récolte : ceux-ci la portent par sacs & paniers dans les villes voisines, où ils la vendent pour être salée & servir aux salades d'hiver. Il faut la saler avec un vinaigre foible & un peu de sel. Lorsqu'elle a resté environ un mois dans cette premiere saumure, on la transvase, soit dans des barils ou des pots de terre, où l'on met de nouveau vinaigre plus fort. On prétend que le vinaigre blanc de la Rochelle est celui qui y convient le mieux. L'on ajoute au sel du gros poivre, quelquefois aussi des clous de girofle, quelques feuilles de laurier, & même un peu d'écorce de citron. On a observé que la *crête-marine* qui croît sur les bancs de terre que la mer couvre journellement, est la plus tendre & la meilleure ; celle qui vient au bord des marais & que l'eau de la mer mouille plus rarement, est séche & dure. Il n'en croît pas sur les sables purs : il y a des endroits où l'on ne confit que les feuilles de la passe-pierre, & on les mêle avec les cornichons dont il est parlé à l'article *concombre*. Voyez ce mot. Les feuilles de la passe-pierre sont estimées apéritives, lithontriptiques & propres à réveiller l'appétit.

PASSE-RAGE ou CHASSE-RAGE VULGAIRE, *lepidium vulgare*, est une plante qui croît abondamment aux lieux ombrageux, dans les pierrailles, les masures

& près des jardins où on la cultive. On la trouve aussi sur les Alpes. Sa racine est grosse comme le doigt, blanchâtre, rampante sous terre & d'une saveur fort âcre: elle pousse plusieurs tiges, hautes de trois pieds, rondes, moëlleuses & rameuses, couvertes d'une poussiere d'un vert de mer, qui s'emporte aisément : ses feuilles sont alternes, & ressemblent à celles du citronnier ; elles sont dentelées en leurs bords : on trouve ses fleurs au sommet des tiges & des rameaux, elles sont petites, en croix, & blanches : elles sont suivies par de petits fruits, formés en fer de lance, qui se divisent en deux loges, remplies de menues semences, oblongues & rousses.

Toute la plante est d'une saveur âcre, aromatique, qui approche de celle du poivre & de la moutarde : c'est un bon antiscorbutique : si on mange ses feuilles à jeun elles excitent l'appétit. *Simon Pauli* dit qu'en Danemark les Cuisiniers mêlent avec le vinaigre le suc que l'on a exprimé de la passe-rage, pour en faire des sauces aux viandes rôties.

PASSE-RAGE SAUVAGE. *Voyez* CRESSON SAUVAGE *ou* DES PRÉS.

PASSEREAU, *passer*. C'est le nom donné aux différentes especes de moineaux. *Voyez ce mot & celui de* ROITELET.

PASSE-ROSE. *Voyez* MAUVE DES JARDINS *ou* ROSE TREMIERE *à l'article* MAUVE. Quelques-uns donnent aussi le nom de *passe-rose* à la passe-fleur, dite *œillet de Dieu*. Voyez ce mot.

PASSE-VELOURS. *Voyez* AMARANTHE.

PASTÉ. C'est le coq des jardins. *Voyez ce mot.*

PASTEL, GUESDE, *glastum seu isatis sativa*, *vel latifolia*. Plante que l'on cultive dans nos Provinces méridionales, en Provence & en Languedoc, pour l'usage de la teinture : on s'en sert pour teindre en bleu. On la cultive aussi en Normandie, & on dit qu'elle réussit en Allemagne ; mais le pastel de Languedoc est le plus estimé.

Cette

Cette plante pousse des tiges hautes de trois pieds, grosses comme le doigt; elles se divisent par le haut en quantité de rameaux chargés de beaucoup de feuilles, rangées sans ordre. Ses feuilles sont lisses & d'un vert bleuâtre. Ses rameaux sont chargés de fleurs formées de quatre pétales jaunes, disposées en croix; le pistil devient une capsule aplatie sur les bords: chaque capsule contient deux semences oblongues. La racine de cette plante est grosse, ligneuse & pénetre profondément en terre.

Le pastel demande à être semé dans une bonne terre, légere, noire, douce & fertile. Après avoir donné à la terre les façons nécessaires, on seme la graine en Avril: lorsque la plante commence à grandir, on arrache les mauvaises herbes, sans quoi les feuilles de pastel ne deviendroient point belles. On fait ordinairement deux récoltes de feuilles de pastel dans la même année; quand la saison a été favorable, on en fait jusqu'à quatre: la premiere se fait vers la fin d'Août, & la derniere vers la fin d'Octobre; mais il faut avoir attention de faire cette derniere récolte avant les premieres gelées, autrement les feuilles qu'on recueilleroit ne vaudroient rien. Lorsque la plante est venue à sa maturité, on coupe toutes les feuilles, on les met en tas pour qu'elles se flétrissent, ayant soin de les tenir à l'abri du soleil & de la pluie; ensuite on les broie sous la meule d'un moulin jusqu'à ce qu'elles soient réduites en pâte, puis on fait des piles de cette pâte au dehors du moulin: on presse bien la pâte avec les pieds & les mains; on la bat & on l'unit, de peur qu'elle ne s'évente: quinze jours après l'on ouvre les petits morceaux, on les broie de nouveau avec les mains; & l'on mêle avec le dedans la croûte qui s'étoit formée dessus, puis on fait de cette pâte de petites pelotes. Cette opération s'appelle *mettre en coque*, c'est-à-dire qu'on les met dans de petits moules de figure ovale; on les fait sécher de nouveau; ces coques deviennent fort dures, & c'est en cet état qu'on les vend aux Marchands sous les noms de *pastel*, *cocagne*, *florée* & *vouëde*. Quand on veut en faire ce que les Teinturiers appellent la cuve, il faut les mettre long-temps tremper dans de l'eau.

Le pastel ainsi préparé fournit une excellente teinture bleue, très-solide, & dont on peut varier les nuances. Les anciens Bretons s'en servoient pour se colorer le corps. On emploie à présent beaucoup plus d'indigo que de pastel pour la teinture bleue, parce que la premiere de ces drogues fournit beaucoup plus de couleur, & qu'elle est plus facile à traiter que la seconde.

On a grand soin de recueillir de bonne graine de pastel, pour resemer l'année d'après. Outre les premiers froids, les mauvaises herbes, la sécheresse qui causent beaucoup de dommage aux champs de pastel, il arrive quelquefois que les sauterelles dévorent tout un champ dans une soirée; quand ce cas arrive, il faut promptement couper toutes les feuilles, pour que les pieds en repoussent de nouvelles.

On ne doit point mettre de pastel dans le même champ l'année d'après, mais on pourra y mettre du blé, l'année suivante du millet, & la troisieme année du pastel, dans la supposition que la terre ait été bien fumée. On donne particuliérement le nom de *vouëde* au pastel petit & sauvage de Normandie. *Voyez* Vouede. M. *Marcgraff* vient de faire mention d'un ver qu'on trouve dans le *vouëde* lorsque cette plante est pilée, & qu'elle tombe en putréfaction. Ce ver dans son premier état a environ deux lignes de long; il se nourrit de la matiere de la plante, & en prend la couleur qui est bleue : dans l'état de nymphe il devient brun, & il se métamorphose en une mouche dont le corps est fort long.

PASTEL D'ÉCARLATE. *Voyez au mot* Kermès.

PASTEL ou FLORÉE D'INDE. *Voyez ci-dessus* Pastel-Guesde.

PASTENADE. *Voyez* Panais.

PASTENAQUE ou **TARERONDE**, *pastinax aut pastinaca marina*, poisson de mer dont on distingue trois especes qui sont de la classe des poissons à nageoires cartilagineuses : ce sont des especes de raies.

La premiere a une queue qui ressemble par sa couleur & sa rondeur à la racine nommée *pastenade*. Ses nageoires sont étendues comme les ailes de la tourterelle. Ce poisson plat & cartilagineux à la peau lisse : il n'a qu'un aiguillon long, pointu, dentelé comme une scie de côté & d'autre, & placé à la queue, qui est longue & flexible & va toujours en diminuant. Cet aiguillon est venimeux, même après la mort de l'animal. Ce poisson a le bec pointu, les yeux au-dessus de la bouche ; & au-dessous, des trous, au lieu de narines, & d'autres trous devant les ouies : sa bouche, quoique petite & sans dents, ne laisse pas que d'être large en dedans. Ses mâchoires sont dures & rudes : il nage à plat ; il n'a qu'une petite nageoire à la queue ; il vit dans les lieux fangeux & peu éloignés des rivages, & se nourrit de poissons.

La pastenaque a pour ennemi le chien de mer. Les Pêcheurs du Languedoc mangent la chair qui est autour de la queue de ce poisson, quoique d'une saveur peu agréable ; mais ils ont soin auparavant d'en ôter l'aiguillon. On prétend que cet aiguillon, réduit en cendre, appliqué sur la plaie avec du vinaigre, est un remede à son venin même.

La seconde espece de pastenaque est celle que l'on nomme à Naples *altavela* (*altavelle*). Elle a la tête & toutes les autres parties plus petites que la précédente. Sa couleur est la même : sa queue n'est pas si longue que la moitié de son corps ; elle est aussi armée d'un aiguillon & quelquefois de deux, garnis de dents crochues : sa chair n'est pas désagréable.

La troisieme espece que l'on nomme aussi *aigle poisson*, *aquila marina piscis*, & qui porte en Languedoc le nom de *glorieuse*, est en tout semblable à la premiere espece par sa maniere de vivre, par son aiguillon qui est venimeux, &c. Elle a cependant la tête plus grande, le bec moins pointu, rond, court, semblable à la tête d'un crapaud. Ses yeux sont grands, ronds & élevés : ses nageoires sont semblables aux ailes d'une chauve-souris. Ce poisson pique de son aiguillon les poissons qui nagent autour de lui : sa chair est molle, humide & de mauvais goût : on le pêche dans la Méditerranée ; il est très-commun à Naples. C'est le *rospo* des Génois.

Redi a observé que la chair de ce poisson *pastenaque* devient lumineuse lorsqu'elle commence à se corrompre, ainsi que les graisses, les chairs, les os huileux de l'hirondelle de mer, du dauphin; de la vipere marine, du brochet de mer. Il n'a jamais pu observer le même phénomene sur la chair des viperes & des serpens terrestres.

PASTEQUE. *Voyez* CITROUILLE *& le mot* MELON D'EAU.

PASTILLES D'ALLEMAGNE ou DU LEVANT, est le nom que l'on donne aux terres bolaires ou terres sigillées. *Voyez au mot* BOL.

PATACH est une espece d'algue d'une figure singuliere, laquelle croît abondamment aux environs des Châteaux des Dardanelles & sur les bords de la Mer Noire. Ses cendres entrent dans la composition du savon.

PATAGONS. Nom donné à des peuples d'une très-grande taille, qui habitent des îles vers le Pôle Antarctique. Ce sont les géants de l'espece humaine: au contraire, les Lapons qui habitent l'extrémité septentrionale de l'Europe, sont des pygmées par la petitesse de leur structure. Ainsi les Patagons & les Lapons paroissent les termes extrêmes de la race des hommes.

PATAGU ou PATAGAU. C'est une espece de *came* qui differe beaucoup de la *palourde* : voyez ce mot. Elle est moins grande, moins ronde, plus lisse, chargée de taches jaunes, blanches & noires. Les bords de sa coquille sont tapissés de deux membranes épaisses qui l'environnent. L'animal qui habite cette coquille n'a qu'une trompe qui est de différentes couleurs & d'environ quatre pouces de longueur. Cet organe prend toute sorte de mouvemens, & fournit à tous ses besoins, sans qu'elle puisse avancer ni reculer, mais seulement s'enfoncer dans la vase comme la palourde. Quoique cette trompe ne paroisse former qu'un tuyau, elle est cependant partagée en deux par une espece de cloison, & chaque tuyau a son trou particulier qui se voit à l'extrémité de la trompe. Le supérieur qui rejette l'eau à trois pieds de distance, est plus étroit que l'inférieur par où elle entre, & l'orifice des deux tuyaux est garni de deux petits poils blancs. Ainsi cette trompe sert à l'animal d'ancre contre le mouvement tumultueux des flots, de bras pour prendre sa nourriture, de bouche & d'estomac pour l'avaler & la digérer.

PATAOUA. Palmier très-commun dans la grande Terre, plus fort que le *maripa*, mais soutenant moins ses feuilles. Le fruit en est plus petit & plus rond. On tire de ce fruit une huile qui n'a aucun mauvais goût, & qui est bonne pour être mangée en salade : on la tire comme celle de l'*aouara*. Voyez au mot PALMIER AOUARA.

Les Negres marons subsistent en partie avec l'amande de ce palmier, qui est assez agréable lorsqu'on l'a fait passer au feu.

PATAS est le nom que les Negres du Royaume de Galam dans le pays de Bambouc, donnent à une espece de singes, d'un roux si ardent, qu'ils semblent être peints par l'art, en cette couleur : ils sont gros & peu ingambes ou pesants ; mais leur génie est malin, hardi, moqueur & querelleur. Le P. *Labat* dit qu'à l'approche d'un vaisseau sur la côte, ils descendent du haut d'un arbre, tous à la file les uns des autres ; & que quand ils en ont examiné les hommes, ils se mettent à les huer, ou à leur faire des grimaces, accompagnées de gambades, de gestes & de postures très-plaisantes : non contents de cette insulte, ils leur jettent au visage des morceaux de bois sec, ou des pierres qu'ils vont ramasser à terre, ou enfin leurs ordures, qu'ils font exprès dans leurs pattes : ils ne refusent pas même de se battre en duel, c'est-à-dire, contre autant de personnes qu'ils sont de singes. Il n'y a gueres que les coups de fusils qui leur fassent sentir que la partie n'est pas égale. C'est ainsi qu'on les punit de leur témérité.

PATATTE ou PAPAS : *Voyez* BATATE.

PATELLE, *Voyez* LÉPAS. On donne le nom de *patellites* ou de *lépadites* aux lépas fossiles.

PATIENCE, *lapathum.* On donne ce nom à plusieurs especes de plantes, dont nous rapporterons les plus usitées.

Les fleurs des plantes de ce genre ont, dit M. *Deleuze*, six étamines & trois pistils, un calice à trois feuilles & une corolle à trois pétales, qui s'agrandit & sert d'enveloppe à la graine qui est une semence lisse, pointue & à trois coins.

1°. La PATIENCE des jardins ou PARELLE, *patientia aut lapathum hortense, folio oblongo.* Cette plante que l'on cultive dans les jardins, a une racine droite, longue, fibreuse, jaune en dedans : elle pousse une tige noueuse, haute de quatre pieds & demi ; ses feuilles sont oblongues ; ses fleurs sont placées le long des rameaux & par anneaux. Sa graine est triangulaire ; elle est astringente & apéritive.

2°. LA PATIENCE AQUATIQUE OU PARELLE DES MARAIS, *hydro-lapathum.* Elle vient communément dans les lieux aquatiques, dans les marais & les fossés humides. Sa racine est très-fibreuse, noire en dehors, d'un jaune de buis en dedans, fort astringente & amere. Ses fleurs & ses graines ressemblent à celles de la patience sauvage ordinaire. Ses feuilles sont semblables à celles de la rhubarbe des Moines : elles sont légèrement crépues à leur bord.

Cette sorte de patience est, selon *Muntingius*, la véritable *plante britannique* des Antiens: son suc est spécialement utile pour les ulceres qui rongent la bouche & les amygdales. Sa racine, de même que celle des autres patiences, amollit, lâche le ventre & purifie le sang. L'usage de cette racine est en tisane; on en fait des cures de printems pour les maladies d'obstructions, celles de la peau, comme dartres, gale: elle convient dans la goutte & dans les maladies chroniques rebelles, même pour le scorbut; elle arrête toutes les especes de flux; enfin elle est très-utile pour les maux de gorge & le relâchement de la luette. M. *Bourgeois* a cependant observé qu'elle détruit & relâche les fibres de l'estomac, lorsqu'on en fait un long usage, & qu'il seroit utile d'y joindre quelque stomachique, comme la racine d'aunée qui est d'ailleurs très-bonne dans tous les cas où la racine de patience convient, & qui est un très bon stomachique.

3°. La grande PATIENCE DES JARDINS, ou RHUBARBE DES MOINES, ou RHAPONTIC DES MONTAGNES, *rhabarbarum Monachorum*. On la cultive dans les jardins; mais elle croît aussi dans les montagnes, notamment en Auvergne. Sa racine est garnie de plusieurs fibres: elle a intérieurement la couleur & presque les mêmes principes que la rhubarbe bâtarde, dont elle a aussi les vertus, principalement pour les diarrhées. Sa tige est rougeâtre, cannelée, fort rameuse & haute. Ses feuilles, qui sont portées sur de longues queues rougeâtres, sont longues de plus d'un pied, pointues, fermes, peu dures, mais roides, & d'un vert foncé: ses bords sont quelquefois repliés en dessus. Ses graines sont anguleuses, & ressemblent à celles de l'oseille. Cette plante est de l'espece du *rheum* ou rhubarbe, & a neuf étamines.

4°. La PATIENCE ROUGE OU SANG DE DRAGON, *lapathum sanguineum, aut folio acuto rubente*. On la cultive dans les jardins pour servir d'herbe potagere;

c'est la *bette sauvage* de Galien. On la distingue facilement de toutes les especes de patience, par son suc rouge, & par les nervures qui s'étendent & s'entrelacent dans les feuilles, & qui sont de couleur de sang, de même que les queues des feuilles; ce suc teint les mains & le chamois, d'abord de couleur purpurine, qui dégénere bientôt en une couleur bleue. Quelques-uns mangent ses feuilles dans le potage: elles sont laxatives & rafraîchissantes. Sa graine, qu'on appelle improprement *graine de sang de dragon*, est astringente & anodine. Horace a célébré cette plante dans ses *louanges de la vie rustique*.

5°. La PATIENCE SAUVAGE, *lapathum acutum*. On en distingue de trois sortes; savoir, 1°. celles dont les feuilles sont arrondies. Sa racine est plongée profondément en terre; ses feuilles sont larges d'une palme, & deux fois plus longues, sinuées comme crenelées, garnies de nervures, & d'un vert pâle. Ses tiges sont hautes de deux pieds & moelleuses. Ses fleurs sont en épis, verticillées, & leurs graines sont brunâtres & triangulaires: on trouve cette patience dans les environs de Paris, près de Montmorency. 2°. Celle qui est frisée, ne differe de la précédente que par ses feuilles qui sont crépues, plus petites, mais plus alongées: ses fleurs sont aussi plus nombreuses. 3°. La patience sauvage ordinaire. Ses feuilles sont plus courtes que celles de la précédente; ses tiges sont quelquefois tortueuses; les anneaux des fleurs plus écartés, plus petits; ses graines moins grosses. On la cultive dans les jardins, & on la substitue souvent à la patience sauvage frisée: on s'en sert dans toutes les maladies qui viennent d'obstruction. M. *Hellot* recommande l'emploi des racines de la patience sauvage pour teindre en jaune.

6°. La PATIENCE VIOLON, *lapathum sinuatum*. Sa racine est épaisse; ses feuilles sont nombreuses, longues de deux pouces, & moitié moins larges, échancrées vers le milieu, & obtuses aux deux bouts, de sorte qu'elles ont la figure d'une table de violon. Les Provençaux cultivent cette patience parmi leurs plantes potageres, & en mangent pendant l'hiver. M. *Haller* dit que les feuilles de cette plante deviennent très-dures en été.

L'oseille, le bon henri, les épinards, plantes dont nous avons parlé en leur lieu, sont regardés aussi, par la plûpart des Botanistes, comme des especes de patiences.

PATTE-DE-LION, *leontopodium*, est une plante qui croît sur le sommet des Alpes, & dont les feuilles sont oblongues & cotonneuses; ses tiges sont simples, hautes de quatre pouces; ses fleurs sont en rose. Il sort de leur centre quatre à six têtes noirâtres & écailleuses, qui renferment chacune plusieurs fleurons soutenus par des graines menues & aigretées: cette plante est desficative & astringente.

PATTE ÉTENDUE. *Voyez à l'article* CHENILLE A BROSSE.

PATTE-D'OIE, *pes anserinus*, est une espece d'arroche sauvage à larges feuilles, *chenopodium stramonii folio*. Elle croît le long des vieilles murailles, sur les chemins & aux lieux incultes. Sa racine est ligneuse & fibreuse; elle pousse une tige haute d'un pied & demi; elle est assez grosse, rameuse; ses feuilles sont sinueuses, vertes brunâtres, luisantes & d'une odeur forte: elles ont une ressemblance grossiere avec la patte de l'oie. Ses fleurs naissent en grappes ou épis; elles sont suivies par de menues graines arrondies, & contenues dans une capsule comme étoilée, qui a servi de calice à la fleur. On prétend que cette plante seroit un poison, si on la prenoit intérieurement, & qu'elle fait mourir les cochons qui en mangent.

PATURAGE. *Voyez* PACAGE & PRAIRIE.

PATURE DE CHAMEAU, ou JONC ODORANT. *Voyez* SCHŒNANTE.

PAU, espece de léopard de Tartarie. Sa peau est blanchâtre, tachetée de rouge & de noir. Il a la tête

& les yeux semblables à ceux du tigre, mais il est moins gros que cet animal, & son cri est différent.

PAVAME, est un assez bel arbre de l'Amérique. On l'appelle bois de cannelle, à cause de sa bonne odeur. On prétend que c'est le même que le *sassafras* : voyez ce mot.

PAVANE, *pavana*, est le bois du *pignon d'Inde* : voyez ce mot à la fin de l'article RICIN.

PAVATE, est un arbrisseau des Indes, haut de neuf pieds ou environ, peu rameux, grisâtre, portant quelques feuilles semblables aux petites feuilles de l'oranger. Ses feuilles sont sans queue, & d'une belle couleur verte; sa fleur est fort petite, blanche de l'odeur du chevrefeuille : elle est, selon M. *Linnæus*, monopétale, en entonnoir, dont le pavillon est découpé en quatre quartiers, & contient quatre étamines & un pistil. Le germe placé sous la fleur, devient une baie monosperme : sa semence est grosse comme celle du lentisque, & noirâtre : sa racine est blanche & un peu amere. *Lémery* dit que cet arbrisseau croît le long des rivieres appellées *Mangate* & *Cranganor*. Les Indiens se servent du bois & de la racine du *pavate*, principalement pour guérir les érysipeles. On en mêle la poudre dans une décoction de riz, on la laisse aigrir, puis on en fomente l'érysipele. On en boit aussi pour guérir les fievres ardentes, le flux de ventre & les inflammations du foie.

PAVÉ, *lithostratum aut pavimentum*, est le nom vulgaire que l'on donne à la pierre sur laquelle on marche dans les rues. Le pavé varie pour la forme & la nature : à Paris c'est un grès que l'on taille en cubes; à Lyon, ce sont des cailloux roulés que l'on ramasse dans le Rhône, &c. Enfin l'on pave les villes & les grands chemins selon l'espece de pierre dure du pays. C'est ainsi que dans une partie de la France l'on ne se sert que de *granite*. A Shluysen en Zélande, le pavé est une espece de faux basalte, &. à l'égard du *pavé des Géants*, voyez BASALTE.

PAVERACCIA. L'Auteur du Dictionnaire des Animaux dit que ce nom se donne aujourd'hui à Rimini, à Ravenne & à Ancône, à la premiere espece de *came*, coquillage bivalve que M. *Adanson* nomme *clonisse*, d'après *Belon* & *Rondelet*, & qui est le *piverone* des Vénitiens, l'*arselle* des Génois, l'*armilla* des Espagnols, & le *boukch* des Sénégalois : *voyez* CLONISSE.

PAVIE. Espece de *pêche*. Voyez ce mot.

PAVILLON D'ORANGE. Coquille univalve du genre des *buccins à bouche échancrée dépourvue de queue*, suivant M. *de l'Isle*, & du genre des *cornets* suivant d'autres Naturalistes. Ce testacée rare est rayé par zones alternatives de blanc & d'orangé; sa tête est assez élevée, sa clavicule est blanche & finit en bouton.

PAVOIS ou BOUCLIER. *Voyez à l'art.* OURSIN.

PAVONITE. M. *Guettard* donne ce nom à des polypiers fossiles, dont le caractere générique est d'être composé depuis l'attache jusqu'à l'autre extrémité de couches de plus en plus grandes, comme ondées ou sans ondulations.

PAVOT, *papaver*. Genre de plante à fleur en rose, & dont M. *de Tournefort* compte quarante-quatre especes : nous en décrirons seulement cinq, le *blanc*, le *rouge*, le *noir*, le *jaune*, ensuite l'*épineux*.

PAVOT BLANC, *papaver hortense, semine albo, sativum*, est la plante qui donne l'*opium*. Sa racine est de la grosseur du petit doigt, empreinte comme le reste de la plante, d'un suc laiteux & amer. Elle pousse une tige haute de trois à quatre pieds, rameuse, garnie de feuilles oblongues, larges, dentelées, crêpées, d'un vert de mer très-tendre. Ses fleurs qui naissent en Juin aux sommités, sont en rose, composées le plus souvent de quatre pétales blancs, placés en rond : elles tombent promptement. Le calice est composé de deux feuilles; il en sort une petite tête entourée d'abord d'un grand nombre d'étamines, laquelle se change ensuite en une coque ovoïde, qui n'a qu'une seule loge, couronnée d'un chapiteau étoilé; elle est verdâtre d'abord, puis elle blanchit à mesure qu'elle mûrit; elle est de la grosseur d'une orange & garnie intérieurement de plusieurs lames minces, longitudinales, qui tiennent tout autour à ses parois. A ces lames est attaché un grand nombre de très-petites graines arrondies, blanches, d'un goût doux, huileux & farineux.

Cette graine est adoucissante, pectorale, & peu ou point somnifere. On tire par l'expression de cette semence une huile qui est propre à décrasser, à polir & à adoucir la peau. Toute la plante est pleine d'un lait amer, dont l'odeur est fort désagréable & mal-saine.

M. *de Tournefort*, qui a voyagé dans le Levant, dit que dans plusieurs provinces d'Asie, on seme les champs de pavots blancs comme nous semons le froment. Aussi-tôt que les têtes paroissent, on y fait une légere incision & il en découle quelques gouttes de liqueur laiteuse, qu'on laisse figer & que l'on recueille ensuite. Ce naturaliste rapporte aussi que la plus grande quantité de l'*opium* se tire par la contusion & l'expression de ces mêmes têtes. *Belon* & *Kempfer* qui distinguent trois sortes d'*opium* tirées seulement par l'incision, disent que dans la Perse on fait des plaies en sautoir à la superficie des têtes qui sont près d'être mûres. Le couteau qui sert à cette opération a cinq pointes, & d'un seul coup il fait cinq ouvertures longues, paralleles. Le lendemain on recueille avec des spatules le suc qui découle de ces petites plaies, & on le renferme dans un petit vase attaché à la ceinture; ensuite on fait la même opération de l'autre côté des têtes. La larme qui découle la premiere s'appelle *gobaar*, c'est la plus chere, elle passe pour la plus convenable à calmer le cerveau. Sa couleur est d'abord d'un jaune pâle, ensuite roussâtre. Après que l'on a ainsi recueilli l'*opium*, on lui donne une préparation en l'humectant avec un peu d'eau ou de miel. On remue long-temps ce mélange dans une assiette de bois plate avec une forte spatule jusqu'à ce qu'il ait acquis la consistance de la poix; on manie ensuite cet *opium*, & l'on en fait de petites boules cylindriques que l'on met en vente dans le pays. Lorsque les Marchands n'en veulent que de petits morceaux, on le coupe avec des ciseaux. Les Perses appellent cet opium *theriaak malideh*, ou *afiuum*, c'est-à-dire, *thériaque opiée*; par-là ils la distinguent de la thériaque d'Andromaque, qu'ils appellent *theriaak faruuck*. Ces peuples regardent l'*opium* comme un remede qui procure la tranquillité, la joie & la sérénité; éloge dont on honoroit autrefois l'antidote d'Andromaque.

Cette maniere de préparer l'*opium* est le travail perpétuel des revendeurs mercénaires qui sont dans les carrefours. Mais ce n'est pas là la seule maniere de préparer le suc de pavot : souvent on le charge d'une si grande quantité de miel pour tempérer son amertume, qu'on l'empêche de se sécher, & c'est ce que l'on appelle spécialement *bœhrs*. L'opération la plus remarquable sur l'*opium*, est celle qui se fait en mêlant exactement avec ce suc, de la muscade, du cardamome, du safran, de la cannelle & du macis, réduits en poudre fine : c'est ce que l'on appelle *polonia* ou *philonium* de Perse. Outre ces préparations, dont on ne fait usage qu'en pilules, les Perses font une liqueur d'*opium* fort célebre sous le nom de *coconar*, & dont ils boivent en abondance par intervalles; mais nous ne voyons guere ces sortes d'*opium*.

L'*opium* ou *meconium* des boutiques est une substance résino-gommeuse, compacte, dure, d'un roux noirâtre, d'une odeur narcotique désagréable, d'un goût amer, âcre, formée en gâteaux arrondis, aplatis, gros comme le poing, & enveloppés dans des feuilles de pavots. On nous envoie ce suc concret de la Natolie, de l'Egypte & des Indes. Les Médecins ont toujours fort célébré l'*opium de Thebes*, que l'on recueilloit en Egypte près de Thebes; mais au reste, de quelque endroit que vienne l'*opium*, pourvu qu'il soit de bonne qualité, l'origine en est assez indifférente. Il est formé en partie par le suc qui découle naturellement de l'incision faite aux têtes des pavots blancs, & en partie de celui que l'on tire par expression ou par décoction, tant des têtes que des feuilles de pavot : on n'en trouve aucune autre espece chez les Turcs & à Constantinople, excepté celui qui découle à l'aide d'une simple incision. Les peuples en font une grande consommation, parce qu'il leur cause une agréable ivresse. L'*opium* tiré par la seule expression du pavot blanc, s'épaissit en un extrait résineux qu'on appelle aussi *gomme extractive*. On en fait des préparations avec différentes drogues que l'on y mêle pour fortifier & récréer les esprits ; c'est pourquoi on en trouve différentes descriptions. La principale & la plus célebre est celle dont on est redevable à *Has-Jem-Beji*, (ce nom, selon M. *Haller*, paroît être celui de la dignité d'un premier Médecin,) puisque l'on dit qu'elle excite une joie surprenante dans l'esprit de celui qui en avale, & qu'elle charme le cerveau par des idées & des plaisirs enchantés. Seroit-ce dans cette espérance que quelques personnes mangent à leur dessert les têtes de pavot les plus tendres & confites dans du vinaigre ? *Sylvius Deleboë*, Médecin, disoit qu'il ne voudroit pas exercer son art si on lui ôtoit l'*opium* ; on l'appeloit *Doctor opiatus*, le Docteur de l'*opium*. *Sydenham* n'y avoit pas moins de confiance.

Tout le monde ne donne pas tant d'éloges à l'*opium*. Combien de personnes ont éprouvé en avalant quelques grains de ce suc concret, qu'il appesantit la tête, excite un sommeil lourd & forcé, affoiblit la vue & l'organe de l'ouie, & cause une longue léthargie qui se termine par la mort ! Le passage en est si peu sensible, que l'on paroît toujours dormir très-tranquillement. C'est donc un somnifere dangereux, dont on ne doit se servir qu'avec prudence. Cependant lorsqu'un Médecin éclairé connoît bien la nature & les effets que produit l'*opium* dans les maladies, pourquoi ne s'en serviroit-il pas dans des cas particuliers, où ce suc peut faire le triomphe de son art ? Il est par exemple difficile, dit M. *Haller*, de guérir les dyssenteries sans *opium*. Mais examinons plus particuliérement l'effet de cette substance employée tant à l'extérieur qu'à l'intérieur.

L'*opium* appliqué extérieurement amollit, résout & procure la suppuration. Appliqué très-long-temps sur la peau, il en fait tomber les poils : lorsqu'on en met sur le périnée, il réveille les sens & excite quelquefois à l'amour ; d'autres fois il éteint cette passion en engourdissant le sentiment dans l'organe de la génération. Quand on le met en trop grande dose sur les sutures de la tête pour appaiser les douleurs, il relâche les nerfs, il cause la stupeur & la paralysie, & quelquefois la mort.

L'*opium* produit des effets admirables sur-tout aux personnes qui sont habituées à en faire usage. Un grain pris intérieurement en substance selon l'âge & la force agit bientôt : il excite dans les entrailles une certaine sensation agréable ; dissipe, ainsi que le vin, l'inquiétude & la tristesse, calme les maladies, soulage le corps accablé de lassitude, il donne de la vigueur à l'esprit des gens en santé. Aussi les Turcs en prennent-ils hardiment une grande dose (un gros) pour se préparer au combat ; ils prétendent qu'il leur donne du courage, de la confiance, de l'audace, enfin il leur inspire le mépris des dangers.

L'*opium* a plus d'effet dans les temps chauds & humides & dans les corps mollasses, comme dans les femmes & les enfans ; il excite les sueurs, augmente le lait des nourrices, cause le gonflement des mamelles, le priapisme, les songes amoureux accompagnés de pollution, il endort nos déplaisirs dans une douce ivresse. C'est ainsi qu'agit le plus communément ce suc narcotique, étant pris à dose convenable & dans des circonstances nécessaires ; car si l'on en prend trop, sur-tout après de grandes hémorrhagies, il rend d'abord de bonne humeur, ensuite il fait bégayer, donne le hoquet & excite graduellement l'anxiété, le vomissement, les syncopes, l'aliénation de l'esprit, les vertiges, le ris sardonique, la stupidité, la rougeur au visage, le gonflement des levres, la difficulté de respirer, la fureur, les sueurs froides, la défaillance, enfin un profond sommeil, & souvent la mort. Ceux que ces accidens ne font pas périr, sont délivrés le plus souvent par un abondant flux de ventre, ou par des sueurs copieuses qui ont l'odeur de l'*opium*, qui sont accompagnées d'une grande démangeaison de la peau. La moindre chose qui arrive à ceux qui font un usage trop continué & en doses trop fortes de l'*opium*, c'est la fainéantise, l'engourdissement du corps, une sorte d'ivresse habituelle, des dégoûts, différentes affections de nerfs, & une vieillesse prématurée.

Au reste les tempéramens varient suivant les climats. C'est ainsi que les Turcs éprouvent tous les fâcheux symptomes dont nous venons de parler, lorsqu'après un long usage de l'*opium* pris en forte dose, ils s'en abstiennent tout d'un coup. On croit que l'*opium* agit beaucoup sur le sang, parce que l'on a observé que le sang des Turcs & des Indiens qui sont tués dans des combats après en avoir pris, est aussi fluide un ou deux jours après leur mort, que s'ils ne venoient que de mourir. Les remedes qu'on fait à ceux qui ont trop pris d'*opium* & qui ont encore des forces, consistent dans la saignée & les émétiques, ensuite il faut donner des sucs acides, afin de réprimer la trop grande fluidité du sang : on injecte des lavemens âcres, & l'on souffle dans les narines de forts sternutatoires, afin de procurer une forte secousse sur toutes les membranes nerveuses. Les sels volatils, les véficatoires sont encore très-utiles.

On trouve dans les pharmacopées différentes préparations

rations d'*opium*, dans lesquelles il est ou purifié ou associé avec plusieurs autres médicamens qu'on a cru propres à corriger ses mauvaises qualités. Mais M. *Tralles*, Docteur de Breslau, qui a examiné la façon dont ce suc agit dans les mélanges, & le mécanisme par lequel il produit les effets qu'on lui remarque dans le corps humain, est porté à conclure que la cause des effets de l'*opium* ne consiste que dans le principe volatil qui y est contenu. C'est ainsi qu'il attribue son effet immédiat sur les nerfs, à la raréfaction qu'il cause dans le sang : & lorsque le cas exige de l'*opium*, il faut le prendre pur & sans correctif. On assure qu'il produit des effets merveilleux après les grandes veilles, dans les vomissemens énormes ou les déjections considérables, & dans les douleurs vives & longues. Quand les propriétés de l'*opium* ne seroient que passageres & palliatives, elles feroient toujours un grand bien au malade : c'est au Médecin savant & prudent à distinguer les cas où il convient d'administrer le médicament. D'après cet exposé l'on doit sentir le danger qu'il y a aussi d'avaler des infusions ou décoctions de têtes de pavot blanc en trop grande dose, même de celui qu'on cultive dans nos climats, quoiqu'il n'ait pas une vertu aussi somnifere que celui des pays plus chauds : le nôtre n'est en effet ni aussi narcotique, ni aussi amer : & M. *Bourgeois* estime qu'il a six fois moins de force. Mais ce qu'il y a de singulier, c'est que la graine de cette espece de pavot, qui seule est l'origine entiere de toute la plante, n'est pas somnifere, sur-tout dans ce pays : à la vérité il y a des nourrices qui en mêlent quelquefois dans la bouillie de leurs enfans pour les endormir, mais elles ne leur procurent par ce moyen qu'une substance huileuse, nourrissante, qui en calmant leurs douleurs les laisse dans leur état naturel de l'enfance, c'est-à-dire dans le besoin de dormir. On faisoit autrefois du pain de la graine de pavot blanc & noir. *Mathiole* écrit que ceux qui habitent dans la vallée du Trentin, dans la Styrie & la haute Autriche, se nourrissent de gâteaux faits avec les graines de pavots blanc & noir, & avec de la farine. Il dit encore que nonobstant qu'ils usent de l'huile que l'on exprime de ces graines, cependant ils n'en dorment pas plus long-temps. C'est un usage très-commun en Pologne, que de manger à toute heure de ces mêmes graines. Les Romains avoient le même goût pour ce mets, comme il le paroît par les vers de *Virgile*. Les oliviers étant morts par le froid de 1709, on s'est servi ici d'huile tirée de deux sortes de pavots au lieu d'huile d'olives, sans qu'il en soit résulté rien de funeste: de plus *Tournefort* a remarqué qu'à Genes les Dames les plus nobles & les filles mangeoient beaucoup de graines de pavot couvertes de sucre, & qu'elles n'en étoient pas moins éveillées pour cela. En Perse, dit *Chardin*, les Boulangers en sement la graine sur le pain, parce qu'ils croient qu'elle provoque au sommeil qu'on prétend être salutaire en ce pays après le repas. L'huile de pavot est connue dans le Commerce sous le nom impropre d'*huile d'œillet*; on s'en sert pour décrasser, polir & adoucir la peau: les Peintres en consomment une grande quantité. Cette huile est assez douce lorsqu'elle est récente, pour qu'on puisse la faire passer pour de l'huile d'olives commune. Pour éviter les tromperies qu'on pourroit faire à ce sujet, le Ministere avoit ordonné que les Commis des barrieres de Paris verseroient une pinte d'essence de térébenthine dans chaque tonneau d'huile d'œillet, ou plutôt de de pavot, qui entre dans cette ville. On fait beaucoup de cette huile à Strasbourg & en Flandres, dont on use dans les alimens: les pains qui restent après l'expression de cette huile, servent à nourrir les rossignols qu'on éleve en cage. Enfin M. l'Abbé *Rosier* a démontré dans son *Traité sur la culture de la navette*, &c. que l'huile de pavot pure n'étoit ni somnifere, ni dangereuse; l'entrée & la vente en sont permises aujourd'hui.

PAVOT CORNU, GLAUCIUM A FLEUR JAUNE, *papaver cornutum, luteum.* Cette plante dont on distingue plusieurs especes, croît aux lieux maritimes & sablonneux; on en trouve au bois de Boulogne près de Paris, devant le château de Madrid. Cette plante est plus commune en Angleterre & en Suisse qu'en France. Sa racine est grosse comme le doigt, longue, noirâtre, empreinte comme toute la plante d'un suc jaune, de mauvaise odeur & d'un goût amer; elle pousse des feuilles longues, larges, charnues, grasses, velues, découpées profondément, dentelées à leurs bords, comme crêpées, de couleur vert de mer; ces feuilles se couchent sur terre pendant l'hiver, & résistent au froid: sa tige ne s'éleve que la seconde année; elle est forte, dure noueuse & rameuse, poussant de ses nœuds des feuilles plus petites que celles d'en-bas & moins découpées: ses fleurs sont grandes comme celles du pavot cultivé, composées chacune de quatre feuilles, disposées en roses & de couleur jaune, contenant plusieurs étamines & soutenues par un calice à deux feuilles. A ces fleurs succedent des especes de siliques longues de deux pouces, grêles, rudes au toucher & courbées, contenant des semences noires, à doubles rangs & rondes comme celles du pavot blanc. Si on seme cette graine dans les jardins en automne, elle vient au printems & fleurit en Juin & Juillet; ses gousses mûrissent en Août. Toute la plante est empreinte d'un suc jaune, & teint en jaune; elle est en même temps de mauvaise odeur, d'un goût amer.

En Portugal on fait boire à ceux qui sont sujets à la pierre un verre de vin blanc, dans lequel on a fait infuser des feuilles de cette plante. *Garidel* rapporte qu'en Provence les Paysans se servent de ses feuilles pilées pour déterger les ulceres qui succedent aux contusions & aux écorchures des bêtes de charge, notamment les enflures & engorgemens des jambes des chevaux, qui proviennent de foulures, quelque grosses

& dures qu'elles soient; le suc de cette plante les guérit infailliblement, pourvu que le mal ne soit pas trop invétéré. Cet Auteur dit qu'il a connu des personnes qui se sont bien trouvées d'en avoir appliqué de la même maniere sur des jambes ulcérées. Nous croyons qu'il est très-sage de ne point user intérieurement de cette plante, qui a paru fatale plus d'une fois en Angleterre. *Consultez Transf. Philos. n°. 242.*

Les deux autres especes de pavots cornus ont, l'un la fleur rouge & l'autre violette.

PAVOT NOIR CULTIVÉ OU DES JARDINS, *papaver hortense semine nigro.* Cette espece differe du pavot blanc en ce que sa fleur est rouge, tantôt simple, tantôt double & de différentes couleurs; en ce que sa tête ou coque est plus arrondie, & en ce que ses semences sont noirâtres: cette plante étant verte est, ainsi que sa fleur, empreinte d'un suc huileux, d'une odeur fétide: sa fleur orne beaucoup les jardins & les parterres, par ses agréables variétés: on la cultive aussi pour l'usage de la Médecine. Les sentimens sont assez partagés sur les propriétés de cette espece de pavot noir, cependant bien des Pharmaciens l'emploient avec le même succès que le blanc: c'est précisément de sa graine que l'on tire plus communément l'*huile d'œillet*, dont nous avons parlé; on s'en sert pour les lampes, pour les fritures, en un mot c'est l'huile d'olive du petit peuple dans les Provinces.

PAVOT ROUGE DES CHAMPS, OU PAVOT SAUVAGE, OU COQUELICOT, *papaver rhœas aut erraticum majus.* Sa racine, qui est moins grosse que celle des autres especes de pavots, est fibreuse & amere au goût: elle pousse plusieurs tiges à la hauteur d'un pied & demi; ses tiges sont rondes, fermes, hérissées de poils & rameuses: ses feuilles sont découpées çà & là, comme celles de la chicorée, velues, & d'un vert brun; ses fleurs sont composées de quatre feuilles larges, minces, d'un rouge couleur de feu très-éclatant; elles sont si peu adhérentes qu'elles tombent au moindre fouffle : elles font fuivies de petites coques groffes comme des noifettes, oblongues, reffemblant affez à celles du pavot des jardins ; renfermant dans plufieurs cellules de petites femences noirâtres.

Cette efpece de pavot croît par-tout dans les champs, le long des chemins ; principalement parmi les lins, dont la belle fleur bleue fait un conftrafte très-agréable avec la fleur d'un rouge vif du coquelicot. On feme tous les pavots en automne ou au printems, afin qu'ils fleuriffent durant tout l'été ; quand une fois il y en a eu de femé dans un jardin, on n'en manque plus, fur-tout du pavot noir, car il fe feme de lui-même.

Dans le coquelicot, la fleur eft la principale partie qu'on emploie en Médecine, elle eft adouciffante & facilite l'expectoration dans le rhume & dans la toux feche : on l'emploie en infufion théiforme, en firop, en conferve, en tifane pour la pleuréfie. M. *Chomel* (dans fon *Traité des plantes ufuelles*) affure que c'eft un fudorifique plus efficace que le fang de bouquetin même : la tête de ce pavot eft légérement fomnifere. M. Geoffroy *Mat. Med. Traduct. Franç. T. VIII. p. 17.* & l'*Hift. de l'Acad. des Sciences pour 1768*, rapportent les dangereux effets de fa femence mangée par les moutons.

PAVOT ÉPINEUX OU ARGÉMONE, *papaver fpinofum, aut argemone Mexicana*. Plante dont la fleur eft compofée de cinq grands pétales arrondis, foutenus par un calice de trois feuilles concaves : le piftil qui eft accompagné d'un grand nombre d'étamines, devient une capfule ovale, épineufe, & qui n'a qu'une loge relevée par cinq angles qui s'ouvrent par leur fommet. Chaque angle eft garni d'un placenta étroit, auquel font attachées des femences rondes & noires. La racine de l'argémone eft fibreufe, & pouffe une tige haute de fix à huit pouces, rameufe, garnie de petites épines & remplie de moelle blanche : fes feuilles font déchiquetées comme celles du pavot cornu, armées en leurs bords de pointes jaunâtres fort aiguës. Cette plante qui est le *chardon bénit des Américains* est anodine & pectorale. On distingue aussi une espece d'argémone à fleur blanche : l'une & l'autre sont cultivées dans les jardins.

PAUXI. *Voyez* PIERRE DE CAYENNE.

PAYCO. Plante du Pérou, fort âcre au goût, & assez semblable au plantain : on s'en sert dans l'Inde Occidentale pour chasser les vents & pour guérir la néphrétique.

PEAU. Nom donné à l'enveloppe qui couvre superficiellement la chair des animaux & la pulpe des fruits. Dans les animaux, & notamment chez l'homme, la peau, *pellis*, est le premier des tégumens : elle est composée de quatre parties, 1°. du *cuir* ou *derme* : cette partie intérieure de la peau est un tissu de nerfs & de tendons, mêlés avec les vaisseaux sanguins & lymphatiques. 2°. Le *corps papillaire*, placé par dessus le cuir ; c'est un composé d'éminences ou mamelons de différentes figures formées par l'extrémité des nerfs. Pour peu que l'on sue, on connoîtra l'usage de ces mamelons. 3°. Le *corps réticulaire* ou *muqueux* de *Malpighi* ; ce réseau cutané paroît n'être que le dessus de l'épiderme. 4°. L'*épiderme*, c'est la surpeau qui se reproduit continuellement ; c'est une membrane d'une grande finesse ; on la nomme aussi *cuticule*. L'ensemble de la peau est un tissu très-fort, plus ou moins épais, & étendu par toute l'habitude du corps : elle est composée de fibres nerveuses, tendineuses, membraneuses, d'arteres, de veines, tant sanguines que lymphatiques, le tout entrelacé ensemble en tout sens, & de maniere qu'elle prête de toute façon, & qu'elle peut s'étendre considérablement, même d'une maniere molle & élastique, comme on l'observe dans l'hydropisie, les grossesses, & qu'ensuite elle peut reprendre sa premiere extension. La vue simple découvre sur la peau un tissu cellulaire, garni dans certains endroits d'une ouatte graisseuse qui fait l'embonpoint,

& dont la juste proportion contribue à la beauté de la peau & du sujet même. L'Observateur armé du scalpel trouve ce tissu composé de lames très-fines, appliquées les unes contre les autres, & attachées par intervalles, de maniere qu'elles représentent un gâteau feuilleté. C'est dans les intervalles ou cellules de ce gâteau, que les extrémités artérielles déposent (dit M. *le Cat* dans son *Traité de la couleur de la peau humaine*) une huile qui, en se figeant, fait la *graisse* ; voyez ce mot. C'est aussi dans ces mêmes cellules que les Bouchers font entrer l'air qu'ils sont dans l'usage de souffler sous la peau des bœufs, des moutons, &c. qu'ils préparent pour les cuisines.

La peau est sujette à recevoir les altérations causées par le tempérament & par le climat; l'on voit des personnes chez qui la peau est si fine, qu'on peut distinguer à travers le sang veineux & le sang artériel, ou ce qui revient au même, les veines & les arteres qui forment des traces bleues & rouges. Moins l'homme est exposé aux impressions de l'air ou à l'aspect d'un soleil brûlant, & plus sa peau est blanche : il suffit de voir la blancheur d'un Anglois, le roux d'un Chinois, le brun d'un Egyptien & le noir d'un Maure, pour juger combien la température du climat produit de différences dans la couleur de la peau. *Voyez aux articles* HOMME *&* NEGRE.

La peau est plus épaisse dans des endroits que dans d'autres : elle est très-épaisse au dos & à la plante des pieds ; elle l'est moins à la paume des mains, très-mince au bas du ventre, extrêmement fine au bord des levres & aux parties de la génération. La peau qui a été pressée, foulée, endurcie par un exercice fréquent & violent, est pleine de durillons, c'est-à-dire de callosités saillantes. Les *durillons* viennent en plusieurs endroits du corps, sur-tout sous la plante des pieds, à la paume & aux doigts de la main ; ce qui les distingue des *cors* qui naissent sur les doigts des pieds & entre les orteils. Cependant ces deux sortes d'excroissances sont de même nature, ont une même cause, & requierent les mêmes remedes : toutes deux ne sont autre chose que l'épaississement de divers feuillets de l'épiderme, & du tissu de la peau, étroitement unis les uns aux autres, mais dont les petits vaisseaux cutanés ont été détruits. Peu-à-peu ces callosités saillantes s'endurcissent comme de la corne; alors elles gênent beaucoup, parce qu'elles meurtrissent les chairs voisines par leur compression répétée. Le remede est de ramollir ces tubercules & de les couper. La peau ou l'épiderme de la peau, qui est autour de la racine des ongles, se détachant en petits lambeaux, notamment chez les adultes, forme ce qu'on appelle communément des *envies*.

La peau est percée de deux manieres différentes: les premieres ouvertures naturelles & qui sont sensibles, sont celles du nez, de la bouche, des oreilles, des yeux, de l'anus, &c. cependant il semble qu'il n'y a point de vrais trous, puisque nous observons que la peau ne perd point sa continuité, c'est-à-dire qu'étant parvenue à ces endroits, elle se confond avec la membrane sensible de ces cavités, en devenant, à mesure qu'elle en approche, d'une extrême finesse.

Les autres ouvertures, quoiqu'insensibles, sont de plusieurs especes; les unes donnent passage aux tuyaux excréteurs des glandes, qui répandent sur la surface de la peau l'humeur sébacée, aussi bien que la liqueur lymphatique qui établit la sueur ou la transpiration sensible: les autres, qui sont plus imperceptibles & plus nombreuses que les précédentes, sont celles qui laissent échapper à travers de la surpeau une vapeur appellée *insensible transpiration*; voyez à l'article *Economie animale*, au mot HOMME: d'autres enfin permettent aux poils de sortir. On peut encore mettre au rang des pores de la peau les orifices des conduits laiteux des mamelles, dont le volume varie suivant l'âge & le sexe.

Les usages de la peau sont, 1°. de former une enveloppe commune à tout le corps, & de mettre à l'abri des injures extérieures, autant qu'il est possible, les parties qui sont dessous : 2°. d'établir l'organe du toucher à la faveur de l'expansion des filets nerveux ou de leurs mamelons ; car, comme l'on sait, ce sont ces houpes nerveuses qui nous font distinguer si facilement le froid d'avec le chaud, le dur, le mou, le poli, l'inégal, l'humide & la fluctuation, &c.

L'art du Tanneur & du Corroyeur, qui est celui de préparer les peaux des animaux, sur-tout des quadrupedes, est un des plus importans dans la société : c'est par l'industrie d'un tel art qu'on imite la peau du castor avec celle de la chevre & du bouc, elles sont corroyées à l'huile : on passe au lait & à la chaux la peau du veau & du mouton pour la rendre blanche, & on peut ensuite la chamarrer : on s'en sert pour faire des doublures. Le marroquin dont on fait des meubles, des pantoufles, &c. n'est que de la peau de chevre : il y en a de toutes couleurs. Les cuirs nerveux de Sédan, celui de Colomiers & de Bourgogne, celui de Paris, servent à faire des semelles de souliers. Le cuir de vache ne se prépare qu'au tan, & ne sert que pour les escarpins. Les rognures de peau de bœuf servent à faire de la colle forte. La peau de chien sert pour les empeignes de gros souliers, ainsi que celle de chevre corroyée à l'huile de poisson. On prépare aussi des peaux de veau pour les empeignes ; on les passe au tan & on les trempe dans de la biere aigrie, où on a macéré de la vieille ferraille, puis on les nourrit avec le dégras (huile de poisson). On corroie beaucoup de peaux au suif, de même qu'on en tanne avec le sumach. Le faux chagrin des Gainiers se fait avec la peau de mouton, de la même maniere que le vrai *chagrin* se fait avec la peau de la croupe d'un âne. *Voyez ce mot.* La peau du veau mort-né sert à faire le *velin*, dont on se sert pour peindre en miniature. M. *Sue*, célebre Chirurgien de Paris, a donné au cabinet du Roi une paire de pantoufles faites avec de la peau humaine tannée ou préparée comme celle des quadrupedes. On voit encore dans ce même cabinet un ceinturon fait aussi avec de la peau d'humain. On distingue sur ce ceinturon la marque du mamelon, & sur un autre morceau en forme de courroie la peau des deux derniers doigts de la main droite avec leurs ongles. La préparation de cette peau consiste à la mettre pendant quelques jours dans une lessive chargée d'alun, de vitriol romain & de sel commun ; on la retire & on la fait sécher à l'ombre, puis on la passe en mégie.

Dans quelques animaux la peau est fort singuliere : il y en a, telle que celle de l'anguille, qui est unie, glissante & qui sert de fil ou de ficelle ; d'autres, comme celle du requin, sont couvertes d'especes de pointes qui servent à limer le bois & le fer ; d'autres, comme celles des poissons & des serpens, sont couvertes d'écailles artistement arrangées, & ces peaux tombent fréquemment chez les serpens ; d'autres, comme celles des oiseaux, sont extrêmement poreuses : il y en a de très-dures, comme celle du rhinocéros, du cheval de riviere, &c. enfin il semble que la peau est pour les insectes de la même utilité que les écailles sont pour les poissons, les coquilles pour les animaux qui les habitent, les plumes pour les oiseaux & le poil pour les quadrupedes. Quant à la maniere de préparer les peaux des animaux pour l'usage des Naturalistes, voyez les articles *Quadrupede*, *Oiseau*, *Poisson*, *Insecte*, &c.

PÉCARI. Espece de sanglier ou de cochon naturel à l'Amérique, où il est connu aussi sous le nom de *tajacu*. Voyez ce mot.

PÊCHÉ ou PÊCHER, *persica*. Arbre originaire de Perse, & qui s'est naturalisé dans nos climats. La pêche est un des plus excellens fruits de l'Europe ; en effet ce fruit savoureux flatte sensuellement les organes de la vue & du goût ; mais c'est aussi dans notre climat celui de tous qui coûte le plus de soin, & qui par conséquent demande le plus d'intelligence pour être utilement cultivé. Tout le monde connoît les belles pêches que fournissent les terrains de Bagnolet & de Montreuil aux environs de Paris. Nous ferons usage du *nouveau Traité de la Culture du Pêcher*, pour donner une idée de la maniere dont il faut gouverner cet arbre si intéressant.

Les fleurs du pêcher sont en roses ; il leur succede le fruit charnu qu'on nomme *pêche*, dont il y a beaucoup d'especes : elles different par la forme, par la couleur, par le goût & par le plus ou le moins de temps qu'elles sont à mûrir. Elles renferment un noyau gravé de profonds sillons : ce noyau contient une amande composée de deux lobes, ordinairement amere. Les feuilles de pêcher se terminent en pointes : elles sont dentelées sur les bords & placées alternativement sur les branches.

Parmi le nombre prodigieux de pêches, ou plutôt de variétés qu'on en compte, il n'y en a guere qu'une quinzaine qui méritent les soins du cultivateur : on peut cependant se procurer une suite non interrompue de bonnes pêches, depuis la fin de Juillet jusqu'à la mi-Octobre.

Les quinze sortes de pêches qui se succedent sans interruption, & qui sont sans contredit les meilleures & les plus belles, sont la *petite* & *grosse mignonne*, la *magdelaine rouge*, la *galante*, le *teton de Vénus*, la *pêche d'Italie*, la *violette hâtive*, le *bourdon*, la *chevreuse*, la *pourprée*, la *Persique*, l'*admirable*, la *bellegarde*, la *royale*, la *navette* & le *pavie de Pompone*. Cette derniere est estimée pour sa grosseur monstrueuse, pour son beau coloris, & parce qu'elle vient quand toutes les pêches finissent ; de plus, elle a l'avantage de pouvoir être mangée toute l'année, confite au vinaigre comme les cornichons, elle surpasse en bonne qualité tout ce qu'on a coutume de confire de cette maniere.

Il y a encore un petit pêcher nain qu'on éleve à

Orléans, qui fait l'amusement de quelques Curieux, mais qui n'est bon que pour le plaisir des yeux : on l'appelle *parchemin d'Orléans*. On le cultive dans des vases de faïance, & on sert le fruit & l'arbre dans le vase sur la table : il rapporte quelquefois jusqu'à vingt & vingt-cinq pêches, mais elles sont insipides au goût. Les pavies, dans ce pays-ci, sont bien éloignés d'être aussi bons qu'en Italie & en Provence.

Le pêcher se greffe sur trois sortes de sujets, sur le noyau de la pêche même, sur l'amandier & sur le prunier : il s'en greffe peu de la premiere sorte, d'autant qu'elle est trop sujette à la gomme. On greffe sur amandier dans les terres légeres, parce que la racine de ces derniers pivote ; mais on préfere dans les terres fortes les pêchers greffés sur le prunier, parce que la racine de ce dernier rampe davantage. Cette derniere espece de greffe est aussi beaucoup plus durable. En général tous les terrains qui sont propres à la vigne, conviennent au pêcher.

Il est décidé par l'expérience que toutes nos pêches tendres ne peuvent guere réussir qu'en espalier, & même aux seules expositions du Midi & du Levant. Lorsqu'on se trouve dans le cas de renouveller un espalier, il faut, autant qu'il est possible, changer les especes, c'est-à-dire, remettre des fruits à noyau où il y avoit des fruits à pepin ; & des fruits à pepin où il y avoit des fruits à noyau : les arbres profitent bien mieux. Les fruits mûrissent d'autant mieux que les murs sont mieux recrépis, parce que la chaleur occasionnée par la réflexion des rayons, devient alors plus grande.

Un pêcher bien taillé & bien conduit dure très lontemps en bon état ; on en voit qui ont quarante ans, & qui s'entretiennent encore très-bien.

L'ébourgeonnement dans la culture du pêcher est, après la taille, l'opération la plus importante, & néanmoins la plus négligée. L'utilité de l'ébourgeonnement consiste en ce qu'il facilite toutes les autres opérations, & qu'il procure au fruit la sûreté, la beauté & la bonté. L'ébourgeonnement se fait au mois de Mai; cette opération consiste à ôter les bourgeons d'où doivent pousser certaines branches, ou à retrancher les branches inutiles dont le pêcher fourmille. Par ce moyen la seve reflue dans les branches à fruit, & il en résulte tous les avantages dont nous avons parlé.

Les feuilles des pêchers sont sujettes à une maladie que l'on nomme *cloque*; c'est, dit-on, l'effet d'un mauvais vent qui fait crisper les feuilles: elles s'épaississent, deviennent jaunes, rouges, galeuses. On doit les retrancher, parce qu'elles enlevent trop de seve à l'arbre.

Les fourmis & les pucerons causent quelquefois le même désordre aux feuilles & aux branches. Les fourmis sur-tout causent un tort très-considérable aux pêchers, notamment à ceux des espaliers; ils se logent & nichent dans les feuilles des bouts des branches qu'ils entortillent, d'où on les voit bientôt sortir par milliers, & se répandre sur ces arbres dont ils font périr le fruit, & même souvent l'arbre entier. Dès qu'on s'en apperçoit, il faut aussi-tôt enlever ces feuilles entortillées, & les brûler: il faut en outre attacher à l'arbre plusieurs bouteilles remplies à moitié d'eau miellée, pour attirer & faire périr les fourmis répandues sur les branches de l'espalier.

Autant il est nécessaire de tenir les fruits à couvert sous leurs feuilles avant leur maturité, puisque les feuilles elles-mêmes absorbent l'humidité de l'air, & portent ainsi de la nourriture à l'arbre; autant il est nécessaire de les découvrir lorsqu'ils sont en maturité, pour perfectionner leur goût, & leur donner cette belle couleur qui fait leur plus grand ornement; mais il est bien essentiel de ne le faire que petit à petit, sans quoi les fruits se dessécheroient & périroient.

On sait combien il est important de garantir les fleurs du pêcher des gelées du printems; mais comme on a observé que ces gelées ne tomboient que perpendiculairement, ainsi que les pluies froides, on en garantit facilement les pêchers, en scellant au haut des murs, des bâtons qui soutiennent des planches en saillie, qui tenant ainsi les arbres à l'abri de ces inconvéniens, les mettent en sureté. On sent de quelle importance est le labour aux pieds de ces arbres pour les faire profiter.

La plupart des pêches ont la peau velue, mais plusieurs espèces, qu'on nomme *pêches violettes*, l'ont très-lisse. Il y a des pêches velues qui quittent le noyau, & d'autres dont le noyau est adhérent à la pêche; celle-ci se nomment *pavies*. Il y a aussi des pêches violettes ou lisses qui quittent le noyau, & d'autres qu'on nomme *brugnons*, dont la chair est adhérente au noyau.

Il ne faut pas être étonné, dit M. *Duhamel*, si M. *Linnæus* ne fait qu'un seul genre du pêcher & de l'amandier; car nous en avons une espèce qui a les feuilles toutes semblables à celles de l'amandier: ses fleurs sont d'un rouge très pâle, & aussi grandes que celles de l'amandier: le noyau du fruit n'est presque point sillonné, mais uni & percé de plusieurs trous, enfin les amandes en sont douces, au contraire de celles des autres pêchers, qui sont ameres. Les fruits de cet arbre sont quelquefois secs, peu charnus, & d'autres fois ils deviennent gros & succulens, d'un goût amer & désagréable; mais bons à faire des compotes; en un mot ces fruits qu'on nomme *pêches amandes*, sont un composé des qualités des fruits de ces deux genres. Il y a toute apparence que ce genre vient originairement d'une amande fécondée par un pêcher d'autant plus que M. *Duhamel* en a cultivé un qui provenoit d'un noyau levé de lui-même dans un petit jardin où il n'y avoit que des pêchers & des amandiers. C'est-là sans doute l'origine de la grande variété des fruits.

L'espèce de pêcher à fleurs doubles fait un très-bel

effet à la fin d'Avril. Il orne très-bien les bosquets du printems. Le pêcher nain d'Afrique, à fleurs incarnates & doubles, est un arbuste charmant par la quantité des fleurs doubles dont il est chargé. Comme cet arbre ne porte point de fruit, on doute encore s'il est du genre des pêchers ou de celui des pruniers. Cependant M. *Bernard de Jussieu* soupçonne que cet arbre est un véritable prunier, parce qu'il a observé que dans le développement de ses boutons les feuilles sont pliées l'une dans l'autre, comme celles des pruniers; au lieu qu'aux pêchers & aux amandiers elles sont placées à côté l'une de l'autre.

Il y a une autre espece de pêche que l'on nomme *sanguinole*, qui est curieuse par la couleur de sa chair, laquelle est rouge comme la racine de betterave.

Les fleurs & les feuilles de pêcher ont une certaine amertume aromatique, qui n'est pas désagréable; elles sont purgatives. M. *Bourgeois* a observé que les feuilles de pêcher ne sont purgatives que lorsqu'on les cueille au commencement du printems, avant qu'elles soient ouvertes, mais alors elles ont une vertu purgative très-marquée. Il a aussi reconnu qu'elles sont plus purgatives que les fleurs, & qu'on devroit faire usage de ces bourgeons préférablement aux fleurs, surtout pour les adultes, & se servir des fleurs pour les enfans.

Il est constant que la pêche est une nourriture assez innocente, savoureuse, délicate, rafraîchissante & saine, lorsqu'elle est mangée mûre & en petite quantité; on en fait des compotes. Mais la pêche veut être mangée crue, elle perd de sa qualité en passant sur le feu; aussi n'en conserve-t-on guere dans les offices, qu'à l'eau-de-vie; d'ailleurs ces fruits se corrompent aisément.

Les noyaux de pêche, dit M. *Bourgeois*, nous fournissent aussi d'excellens remedes dans la Médecine: on en fait une eau de noyaux de pêches, distillée avec l'eau commune, qui est stomachique, carminative, hystérique & très-agréable. Une douzaine d'amandes de pêches, mangées à jeun, guérissent les vertiges qui proviennent de foiblesse d'estomac & d'indigestion. On fait aussi avec ces noyaux, en y joignant les amandes douces, le sucre, la cannelle & les jaunes d'œufs, des bouillons qui sont très-bons pour rétablir les malades convalescens, & fortifier & nourrir les femmes en couches & les vieillards. Enfin ils entrent dans la composition d'un grand nombre de sucreries, & font la base d'un excellent ratafia connu sous le nom de *verricot* ou de *noyau*. On tire de l'huile des noyaux de pêche ; elle est amere.

Quant aux pêches de Perse, que les Voyageurs disent être un poison, il ne faut regarder cette assertion que comme relative & non absolue : elles ne font point de mal aux Naturels du pays, qui en mangent en petite quantité ; mais elles occasionnent la constipation aux Européens, à cause de leur qualité acerbe.

PÊCHE-MARTIN. A la Louisiane, on donne ce nom à une espece d'oiseau de Paradis : son plumage a toutes les couleurs de l'arc-en-ciel : il vole toujours contre le vent.

PÊCHETEAU. *Voyez* BAUDROIE.

PÊCHEUR *Voyez* MARTIN-PÊCHEUR.

PÊCHEUR. Dans les Antilles on donne ce nom à un puissant oiseau de proie qui ressemble à l'aigle, il est un peu plus petit. Il n'en veut ni aux oiseaux qui peuplent l'air, ni aux animaux qui sont sur la terre ; il est seulement l'ennemi des poissons qu'il épie de dessus une branche, ou de dessus la pointe d'un roc : lorsqu'il les voit à fleur d'eau, il fond promptement dessus, les enleve avec ses griffes, & les va manger paisiblement sur le lieu d'où il s'est élancé. Il est étonnant que cet oiseau de proie, qui laisse en paix tous les autres oiseaux, soit obligé de changer de quartier, par la guerre que ceux-ci lui font ; détesté par ces persécuteurs qui le poursuivent, il ne trouve de tranquillité

lité que fur les rochers folitaires. Les enfans des Sauvages prennent plaifir à élever cet oifeau, quand il a été pris petit, & ils s'en fervent pour la pêche ; il eft fort exact à revenir à fon maître quand il n'a rien trouvé; mais quand il a fait capture, il s'enfuit fouvent avec fa proie dans des lieux inacceffibles. Pour prévenir cette fuite, on le tient attaché au moyen d'une ficelle.

PÊCHEUR DU SÉNÉGAL. *Voyez* KURBATOS.

PECTINITES. Ce font des coquilles du genre des peignes, devenues foffiles. On donne le nom de *pectonculites* aux peignes à oreilles inégales que l'on trouve auffi en terre. Les *pectinites* font communs dans les Pays-Bas Autrichiens. *Voyez* PEIGNE.

PECTONCULITES. *Voyez* PECTINITES.

PÉDICULAIRE, *pedicularis*. Le genre de la *pédiculaire* a pour caractere, dit M. *Deleuze*, un calice d'une feule piece fendue en cinq pointes inégales : la corolle en mufle a deux levres, dont la fupérieure eft arquée, creufe, ordinairement comprimée par les côtés, & terminée en pointe; elle renferme deux paires inégales d'étamines & un piftil. Le fruit eft une capfule ovale & pointue. Ce genre a plufieurs belles efpeces, la plupart naturelles aux pays froids & habitantes des hautes montagnes : celle qu'on va décrire eft la plus commune.

PÉDICULAIRE DES PRÉS, *pedicularis pratenfis purpurea*, eft une plante qui croît dans les prés, dans les marais & autres lieux humides : fa racine eft groffe comme le petit doigt, ridée, blanche, divifée en plufieurs groffes fibres, d'un goût un peu amer; elle pouffe des feuilles femblables à celles de la filipendule, mais plus petites & crêpées : fes tiges s'élevent à la hauteur de fix pouces, elles font anguleufes, creufes, foibles; les unes rampantes à terre, les autres droites, portant des fleurs en tuyaux, terminées comme par un mufle à deux mâchoires, elles font de couleur purpurine ou blanche; leur calice n'a que deux segmens bordés de dentelures : à ces fleurs succedent des fruits aplatis qui se divisent en deux loges, & renferment des semences plates, noirâtres, & bordées d'une aile membraneuse. Cette plante est vulnéraire & astringente; elle est très-propre pour arrêter toute espece de flux : on la dit bonne aussi pour les fistules. En topique elle guérit les ulceres sanieux.

PEGAFROL. *Voyez à l'article* COLIBRI.

PEGOUSE, *solea oculata*, espece de sole qui se pêche à Marseille : ses écailles sont tellement adhérentes, qu'il faut tremper le poisson dans l'eau très chaude pour les ôter. Ce poisson a sur le corps de grandes taches faites en forme d'yeux. RONDELET, *Hist. Nat. des Poiss. I. Part. Liv. XI. Chap. XI.*

PEIGNE, *pecten*, est un genre de coquillage bivalve, dont la forme est très-connue, parce qu'une des especes de ce genre sert d'ornement aux Pélerins de S. Jacques ou de S. Michel : on l'appelle *sourdon* en Poitou, & presque par-tout la *pélerine*. Quelques Naturalistes appellent *peigne* ceux de ces coquillages qui sont grands, & *pétoncle* les petits. Cependant M. *Adanson* donne, d'après *Belon*, *Rondelet* & *Lister*, le nom de *pétoncle* à un coquillage fort différent du *peigne*, tant par l'animal que par la charniere & la forme renflée de sa coquille : *voyez* l'*Histoire des Coquilles du Sénégal*.

Le peigne, dit M. de Réaumur (*Mém. de l'Acad. 1711, page 137 & suiv.*) est fort commun & fort recherché : on le mange cuit & crud. Sa coquille est composée de deux pieces. Le ligament à ressort, qui les assemble & qui sert à les ouvrir, est au milieu du sommet. Depuis ce sommet sa coquille va en s'élargissant insensiblement, & prend une figure arrondie : précisément au sommet, elle est comme coupée en ligne droite ; chaque piece de la coquille forme un ou deux appendices, qui sont appellés les *oreilles de la coquille*. La coquille ferme exactement de tous côtés : elle est rayée en forme d'un peigne ; elle est plate d'un côté, élevée de l'autre, garnie de deux oreilles égales comme le bénitier, la coquille de S. Michel, & le *peigne orangé* de la Mer Caspienne; ou à oreilles inégales, à valves supérieures & inférieures, convexes & sont nommés *pétoncles*: telle est la *coraline* & la *gibeciere*. Il y en a qui paroissent n'avoir qu'une oreille, tels que les *peignes épineux* ou *tuilés*; d'autres ne paroissent point avoir d'oreilles. La charniere de ceux-ci est aplatie; l'on y voit un petit ligament & plusieurs petites dents rangées de part & d'autre en forme d'arc, dans les deux valves qui elles-mêmes sont arrondies & bombées.

Il y a une très-grande variété dans la couleur & la figure des peignes. Les uns sont entiérement blancs: d'autres sont rouges ou violets; & d'autres ont toutes ces couleurs distribuées avec symétrie; telle est la coquille appelée le *Manteau Ducal*: il y en a de cannelées simplement, telle est la *coquille de S. Jacques*: souvent les intervalles qui séparent ces cannelures, ressemblent, en quelque façon, aux dents d'un peigne, chargées de pointes, ou plutôt de tuiles ou écailles, comme celles qu'on appelle la *ratissoire* ou la *râpe*: d'autres sont plates, unies en dehors & cannelées intérieurement, comme la *sole* ou l'*éventail*: enfin le caractere spécifique fait voir une grande échelle dans le caractere générique. Nous avons dit que parmi ces coquilles, il y en a qui n'ont qu'une valve de plate; l'autre est convexe en dehors & concave en dedans, tel est le *bénitier*; d'autres sont convexes des deux côtés; d'autres ont les deux valves presque plates.

Ces coquillages s'attachent aux pierres; leurs fils n'ont aucun usage connu: ils sont plus gros & plus courts que ceux des moules; souvent après une tempête, on trouve de ces coquillages dans des endroits où il n'y en avoit pas auparavant, comme on le remarque sur les côtes d'Aunis. M. *d'Argenville* dit que, quand ce coquillage est à sec, & qu'il veut regagner la mer, il ouvre ſes deux valves de plus d'un pouce de large ; enſuite il les ferme avec tant de viteſſe, qu'il communique aiſément à ſa valve inférieure un mouvement de contraction ou de balancier, par lequel elle acquiert aſſez d'élaſticité pour s'élever & perdre terre de cinq à ſix pouces. Tel eſt ſon mouvement progreſſif ſur terre pour regagner la mer & avancer du côté où l'animal veut : mais celui qu'il a dans l'eau eſt bien différent, car il commence par en gagner la ſurface, ſur laquelle il ſe ſoutient à demi plongé ; il ouvre alors un peu ſes deux valves, auxquelles il communique un battement ſi prompt & ſi accéléré, qu'il acquiert un ſecond mouvement ; on le voit du moins, en réuniſſant ce double jeu, tourner d'abord ſur lui même de droite à gauche avec une célérité étonnante, & voler enſuite au niveau des flots. *Rondelet* dit que par ce moyen, l'animal agite l'eau avec une ſi grande violence, qu'elle eſt capable de l'emporter & de le faire courir ſur la ſurface des mers.

On trouve dans la Manche, ſur les côtes de la Bretagne, quantité de *pétoncles* ſtriés ou tuilés, dont la marbrure ou les couleurs ſont admirables & très-variées, vert & bleu, brun & blanc, jaune & rouge, aurore pur, &c. Les Mers du Nord en offrent de papyracés, nués de zones, de diverſes teintes ; les peignes les plus rares nous viennent des deux Indes ; telle eſt la *ſole Chinoiſe*, &c.

PEIGNE DE VÉNUS ou AIGUILLE DE BERGER, *ſcandix ſemine roſtrato vulgaris*, eſt une plante qui croît abondamment & preſque par-tout parmi les blés, dans les champs & les vignobles. Sa racine eſt unique, blanche, groſſe comme le petit doigt, fibreuſe, annuelle, & d'un goût doux mêlé d'acerbe : elle pouſſe pluſieurs tiges hautes d'un pied, menues, rameuſes, velues, vertes en haut, rougeâtres en bas. Ses feuilles ſont découpées à-peu-près comme celles de la coriandre, d'un goût douceâtre & un peu âcre. Aux ſommités ſont des ombelles qui ſoutiennent de petites fleurs à cinq feuilles, & difposées en fleur de lis: à ces fleurs fuccedent un fruit compofé de deux graines longues, femblables à des aiguilles, convexes & fillonnées.

Cette plante contient beaucoup de fel effentiel: elle eft eftimée apéritive, vulnéraire, réfolutive & propre pour les maladies de la veffie. Quelques perfonnes mangent cette plante tendre & crue en falade, ou cuite avec du beurre & de l'huile.

PEINTADE, oifeau. *Voyez* PINTADE.

PEKAN. Efpece d'animal qui fe trouve dans l'Amérique feptentrionale, & dont la pelleterie eft d'ufage dans le commerce. Ce quadrupede reffemble tellement à la marte par la forme du corps & par le naturel, qu'on peut la regarder comme de la même efpece; fon poil eft feulement plus luftré, plus brun & plus foyeux, qualités occafionnées par le climat & qui fe trouvent toujours d'une maniere bien fenfible dans les efpeces d'animaux qui font communs au climat du Nord & au nôtre. Le pekan fait la guerre au porc-épic.

PELA, eft un ferpent de l'Amérique qui, felon *Séba*, pourroit être nommé le *pouilleux*. Sa couleur eft fauve; il a les écailles du ventre jaunes, la tête petite & les yeux étincelans. Ces fortes de ferpens font couverts de poux, femblables à de petits efcarbots munis fur le deffus du corps de petits boucliers; ils fe cramponent avec leurs pieds nombreux entre les écailles de ces animaux, pénetrent la peau qu'ils fucent pour fe nourrir, & défolent ainfi ces ferpens.

PELA. *Voyez au mot* ARBRE DE CIRE.

PÉLAMIDE. En Languedoc on donne ce nom au *glaucus* ou *liche*, efpece de *chien de mer*. Voyez ces mots.

PÉLERINE, eft le nom qu'on donne aux coquilles de S. Jacques, que l'on appelle *fourdon* en Poitou. *Voyez* PEIGNE.

PÉLICAN ou ONOCROTALE ou GRAND GOSIER,

ou Oiseau goitreux ou Livane, *onocrotalus aut pelicanus*. C'est un genre d'oiseau dont on distingue plusieurs especes, & dont le caractere est d'avoir quatre doigts à chaque pied, & qui tiennent ensemble par des membranes; le bec est droit, aplati horizontalement, & formant un petit crochet à la pointe; au gosier pend une bourse susceptible de s'enfler. Le Pélican vulgaire, *onocrotalus*, est beaucoup plus gros qu'un fort cygne; son bec qui ressemble à une coignée, en ce qu'il est plat, & qu'il conserve presque une même largeur dans toute son étendue, a neuf à dix pouces de longueur; il est courbé au bout, très-gros vers la tête, où il a neuf pouces de circonférence; les côtés de ce bec sont tranchans, le dessous est creusé de quatre canelures dont les bords font cinq côtes; savoir, les deux qui font les côtés du bec, une au milieu, & les deux autres entre celles des côtés & celles du milieu: la côte du milieu est tranchante, ainsi que les deux côtés du bec; celles d'entre deux sont mousses & doubles, faisant une rainure; les côtes du bec inférieur sont doubles aussi, & ont une rainure dans laquelle entrent les côtés tranchans du bec supérieur: la couleur du bec supérieur est d'un rouge de chair; le bec inférieur est composé à l'ordinaire de deux parties jointes par le bout, laissant entr'elles une ouverture d'environ trois lignes, qui répondent à la poche; elles sont flexibles comme de la baleine. Toute la face de cet oiseau est d'un bleu obscur, & cette couleur s'étend jusqu'à un pouce au-delà de l'œil: sous la mâchoire inférieure il a une poche ou un sac qui pend sur la gorge; il a le derriere de la tête & le cou entiérement blancs, le plumage des ailes presque bleuâtre, la queue est noire, courte & carrée par le bout, tout le reste du plumage est blanchâtre nué de rose: les jambes sont noires & fort longues; les pieds ont quatre doigts qui sont palmés comme dans le cormoran, l'ergot du derriere est très-long; en général, c'est un oiseau très-grand, très-fort, & qui vit long-temps.

Entre tous les oiseaux dont les Anciens ont parlé, il n'y en a point qui aient de si grandes ailes, ni qui volent si haut que le pélican; l'envergure est souvent d'onze pieds; l'on en a vu de tellement élevés dans les airs, qu'ils ne paroissoient pas plus gros que des hirondelles. On lit dans une lettre de *Culmannus* à *Gesner*, qu'un *onocrotale* privé dans le palais de l'Empereur *Maximilien*, a vécu quatre vingts ans, & qu'il accompagnoit l'Empereur, même à l'armée, il le suivoit au vol. L'on a des preuves que cet oiseau peut soutenir par son vol bien au-delà de sa propre pesanteur. *Sanctius*, dans *Aldrovande*, cite un onocrotale qui laissa tomber un enfant Ethiopien qu'il avoit enlevé bien haut en l'air. De plus, le pélican qui fait son nid sur terre quelquefois à quarante lieues éloigné de la mer, est néanmoins obligé d'aller y pêcher, & de faire magasin de poissons qu'il rapporte dans la poche de son bec. On le trouve aussi sur les bords des grands fleuves & des lacs

Le pélican est un oiseau étranger; on en voit en grand nombre en Afrique & en Amérique, il s'en trouve aussi à la côte de Coromandel & dans plusieurs autres parties des Indes Orientales. *Pierre Martyr* dit que la maniere dont il prend le poisson, est toute particuliere: ces oiseaux ne l'attrapent point par la vîtesse avec laquelle ils le poursuivent, comme font les oiseaux plongeurs, &c. mais volant fort haut, dès qu'ils apperçoivent du poisson proche des bords de la mer & des rivieres, ils fondent tout-à-coup dans l'eau qu'ils agitent par la pesanteur de leur corps & le mouvement de leurs ailes, d'une telle maniere, que le poisson étourdi se laisse prendre; & alors il faut supposer, dit M. *Perrault*, que le poisson étant serré par le bec supérieur, fait lui-même élargir les deux branches du bec inférieur auquel la poche est attachée, dans le cas où le poisson est plus grand que n'est ordinairement l'ouverture des deux branches. Le même Académicien dit aussi que cette dilatation qui paroît ne pouvoir se faire que difficilement par des muscles, a besoin de quelque autre moyen qui la rende aussi ample qu'il est nécessaire pour recevoir les grands poissons que le pélican avale.

L'onocrotale garde toujours quelque temps sa nourriture dans sa poche avant que de la recevoir dans son ventricule ; cela est commun à la plupart des oiseaux qui ont un jabot, dans lequel ils réservent la nourriture dont ils prennent une grande quantité quand l'occasion s'en présente, pour l'avaler à loisir ou pour la porter à leurs petits : c'est ce que le pélican a de particulier & ce qui le distingue des autres oiseaux de proie, qui ne portent la nourriture à leurs petits que dans leur bec & dans leurs serres.

Le Pere *Labat* dit que le pélican ou *grand gosier d'Amérique* ressemble aussi à nos oies d'Europe. Il a, dit-il, la tête aplatie de deux côtés & fort grosse, en un mot, telle qu'il convient pour porter un bec de deux à trois pouces de large, sur un pied & demi ou environ de longueur ; mais ses yeux sont très petits par rapport à sa tête. Il dit aussi que le bec, tant supérieur qu'inférieur, est garni de petites dents en forme de scie, fort menues & tranchantes, ainsi qu'on l'observe dans le pélican à bec dentelé du Mexique ; ce que M. *Perrault* n'a point reconnu dans les deux pélicans d'Afrique morts à la ménagerie de Versailles, & dont il a fait la dissection. (Consultez *Mém. pour servir à l'Hist. natur. des Animaux*, par M. Perrault, Tom. III. part. 3.) Les pieds, les membranes, les doigts & le bec du pélican du Mexique sont comme de couleur safranée. Le sac tombe sur l'estomac de l'oiseau, où il est encore attaché, ainsi que le long du cou, par de petits ligamens, afin qu'il n'aille point de côté & d'autre ; ce sac est composé d'une membrane épaisse & grasse, assez charnue & souple comme un cuir ; il est couvert d'un petit poil très court, fin & doux comme du satin ; sa couleur est un beau gris de perle, avec des pointes, des lignes & des ondes de différentes teintes qui font un bel effet. Lorsque ce sac est vide, il ne paroit pas beaucoup ; mais quand l'oiseau trouve une pêche abondante, il est surprenant de voir la quantité & la grandeur des poissons qu'il y fait entrer ; car la premiere chose qu'il fait en pêchant, est de remplir son sac, après quoi il avale à loisir ce qu'il juge à propos, & il retourne remplir ce sac lorsqu'il est vide & que la faim le presse. Il nourrit ses petits, en dégorgeant dans leur bec une partie de son butin déja échauffé dans son havresac. Le pélican est un oiseau triste & mélancolique ; il est aussi lent & paresseux à se remuer, que l'oiseau appelé *flamand* est vif & alerte. *Labat* dit avoir trouvé une femelle qui couvoit cinq œufs à plate terre, & qu'elle ne se donnoit pas la peine de se lever pour le laisser passer.

La chair du pélican est dure, sent l'huile & le poisson pourri. Qui croiroit, dit le Pere *Labat*, que ces grosses bêtes, avec leurs larges pattes d'oies, s'avisassent d'aller prendre leur repos, perchées sur des branches d'arbres ? Elles passent tout le jour, hors le temps de leur pêche, ensevelies, selon toutes les apparences, dans le sommeil, ayant la tête appuyée sur leur long & large bec, qui porte ou à terre ou sur un autre corps ; elles ne changent de situation, que quand la faim les presse. Il dit aussi que la vie de ces oiseaux est partagée en trois temps ; 1°. à chercher leur nourriture ; 1°. à dormir ; 3°. à faire à tous momens des tas d'ordures larges comme la main. Le Pere *Raymond* rapporte, dans son *Dictionnaire Caraïbe*, qu'il a vu un pélican si privé & si bien instruit par les Sauvages, qu'après qu'il avoit été peint de roucou le matin pour le reconnoître, il s'en alloit à la pêche, d'où il revenoit le soir, ayant sa besace bien garnie de poisson qu'il partageoit, malgré lui, avec ses maîtres, parce qu'on lui passoit un anneau au cou pour l'empêcher de l'avaler. Les Américains tuent beaucoup de ces oiseaux, non pas pour les manger, mais pour avoir leur *blague* ou poche. La plupart des Fumeurs se servent de ce sac pour mettre leur tabac haché ; on s'en sert encore pour mettre de l'argent : on étend les blagues dès qu'on les a tirées du cou de l'oiseau, & on les saupoudre de sel battu avec de la cendre ou avec de l'alun, afin d'emporter l'excès de la substance grossiere qui s'y trouve ; après quoi on les frotte entre les mains avec un peu d'huile, pour les rendre souples & très-maniables : quelquefois on les fait passer à l'huile, comme les peaux de moutons ; alors elles en sont bien plus belles & plus douces ; elles deviennent de l'épaisseur d'un bon parchemin, mais extrêmement souples & douces. Les femmes Espagnoles les brodent d'or & de soie, d'une maniere très-fine & très délicate. Il y a de ces ouvrages qui sont d'une grande beauté.

Le pélican dont le plumage est brun, se trouve en Amérique ; il est un peu plus gros que l'oie domestique, son bec est d'un vert-cendré.

Le *pélican des Philippines* est plus gros que le pélican brun ; son plumage est cendré & tacheté de blanc : semblablement au grand pélican, le sommet du cou est garni de plumes très-flexibles, qui lui forment une espece de huppe.

Dans le Royaume de Loango en Afrique, on voit un oiseau plus gros qu'un cygne, & d'une forme assez semblable à celle du héron ; il a les jambes & le cou fort longs ; le plumage noir & blanc. Il a toujours sur la région de l'estomac une place sans plumes ; & l'on suppose qu'il les arrache avec son bec, pour nourrir ses petits de son propre sang dans les momens où il ne trouve rien pour leur donner à manger : c'est un véritable pélican. Les Negres de Congo & d'Angola se servent de la peau des pélicans pour se couvrir la poitrine.

Kolbe dans sa *Description du Cap de Bonne-Espérance*, Tom. III, chap. 19, pag. 198, dit qu'on voit dans ce pays une sorte de pélican, qu'on nomme *mange-serpent*, dans les Colonies. Il se nourrit ordinairement de vers, de grenouilles, de moules, de crapauds, de serpens & d'autres bêtes venimeuses : ce même oiseau est fort commun dans la Baie d'Hudson & dans les parties Septentrionales de la Russie. Celui qu'on a fait voir à Paris en 1750, & qui venoit d'Afrique, étoit deux fois plus fort qu'un gros cygne : la poche de son bec étoit d'une si grande largeur, que l'homme qui montroit cet oiseau, y mettoit fort aisément la tête.

Albin donne la description d'un pélican d'Allemagne appelé en latin, *anas clypeata*. Ses mâchoires sont dentées ; son bec est plus large à l'extrêmité qu'au commencement ; il est plus petit qu'aucune des especes de pélicans. *Voyez l'article* CANARD. On dit que le cri du pélican imite assez le braire d'un âne. Les Siamois donnent au pélican le nom de *noktho* : ils font avec sa nasse des cordes pour les instrumens. On lit dans les *Mémoires de l'Académie des Sciences, ann. 1663, en Décembre*, un Mémoire de M. *Méri*, sur le pélican, où il rapporte, qu'en faisant la dissection de cet animal, il s'apperçut qu'il en sortoit une grande quantité d'air par les vésicules de la peau, par la trachée artere, & par les poches du ventre. Cet air sert, dit-il, à enfler la peau de l'oiseau au défaut des muscles. C'est dans ce Mémoire qu'il faut lire l'effet de l'inspiration dans ce genre d'animaux, qui peut de beaucoup augmenter leur volume & non leur pesanteur : c'est ce qui les rend si légers ou plutôt si propres à demeurer fort élevés dans les airs. *Voyez aussi* le mot NOKTHO, *dans le troisieme volume du Dictionnaire des Animaux*.

PELLETERIE. Se dit de toutes sortes de peaux de quadrupedes garnies de leur poil destinées à faire des fourrures, dont les peuples font usage dans la saison de l'hiver. Les habitans du Nord qui éprouvent des hivers plus longs & plus rigoureux, regardent les fourrures comme un objet de luxe & d'utilité : le prix considérable qu'y mettent chez eux certains Seigneurs, est toujours relatif à la beauté réelle de la fourrure, & à la difficulté de se la procurer: or cette beauté consiste dans la longueur du poil de l'animal, sa douceur, son épaisseur & sa couleur. Ces différentes qualités se trouvent généralement réunies dans les poils du dos; ceux du ventre sont par conséquent peu ou moins recherchés.

Les fourrures les plus estimées sont, la pointe de queue de martre zibeline, nommée *soble*; la sur-queue ou cette petite portion de fourrure qui est antérieure relativement au bout de la queue, &c. *voyez à l'article* ZIBELINE: le dos des martres, sur-tout de celles qui sont noires: *voyez à l'article* MARTRE; le renard noir, le renard blanc; l'hermine; le loup blanc & le loup gris; le *barancki* ou agneau mort-né, venant d'Astracan, noir, gris, argenté ou blanc, *voyez à l'article* AGNEAU; le *vovlieski* ou petit-gris très-foncé; le *piesacki* ou gorge de chien de Sibérie; le *rosomack* & le lievre de Moscovie nommé *slamimokeski*; la peau d'ours, qui est la moins estimée dans le Nord. Comme les martres sont les fourrures les plus communes parmi celles du premier rang, les Juifs qui font le commerce de la pelleterie, s'attachent singuliérement à les déguiser; 1°. ils les mouillent avec une légere eau seconde, qui attaque le poil de la martre & l'amincit pour les rendre plus douces & plus fines; 2°. ils les suspendent dans une cheminée, pour que la fumée donne à l'extrémité de ces poils cette couleur noirâtre dont font tant de cas les peuples du Nord; 3°. ils les plongent enfin dans une teinture: on doit donc sentir les fourrures précieuses pour reconnoître si elles n'ont point été fumées, & en ouvrir le poil, pour observer s'il est noir partout; ce qui indiqueroit la teinture. D'autres quadrupedes nous fournissent aussi des fourrures, tels que le *tigre*, l'*once*, la *panthere*, la *fouine*, le *putois*, le *chat-genette*, le *lapin*, le *riche*, &c. *Voyez ces mots*.

Les peaux de plusieurs animaux plus ou moins amphibies, font encore au nombre des fourrures, le *castor*, la *loutre*, le *phocas*, &c. *Voyez ces mots*.

Enfin certains oiseaux offrent aussi leurs peaux emplumées qui entrent dans la liste des fourrures; le *coq*, le *toucan*, le *cygne*, le *grebe*, l'*eider-don*, &c. *Voyez ces mots*.

En général les fourrures des pays chauds ne sont pas estimées; il n'y a que celles des pays froids: lorsque les froids sont excessifs, les peuples Septentrionaux portent volontiers leurs fourrures en dehors; celles de loup & de renard sont les plus chaudes, & les dernieres les plus légeres.

Quant à la conservation des fourrures, le meilleur moyen est de les bien battre à l'entrée du printems & dans le milieu de l'été; quelques personnes sont dans l'usage de les enfermer exactement dans un linge ou un étui, & d'y semer des morceaux de cuir neuf; d'autres y mettent du poivre: il faut sur-tout prendre garde aux *mittes* & aux *dermestes* qui les rongeroient.

PELORE. Plante assez semblable à la linaire. M. *Zyoberg* découvrit pour la premiere fois cette plante en 1742 dans une île de la mer du Nord, environ à sept milles d'Upsal, sur un terrain graveleux, tout couvert de linaires. M. *Ludolf* en a découvert depuis aux environs de Berlin, & M. *Linnæus* dans plusieurs endroits de la Suede. Nous disons que la pelore ressemble à la linaire commune avant l'épanouissement de ses fleurs, même port, couleur & odeur, même feuille, calice, fruit & graine; il n'y a uniquement que la corolle qui en differe; elle est en tube fort long, terminé par un pavillon à cinq crenelures & entouré au bas de cinq éperons. M. *Linnæus* croit que la pelore vient de la linaire par une génération métive. *Voyez l'article* FLEUR *au mot* PLANTE.

M. *Daniel Rondberg* a publié une Dissertation Botanique sur la plante *pelore*: sa racine est fibreuse, blanche, vivace: sa tige est simple, droite, haute d'un pied, jetant rarement une ou deux branches rondes, de la grosseur d'une plume de pigeon, verte & annuelle : ses feuilles sont nombreuses, éparses, pointues, aplaties, unies, vertes, de la grandeur des feuilles de sapin, longues d'un pouce, droites & naissantes de tous côtés, presque sans queue : des embryons de rameaux à plusieurs petites feuilles sortent des aisselles des feuilles supérieures ; l'épi ou bouquet est de neuf ou douze fleurs, tout au plus de seize : le calice ou périanthe est divisé en cinq parties jusqu'à la base : il est court, régulier, uni, vert & durable : la corolle est en forme d'entonnoir, longue, cylindrique, rétrécie vers le bas, un peu ventrue au milieu, droite, jaune, plus pâle vers la base, garnie au dedans de poils fauves : le bord est ouvert, découpé en cinq parties, obtus, régulier, plus jaune que le tube & plus court : de la circonférence du tube naissent à angle aigu cinq nectaires égaux, en forme d'alêne, sans pédicule, creux, jaunes, & presque aussi longs que le tube ; cette fleur est à cinq étamines vertes, dont les sommets ou antheres sont jaunes & ovales & attachés par le côté ; dans le pistil le germe est vert & posé sur la base de la fructification. Le style est long comme les étamines, filiforme, verdâtre : le stigmate est un peu gros : le péricarpe est en forme de capsule à deux loges, qui s'ouvre par deux endroits : les semences sont angulaires & en grand nombre.

PELOTE DE MER, *pila marina*. Nom donné à une balle arrondie ou oblongue que l'on trouve sur les rivages de la mer, parmi les algues : cette pelote est communément de la grosseur d'une orange, de couleur fauve, & composée de fibres entrelacées & comme agglutinées ensemble : elles proviennent de la destruction de plusieurs plantes marines, dont l'intérieur est tout rempli de fibres isolées, seches & faciles à désunir. Nous avons ramassé beaucoup de ces pelotes de mer dans les anses de la Méditerranée, principalement près de Marseille. Comme ces pelotes ne reſſemblent pas mal aux égagropiles des animaux ou bézoards de poil, on les a auſſi appelés *égagropiles de mer* ou *bézoards marins*. Voyez ÉGAGROPILE & BÉZOARD.

PELOTE DE NEIGE. *Voyez* OBIER.

PELOUSE ou TAPIS DE GAZON. *Voyez* GAZON.

PELURE D'OIGNON, eſt une eſpece de petite huître très-légere, & dont la nacre eſt fort belle. Cette coquille eſt mince & tranſparente, un peu raboteuſe. La valve inférieure eſt blanche ſur les bords; le reſte eſt ou jaunâtre, ou rouge-violet, ou vert-d'eau. La valve ſupérieure eſt ordinairement blanche & remarquable par un trou ovale qui eſt proche de la charniere. Sa charniere eſt formée d'une petite partie ovale ſituée au-deſſus du trou de la valve ſupérieure, & correſpondant à une cavité de même forme de la valve inférieure. On trouve communément cette huître à Cette en Languedoc.

PEMINA, eſt l'obier de Canada. *Voyez* OBIER.

PENATES. *Voyez l'art*. LARES.

PENDULINO. Nom donné à un très-petit oiſeau dont le volume n'excede pas celui du roitelet ſans crête, du moineau troglodite, ou de la méſange appelée *petit charbonnier*. Ce petit bipede reſſemble aſſez bien aux méſanges par ſon port & la forme de ſon bec : ce bec eſt court, pointu, un peu épais à ſa baſe, d'une couleur plombée. La partie poſtérieure de la tête, la nuque, le cou, la gorge, la partie ſupérieure du dos juſqu'à la naiſſance des ailes, ſont couverts de plumes cendrées, mais un peu plus blanches auprès de la gorge. De chaque côté, depuis la fente du bec juſqu'à l'occiput, en paſſant par les yeux, s'étend une tache très-noire ; l'eſpace contenu entre ces deux taches, au-deſſus de la baſe du bec juſqu'au ſommet de la tête, eſt roux dans le mâle, & ce ſommet eſt cendré. Le dos eſt roux, ainſi que les aiſſelles & les plumes qui couvrent les ailes ; ces plumes ſont légérement nuées de verdâtre vers leur extrémité; les plumes des ailes ou ramieres, *remiges*, sont d'un noir plus ou moins foncé, & couvertes d'autres plumes plus petites & roussâtres. La poitrine, le ventre, les cuisses & la partie supérieure du croupion ont une couleur moyenne sur le cendré & le roux. Les jambes, les pieds, les ongles ont une couleur plombée.

La femelle differe peu du mâle. La couleur de ses ailes, de son dos, est un roux un peu clair, & elle n'a autour de son bec aucune plume qui porte la même couleur; mais toute sa tête est cendrée, à l'exception des deux taches noires dont il est fait mention ci-dessus. Tout le dessous de son corps est cendré. M. *Sonnerat* ayant disséqué le gésier de cet oiseau, n'y trouva que quelques insectes broyés.

M. *Sonnerat* pense que le *pendulino* n'est pas du nombre de ces oiseaux qui changent de climat aux approches de l'hiver. Il ne paroît pas craindre le froid, puisqu'il habite de préférence les pays du Nord, tels que la Pologne, la Wolhinie & la Lithuanie qui est entourée de forêts glacées; dans l'été, tout le monde voit les nids qu'il construit dans nos contrées. Le *pendulino* niche deux fois dans l'année; savoir, au printems & en été. L'industrie qu'il montre dans la construction de son nid est tout-à-fait singuliere. En effet, pour ménager à ses petits un domicile aussi sûr, aussi commode qu'il est possible, il ne fait point ce nid ouvert en forme de coupe, comme le commun des oiseaux, mais fermé par en haut, presque terminé en pointe & ayant la figure d'un sac fermé ou d'une besace; & il le suspend à l'extrémité d'une branche de quelque arbre qui donne sur l'eau; en l'entortillant avec des brins d'herbes menues, à la maniere des nids pensiles. Il laisse à côté, pour y entrer, une porte ronde qui se prolonge en un tuyau court. La matiere dont le *pendulino* forme ce nid, est un duvet mollet & blanc qu'il arrange avec son bec, & auquel

quel il donne la forme d'un drap serré & épais : il a soin de le munir ou fortifier en dehors par quelques fibrilles, & de garnir le dedans d'une quantité de duvet non ouvré, afin que ses petits y reposent mollement. La femelle pond dans ce nid quatre ou cinp œufs dont la coque est blanche, & quand les petits sont éclos, elle les nourrit avec des insectes de marais.

Les plantes & les arbres qui croissent au bord des marais, fournissent abondamment à ces oiseaux la matiere cotonneuse pour la construction de leurs nids. Les saules, les peupliers fleurissent dès le commencement du printems, & produisent bien-tôt des tiges à fruit qui mûrissent peu de temps après ; savoir, aux mois d'Avril & de Mai, & répandent avec leurs graines, une quantité étonnante d'une matiere cotonneuse qui voltige dans les airs à une très-grande distance. *Voyez* SAULE & PEUPLIER. Quelques semaines après (un ou deux mois) on voit pousser vigoureusement & fleurir dans ces lieux la masse-d'eau, plante très-commune dans les marais, & dont les feuilles servent à faire des nattes en Italie. Les Habitans des pays marécageux se servent encore de l'espece de bourre, de duvet qui enveloppe l'épi de cette plante, pour en remplir des matelas & des oreillers. *Voyez* MASSE-D'EAU *à l'article* ROSEAU. Le *pendulino* emploie l'une & l'autre de ces matieres pour la construction de son nid ; mais plus ordinairement celles que fournissent les saules & les peupliers. La couleur & la nature des nids suffisent pour reconnoître la matiere dont ils sont composés : la matiere de ceux faits avec le duvet des saules & des peupliers, est plus blanche que celle que produit la masse-d'eau.

Quoique le nid de la mésange à longue queue, *parus caudatus, sive monticola*, ait quelquefois une sorte de ressemblance avec celui du *pendulino*, qu'il soit également fermé par en haut & comme voûté, laissant pareillement par le côté une ouverture ronde pour y entrer, il en differe en ce qu'il n'est point suspendu comme celui du *pendulino* ; la mésange le place seulement dans la bifurcation des branches de quelqu'arbre ; elle lui donne une forme arrondie ou ovale, sans en prolonger l'ouverture en un tuyau proéminent en dehors ; elle le compose en outre de matieres différentes, dans lesquelles il entre à la vérité beaucoup de duvet, soit du saule, soit du peuplier ; & elle ne lui donne pas une consistance aussi serrée ; elle l'enveloppe extérieurement de brins d'herbes, de petites feuilles, de lichen & de mousse seche, sans qu'on y distingue le duvet.

M. *Sonnerat* vient de donner, dans le journal de M. *l'Abbé Rozier*, la description d'une mésange du Cap de Bonne-Espérance : elle est plus petite que notre mésange d'Europe : elle a toute la tête, le cou, le dos, la partie inférieure du corps & les petites plumes des ailes d'un gris cendré clair ; les grandes plumes des ailes sont noires, bordées en dehors par une raie longitudinale blanche ; la queue est noire en dessus & blanche en dessous ; le bec, l'iris & les pieds sont noirs. Cette mésange que quelques Naturalistes regardoient improprement comme une espece de *pendulino*, place son nid dans les buissons les plus épais, & le fait avec une espece de coton qui n'est point connu dans le pays. Il ressemble assez à une bouteille ; le cou en est étroit ; sur le côté en dehors, il y a une profondeur qui sert de logement au mâle, pendant que la femelle couve les œufs. Lorsque la femelle est sortie du nid, le mâle, en suivant sa compagnie, frappe avec force de ses ailes sur les côtés du nid ; & les bords, en se touchant, se lient ensemble, & ferment entiérement l'entrée : c'est ainsi que par une industrie singuliere tous les êtres cherchent à mettre leurs petits à l'abri de la voracité des insectes & des autres animaux qui peuvent leur nuire.

Le *pendulino* paroît être le *rémiz* des Polonois. Le nom *pendulino*, qui approche du latin, exprime assez bien l'inſtinct de cet oiſeau pour ſuſpendre ſon nid à un arbre.

Le P. Bonanni, dans ſon *Muſœum Kirkerianum*, a parlé de cet oiſeau. *Cajetan Monti* a conſigné dans les *Mémoires de l'Académie de Bologne*, que le *pendulino* ſe trouve auſſi dans le territoire de Bologne, & qu'il ſurpaſſe de beaucoup les autres oiſeaux par l'induſtrie qu'il fait paroître dans la maniere de conſtruire & de ſuſpendre ſon nid; qu'il eſt rare de trouver cet oiſeau, parce qu'il ſe cache aiſément entre les roſeaux & les ſaules des marais. Le peuple Bolonnois, dit ce même Obſervateur, le regarde comme un oiſeau ſacré, & n'oſe le toucher, dans la crainte d'attirer ſur lui, par ſa mort, des dangers ou des malheurs. Il s'imagine encore que ce nid ſingulier, ſuſpendu ſur la porte de la maiſon, la préſerve de la foudre. L'oiſeau *pendulino* paroît plus multiplier dans les environs marécageux de la Toſcane, que dans ceux du Bolonnois.

PENGUIN ou PINGOUIN, animal bipede, nommé ainſi *propter pinguedinem*. C'eſt un oiſeau d'un genre particulier, & qui ſe trouve ſur pluſieurs côtes d'Afrique, & notamment dans la baie de Saldagne; il s'en trouve auſſi dans les îles Falkland, à la hauteur du Détroit de Magellan. Il eſt de la groſſeur d'une poule d'Inde; il a les plumes du dos noires, celles de deſſous le ventre ſont blanchâtres; il a le cou ovale, gros & ceint comme d'un collier de plumes blanches: ſa peau eſt rude & auſſi épaiſſe que celle du pourceau. Il a pour ailes deux ailerons, comme de cuir, qui lui pendent des deux côtés en façon de petits bras. Ces eſpeces d'ailes ſont courtes & couvertes en haut de petites plumes ſouvent aplaties, blanches & entremêlées de noires. Ces ailerons lui ſervent à nager & non à voler. Toutes les autres plumes ſont plus longues, barbues, preſque molles comme de la ſoie. Les *penguins* ont la queue très-forte; ils ſautent la plupart du temps dans l'eau, & ne viennent à terre que pour creuser sur le rivage des terriers ou trous assez profonds, où ils nichent trois ou quatre ensemble, & dans lesquels ils pondent, & font éclore leurs petits. Leurs œufs sont bariolés de taches noires; leur bec est étroit, comme denté, crochu par le bout & plus grand que celui du corbeau: ils ont la queue courte, pointue; les pieds noirs & plats de la forme de ceux des oies, quoiqu'un peu moins larges: chaque pied a uniquement trois doigts antérieurs & palmés. Ces oiseaux ne sont point farouches. Ils marchent la tête élevée & droite, laissent pendre leurs ailerons le long de leurs côtés, comme si c'étoit des bras: ils tiennent aussi leur corps droit presque verticalement, & non en situation à-peu-près horizontale, comme font les autres oiseaux; en sorte qu'à les voir de loin, on les prendroit pour des pygmées ou de petits hommes. On prétend qu'ils ne vivent que de poissons; cependant leur chair n'en a pas l'odeur, & est d'un assez bon goût: leur peau est si dure, qu'à peine, d'un coup de sabre, peut-on leur trancher la tête. L'Auteur de l'*Histoire des Voyages*, Tome *VIII*. in-4°. page 76. dit que le *penguin* tient de l'homme, de l'oiseau & du poisson, étant droit sur ses pieds, ayant des ailerons sans plumes, qui lui pendent & lui servent à nager, & étant garni de manches barrées & rayées de blanc, mais ne volant point. On distingue trois especes de *penguins*; 1°. le *grand penguin* qui pese quinze ou seize livres & qui se trouve dans les Mers Septentrionales, tel est celui qui est décrit ci-dessus, 2°. le *penguin vulgaire* & qui se trouve quelquefois sur les côtes de nos Mers, il niche dans les trous des rochers escarpés; ses œufs sont blanchâtres & tachetés de noir; le bout de son bec est peu ou point crochu, ainsi que celui du petit *penguin*; ces deux dernieres especes sont de la grosseur du canard domestique, sur-tout le petit *penguin*. *Voyez* MANCHOT & GORFOU.

PENINSULE, *peninsula*: voyez PRESQU'ILE.

PENNACHE DE MER, est, selon *Rondelet*, un

zoophite marin, semblable aux panaches qu'on portoit autrefois aux chapeaux ; cependant nos pêcheurs, dit-il, à cause de la ressemblance qu'il a avec le bout de la partie naturelle de l'homme, découverte de son *prépuce*, lui ont donné le nom de cette partie ; l'autre bout ressemble à un panache ; les franges en sont phosphoriques pendant la nuit. C'est une espece de *mertula marina* ou de *penna marina*, dont *Gesner* a parlé d'après *Aristote*. M. *Vosmaër*, Directeur des cabinets du Prince d'Orange & Stathouder, &c. à la Haye, a fait aussi mention d'une nouvelle espece de *penna marina* ou *penne marine*, ou *plume de mer* : on en trouve l'observation dans les *Mémoires des Savans étrangers, présentés à l'Académie des Sciences en 1759*.

PENNAGE : se dit de toutes les plumes qui couvrent le corps de l'oiseau de proie ; & même des autres oiseaux. On dit : cet oiseau a le *pennage* blond, roux, noir, cendré, &c. *Voyez à l'article* OISEAU.

PENNATULE. On donne ce nom à l'empreinte de la *plume marine* qui est quelquefois devenue fossile : *voyez* PLUME MARINE.

PENO-ABSOU : *voyez* PINÉ-ABSOU.

PENSÉE ou HERBE DE LA TRINITÉ, *viola tricolor aut herba trinitatis*, espece de violette inodore, que l'on cultive dans les jardins pour la beauté de sa fleur, dont chaque feuille est de trois couleurs, pourpre ou bleu, jaune & blanc. Sa racine est fibreuse : elle pousse de petites tiges rampantes, rameuses, portant des feuilles, les unes arrondis, les autres oblongues & dentelées autour. Ses fleurs sont comme veloutées, & paroissent au printems : il leur succede une coque qui contient des semences menues. Cette plante est détersive, vulnéraire & sudorifique. *Voyez* VIOLIER.

On seme sur couche les graines de pensée : on les transplante dans les plates-bandes le long des terrasses, & on en forme les massifs & les corbeilles des grands parterres. Cette plante croît naturellement & en abondance aux environs de Rouen.

PENTACRINITES. Quelques Lithographes donnent ce nom à l'*encrinite*, dont il est parlé au mot PALMIER MARIN. M. *Bertrand* soupçonne que ce pourroit être une coralline vésiculeuse, contractée avec son polype.

PENTISULCE. *Voyez au mot* QUADRUPEDE.

PEPIN. Se dit de la graine des arbres fruitiers, comme le poirier, le pommier, le coignassier, le cormier, l'oranger, &c. *Voyez l'article* GRAINE.

PÉPINIERE. Semis & plants d'arbres qu'on tient fort serrés sur une même ligne ou plusieurs, distans de trois pieds au plus les uns des autres, pour être greffés, levés dans le besoin & ensuite placés à demeure dans un autre terrain.

Une pépiniere est la ressource du verger, du jardin coupé & du potager: c'est dans un tel terrain qu'on seme les noyaux, les pepins, les noix, les amandes, & généralement toutes les graines qui doivent servir à la multiplication des diverses especes d'arbres fruitiers & des diverses sortes d'arbres qui sont propres à peupler les forêts, à planter les possessions rurales, & à embellir les parcs, les jardins & les approches des châteaux & maisons de plaisance: c'est là enfin qu'on éleve une multitude de jeunes sujets destinés à remplacer tout ce qu'il faut arracher. De ces jeunes plantes les unes sont des arbrisseaux venus de pepins ou de noyaux, & qui, malgré l'excellence du fruit dont ils proviennent, ne laissent pas d'être sauvages & d'avoir besoin du secours de la greffe. D'autres sont des boutures, c'est-à-dire, des rejetons qu'on a détachés dans les bois sur des sauvageons, qui sont des plantes dont les fruits sont d'une saveur austere; d'autres enfin sont des sauvageons greffés. On peut les tenir enterrés dans des paniers, & par ce moyen on a un arbre tout formé pour être mis à la place de celui qui vient à manquer.

Il faut que la terre d'une pépiniere ne soit ni trop grasse ni trop maigre. Au reste il n'y a pas de danger que ce sol soit d'une qualité un peu inférieure à celui où on transplantera le jeune sujet. Plus le jeune plant est serré dans la pépiniere, plus il pousse droit. (Il faut cependant observer une certaine distance, afin de pouvoir arracher le plant sans couper, ni meurtrir ses racines, ni celles des arbres voisins destinés à n'être pas arrachés en même temps.) Après la contrainte de cette premiere éducation, on le voit mieux prospérer au sortir de la pépiniere lorsqu'il est transplanté dans un sol convenable. Ce que nous disons ici pour les pépinieres particulieres doit aussi s'appliquer aux pépinieres publiques, dont l'établissement est des plus sages & des plus utiles.

PEPITES D'OR. *Voyez au mot* OR.

PERCE-BOIS, *ligni-perda*. Indépendamment des *abeilles perce-bois*, dont nous avons fait mention au mot ABEILLE pag. 54 du premier volume de cet Ouvrage, il y a une autre sorte d'insecte qui porte aussi, mais moins à juste titre, ce nom. Ce petit *perce-bois* que *Pline* a rangé dans le genge des *teignes*, se fait un fourreau de soie, qu'il recouvre ensuite par dehors de petits brins de bois pour lui donner plus de consistance. On ne peut trop admirer cet étui qui est fait de brins de bois, hachés menu avec les dents & assemblés les uns avec les autres comme les poutres des maisons de Moscovie; c'est la chenille perce-bois qui le construit. Elle loge toujours dedans, & le porte partout sur son dos comme une pyramide. Ces chenilles se changent en papillons, dont les mâles seuls ont des ailes; la plupart d'entre elles ont la peau jaunâtre, tiquetée de brun.

Il y a aussi des teignes aquatiques qui portent le même nom de *perce-bois* ou *ligni-perdes*, mais celles-ci se changent en mouches à quatre ailes, qui ont l'air de papillons. *Voyez* TEIGNES LIGNI-PERDES. On n'auroit dû ne donner le nom de *perce-bois* qu'à l'insecte appelé *vrillette*, qui taraude réellement le bois. *Voyez* Vrillette.

PERCE-BOSSE. *Voyez* Chasse-bosse.

PERCE FEUILLE, *perfoliata*. On distingue sous ce nom deux especes principales de plantes d'usage en Médecine.

1°. La Perce-feuille annuelle ou la vraie Perce-feuille, *perfoliata vulgaris, aut buplevrum perfoliatum, rotundifolium annuum*. Cette plante qui croît dans les champs parmi les blés & les vignes, a une racine grosse comme le doigt, simple, ligneuse, blanche, ayant le goût de la raiponce; elle pousse une seule tige, haute d'un pied ou environ, grêle, ferme, ronde, cannelée, creuse, nouée, rameuse, d'une odeur un peu aromatique. Ses feuilles sont alternes, simples, ovales, nerveuses, de couleur de vert de mer, & d'un goût âcre. Ses fleurs qui paroissent en Juin & Juillet, sont jaunes, en ombelles, composées chacune de cinq feuilles disposées en rose: (M. *Deleuze* observe que les ombelles partielles sont garnies d'une fraise, *involucrum*, de trois à cinq feuilles grandes & larges :) il leur succede des semences jointes deux à deux, oblongues, cannelées & noirâtres. Cette plante est nommée *perce-feuille*, à cause de ses feuilles qui sont comme percées & enfilées par la tige & par les branches: elle est annuelle & se multiplie de graine; au lieu que la suivante est vivace & ne périt point.

Cette perce-feuille est estimée vulnéraire, astringente. Prise en forme de thé ou en poudre, elle est bonne pour ceux qui par quelque chûte ou contusion violente pourroient s'être rompu quelque vaisseau dans le corps; elle convient aussi dans les hernies.

2°. La Perce-feuille vivace ou l'Oreille de lievre, *auricula leporis, aut buplevrum vulgatissimum folio subrotundo*. Elle croît abondamment aux lieux montagneux, le long des haies & parmi les broussailles. Sa racine est petite, ridée, verdâtre, fibrée &

d'un goût âcre : sa tige a quelquefois deux pieds de hauteur, tantôt rougeâtre & tantôt verdâtre ; ses feuilles sont étroites & nerveuses, ayant à-peu-près la figure d'une oreille de lievre étendue; elles ne tombent point pendant l'hiver: ses fleurs qui paroissent en été, sont jaunâtres, semblables à celles du fenouil ; elles sont remplacées par des semences oblongues, assez semblables à celles du persil, cannelées & grises, & d'un goût âcre : elles mûrissent en automne.

Cette plante se plaît dans un terroir gras. Ses feuilles sont détersives, dessicatives & vulnéraires : sa semence est échauffante & apéritive, étant mâchée elle excite à cracher.

PERCE-MOUSSE, *muscus capillaceus major, pediculo & capitulo crassioribus,* (*adiantum aureum.*) Cette plante croît dans les bois, contre les vieilles murailles crevassées & humides, entre la mousse des vieux arbres. Elles est de la longueur du doigt ; elle porte beaucoup de feuilles d'un beau jaune, mousseuses, & déliées comme des cheveux vers le bas, unies vers le haut : ses tiges portent à leurs sommets de petites têtes longuettes, pleines d'une fine poussiere qui tombe dans la suite, lorsque ces têtes panchent & s'ouvrent à la maniere de plusieurs especes de mousses. Les Botanistes regardent cette poussiere comme la graine. Ses racines sont filamenteuses. Cette plante est un puissant sudorifique ; on en fait usage en forme de thé dans les pleurésies, & pour faciliter l'expectoration, comme des capillaires dont elle est une espece : *voyez ce mot.* Elle est beaucoup plus en usage en Allemagne qu'en France.

PERCE-MURAILLE. *Voyez* PARIÉTAIRE.

PERCE NEIGE, *narcisso-leucoium.* Cette plante que l'on appelle aussi *violette de Février, violier bulbeux, campane blanche, baguenaudier d'hiver,* croît naturellement dans des prés humides, dans les forêts ombragées, sur certaines montagnes & dans les haies. Sa racine est bulbeuse, composée de plusieurs tuniques blanches, excepté l'extérieure qui est brune, garnie en dessous de fibres blanchâtres, d'un goût visqueux, peu âcre : elle pousse trois, quatre ou cinq feuilles semblables à celles du poireau ; ces feuilles sont fortes, lisses, luisantes & verdâtres : du milieu de ces mêmes feuilles, s'élève une tige à la hauteur de plus d'un demi pied ; elle est anguleuse, cannelée, creuse, revêtue avec ses feuilles jusqu'à la moitié d'une espece de fourreau blanc : elle ne porte ordinairement qu'une seule fleur à sa sommité, quelquefois deux, rarement trois : cette fleur a six ou huit feuilles, selon la bonté du terroir ; elle est en cloche panchée, blanchâtre, avec une tache verdâtre & d'une odeur peu agréable : à cette fleur succede un fruit membraneux, relevé de trois coins, & divisé intérieurement en trois loges remplies de semences arrondies, dures & d'un blanc jaunâtre. Sa racine est un émétique doux.

Cette plante fleurit en Février, & disparoît au mois de Mai, mais sa racine subsiste en terre comme celle du narcisse. C'est par ses bulbes qu'on la multiplie ; car on la transplante volontiers dans les jardins pour l'y cultiver à cause de sa fleur qui est des plus hâtives ; elle orne nos parterres dans la saison la plus triste : c'est l'avant-coureur du printems.

PERCE-OREILLE ou Forbicin ou Oreillere, *forsicula seu auricularia*. Espece d'insecte différent de l'espece appelée *forbicine*, voyez ce mot ; il est hémiptere, longuet, fort agile & court vîte. Il a deux petites cornes à la tête, ses antennes sont longues & filiformes : l'extrémité de son ventre est armée de deux pinces ; son corps est aplati, lisse & brunâtre ou noirâtre. Cet insecte pullule beaucoup ; il habite souvent sur les feuilles de choux, dans les creux d'arbres, dans les tiges des plantes, comme celles des panais sauvages, de l'angélique & des plantes férulacées dans les trous des murailles, dans le fumier & dans la terre. Il y en a deux ou trois sortes qui different en grosseur, en longueur & en couleur: les plus gros sont jaunâtres, les médiocres & en même temps les plus communs sont de couleur de châtaigne, & les plus petits sont noirs & blancs. Les larves de ces insectes se métamorphosent en nymphes, & ensuite paroissent avec des ailes à étuis.

On a nommé *perce-oreille* cet insecte, parce qu'il recherche avidement les oreilles, où il se glisse avec vîtesse. Il mord & il pince les endroits où il s'attache, ce qui cause en cet endroit une douleur que la crainte & le préjugé, suite d'erreurs populaires, augmentent beaucoup, & l'on croit quelquefois que le cerveau même en est attaqué. Je me souviens que dans mon enfance l'un de mes freres me fit entrer un de ces insectes dans l'oreille & que j'en fus comme fou pendant quatre jours, ce qui se termina par un léger mal de tête. Pour me venger je jouai le même tour à ce frere, qui en fut beaucoup plus affecté que moi; car il y avoit des momens où il couroit se plonger la tête dans un seau d'eau; dans d'autres momens il saignoit du nez, & il croyoit voir un arc-en-ciel. Ce frere avoit ainsi que moi beaucoup peur d'en mourir, & nous n'étions pas un instant sans gratter dans notre oreille avec un instrument, qui probablement y produisit tout ou la plus grande partie du mal; car il faut en convenir, les pinces du perce-oreille ne sont aucunement redoutables, à peine font-elles une impression sensible aux doigts qui en sont saisis.

Voici un autre fait à-peu-près semblable au précédent, & qu'on lit dans le *II. Tom. des Ephémer. d'Allemagne, ann. 1672, Obs. 266.* Une femme qui demeuroit à cinq milles de Nuremberg, portant un fagot d'herbes, & se sentant fatiguée, après avoir mis sous sa tête le linge qui enveloppoit sa charge, sans s'appercevoir qu'il étoit rempli d'insectes, s'étoit endormie. Des *perce-oreilles* entrerent dans son oreille droite: un Chirurgien lui tira sur le champ un de ces insectes, mais les autres y resterent, malgré tout l'art des Médecins qu'elle courut consulter. Ces insectes multipliés à l'infini, & dont le nombre augmentoit chaque jour, s'étant logés entre le crâne & le cerveau, rendirent la vie insupportable à cette pauvre femme, qui ressentoit des douleurs jusqu'à l'extrémité des pieds & des mains dès que ces insectes changeoient de place. Elle ne pouvoit faire aucun mouvement de la tête, sans qu'il se fît à l'intérieur un certain bruit ou craquement, qui étoit même entendu distinctement par ceux qui se trouvoient alors autour d'elle. Au bout de vingt ans cette femme, alors âgée de soixante huit ans, fut trouver le célebre Physicien *Volckamer* de Nuremberg. Il fit tout ce qu'il put pour lui procurer quelque soulagement : il lui fit injecter dans l'oreille le baume de soufre fait avec la térébenthine, qui ne put faire sortir qu'un seul de ces insectes, encore étoit-il mort ; il y a lieu de croire qu'avec le temps ils avoient obstrué le conduit auditif. La malade usoit fréquemment & avec confiance, d'une fumigation faite avec la gomme ammoniaque, parce qu'elle s'appercevoit que chaque fois les *perce-oreilles* accouroient à l'orifice de l'oreille, & paroissoient prêts à sortir ; mais voyant enfin que rien ne pouvoit la délivrer, elle prit le parti de supporter cette incommodité jusqu'à la mort. Un pareil exemple, indépendamment de bien d'autres rapportés par les Physiciens, par les Médecins & par les Naturalistes, doit faire connoître combien il est imprudent de dormir sur l'herbe & sous les arbres dans les beaux jours, temps où toute la Nature fourmille d'insectes toujours dangereux, quand ils s'introduisent dans les oreilles, ou qu'ils attaquent quelques autres parties délicates de notre corps. Il ne faut cependant pas croire que l'insecte puisse pénétrer dans l'intérieur du crâne, attendu qu'il n'y a point d'ouverture qui y communique.

Le *perce-oreilles* cause aussi un grand dommage aux fleurs, sur-tout aux œillets, dont ils détruisent entiérement la fleur, en coupant les feuilles au fond du calice. Pour détruire ces insectes, les Jardiniers fleuristes fichent des baguettes aux pieds des fleurs. Au haut de ces baguettes, on met des ongles de pied de mouton : les *perce-oreilles* qui aiment à se nicher dans les trous, ne manquent pas de s'y retirer dans les temps humides & pendant la nuit ; de sorte que le matin, en les visitant, on les y trouve encore, & on les noie dans l'eau, ou on les écrase : les poules les avalent avec plaisir. On peut encore détruire ces insectes en mettant de petites planches ou des tuiles dans les allées des plate-bandes plantées de fleurs : ils s'y cachent pendant le jour, & il est facile de les écraser en levant ces tuiles.

PERCE-PIERRE, *percepier Anglorum* : voyez PASSE-PIERRE. On donne aussi le nom *percepier* au petit pied de lion de montagne, *alchimilla montana minima*.

PERCE-PIERRE ou SINGE DE MER, *alauda non cristata*. C'est un poisson de la Manche & de la Méditerranée, qui se cache entre les pierres, & qui est de la classe de ceux qui ont les nageoires épineuses. Il a la tête faite comme celle d'un singe, petite & ronde. Ce poisson a le corps petit, ainsi que la bouche & les yeux ; les dents de la mâchoire supérieure se trouvent entre celles de la mâchoire inférieure quand la bouche est fermée. Il a les nageoires petites, deux près des ouies, deux au-dessous, une autre qui commence près de la tête & va jusqu'à la queue ; & une autre sous le ventre, qui commence à l'anus, & va pareillement finir proche de la queue ; sa peau est mouchetée, lisse & glissante. Il mord les Pêcheurs : sa chair est molle & n'est pas d'un goût fort exquis.

PERCERAT ou PESCE-RAT. Nom donné au poisson nommé *aigle de mer*, qui est une espece de pastenaque. *Voyez* le dernier article du mot PASTENAQUE.

PERCHE, *perca*. Poisson de riviere & de mer. Les poissons de ce genre ont, dit M. *Deleuze*, sept côtes à la membranes des ouies, & sur le dos deux nageoires ou distinctes ou continues, mais dont l'antérieure seule est à rayons épineux.

1°. La PERCHE DE MER, *perca marina*. C'est un poisson saxatile, couvert d'écailles de couleur rousse. Il est long d'un pied; il a la bouche petite, des dents pointues, plusieurs traits au dos qui descendent jusqu'au ventre; les uns sont noirs, les autres sont rouges. Cette perche par ses ouies, par ses nageoires & par sa queue, est semblable aux autres poissons saxatiles, mais elle a le ventre plus large; l'anus est placé au milieu du corps; il y a ensuite une longue nageoire; son ventre est de couleur blanche, nuancée de rouge; la chair en est tendre, & beaucoup meilleure que celle de la perche de riviere. *Rondelet* dit qu'il l'estime mieux farinée & frite ou grillée, que bouillie.

On dit que la perche de mer n'entre jamais dans les rivieres, & que celle de riviere n'entre point dans la mer.

2°. La PERCHE DE RIVIERE, *perca fluviatilis*. Celle-ci, dit *Rondelet*, n'a que le nom de celle de mer: elle en differe par la figure & par la substance de sa chair; celle de mer est molle, tendre, de facile digestion, & de bon suc. Ces bonnes qualités, dit-il, ne se trouvent point dans celle de riviere, dont la chair est dure, gluante & difficile à digérer; cependant M. *Andry*, Médecin, & tout le monde la trouve excellente à manger, & *Ausone* l'appelle *les délices de la table*. Cette perche a des traits qui descendent du dos vers le ventre: ces traits sont ou rouges ou rougeâtres, ainsi que ses nageoires & sa queue. La perche du lac de Lausanne & de plusieurs autres endroits, a le fond de la couleur cendré, les taches latérales brunes, de même que le dos: les nageoires du ventre & celles de l'anus sont safranées, les autres grises; la premiere de celles du dos a quatorze épines, & la postérieure seize rayons non épineux; son dos est un peu aigu ou bossu; son ventre est large & plat; la tête est aplatie sur les côtés; l'ouverture de la bouche est fort ample, garnie de plusieurs petites pointes ou dents attachées aux os mixillaires, & trois rangées d'autres petites dents rudes au palais, &c. elle a les narines grandes, plus proche des yeux que du bec; l'iris d'un jaune foncé; les couvercles des ouies sont composés de part & d'autre de quatre lames osseuses & de sept épines; la ligne latérale du corps est courbée près du dos.

On met ce poisson dans les petits lacs, les viviers & les réservoirs avec les *tanches*, *les brochets* & les *carpes*. Il n'y a point de poisson de riviere plus plat: ses écailles sont petites, blanches au ventre, jaunes aux côtés, grisâtres ailleurs; elle a deux nageoires au dos, dont la premiere est la plus grande; elle en a deux autres au ventre, & une près de l'anus, laquelle est garnie d'un aiguillon: sa bouche est petite & sans dents. On distingue ce poisson, qui a peu d'arêtes, en grande & petite espece. La perche ordinaire a environ huit à dix pouces de longueur; mais on en prend en grande quantité dans le lac de Neufchatel qui pesent jusqu'à quatre livres, & qui ont un pied & demi de longueur. La pêche s'en fait pendant le courant des mois de Mai & de Juin: c'est un bon poisson d'eau douce: ses écailles se sechent plus vîte que celles des autres poissons de riviere. Il y a beaucoup de perches dont les lignes transversales, qui sont au nombre de six, ont une couleur noirâtre: ce poisson est vorace & très-avide de vers de terre: on le prend aisément à l'hameçon. *Swammerdam* dit que dans la perche, l'ovaire tient lieu de la matrice & de ses cornes; & que si l'on examine l'usage & la structure des laitances de ce poisson, on jugera qu'elles ressemblent exactement à des vésicules, au défaut des testicules & de protastes.

La perche nage avec beaucoup de facilité & de vîtesse: elle est armée de certaines arêtes pointues & perçantes, dont la piqûre est dangereuse & difficile à guérir. C'est avec ces pointes qu'elle se défend contre les poissons plus grands & plus forts qu'elle : dès qu'elle voit venir le brochet, elle se hérisse, & de cette maniere elle l'empêche d'approcher : cela n'empêche pas que le brochet n'avale les petites perches, dont les nageoires sont encore trop molles pour pouvoir lui nuire, & les Pêcheurs savent que c'est une des meilleures amorces pour le prendre. La perche se nourrit de poissons, d'écrevisses; elle mange aussi les petits de son espece. Elle jette ses œufs en Mars & en Avril : ces œufs sont liés & enfilés comme ceux de la grenouille, aussi quelquefois les Pêcheurs les ramassent facilement parmi les roseaux pour les jeter dans les étangs & les viviers; car ce frai devient quelquefois la proie d'une autre perche ou d'un brochet, ou de quelqu'autre poisson. On fait rôtir sur le gril les œufs de la perche femelle, ce qui fait encore un assez bon manger.

On emploie en Médecine les os qui se trouvent dans la tête de ce poisson, vers l'origine de l'épine du dos : on les appelle dans les boutiques PIERRES DE PERCHES, *lapides percarum*. On réduit sur le porphyre ces pierres en poudre subtile, & on les donne au poids d'un à deux scrupules, pour dissoudre la pierre des reins. Mais nous n'avons guere de foi à ce remede : quelques anciens Médecins le recommandent dans la pleurésie, en place des *mâchoires de brochet*. Toutes ces préparations ne conviendroient-elles pas mieux dans les dentifrices pour blanchir les dents, ou comme absorbans ?

Ruisch donne la notice de plusieurs especes de *perches des Indes*, où l'on voit que celle d'Amboine differe peu de la nôtre, sa queue est fourchue & marquée de deux taches noires. La *perche* de Ternate & celle de Rode-Baars, n'ont de commun avec notre *perche*, que la couleur de leurs écailles & le goût de la chair.

PERDRIX, *perdix*. C'est un genre d'oiseau que des Naturalistes méthodistes ont rangé dans l'ordre des

des gélinotes. On distingue plusieurs espèces de perdrix, qui toutes sont bonnes à manger : elles ne se perchent point ordinairement sur les arbres ; elles font du bruit en volant ; leur vol est bas, dure peu, & a peu d'étendue : elles ont quatre doigts, dont trois devant & un derriere ; leur queue est courte.

1°. La Perdrix grise ou Perdrix gouache, *perdix cinerea*. C'est la perdrix ordinaire, on la nomme aussi *perdrix cendrée* ; elle habite les champs & les prés. Selon *Willughby* & *Albin*, le mâle pese quatorze onces ou environ. Cet oiseau a depuis le bout du bec jusqu'au bout des ongles quatorze pouces de longueur, & près de vingt pouces d'envergure ; son bec est brun d'abord, ensuite blanchâtre ; ses yeux ont l'iris jaunâtre ; la poitrine est marquée d'une tache rousse en forme de fer à cheval, ce que n'a point la femelle : on voit certaines excroissances rouges au dessous des yeux : le menton & les côtés de la tête sont safranés d'abord, puis d'un bleu cendré, tacheté de lignes noires transversales, ensuite grises jaunâtres : le dessus du corps est varié de roux, de cendré & de noirâtre : le pennage contient vingt-trois grandes plumes à chaque aile, brunâtre, puis d'un blanc jaunâtre : la queue est longue de trois pouces & demi, & composée de douze plumes jaunâtres & à pointes cendrées : les jambes sont nues au-dessous des jointures, & n'ont aucun vestige d'éperon, excepté le mâle qui a un ergot obtus à la partie postérieure du pied : les pieds sont verdâtres, & blanchâtres dans un âge avancé ; les doigts sont liés ensemble à l'enfourchement par une espece de membrane, comme dans les coqs de bruyere.

Cet animal encore jeune, a une chair si savoureuse & si saine, qu'on la préfere, sur-tout en été & en automne, à celle de tous les autres oiseaux. Il se nourrit de fourmis & de leurs œufs, de limaces, de grains de blé, de baies, de chatons de coudrier & de bouleau, & même de feuilles vertes. La perdrix pro-

Tome VI. M m

duit beaucoup de petits, car elle pond à chaque couvée seize à dix-huit œufs: son nid est une petite fosse presque à fleur de terre, où se trouvent quelques brins de paille ou d'herbe seche mis au hazard; les vieilles perdrix y portent plus d'attention. Ces œufs ont la coque assez ferme, & d'un gris jaunâtre: le temps de l'incubation est de vingt-deux jours; pendant ce temps le mâle reste aux environs du nid, & accompagne sa femelle lorsqu'elle releve pour chercher à vivre. Comme la femelle est seule chargée du soin de couver, elle éprouve pendant ce temps une mue considérable; car presque toutes les plumes du ventre lui tombent: on prétend encore qu'elle ne quitte jamais ses œufs sans les couvrir de feuilles. Les Italiens, chez qui cette espece de perdrix est plus rare que la perdrix rouge, l'appellent *starna perdice*, perdrix étrangere: elle ne soutient pas long-temps le vol, à cause de la pesanteur de son corps & de la petitesse de ses ailes; elle court mieux qu'elle ne vole: cependant la petite perdrix grise nommée *roquette*, très-commune en Normandie, a le vol plus léger, moins bas, & se laisse difficilement approcher des Chasseurs. En hiver les vieilles & les jeunes perdrix se réunissent en société, elles se trouvent toujours ensemble; c'est ce qu'on appelle *couvée* ou *volée* ou *compagnie de perdrix*: mais au commencement du printems, lorsque le mâle cherche à s'accoupler avec la femelle, l'amour qui avoit formé la volée, la divise pour en unir les membres plus étroitement: c'est alors qu'elles volent deux à deux; celles mêmes dont par quelque accident les pontes n'ont point réussi, se rejoignent ensemble & aux débris des compagnies qui ont le plus souffert, forment sur la fin de l'été des compagnies souvent plus nombreuses que les premieres, & qui subsistent jusqu'à la pariade de l'année suivante.

Les perdrix, généralement parlant, sont d'un tempérament fort chaud, aussi sentent-elles les influences du premier printems ; c'est la saison de leurs amours. Leurs chants amoureux charment le silence de la campagne pendant le crépuscule du matin & du soir. Ce couple emplumé ne se quitte plus, il se joue dans les prairies ; les mâles dont les testicules restent cachés l'hiver, ou peu apparens dans cette saison, se montrent au printems & en été avec un appareil de ces organes qui est d'une grosseur très-considérable, eu égard à la proportion du corps : tout chez eux annonce à leurs femelles le désir & le besoin de multiplier. Les mâles les plus empressés se battent quelquefois vigoureusement pour une femelle, qui en paroît bientôt plus docile. On faisoit autrefois des combats de perdrix, & ces combats étoient fort vifs : quelquefois aussi les femelles se disputent entre elles le choix du nouvel arrangement, & se battent à outrance. Faire la guerre & l'amour, dit M. *de Buffon*, ne sont presque qu'une même chose pour la plupart des animaux, & sur-tout pour ceux en qui l'amour est un besoin aussi pressant qu'il l'est pour la perdrix : aussi les femelles de cette espece pondent elles sans avoir eu de commerce avec le mâle, comme les poules ordinaires. Ces oiseaux ont l'odorat fin, & aiment à faire la poudrette : ils se trouvent presque par toute l'Europe ; on les prend avec le chien couchant & le fusil, rarement elles échappent au plomb meurtrier. On pourroit les apprivoiser & les faire habiter pêle-mêle avec la volaille de basse-cour : *voyez ce qui en est dit à l'article* Faisan. Les perdrix recherchent la compagnie de presque tous les quadrupedes, comme chevaux, bœufs, cerfs, chevreuils, &c. & cette société leur est souvent fatale. Les gens de la campagne dans les pays où il est défendu de chasser, savent s'en dédommager au moyen d'une perdrix femelle nommée *chanterelle*, qui par son chant & enfermée dans une cage attire les mâles des environs le soir à la brune, surtout dans le temps que ces oiseaux s'apparient : c'est ainsi qu'on vient aisément à bout de les surprendre en plein champ : cette chasse se fait au filet, elle est même amusante pour les Dames. La vie de ces oiseaux est de seize ans ; les femelles vivent jusqu'à vingt ans & plus. Les perdrix ont beaucoup de fumet, & les chiens, pour peu qu'ils aient de nez, les sentent de loin.

Nous avons dit que le mâle n'a point pris de part au soin de couver les œufs, il se tient ordinairement à portée du nid, attentif à sa femelle, & toujours prêt à l'accompagner lorsqu'elle se leve pour aller chercher de la nourriture, & son attachement est si fidele & si pur, qu'il préfere ces devoirs pénibles à des plaisirs faciles que lui annoncent les cris répétés des autres perdrix, auxquels il répond quelquefois, mais qui ne lui font jamais abandonner sa femelle pour suivre l'étrangere. Au bout du temps marqué, lorsque la saison est favorable & que la couvée va bien, les petits percent leur coque assez facilement, & à peine sont-ils éclos, souvent encore couverts des débris de leur coquille, qu'ils courent à la suite de la mere & du pere, qui les appellent sans cesse, les promenent, leur montrent les insectes, les graines, en un mot, la nourriture qui leur convient, & leur apprennent à la chercher, soit dans les prés, soit dans les bois, &c. à se la procurer en grattant la terre avec leurs ongles. A leurs cris les poussins se rassemblent ; il n'est pas rare de trouver le pere & la mere accroupis l'un auprès de l'autre, & couvrant de leurs ailes leurs enfans qui se réchauffent, se reposent, & dont les têtes sortent de tous côtés avec des yeux fort vifs. Dans ce cas le pere & la mere se déterminent difficilement à partir, & un Chasseur qui aime la conservation de son gibier, se détermine encore plus difficilement à les troubler dans une fonction si intéressante. L'histoire des oiseaux fournit des exemples de tendresse & d'un instinct admirables : chez les perdrix ces qualités éclatent autant dans les alarmes que dans les soins d'une paisible éducation ; en effet, lorsque quelqu'un, ou si un chien s'emporte & s'approche trop près de leur nid, en un mot, que le péril vienne à menacer la famille, c'est toujours le mâle qui part le premier en poussant des cris particuliers, réservés pour cette seule circonstance ; il ne manque guere de se poser à trente ou quarante pas, & on en a vu plusieurs fois revenir sur le chien en battant des ailes, tant l'amour paternel inspire de courage aux animaux les plus timides : mais quelquefois il inspire encore à ceux-ci une sorte de prudence & des moyens combinés pour sauver leur couvée ; on a vu le mâle après s'être présenté, prendre la fuite, mais fuir pesamment & en traînant de l'aile, ou courir en boitant comme pour attirer & engager adroitement l'ennemi par l'espérance d'une proie facile, & fuyant toujours assez pour n'être point pris, mais pas assez pour décourager l'avide Chasseur à le suivre. C'est ainsi qu'il l'écarte de plus en plus de la couvée ; d'un autre côté, la femelle qui part un instant après le mâle, s'éloigne beaucoup plus rapidement au vol, plus loin & dans une autre direction ; à peine s'est-elle abatue, qu'elle revient sur le champ en courant le long des sillons & s'approche de ses petits qui, tout foibles qu'ils sont alors & quoiqu'incapables de voler, sont déja si rusés, qu'il est comme impossible de les trouver ; ils se sont blottis chacun de son côté dans les herbes & dans les feuilles : là ils ne font pas le moindre bruit, ni le plus petit mouvement, ils se laisseroient plutôt écraser sous les pieds du Chasseur que de remuer de place. La mere rassemble promptement ses petits, & avant que le chien qui s'est emporté après le mâle ait eu le temps de revenir, elle les a déja emmenés fort loin : la ruse cesse quand tout est tranquile, & le mâle revient aussi-tôt au cri de sa femelle.

C'est une remarque assez généralement vraie parmi les animaux, que l'ardeur qu'ils éprouvent pour l'acte de la génération est la mesure des soins qu'ils prennent pour le produit de cet acte : tout est conséquent dans la Nature, & la perdrix en est un exemple ; car il y a peu d'oiseaux aussi lascifs, comme il en est peu qui soignent leurs petits avec une vigilance plus assidue & plus courageuse. Cet amour de la couvée dégénere quelquefois en fureur contre les couvées étrangeres, que la mere poursuit souvent & maltraite à grands coups de bec. On nomme *perdreaux* les petits dès qu'ils commencent à voler. On a observé qu'il naît ordinairement dans l'espece des perdrix un tiers de coqs ou mâles plus que de femelles.

On préfere communément les perdreaux rouges aux gris, mais sans fondement ; car les bons connoisseurs trouvent plus de fumet dans les gris, sur-tout quand on les laisse faisander pendant quelques jours à l'air. La vieille perdrix est excellente en ragoût ou en pâté. Cet oiseau fournit un bouillon d'un bon suc, très-restaurant & très utile aux convalescens d'un tempérament pituiteux & mélancolique. Le perdreau rôti & assaisonné d'un suc d'orange aigre ou de citron, est très-bon dans les diarrhées qui viennent de la dépravation du suc stomacal & du relâchement des intestins : on se sert encore en Médecine du sang & du fiel des perdrix pour les plaies & les ulceres des yeux, & pour les cataractes : on y instille ces liqueurs toutes chaudes & sortant de l'animal qu'on vient de tuer. Les plumes de cet oiseau brûlées, semblablement à celles de toutes les autres especes, sont utiles contre l'épilepsie & les suffocations hystériques.

2°. La PERDRIX ROUGE OU PERDRIX FRANCHE OU PERDRIX GAILLE, *perdix rufa*. C'est un oiseau fort connu dans nos provinces méridionales & ailleurs ; il s'apprivoise plus aisément que la perdrix grise ordinaire. Il est aussi d'un cinquieme plus grand ; il a l'iris, le bec, les jambes rouges, les serres sont brunes ; cette perdrix a de petits ergots ; la plante du pied est d'un jaune sale ; la tête, le cou, la poitrine, le troupion & le dehors des cuisses sont de couleur de frêne ; le bas du cou & du dos est teint d'un brun jaunâtre ; le dessous des oreilles & le menton jusqu'au milieu de la gorge sont blancs, il se trouve cependant dans le coin de la même mâchoire une tache noire, cet espace blanc est entouré d'un bord noir ; les plumes des côtés sont joliment colorées de noir, de jaune pâle, de rouge brun & de cendré. Ces perdrix ont l'instinct moins social que les grises ; chaque famille ne vit point toujours réunie en une seule bande ou volée.

Le chant des perdrix rouges est différent de celui des autres ; elles paroissent se plaire davantage dans les lieux montagneux remplis de pierrailles, de buissons & de bruyeres : elles ne partent pas toutes ensemble, mais les unes après les autres, & quoiqu'elles soient dans le même canton, elles sont toujours séparées. Lorsque la femelle couve, le mâle la quitte & la laisse seule chargée du soin de ses petits. Quand un oiseau ou un Chasseur ou un chien les poursuivent, elles se retirent dans les trous de lapins, ou se perchent sur les arbres selon l'ennemi qu'elles ont à éviter. Quand les femelles ont des petits nouvellement éclos, & qu'elles voient que le Chasseur s'approche d'elles avec les chiens, elles s'enfuient en faisant de petits vols comme si elles étoient estropiées ou avoient une aile rompue ; c'est ce que les Chasseurs appellent *traîner*. Cette ruse de la part des perdrix rouges a le même but que celle des perdrix grises, dont nous avons parlé ci-dessus.

On en a vu, après s'être enfui en traîneuses, revenir à plein vol vers leur nid, & avoir la hardiesse de se défendre contre les chiens qui mangeoient leurs petits ; tant est grand l'amour des femelles des animaux pour leurs enfans. On trouve quelquefois de ces especes de perdrix blanchâtres, mais le bec & les pieds restent toujours rouges. Les perdreaux rouges sont difficiles à élever ; il faut des soins, leur donner à manger des fourmis ou leurs nymphes, & renouveller souvent leur eau : à six semaines si on ne leur donne la liberté des champs, ils sont attaqués d'une maladie contagieuse, accompagnée d'enflure & d'une soif dangereuse à satisfaire.

3°. La Perdrix blanche ou Lagopede ou Poule de neige, *lagopus avis*. C'est l'oiseau que nous avons décrit au mot Arbenne : les Suédois l'appellent *snoeripa*, les Lapons *cherupa*, & les Grisons *rabolane*. On en voit beaucoup dans les forêts de Northland & de la Laponie ; c'est une espece de gélinote, & M. Brisson l'a décrite sous le nom de *gélinote blanche*.

Nous avons dit au mot *arbenne* que le caractere distinctif du lagopede ou de la perdrix blanche, & qui est un attribut unique parmi ces oiseaux, c'est d'avoir, comme le lievre, le dessous des pieds velus. Les lagopedes volent par troupes, & ne volent jamais bien haut ; car ce sont des oiseaux pesans ; lorsqu'ils voient un homme, ils restent immobiles sur la neige pour n'être pas apperçus ; mais ils sont souvent trahis par leur blancheur, qui a plus d'éclat que la neige même. Au reste, soit stupidité, soit inexpérience, ils se familiarisent assez aisément avec l'homme : souvent pour les prendre, il ne faut que leur présenter du pain, ou même faire tourner un chapeau devant eux, & saisir le moment où ils s'occupent de ce nouvel objet pour leur passer un lacet dans le cou, ou pour les tuer par derriere à coups de perche : on dit même qu'ils n'oseroient jamais franchir une rangée de pierres alignées grossiérement, comme pour faire la premiere assise d'une muraille, & qu'ils iront constamment le long de cette humble barriere, jusqu'aux pieges que les Chasseurs leur ont préparés. Ils vivent des chatons, des feuilles & des jeunes pousses de pin, de bouleau, de bruyere, de myrtille & d'autres plantes qui croissent ordinairement sur les montagnes : c'est sans doute à la qualité de leur nourriture qu'on doit imputer cette légere amertume qu'on reproche à leur chair, qui d'ailleurs a le goût de celle du lievre.

Les perdrix de l'Iſlande, dont *Anderſon* donne la deſcription dans ſon *Hiſt. Nat. du Groënland*, ſont des eſpeces de perdrix blanches, ſemblables à celles des Alpes & de la Laponie. Il dit qu'elles amaſſent dans leurs nids leur nourriture pour l'hiver, en la rangeant par petits tas : elles ont cette précaution, parce qu'elles paſſent l'hiver dans le pays qui eſt alors terrible par le froid & la ſtérilité, & par la chute continuelle des neiges. On prétend que les perdrix griſes & rouges ne ſe mêlent point enſemble : quelquefois les mâles ſemblent ſe donner l'échange de leurs femelles, les ſuivre conſtamment & témoigner de l'amour ; mais on ne les a point vu s'appareiller. Cet amour étranger n'a d'effet que la jalouſie ; il trouble ſeulement le ménage, & ces ſoins aſſidus ne produiſent qu'une importunité ſans fruit.

4°. La PERDRIX DE LA NOUVELLE ANGLETERRE, *perdix novæ Angliæ*. Elle eſt plus petite que notre perdrix ordinaire ; ſon bec eſt noir, & le plumage aſſez ſemblable à celui de la bartavelle, excepté le dos qui eſt bigarré de noir ; ſa queue eſt courte, les jambes & les pattes ſont d'un brun clair. On trouve cet oiſeau à la nouvelle Angleterre & à la Jamaïque. *Klein* croit que c'eſt la même que la perdrix du Bréſil, *perdix Braſiliana jambu dicta Piſoni* ; c'eſt l'ococolin : ſes œufs ſont d'un très-beau bleu. La groſſe perdrix du Bréſil, *gallina ſylveſtris macucagua Braſilienſibus dicta*, eſt la perdrix de la Guiane ; elle eſt, dit-on, plus groſſe qu'une poule, ſes œufs ſont bleuâtres & plus gros que ceux d'une poule. On croit que c'eſt l'*oiſeau trompette* de quelques Voyageurs.

5°. La PERDRIX DE GRECE, *perdix Græca*. C'eſt la *bartavelle*, elle a le bec & les pieds rouges ; on en trouve beaucoup dans les iles Cyclades & de Candie, & dans les hautes montagnes, ſur-tout dans les Alpes : elle fait beaucoup de bruit en criant & en pondant. On dit que dans les temps qu'elle est en amour, elle articule en chantant par plusieurs fois *chacabis*. Elle pond & couve dans les plaines contre une grosse pierre; ses œufs sont tiquetés de rouge & de la grosseur des œufs de jeunes poules. La vraie *bartavelle* est beaucoup plus grosse que la perdrix rouge, l'iris, le bec & le dessus des doigts sont rouges. *Duloire*, pag. 19, dit d'après *Busbequius* en parlant de cette perdrix, que les perdrix de Scio sont plus privées que les poules de France, & ne sont pas en moindre nombre dans les maisons. Mais ce qui est singulier, c'est qu'un Pâtre public donnant de grand matin un coup de sifflet, aussi-tôt ces oiseaux accourent & se rangent autour de lui pour le suivre aux champs, d'où elles reviennent le soir au même signal.

6°. La PERDRIX DE DAMAS OU DE SYRIE, *perdix Damascena*. C'est la *gélinote des Pyrenées*, de M. *Brisson*, Bonasa Pyrenaïca. Elle est plus petite que la perdrix grise: sur le cou & sur le dos elle a le plumage de la bécasse; le pennage des ailes est mélangé de blanc, de brun & de fauve: elle a un cercle au bas du cou comme le merle à collier: ce cercle est fauve, jaune & rouge, le reste du plumage est comme dans nos perdrix ordinaires: elle a les jambes couvertes de plumes comme les perdrix blanches: elle a un caractere si sauvage qu'on ne peut l'apprivoiser: sa chair est plus délicate que celle de nos perdrix.

7°. La PERDRIX DE MONTAGNE, *perdix montana*, ressemble assez à notre perdrix grise avec qui elle se mêle lorsqu'elle descend dans les plaines. La perdrix rousse des Antilles, est le *pigeon violet de la Martinique*. Les perdrix de la Guadeloupe, sont des especes de *tourterelles*: voyez ce mot. Celles de la Baie d'Hudson sont des coqs de bruyeres; celles de la Virginie, de la Côte d'Or, de la Gambra, sont toutes différentes des nôtres; leur chair est d'un goût exquis: elles sont peu farouches; leur plumage est fort varié: elles ont beaucoup plus de vîtesse dans leur course, & en courant elles retrouſſent la queue comme font les poules : les perdrix ſont auſſi fort communes à Congo, à la Chine, à Madagaſcar & à la Louiſiane : leur chair a peu de fumet.

PERDRIX, eſt le nom que les Amateurs donnent à une eſpece de coquille univalve du genre des *conques ſphériques* ou *tonnes*, & M. *Adanſon* met ce coquillage parmi les coquilles operculées du genre des pourpres à canal court, échancré & ſimple : il donne le nom de *teſan* à l'eſpece qu'il a obſervée ſur les côtes du Sénégal.

PERDRIX DE MER. *Voyez* Sole. On donne auſſi le nom de perdrix de mer, *glareola*, à un genre d'oiſeau qui fréquente les bords des mers, des fleuves & des étangs, & dont on diſtingue quatre eſpeces : ces oiſeaux ont trois doigts antérieurs & un poſtérieur. La partie ſupérieure du bec eſt convexe & comprimée latéralement vers la pointe. La perdrix de mer eſt de la groſſeur du merle, l'eſpece à collier pond ſept œufs oblongs : celle du Sénégal eſt toute jaune.

PERDRIX DES PRAIRIES. *Voyez* Francolin.
PERDRIX DU SÉNÉGAL. *Voyez* Bis-ergot.
PERDRIX DES TERRES NEUVES. *Voyez* Pintade.

PERE DE FAMILLE. Nom que l'on donne, d'après *Swammerdam*, à un papillon nocturne, à cauſe de l'aſſiduité qu'il marque à ſa femelle, & du ſoin qu'il a de la venir retrouver pour féconder ſes œufs. C'eſt le papillon de la *chenille à broſſe du prunier*. Voyez *le ſecond volume de cet Ouvrage*, p. 440. On ne découvre les ailes de ſa femelle qu'à la loupe ; en revanche ſes ſix jambes ſont très-viſibles, au lieu que dans le mâle elles ſont tellement cachées ſous les ailes, que l'on ne peut appercevoir que les deux de devant entre les antennes & les ailes ſupérieures. La femelle eſt extrêmement féconde, tout ſon ventre eſt plein d'œufs que l'on diſtingue très-bien à travers la peau qui est très-mince, & qui s'insinue dans toutes les séparations des œufs, de sorte que le ventre de cet insecte ressemble en quelque sorte à une petite grappe de raisin. Cette femelle colle ses œufs à la surface de la coque où elle est née, sans jamais la quitter; ces œufs sont ronds, perlés & cerclés de pourpre, très durs, & ne s'affaissent point en se desséchant, comme ceux des abeilles & des autres insectes: ce papillon provient d'une chenille d'une rare beauté. *Voyez l'article cité ci-dessus.*

PERE NOIR, *passer niger.* On donne ce nom à un moineau franc, qui se trouve à la Jamaïque, au Mexique, à la Martinique, dont le bec & le plumage sont d'un beau noir, & qui a la gorge rouge; on en voit aux Indes une espece dont le plumage tire sur la couleur d'acier poli, ses yeux sont noirs & entourés de blanc.

PERELLE, ou ORSEILLE D'AUVERGNE, ou ORSELLE DE TERRE, *perella.* C'est une substance fongueuse, terreuse & seche, en petites écailles grisâtres, qu'on nous apporte de Saint-Flour en Auvergne: on la retire de dessus les rochers, où elle a été formée en lichen verreux, semblable à un amas de poudre que les vents y auroient porté. Le sol qui produit cette sorte de lichen, est une espece de granite, & souvent une pierre de volcan: avec de l'urine & de la chaux, on parvient à développer les couleurs rouges qu'elle contient. *Voyez* ORSEILLE. On prétend qu'elle entre aussi dans la composition du tournesol en pâte.

PÉRÉNOPTERE. Cet oiseau paroît faire le dernier degré de nuance entre les vautours & les aigles, tenant infiniment plus aux vautours qu'aux aigles; il a la tête d'un bleu clair, le cou blanc & nu, c'est-à-dire, couvert comme la tête d'un simple duvet blanc, avec un collier de petites plumes blanches & roides au-dessous du cou en forme de fraise; l'iris des yeux est d'un jaune-rougeâtre, le bec & la peau nue qui en recouvre la base sont noirs, l'extrémité crochue du bec est blanchâtre, le bas des jambes & les pieds sont nus & de couleur plombée; ses ongles sont noirs, moins longs & moins courbés que ceux des aigles; cet oiseau est sur-tout fort remarquable par une tache brune en forme de cœur qu'il porte sur la poitrine au-dessous de sa fraise; & cette tache brune paroît entourée ou plutôt liserée d'une ligne étroite & blanche: cet oiseau est en général d'une vilaine figure & mal proportionné; il est même dégoûtant par l'écoulement continuel d'une humeur qui sort de ses narines, & des deux autres trous qui se trouvent dans son bec par lesquels s'écoule la salive: il a tous les vices de l'aigle, sans avoir aucune de ses qualités, se laissant chasser & battre par les corbeaux, étant paresseux à la chasse, pesant au vol, toujours criant, lamentant; toujours affamé & cherchant les cadavres. Cette espece d'oiseau est plus rare que celle des vautours: on la trouve, mais en petit nombre, dans les Pyrénées, les Alpes & les montagnes de la Grece.

PERIDOT. Les Joailliers François donnent ce nom à une pierre précieuse d'un vert un peu jaunâtre: il y a le peridot Oriental très-net & foncé en couleur; le peridot Occidental n'a pas tant d'éclat ni une couleur aussi pure. *Voyez l'article* ÉMERAUDE.

PÉRIGORD ou PIERRE DE PÉRIGUEUX. *Voy.* à la suite du mot FER.

PÉRINE VIERGE. *Voyez au mot* PIN.

PERLE, *perla*. Insecte à antennes longues & filiformes, & de la classe de ceux qui ont quatre ailes nues. On distingue quatre barbillons à sa bouche & trois petits yeux lisses sur la tête. La perle vient d'une larve aquatique, longue & à six pieds, & ressemble beaucoup à la frigane (*phrygane*). Cependant la perle en differe, sa queue étant terminée par deux longs appendices fort menus; de plus ses ailes croisées sont couchées le long de son corps.

On reconnoîtra sans peine la larve de la perle, lorsqu'on saura qu'elle habite dans l'eau & qu'elle est renfermée comme la teigne aquatique dans une espece de tuyau, dont l'intérieur est de soie filée par le petit animal, & dont l'extérieur est recouvert, tantôt de sable, tantôt de morceaux de coquilles, tantôt de parties de plantes que l'animal a fortement attachées avec des fils à son fourreau. Il y a de ces fourreaux ou tuyaux qui sont très-jolis, suivant les différentes especes de ces insectes; car on en voit qui étant métamorphosés, sont bruns à raies jaunes, d'autres n'ont que les pattes jaunes, ou les ailes pâles, &c. On trouve fréquemment dans les eaux dormantes de ces vers aquatiques qui s'habillent avec la lentille d'eau, taillée, coupée en carrés réguliers & ajustés bout à bout. Lorsque le ver ou larve, qui est hexapode, veut se changer en nymphe, il bouche l'ouverture de son fourreau avec des fils d'un tissu lâche par lequel l'eau pénetre, mais qui défend l'entrée aux insectes voraces; sa chrysalide est légérement gazée; c'est une nymphe, à travers de laquelle on découvre aisément alors la nouvelle forme de l'insecte. La perle sur le point de changer d'élément, vient à fleur d'eau, quitte son fourreau, s'éleve dans l'air, va jouir des douceurs de la campagne, voltige sur les fleurs & les arbres, mais bientôt elle s'accouple & est rappelée sur le bord de l'eau pour y déposer ses œufs, d'où l'on voit naître sa postérité.

PERLES. *Voyez à l'article* NACRE DE PERLES.

PEROOLE, est le *bluet* ou *aubifoin*: voyez BLUET.

PEROUASCA, nom donné à un petit quadrupede très-joli, qui se trouve en Russie, en Pologne & surtout en Volhinie; il est nommé par les Russies, *perewiazka*, & par les Polonois, *przewiaska*, noms qu'on peut rendre par la dénomination de *belette à ceinture*. Cet animal est plus petit que le putois; il est couvert d'un poil blanchâtre, rayé transversalement de plusieurs lignes d'un jaune roux, qui semblent lui faire autant de ceintures. Le *perouasca* demeure dans le bois & se creuse un terrier. Sa peau est recherchée & fait une très-jolie fourrure.

PERRIERE. *Voyez à l'article* CARRIERE.

PERROQUET, *psittacus*, est un genre d'oiseaux Indiens, mis par *Linnæus* dans l'ordre des oiseaux de proie, quoiqu'ils soient moins carnivores que frugivores. Le caractere générique du perroquet, est d'avoir quatre doigts aux pieds, dont deux sont dirigés en avant & deux en arriere, garnis d'ongles crochus; le bec court & épais; la mâchoire supérieure est crochue & pointue; la partie inférieure de leur bec est ronde, tranchante & beaucoup plus courte que la supérieure qui est terminée en bec de plume à écrire; &, ce qui est remarquable & unique chez ces oiseaux, c'est qu'ils ont le dessus du bec un peu mobile, dumoins cette mâchoire s'articule par synchondrose avec le crâne: leur mâchoire inférieure se meut comme dans les autres oiseaux; elle est fort large, & son articulation est telle qu'elle peut s'avancer en avant, & reculer en arriere. Une autre singularité du *perroquet* regarde ses paupieres dont la supérieure est mobile comme chez le chat-huant; elle s'abaisse en même temps que la paupiere inférieure s'éleve, mais beaucoup moins que la paupiere inférieure ne s'abaisse. Dans le *perroquet* mort, les deux paupieres se trouvent jointes ensemble sur la cornée; elles ont fait chacune la moitié du chemin pour s'y rencontrer. Dans tous les autres oiseaux, c'est la paupiere inférieure qui s'éleve dans le moment qu'ils meurent, & elle va joindre la paupiere supérieure qui ne s'abaisse en aucune maniere.

Les *perroquets* ont les pieds & les doigts charnus, la tête grosse, le bec & le crâne durs, les narines rondes. En général les perroquets sont dociles & s'attachent plus ou moins aux hommes & aux femmes: il est rare qu'ils n'en préferent l'un à l'autre: ceci proviendroit-il de la modification des passions ou des organes diversement agités par la diversité de leur sexe, lorsqu'on leur parle ou qu'on les regarde? J'ai vu & entendu à Paris un *perroquet* cendré jurer toujours & hérisser ses plumes à l'aspect de son maître, mais changeant de ton à l'arrivée d'une Dame, rire, chanter les principaux airs de la *Serva Padrona*, (Servante Maîtresse) quelquefois il accompagnoit de son chant sa maîtresse qui jouoit du clavecin ou de la harpe, & exécutoit comme un personnage de théâtre, avec elle, différens airs avec l'inflexion de la voix, d'une maniere & d'une précision vraiment surprenantes. M. *Vosmaër* dit en avoir vu un à Rotterdam qui avoit les mêmes talens. Combien d'autres *perroquets* ne pourroit-on pas citer en exemple? Il faut en convenir, la vie privée, les leçons, l'éducation, l'industrie humaine ont adouci les mœurs de ce bipede, & ont developpé en lui l'organe de la voix & en ont perfectionné la souplesse. A la vérité ces oiseaux ont la langue large & faite comme une graine de calebasse, ce qui joint à la disposition du larinx & de la glotte, leur donne beaucoup de facilité pour articuler des mots, parler distinctement, chanter des chansons, siffler des airs, contrefaire des animaux, sur-tout le chien & le chat, imiter le bruit d'un tambour, &c. Tous tiennent leur mangeaille avec un pied élevé en l'air qu'ils portent à leur bec, comme font les oiseaux de proie ou du genre corbin : en cette attitude, on observe que la masse du corps gravite vers le centre de la patte qui les porte. L'adresse & la force qu'ont ces oiseaux dans leur bec, semble indiquer que cet instrument est approprié à casser les écorces ou coques dures de certains fruits qu'ils mangent volontiers, à briser & déchirer des corps qui offrent plus de résistance que la pulpe des fruits tendres. Ce bec leur sert encore de troisieme pied pour marcher, pour monter aux arbres, se pendre aux branches, & à se défendre contre divers animaux carnassiers qui grimpent de nuit sur les arbres dans les contrées naturelles aux *perroquets*. Cet oiseau a-t-il émoussé son bec,

bec, il se retire à l'écart, cesse de bâbiller, & en silence il semble aiguiser son bec en frottant & ratissant la mâchoire inférieure contre la supérieure, ce qui fait un bruit désagréable. Ajoutez aux avantages que la nature leur a donné, des pattes, dont les doigts, pour se mieux percher, sont partagés autrement que dans la plupart des autres oiseaux qui en mettent toujours trois devant & un derriere. Le *perroquet* est un oiseau d'une longue vie, quoique sujet au mal caduc; il a la propriété de ruminer. Presque tous les *perroquets* sont ornés de belles & riches couleurs, & aiment à être caressés.

Les Anciens ne connoissoient qu'une espece de *perroquet*, dont le plumage étoit entièrement vert, & qui avoit un collier d'un rouge de vermillon; mais depuis la découverte de l'Amérique, on en a trouvé dans ce nouveau Continent une grande quantité d'especes. On peut faire trois divisions principales des *perroquets*: savoir, en *grands*, en *moyens*, en *petits* ou *perriques*. Dans cette division l'on trouve les *arras* ou les *macaos*, les *kakatous*, les *lorys*, les *perroquets* proprement dits ou *parrots*, les *perruches*.

Entre les premiers, sont les *perroquets* de la grandeur d'un grand corbeau & plus: tels sont les *macaos* ou les *arras*. Ils ont la queue très-longue; leur tête est grande, large & platte en dessus. Les *kakatous*, vulgairement appelés *catacouas*, ont la queue courte.

Dans le GRAND MACAO les yeux ont l'iris de couleur blanche, & il y a communément autour un grand espace blanc dégarni de plumes. La mâchoire supérieure qui a près de trois pouces de longueur, est de couleur de chair; celle de dessous est d'un brun sombre; les jambes & les pieds sont de la même couleur que le bec: le plumage de la tête entiere, du cou, de la poitrine, du ventre, des cuisses, du dessous de la queue, de même que le milieu du dessus des ailes, est d'un rouge charmant; le dessous de l'aile est embelli d'un jaune éclatant. Au dessous du rouge des ailes, on voit un rang de plumes vertes, & le bout des grandes plumes est d'un outremer luisant. Il en est de même du dessus de la queue & du croupion ; la queue qui s'étend bien au-delà des ailes, a dix pouces de longueur : ce *perroquet* se trouve dans les deux Indes. Sa femelle est d'un beau bleu d'azur en dessus, & en dessous d'un jaune charmant ; sa queue a un pied & demi de longueur, l'animal a en tout trente pouces de long ; ses pattes sont ornées de grandes serres, noires & recourbées : c'est le *perroquet* que l'on nomme *macao bleu & jaune, psittacus maximus cyano-croceus,* & qu'on nomme au Brésil *ararauna :* on le vend communément dix guinées à Londres.

Le Perroquet Arras, *ara*, est le plus gros & le plus grand de tous les *perroquets*, soit des Iles, soit de Terre-ferme ; on en distingue deux espèces ou deux variétés : savoir, l'*ara bleu* & l'*ara couleur de feu* ; plus communément le plumage de la tête, du cou, du dos & du ventre, est de couleur de feu : les ailes sont mêlées de bleu, de rouge & de jaune. Sa queue qui est ordinairement toute rouge, a quinze ou vingt pouces de longueur. Son œil est assuré, son bec gros : il marche gravement, il vit très-long-temps ; il apprend très-bien à parler dans sa jeunesse : son naturel est assez docile. Il est familier & aime à être caressé : il s'attache à son maître, & en est même jaloux : on nous l'apporte de la Guadeloupe. L'*ara du Brésil,* est le grand *perroquet* de Macao.

Le *perroquet papegay* est remarquable par la variété de ses couleurs : il est rare. Le mâle est plus gros que la femelle, il a du jaune & du rouge au-dessus du bec : il est moins méchant que les précédens, & apprend mieux à parler : on a plus de peine à instruire les rouges. On voit de ces gros perroquets en quantité dans le Brésil, dans la Jamaïque, dans la Guiane ; ils fréquentent tous les endroits où croissent le piment appelé poivre de la Jamaïque, le riz, &c. dont ils font un grand dégât. Ils font leurs nids dans des lieux de difficile accès : ils ne pondent que deux œufs. Les Sauvages du Brésil qui savent tirer fort adroitement de l'arc, se servent de fléches très-longues, au bout desquelles ils mettent un bourrelet de coton, afin qu'en tirant aux papegays ils les abattent sans les blesser.

Les perroquets de moyenne grandeur sont à-peu-près de la taille de nos pigeons domestiques : ils ont la queue courte ; tels sont les *parrots* & les *poppiniays* des Anglois.

Le PERROQUET BLANC CRÊTÉ, *psittacus albus cristatus*, est de très-belle figure ; ses pieds, ses jambes & ses cuisses sont jaunâtres ; ses ongles sont petits, noirs & à peine crochus : il porte sa queue retroussée comme un coq : tout le champ de son plumage est blanc, le bec est d'un cendré noirâtre, le cercle des yeux jaune, le sommet de la tête garni de plumes grandes, blanches & pointues, qui pendent en arriere en formant l'arc. Les Naturels des Moluques les appellent *cachi*, c'est-à-dire *précieux*. Ce perroquet est une espece de *kakatoës*, ou *kakatou*. Il y a encore le *kakatou à huppe jaune* d'Amboine ; le *kakatou à huppe rouge* ; le *kakatou à ailes & queue rouges* ; le *petit kakatou* des Philippines.

Le PERROQUET VERT, *psittacus viridis Amazonicus*, a les plumes des ailes rougeâtres par la partie supérieure, ainsi que celles de la queue ; son bec supérieur est rougeâtre, & l'inférieur est blanc ; l'iris d'un jaune rouge, le sommet de la tête jaune ; tout le reste du plumage est d'un vert nuancé de bleu ; sa queue est très-courte ; ses jambes & ses pieds sont cendrés. On en trouve beaucoup le long de la riviere des Amazones : cette espece de perroquet qu'on voit communément à Londres, est très-criarde. Les Indiens en font de belles ceintures ou des bandelettes de plumes, dont ils ceignent leurs têtes aux jours de réjouissance. On distingue plusieurs sortes de *perroquets Amazones*.

Parmi les perroquets verts il y en a quelques-uns qui ont sur la tête une nuance bleue, & sous le ventre une tache jaune ; mais le bas du croupion est d'un rouge écarlate. On trouve en Ethiopie un PETIT PERROQUET VERT, *psittacus pusillus viridis Æthiopicus*, qui n'est pas plus gros qu'un pinçon, ainsi il appartient aux perroquets de la troisieme division : le champ de son plumage est d'un beau vert ; les plumes de sa queue sont d'abord jaunes, ensuite rouges, puis noires & vertes au bout : sa gorge est rouge, son bec gros & dur, les ongles sont blancs. *Ray* dit avoir remarqué que quand les femelles sont vieilles, les mâles sont obligés de leur présenter une nourriture avalée & broyée, comme font les pigeons à leurs petits.

Le PERROQUET DIVERSIFIÉ, *psittacus varius*, a le plumage agréablement mélangé, sur-tout aux ailes & à la queue ; son bec est souvent de différentes teintes : il a le haut de la tête de couleur d'or ; le reste du corps mêlé de vert, de couleur d'améthyste, de noir, d'un vermillon obscur & safrané : ses jambes sont courtes, d'une couleur plombée, & ses ongles noirs. D'autres ont le front blanchâtre, ainsi que le bec : le derriere de la tête, du cou & des ailes est brunâtre ; le gosier couleur de cinabre ; la poitrine & les cuisses verdâtres, l'entre-deux des cuisses couleur de terre d'ombre ; les grandes pennes des ailes sont d'un bleu mêlé de blanc, l'extrémité du ventre jaunâtre ; la queue d'un rouge mêlé tantôt de jaune & tantôt de bleu : en un mot on y distingue sept couleurs, parmi lesquelles cependant la verte est la dominante. Cet oiseau est nommé dans le Dictionnaire de Trévoux, *perroquet gris diversifié*.

Le PERROQUET CENDRÉ, *psittacus cinereus, seu subcæruleus*, est de la grandeur d'un pigeon de voliere : son bec est noir : la teinte de son corps est d'un cendré obscur ou ardoisé : il a la queue très-courte & d'un beau rouge de cinabre. Cette espece de perroquet, qui est fort commune à Paris, vient de Mina, ville de Saint-George aux Indes : on les trouve aussi dans les royaumes de Congo & d'Angola, dans la Guinée, même aux Iles : ce sont de grands parleurs : ils sifflent très bien différens airs : élevés de jeunesse ils s'apprivoisent facilement, ils ont beaucoup de mémoire, prononcent à merveille ce qu'on leur apprend, & leur attachement est extrême à l'égard de ceux qu'ils ont pris en amitié. J'en ai un, qui peut avoir vingt ans, qui ne peut souffrir d'être en cage ; il mange de tout à ma table, rit avec la société, & s'est rendu propres les passions humaines, la gourmandise, la jalousie, la colere, la liberté, le bavardage, &c.

Le Perroquet d'un gris blanc, *psittacus subalbus*, égale en grandeur le plus petit de la grande espece des perroquets : sa queue est courte : son corps est d'un blanc si sale, qu'il en paroît cendré : son bec est noir : il a le derriere du dos, le croupion, toute la queue & les plumes des ailes d'un beau rouge.

Le Perroquet écarlate, *psittacus coccineus aut purpureus Orientalis*, se trouve aux Indes Orientales ; il est bien moins gros qu'un pigeon : il a le corps tout rouge ; les plumes qui couvrent les ailes, vertes ; les côtés jaunes ; le dessous de la queue fauve au milieu, & le dessus d'un roux vert : au dessus des genoux il a un cercle de plumes vertes : il a le bec & l'iris jaunes : ses jambes sont noires & très courtes. On voit beaucoup de ces perroquets à Londres. C'est le *lory de Ceram*, l'une des îles Moluques. *Voyez* Lory.

Le beau Perroquet de Clusius, *psittacus elegans Clusii*, est de la grandeur du pigeon : sa poitrine, son cou & son ventre sont de diverses couleurs, & les bords sont d'un beau bleu. Dès que cet oiseau entre en colere, ses plumes se redressent & forment une espece de huppe ; (ce phénomene qui paroît dépendre de la contraction des muscles de la peau, est assez commun à toutes les espèces de perroquets): il a le dos vert, les plumes des ailes bleues & la queue verte. C'est le *perroquet varié des Indes*.

Le Perroquet a collier des Indes Orientales, *psittacus torquatus Orientalis*, est beaucoup plus grand que le perroquet vert: le sommet de sa tête est d'un vert bleuâtre; sa mâchoire supérieure est orangée, celle de dessous est noire; il a l'iris jaunâtre: il porte sous le cou une bande noire, & dessus une de couleur de pourpre, qui toutes les deux s'étendent longitudinalement: le plumage de sa poitrine est d'un rose pâle, celui du dos, des ailes, du ventre, de la queue & des cuisses est d'un vert jaunâtre: sa queue a environ vingt pouces de longueur, & se termine en pointe: c'est une espèce de *lory*.

Le Perroquet a tête jaune, *psittacus icterocephalos*. Sa poitrine est jaune aussi, son dos est vert mêlé de jaune, le dessus de la tête & la gorge sont bleus, la base des ailes est rouge, son bec & ses ongles sont noirs, les pattes sont jaunâtres: c'est le perroquet de la Jamaïque.

Le petit Perroquet d'Angola, *Angolensis psittacus minor*, est de la grandeur d'une tourterelle; son bec est fauve; le plumage de la tête, du dos, de la poitrine, ainsi que les plumes scapulaires des ailes, sont d'une belle couleur d'or, ombrée d'un rouge brillant, le reste des ailes est vert & bleu; sa queue est longue, fourchue & d'un vert jaunâtre; les jambes & les pieds sont d'un rouge bleuâtre.

Le petit Perroquet de Bengale, *Bengalensis psittacus minor*, est de la grandeur d'un pigeon ordinaire: sa mâchoire supérieure est roussâtre & l'inférieure noirâtre; le derrière de sa tête est d'un rouge pâle, nuancé de pourpre; sa gorge est noire, & son cou est entouré d'un petit cercle de la même couleur; le plumage de la poitrine, du ventre & des cuisses est d'un vert pâle & jaunâtre; les plumes du dos & celles des ailes sont d'un beau vert d'herbe; la queue n'est composée que de quatre plumes, dont les deux du milieu sont les plus longues, le dessus en est vert & le dessous est d'un jaune pâle.

Le Perroquet du Brésil, *Brasiliensis psittacus*, est le *laurey* des Anglois: il est plus grand que le précédent ; il a le bec d'un fauve pâle, l'iris jaune & la paupiere noire ; il porte sur le sommet de la tête une huppe d'un beau bleu, le reste de la tête est écarlate, & au dessous on voit un beau cercle jaune ; la poitrine & le dessus du dos sont d'un rouge vif; le dessous des ailes est jaunâtre, les plus longues plumes des ailes sont d'un beau bleu d'azur : le dessus du cou, du ventre & des cuisses est blanc, entremêlé de couleur de rose, se terminant près de la queue en un mélange d'écarlate ; la queue est d'un pourpre nuancé de brun. Les nuances aurores du dos qui se confondent imperceptiblement dans le bleu céladon, rendent cet oiseau peut être le plus beau des perroquets. *Albin* dit en avoir vu vendre à Londres vingt guinées. *Voyez* Lory.

Le Perroquet des Barbades, *psittacus Barbadensis*, est de la grandeur de celui de Bengale ; son bec est de couleur de corne, il a l'iris safranée ; le plumage du devant de la tête est d'un fauve pâle, & entouré d'un beau jaune qui s'étend jusques sous la gorge ; les plumes scapulaires du dessus des ailes sont d'abord d'un beau bleu & ensuite rouges ; la queue est composée de douze plumes d'un beau vert ; les jambes sont emplumées jusqu'aux pieds, d'une couleur cendrée. Ce perroquet est très-doux, très-beau, & articule distinctement les mots qu'on lui a appris.

Le Perroquet couleur de frêne, *psittacus Guineensis cinereus*, est, selon l'ornithologiste *Albin*, de la grandeur d'un pigeon ; son bec est noir, ses narines sont fort voisines l'une de l'autre ; tout son corps est d'une couleur uniforme, excepté vers la queue, où la teinte est plus foible ; la queue est d'une couleur rouge & vermeille & très-courte ; les plumes de la tête & du cou sont très-courtes & grisâtres, ainsi que celles du ventre.

On distingue encore plusieurs autres *perroquets*, qui appartiennent à la classe des *perroquets* de moyenne grandeur ; mais nous en avons parlé à chacun de leurs noms. On distingue entr'autres celui du Para, près de la riviere des Amazones : il est d'un très-beau jaune.

Le Perroquet mascarin, *psittacus mascarinus*, est d'une couleur obscure.

Les *perroquets* de la troisieme division ne sont pas plus grands que des merles & des alouettes ; ils ont la queue très-longue. Les François nomment *perruches* les mâles, & *perriches* les femelles de tous ces petits *perroquets*, *psittaca*.

Le Perroquet a collier des Anciens, *psittacus torquatus macrouros Antiquorum*, est la premiere espece de perroquet qui ait été apportée des Indes en Europe : sa queue est longue : il a l'iris jaune, le plumage vert & foncé sur le dos : son collier est d'un beau vermillon ; son bec est incarnat & assez gros : son ventre est nuancé d'un vert si tendre, qu'il en paroît jaunâtre : les dernieres plumes des ailes, ont, vers la partie d'en haut, une tache rouge remarquable : la queue est d'un jaune verdâtre, les pieds & les jambes sont cendrés : au-dessus du bec, il y a une ligne noire qui va de part & d'autre jusqu'au collier. C'est une *perruche*.

Le petit Perroquet tout vert, *psittacus minor macrouros totus viridis*, se voit très-communément dans les maisons en France ; il n'est pas plus gros qu'un étourneau : il a le bec couleur de chair, ainsi que les pieds & les jambes, ce qui ne se voit pas dans les autres *perroquets* : l'iris est de couleur de safran : tout le corps est d'un beau vert de pré, le ventre est un peu plus clair : sa queue est étroite, longue de huit pouces ou environ, & finit en pointe. Bien des personnes lui accommodent le bec, au moins deux fois l'an, ainsi qu'au papegai. Il parle un peu, mais son cri ne plaît pas à tout le monde. On le nourrit de chenevis, de fruits, de biscuit, de sucre & de pain trempé dans de l'eau & du vin, &c. on l'apporte de Saint-Domingue; on l'appelle aussi *perruche de la Guadeloupe*: il en vient aussi d'Egypte, qui sont moins beaux. Ce petit *perroquet* fait son nid dans les écueils.

Le petit Perroquet vert des Indes Orientales, *psittacus viridis minor Indus Orientalis*, est un peu plus grand que l'alouette ordinaire; son bec est de couleur fauve; le plumage du devant de la tête & de la gorge, est d'un rouge d'écarlate; celui de derriere la tête, du dos, de la poitrine & des ailes, est d'un beau verd, ainsi que les plumes du croupion, qui sont un peu nuancées de bleu: la queue est courte; les trois plumes avancées en dehors, à droite & à gauche, sont d'un beau rouge, bordées de noir, & leurs pointes sont vertes: les jambes & les pieds sont grisâtres. Ce *perroquet* est fort doux, & vit volontiers en cage avec sa femelle.

Le Perroquet rouge et vert, *psittacus Japonicus*, *Aldrov*. est de la grandeur du petit *perroquet* tout vert: son bec est court, rouge, & médiocrement courbé: il a le champ de son plumage composé de quatre couleurs; celles qui paroissent le plus sont le rouge & le vert: le dos, le dessus de la tête, & les grandes plumes des ailes sont d'un vert très-éclatant; les plumes scapulaires sont bleues; deux des grandes plumes de dehors sont vertes, & les autres sont d'un bleu très-couvert: l'iris est rouge; devant & derriere les yeux il a des taches bleues; le dessus du menton est couleur de rouille safranée: la poitrine & le ventre de ce perroquet sont d'un beau rouge, & orné de petites lignes tirées en long: la queue est plus longue que tout le corps, elle est verdâtre en dessus & rouge en dessous: les jambes & les pieds sont très-noirs.

Le Perroquet rouge et crêté, *psittacus ruber & viridis cristatus*, a l'iris rouge & la prunelle noire; les ailes, la queue & la crête de couleur rouge, le reste de son plumage est vert. Sa crête ressemble à celle du perroquet blanc & crêté: cette crête est composée de six plumes, trois grandes & trois petites.

Le petit PERROQUET DE BONTIUS, *psittacus minor Bontii*, n'est pas plus grand qu'une alouette: il a le bec & le gosier grisâtres, l'iris argentée: ses ailes sont vertes, mais mêlées de quelques plumes rouges: il porte sur la tête de belles plumes qui s'élevent en forme de crête: le bas du ventre, la crête, le cou & le dessus de la queue qui est très-longue, sont de couleur incarnate; ses plumes finissent par un beau mélange de vert & de blanc. C'est la *perruche rouge & hupée de Java*.

La *petite perruche aux ailes d'or*, *psittacula alis deauratis*, se trouve aux Indes Orientales.

Les Ecrivains font mention de plus de cent espèces de perroquets, dont nous parlons en partie dans le cours de cet Ouvrage, à chacun des noms qu'ils portent. (M. *Brisson* seul comprend quatre-vingt-quinze sortes dans ce genre d'oiseaux, entre lesquels il s'en trouve peut-être quelques-uns qui ne different que par le sexe. Consultez l'*ornithologie* de cet Auteur.) Ceux dont nous n'avons point décrit particuliérement l'histoire, peuvent être rapportés aux especes que nous avons citées. On sait aujourd'hui que chaque île Orientale, & chaque contrée de la terre ferme, excepté l'Europe, produit ses perroquets, que l'on distingue par le plumage. *Labat* dit que tous les petits perroquets de la Guadeloupe, sont de la grosseur d'un merle, entiérement verts, à la réserve de quelques petites plumes rouges qu'ils ont sur la tête; leur bec est blanc: ils sont doux, caressans, & ils apprennent facilement à parler, cependant ils sont moins susceptibles d'éducation. Ceux du Brésil sont totalement verts; leurs plumes semblent couvertes d'un petit duvet blanc & très-fin, qui les fait paroître d'un vert argenté. Ces perroquets sont d'ailleurs fort vifs, très-privés; ils semblent aimer à s'entretenir avec les hommes: il est rare qu'ils gardent le silence; car quand ils entendent parler, soit de jour ou de nuit, ils se mettent de la conversation, & crient toujours plus fort que qui que ce soit. Les perroquets noirs sont communs dans l'île Maurice: ils ressemblent, au bec près, à des corbeaux. Les *perroquets tapirés* sont ceux qui doivent à l'art une belle partie de la couleur de leur plumage. Les Indiens de la Guiane sont habiles dans cet art: pour cela ils arrachent des plumes des perroquets dans les endroits où ils savent qu'en la place des vertes, ils peuvent en faire venir de rouges ou de jaunes, & ils frottent les chairs qu'ils ont mises à découvert avec du sang de grenouille.

Les perroquets volent en troupe & cherchent les grains & les fruits à mesure qu'ils mûrissent. Rien d'aussi singulier que de les voir & de les entendre quand ils sont sur les arbres: les Chasseurs ont peine à les attraper, car ils ne restent pas long-temps en place; dès qu'ils ont becqueté un fruit ils volent à un autre. Quand le Chasseur en a tué un d'un coup de fusil, ils regardent ce camarade tomber, & se mettent à crier tous ensemble de toute leur force. Il y a différentes façons de prendre ces oiseaux: ceux qu'on veut garder en vie pour leur apprendre à parler sont tirés fort jeunes de leurs nids au mois d'Août. Au Brésil on abat les vieux de dessus les arbres avec des fleches dont la pointe est bien enveloppée de coton pour qu'elle ne les blesse pas. Les Caraïbes portent de nuit des charbons autour des arbres sur lesquels se tiennent les perroquets, & jettent sur ces charbons une gomme résine avec du piment vert, dont la fumée étourdit ces oiseaux, & les fait tomber à terre devant eux Les Indiens qui habitent les bords de la riviere de Berbice, les prennent avec des lacets attachés à des bâtons qu'ils jettent à la tête des oiseaux. Leur chair est assez grasse & de bon goût, sur tout dans la saison des graines de bois d'Inde. La saveur de la chair de ces oiseaux, tient toujours de l'espece de nourriture qu'ils prennent: quand ils mangent de la graine d'acajou, ils sentent l'ail ; s'ils se nourrissent de piment, leur chair a un goût de girofle & de cannelle fort agréable. Quand ils se nourrissent de prunes de Mombin, de cachimans & de goyaves, ils deviennent comme autant de pelotons de graisse : la graine de coton les enivre & leur cause les mêmes symptomes que l'excès du vin fait voir dans l'homme ; on les prend alors très-facilement. Dans tous les pays, ces oiseaux gâtent tellement les grains, qu'on est obligé de faire garder les moissons par des enfans. Les perroquets se plaisent aussi beaucoup sur le muscadier : ils mangent de la graine de carthame, sans en être incommodés, quoique ce soit un purgatif pour l'homme.

Ce que *Pistorius* dit dans sa *Description de la Colonie de Surinam*, pag. 68. *Amst.* 1763. *in*-4°. est remarquable & semble prouver que les perroquets, quoiqu'ils multiplient à Surinam, y sont autant d'oiseaux de passage. " Au mois d'Août & de Septembre
» des années 1750 & 1751, temps auquel on fait la
» récolte du café, l'on vit à Surinam, une prodigieu-
» se quantité de perroquets de toutes especes, qui
» fondoient en troupes sur le fruit du caféyer, dont
» ils détachoient & mangeoient la capsule rouge, en
» rejetant à terre les fêves. L'an 1760 vers le même
» temps, on vit de nouveau d'aussi nombreux essaims
» de perroquets, qui s'étendirent tout le long de la
» Côte, & y firent un dégât affreux, sans qu'on ait
» pu découvrir d'où venoient ces oiseaux en si grand
» nombre ".

Les perroquets ont beaucoup d'adresse à construire leur nid ; ils ramassent quantité de joncs & de petits rameaux d'arbres, dont ils forment un tissu qu'ils ont l'art d'attacher à l'extrémité des plus foibles branches des arbres les plus élevés ; de sorte qu'y étant suspendus ils sont agréablement balancés par l'animal : ce jeu est une des voluptés de cet oiseau, même lorsqu'il est détenu en cage. La forme de ce nid est celle d'un ballon, & il est de la longueur d'un pied : ils n'y laissent qu'un seul trou pour leur servir de passage : peut-être que ces oiseaux, dans les mains de la nature, choisissent ces branches foibles pour se garantir des serpens, à qui leur pesanteur ne permet pas de les attaquer dans cette retraite. Souvent aussi ils choisissent des trous dans les arbres pour faire leurs nids; & pour peu qu'un trou de branche rompue soit commencé, ils l'ont bientôt agrandi avec leur bec : puis ils s'arrachent quelques plumes qu'ils mettent au fond. Le mâle & la femelle couvent tour à tour les deux œufs que la femelle pond : ces œufs sont blancs, à-peu-près de la grosseur de ceux d'un pigeon, quelquefois tiquetés comme ceux de la perdrix.

Les perroquets font rarement des petits dans nos climats : on n'en cite même que trois exemples ; 1°. chez la veuve de M. Auger, Gouverneur de S. Domingue, en 1707; 2°. chez un Chanoine d'Angers en 1740 ; mais on ne put les élever, vraisemblablement faute de nourriture convenable à cette espece de jeunes oiseaux : 3°. un chez M. *Mesnard*, Contrôleur-Général des Fermes du Roi, à Villeneuve-lès-Avignon : ce Propriétaire mit ensemble, en 1773, deux perroquets, l'un mâle, l'autre femelle, & il en provint deux œufs qui furent couvés, mais sans succès : M. *Mesnard* ne se rebuta point; au printems suivant il a réuni ces deux mêmes oiseaux, & deux œufs ont encore été le fruit de leur union. L'un n'a pas réussi par le défaut de germe ; l'autre après vingt-cinq jours d'incubation, a donné le 11 Juin un petit perroquet vivant qui promettoit beaucoup.

M. Anderson (*Hist. Nat. de Groenland*, p. 55.) dit qu'il y a un oiseau dans cette contrée que les Marins nomment *perroquet* à cause de la forme de son bec. Le perroquet d'Allemagne est le *geai*. Voyez ce mot.

PERROQUET D'EAU ou MONOCULE, ou MONOCLE, *monoculus*. Insecte aquatique nommé *perroquet* à cause de son bec réfléchi en dessous : on en distingue plusieurs especes. Nous avons parlé au mot BInocle, de ces vers-insectes, qui donnent une couleur apparente de sang à l'eau, ce qui fait croire quelquefois au peuple que l'eau est changée en sang.

M. *Linnæus* a fait mention d'une espece de monocule, qui se trouve aussi dans les rivieres & dans les marais, & qui a une coquille bivalve, un peu plus grosse qu'une semence de chou, oblongue, égale de chaque côté, bossue par devant, un peu émoussée : elle ne s'ouvre que dans l'eau ; car quand elle en est sortie elle ressemble à une semence de plante : cette espece de perroquet d'eau nage avec vîtesse, comme les autres especes ; sa coquille est cendrée : quand elle s'ouvre, l'insecte fait sortir par une de ses extrémités beaucoup de petits filets égaux en longueur, & blancs : en remuant ces filets, il est porté sur l'eau, & il ne s'arrête point que sa coquille n'ait trouvé quelque chose de solide.

PERROQUET DE MER, *labrus psittaco rostratus*. En Amérique on donne ce nom à certains poissons qui ressemblent assez à nos carpes ; leur véritable dénomination est prise dans la configuration de leurs dents, qui imitent assez bien par leur forme celle du bec d'un perroquet. La peau & les écailles de ce poisson sont d'un vert foncé sur le dos, mais qui s'éclaircit à mesure qu'il approche du ventre. *Labat* dit qu'il a deux empanures sur le dos & quatre à ses côtés, qui aussi bien que sa queue sont colorées de bleu, de jaune & de rouge, d'une beauté inimitable : cette belle peau couvre une chair excellente ; elle est blanche, grasse, ferme, d'un bon suc, & facile à digérer. Il se trouve aussi de ces poissons à l'île de France. *Voy. à la fin du mot* VIEILLE.

Le poisson perroquet de l'île de Tabago est aussi couvert d'écailles d'un beau vert jaune brillant : il a la tête faite effectivement comme un perroquet : sa chair est d'un goût admirable ; sa taille égale celle d'un maquereau.

PERROQUET DE MER. *Voyez* MACAREUX.

PERROQUET PLONGEUR. Oiseau qui ne ressemble en rien au perroquet, excepté par la forme de son bec qui a trois pouces de long; ses pieds sont palmés & rouges, ses jambes sont courtes, son plumage est noir sur le dos & blanc au ventre. Cet oiseau plonge souvent & long-temps : sa chair est délicate.

PERRUCHE. Nom qu'on donne à la plus petite espece du genre des perroquets à longue queue; c'est un genre d'oiseau extrêmement diversifié. On le nomme aussi *perroquet-moineau* ; en général, leur cri est perçant & fort incommode. *Voyez* PERROQUET.

PERSICAIRE, *persicaria*. Plante dont M. *de Tournefort* distingue dix-neuf especes : nous parlerons ici des deux qui sont d'usage en Médecine.

1°. La PERSICAIRE DOUCE, TACHÉE & ORDINAIRE, *persicaria mitis & maculosa*. Cette plante n'est point âcre au goût comme la suivante, mais elle a une saveur un peu acide; elle croît par-tout aux lieux aquatiques : sa racine est grêle, oblique, fibrée, ligneuse & seche : elle pousse des tiges à la hauteur d'un pied, rondes, creuses, rougeâtres, rameuses & nouées; chaque nœud accompagné d'une gaine membraneuse blanchâtre, bordée de cils, portant des feuilles semblables à celles du pêcher ou du saule, marquées quelquefois au milieu d'une tache plombée : ses fleurs sortent dans l'été en épi des aisselles des feuilles d'en haut, attachées à de longs pédicules; chacune de ces fleurs est monopétale, de couleur ordinairement purpurine & luisante, quelquefois blanchâtre, divisée profondément en cinq segmens ovales, & contenant cinq, six ou sept étamines & deux pistils : à ces fleurs succedent des semences ovales, aplaties, pointues & noirâtres. M. *de Tournefort* a remarqué que cette plante étant mâchée & goûtée laisse de l'astriction, & qu'elle rougit un peu le papier bleu : elle est estimée vulnéraire & astringente : la décoction en est bonne pour le cours de ventre, pour la dyssenterie, sur-tout lorsqu'on soupçonne quelque ulcere dans les intestins, & pour les maladies de la peau; ainsi l'on en fait boire utilement la tisane à ceux qui ont la gale ou d'autres éruptions cutanées. On lit dans les *Mém. de l'Acad. des Scienc. ann. 1703*, pag. 304, que le même M. *de Tournefort* assure que cette espece de persicaire est un des plus grands vulnéraires qu'il connoisse, & que sa décoction dans du vin arrête la gangrene d'une maniere surprenante; ce que ne fait pas la persicaire âcre. Le même Auteur a donné dans les Mémoires cités la description de la *persicaire du Levant*, qu'il nomme *persicaria Orientalis, nicotianæ folio, calice florum purpureo*; c'est la plus grande & la plus belle espece de persicaire.

2°. La PERSICAIRE ACRE OU BRULANTE, ou PIMENT D'EAU, ou POIVRE D'EAU, ou CURAGE, *persicaria urens, seu hydropiper*. Elle differe de la précédente en ce que ses tiges sont plus hautes & moins rameuses, en ce que ses feuilles sont plus étroites, mais un peu plus longues, plus vertes, sans taches, d'un goût poivré ou brûlant: ses semences sont triangulaires & luisantes: on les mêle quelquefois dans la *maniguette*: voyez ce mot.

Toute la plante a un goût âcre & mordicant: elle est annuelle & croît dans tous les lieux aquatiques, principalement dans ceux où l'eau a croupi durant l'hiver: on regarde cette sorte de persicaire comme détersive, vulnéraire & utile dans les lavemens contre le tenesme & la dyssenterie: (il faudroit y mêler des adoucissans) c'est en outre, disent les *Continuateurs de la Matiere Médicale*, un bon fondant & un apéritif qui convient dans les obstructions: il y a des Paysans qui en portent dans leurs souliers pour la jaunisse & l'hydropisie. Ce remede populaire est un pur effet de la crédulité, ou de la charlatanerie médicale. Son eau distillée est un assez bon spécifique pour les glaires de la vessie, & pour tuer les vers. Dans certains pays on s'en sert pour la vérole & la lepre. Les
feuilles

feuilles de cette plante écrasées & appliquées, soulagent dans la douleur de la goutte; c'est une plante d'un grand usage dans la Chirurgie, pour les tumeurs œdémateuses des jambes, des cuisses, &c. appliquée sur les vieux ulceres, elle en mange les chairs baveuses & en nétoye la pourriture. Quand on bassine les plaies des chevaux avec le suc ou la décoction du curage, jamais les mouches n'en approchent, même dans les grandes chaleurs.

PERSIL DE BOUC. *Voyez* BOUCAGE.

PERSIL DES FOUS. *Voyez à l'article* CIGUE.

PERSIL DE JARDIN ou PERSIL VULGAIRE, *petroselinum vulgare*, est une plante que l'on cultive dans les jardins potagers: sa racine est simple, grosse comme le doigt, fibreuse, blanchâtre & plongée profondément en terre; elle est bonne à manger: elle pousse des tiges à la hauteur de trois pieds & davantage, grosses comme le pouce, rondes, cannelées, nouées, vides & rameuses: ses feuilles sont subdivisées, découpées, vertes, attachées à de longues queues; ses fleurs naissent aux sommets des branches en ombelles, composées chacune de cinq feuilles, disposées en roses: à ces fleurs succedent des semences jointes deux à deux, cannelées, grises, arrondies & d'un goût âcre.

Cette plante soutient assez aisément le froid & le chaud, pourvu qu'on la seme dans un terroir gras, ou un peu humide, voilà pourquoi elle vient si bien auprès des fontaines; elle pousse sa tige à la seconde année, elle fleurit en été; ses semences mûrissent dès le mois d'Août: on distingue encore d'autres especes ou variétés de persil commun, qu'on cultive aussi dans les jardins, savoir le *persil frisé*, dont les feuilles crêpées sont très-belles: on dit qu'il croît naturellement en Sardaigne; & le *gros persil*, *apium hortense lattifolium*, dont les racines sont vivaces, bonnes à manger comme celles du céleri, on l'appelle *persil d'Angleterre*.

L'usage du persil est d'une très-grande antiquité : il est vanté comme une des meilleures plantes potageres : il est très-apéritif ; il leve les obstructions & provoque les menstrues : son usage est très-familier en cuisine & en Pharmacie : sa racine se met dans le potage, & est au nombre des cinq grandes racines apéritives : ses feuilles par leur saveur aromatique & agréable, relevent plusieurs sortes de nos alimens, & rendent les bouillons diurétiques : sa décoction est un bon sudorifique ; sa semence est bonne pour la néphrétique, & pour faire mourir les poux : elle est une des quatre semences chaudes mineures, qui sont celles d'*ache*, de *persil*, d'*ammi* & de *daucus*.

Le persil ne convient pas à tous les tempéramens : on dit qu'il est très-contraire à ceux qui tombent du haut mal, parce qu'il rend les accès plus fréquens ; *Voyez* les *Ephémer. d'Allem. Décurie 3, ann. III*. Le persil est pour plusieurs oiseaux un poison, dont le lait paroît être l'antidote. L'on a aussi observé que par son huile aromatique & exaltée il enflamme le sang des hommes, & cause des maux de tête, sur-tout aux bilieux. Mais l'on ignore par quelle vertu le persil fait casser un verre à boire qui auroit été frotté ou rincé du suc de cette plante.

Quelques Economes modernes conseillent de faire des prairies artificielles avec le persil de jardin pour en nourrir des moutons en vert : ils assurent d'après l'expérience, qu'ils aiment beaucoup cette plante, qu'elle les engraisse, les fait prospérer, les préserve des especes de vers qui attaquent & rongent leur foie quand ils ont mangé l'espece de renoncule appelée *douve*, & qui les font périr pendant l'hiver, sur-tout dans les années humides & pluvieuses.

PERSIL DE MACÉDOINE, Ache ou Persil des rochers, *petroselinum Macedonicum*. C'est une plante qui croît naturellement en Macédoine, où elle vient entre les pierres & les rochers. Sa racine est comme la précédente : elle pousse une tige haute d'un pied &

demi, assez grosse, velue & rameuse. Cette plante ressemble assez d'ailleurs à notre persil ; ses feuilles sont cependant plus amples, un peu plus découpées, & d'une saveur moins âcre. Sa semence est beaucoup plus menue & plus oblongue, plus pointue & plus aromatique ; d'un goût âcre & chaud, qui approche de celui du cumin.

Ce persil est le vrai *petroselinon* des Anciens, & diffère absolument du persil de nos potagers. *Galien* dit que tout le monde fait cas du persil de Macédoine, & l'achete bien plus cher, comme étant le plus exquis ; cependant le lieu où il croît naturellement est escarpé, & a trop peu d'étendue pour en donner la quantité qui se distribue dans le commerce. Ainsi ce qui arrive, à l'égard du miel Attique & du vin de Falerne, est arrivé pareillement à l'égard du persil de Macédoine, c'est à-dire, qu'on en vend beaucoup qui croît ailleurs qu'en Macédoine. On cultive avec succès cette sorte de persil dans les jardins : il aime un terrain sablonneux ; il ne craint que le trop grand froid. On ne se sert guere que de sa semence, dont la vertu est réputée très-alexipharmaque : on l'emploie dans la thériaque ; on s'en sert aussi comme d'un hystérique & d'un bon carminatif.

Il est mention du gros persil de Macédoine sous le nom de *maceron*. Voyez ce mot.

PERSIL DE MARAIS ou ENCENS D'EAU, *thysselinum palustre*. Cette plante differe peu du persil de montagne, excepté qu'elle rend du lait, & qu'elle croît aux lieux marécageux & près de tous les endroits aquatiques : elle fleurit en Juin & Juillet. On ne se sert que de sa racine qui est incisive, pénétrante & apéritive, & on la mâche pour provoquer les crachats & soulager le mal de dents.

PERSIL DE MONTAGNE, *oreoselinum*. On en distingue deux sortes principales :

1°. Le GRAND PERSIL SAUVAGE OU DE MONTAGNE, *oreoselinum majus*. Cette plante que l'on trouve aux lieux montagneux parmi les pâturages, aux environs de Fontainebleau & dans plusieurs autres lieux élevés & sablonneux, a des racines attachées plusieurs ensemble à une tête chevelue, comme dans le *meum*. Elles sont longues, grosses comme le petit doigt, traçantes, noires en dehors, blanches en dedans, empreintes d'un suc mucilagineux, d'un goût résineux, mais aromatique & agréable, approchant de celui du panais. (M. *Haller* dit que cette racine paroît avoir des vertus, mais elle n'a pas été adoptée en Médecine). Ses tiges sont férulacées, hautes de quatre à cinq pieds, cannelées & divisées en ailes. Ses feuilles sortent les unes de sa racine, les autres de ses tiges : elles sont grandes, amples, semblables à celles du persil de Macédoine, mais plus fermes, bleuâtres & d'un goût plus doux que la racine. Ses fleurs naissent sur de grands parasols aux sommets des tiges & des branches : elles sont petites, blanches, composées chacune de cinq feuilles, disposées en rose. A ces fleurs succedent des semences jointes deux à deux, larges, ovales, aplaties, rayées sur le dos, bordées d'une membrane & de couleur rougeâtre.

2°. Le PETIT PERSIL SAUVAGE OU DE MONTAGNE, *oreoselinum minus*. Cette plante aime les lieux montagneux & sablonneux : on la trouve communément sur le Mont-Valérien, près de Paris. Sa racine est très grosse, molle, chevelue, blanche & vivace, d'un goût âcre & désagréable, empreinte d'un suc laiteux & visqueux. Sa tige est haute de deux pieds, cannelée, nouée, rougeâtre & rameuse. Ses feuilles sont couchées à terre, semblables à celles du persil des jardins, mais plus noirâtres & plus fermes; ses fleurs qui paroissent en Juillet & en Août, sont grandes, en forme de parasol : elles laissent après elles des semences arrondies, très-âcres.

La semence de ce persil de montagne est excellente pour provoquer les regles qui coulent difficilement :

elle est diurétique. La racine de cette plante est salivaire & propre pour la gravelle.

PERSONNÉES, *personatæ*. Les Botanistes donnent avec *Tournefort* ce nom à une famille de plantes, dans lesquelles les divisions inégales & irrégulieres de leur corolle représentent pour l'ordinaire le muffle ou la tête d'un animal, en un mot un masque. Cette famille réunit beaucoup de grands arbres qui ont les mêmes caracteres. Quelques-unes des plantes qui y sont subordonnées, sont parasites ; leurs racines sont fichées dans d'autres plantes, telle est l'*orobanche*. Les tiges & les branches sont communément cylindriques ; les feuilles sont opposées deux à deux en croix dans le plus grand nombre, ou même verticillées depuis trois jusqu'à six. Il y en a qui n'ont d'opposées que celles d'en-bas, pendant que les supérieures sont alternes. Le feuillage est disposé en croix dans les plantes qui ont les feuilles opposées, & circulairement dans celles qui les ont alternes. Les molécules de la poussiere fécondante sont sphériques. Le fruit est ordinairement capsulaire. Ces plantes ont à-peu-près les mêmes vertus que les *labiées*. Voyez ce mot. On range parmi les personnées l'*orobanche*, la *grassette*, la *véronique*, l'*eufraise*, la *pédiculaire*, la *gratiole*, la *linaire*, la *scrophulaire*, la *nicotiane* & les autres plantes qui ont leurs fleurs en masque. *Voyez ces mots.*

PERTURBATEUR DES POULES. C'est le nom, dit *Albin*, que les Anglois donnent au mâle de l'aigle à queue blanche, qui est une espece d'*épervier*. Voyez les mots AIGLE & ÉPERVIER.

PERVENCHE, *parvinca*. Plante dont on distingue deux especes principales :

1°. La PETITE PERVENCHE, *pervinca vulgaris angustifolia*, nommée aussi *pervenche à feuille étroite*, le *petit pucelage*, la *violette des sorciers*. Cette plante est vivace, toujours verte, & se multiplie aisément d'elle-même, tant par ses racines que par ses semences, qui s'enracinent çà & là dans la terre : on la trouve par-tout dans les haies, parmi les broussailles, dans les bois, dans les fossés & autres lieux couverts, humides & ombrageux. Sa racine est fibreuse : elle pousse plusieurs tiges menues, longues, rondes, vertes, noueuses, qui serpentent sur la terre & s'attachent à ce qu'elles trouvent. Ses feuilles sont oblongues, vertes, lisses, de la consistance & de la couleur de celles du lierre, de la figure de celle du laurier, mais infiniment plus petites, rangées deux à deux, l'une vis-à-vis de l'autre, d'un goût stiptique & amer. Sa fleur, qui paroît au commencement du printems, est en tuyau évasé, échancré, (dont le pavillon, dit M. *Deleuze*, est un limbe presque plat, divisé en cinq lobes), bleuâtre, quelquefois blanche & rarement rouge, sans odeur, tantôt simple & tantôt double. Chaque fleur naît seule au bout d'un long pédicule. Après cette fleur, qui subsiste pendant long-temps, naît un fruit à deux siliques, dans lesquelles se trouvent des semences oblongues & un peu sillonnées.

M. *de Tournefort* dit qu'il n'a jamais vu en ce pays le fruit de cette plante, ni même en Provence, ni en Languedoc, où la petite pervenche est très-commune : il dit encore que de tous les anciens Auteurs de Botanique, *Césalpin* est le seul qui ait eu la satisfaction d'observer le fruit de la pervenche ; & il ajoute que, pour en avoir du fruit, il la faut planter dans un pot où il y ait peu de terre ; car alors la seve, qui ne sauroit se dissiper dans les racines, est obligée de passer dans les tiges, & fait gonfler le pistil qui devient le fruit : c'est ainsi, disent les *Continuateurs de la Matiere Médicale*, que l'on a beaucoup de fruits des figuiers, & de la plupart des plantes dont les racines tracent considérablement dans les pays froids.

La PETITE PERVENCHE, est d'un grand usage dans la Médecine : elle paroît astringente ; elle entre aussi dans les vulnéraires de Suisse appelés *falltrancks*. Voy. ce mot.

2°. La grande Pervenche ou le grand Pucelage, *pervinca latifolia*. Elle diffère de la précédente, en ce qu'elle est beaucoup plus grande en toutes ses parties : on la cultive dans les jardins, où elle fait une agréable verdure, étant mise en espalier ; mais comme elle est plus tendre que la précédente, elle périt quelquefois par le froid, quand l'hiver est trop rude. Dans les pays chauds, elle fleurit presque toute l'année. Elle croît naturellement aux lieux incultes, mais un peu gras, dans les haies & le long des chemins. Ainsi que la précédente, elle ne fructifie point, à moins qu'on ne la tienne assujettie, & qu'on n'en coupe souvent les sarmens : elle a les mêmes vertus que la petite pervenche ; elle est vulnéraire, astringente, fébrifuge, propre à modérer le flux immodéré des menstrues & des hémorrhoïdes. Le lait coupé avec la pervenche, est fort bon pour les phthisiques & les dyssenteriques : elle arrête le saignement du nez, en mettant dans les narines un tampon de ses feuilles pilées ; ce même remede fait, dit-on, revenir le lait aux Nourrices. M. *Bourgeois* assure que la décoction des deux especes de pervenche est excellente en gargarisme avec le miel rosat dans les esquinancies inflammatoires. Elles sont encore très-salutaires pour rétablir le ton & le ressort des poitrines foibles, & dissiper la toux seche habituelle, pourvu qu'on en fasse un long usage en tisane avec la réglisse. Enfin, *J. Bauhin* dit, d'après *Fragus*, que si l'on met une suffisante quantité de pervenche dans un tonneau de vin trouble, on le rétablira en quinze jours, sur-tout si on l'a soutiré auparavant.

Les Amateurs distinguent encore la *pervenche à fleur double*, d'une seule couleur ou jaspée ; la *pervenche à feuilles panachées* de blanc, & la grande *pervenche de Madagascar* ; petit arbrisseau précieux & charmant qui est pendant plus de six mois en fleur, mais qui est très-délicat ; il faut le traiter comme les myrtes.

PESCHETEAU, ou PÊCHEUR-MARIN : *voyez* GALANGA.

PESSE : *voyez* au mot SAPIN.

PESSE-D'EAU : *voyez à l'article* PRÊLE.

PETASITE, ou HERBE AUX TEIGNEUX, OU A LA TEIGNE, ou GRAND PAS-D'ANE, *petasites*. Plante dont on distingue deux especes principales.

1°. LE GRAND PETASITE, *petasites major vulgaris*. Elle croit assez souvent sur les bords des lieux humides. Sa racine est très-vivace, grosse, longue, noire en dehors, blanche en dedans, un peu amere au goût, & d'une odeur suave, traçante dans la terre : elle pousse au printems plusieurs tiges à la hauteur d'un demi-pied, grosses, creuses, lanugineuses, garnies de quelques petites feuilles étroites, pointues, & portant à leurs sommités, avant que les autres feuilles paroissent, des fleurs disposées en bouquets à fleurons purpurins, & semblables, dit M. *de Tournefort*, à de petits godets découpés en quatre ou cinq parties. Ces fleurs se flétrissent en peu de temps, & tombent avec leur tiges ; elles sont suivies par des semences, garnies chacune d'une aigrette, après que la tige est tombée, il s'éleve des feuilles fort grandes, arrondies, un peu dentelées en leurs bords, vertes-brunes en dessous, attachées par le milieu à une grosse queue longue de plus d'un pied : ces feuilles ont la figure d'un chapeau renversé, ou d'un grand champignon porté sur sa queue. Il y a des endroits où ces feuilles croissent à la hauteur d'un homme ; ensorte que passant au travers, il semble qu'on se promene entre des arbres : elles durent jusqu'à l'hiver, après lequel il en repousse de nouvelles. Cette plante est le *tussilago scapo imbricato thyrsifero, flosculis omnibus hermaphroditis*, de *Linnæus*.

2°. LE PETIT PETASITE, *petasites minor*. Cette espece de petasite est à fleur blanche, plus petite que la précédente : elle fleurit également au printems, & avant l'apparition des feuilles : on la trouve plus rarement que le *grand petasite* : elle naît sur les montagnes humides & ombragées.

La principale différence entre ces deux plantes, consiste en ce que le grand petasite a tous ses fleurons hermaphrodites, & que le petit petasite a les siens femelles mêlés avec les hermaphrodites.

On se sert en Médecine de leurs racines, & rarement de leurs feuilles : elles sont hystériques, apéritives, vulnéraires & antivermineuses. Les Allemands appellent cette racine *antipestilentielle*, à cause de ses vertus : on l'emploie extérieurement pour résoudre les bubons, & pour mondifier les ulceres, même pour la teigne & les ulceres malins.

PETEUSE : *voyez* BOUVIER.

PETIT CEDRE : *voyez au mot* CEDRE.

PETIT CYPRÈS : *voyez* AURONE.

PETIT-GRIS, animal qui ressemble beaucoup à l'écureuil : on le trouve dans les parties Septentrionales de l'un & de l'autre Continent ; sa peau est très-estimée & d'un grand usage pour les fourrures ; mais on doit le regarder comme une espece distincte & différente de celle de l'écureuil.

Le *petit gris* est plus grand que l'écureuil : il n'a point le poil roux, mais d'un gris plus ou moins foncé ; ses oreilles sont dénuées de ces longs poils, qui surmontent l'extrémité de celles des écureuils ; il a la queue étendue en panache. Ces animaux different des écureuils, comme on le voit, non-seulement par la grandeur & par la couleur, mais aussi par les habitudes naturelles. On en trouve en grand nombre dans les forêts du Nord & de Sibérie ; ils se réunissent en troupes, voyagent de compagnie, & changent quelquefois de contrée. Il arrive qu'on n'en rencontre quelquefois pas un seul dans un pays où l'année précédente on en trouvoit des milliers.

Lorsqu'ils veulent passer dans un autre canton, & qu'il se rencontre à leur passage quelque lac ou riviere, chaque voyageur prend, dit-on, une écorce de pin ou de bouleau qu'il amene sur le rivage ; il se met dans ce petit canot, & s'abandonne ainsi au gré du vent ; la flotte est nombreuse & vogue doucement au milieu des eaux, à moins qu'il ne s'élève quelque petite tempête qui submerge les vaisseaux, les Pilotes, en un mot la flotte entiere. Ces naufrages, qui sont souvent de trois ou quatre mille voiles, enrichissent quelques Lapons qui trouvent ces débris sur le rivage, & s'emparent des peaux de ces animaux, s'il n'y a point long temps qu'ils soient sur le sable. Il y a quantité de ces flottes qui passent avec succès, arrivent à bon port & font une navigation heureuse lorsque le vent a toujours soufflé assez doucement.

Comme ces animaux donnent une fourrure douce, fine & estimée, les Lapons leur font une guerre cruelle qui en détruit beaucoup. Vers la S. Michel ils vont à cette chasse avec des chiens qui ont l'odorat & l'œil si exquis, qu'ils ne laissent passer aucun arbre sur lequel il y en ait, quelque élevé qu'il soit, sans avertir leur maître par leur aboiement. La chasse est quelquefois si heureuse, si abondante, que les Lapons en donnent quarante peaux pour un écu.

L'écureuil gris ou noirâtre de Virginie paroît être la même espece que le *petit-gris* de Laponie dont nous venons de parler : il se tient ordinairement sur les arbres, & particuliérement sur les pins ; il se nourrit de fruits & de graines dont il fait provision pour l'hiver ; il les dépose dans le creux d'un arbre où il se retire lui-même pour passer la mauvaise saison, & où il fait aussi ses petits ; on emploie également sa peau en fourrure sous le nom de *petit-gris*. Les Hollandois & les Anglois en tirent une grande quantité par la voie d'Archangel, de Hambourg & de Lubeck. Le petit-gris destiné pour la Turquie se vend en Moscovie par milliers de peaux assorties. Les habitans de Constantinople en consomment une prodigieuse quantité pour leurs vestes dont ils en font onze d'un millier de peaux entieres ; savoir cinq de l'échine qui est la plus belle & la plus chere, & six du ventre qui est le moins estimé. Les Pelletiers Anglois & François en fourrent des bas, des manchons, des aumuſſes, jupons, couvre-pieds, manteaux de lits, robes-de-chambres, veſtes, juſt-au-corps, &c.

PETIT-HOUX, ou HOUX-FRÊLON : *Voyez au mot* Houx.

PETIT ORGE : *Voyez* Cevadille.

PETOLA. Eſpece de *ſerpent double marcheur*. Voy. ce mot. *Seba* donne auſſi ce nom à une eſpece de ſerpent que M. *Linnæus* appelle *couleuvre*. On trouve le *petola* en Afrique & en Amérique.

PETONCLE, *pectunculus*. C'eſt une coquille bivalve. *Voyez ce que nous en avons dit au mot* Peigne.

PETREL, *procellaria*. Genre d'oiſeau aquatique dont on diſtingue trois eſpeces. Les trois doigts antérieurs ſont palmés, celui du derriere eſt ſans membranes, le bec arrondi, édenté. La mâchoire ſupérieure eſt crochue par le bout, l'inférieure eſt comme tronquée. Le *petrel* eſt une eſpece d'*oiſeau de tempête*, & peut-être le *pinçon de mer* du P. *Feuillée*, le *ſtorm fink* de *Willughby*, & le *procellaria* des Actes de Stockolm. Cet oiſeau, dit *Albin*, a le bec noir, de la longueur d'un pouce : ſes narines ſont placées dans une enflure au milieu de la mâchoire ſupérieure, qui eſt en bec de corbin. Il a une envergure de douze pouces : la longueur du corps eſt de ſix pouces ; le deſſus de la tête & le dos ſont d'un brun noirâtre. Il a ſur le croupion une grande tache blanche ; le ventre & les ailes ſont d'une couleur claire ; les ailes plus longues que la queue de plus d'un pouce ; les plumes de la queue n'ont guere qu'un pouce & demi de long ; les jambes en ont autant : les pieds ſont bruns & palmés. On dit que quand ces oiſeaux approchent d'un navire en mer, c'eſt un augure de tempête. Ils ſe rangent derriere le gouvernail du vaiſſeau, & s'y tiennent à l'abri juſqu'à ce que le gros temps ſoit paſſé : quelquefois ils volent, d'autres fois ils courent ſur les flots d'une vîteſſe extrême. On les rencontre ſur les plages ſeptentrionales : ils nichent dans les rochers.

Les autres oiseaux de ce genre sont le *petrel cendré* & le *petrel tacheté*, appelé vulgairement *damier*. Le premier est de la grosseur d'une alouette, le deuxieme est du volume d'un canard, & le damier est de la grosseur du pigeon romain : on trouve le damier au Cap de Bonne-Espérance. On leur a donné le nom de *petrel* par allusion à Saint Pierre qui marchoit sur les eaux. *Voyez* Oiseau de Tempête. Les Anglois regardent ces oiseaux comme les messagers des orages.

PÉTRIFICATIONS, *petrificata*. Les Naturalistes donnent ce nom à des restes de végétaux & d'animaux convertis en pierres, & que l'on trouve dans les couches du globe de la terre. Quand ces corps n'ont point subi de changement, qu'ils n'ont point été altérés, dénaturés ni minéralisés, alors on les nomme simplement *fossiles*. Voyez ce mot. Cependant pour que l'on puisse donner le nom de *pétrifications* à un corps, & en déterminer la classe & le genre, ou même l'espece, il faut que le tissu, la forme primitive & une sorte d'organisation y soient encore reconnoissables. Ainsi l'on ne doit pas mettre au rang des pétrifications proprement dites les noyaux pierreux, moulés dans la cavité de quelque coquille ou d'un autre corps organisé. *Voyez* Noyaux.

Les *pétrifications* sont donc des fossiles étrangers à la terre (*heteromorpha*). Celles du regne végétal sont presque toutes ou graveleuses ou silicées, & on les rencontre dans les ravins, les fouilles, les lieux escarpés, &c. Celles qui font feu avec le briquet se trouvent principalement dans des fentes sablonneuses : celles qui font effervescence dans les acides proviennent communément du regne animal, & se rencontrent dans les couches horizontales de terre calcaire, quelquefois dans des lits d'argile ou de gravier ; alors la nature de la pétrification est différente. Quant aux fossiles qui se découvrent dans les pierres à plâtre, rarement ils sont altérés, soit pour la figure, soit pour la composition ; au reste ces derniers fossiles sont rares.

Par ce préliminaire on voit que les corps organisés, devenus fossiles, acquierent souvent un degré de solidité qu'ils n'avoient pas avant d'être ensevelis dans la terre ; il n'est pas rare d'en trouver dont la dureté égale celle des pierres ou matrices dont ils font partie ; mais si les masses de pierres qui les enveloppent viennent à se détruire, les fragmens des fossiles se retrouvent dans leurs débris, & sont toujours très reconnoissables. Cependant il se trouve des corps organisés qui se détruisent entiérement. On sait, & personne n'en doute, qu'il y a une matiere, plus ou moins agitée, propre à pénétrer les corps ; ce qui ébranle leurs parties, les sépare les unes des autres, les entraîne avec elle & les répand çà & là dans le fluide qui les environne : aussi les voyons-nous presque tous, tant solides que liquides, se dissiper insensiblement, diminuer de volume, & enfin par le laps du temps, s'évanouir & disparoître à nos yeux. *Voyez* EAUX TERREUSES. Ne nous éloignons pas de notre sujet.

Toute pétrification strictement dite n'est plus que le squelette du corps qui a eu vie, ou qui a végété : c'est ainsi que le *bois pétrifié* n'est pas totalement le bois même ; une partie des principes qui entrent dans sa composition venant à se détruire par des causes locales, aura été remplacée par des substances sableuses ou terreuses, détrempées, très-ténues, que des eaux qui les baignoient y auront déposées en s'évaporant ; ces parties terreuses, alors moulées dans le squelette, seront plus ou moins endurcies, & paroîtront avoir la figure, la structure, la grandeur, en un mot les mêmes caracteres génériques, les mêmes attributs spécifiques & les mêmes différences individuelles : les rapports paroîtront exactement les mêmes. Nous disons plus, il paroit que dans le bois converti en pierre il n'existe plus de substance ligneuse. On sait que les bois ordinaires sont des corps qui ont beaucoup plus de volume en pores qu'en parties solides. Lorsque le bois est enterré dans certains lieux, il s'introduit dans ses différens pores des sucs lapidifiques extrèmement divisés, quelquefois colorés, & qui en remplissent les capacités; ensuite ces sucs se condensent & s'y moulent, après quoi le solide du bois se décompose & se réduit en parties poudreuses qui sont expulsées hors de la masse par les filtrations de l'eau; par ce moyen il laisse vides, en forme de pores, les places qu'il occupoit. Cette opération de la nature ne produit aucune différence apparente ni sur le volume, ni sur la forme; mais elle y cause un changement de substance, & le tissu ligneux se trouve retourné, c'est-à-dire que ce qui étoit pore dans le *bois naturel*, devient solide dans le *bois pétrifié*. Dans cette opération on voit que la nature s'est imitée & copiée elle-même. De cette maniere, dit M. *Musard*, le bois pétrifié a bien moins d'étendue en pores qu'en parties solides, aussi est-il un corps beaucoup plus dense & plus pesant que le premier. Telle est l'origine des pétrifications: ce sont des corps organisés, qui du fond des mers ou de la surface de la terre ont été dénaturés & ensevelis par divers accidens, à différentes profondeurs de la terre. Pour ne point laisser d'équivoque sur notre définition, *voyez* Fossiles.

Parmi les *pétrifications de végétaux* appelées *dendrolites*, on trouve des parties d'arbrisseaux, des tiges, des racines, des portions de tronc, quelques fruits &c. encore ne faut-il pas confondre les *empreintes* des mousses, des fougeres, des feuilles, ni les *incrustations* avec les pétrifications. *Voyez ces mots & l'article* Noix pétrifiées.

Parmi les *pétrifications d'animaux*, on trouve des coquilles, des crustacées, des productions à polypier, quelques vermisseaux, des parties osseuses de poissons & d'amphibies, rarement d'oiseaux & de quadrupedes, ainsi que des portions osseuses du corps humain. *Voyez les mots* Ostéolites, Turquoise, Encrinites, Crapaudines, & tous les autres qui y ont rapport, & dont il est mention dans le corps de ce Dictionnaire. A l'égard des serpens pétrifiés, ce sont des *cornes d'Ammon*. Il y a aussi les corps figurés & accidentels, ce sont des *jeux de la nature*. Voyez ces mots.

Dans le Traité particulier de notre *Minéralogie*, imprimé à Paris en 1761, & réimprimé en 1774, nous avons donné à la fin du second volume, par forme d'appendix, une classe de ces fossiles, avec une division très-succinte & une interprétation abrégée des noms que les différens Auteurs leur ont donnés ; mais nous nous sommes réservés de donner un Ouvrage complet sur ces corps. Les recherches sans nombre qu'il faut faire à cet égard, demandent encore quelques années ; nous ajouterons seulement ici ce que M. *Bertrand* dit de la pétrification (*Dictionn. des Foss. T. II, p. 115*) : pour qu'un corps se pétrifie, il faut, dit cet Auteur, qu'il soit, 1°. de nature à se conserver sous terre ; 2°. qu'il soit à couvert de l'air & de l'eau courante ; 3°. qu'il soit garanti d'exhalaisons corrosives ; 4°. qu'il soit dans un lieu où se rencontrent des vapeurs ou des liquides chargés, soit de parties métalliques, soit de molécules pierreuses, comme dissoutes, & qui, sans détruire le corps, le pénetrent, l'impregnent & s'unissent à lui, à mesure que les parties du corps se dissipent par l'évaporation.

C'est une question très importante parmi les Naturalistes, que de sçavoir combien la Nature emploie de temps pour pétrifier des corps d'une grandeur un peu considérable. Feu l'Empereur, Duc de Lorraine, qui connoisseur éclairé, ne regardoit pas sa magnifique collection d'Histoire Naturelle comme un cabinet de parade, mais comme un sanctuaire où la Nature devoit se faire connoître par ses différentes productions, a souhaité qu'on découvrît quelque moyen pour fixer l'âge des pétrifications. M. le Chevalier de *Baillu*, digne Directeur du Cabinet d'Histoire Naturelle de Sa Majesté Impériale, & quelques autres Naturalistes eurent, il y a plusieurs années, l'idée d'une recherche qui pouvoit répandre quelques lumieres sur la question proposée par l'Empereur. Sa Majesté Impériale, instruite par les observations unanimes des Historiens & des Géographes modernes, que certains piliers qui se voient actuellement dans le Danube en Servie, près de Belgrade, sont des restes du pont que l'Empereur Trajan fit autrefois construire sur ce fleuve, présuma que ces piliers s'étant conservés tant de siecles devoient être pétrifiés, & qu'ils fourniroient des éclaircissemens sur le temps que la Nature emploie pour changer le bois en pierre. L'Empereur trouvant, dis je, son espérance fondée, donna ordre aussi-tôt à son Ambassadeur à la Cour de Constantinople de demander la permission de faire retirer du Danube un des piliers du pont de Trajan, ce qui fut accordé ; on en retira un avec beaucoup de peine, & il s'est trouvé que la pétrification ne s'y est avancée que de trois quarts de pouce dans quinze cents ans ; mais il y a certaines eaux dans lesquelles cette transmutation se fait beaucoup plus promptement. Au reste, la pétrification paroit se former moins lentement dans les terrains poreux & un peu humides, que dans l'eau même.

Lorsqu'on fit la fouille des fondemens de la ville de Quebec en Canada, on trouva, dans les derniers lits que l'on creusa, un Sauvage pétrifié. Quoique l'on n'ait eu aucune anecdote du temps où cet homme fut enseveli sous ces ruines, toujours est-il vrai que son carquois & ses fleches étoient encore bien conservés. C'est ainsi qu'en fouillant une mine de plomb dans la Province de Derby en Angleterre, en 1744, on trouva un squelette d'humain parmi des bois de cerf : qui sait depuis quel nombre de siecles cet événement est arrivé ? En 1695 on déterra près de Tonna en Thuringe un squelette entier d'éléphant, avec quatre dents molaires & deux défenses, chacune de huit pieds de longueur ; quelque temps avant cette époque l'on avoit trouvé dans les mines de ce pays le squelette pétrifié

trifié d'un crocodile. Voici une autre anecdote également curieuse & arrivée au commencement de ce siécle : *Jean Munte*, Curé de Slægarp en Scanie, & plusieurs de ses Paroissiens qui vouloient tirer de la tourbe d'un terrain marécageux desséché, trouverent à quelques pieds de profondeur dans la terre, un chariot entier avec les squelettes des chevaux & du Charretier. On présume qu'il y a eu autrefois un lac en ce même endroit, & que le Charretier voulant y passer sur la glace, y a probablement péri. Enfin on a trouvé du bois en partie fossile & en partie charbonneux, enseveli à une grande profondeur, dans les glaises dont on fait la tuile à l'Abbaye de Fontenay : on a découvert depuis peu du bois fossile à soixante-quinze pieds de profondeur dans un puits creusé entre Issi & Vanvres, près Paris : ce bois étoit dans du sable, entre un lit de glaise & de pyrites, & l'eau se trouvoit quatre pieds plus bas que les pyrites.

On trouve beaucoup de morceaux de bois pétrifié, dans différens pays de la France & de la Savoie. Dans le pays de Cobourg en Saxe, & dans les montagnes de la Misnie, on a tiré de terre des arbres d'une grosseur considérable qui étoient entiérement changés en une très belle agate, ainsi que leurs branches, leurs racines : l'on a reconnu en les sciant les cercles annuels de leur croissance : on en a tiré des morceaux sur lesquels on voit distinctement qu'ils ont été rongés par les vers ; d'autres portent des marques visibles de la cognée. J'en ai où l'on voit quelques gros clous ; enfin l'on en a trouvé des morceaux qui étoient pétrifiés par un bout & dont l'autre bout étoit encore dans l'état de bois propre à brûler. Il paroît donc que le bois pétrifié est beaucoup moins rare dans la Nature, qu'on ne le pense communément, & qu'en bien des endroits il ne manque pour le découvrir, que l'œil d'un Naturaliste curieux : ajoutons que le bois pétrifié peut offrir les différentes teintes des diverses agates. Nous en avons un échantillon qui a absolu-

Tome VI.

ment la teinte de la fardoine : il faifoit partie d'un pieu qui avoit fervi à un édifice près de la mer, à la Martinique.

PÉTROLE, *petroleum*, en Italien *petroglio*. C'eft un bitume liquide, inflammable, d'une odeur forte, d'une faveur pénétrante, & exhalant dans le feu une vapeur fétide ; il furnage toutes les liqueurs. Cette huile minérale découle le long de certains rochers à travers des terres & des pierres dans la Sicile, dans l'Italie, en France, en Allemagne, &c. Quand cette fubftance bitumineufe eft fans couleur, on l'appelle *naphte clair*, ou *pétrole blanc* ; tel eft celui du Duché de Modene du côté du mont Apennin, près du mont Gibius, & notamment celui de Perfe, dans la Péninfule, appelée par KEMPFER *media-okefra*. Cette huile minérale fe trouve toujours à la furface des eaux, ainfi que tous les pétroles. Le naphte, dit-on, ne peut être contrefait, & il ne fouffre aucun mélange, il n'y a guere que l'æther qu'on puiffe lui comparer. Le naphte a quelquefois une teinte verdâtre ou ifabelle. Il s'allume à une petite diftance du feu & brûle fans laiffer de réfidu : il s'empare auffi, & attire à la furface l'or qui eft en diffolution dans l'eau régale. Lorfque le *pétrole* eft rouge-brun, on l'appelle *huile de Gabian*, du nom d'un village, près de Béziers en Languedoc, où il fe trouve, découlant des fentes de certains rochers bitumineux. S'il eft noir ou d'un brun fauve, on l'appelle *huile minérale d'Ecoffe*, parce qu'on le ramaffe dans la fontaine de Sainte-Catherine d'Ecoffe, à deux milles d'Edimbourg.

L'*huile minérale des Barbades*, qui fe trouve dans l'Amérique, à Colao & à Surinam, eft encore un pétrole jaunâtre, ainfi que celui de Ratwik en Dalécarlie.

Engelb. Kempfer (*Amænit. exot. fafcic. 2*, &c.) dit que les Turcs appellent *Kara-naphti*, le pétrole noir. Il eft fluide quand on le tire du puits ; mais il s'épaiffit en confiftance de poix quand il eft expofé à l'air. Les Russes appellent *kamïna masla*, le même pétrole qu'ils recueillent dans les montagnes d'Ural en Sibérie. Ils s'en servent, dit *Strahlemberg*, pour noircir les cuirs. On remarque que plus le pétrole découle d'un lieu élevé, & plus il est léger & blanc ; tandis que celui qui se tire au pied d'une montagne, est brun, roux ou noir ; enfin, si l'on fouille plus bas, on rencontre souvent du *jayet*, ou de l'*asphalte*, ou de la *pissasphalte*, ou du *charbon de terre*, & quelquefois du *succin*, & même du *soufre*. Toutes ces matieres étant liquides, se trouvent plus communément dans des especes de puits, & semblent tirer leur origine d'une même substance, mais qui est sujette à des modifications ; ce qui peut produire la différence des bitumes que nous venons de citer. *Voy. leurs articles.*

M. *Riviere* prétend que le pétrole de Gabian est semblable au produit que l'on retire vers le milieu de la distillation du succin. Il conclut même que le pétrole est une espece de succin qui a resté liquide pour n'avoir pas rencontré dans son courant quelque suc propre à le coaguler & à le durcir, ou qui est devenu liquide au moyen de la dissolution qu'en ont fait les sels âcres que l'eau minérale a détaché de sa surface. Le Physicien *Marius* a fait sur cette huile minérale plusieurs expériences, dont voici l'extrait : 1°. une chandelle faite avec parties égales de pétrole & de résine brûle entiérement dans l'eau : 2°. la vapeur qui s'éleve du pétrole mis dans un vase sur le feu, forme un petit atmosphere d'un phlogistique volatil qui s'enflamme au moyen d'une bougie allumée à trois pieds de distance : 3°. l'eau n'éteint point cette huile enflammée, mais elle la fait élever avec bruit : le bois, les meches brûlent dans cette huile mêlée avec de l'eau : 4°. la gelée n'altere ni n'épaissit le pétrole : 5°. il nage sur l'huile d'olive, comme étant plus léger de dix-huit grains par once ; il l'est de trente plus que l'eau-de-vie, & de quatre-vingt-quatre plus que l'eau commune : 6°. le pétrole s'enfonce plus promptement dans l'eau que les huiles végétales, mais il y remonte plus vîte : 7°. une seule goutte de pétrole versée sur une eau dormante s'étend de plus d'une toise en tout sens, & en cet état elle donne les plus vives couleurs de l'iris ; mais si elle s'étend davantage, elle blanchit, & disparoît enfin. Cette extension est des plus surprenantes : on sait qu'un papier enduit de pétrole ne devient transparent que pour quelques momens, il cesse de l'être dès qu'il a été séché à l'air ; pour ces expériences, il faut prendre le pétrole clair & léger.

Quelques Auteurs donnent le nom d'*huile fossile éthérée* ou de *gas*, au *pétrole*. On en a encore découvert depuis quelques années dans la chaîne d'Alais en Languedoc, & dans un ruisseau à cinq lieues de Bergerac, mais en petite quantité. La fontaine de Béziers en donne par année environ trois à quatre quintaux ; elle en donnoit autrefois plus de trente-six. Ce bitume liquide sert à éclairer en Perse & en plusieurs autres lieux ; mais notamment à Backu, ville située sur la mer Caspienne, à trois milles d'Astracan, où il n'y a point de bois. On y fait un commerce si considérable du *pétrole*, qui s'y puise dans plus de vingt puits (dans un espace qui a environ un demi-quart de lieue de tour), que le Souverain en retire de droit régalien, plus de cent mille livres argent de France. Les Marchands de cette contrée envoient dans les pays étrangers le *naphte pur*, & gardent pour la consommation de leur pays le *pétrole*, que l'on brûle dans les Eglises & les maisons, dans des lampes garnies de meches grosses comme le pouce. On s'en sert aussi au lieu de bois : pour cet effet on jette deux ou trois poignées de terre dans l'âtre de la cheminée, on verse ensuite l'huile minérale par dessus, puis on l'allume avec un bouchon de paille, & sur le champ il en résulte une flamme assez vive ; plus on agite & retourne la terre imbibée, & mieux elle brûle : il en sort une vapeur d'une odeur très disgracieuse, & la fumée noircit entiérement les habitations; cependant les alimens n'en contractent absolument aucun mauvais goût. Les Gaures ou Persans qui adorent le feu & qui suivent la religion de Zoroastre, viennent à Backu pour rendre leur culte à Dieu, qu'ils adorent sous l'emblême du feu; & la flamme du pétrole allumée est pour eux le *feu perpétuel*.

On prétend que le *pétrole* du commerce, sur-tout celui qui nous vient par la voie de Hollande, est composé de résine de sapin, d'essence de térébenthine, avec un peu d'huile de cade, & de celle de gabian & de tarc. D'autres contrefont ou alterent le *pétrole* ou *huile de gabian*, avec de l'essence de térébenthine, du goudron & de la poix noire. Mais un tel pétrole se reconnoît bientôt par la propriété qu'il a de colorer entiérement l'esprit de vin, & de s'y dissoudre en bonne quantité; ce qui, dit-on, n'arrive pas au pétrole naturel, à moins qu'on ne se serve d'un intermede. On assure cependant qu'il se mêle parfaitement avec les esprits acides, les huiles essentielles de thym, de lavande & de térébenthine.

On se sert de cette huile minérale pour guérir les membres gelés: on l'estime vermifuge & spécifique, étant appliquée sur les parties affoiblies, engourdies & paralytiques, & même pour la gale; les Maréchaux s'en servent pour les enclouûres, ulceres & farcin des chevaux: on s'en sert dans certains feux d'artifice, & ceux qui font commerce de cette huile doivent user de grandes précautions contre le feu. On dit que le *pétrole* étoit la base inflammable du feu grégeois. *Consultez le second volume de notre Minéralogie*.

PETRO-SILEX. Espece de pierre ou *caillou de roche* que l'on regarde comme la matrice du *jaspe*, & quelquefois du *porphyre*. Voyez ces mots. Nous avons une suite fort étendue de *petro-silex*, dont les nuances nous font reconnoître l'une des especes de caillou silex, les jaspes, la matrice du porphyre & de plusieurs autres pierres à base marneuse, qui abonde en argile sableuse. Le petro-silex est composé de parties plus grossieres que les silex mêmes, & les pierres siliceuses, comme agates, cornalines, &c. Il est moins dur & moins propre à polir : il ne paroît demi-transparent que dans les parties minces. Il y en a de différentes couleurs ; verdâtre, blanchâtre, bleu, jaune, &c. Son tissu tient de celui du grès & de celui du silex.

PETUN. *Voyez* NICOTIANE.

PETUN-SÉ, PE-TUN-TSE. C'est le nom que l'on donne à l'une des deux pierres qui entrent dans la composition de la porcelaine de la Chine. Les échantillons que nous en avons vus sont durs, opaques, d'un gris verdâtre, & nous ont toujours paru être une espece de spath fluor & vitrescent. On sait que cette sorte de spath est plus dur & plus pesant que les spaths proprement dits, lesquels sont calcaires & ne se vitrifient point : celui-ci au contraire ne fait point d'effervescence avec les acides ; & quoiqu'il ne soit pas assez dur pour faire feu avec le briquet, cependant il entre en fusion au feu, propriété qui lui est propre, & qui oblige les Naturalistes d'en faire un genre particulier : ce petun-sé se casse en morceaux d'une forme assez rhomboïdale, brillans intérieurement ; si on se contente de le calciner légerement, il acquerra, ainsi que la pierre de Boulogne, la propriété phosphorique. Celui de la Chine donne quelquefois, à l'aide du briquet, des étincelles fort foibles : on le trouve dans les rochers du pays. *Voyez* PIERRE DE BOLOGNE : *Voyez aussi l'article* VASES.

Dans la premiere édition de ce Dictionnaire nous avons dit : « plus nous considérons les caracteres du » petun-sé de la Chine, & plus nous sommes tentés » de croire qu'il se trouve une pierre en Europe, & » sur-tout en France, qui partage avec lui les prérogatives dont nous venons de faire mention : la seule » différence que nous y trouvons, c'est que notre

» petun-sé de France fait plus de feu frappé avec l'a-
» cier ; & pour trancher le mot, ce petun-sé est le
» *feld spath* des Auteurs, c'est-à-dire un *quartz* vi-
» treux ou lamelleux. On en trouve en quantité dans
» les roches de granite en Allemagne, & particuliè-
» rement au Hertrey, près d'Alençon, lieu où il se
» trouve aussi une espece de kaolin, qui en Chine est
» la seconde matiere de leur porcelaine. On trouve
» aussi dans les Vosges une pierre verdâtre qui par-
» ticipe beaucoup des propriétés du petun-sé de la
» Chine. *Voyez* KAOLIN.

Depuis cette édition nous avons appris qu'indépendamment de l'espece de kaolin à terre calcaire, dont
nous avons parlé d'après les échantillons que nous
conservons dans notre cabinet, & que nous avions
rencontrés sur le terrain, ou reçu du P. d'*Incarville*,
Missionnaire à la Chine, il existoit aussi un kaolin
dont toute la partie terreuse ne faisoit aucunement
effervescence avec les acides, & nous avouons que
nous en devons la description à M. *Guettard*. Voyez
son Mémoire sur la découverte des terres à porcelaine, lu à l'Académie des Sciences, ann. 1765. Lorsque nous écrivions l'article kaolin de la seconde édition de cet Ouvrage, nous ne pouvions encore, ni
ne devions rien ajouter, soit à nos connoissances ac-
quises, soit à celles qu'on avoit rendues publiques ;
l'illustre Académicien que nous venons de citer en
réclamant l'honneur de la découverte faite en France
d'un kaolin semblable à celui de la Chine, n'a eu
probablement en ses mains que des kaolins dont la
terre paroît semblable aux argiles blanches ; car il
paroît douter que nous ayons rencontré, ou vu, ou
analysé des kaolins à terre calcaire. Nous osons cependant assurer à tout le monde chimique, que nos
yeux sont accoutumés à l'expérience, & notre plume à la vérité.... Au reste nous aimons mieux croire
que M. *Guettard* n'ayant vu qu'une même espece de
terre à kaolin (celle qui effectivement est la plus

abondante), il n'a pas pu en admettre d'autre.... Que n'avons nous pu deviner les intentions ou les motifs de ce savant Naturaliste ! *Voyez* le Supplément de son Mémoire cité ci-dessus ; *voyez* aussi les Observations faites à ce sujet, & sur le petun-sé par M. *Torchet* de Saint-Victor, Ingénieur des mines de France. Journal de Médecine, Février & Juin 1766. Le Lecteur trouvera réunies de suite toutes les discussions faites à ce sujet dans le premier Volume des *Mémoires sur différentes parties des Sciences & Arts*, par M. *Guettard*.

PETZCOALT, est un serpent du Mexique, long de quatre pieds & demi, gros à proportion : il a le dessus du corps jaune, mêlé d'un peu de rouge, couvert de grandes écailles taillées en losange ; unies & glissantes au toucher : les écailles transversales du ventre sont mélangées de roux & de jaune ; sa tête est garnie d'amples & fortes écailles relevées en bosse : ses yeux sont beaux & très-grands. Cette espece de serpent repaire dans des creux d'arbres d'où il épie sa proie, & fond rapidement dessus quand elle se présente. Il n'est pas rare, dit *Séba*, de voir deux ou trois de ces serpens être aux aguets & viser au même butin.

PEUCEDANE. *Voyez* Queue de pourceau.

PEUPLADE. Terme dont on se sert pour parler du frai, de l'alvin, & de tous les petits poissons que l'on met dans un étang pour l'empoissonner. On appelle aussi *peuplade* une colonie d'étrangers qui viennent chercher des habitations dans une contrée. *Peuple* se dit encore des jetons ou talles qui viennent aux pieds des arbres & des plantes bulbeuses.

PEUPLIER, *populus*. Le peuplier est un grand arbre dont il y a trois especes principales ; savoir, le *peuplier blanc*, le *peuplier noir*, & le *peuplier tremble*, désigné ordinairement sous le seul nom de *tremble*.

Il y a des peupliers qui ne portent que des fleurs mâles ; ceux qui portent des fleurs femelles donnent du fruit.

Chaque fleur mâle est à huit étamines attachées à une espece de corolle en entonnoir fort évasé, taillé obliquement, & soutenue par une écaille frangée.

Les fleurs femelles sont disposées en chatons écailleux, différens de ceux des fleurs mâles, en ce qu'au lieu des étamines on y trouve, le long du filet, des pistils auxquels succedent des capsules à deux loges, dans lesquelles on voit des semences aigrettées.

Les feuilles de la plupart des peupliers sont rondes ou rhomboïdales, & attachées à de longs pédicules: elles sont posées alternativement sur les branches.

Le *peuplier blanc à grandes feuilles*, ou *grisaille de Hollande* ou *franc-picard à grandes feuilles*, & le *peuplier blanc à petites feuilles*, ont les feuilles velues & extrêmement blanches par dessous, d'un vert brun par dessus. Ces especes de peupliers croissent avec une extrême vivacité dans les lieux aquatiques : ils viennent cependant bien dans les terrains assez secs. Nous en avons planté entre de gros ormes, dit M. *Duhamel*, pour remplir des places vides; & ils y ont bien réussi, ce qui n'est pas un médiocre avantage.

On donne aussi le nom d'*ypreau* ou de *blanc de Hollande* à un orme à larges feuilles.

Le premier nous est venu de la ville d'Ypres. Les Parisiens donnent le nom d'*aubel* ou d'*orme blanc* au peuplier blanc.

Les *peupliers noirs* ne peuvent faire de grands arbres que dans les terrains humides: ils se plaisent singuliérement sur les berges des fossés remplis d'eau: leurs feuilles sont rhomboïdales, pointues, dentelées & lisses. Il y a une espece de peuplier noir qui n'est qu'une variété de l'espece précédente, dont les feuilles sont dentelées plus profondément & ondées sur les bords ; on cultive cette espece dans les vignes pour l'employer en place d'osier : c'est pour cette raison & assez mal-à-propos, qu'on l'appelle *osier blanc*. On l'étête fort bas, & on coupe tous les ans ses rejets. Il y a une autre espece de peuplier noir, dont les feuilles reſſemblent aſſez à celles du précédent, & qui vient de Lombardie : cette variété donne des arbres qui forment de belles pyramides ; & ces arbres réuſſiſſent parfaitement dans les lieux marécageux.

Il y a encore une autre eſpece de peuplier noir, que l'on nomme auſſi *tacamahaca* : ſes boutons répandent un baume très-odorant ; ce qui lui a fait auſſi donner le nom de *baumier*. Cette eſpece d'arbre aime l'humidité ; mais il demande auſſi une expoſition chaude, & il craint les trop grands hivers : cependant placé dans un jardin bas, M. *Duhamel* lui a vu paſſer l'hiver de 1754, qui a fait périr beaucoup d'autres arbres. On le multiplie par marcottes & par boutures.

Les *peupliers noirs* ont leurs boutons, qui ſont les œilletons ou germes des feuilles, chargés d'un baume dont l'odeur eſt aſſez agréable ; (on les nomme *yeux de peuple*, *oculi aut gemmæ populi nigræ*) : c'eſt pourquoi on fait entrer ces boutons dans quelques baumes compoſés & dans l'onguent *populeum* ; mais il n'y en a point qui en répandent autant, & d'une auſſi agréable odeur que celui de l'eſpece à feuilles ovales ſurnommé *baumier*. Cette eſpece de peuplier, par rapport au baume qu'il répand, eſt aſſurément préférable à tous les autres pour l'uſage de la Médecine. On tire de ces boutons de peuplier noir une teinture avec de l'eſprit de vin, qui eſt propre à arrêter les anciens cours de ventre : on en fait auſſi uſage pour les ulceres internes. La doſe ordinaire eſt un demi-gros, ſoir & matin, dans une cuillerée de bouillon chaud. Les feuilles de peuplier noir ſont eſtimées propres à calmer les douleurs de la goutte & des hémorrhoïdes, étant pilées & appliquées ſur la partie malade. On peut tirer des boutons à fleur des peupliers, une eſpece de cire ; en voici le procédé : il faut cueillir ces boutons à l'inſtant de leur maturité, c'eſt-à-dire lorſqu'ils ſont bien viſqueux ; on les écraſe dans un mortier & on les fait tremper dans de l'eau bouillante, on verse le tout dans un sac de grosse toile, on l'exprime au moyen d'une presse, & l'on obtient une cire molle d'un jaune grisâtre, très-combustible & qui donne une odeur agréable.

On a tenté avec succès de faire du papier avec le duvet que fournissent les aigrettes des semences du peuplier. M. *Bruyset* fils, de Lyon, a obtenu de cette substance, sans aucun mélange de chiffons, un papier extrémement fin, soyeux, également susceptible de recevoir la colle & d'être soumis à l'impression du marteau. Avant lui M. le Docteur *J. C. Schœffer* avoit fait à Ratisbonne la même expérience avec autant de succès, mais avec quelques différences que la diversité des procédés devoit occasionner dans les résultats. Les essais multipliés de ce dernier Observateur sur diverses substances végétales, tendent à prouver qu'il en est peu dont on ne pût obtenir du papier : la pomme de pin, les bois du mûrier, de la vigne & du saule, la pomme de terre, & jusqu'aux tourbes d'Hanovre & de Baviere, se sont converties en papier sous ses industrieuses mains. *Voyez l'article* PAPIER.

Les *peupliers trembles*, (car il y en a deux especes qui different par la grandeur de leurs feuilles), ont les feuilles presque rondes, non dentelées, mais ondées ou gaudronnées par les bords : elles sont soutenues par des queues très-menues & très-souples, ce qui fait qu'elles tremblent continuellement, pour peu que le vent les agite : ces arbres se plaisent dans des lieux humides ; celui à petites feuilles se trouve néanmoins dans des terrains assez secs, & il y croît à une moyenne grandeur.

L'espece de peuplier de la Virginie & de la Caroline se fait aisément reconnoître à ses jeunes branches relevées des côtes ou arrêtes saillantes, & à ses feuilles très-grandes, larges & épaisses. Cet arbre pousse avec une vigueur extraordinaire dans les terrains bas & humides ; il se multiplie aisément de boutures.

On fait avec le bois de peuplier blanc des pieces de charpente pour les bâtimens de peu de conséquence ; les Sculpteurs l'emploient en place de tilleul : & comme il est léger, on en fait des sabots, des talons de souliers, & des planches pour des fonds d'armoires, &c. qui sont assez bonnes, quand elles sont à couvert de la pluie. Le bois du peuplier blanc n'est pas d'un usage si familier que celui du peuplier noir. Cependant les Ebénistes s'en servent pour les bâtis propres à recevoir les bois de placage. On dit que le bois du peuplier noir, lorsque l'arbre est vieux, devient propre à faire divers ouvrages de marqueterie, à cause des veines dont il est ondé. Les feuilles du peuplier noir & blanc sont, dit M. *Bourgeois*, très-bonnes pour nourrir les moutons pendant l'hiver. On émonde les branches de ces arbres tous les trois ans, & on en fait des fagots qui servent à brûler, après que les moutons en ont mangé les feuilles.

Quelques Auteurs prétendent que l'écorce du peuplier blanc a la propriété de faire venir abondamment de bons champignons, si on la répand par parcelles dans des terres qui auront été bien fumées auparavant.

Le *peuplier de Lombardie*, dont nous avons parlé plus haut, est connu aussi sous le nom de *peuplier d'Italie*. M. *Pelé de S. Maurice*, de la Société Royale d'Agriculture de la Généralité de Paris, a donné des Observations sur cet arbre fort commun en Italie, où il fait un très bel effet. Cette espece d'arbre est, suivant ce qu'il nous en apprend, supérieure à tous les autres peupliers, par le produit qu'on en peut tirer : c'est pourquoi nous exposerons d'après lui, la maniere de le cultiver.

Le peuplier d'Italie ou de Lombardie croît en très-peu de temps, se multiplie très-facilement, ne demande ni beaucoup de soins, ni beaucoup de dépense, & après quinze ans de plantation, donne à son maître un produit considérable. A peine les arbres ordinaires commencent-ils à paroître, que ceux-ci n'exiftent plus : ce font des prodiges qu'il faut voir pour fe le perfuader. On en voit qui au bout de douze ans, font de la groffeur d'un muid, c'eft-à-dire, qui ont vingt-fept à vingt-huit pouces de diametre, groffeur à laquelle les autres peupliers ne parviennent que dans l'efpace de trente ans. Cet arbre eft plus beau, plus droit, plus facile à employer que celui de France. Son bois eft dur, propre à faire des charpentes de toutes efpeces : on prétend même qu'on peut en faire des mâts de vaiffeaux. Quelle reffource pour nous qu'un arbre fi précieux ! & quel eft le Citoyen qui ne s'empreffera de le cultiver ! On affure que trente arpens de ce bois à couper, valent en Italie quatre-vingts ou cent mille livres. En faut-il davantage pour prouver la fupériorité de cet arbre fur tous les autres : on peut voir le prompt accroiffement de ces arbres & leur beauté, en fuivant les bords du canal de Montargis.

Le peuplier d'Italie fe fait encore diftinguer des autres peupliers, parce que fes branches fortent droit de fon tronc où elles font plus approchées, & lui donnent la forme de pyramide, au lieu que dans le peuplier noir, nommé improprement *ofier blanc*, auquel il reffemble le plus, les branches font pendantes. Les feuilles de celui-ci font d'un vert terne, au lieu que celles du peuplier d'Italie, font d'un beau vert foncé : ce dernier devient toujours un arbre bien droit, tandis que l'autre eft fouvent tortueux. Quoiqu'il croiffe beaucoup plus vîte, fon bois eft cependant plus dur, & les Menuifiers lui trouvent une qualité bien fupérieure au premier.

Le peuplier d'Italie fe multiplie avec la derniere facilité, par le moyen des boutures. Avec une branche qui a dix à douze pouces de longueur & un pouce de circonférence, on a un arbre qui en trois ans porte jufqu'à dix-huit pieds de hauteur, & qui dans cet intervalle, produit assez de jets pour former une pépiniere.

Lorsqu'on veut en établir une pépiniere, on doit choisir un terrain gras & frais, mais qui ne soit point amendé, parce que les jeunes arbres gagnent toujours à être transplantés d'une terre moins bonne dans une meilleure, & que d'ailleurs on auroit à craindre les chancres & les gros vers blancs qu'engendre le fumier, & qui ravagent les pépinieres. C'est à la fin de Février qu'on doit élaguer les peupliers pour en tirer des boutures : on ne doit prendre que du bois d'un an, celui de deux ans est moins bon que le premier. On en coupe l'extrémité en flute, & lorsqu'on observe de laisser un bourlet d'écorce au pied de la bouture, elle en reprend plus facilement, parce que c'est de ces bourlets que partent les racines. On trace son terrain, on y fait des trous d'un pied de profondeur : on y enfonce la bouture à une profondeur de douze pouces, en observant de ne laisser au dehors qu'un œil ou deux. On donne de temps à autre des labours à la pépiniere. On ne doit pas retrancher les jets de la premiere année, parce qu'ils donnent de la nourriture au jeune plant. A la troisieme année on décharge l'arbre de quelques brins qui croissent vers le bas de la tige, & on le nettoye ainsi chaque année en montant. Lorsqu'on retire les arbres de la pépiniere, on peut les planter dans toutes sortes de terrains, à moins qu'ils ne soient trop secs ou trop pierreux. Les prés, les vallons, les bords des ruisseaux, les terres fraîches & grasses paroissent leur convenir davantage, ils y deviennent de la plus grande beauté. Une observation très-importante & générale lorsqu'on plante les arbres, c'est de ne les enfoncer tout au plus que d'un pouce de plus qu'ils l'étoient dans la pépiniere : on les voit souvent périr par la manie des gens de campagne, qui mettent jusqu'à un pied & demi de terre sur leurs racines, au lieu qu'il ne doit y en avoir qu'un demi-pied.

Après quinze ou vingt ans de plantation le propriétaire peut se faire un grand produit de ces arbres, car en les débitant en voliches, on peut retirer au moins quarante-quatre livres de chacun. Ainsi il résulte de tout ce que nous venons de dire, que le peuplier considéré par rapport à son agrément, son progrès & son utilité, est pour celui qui le possede une source abondante de biens. Le produit de ces arbres est souvent doublé avant que d'autres especes d'arbres aient pu être coupés une seule fois.

Les pépinieres où l'on peut trouver des boutures de peuplier d'Italie, sont à Montargis, à Nemours, à Moret, à Gron près Sens, & à Mombar. M. le Marquis de *Chambray* cultive avec succès les peupliers d'Italie à sa terre de Chambray, proche de Tillieres en Normandie; il se fait un plaisir d'en donner des boutures aux personnes qui desirent se procurer cet arbre.

PHACITE, *phacites*, est le nom que l'on donne quelquefois à une espece de *pierre ovaire*, & plus communément à la pierre nommulaire, & dont les grains sont de la grandeur des lentilles. *Voyez les mots* OOLITHES & PIERRE LENTICULAIRE. On trouve des *phacites* dans les environs de Bayonne, sur le bord de la mer où ils sont en masses considérables. On en rencontre qui ont depuis une ligne jusqu'à un pouce & plus de diametre, détachées ou solitaires, ou groupées en masses, en d'autres endroits de la France, en Italie, &c.

PHAGOLINO. *Voyez* ACARNE.

PHAISAN. *Voyez* FAISAN.

PHALANGE, *phalangia*. C'est le nom qu'*Aëtus* donne à six différentes especes d'araignées. Il appelle la premiere *pagion*, qui signifie *pepin de raisin*, parce qu'elle en a la figure : elle est noire & ronde, elle a la bouche au milieu du ventre & de petits crochets autour. La seconde est appelé *loup*, parce qu'elle chasse aux mouches & s'en nourrit : elle a le corps large & agile. On remarque qu'elle a certaines incisions vers le cou, & la bouche relevée en trois endroits. La troisieme est appellée *fourmiliere*, parce qu'elle a beaucoup de ressemblance avec une grande fourmi : elle est de couleur de suie, & a le corps marqueté de petites étoiles, sur-tout vers le dos. La quatrieme est nommée *cronocolaple* : elle a son aiguillon auprès du cou, elle est verdâtre & longuette, elle ne cherche qu'à piquer vers la tête quand elle attaque quelque animal. La cinquieme est appelée *sclérocéphale*, parce qu'elle a la tête dure comme une pierre : elle est rayée de même que ces petits phalenes qui volent autour de la lumière. La sixieme enfin, qu'on appelle *vermiculaire*, est longuette & un peu tachée vers la tête. *Voyez l'article* TARENTULE.

Lonvilliers de Poincy (*Hist. Nat. des Antilles, ch. 14, art. 3.*) dit qu'il y a dans les Antilles une sorte de grosse araignée que quelques uns, à cause de sa figure monstrueuse, mettent au rang des phalanges. Leurs pattes étant étendues forment un cercle qui a plus d'espace que le tour de la main. Nous avons dans notre cabinet une de ces phalanges : son corps est composé de deux parties, l'une est plate, l'autre ronde & pointue comme un œuf de pigeon ; sa bouche, qui est presque toute cachée sous un poil fauve, est armée de part & d'autre de crochets fort pointus, qui sont d'une matiere solide, d'un noir très-poli & très-luisant. Les Curieux font enchaîner ces crochets dans de l'or, pour s'en servir comme de cure-dents, qui sont très-estimés ; parce qu'ils préservent, dit-on, les dents de douleur & de corruption. Ces crochets servent aussi aux Indiens pour déboucher leurs pipes. Notre phalange araignée étrangere a un trou sur le dos qui est comme son nombril. Quand ces phalanges sont jeunes, leur espece de poil est d'un gris blanchâtre, mais il noircit à mesure qu'elles vieillissent. Leur corps est supporté par dix pieds, velu presque tout autour & garni en dessous de petites pointes écailleuses, dont
elles

elles se servent pour s'accrocher partout où elles grimpent; le bout des pieds est aussi muni d'une corne noire, fourchue & dure: tous ces pieds tiennent à la partie plate du corps, & ont quatre jointures chacune : ces pieds vont en grandissant du premier au dernier. On a bien de la peine à distinguer les yeux de ces animaux, tant ils sont petits: ces phalanges qui vivent de mouches sont peut être les mêmes que l'araignée *anause* de la Guinée, & le *democulo* de l'île de Ceylan, dont il est fait mention dans *l'Hist. des Voy.*, T. IV. & T. VIII. La tarentule est encore une espece de *phalange*. Voyez l'article ARAIGNÉES ETRANGERES.

Dans les mêmes îles, on donne aussi le nom de *phalanges* à ces prétendues grosses mouches cornues, (ce sont des *scarabées*) dont nous avons parlé à la suite de l'*article* MOUCHE.

PHALANGE, *phalangium*, est une plante dont on distingue trois especes. La premiere pousse une tige non rameuse, haute d'un pied, ronde, ferme, soutenant en sa sommité des fleurs composées chacune de six feuilles disposées en étoile, de couleur blanche : à cette fleur succede un fruit arrondi, divisé en trois loges qui renferment des semences anguleuses & noires: ses racines sont fibrées. La seconde espece est rameuse; la troisieme, que l'on regarde comme un faux asphodele des Alpes, pousse des feuilles étroites, vertes, dures, semblables à celles de l'iris, d'un goût un peu amer : il s'éleve d'entr'elles une tige haute d'un pied & demi, grêle & revêtue de quelques feuilles, portant en sa sommité un épi de petites fleurs à six feuilles, étoilées, pâles ou de couleur herbeuse. Quand ces fleurs sont passées, il leur succede des fruits comme aux especes précédentes.

Toutes les especes de phalanges, dit *Lémery*, croissent pour l'ordinaire aux lieux aquatiques & montagneux, proche des ravins d'eau : on les estime propres contre les morsures des serpens, contre les piqûres des scorpions, des phalanges, & pour chasser les vents, étant prises en décoction dans du vin.

PHA

PHALANGER, espece de petit animal ainsi nommé de ce qu'il a les phalanges singuliérement conformées, & que de quatre doigts qui correspondent aux cinq ongles dont ses pieds de derriere sont armés, le premier est comme soudé avec son voisin, en sorte que ce double doigt fait la fourche & ne se sépare qu'à la derniere phalange pour arriver aux deux ongles. Ces animaux sont de la taille d'un petit lapin, & sont surtout remarquables par l'excessive longueur de leur queue, par l'alongement de leur museau & par la forme de leurs dents qui suffiroient pour les faire distinguer du *sarigue*, de la *marmose*, des *rats* & de toutes les autres especes d'animaux auxquels on voudroit rapporter le *phalanger*.

PHALANGISTE. Nom donné à un scarabée très-curieux; son corselet est armé de deux longues pointes latérales qui débordent la tête.

PHALAROPE, *phalaropus*. Nom donné à un genre d'oiseau étranger & aquatique, dont le caractere est d'avoir des pieds semblables à ceux de la foulque, quatre doigts devant & un derriere, tous à membranes séparées; le bec droit, menu, & la mâchoire supérieure plus ou moins courbe vers le bout. On en distingue plusieurs especes : il y a le phalarope qui se trouve en Angleterre sur les bords de la mer ; c'est le *tringa gris fer au pied de poule d'eau* d'Edwards. Son plumage est bleuâtre sur le dos, les ailes sont noires vers le milieu des grandes plumes. Cet oiseau est un peu moins gros que le rale aquatique : les membranes du pied intérieur sont divisées en deux lobes, celles du doigt du milieu en trois lobes, & celles du doigt extérieur en quatre lobes ; tous ces lobes n'ont pas plus d'une ligne d'intervalle de l'un à l'autre, & ils sont tous denticulés : le bec est noir.

Le *phalarope cendré* se trouve dans la baie d'Hudson, ainsi que celui qui est roussâtre.

Le *phalarope brun* se rencontre dans l'Amérique septentrionale ; il est un peu plus gros que les précédens.

PHALENE. Les Naturalistes donnent ce nom à

toutes les especes de papillon qui ne volent que sur le soir & pendant la nuit à la clarté d'une lumiere; ce qui fait qu'on les appelle aussi *papillons nocturnes*. C'est la classe de papillons la plus nombreuse. Les curieux connoissent le *souci*, le *silene*, la *petite tortue*, l'*écaille marte*, le *prérophore*, le *grand paon de nuit*, le *sphinx du troene*, la *lichenée rouge*, la *feuille morte*, le *volant doré*, le *lambda*, le *zig-zag*, &c. *Voy.* ce que nous avons dit des *phalenes* au mot PAPILLON, pour ce qui les distingue des *papillons diurnes*, ou *papillons de jour*, dont les plus connus en France sont les *nacrés*, le *gamma* ou *Robert-le-diable*, le *deuil*, le *demi-deuil*, le *gazé*, l'*aurore*, le *satyre*, les *argus*, &c.

PHARMACITE ou AMPELITE. Espece de terre noire bitumineuse. *Voyez au mot* CRAYON NOIR.

PHASE. *Voyez à l'article* PLANETE.

PHASÉOLE. *Voyez* HARICOT ORDINAIRE.

PHATAGIN. Espece d'animal des Indes orientales, connu aussi sous le nom impropre de *lézard écailleux*. Le phatagin ressemble assez au pangolin. *Voyez son histoire au mot* PANGOLIN.

PHIALITE. Nom donné à des concrétions pierreuses, souvent sableuses, & qui imitent des flacons, des poires à poudre, des bocaux. *Voyez* JEUX DE LA NATURE & LITHOGLYPHITES.

PHILANDRE. *Voyez* DIDELPHE.

PHOQUE, *phocas*. Cet animal nous paroît être le même que le veau marin, ou le tigre marin : il n'est qu'une variété du *loup marin*. Voyez ce mot.

Le phoque est une espece d'amphibie vivipare, dont le caractere, dit M. Brisson, *pag. 229*, est d'avoir six dents incisives à la mâchoire supérieure, & quatre à l'inférieure; à chaque pied cinq doigts onguiculés joints ensemble par des membranes ; les pieds postérieurs tournés en arriere : cet animal habite plus la mer que la terre. Il a quatre dents canines semblables à celles des chiens, savoir, une de chaque côté à chaque mâchoire : le nombre de ses dents molaires n'est pas constant.

Le phoque a depuis le bout du museau jusqu'à l'origine de la queue, environ quatre pieds de long; la mâchoire supérieure plus longue que l'inférieure: l'ouverture de sa gueule est moyenne, ses dents se serrent les unes contre les autres, elles sont pointues, dures & blanches; son museau est oblong & garni de moustaches très-roides & courbées en arriere; ses yeux sont grands & enfoncés profondément dans leur orbite : on ne lui reconnoît point d'oreilles extérieurement, mais à leur place il a des trous par lesquels il entend; sa tête est petite, & ressemble à celle d'un chien à qui on a coupé les oreilles près de la tête : il a les narines du veau terrestre; son cou est alongé, & il peut le raccourcir à sa volonté; sa poitrine est large; le reste de son corps, jusqu'aux pieds de derriere qui sont à l'extrémité de l'animal, va en diminuant; ses jambes sont tout-à-fait sous la peau : il n'y a que les pieds qui paroissent; ceux de devant ont quatre pouces de long, & ceux de derriere neuf pouces: ils sont entierement garnis du même poil que le corps, & gros comme le poignet d'un homme, sur-tout dans la partie d'en bas; tous leurs doigts sont joints ensemble par de fortes membranes & armés de cinq ongles forts, noirs & très-piquans; sa queue a deux pouces & demi de long, & est plate horizontalement: sa peau est dure; tout son corps est couvert de poils courts, roides, d'un gris brillant & marqué d'un nombre de taches noirâtres, tant en dessus qu'en dessous; le ventre est d'un blanc sale. Tel est le phoque qui est dans notre collection d'animaux.

Plusieurs Auteurs ont soupçonné qu'il y avoit aussi des phoques noires; nous pouvons affirmer qu'il en existe, d'après celui que M. *Gigot d'Orcy* nous a confié pour en faire l'examen : ce phoque n'a que vingt-six pouces de longueur, à prendre du bout du museau jusqu'à l'extrémité de la queue, qui est un peu arrondie, & qui n'a pas plus de huit lignes. Le poil de son dos, de dessus le cou & de la tête, est d'un noir de jayet, mais celui qui couvre la poitrine est moins foncé, ainsi que celui de la gorge. Le poil du ventre jusqu'à l'anus est de couleur fauve. Les appendices qui rendent ses pieds palmés, imitent beaucoup plus les nageoires que dans le phocas précédent. La peau du menton est non seulement dégarnie de poil, mais un peu amincie par le frottement qu'a éprouvé cette partie quand l'animal marchoit sur les bords des grêves, &c. On sait que les pieds antérieurs du phoque étant placés vers le plus grand diametre de sa poitrine, qui est elle-même située au milieu de toute la longueur de l'animal, & son cou étant d'ailleurs long & aussi gros que sa tête, il en résulte une masse qui n'a pour appui que la mâchoire inférieure. Une remarque importante, dont il convient de faire mention, c'est qu'aucuns *phocas* ou *veaux marins* n'ont, dit-on, d'oreilles saillantes : celui-ci en a qui ont chacune un pouce de longueur ; nous n'avons remarqué que peu ou point d'ongles dans les palmes antérieures, peut-être auroient-elles été plus sensibles si l'animal eût été plus grand ; peut-être aussi est-ce une espece différente, & non une seule variété du phocas.

Le phocas, dit M. *de Buffon*, est d'autant plus étrange, qu'il paroît fictif, & qu'il est le modele sur lequel l'imagination des Poëtes enfanta les *tritons*, les *sirenes*, & ces Dieux de la mer à tête humaine, à corps de quadrupede, à queue de poisson. Le phocas regne en effet dans cet empire muet, par sa voix, par sa figure, par son intelligence, par des facultés en un mot qui lui sont communes avec les habitans de la terre, si supérieures à celles des poissons, qu'il semble être non seulement d'un autre ordre, mais d'un monde différent. Aussi cet *amphibie*, quoique d'une nature très-éloignée de celle de nos animaux domestiques, ne laisse pas d'être susceptible d'une sorte d'éducation ; on le nourrit en le tenant souvent dans l'eau ; on lui apprend à saluer de la tête & de la voix ; il s'accoutume à celle de son maître ; il vient lorsqu'il s'entend appeler ; & donne plusieurs autres signes d'intelligence & de docilité.

Le phocas, continue M. *de Buffon*, a le cerveau &

le cervelet proportionnellement plus grands que l'homme, les sens aussi bons qu'aucuns des quadrupedes, par conséquent le sentiment aussi vif & l'intelligence aussi prompte; l'un & l'autre se remarquant par sa douceur, par ses habitudes communes, par ses qualités sociales, par son instinct très-vif pour sa femelle, & très attentif pour ses petits, par sa voix plus expressive & plus modelée que celle des autres animaux: il a aussi de la force & des armes; son corps est ferme & grand, ses dents tranchantes, ses ongles aigus. D'ailleurs il a des avantages particuliers & uniques sur tous ceux qu'on voudroit lui comparer: il ne craint ni le froid ni le chaud; il vit indifféremment d'herbes, de poisson & de chair; il habite également l'eau, la terre & la glace; il est avec le *lamentin* & la *vache marine* ou *morse*, le seul des quadrupedes qui mérite véritablement le nom d'*amphibie*, le seul qui ait le trou ovale du cœur toujours ouvert, le seul par conséquent qui puisse se passer de respirer, & auquel l'élément de l'eau soit aussi convenable, aussi propre que celui de l'air. La *loutre* & le *castor* ne sont pas de vrais amphibies, puisque leur élément est l'air, & que n'ayant pas cette ouverture dans la cloison du cœur, (sur-tout la *loutre*) ils ne peuvent rester long-temps sous l'eau, & qu'ils sont obligés d'en sortir ou d'élever leur tête au-dessus pour respirer.

Gesner dit que le phocas fréquente plus le rivage que la haute mer, nous en avons cependant vu prendre un dans la mer à la distance de vingt-sept lieues du rivage. Ses jambes de derriere, quoiqu'ayant les doigts des pieds onguiculés, lui servent plus commodément à nager qu'à marcher. Lorsque le phocas est dans l'eau, & qu'il y a excité des mouvemens d'impulsion avec ses jambes postérieures faites en rames, on remarque qu'il réunit longitudinalement ces membres, de maniere à ne leur donner que la figure d'une queue de poisson fourchue, mais perpendiculaire: cet animal est si gros & a les jambes si courtes que lorsqu'il est couché, la rondeur du ventre les empêche presque de toucher à terre; cependant il ne laisse pas que de s'en servir & de se traîner plus vîte qu'on ne croiroit.

Anderson prétend que dans le détroit de Davis ces animaux parviennent à la longueur de dix pieds ou environ; ils ont, dit-il, entre la chair & la peau quatre doigts d'épaisseur d'une graisse qui donne de fort bonne huile. Ce même Naturaliste du Groënland, qui nomme improprement, ainsi que les habitans du cap de Bonne-Espérance, le phocas, *chien de mer*, dit encore que la peau est fort recherchée, & que l'on équipe tous les ans quelques petits bâtimens pour leur faire la chasse. Ces espèces de chasseurs marins portent le nom de *rob-ben-schlagers*, qui signifie *batteurs de chiens de mer*, parce qu'ils les surprennent sur la glace quand ils dorment: ils les tuent à coups de bâton en les frappant sur le nez où ces animaux sont uniquement fort sensibles; d'autres fois ils les percent à coups de lance. Les phocas qui se trouvent aussi dans les mers & les lacs de Kamtschatka sont fort vivaces: ils couvrent quelquefois entierement les bancs de sable; ils se jettent tous à l'eau quand un bateau approche. Ces animaux sont d'une ressource infinie pour les habitans Sauvages du détroit de Davis; la chair étant fumée, leur sert de nourriture, le sang de médecine, la peau d'habillement. Les Kamtschadales font encore de cette peau non seulement des semelles de souliers, mais encore des bateaux qui contiennent jusqu'à trente hommes, & qui sont plus légers & plus vîtes que ceux de bois; les tendons & les intestins servent de vitrage, de voile, de fil à coudre & de ficelle à lier; les os, de toutes sortes d'ustensiles de ménage & de chasse. M. *Heidenreich*, voyageur royal pour la découverte des mines de Sibérie & de la Tartarie, dit qu'on trouve dans le lac de Beickal, qui est d'eau douce, des phocas qui dans le temps des gelés, savent adroitement pratiquer çà & là des ouvertures dans la glace pour en sortir & pour y rentrer selon leurs besoins, ne trouvant pas toujours des vivres sous l'eau. Les habitans voisins de ce lac les tirent avec des harpons à trois crochets, & ils ne se servent dans leurs lampes que de l'huile tirée de cette graisse; ils en font aussi de la chandelle. Il ne nous doit plus paroître incroyable que cet animal marin puisse vivre aussi dans l'eau douce, tout Paris en a été témoin depuis quelques années, ayant eu occasion d'en voir un que l'on montroit aux foires, & que l'on conservoit dans des cuves.

Denis, dans sa *Descript. des côtes de l'Améri. septentrionale*, Tom. I. p. 64, dit que les jeunes phocas sont plus gras que les vieux, & que l'huile des premiers est aussi bonne à manger & à brûler que l'huile d'olive, n'ayant aucune mauvaise odeur. Ce même Auteur, (T. XI. C. 17) fait mention d'une petite espece de ce même amphibie, dont la chair fait les délices des Sauvages, de même que l'huile avec laquelle ils s'oignent aussi les cheveux; cependant la chair de cette espece d'animal est molle & grasse, & elle se fond entre les mains quand on l'y tient long-temps, tant elle est huileuse.

Le phocas ou veau marin se nomme en Languedoc *vedel de mar*, en Italie, *vechiomarino*. *Rondelet* assure que cet animal vient faire ses petits à terre, mais qu'il ne peut pas vivre long-tems sans retourner à la mer: il dit aussi que ses épaules sont jointes par quatre muscles. Ces animaux s'accouplent comme les cétacées; le mâle a le membre génital long & même osseux, & les femelles ont une fente comme les raies: elles font un ou deux petits, & les allaitent avec leurs deux mamelles; au bout de douze jours les meres menent les petits à la mer, pour les accoutumer peu à peu à nager. Le veau marin vient souvent dormir à terre; il ronfle si haut, qu'il fait alors un bruit pareil à celui du veau terrestre quand il beugle; sa langue est comme fendue ou fourchue par le bout.

La voix du phocas peut se comparer à l'aboiement d'un chien enroué; dans son premier âge son cri imite assez le miaulement d'un chat: les petits qu'on enleve à leurs meres miaulent continuellement, & se laissent quelquefois plutôt mourir d'inanition que de prendre la nourriture qu'on leur offre ; ils ne reçoivent que l'aliment que leur donne la mere. Les vieux phocas aboient contre ceux qui les frappent, & font tous leurs efforts pour mordre & se venger. En général, ces animaux sont peu craintifs, ils sont même naturellement courageux; on a remarqué que le bruit du tonnerre & le feu des éclairs, loin de les épouvanter, semblent les récréer. Ils sortent de l'eau dans la tempête, dit M. *de Buffon*, ils quittent même alors leurs glaçons pour éviter le choc des vagues, & ils vont à terre s'amuser de l'orage, & recevoir la pluie qui les réjouit beaucoup : ces différentes scenes de la nature sont pour eux des spectacles très-agréables. Ils ont naturellement une mauvaise odeur, & que l'on sent de fort loin lorsqu'ils sont en grand nombre; il arrive souvent que quand on les poursuit, ils lâchent leurs excrémens qui sont jaunes & d'une odeur insupportable ; ils aiment à dormir au soleil, sur des glaçons, sur des rochers : on peut les approcher sans les éveiller, & c'est une des manieres ordinaires de les prendre.

Dans la mer de Feroë le phocas, dit *P. J. Debes*, a sa retraite dans les cavernes des rochers : on peut avec de petites barques entrer dans ces antres étroits, pour le surprendre & le tuer ainsi que ses petits : les vieux esquivent le coup de massue, & échappent souvent aux pêcheurs ; mais pour peu qu'on les frappe sur la tête, ils tombent, répandent des larmes, & voulant se défendre avec la gueule, ils présentent la gorge au couteau. On en égorge quelquefois de cette maniere jusqu'à cinquante dans un jour. *Debes* ajoute que pour donner la chasse à ces animaux, il faut être armé de perches, de gros bâtons & de torches allumées; les jeunes ne sont pas difficiles à tuer. M. *Knutberg* a trouvé un autre moyen pour détruire les phocas, c'est de braquer dans les trous des rochers, où ces animaux se rassemblent en grand nombre, une espèce de lance qui est poussée dans le corps de l'animal par un ressort que le moindre mouvement fait détendre. On trouve dans les *Mém. de l'Acad. Royale de Suede, 1752*, un détail de la pêche des veaux marins dans l'Ostro Bothnie. Les Finlandois n'ayant rien à faire pendant l'hiver, s'assemblent en troupe & vont à la chasse de ces animaux pendant Février, Mars & Avril : ils se servent de fusils & de filets. Cette caravane qui ne boit que de l'eau de mer que l'on adoucit quelquefois avec du petit-lait, voyage avec beaucoup de précaution & de danger au milieu des glaces, sur lesquelles on est souvent obligé de traîner les bateaux; on y rampe aussi sur le ventre, & l'on frappe du pied comme ces animaux pour les attirer. Le plus court expédient est de les guetter aux ouvertures qu'ils ont pratiquées dans les glaces pour sortir à volonté de l'eau, ou pour respirer l'air frais; c'est là qu'on peut leur couper le nez. Quand on tient un petit, on le fiche tout vivant sur un fer à trois pointes, qu'on enfonce dans l'eau par les ouvertures ; la mere accourt aussi-tôt, & voulant le débarrasser, elle se blesse & périt. Dans les mers du Kamtschatka les femelles des phocas ne portent qu'un petit qu'elles mettent bas sur la glace; elles l'allaitent. Quand la marée descend, ces animaux restent couchés sur les rochers, & pour se jouer, ils se poussent les uns les autres dans la mer; mais ces petits jeux dégénerent bientôt en querelles sanglantes, ils se font des morsures cruelles : comme ils marchent difficilement, on prétend que pour rendre leur chemin plus facile, ils vomissent, dégorgent de l'eau sur le sable.

PHOCENE, animal cétacée des anciens. Les modernes l'ont nommé *marsouin :* voyez ce mot.

PHŒNICOPTERE ou FLAMAND, ou FLAMBANT. *Voyez* BECHARU.

PHOLADE. C'est un coquillage multivalve, que l'on appelle *pitaut* en Normandie, *dail* en Poitou & dans l'Aunis, & *piddochs* en Angleterre. Les anciens ont nommé ce coquillage *pholas*; il meurt dans le premier trou qu'il a habité après sa naissance, sans en être jamais forti pendant fa vie; auffi le caractere générique des dails fe tire-t-il de leur habitude à fe cacher dans les pierres, & à y creufer eux-mêmes leurs fépulcres. L'on en trouve quelquefois vingt dans un même bloc de pierre; & *Rondelet* dit qu'ils ne font pas rares fur le rivage d'Ancône. (Les dails de *Rondelet* ne font peut-être que les dattes de la Méditerranée. *Voyez* DATTES DE MER.)

On en diftingue deux efpeces fort connues fur les côtes d'Aunis & d'Angleterre. La coquille du dail eft compofée, dit M. d'*Argenville*, de trois pieces, dont deux font femblables, égales, blanches, & fort grandes par rapport à la troifieme; celle-ci eft pofée auprès du fommet des deux autres, & elle remplit un petit efpace qui refteroit vide entr'elles. On en diftingue encore quelquefois deux autres petites & fort minces, qui font attachées par des ligamens au dos de la coquille, & qui fouvent tombent dès que le dail eft mort, ce qui arrive quand il ceffe d'être baigné par l'eau de la mer: cette coquille a encore une forte d'opercule cartilagineux.

Ce coquillage, qui eft long de quatre pouces, habite ordinairement dans une pierre grisâtre, médiocrement dure, & qu'on appelle *banche*; fon trou eft une fois plus profond que fa coquille n'eft longue: la figure de ces trous approche d'un cône tronqué, excepté qu'ils font terminés par une furface concave & arrondie: leur direction eft à-peu-près oblique à l'horifon: les petits trous qui font à l'extérieur dénotent où font les dails.

M. de Réaumur (*Mém. de l'Acad. des Scien.* 1712, pag. 126 & fuiv.) dit qu'il n'y a guere de mouvement progreffif plus lent que celui du dail: muré comme il eft dans fon trou, il n'avance qu'en s'approchant du centre de la terre: le progrès de ce mouvement eft proportionné à celui de l'accroiffement de l'animal; à mefure qu'il augmente en étendue, il creufe fon trou, & defcend plus bas: fon outil, dit cet Auteur, eft la partie charnue fituée près du bout inférieur de la coquille, elle eft faite en lofange, & affez groffe par rapport au reste du corps. On a vu des dails tirés de leurs loges souterraines & posés sur la glaise assez molle, la creuser assez profondément en peu d'heures, en recourbant & en ouvrant successivement cette partie charnue, & l'on a reconnu aussi que l'animal y employoit d'autant plus de temps, que la substance de la matiere qu'on lui offroit rendoit son ouvrage plus difficile & son travail plus pénible.

Les dails, selon M. d'*Argenville*, ne sont jamais, quoique tirés de la pierre, fermés par leurs extrémités; la superficie extérieure des deux grandes valves est toujours la même: elle ressemble à une lime, sur-tout vers la tête. (Ne seroit ce pas-là les armes dont les dails se serviroient pour percer ou tarauder les pierres plus ou moins dures, & aggrandir ces especes de sépulcres, à mesure qu'ils grossissent?) Comme on ne trouve point de jeunes dails dans la banche, mais seulement dans la glaise, il est à présumer que les trous des gros dails ont été pratiqués d'abord dans la glaise molle & qui s'est ensuite durcie, d'autant que l'animal y doit passer sa vie, puisqu'il lui est impossible de sortir de cette loge, sur-tout celle qui est dure, l'orifice étant beaucoup trop étroit pour permettre la sortie de la coquille: du milieu des écailles des dails sort un long tuyau épais, & partagé en deux cloisons inégales, dont un trou sert à l'animal pour vider ses excrémens, l'autre à respirer & à prendre de la nourriture. Quand la pholade a pris trop d'eau, elle la rejette avec violence. M. *de Réaumur* n'a pu trouver que trois pieces aux pholades de nos côtes; mais M. *de la Faille prétend* que tous les dails ont nécessairement six pieces. Voyez le *Mémoire de ce savant, imprimé dans le Recueil des différentes pieces présentées à l'Académie de la Rochelle.* Ce Mémoire est rempli d'observations qui semblent vider le différent entre MM. *de Réaumur* & *d'Argenville*. Nous avons vu des pholades composés de six pieces fort inégales entr'elles & plus ou moins fines, dont les deux plus grandes qui sont latérales répondent aux battans des bivalves, &

surtout de certaines tellines ; les autres qui sont beaucoup plus petites se trouvent fixées par des ligamens, partie sur le sommet & sur le repli extérieur de chaque battant, partie le long des battans mêmes, soit en-dessus, soit en-dessous; il faut observer que ces dernieres pieces sont si fragiles & si minces, qu'il est rare de les trouver jointes aux deux principales, qui d'ailleurs ne ferment jamais exactement. Voilà les pholades à six pieces ou *sextivalves* : on les trouve sur les parages de presque toutes les mers. Les deux grandes valves sont sinueuses & évasées, bombées vers l'une des extrémités, à larges replis sur ses sommets, à bords dentelés; la robe est un réseau granuleux dans un tiers de sa longueur & près la tête : il y en a qui ne sont réticulées que dans la partie antérieure, le reste de la robe est strié. Il y a certaines especes de pholades qui ne se logent que dans les bois qui se trouvent dans la mer, leur forme est presque conique, leur robe est peu réticulée; elles ne sont ordinairement composées que de cinq pieces ou *quintivalves*. Ces pholades ne sont pas si communes.

Les dails-moules, *dactili Plinii*, (ce sont probablement les *dattes de mer*) ont la propriété de luir dans les ténebres, & la lumiere qu'ils répandent est d'autant plus brillante, que le coquillage renferme plus de liqueur : cette lumiere, dit Pline, *Hist. Nat. Lib. IX, Cap. LXI*, paroît jusques dans la bouche de ceux qui mangent des dails pendant la nuit : elle paroît sur leurs mains, sur leurs habits & sur la terre, dès que la liqueur de ce coquillage se répand, n'y en eût-il qu'une goutte; ce qui prouve que cette liqueur a la même propriété que le corps de l'animal. Ces faits ont été vérifiés il y a quelques années sur les vraies pholades des côtes du Poitou, & se sont trouvés vrais dans tous les détails. On ne connoît sur cette côte aucun autre coquillage, ni même aucun poisson, ni aucune sorte de chair d'animaux qui ayent cette propriété avant d'être pourris. Les dails au contraire, ne paroissent jamais plus phosphoriques que lorsqu'ils sont plus frais, & même ils ne jettent plus aucune lumiere lorſqu'ils ſont corrompus à un certain point. L'animal dépouillé de la coquille, eſt lumineux tant à l'intérieur qu'à l'extérieur; car ſi on le coupe, il ſort de la lumiere du dedans comme du dehors : ces coquillages en ſe deſſéchant, ceſſent d'être lumineux. Si on les humecte, il reparoît une nouvelle lumiere, mais foible; de même celle que jette la liqueur qui ſort de ce coquillage, s'éteint peu-à-peu à meſure que cette liqueur s'évapore. Cependant on peut la faire reparoître par le moyen de l'eau : par exemple, lorſqu'on a vu cette lumiere s'éteindre ſur un corps étranger qui avoit été mouillé de la liqueur du coquillage, on fait reparoître la même lumiere en trempant ce corps dans l'eau. *Mém. de l'Aca. roya. des Scien. ann. 1723.*

PHOLADITE, eſt la coquille précédente devenue foſſile. Il n'y a pas long-temps qu'on a découvert ces ſortes de coquillages foſſiles.

PHOLIDOTE. Eſpece de *lézard écailleux*. Voyez ce mot.

PHOSPHORE ou PORTE-LUMIERE. Nom que l'on donne aux corps qui paroiſſent lumineux dans l'obſcurité. Il y a des phoſphores naturels & d'artificiels : les premiers ſont les *vers lumineux des huîtres*, les *dails*, le *bois pourri*, le *poiſſon puant*, les *yeux du chat*, le *ver luiſant*, le *porte-lanterne* d'Amérique, la *mer lumineuſe*, les *éclairs dans les nuages orageux*, les *prétendues étoiles qui filent ou qui tombent*; ſouvent la chair, le ſang, les cheveux, les écailles, les cornes, la farine, & une infinité d'autres matieres provenues des plantes & des animaux, mais particuliérement les urines ſont propres à devenir noctiluques. C'eſt ainſi qu'au moyen de l'art, on produit auſſi des phoſphores; il ſuffit de chauffer ou de frotter vivement les diamans, les cailloux, les quartzs, les bois durs & réſineux, le ſucre, de calciner la *pierre de Bologne*, de verſer de l'eſprit de nître ſur de la craie, de cuire de l'alun avec du miel, d'évaporer l'urine, &c. Les phoſphores produits par ces dernieres opérations s'appellent *pyrophores*, & ſont d'autant plus singuliers, qu'on peut en allumer de l'amadou, brûler du papier, écrire des lettres de feu ; cette écriture lumineuse peut être utile pour entretenir une correspondance secrette & mystérieuse pendant la nuit ; en effet on peut s'en servir sur mer pour s'expliquer tacitement d'un vaisseau à l'autre durant l'obscurité, ou pour faire connoître de la même maniere les besoins d'une place assiégée, à ceux avec lesquels on seroit convenu de la signification de certains caracteres. M. *Dufay* dit, (Mémoires de l'Académie 1730), que la pierre à plâtre, les marbres & toutes les pierres calcaires, même les bois calcinés, produisent aussi de la lumiere dans l'obscurité : mais entre les pierres phosphoriques, la pierre de Bologne & quelques fluors tiennent le premier rang. L'on trouve encore près de Stockolm & de Plombieres une espece de terre qui, frottée dans un endroit obscur, donne de la lumiere ; il n'y a personne qui ait encore fait sur cette terre les recherches nécessaires pour savoir à quelle espece on doit la rapporter. Combien de substances produiront aussi des émanations lumineuses, si avant de les porter dans un lieu obscur, on les a exposées quelque temps aux rayons du soleil pour s'imbiber de sa lumiere ! Combien d'autres dans lesquels l'élément du feu qu'elles contiennent deviendroit apparent, si on leur faisoit subir une sorte de décomposition ou de putréfaction, ou qu'on les soumît à quelque changement !

PHRIGANE ou FRIGANE, *phryganea*. Nom générique que l'on donne, d'après M. *Linnæus*, à plusieurs especes de mouches aquatiques parmi lesquelles on a rangé l'hémerobe & la charrée : *voyez* CHARRÉE. L'hémerobe forme un genre à part : *voyez* HÉMEROBE. La *phrygane* & la *charrée* paroissent être le même insecte, ou au plus deux variétés de la même espece.

M. Géoffroy (*Hist. des insect. des envir. de Paris*) dit que la phrigane est un insecte à antennes filiformes & très-longues ; qui a des ailes bigarrées & posées latéralement en forme de toît aigu, & relevées à l'extrémité; la bouche est formée par une petite trompe accompagnée de quatre barbillons, & sa tête de trois petits yeux lisses; la queue est simple & nue. Divers Naturalistes nomment ces insectes *mouches papilionacées*. Ils ressemblent un peu aux *perles* pour la forme & la maniere de se faire des fourreaux dans l'état de larves. Rien d'aussi barroque que la figure de ces fourreaux; on diroit d'un trophée de petites coquilles & de plantes, rien encore d'aussi singulier que de voir la larve de la phrygane se promener dans l'eau avec le fourreau, dont la plupart des matieres qui le composent sont légeres. Cet étui dans lequel l'insecte rentre toutes les fois qu'on l'en retire, ne semble formé que pour cacher son habitant qui, sans cela, deviendroit la proie d'un nombre infini d'insectes aquatiques voraces & même des poissons qui en auroient bientôt détruit l'espece, si la nature dans l'état de foiblesse où elle a laissé cette larve, ne lui avoit donné en partage la ruse & l'industrie pour éviter les continuelles poursuites de ses vigilans ennemis: en effet autant sa retraite est foible, & d'une forme bizarre, autant elle est propre à donner le change aux ennemis qui passent à chaque instant sur le corps de l'animal, sans avoir le moindre soupçon de toucher de si près la proie qu'ils cherchent avec tant d'avidité. Le goût, le besoin & l'adresse de notre petit architecte aquatique, décident de la variété de la construction de sa maison, qui n'est pas la même pour tous ceux de la même espece; les uns s'enveloppent d'une simple feuille verte de jonc, ou de quelqu'autre herbe fraîche qu'ils enduisent en dedans d'une matiere impénétrable à l'eau; les autres font un amas de différens brins de joncs, de feuilles seches, de petites coquilles, plus ou moins entieres, qu'ils lient ensemble sans ordre, tout est bien calfaté en dedans: chaque larve pratique deux issues dans sa loge; l'une pour se procurer la nourriture, & l'autre pour s'en décharger, sans être obligée de sortir de sa maison, qu'elle ne quitte plus quand elle en a une fois pris possession; elle la transporte par

par tout avec elle dans ses différens voyages de fantaisie ou de nécessité : les jambes lui servent pour marcher & voyager sur terre en tenant le fond de l'eau; elles lui servent aussi de bras lorsqu'elle veut nager & faire le trajet par eau; comme l'animal est obligé, pour fournir à ces différens voyages, d'avoir presque toujours hors de son étui, la partie du corps à laquelle les jambes se trouvent attachées, la sage & savante nature qui en a prévu toutes les fatales conséquences, l'a muni d'une membrane également forte & compacte, tandis que la partie qui reste dans le fourreau n'est enveloppée que d'une pellicule très-fine & très-déliée. Il y a des phryganes de couleur fauve, de panachées, de noires. La phrygane *mouche en deuil* se distingue des autres, on diroit d'un petit phalene; ses dernieres pattes sont d'une grandeur prodigieuse. *Voyez maintenant* TEIGNE AQUATIQUE.

PHRYGIENNES. On appelle ainsi certaines mouches qui doivent leur naissance à un ver qu'on voit en Phrygie. (*Charleton exercitat.*)

PHYLLIREA. *Voyez* FILARIA.

PHYTOLITHE. Les Naturalistes donnent ce nom aux plantes réellement pétrifiées : on dit *phytotypolithes*, quand elles ne sont qu'en empreintes. On voit beaucoup de roseaux, des prêles, des capillaires, des fougeres, sur les schistes de Peternitz en Saxe, & de Saint-Chaumont en Forez, & qui ne sont que des *phytotypolithes*. On en trouve aussi dans des marnes feuilletées, & dans des couches de tuf.

PIC. Nom donné à différentes montagnes très-élevées. Il y a le pic d'Adam dans le Ceylan; le pic de Derby en Angleterre; le pic du midi dans le Pyrenées; le Pic de St. George dans les Açores; le pic de Tenerife près des Canaries, &c. *Voyez l'article* MONTAGNE.

PIC, *picus*. Nom donné à un genre d'oiseaux dont M. *Brisson* compte trente-deux especes.

Le caractere des pics est d'avoir de forts muscles aux cuisses, des pieds solides, fournis de deux doigts devant

& de deux derriere, qui sont armés d'ongles crochus & pointus qui leur servent à monter le long des arbres. Ces oiseaux ne paroissent faire leur nourriture que d'insectes, d'œufs de fourmis, d'artisons, de vers de bois, surtout de la belle chenille du saule, nommée *cossus*. Ils font des trous dans les arbres avec leur bec qui est fort droit & un peu anguleux : c'est dans ces trous d'arbres, qu'ils ont faits ou qu'ils ont trouvés tout faits, que ces oiseaux se retirent : leur langue est longue, parsemée de nœuds ou d'articles, munie au bout d'un aiguillon osseux & dentelé qui leur sert à piquer & à enlever la chenille & les autres divers insectes. On distingue :

1°. Le Pic vert ordinaire, ou Pic-mars, ou Pivert, *picus Martis aut viridis*. Cet oiseau, que l'on nomme aussi *pleu-pleu*, est très-facile à connoître parmi les autres de son espece, tant par sa grandeur que par sa couleur verte. Ce pic vert a quatorze pouces de longueur depuis la pointe du bec jusqu'à l'extrémité de la queue ; son envergure est de vingt pouces ; son bec est long d'environ deux pouces, noir, dur & fort triangulaire, un peu émoussé par le bout ; l'iris est en partie blanche & en partie rougeâtre ; sa langue étendue a six pouces de longueur, & offre des nœuds ou des especes d'articulations : il a le haut de la tête cramoisi ou couleur de vermillon, tacheté de noir, ainsi que le contour des yeux ; il se trouve sous ce noir de chaque côté, une autre tache rouge particuliere au mâle ; la gorge, la poitrine & le ventre sont d'un vert pâle ; le dos, le cou & le moindre rang des plumes couvertes des ailes sont vertes, les grandes pennes de l'aîle d'un blanc verdâtre ; le croupion est d'un jaune pâle ; le dessous de la queue rayé de lignes brunes & transversales : les plumes de la queue sont en partie d'un vert pâle, mêlées de noir & très-fortes : elles semblent comme fourchues par leurs pointes qui sont noirâtres : les pattes & les doigts sont de couleur de plomb, les serres grises-brunâtres ; les jambes sont très-courtes. Cet oiseau se met quelquefois à terre près des fourmillieres, pour chercher sa nourriture.

PIC

Cette sorte de pic pond dans des creux d'arbres cinq à six œufs à la fois, & on a trouvé six petits ensemble. Cet oiseau, qui se pose souvent à terre, a une façon de vivre singuliere, il est muni d'instrumens ou d'organes qui lui sont propres & particuliers: n'y eût-il que sa langue, qui outre sa longueur est armée de petites pointes, & toujours enduite de glu vers son extrémité; enfin l'appareil du bec, des ongles & leur disposition, tout lui est utile & a rapport à sa maniere de chasser & de se nourrir. Il tire sa subsistance des petits vers ou insectes qui vivent dans le cœur de certaines branches, & plus communément sous l'écorce du vieux bois, même sous l'écorce des plus grosses buches flottées: il essaie par de forts coups de bec qu'il donne le long des branches, les endroits qui sont cariés & vidés; il s'arrête où la branche sonne creux, & casse avec son bec l'écorce & le bois, après quoi il avance son bec dans le trou qu'il a fait, & pousse une sorte de sifflement dans le creux de l'arbre, pour détacher & mettre en mouvement les insectes qui y dorment ou qui s'y croient en sureté; alors il darde sa langue dans le trou, & à l'aide des aiguillons dont elle est hérissée & de la colle dont elle est poissée, il emporte ce qu'il trouve de petits animaux pour s'en nourrir. C'est dans *Willughby* & *Aldrovande* qu'il faut consulter l'histoire, la figure des muscles & des cartilages qui servent à mouvoir la langue du pic vert. *Voyez aussi les* Observations sur les mouvemens de la langue de cet oiseau, par M. *Mery*, dans les *Mémoires de l'Académie des Sciences*, an. *1709*, pag. *83*; observations beaucoup plus exactes que celles de MM. *Borelli* & *Perrault*.

Le pic vert a le testicule droit rond, & le gauche oblong; son bec est si dur & si fort, qu'on l'entend souvent dans les forêts frapper contre les vieux chênes, les hêtres, les charmes & les peupliers: c'est-là qu'avec le temps il fait des trous aussi bien arrondis que ceux que fait le Géometre avec son compas. Le vulgaire dit que quand le pic vert a donné quelques coups de bec à un arbre, il va auſſi-tôt de l'autre côté pour voir s'il eſt percé d'outre en outre: mais c'eſt une erreur, car ſi l'oiſeau tourne autour de l'arbre, c'eſt plutôt pour prendre les inſectes qu'il a mis en mouvement. Le pic vert vole lentement; néanmoins quand il eſt pourſuivi par l'épervier ou par l'émerillon, il accélere ſon vol & ſemble ſe précipiter & ſe relever en décrivant de grandes paraboles & en criant de toutes ſes forces.

On mange rarement la chair du pic vert, parce qu'elle eſt trop fibreuſe, dure & coriace: cependant à Boulogne on en vend pendant tout l'automne au marché, ſaiſon où cet oiſeau eſt fort gras. En médecine on eſtime le pic vert apéritif & propre à aiguiſer la vue.

2° Le PIC VERT TRÈS-GRAND, *picus viridis maximus*. Il ne diffère du précédent que par ſon bec qui eſt un peu courbé, & par le volume de ſon corps qui égale celui d'une petite poule: ſes ailes ſont tachetées.

3°. Le PIC VERT BIGARRÉ, *picus varius*. Cet oiſeau que l'on appelle encore *épeiche* & *cu rouge*, a le bas du ventre ſous la queue d'un beau rouge; le plumage des mâchoires eſt blanc; celui de la tête eſt noir, ainſi que le dos: le reſte du plumage eſt aſſez ſemblable à celui du pic vert vulgaire, excepté qu'il eſt tacheté de lignes noires & de points blancs. Le *petit pic vert bigarré* ne diffère du précédent que pour la grandeur. En donnant de ſon bec dans la fente du bois, ou en frappant contre l'arbre avec vivacité çà & là, ſes coups redoublés forment un ſon qu'on entend de fort loin. Il a une tache rouge ſur la tête: cet oiſeau ſemble être le petit cul-rouge ou le pic rouge, ou la petite épeiche. Des Ornithologiſtes citent encore un autre petit pic vert bigarré qui n'eſt que de la grandeur du moineau domeſtique. M. *Linnaeus* en cite auſſi un dans les actes de Stockholm, ann. *1740*, pag. *222*, qui ſe trouve en Suède dans les montagnes de Dalécarlie.

4°. Le PIC DE MURAILLE OU PIC D'AUVERGNE, *picus murarius*. Cet oiſeau qui eſt l'*échelette de Belon*, ne ſe trouve guere qu'en Auvergne, où on le nomme dernier : c'est une espece de *grimpereau*. Voyez ce mot. Autant les pics verts aiment à monter le long des arbres, autant celui-ci grimpe le long des murailles ; ses ailes sont marquées de rouge comme celles d'un papillon ; sa queue est courte & noire, ainsi qu'une partie de ses ailes ; il a le bec & la tête comme l'étourneau, le dos, le cou & la tête de couleur cendrée : c'est un oiseau gai, volage : il est gros comme le merle, il se fait entendre de loin, sa voix est forte & mélodieuse : il ne peut rester en place, ni perché, mais pendu par ses griffes & sur sa queue à la maniere des pics verts ; il vole en battant des ailes, & ordinairement seul ou avec un autre : sa nourriture consiste en mouches & en araignées ; il fait ses petits dans des trous de murailles.

5°. Le grand Pic noir ou Pimar, *picus niger maximus nostras*. Cet oiseau est le grimpereau noir d'*Albin*. V. l'art. Grimpereau. Le *pic cendré* est le *torchepot*.

6°. Pics étrangers. On distingue, 1°. celui qui a le bec d'un blanc d'ivoire, une crête rouge, tout le reste du plumage blanc mêlé de noir, on le voit dans la Caroline ; celui de la Virginie a le bec plombé : 2°. le pic aux ailes dorées : 3°. celui qui a le ventre rouge : 4°. le pic velu, c'est-à-dire, celui qui a le long du dos des plumes velues & variées : 5°. le pic à ventre jaune : 6°. le pic grivelé ; il est très-petit & ressemble assez au pic velu : 7°. le pic varié de Bengale ; ses couleurs qui sont agréablement distribuées, tirent sur le gris, le noir, le blanc, le rouge & le jaune : 8°. le pic rayé de St. Domingue ; il a le dessus de la tête & de la queue d'un beau couleur de rose ; sa queue est noirâtre ; le reste du plumage comme au pic vert bigarré : 9°. le pic jaune de Perse : 10°. le pic vert varié de Cayenne qui n'a que trois onglets : 11°. le pic blanc de Cayenne, &c.

Il y a quantité d'autres oiseaux qui approchent des pics, & que l'on reconnoîtra facilement par les caracteres génériques que nous avons exposés au commencement de cet article.

PICAÇUROBA. *Voyez* Tourte.

PICAREL, *smaris*. C'est un petit poisson de mer, blanc, à nageoires épineuses : on le nomme à Marseille *haret*, comme qui diroit *petit hareng*, parce qu'ayant été fumé comme les autres harengs, il pique la langue quand on le mange : c'est une espece de petite *mendole blanche*. Ce poisson est de la longueur du doigt, il a le museau pointu, le milieu du corps marqué des deux côtés de taches noires : ses traits sont argentés & dorés : on le nomme à Antibes *garon*. Les pêcheurs le salent & le mettent à l'air pour dessécher ; il y en a qui le font tremper & dissoudre dans le sel pour faire la sauce que l'on appelle *garum*. Ce mets si vanté des Grecs & des Romains, dont le prix égaloit celui des parfums les plus précieux, excite singulierement l'appétit. *Lémery* dit que le picaret excite le lait aux nourrices, & qu'il est propre contre le venin du scorpion & du chien enragé. Ce même Auteur dit que le nom latin *smaris* dérive d'un mot grec qui exprime sa blancheur ; de là vient, ajoute-t-il, qu'on appelle en latin les hommes pâles, *smarides*.

PICEA ou PESSE. *Voyez à l'article* SAPIN.

PICHOT. Nom que l'on donne en Provence au cerisier. *Voyez* CERISIER.

PICHOU ou PICHON. C'est une espece particuliere de *chat putois* ou *sauvage* qui se voit à la Louisiane. M. le *Page du Pratz* dit qu'il est aussi haut que le tigre, mais moins gros ; sa peau ou fourrure est très-belle & estimée ; heureusement qu'on y en trouve peu, car cet animal chasse aussi bien la volaille des basses-cours que les animaux des bois. Le pichou est le *margay*. Voyez ce mot.

PIC-VERT. *Voyez à la suite de l'article* PIC.

PICUIPINIMA. *Voyez* COCOTZIN.

PIE, *pica*. C'est un genre d'oiseaux qui approche de celui du *coracias* & de celui des *corbeaux* par le bec, les pieds & les ongles : on en distingue plusieurs especes que nous citerons après avoir donné l'histoire de la pie ordinaire.

1°. La Pie vulgaire, *pica varia & caudata*. Cet oiseau qui est très commun en France, en Angleterre, en Allemagne, en Suede & dans toute l'Europe, excepté en Laponie & dans les pays de montagnes où il est rare, d'où l'on peut conclure que la pie craint le grand froid; cet oiseau, dis-je, a depuis le bout du bec jusqu'à l'extrémité de la queue dix-huit pouces de longueur; le bec long d'un pouce & demi, noir, gros & fort; la mâchoire supérieure un peu recourbée, saillante & pointue, les narines un peu barbues; la langue fourchue, noirâtre & semblable à celle du geai; l'iris de couleur de noisette pâle; la tête, le cou, la gorge, le dos, le croupion & le bas-ventre de couleur noire, le bas du dos près du croupion, grisâtre; la poitrine & les côtés blancs, ainsi que les premieres plumes de l'aile; les ailes petites à proportion de la grandeur du corps; la queue & les grandes plumes des ailes ornées de très-belles couleurs mêlées de vert, de pourpre & de bleu, mais seulement aux barbes extérieures. Le pennage de l'aile est taché de blanc du côté des tuyaux: la queue qui est faite en coin, a les deux plumes du milieu plus longues que les autres: les pieds & les ongles sont noirs; enfin cet oiseau ressemble assez bien au choucas, si l'on en ôte le blanc & la longueur de la queue; & *Belon* dit que si la pie n'avoit pas le dessous du ventre blanc, ainsi que le coin des ailes, il ne seroit pas facile de la distinguer de la corneille; elle en a le geste & la façon de vivre.

La pie est un oiseau fort babillard, qui apprend à articuler des paroles: on prétend même qu'elle annonce la pluie, lorsqu'elle jase plus qu'à l'ordinaire. Cet oiseau fait son nid sur les arbres les plus élevés & les plus inaccessibles avec une grande adresse, le garnissant d'épines en toutes ses surfaces extérieures, & n'y laissant qu'un trou fort étroit pour l'entrée. *Consultez ce qu'en dit* Aldrovande. Cet oiseau pond à chaque couvée cinq ou six œufs, quelquefois huit, chargés de taches noires: il se nourrit des mêmes alimens que la corneille;

il se jette sur les moineaux & autres petits oiseaux, & les mange. On sait que son tempérament carnassier le porte à détruire non seulement le gibier de vol, mais même les petits lapereaux & levrauts; il mange aussi les œufs des autres oiseaux, & notamment ceux du merle & de la perdrix dont les nids sont ordinairement mal cachés. Des particuliers ont tiré parti de son appétit pour la chair vivante, en la dressant à la chasse comme on y dresse le corbeau. La pie a cela de particulier, qu'elle devient chauve tous les ans pendant la mue.

Nous avons dit que la pie a beaucoup de babil, surtout quand on lui a coupé le filet, & qu'on la tient en cage. Elle devient aussi familiere dans les maisons, qu'elle est naturellement sauvage dans les champs: elle n'a pas moins d'instinct étant privée que dans l'état sauvage. On lui attribue de l'inclination au larcin, & l'on en raconte des histoires fort étranges. En effet, quand elle est rassasiée, elle va cacher adroitement ce qui lui reste de provision, pour les besoins à venir; elle aime aussi à cacher jusqu'à la vaisselle d'argent, & l'on doit se méfier d'un tel voleur qui peut causer beaucoup de désordres sur le compte des domestiques fidelles. Elle est d'un tempérament chaud & lascif: elle entre en amour dès le mois de Février & pond dans le printems. Rien de si original que de la voir en colere contre les corneilles ou même les oiseaux de proie qui approchent de son nid: elle les attaque toujours & les poursuit en criant sans cesse, jusqu'à ce qu'ils soient bien éloignés: si on lui déniche de bonne heure sa premiere couvée, elle en fait une seconde.

La pie marche en sautant & remue perpétuellement la queue; elle est assez hardie pour manger dans les auges des pourceaux, qui souffrent volontiers qu'elle monte sur leur dos pour y picorer les poux qui les désolent.

Le Docteur *Derham* a nourri une pie qui a vécu plus de vingt ans, mais qui à cet âge étoit tout-à-fait aveugle de vieillesse.

On trouve dans les *Éphémer. d'Allem. Decur. II. Ann. IV. append. 210*, une observation rapportée par le Docteur *Paullini* sur une pie femelle, d'ailleurs très-saine, qui tous les mois à la nouvelle lune rendoit pendant deux ou trois jours du sang assez copieusement par l'anus; à quoi il ajoute qu'il a quelquefois remarqué de semblables purgations menstruelles dans des jumens, dans des truies & dans des brebis; puis il finit par observer qu'un de ses confreres a vu un paon qui à chaque mois dans le décours de la lune, rendoit par l'anus une pelote glaireuse qui en dedans ne contenoit qu'une infinité de petits grains de sable que l'oiseau avoit avalés.

La pie porte différens noms en France suivant les Provinces; le plus général est celui d'*agasse*: on l'appelle aussi *dame jaquette* ou *margot*.

Le nom latin de *pica* n'est pas particulier, dit *Lémery*, à la pie. Il lui est commun avec une maladie qui arrive souvent aux filles & aux femmes. C'est, dit-il, un appétit dépravé qui les excite à manger en secret des substances incapables de nourrir, & qui peuvent leur produire des obstructions fortes, des pâles couleurs, &c. ces substances sont du plâtre, du charbon, de la cendre, de la craie, de la cire, du poivre, &c. elles aiment aussi à manger du marc de café & des grains de café grillé.

La chair de la pie n'est guere d'usage en aliment, étant dure & coriace; on en fait seulement des bouillons qui sont d'un bon suc & nourrissans. Les gens de la campagne mangent volontiers les petits, appelés *piats* ou *piots*. En Médecine la pie est estimée propre pour l'épilepsie, la manie & la mélancolie, & sur-tout pour la foiblesse de la vue. Quelques Auteurs vantent beaucoup la pie mangée en substance, soit rôtie, soit bouillie.

Les *pies étrangeres* sont, 1°. celles de *Bengale* & du *Sénégal*, elles sont plus petites que la nôtre, leur couleur est noir-bleuâtre ou violet; les Indiens appellent celle de Bengale *dials-bird*, c'est-à-dire, *oiseau du cadran solaire*. 2°. La pie du Mexique, *pica Mexicana*, qui apprend facilement à parler, & a une bosse sur le bec, un cri plaintif & semblable à celui des étourneaux. 3°. La *pie du Brésil*, *pica Brasiliana* ; les couleurs du plumage sont très-joliment diversifiées ; son plumage inférieur est comme cotonneux ; elle a du jaune depuis le milieu du dos jusqu'au croupion : quelques-uns donnent aussi le nom de *pie du Brésil* au mangeur de poivre, qui est le *toucan* ; voyez ce mot. 4°. La *pie des Antilles* ; elle a les pieds rouges & le cou bleu, ceint d'un collier blanc, avec une hupe blanche sur la tête, le croupion jaune. 5°. La *pie de la Louisiane* est d'un très beau noir. 6°. La *pie de la Jamaïque* est environ un tiers plus petite que notre pie commune, dont elle a le bec, les pieds & la queue ; le plumage du mâle est noir avec les reflets pourpres, celui de la femelle est brun, plus foncé sur le dos & sur toute la partie supérieure du corps, moins foncé sous le ventre. Les pies de la Jamaïque font leurs nids sur les branches des arbres ; on en trouve dans tous les districts de l'île, mais plus abondamment dans les lieux les plus éloignés du bruit : c'est de-là qu'après avoir fait leur ponte & donné naissance à une génération nouvelle pendant l'été, elles se répandent pendant l'automne dans les habitations & arrivent en si grand nombre, que l'air en est quelquefois obscurci. Elles volent ainsi en troupes l'espace de plusieurs milles, & par-tout où elles se posent, elles font un dommage considérable aux Cultivateurs. Leur ressource pendant l'hiver est de venir en foule aux portes des granges. Tout cela donne lieu de croire qu'elles sont frugivores ; cependant on remarque qu'elles ont l'odeur forte, que leur chair est noire & grossière, & qu'on en mange fort rarement. On dit qu'il y a des pies toutes blanches vers le Spitzberg. Celle de l'île de Papoë, *pica Papoensis*, est moitié blanche & moitié noire ; son bec & ses ongles sont blancs & ses pieds rouges.

PIE-COQUILLE ou PIE TESTACÉE. Nom donné à un coquillage univalve, espece de sabot ombiliqué dont la robe est à fond blanc & tachetée de noir, comme marbrée. On l'appelle quelquefois *veuve* : c'est le *livon* de M. *Adanson*.

PIE-GRIECHE, *collurio, aut pica Græca*, est un genre d'oiseau connu par-tout : on en distingue plusieurs especes, la *grande*, la *petite*, &c.

La premiere est la *grande pie-grieche grise, lanius cinereus major*, ou *le grand écorcheur cendré*; elle est de la grosseur d'un merle, ornée de taches blanches aux côtés comme la *pie*; elle a la tête grosse & large, le bec dur, noir, gros, un peu crochu par le bout, long d'un pouce & demi, & ayant l'ouverture large; sa langue est fourchue & hérissée de petits filets : son plumage est d'un gris cendré, elle a une ligne noire près des mâchoires, le ventre & le dessous de la queue sont blanchâtres; sa queue est fort longue, les deux plumes du milieu sont noires, les quatre autres sont blanches par les bouts : ses jambes & ses pieds sont noirs, munis d'ongles crochus. Cet oiseau repaire dans les arbrisseaux, il fait son nid de mousse, de laine, d'herbe à coton, le fond est de bruyere; il est garni en dedans de quelques brins de foin & de chiendent. On trouve dans ce nid six petits qui ne ressemblent à la mere que par le bec, les racines de leurs plumes étant encore en tuyaux verdâtres. La pie-grieche reste sur des arbrisseaux épineux, elle se perche toujours sur le sommet des branches, & lorsqu'elle est posée, elle leve sa queue. On l'entend chanter sur différens tons pendant l'automne; en hiver elle n'a qu'un ton de voix qu'on entend de fort loin; elle crie assez agréablement & fort souvent *houin-houin*. Les Italiens la nomment *falconello*, comme qui diroit *fauconnette*, parce qu'elle est au nombre des oiseaux de proie, & que quand elle est leurrée, elle a beaucoup de courage à la chasse. Cet oiseau ne se nourrit pas seulement d'insectes; il mange assez souvent des petits oiseaux, comme des pinçons, des roitelets; il est si hardi, qu'il attaque les merles, les grives & les tue.

La *petite pie-grieche, pica Græca minor, aut lanius*

minor, se nomme aussi *pie ancrouelle* ou *pie escraye*; elle ne diffère de la précédente que par la grandeur; la couleur du plumage est fauve & plus madrée; sa couvée est plus nombreuse. Elle tient sa proie dans une de ses pattes, & la mange appuyée sur une jambe à la manière du perroquet. Lorsque cet oiseau a peur, il pousse un cri effrayant, remue la queue d'un côté & d'autre & la tient élevée. Il extermine les mulots, les campagnols & les souris, tant dans les terres labourables que dans les jardins. Il se tient suspendu en l'air à la manière des cercerelles : il vient souvent se percher sur les chardons, & indifféremment sur toutes sortes de tiges quand il a manqué sa proie. (*Belon*).

Il y a encore la *pie-grieche totalement blanche des Alpes* ; l'espece appelée l'*écorcheur à tête rouge*, ou la *pie-grieche rousse*, ou la petite *pie matagesse*. On trouve aussi des pies-grieches dans presque toutes les Indes, en Amérique & en Afrique; leurs couleurs sont très-riches. Il y a la pie grieche noire de la Caroline : *voyez* Fingau. L'*écorcheur de Madagascar* est une pie grieche, ainsi que la *rouge-queue* de Bengale dont le bout du bec supérieur est très-arqué : à l'égard de la pie grieche rouge du Sénégal, *voyez* Gonolek.

Tout ce que nous venons de dire sur les pies-grieches se trouve assez confirmé dans la belle description qu'en donne M. *de Buffon*. Cet Historien Philosophe dit que ces oiseaux, quoique petits, quoique délicats de corps & de membres, doivent néanmoins par leur courage, par leur large bec, fort & crochu, & par leur appétit pour la chair, être mis au rang des oiseaux de proie, même des plus fiers & des plus sanguinaires. On est toujours étonné de voir l'intrépidité avec laquelle une petite pie-grieche combat contre les pies, les corneilles, les cercerelles, tous oiseaux beaucoup plus grands & beaucoup plus forts qu'elle ; non-seulement elle combat pour se défendre, mais souvent elle attaque & toujours avec avantage, sur-tout lorsque le couple se réunit pour éloigner de leurs petits les oiseaux de rapine;

elles n'attendent pas qu'ils approchent, il suffit qu'ils passent à leur portée pour qu'elles aillent au devant; elles les attaquent à grands cris, leur font des blessures cruelles, & les chassent avec tant de fureur, qu'ils fuient souvent sans oser revenir: & dans ce combat inégal contre d'aussi grands ennemis, il est rare de les voir succomber sous la force ou se laisser emporter: il arrive seulement qu'elles tombent quelquefois avec l'oiseau contre lequel elles se sont accrochées avec tant d'acharnement, que le combat ne finit que par la chute & la mort de tous deux. Aussi les oiseaux de proie les plus braves les respectent, les milans, les buses, les corbeaux paroissent les craindre & les fuir plutôt que les chercher. Rien dans la Nature ne peint mieux la puissance & les droits du courage que de voir ce petit oiseau qui n'est guere plus gros qu'une forte alouette ou qu'un merle, voler de pair avec les éperviers, les faucons & tous les autres tyrans de l'air sans les redouter, & chasser dans leurs domaines sans craindre d'en être puni; car quoique les pies-grieches se nourrissent communément d'insectes, elles aiment la chair de préférence, elles poursuivent au vol tous les petits oiseaux; on en a vu prendre des perdreaux & de jeunes levrauts; les grives, les merles & les autres oiseaux pris au lacet & au piege, deviennent leur proie la plus ordinaire, elles les saisissent avec les ongles, leur crevent la tête avec le bec, leur serrent & déchiquetent le cou, & après les avoir étranglés ou tués, elles les plument pour les manger, les dépécer à leur aise, & en emporter dans leurs nids les débris en lambeaux.

M. *de Buffon* ajoute qu'on peut réduire à trois especes principales les pies-grieches de notre climat; savoir, la *pie-grieche grise*, la *pie-grieche rousse* & la *pie-grieche* appelée vulgairement l'*écorcheur*.

La *pie-grieche grise* ou la *grande pie-grieche* nourrit ses petits de chenilles & d'autres insectes dans les premiers jours, & bientôt elle leur fait manger de petits morceaux de viande que le pere leur apporte avec un soin & une diligence admirables : bien différente des autres oiseaux de proie, qui chaſſent leurs petits avant qu'ils ſoient en état de ſe pourvoir d'eux-mêmes, la pie-grieche garde & ſoigne les ſiens tout le temps du premier âge, & quand ils ſont adultes, elles les ſoigne encore ; la famille ne ſe ſépare point, on les voit voler enſemble pendant l'automne entier & encore en hiver, ſans qu'ils ſe réuniſſent en grande troupe ; chaque famille fait une petite bande à part, ordinairement compoſée du pere, de la mere & de cinq ou ſix petits, qui tous prennent un intérêt commun à ce qui leur arrive, vivent en paix & chaſſent de concert, juſqu'à ce que le ſentiment ou le beſoin d'amour, plus fort que tout autre ſentiment, détruiſe les liens de cet attachement & enleve les enfans à leurs parens ; la famille ne ſe ſépare que pour en former de nouvelles. Il eſt aiſé de reconnoître les pies-grieches de loin, non-ſeulement à cauſe de cette petite troupe qu'elles forment après le temps des nichées, mais encore à leur vol qui n'eſt ni direct ni oblique à la même hauteur, & qui ſe fait toujours de bas en haut & du haut en bas alternativement & précipitamment.

La *pie-grieche rouſſe* ou la petite pie-grieche, eſt un oiſeau de paſſage, au lieu que la pie-grieche griſe reſte dans le pays. On voit chaque famille de pie-grieche rouſſe partir vers le commencement de Septembre, mais ſans faire de longs vols. Cette eſpece de pie-grieche n'eſt pas abſolument mauvaiſe à manger.

PIE DE MER, *pica marina Gallorum & Anglorum*. Nous avons parlé de cet oiſeau au mot BÉCASSE DE MER.

PIE DE MER A GROS BEC, *pica marina*, eſt un oiſeau de paſſage de la grandeur d'un canard domeſtique. Il eſt long d'un pied, mais ſon envergure l'eſt de deux. Le bec eſt court, large & aplati de côté d'une maniere oppoſée à celui des canards ; il eſt triangulaire & pointu : la mâchoire ſupérieure eſt arquée par le bout, le bec eſt griſâtre à ſa racine & rougeâtre vers la pointe : le plumage eſt noir, la poitrine blanche & la tête tachetée de cette couleur: les ailes sont composées de plumes courtes, néanmoins l'oiseau vole fort vîte près de la surface de l'eau: les jambes & les pieds sont d'un rouge jaunâtre, & placés en arriere comme dans les plongeons ordinaires, de maniere que l'oiseau semble marcher en s'appuyant perpendiculairement sur la queue; il lui manque le doigt de derriere. Ces oiseaux pondent leurs œufs sans nids, mais à rase terre ou dans des trous de lapins, qu'ils chassent exprès pour s'en emparer; leur ponte n'est que d'un œuf; si on ôte cet œuf, l'oiseau en pond un autre, & toujours de même jusqu'au cinquieme: cet œuf est très-gros, eu égard au volume de l'animal. On rencontre ces pies de mer dans les îles désertes, près des côtes de la mer, aux environs de Scarboroug, de Tenby, &c. Elles s'en vont en automne, & reviennent au printems pour pondre.

Albin dit qu'il se trouve parmi ces oiseaux des avant-coureurs qui vont reconnoître les endroits qu'ils ont coutume de choisir pour couver, & qui examinent si tout y va bien. S'il arrive que la saison soit orageuse ou sujette aux tempêtes & que la mer soit agitée, on en trouve un grand nombre jetés sur les côtes, qui sont maigres & affamés jusqu'à en mourir; car à moins que la mer ne soit calme, ils ne peuvent poursuivre leur route, ni se pourvoir de nourriture qui est de poisson.

PIE-MERE. *Voyez à l'article* HOMME.

PIECES ANATOMIQUES INJECTÉES. Les cabinets des curieux renferment aujourd'hui des animaux ou parties d'animaux écorchées & conservées comme au naturel au moyen de l'injection; parmi ces pieces injectées on admire plus volontiers celle de l'homme: en effet la connoissance la plus intéressante à l'homme est l'homme même. Dès les premiers momens de l'anatomie, l'œil curieux découvrit dans la dissection des corps tous les ressorts de la machine animale; l'art de l'injection répandit un plus grand jour sur les découvertes de l'anatomie. Le voile qui cachoit la marche de la nature fut soulevé; des liqueurs colorées & injectées dans les vaisseaux, pénétrerent jusque dans les plus petites ramifications des arteres & des veines. On apperçut distinctement les anostomoses; mille vaisseaux imperceptibles qu'on ne soupçonnoit point, furent reconnus, & le systême admirable de la machine hydraulique vivante fut dévoilé. Ce n'est qu'à force de travail & par des essais souvent réitérés qu'on est parvenu à injecter les pieces anatomiques. Les anciens n'avoient d'autre maniere de conserver la forme & le diametre des vaisseaux sanguins qu'en les remplissant d'air : à ce procédé insuffisant on substitua dans le siecle dernier l'injection des matieres colorées ; le bleu donna le sang veineux, le rouge donna le sang artériel. . . .

PIED ou PIÉ, *pes*. Partie de l'animal qui lui sert à se soutenir & à marcher, & qui est l'instrument du mouvement progressif. Les animaux se distinguent par rapport au nombre de leurs pieds, en *bipedes*, comme les oiseaux ; en *quadrupedes*, comme les chevaux & autres bêtes à quatre pattes; en *polypedes* ou *centipedes*, ou *millepedes*, comme quelques insectes. Quelle variété dans l'arrangement des pieds des animaux ! Il suffit d'examiner & de comparer ceux de l'écrevisse, de la taupe, de la sauterelle, du cormoran, des canards, &c. Le pied de l'homme est très-différent de celui de quelque animal que ce soit, & même de celui du singe, qui est plutôt une main qu'un pied. Enfin c'est une chose remarquable, de voir avec combien d'exactitude les jambes & les pieds de tous les oiseaux aquatiques répondent à leur maniere de vivre.

PIED D'ALEXANDRE. *Voyez au mot* PYRETRE.

PIED D'ALOUETTE, *delphinium*, est une espece de plante appelée *consoude royale*, que l'on cultive dans les jardins pour l'ornement. On en distingue deux especes.

La premiere est le *delphinium hortense flore majore & simplici* des Botanistes. C'est une plante rameuse qui pousse des feuilles découpées, & presqu'aussi déliées que celles du fenouil. Ses sommités sont garnies de belles

belles fleurs, rangées par ordre en maniere d'épi, de diverses couleurs ; chacune de ces fleurs est composée de plusieurs feuilles inégales, dont cinq sont plus grandes que les autres & disposées en rond ; la supérieure s'alonge sur le derriere en maniere d'éperon qui reçoit l'éperon d'une autre feuille : à ces fleurs succedent des fruits composés de trois graines noirâtres qui renferment des semences anguleuses, noires & ameres au goût. Cette plante est, dit-on, astringente, consolidante & vulnéraire ; elle provoque l'accouchement, mais elle n'est guere d'usage.

La seconde est le *calcatrippa*. Elle pousse une tige rameuse, haute d'un pied : ses feuilles sont très-découpées & d'un vert noirâtre : ses fleurs sont panachées de bleu, de blanc & de rouge. Cette plante a les mêmes propriétés que la précédente ; on ne s'en sert pas davantage en médecine : on leur substitue une espece de PIED D'ALOUETTE SAUVAGE, *delphinium segetum*, lequel vient naturellement dans les blés, & qui a pour le moins autant de vertu.

Les Fleuristes se réservent les deux autres especes pour l'ornement des jardins, à cause de la grande beauté de leurs fleurs. On les seme en automne en pleine terre ou dans les plates-bandes, & au large.

Cette plante une fois introduite dans les jardins, se seme d'elle-même, & souvent on est obligé d'en arracher une grande quantité au printems.

PIED D'ÂNE. On nomme ainsi une espece d'huître dont la forme de la coquille a beaucoup de ressemblance avec la corne du pied de l'âne. Le fond intérieur est blanc, le dessus est armé de longues pointes, couleur de rose vif & d'orangé, & quelquefois blanches, ainsi que la robe qui est souvent marquée par traits en zig-zag : sa charniere consiste en deux boutons arrondis qui renferment le ligament, disposés de maniere que les boutons de la valve supérieure sont reçus dans les cicatrices de l'inférieure, & que pareillement les boutons de cette derniere se logent dans les trous de la supérieure. Le ligament qui est d'une nature coriace, se trouve entre les boutons, & sert à la charnière des deux valves. Cette huître est une espece de *spondyle*.

PIED DE CHAT. *Voyez* HERBE BLANCHE.

PIED DE CHEVRE. C'est la petite angélique sauvage.

PIED DE COQ ÉGYPTIEN. Cette petite plante d'Egypte genouillée & rampante est le *gramen dactylon Ægyptiacum* de *Parkinson*. Cette plante est d'usage médicinal en Egypte.

PIED-DE-GRIFFON ou POMMELÉE, ou HERBE DE CRU, *hellcborus niger fœtidus*, est une espece d'*hellébore noir commun*, qui vient communément à la campagne, & qui differe du véritable par sa tige d'un vert rougeâtre, plus haute, plus chargée de feuilles & de fleurs ; & par ses racines tout-à-fait blanches, cependant noires en dehors. Ses feuilles sont étroites & ses fleurs verdâtres : elle fleurit en Février. Ses racines fibreuses servent à faire des setons ; ses fruits sont composés de plusieurs graines membraneuses, ramassées en maniere de tête, & renfermant des semences arrondies & noirâtres : elles mûrissent en Juin.

Les gens de la campagne emploient quelquefois la racine du *pied-de-griffon* pour se purger ; mais ce n'est pas sans danger. Il y a des personnes qui s'en servent avec succès pour détruire la fluxion des yeux : pour cela ils percent le bout de l'oreille & y lardent ensuite un brin de cette racine. Mais l'usage le plus ordinaire est de traverser le fanon, c'est-à-dire, la peau qui pend sous la gorge des bœufs malades, d'un gros brin de cette racine en forme de seton ; ce qui y attire un écoulement abondant de sérosité, qui les guérit souvent de leurs maladies.

PIED-DE-LIEVRE, *lagopus vulgaris, aut pes leporis*, est le petit trefle des champs. *V. l'art.* TREFLE.

PIED-DE-LION, *alchimilla vulgaris*, est une plante qui se plaît aux lieux herbeux & humides, dans les prés, le long des vallées & à l'adossement des hautes montagnes. Sa racine se répand obliquement: elle est de la grosseur du petit doigt, fibreuse, noirâtre & astringente; elle pousse un grand nombre de feuilles attachées à de longues queues, velues, souvent couchées à terre, crêpées, dentelées & partagées en huit ou neuf angles, avec autant de nervures. Du milieu de la plante s'élevent des petites tiges, hautes d'environ un pied, rondes, velues & rameuses, portant à leurs sommets un bouquet de fleurs étoilées d'un vert pâle, apétales ou sans corolle: elles contiennent quatre étamines & un pistil; le calice est en cloche découpée en huit segmens alternativement inégaux. A ces fleurs succedent des semences menues, jaunâtres, luisantes & arrondies.

On met cette plante au nombre des vulnéraires astringentes: elle a la vertu de réunir les levres des plaies, d'épaissir le sang dissous, d'arrêter les regles trop abondantes, & de guérir la dyssenterie. C'est un remede fort utile dans le crachement & pissement de sang, & pour les poumons ulcérés. *F. Hoffmann* dit qu'il y a des filles qui savent se servir adroitement de la décoction du pied-de-lion, dont elles font un demi-bain, pour réparer & rappeler les signes extérieurs d'une virginité perdue. Elles tâchent aussi, par cette même décoction, de rendre fermes & élastiques leurs mamelles; elles trempent un linge dans la décoction de cette plante, & elles l'appliquent sur le sein: au défaut de ces feuilles elles prennent celles du petit myrte, &c. *Voyez* MYRTE. Cette plante qui a aussi l'avantage de pouvoir réussir dans des terres montagneuses & ingrates, fournit un excellent pâturage, qui procure aux vaches un lait très-abondant.

PIED-DE-LIT. Nom que l'on donne à une espece d'origan appelé *basilic sauvage.* Voyez BASILIC.

PIED ou PATTE-DE-LOUP. *Voy. l'art.* MOUSSE.

PIED-D'OISEAU. *Voyez* ORNITHOPODE.

PIED-DE-PIGEON. *Voyez* BEC-DE-GRUE.

PIED-DE-POULE, *gramen dactylon radice repente,*

sive officinarum. TOURNEF. C'est une espece de chien-dent. *Voyez ce mot.* On donne aussi ce nom à une espece d'ortie rouge annuelle. Voyez l'article ORTIE.

PIED ROUGE ou BEC-DE-HACHE. Les habitans de la Louisiane donnent ce nom à un oiseau qui habite communément les bords de la mer & les lacs salés, où il se nourrit de poisson & de coquillages. Son bec est très-fort & fait en taillant de hache de haut en bas ; son plumage, quoique peu varié, est assez beau. On a remarqué qu'il ne paroît dans les terres que pour annoncer quelque grand orage, qui ne manque pas de se passer sur mer. (*Le Page Dupratz.*)

PIED-DE-VEAU, *arum*, Plante dont M. *de Tournefort* distingue trente-quatre especes : nous n'en citerons ici que deux principales qui sont d'usage dans les boutiques, & qui, suivant M. *Deleuze*, ne sont que deux variétés de la même espece.

1°. Le PIED-DE-VEAU SANS TACHE, *arum vulgare non maculatum.* Sa racine est tubéreuse, charnue, de la grosseur du doigt, blanche, âcre au goût, remplie d'un suc laiteux & un peu fibrée ; ses feuilles sont longues de neuf pouces, triangulaires, vertes, luisantes & veinées : il s'éleve d'entr'elles une petite tige ronde, haute d'un pied & demi, cannelée, laquelle porte en son sommet une fleur à une seule feuille, coupée en langue & roulée en maniere de cornet : il succede à cette fleur des baies rouges rassemblées en une tête oblongue. Ces baies sont molles, pleines d'un suc purpurin & renfermant deux petites semences arrondies ; toute la plante a une saveur fort âcre.

Le genre de l'*arum*, dit M. *Deleuze*, est remarquable par l'appareil singulier de la fructification, formé d'une *spathe* en cornet assez ample, souvent colorée intérieurement, du fond de laquelle s'éleve une colonne charnue environnée à sa base des embryons des graines rangées en anneau : un peu plus haut est un pareil anneau d'étamines, dont les antheres sont attachées immédiatement à la colonne. L'intervalle entre les ovaires & les étamines est garni de quelques filets : la colonne se termine par une masse charnue, oblongue, cylindrique & ordinairement colorée.

2°. Le Pied-de-veau marqué de taches, ou le Pied-de-veau d'Italie, *arum maculatum vulgare, maculis candidis vel nigris*. Il diffère du précédent en ce que ses feuilles sont marquetées de taches blanches ou noires : l'un & l'autre naissent dans les forêts, aux lieux ombrageux & champêtres. Il n'y a guere que leur racine d'usage en Médecine : elle est douée, étant verte, d'une très grande acrimonie qui fait beaucoup d'impression sur la langue ; elle est gluante & farineuse ; elle est bien moins violente, étant desséchée. *Lémery* dit qu'en temps de disette on fait du pain de racine d'*arum*, comme on en fait avec la racine d'asphodele. *Voyez ce mot*. Nous disons que lorsque la racine d'*arum* est fraîche, son suc est âcre & brûlant ; il faut apparemment que ce suc qui occasionne cette causticité, s'évapore & se dissipe pour parvenir à en faire un pain non mal-faisant. On lit dans les *Transactions Philosophiques* des observations faites avec le microscope sur le suc d'*arum* ; examiné au microscope il parut à l'Observateur, qui en mit quelques gouttes sur un morceau de papier bleu, qu'une partie passa à travers le papier ; ce qui resta sur le papier lui parut composé d'une multitude infinie de corps ressemblans à des lames de couteau. La figure de ces corps est dûe à la partie saline qui n'est plus de même nature dans la poudre féculente qu'on en fait. La poudre de cette racine rétablit l'appétit : elle guérit souvent les fievres intermittentes ; elle est fort utile dans les maladies chroniques, en dissipant la jaunisse, les pâles couleurs, & levant les obstructions des visceres ; enfin elle convient singuliérement pour l'hydropisie & pour la mélancolie hypocondriaque ; la dose en est depuis un demi-gros jusqu'à un gros. Cette racine est très-utile, dit M. *Bourgeois*, dans l'asthme pituiteux, en fondant les matieres glaireuses amassées dans les glandes bronchiales. C'est encore un excellent remede pour les estomacs foibles & remplis de glaires attachées à leurs parois : elle fait la base de l'excellente poudre stomachique de *Birckman*, dont on fait un usage très-fréquent dans la pratique. *Tragus* assure que la pulpe de la racine d'*arum* fraîche est un excellent antidote pour les poisons & la peste. Il y a des Dames qui préparent des eaux distillées des racines de pied-de-veau pour se farder, pour faire disparoître les rides du visage & réparer les torts de la vieillesse. On en fait aussi une fécule qui est propre aux mêmes usages ; car on dit qu'elle rend la peau brillante : nous en avons vu sur la toilette de plusieurs Dames. Dans le Poitou les femmes de la campagne font une masse des tiges & des racines de cette plante fleurie, qu'elles coupent menue & qu'elles macerent pendant trois semaines dans l'eau qu'elles renouvellent tous les jours : elles pilent cette masse & la font sécher ; ensuite elles s'en servent au lieu de savon pour nétoyer leur linge. *J. Ray* prétend que ce secret n'est pas inconnu dans quelques endroits de l'Angleterre.

L'Arum montant d'Amérique a grandes feuilles percées, *arum hederaceum, amplis foliis perforatis,* s'attache au tronc des arbres de la même maniere que nos lierres : c'est le bois de couleuvre des Antilles.

L'Arum d'Amérique à feuilles de fleche, *arum Americanum, arborescens, sagittariæ foliis,* porte un fruit qui pique la langue, tandis que sa racine est douceâtre & d'un assez bon goût ; c'est l'*arum esculentum, sagittariæ foliis viridi-nigricantibus* de *Sloane*.

PIED DE VENT. Phénomene dont on trouve la description dans l'*Hist. de l'Acad. des Scien.* ann. 1732, & que l'on doit ranger dans la classe de ceux que les nuées représentent par leur différente situation. La disposition de ce météore est l'arrangement naturel que lui donne le vent, & qui, suivant les regles de l'optique, nous paroît affecter sensiblement telle & telle figure.

PIERRES, *lapides*. Les pierres sont composées de substances terreuses ou sablonneuses, endurcies au point de ne plus s'amollir dans l'eau. Selon que les parties qui les composent sont plus ou moins atténuées & homogenes, elles sont plus ou moins étroitement liées les unes aux autres. Les pierres doivent donc leur origine à l'affluence, aux dépôts & aux couches successives & externes des particules intégrantes de la terre ou du sable : il entre aussi quelquefois dans leur composition d'autres particules hétérogenes ; le véhicule de ces différentes parties qui concourent ensemble à former les pierres, est un liquide ; les principes moteurs sont l'air & le feu : la cause de leur liaison est la pression des autres corps, & la cohésion & l'attraction des parties similaires qui croissent en raison du contact & des surfaces. Toutes les pierres se forment par juxta-position.

Parmi les pierres, les unes sont tendres comme le talc, ou poreuses comme la ponce ; d'autres sont dures & ne peuvent être travaillées qu'avec l'acier & l'éméril, comme l'agate & le jaspe, ou même avec la poudre de diamant, comme les plus belles pierres précieuses.

Toutes les pierres varient beaucoup pour la figure, le tissu, la grandeur de leur masse, les couleurs & les propriétés. Les unes sont opaques, irrégulieres ou informes & communes ; les autres sont transparentes, configurées & précieuses ; les unes sont simples, d'autres composées. En général, elles ne different des terres que par la dureté & la liaison des parties, toutes circonstances qui sont l'effet du temps & du hasard. Les pierres se divisent selon leur essence, en cinq ordres principaux, que l'on détermine facilement par les expériences suivantes, & qui donnent toujours une division méthodique plus constante que celle qui est établie d'après le coup d'œil extérieur.

Le premier renferme les terres argileuses, *petræ argillosæ* ; elles ne font point d'effervescence avec les acides, mais elles durcissent au feu ordinaire. *Voyez* ARGILE.

Le deuxieme comprend les pierres calcaires, *lapides calcarei* ; elles se dissolvent avec effervescence dans les acides, perdent leur liaison dans le feu & s'y réduisent en chaux. *Voyez* PIERRE A CHAUX.

Le troisieme contient les pierres gypseuses ou à plâtre, *lapides gypsei;* elles ne se dissolvent point dans les acides, mais elles forment du plâtre par l'action du feu : *voyez le mot* GYPSE.

Le quatrieme comprend les pierres ignescentes ou scintillantes, *lapides ignescentes aut scintillantes;* elles ne sont point attaquées par les acides, & n'éprouvent que peu ou point d'altération au feu, mais frappées contre l'acier, elles produisent des étincelles : *voyez* CAILLOU, AGATE, JASPE, QUARTZ, CRISTAL, &c.

Le cinquieme renferme les pierres fusibles par elles-mêmes au degré du feu où les précédentes ont résisté; elles ne font point de feu avec le briquet; elles sont ordinairement très-pesantes : *voyez* SPATH FUSIBLE. Dans notre Minéralogie nous avons donné à ce genre de pierres le nom de *pierres médiastines.* Ce sont des pierres vitreuses, *lapides vitrescentes.* Consultez maintenant l'article *Terre vitrifiable.* Il y a aussi l'ordre des *pierres de roches agrégées.*

PIERRE ACIDE, *oxipetra,* est la mine d'alun pierreuse : *voyez* ALUN & PYRITE D'ALUN.

PIERRE D'ÆLAND. Espece de marbre fort dur d'un rouge mat, rempli de coquilles & sur-tout d'orthocératites, lequel se trouve dans l'île d'Æland dans la mer Baltique, vis-à-vis de la ville de Calmar, où il y en a des couches immenses, & dont on fait des tables, des chambranles de cheminées, &c.

PIERRE D'AIGLES : *voyez* ETITES.

PIERRE A AIGUISER, appelée *naxienne :* voyez PIERRE A RASOIR.

PIERRE A AIGUISER DE TURQUIE : *voyez le mot* GRAIS DE TURQUIE *à l'article* GRAIS.

PIERRE D'AIMANT : *voyez* AIMANT.

PIERRE D'ALCHERON. On donne ce nom à la pierre qui se trouve dans la vessie du fiel des bœufs : *voyez les mots* BÉZOARD & BŒUF.

PIERRE ALECTORIENNE ou **PIERRE DE COQ**, *gemma alectoria*. Espece de pierre qui se forme dans l'estomac & dans le foie des coqs, & même des chapons : celles qui se trouvent dans le foie sont les plus grosses. Celles de l'estomac sont la plupart assez semblables aux semences de lupin pour la figure, & à une feve pour la grandeur; leur couleur est d'un gris-obscur: il s'en trouve qui sont cannelées & rougeâtres.

PIERRE D'ALTORF. Nom que l'on donne aujourd'hui à une espece de marbre coquiller nouvellement découvert aux environs d'Altorf. Ce marbre contient beaucoup de cornes d'Ammon, qui sont quelquefois métallisées, & une quantité de bélemnites & d'impressions de différens coquillages. On vient d'établir, près de Nuremberg, une fabrique où l'on travaille cette espece de marbre dont on fait des tables d'une grande beauté par la mosaïque charmante qu'y font appercevoir les coquilles fossiles, &c.

PIERRE DES AMAZONES. *Voy. à l'art.* JADE.

PIERRE DES AMPHIBIES. Dans cet ordre d'animaux le serpent cobra, la tortue, le castor, le cayman, &c. fournissent des especes de *bézoards* ou *calculs*. Voyez ces mots.

PIERRE DES ANIMAUX. On donne ce nom au bézoard ou calcul, ainsi qu'à toutes les especes de pierres qui se trouvent ou dans les reins ou dans la vessie, &c. de plusieurs animaux : *voyez le mot* BÉZOARD. Il n'est pas rare de rencontrer encore une pierre sous la langue de l'homme, Consultez dans les *Mémoires de l'Académie royale de Chirurgie*, Tom. *III, p. 460,* une Dissertation de M. *Louis*, &c.

PIERRE DE L'APOCALYPSE. *Voyez* OPALE.

PIERRE APYRE. C'est celle qui a la propriété de résister à la plus grande action du feu des fourneaux sans en recevoir d'altération sensible, c'est-à-dire, qui ne doit éprouver de la part du feu ni fusion, ni aucun autre changement, tel est le quartz pur, le cristal de roche, &c. *Voyez ces mots.*

On nomme *pierre réfractaire* celle qui a également la propriété de résister à la violence du feu sans se fondre, quoiqu'elle éprouve d'ailleurs des altérations considérables : telles sont plus ou moins les pierres calcaires, les amiantes, les mica, les talcs, les pierres ollaires, &c. Il suit de là, comme le dit très-bien l'Auteur du Dictionnaire de Chimie, que toute substance réfractaire n'est point apyre. Au reste toutes les pierres ne sont réfractaires, ou même apyres, que relativement au degré du feu qu'on leur fait subir.

PIERRE ARBORISÉE. *Voyez à l'article* AGATE & DENDRITE.

PIERRE ARGILEUSE. *Voyez au mot* PIERRES & *à l'article* ARGILE.

PIERRE D'ARITHMÉTIQUE. Pierre ainsi nommée parce qu'on y voit un ou plusieurs chiffres fort bien représentés par la nature. On appelle *pierre de l'alphabet* celle qui représente une ou plusieurs lettres de l'alphabet.

PIERRE D'ARMÉNIE ou ARMÉNIENNE ou MÉLOCHITE, *lapis Armenus*. On l'appelle quelquefois *pierre d'azur femelle* ou *azur occidental*. Voyez AZUR au mot LAPIS LAZULI. Cette pierre est graveleuse, opaque, bien moins dure que celle du lapis, recevant un poli terne, d'un bleu verdâtre ou obscur, privée des parties pyriteuses ou aurifères qui se trouvent quelquefois dans le lapis oriental. Comme certains caractères extérieurs rapprochent quelquefois la pierre Arménienne du vrai lapis, il ne doit pas paroître étonnant que quelques marchands Juifs & Turcs les vendent souvent l'une pour l'autre aux personnes qui n'ont pas une grande connoissance de ces sortes de pierres (ici la friponnerie est en rivalité avec l'ignorance). Cependant la vraie pierre Arménienne diffère essentiellement du lapis, en ce qu'elle se calcine au feu, qu'elle s'y vitrifie facilement, & que sa couleur s'y détruit. La poudre bleue qu'on en tire est aussi bien inférieure en beauté & en durée à celle de l'outremer ; mais elle est, en revanche, de toutes les pierres colorées en bleu, celle dont on retire le plus abondamment du cuivre de la meilleure espece. C'est communément avec cette pierre qu'on fait le bleu de montagne factice des boutiques. On s'en sert aussi en peinture & en teinture ; on la vend souvent sous le nom de cendre verte, sur-tout quand elle est en poudre & préparée par cette même préparation de la pierre Arménienne, qui est décrite dans notre Minéralogie : on en tire d'abord le *petit outremer* ou la poudre d'azur commun, puis la *cendre verte*, ensuite le *vert de terre*, & enfin le *vert d'eau*; toutes drogues dont les marchands de couleurs font un grand débit.

La pierre d'Arménie qui ne se trouvoit autrefois qu'en Arménie, se rencontre aujourd'hui dans les pays de Naples, du Tirol, de Boheme, de Wirtemberg ; on en trouve aussi en Auvergne. *Lémery* dit que cette pierre en poudre est un purgatif bon pour les maniaques; mais on ne peut trop redouter de semblables remedes, à moins que ce ne soit pour l'extérieur.

PIERRE D'ARQUEBUSADE, est la pyrite de soufre. *Voyez le mot* PYRITES.

PIERRE ASSIENNE ou D'ASSO, *lapis assius aut sarcophagus*. C'est une pierre peu pesante, friable, veinée, couverte d'une poudre farineuse, jaunâtre & légere, salée & un peu piquante : cette pierre se trouve souvent en Italie. *Lémery* dit que les Anciens s'en servoient pour construire leurs sépulcres, afin que les parties charnues des morts fussent promptement consumées par cette pierre, avant qu'elles eussent le temps de se corrompre. La fleur (l'efflorescence) de cette pierre nettoye les vieux ulceres & les cicatrices. Cette pierre a tiré son nom d'une ancienne ville nommée autrefois *Asius*, où l'on s'en servoit pour les tombeaux des morts qu'on y apportoit. Toutes les especes de pierre assienne ou de sarcophage, que nous avons vues, étoient de la mine d'alun en efflorescence.

PIERRE ATRAMENTAIRE. On donne ce nom

à diverses pierres vitrioliques. *Voyez au mot* Vitriol.

PIERRE D'AVANTURINE. *Voy.* Avanturine.

PIERRE D'AZUR. *Voyez* Lapis lazuli & *le mot* Azur.

PIERRE DE BASALTE. Dans l'envoi des minéraux que Gustave III, Roi de Suede, a fait à S. A. S. Mgr. le Prince de Condé, nous avons examiné avec soin les substances qui y sont désignées sous le nom de *basalte*, & il y en a une belle suite très-variée par la figure, la couleur, la dureté, le brillant & les gangues tant pierreuses que métalliques. Nous avons reconnu que ce nom est appliqué tantôt au spath fusible, tantôt au *schorl* cristallisé en aiguilles prismatiques, & semblable à celui qui se trouve dans le cristal de Madagascar, tantôt à l'asbeste coloré, à la *zéolite* en rayons concentriques; ceux-ci sont tendres, & on les désigne sous le nom de *basalte spathique*. Il y en a qui ressemblent à la roche de corne en canons, au trapp, au *hornn-blende*, à la fausse galene noirâtre, au feld-spath en feuillets parallélogrames & de couleur hépatique, au wolfram ou strié ou en écailles; ceux-ci sont durs. Ces pierres ont pour matrice ou gangue, tantôt le quartz, le spath calcaire, la pyrite cuivreuse, l'asbeste, le mica, la stéatite, la pierre ollaire; elles sont presque toujours accompagnées de fer, quelquefois de grenats impurs, & se trouvent dans les minieres de fer, quelquefois dans celles de cuivre, rarement dans celles d'argent. En général ces basaltes envoyés de Suede, tiennent de la nature du *schirl*: voyez ce mot. Ils ne ressemblent aucunement aux basaltes de Blaud & de Saint-Sandoux en Auvergne.

PIERRE DE BŒUF. *Voyez* Pierre d'Alcheron & Bézoard.

PIERRE DES BESTIAUX, *bulithes*. On en trouve quelquefois dans l'estomac des vaches & des bœufs; & on a lieu de croire que ces animaux les ont avalées. Il ne faut pas confondre ces sortes de pierres avec celles qui sont souvent dans les reins & dans la vésicule du fiel de ces animaux, ni avec les égagropiles dont nous avons parlé.

PIERRE DE BOLOGNE, *lapis Bolonienfis*. C'est une pierre de la grosseur d'un œuf de poule, de figure irréguliere, grisâtre, pesante, d'un œil vitreux, qui se trouve près de Bologne en Italie, au pied du Mont Paterno : c'est après les grandes pluies qu'on en découvre. Cette pierre ne fait aucune effervescence avec les acides; mais lorsqu'elle a été calcinée, elle acquiert la propriété phosphorique, & répand alors une légere odeur fétide & urineuse. Dans cet état, si on l'expose au soleil ou au grand jour, & même à la clarté du feu, elle s'imbibe de la lumiere ; & portée à l'instant dans l'obscurité, elle paroît lumineuse comme un charbon ardent, mais sans chaleur sensible. Cette lueur s'évanouit à la fin, mais on la rend à la pierre en la mettant de nouveau dans un lieu éclairé. Les pierres de Bologne les plus luisantes sont celles qui sont le moins remplies de taches, & couvertes à leur surface d'une croûte blanche, mince & opaque. Quand on calcine ces pierres, on les enduit, après les avoir imbibées d'eau de-vie, d'une poudre très-fine & bien tamisée, provenant d'une de ces pierres de Bologne, qu'on a pulvérisée; on met ensuite la pierre à calciner au feu de reverbere ; on conserve ces phosphores dans de la laine ou du coton, en les préservant soigneusement des impressions de l'air. Lorsqu'elles ont perdu entierement leur propriété phosphorique, on la leur rend, en les faisant calciner de nouveau.

M. *Wallerius* range cette pierre célebre parmi les gypses; mais nous la rapportons avec *Wolterfdorf* au genre des pierres ou spaths fusibles. *Henckel* attribue le phénomene phosphorique de cette pierre à l'acide du sel marin qui y est contenu; & M. *Pott* a une matiere sulfureuse très-subtile : mais on sait que personne n'a mieux traité cette matiere que M. *Marcgraff*, dans les *Mémoires de l'Académie Royale des Sciences de Berlin, ann. 1749*. Consultez aussi l'Ouvrage de M. *Ma-*

melius, divisé en quatorze chapitres sur la comparaison de la pierre de Boulogne dans les *Ephém. des Cur. de la Nat. T. IV. App. pag. 165.* Voyez maintenant SPATH FUSIBLE.

PIERRE DE BOMBACO ou de MOMBAZA. Les Portugais donnent ce nom au bézoard du cheval sauvage des Indes.

PIERRE A BOUTON. En Allemagne on donne ce nom à une espece d'ardoise souvent pyriteuse, qui se vitrifie au feu, & qui devient par là susceptible de la taille & du poliment. On donne aussi le nom de *pierre à bouton* à une espece de *porpites*.

PIERRE BRANCHUE. Nom donné à des corps pierreux qui se trouvent en terre, & dont les uns ne sont que des madrépores fossiles ou pétrifiés, les autres ne sont que des corps accidentellement configurés qui se trouvent dans les creux sillonnés & horizontaux des couches de terre. L'eau en perçant & s'infiltrant en serpentant dans la terre, forme peu à peu des canaux tortueux; elle se charge de particules friables, soit de terre, soit de pierre, coule ainsi sous l'état de *guhr terreux*, se ramasse dans ces cavités branchues, s'y évapore ensuite, & la matiere terreuse s'y moule à mesure qu'elle se condense & se solidifie. Ces pierres branchues configurées sont de différentes natures & de diverses formes; souvent elles sont enclavées les unes dans les autres; celles qui font effervescence aux acides sont crétacées, communément de couleur ou grise ou bleuâtre, & de forme baroque: extérieurement elles ont une écorce plus ou moins épaisse, & plus ou moins dure & raboteuse, quelquefois friable. On peut ranger ces pierres branchues, dont on trouve une grande quantité à Riom dans l'ordre des dépôts. *Voyez l'art.* STALACTITES. On peut consulter les Observations sur ce genre de pierres configurées dans le cinquieme volume des Savans étrangers, page 54.

PIERRE BRULÉE. En Auvergne dans le Bourbonnois & à Andernack sur le Bas-Rhin, on donne ce nom à une espece de lave grise dont on fait des meules de moulin; elle sert aussi à bâtir. La pierre de Volvic est une *pierre brûlée.*

PIERRE CALAMINAIRE ou CALAMINE, *lapis calaminaris*, est une terre dure & de différentes couleurs, chargée principalement de zinc dans l'état d'ochre (*ochra zinci.*) MM. *Pott & Marcgraff*, de l'Académie Royale de Prusse, ont été les premiers qui ont fait connoître que la *calamine*, ainsi que la *blende*, sont des mines de ce demi-métal; *Voyez ces mots & l'article* ZINC. La pierre calaminaire qui est une ochre chargée de zinc paroît avoir été formée par la décomposition du vitriol blanc.

PIERRE CALCAIRE, *lapis calcareus aut calcis.* On donne ce nom à toutes les especes de pierres, qui sont presqu'entiérement solubles par les acides, & qui en sont attaquées avec effervescence. Ces sortes de pierres, qui paroissent tirer évidemment leur origine des corps organisés & durs, appartenans au regne animal, comme os, coquilles, madrépores, &c. *voyez au mot* FOSSILES, se calcinent au feu & s'y réduisent en chaux. Il y en a d'opaques, non cristallisées, rarement brillantes, sinon dans leurs fractures; telles sont les pierres à chaux, qui se trouvent en quantité dans presque tous les lieux où il y a des coquilles fossiles grouppées & à demi-dénaturées. La véritable pierre à chaux, celle dont on se sert pour le ciment, est ou dure & compacte, d'un grain fin ou raboteuse, ou brillante, écailleuse & tendre, d'une couleur peu agréable, quoique variée de blanc, de jaune, de gris & de rouge; se divisant en morceaux irréguliers; *consultez* notre Minéralogie pour les variétés de cette pierre calcaire, avec la maniere de la calciner & de la fuser. On prétend que l'excellence de la chaux des Anciens Romains, ne consistoit que dans l'emploi de cette chaux, long-temps éteinte par de l'eau très-pure, avant qu'on en fît usage; mais aussi un tel ciment ne convient pas tant pour les édifices que l'on construit dans l'eau: il y a même des cas où il ne faut éteindre la chaux qu'à l'instant où l'on doit l'employer. Il seroit cependant à désirer que quelqu'un fît le commerce de chaux éteinte depuis trois années au moins. Dans plusieurs contrées des Indes, on fait de la chaux avec des *coquilles* ou des *madrépores*. L'on en fait de même dans tous les autres endroits où l'on est à portée d'en faire de grands amas, comme dans le ressort de l'Amirauté de Brest. Pendant le temps des chaleurs, lorsque la pêche des huîtres cesse par-tout ailleurs, on ne laisse pas de la continuer dans ce Canton, non pour l'animal qui ne vaut plus rien, mais pour les écailles dont on fait une chaux, qu'on emploie à blanchir le fil & les toiles qui s'embarquent à Landernau pour le commerce d'Espagne. Cette chaux peut être très-bonne à cet usage; on peut aussi l'employer aux gros ouvrages de maçonnerie : mais il est d'expérience qu'elle ne vaut rien à blanchir la surface des murs, & qu'elle s'écaille.

Les autres pierres calcaires sont, le *marbre*, le *spath calcaire*, les *stalactites* & l'*albâtre calcaire*. Voyez chacun de ces mots. La plupart des pierres calcaires spathiques de Suede sont très-variées pour le tissu & la couleur, mais elles sont souvent mêlées de quartz, de pyrites, &c.

A l'égard de la chaux naturelle, que quelques Auteurs disent se trouver dans les eaux de Bath en Angleterre, assurant de plus qu'elle a la propriété de produire une ébullition très-considérable avec l'eau froide, & de l'échauffer au point qu'on pourroit y faire cuire des œufs; nous croyons pouvoir dire ici, qu'ayant répété l'expérience avec le thermometre, s'il s'en est trouvé qui eût cette propriété, on devoit l'attribuer à des feux souterrains qui l'avoient calcinée. La pierre à chaux calcinée, fusée & étendue dans l'eau, donne à cette liqueur une propriété utile à un grand nombre de maladies chroniques & rebelles : on l'estime un puissant lithontriptique, sur-tout si on y joint le savon. Quant aux propriétés physiques de la chaux, lesquelles sont communes

munes aux alkalis fixes; *voyez le Diction. de Chymie*.

PIERRE DE CASTOR. *Voyez* PIERRE DES AMPHIBIES.

PIERRE DE CAYENNE. On a vu à la ménagerie du Roi, sous ce nom un oiseau, connu au Mexique sous le nom de *pauxi*, & dans quelques Auteurs sous les noms de *cuxo* ou *cushew*, ou de *poule de Numidie* : Cet oiseau a beaucoup de rapport avec le hocco, mais il en diffère par plusieurs caractères, sa taille est plus petite, son bec est plus fort, plus courbe, & presque autant que celui d'un perroquet; son plumage d'un beau noir fait voir des reflets bleus & couleur de pourpre; sur son bec est un tubercule bleu, en forme de poire. Suivant *Aldrovande*, la femelle a le bec moins crochu, elle n'a point de queue, ce qui seroit, dit M. *de Buffon*, un trait de conformité avec le hocco des Amazones de *Barrere*, dont la femelle a la queue beaucoup moins longue que le mâle ; ce ne sont point les seuls oiseaux d'Amérique qui n'aient point de queue, il y a même tel canton de ce Continent où les poules transportées d'Europe ne peuvent vivre long-temps sans perdre leur queue, & même leur croupion. L'oiseau *pierre de Cayenne* se perche sur les arbres, sa femelle pond à terre comme les faisans, mene ses petits & les rappelle de même ; les petits vivent d'abord d'insectes, & ensuite quand ils sont grands, de fruits, de grains & de tout ce qui convient à la volaille : il est si stupide qu'il se laisse tirer jusqu'à cinq ou six coups de fusil sans se sauver; cependant il ne se laisse ni prendre ni toucher : on ne le trouve que dans les lieux inhabités, ce qui fait que l'on a assez rarement cet oiseau en Europe.

PIERRE DES CENDRES. *Voyez* TOURMALINE.

PIERRE A CHAMPIGNON. *Voyez à la suite de l'article* CHAMPIGNON.

PIERRE CHATOYANTE. *Voyez d'abord le mot* CHATOYANTE *& ensuite l'article* ŒIL DU MONDE.

PIERRE DE CHAUDRON. *Voyez au mot* STALACTITES.

Tome VI.

PIERRE ou PAVÉ DE LA CHAUSSÉE DES GÉANTS. C'est une pierre ignescente & configurée, qui est au rang des merveilleuses productions naturelles de l'Irlande, dont le Docteur *Pocock* & le Naturaliste *d'Acosta*, nous ont donné une description très-détaillée. *Voyez le mot* BASALTES.

PIERRE A CHAUX ou A CIMENT. *Voy.* PIERRE CALCAIRE.

PIERRE DE CHELIDOINE. C'est la *pierre d'hirondelle*. Voyez ce mot.

PIERRE DE CHEVAL, *hippolitus*. C'est une espece de *bézoard*. Voyez ce mot.

On trouve des pierres dans l'estomac, dans la vésicule du fiel, dans la vessie & dans le canal salivaire des chevaux, dans la tête & dans la mâchoire des ânes sauvages, dans l'estomac & dans les intestins des mulets. Les pierres d'éléphans sont de vrais *bézoards*, ainsi que celles des singes.

PIERRE DE CIRCONCISION. On a donné ce nom aux *haches de pierres* dont nous avons parlé, parce qu'on croyoit que les Anciens s'en servoient pour l'opération dont elle porte le nom. La nature de cette pierre n'est pas toujours la même : il y en a de silicées, d'autres sont ou de pétrosilex, ou de basalte, ou de jade.

PIERRE DE CLOCHE, *chalcophonus*. Pierre dont il est mention dans *Boëce de Boot* : c'est une pierre couleur de marbre noir, qui rend le même son que l'airain quand on la frappe, & qui se trouve au Mexique, dans le lit d'une riviere qui ne coule pas toujours & qui traverse la ville de Cuantala. Cette pierre est ornée d'une tache, ou plutôt d'une incrustation très-adhérente & de matiere différente. M. Anderson (*Histoire Naturelle du Groënland*) parle aussi d'une semblable pierre d'un vert bleu, & qui a le son d'une cloche : on prétend que la *pierre de cloche* se trouve en Canada. Cette pierre ne seroit-elle pas plutôt du cuivre fondu par quelque feu souterrain ?

PIERRE CLOISONNÉE. Pierre figurée à cloisons.

Quelques uns rangent cette pierre au nombre des jeux de la nature. *Voyez* LUDUS HELMONTII.

PIERRE DE COBRA ou DE SERPENT DU CAP DE BONNE-ESPÉRANCE. *V. au mot* PIERRE DE SERPENT.

PIERRE DE COCHON. C'est une espece de *bézoard*.

PIERRE COLUBRINE, *lapis colubrinus*. C'est une espece de *pierre ollaire solide*, un peu grasse au toucher : elle est composée de particules très-fines, susceptible d'être travaillée sur le tour avec des outils de fer; mais elle ne peut recevoir aucun poli : il y en a de dure, sa couleur est d'un gris de fer; une autre qui est feuilletée, & enfin une troisieme variété qui est tendre : on s'en sert quelquefois pour tracer & former des dessins sur des murailles. On trouve la pierre colubrine à Sahlberg & à Carpenberg.

PIERRE DE CÔME ou COLOMINE, *lapis comensis*. C'est une espece de *pierre ollaire*, peu dure & facile à travailler sur le tour, opaque, grise, de diverses couleurs, comme marbrée, & remplie de particules talqueuses ou micacées qui y forment des manieres d'ondes. Si on lui fait subir l'action du feu, elle se durcit & y acquiert un éclat argentin : on trouve cette pierre dans le Jemteland, & particuliérement chez les Grisons, près de Pleurs, *Plurium*, ville ou bourg considérable, situé autrefois près du lac de Côme. Cette ville fut ensevelie en 1618 sous les débris d'une montagne voisine, d'où l'on tiroit la pierre dont il s'agit, & qu'on avoit creusée trop inconsidérément : son emplacement est aujourd'hui un lac. On fait encore de cette pierre des vases ou poteries qui résistent au feu, & qu'on porte ensuite à Côme, d'où lui est venu le nom de *pierre de Côme*. Il y a plusieurs autres mines de pierre ollaire chez les Grisons, 1°. auprès de Chiavene ; 2°. dans la Valteline, chez les Grisons mêmes, appelés *Lavezzi*, où la pierre ollaire étoit autrefois appelée *laveze*. Les habitans de la montagne de Galand l'appellent *craie verte savonneuse*.

PIERRE COMPOSÉE, *voyez à l'ar.* ROCHE.

PIERRE DE COQ. *Voyez* PIERRE ALECTORIENNE.

PIERRE DE COQUILLES: *voyez l'article* PERLES *au mot* NACRE DE PERLES.

PIERRE DE CORNE, *lapis corneus.* Les Naturalistes Allemands & les Ouvriers des mines de ce pays donnent le nom de *pierre de corne* (hornstein) à plusieurs especes de pierres de nature différente. Henckel dit qu'on désigne par-là une pierre feuilletée, & qui est un vrai jaspe: elle ressemble parfaitement au caillou & au quartz qui seroient colorés en brun, en jaune, en rouge, en gris & en noir. Le même Auteur dit qu'il se trouve de la pierre de corne en Saxe dans le voisinage de Freyberg, & qu'elle est composée d'un assemblage de petites couches de spath pesant, d'améthyste, de quartz, de jaspe, de cristal, qui sont entremêlées les unes sur les autres.

D'autres donnent le nom de *pierre de corne* à cette espece de *silex* ou *pierre à fusil jaunâtre* qu'on trouve souvent dans des sablonnieres, ou par morceaux répandus dans la campagne, & dont la couleur ressemble à celle de la corne des animaux. Consultez notre *Minéralogie, seconde édition, vol. I.* & l'article ROCHE DE CORNE dans ce Dictionnaire.

PIERRE DE CRABE. *Voyez* QUEUE DE CRABE.

PIERRE DE CRAPAUD. *Voyez* CRAPAUDINE.

PIERRE DE CROIX, *lapis crucifer.* Cette pierre qui est en partie d'une nature de marne & en partie silicée, a une couleur de corne grise, & porte exactement dans son intérieur la figure d'une croix noirâtre, tout à fait différente des *mâcles* que l'on appelle quelquefois aussi *pierre de croix.* Voyez MACLE.

La pierre de croix ne semble être qu'un frondipore (espece de madrépore) fossile, dont deux lames de nature silicée se croisent de maniere qu'étant sciées horizontalement ou même verticalement, & ensuite polies, elles ne représentent pas mal une croix, dont l'intervalle des angles seroit rempli d'une matiere semblable à une pierre ollaire ou à de la marne très argileuse & très-durcie. On trouve beaucoup de ces pierres en basse Normandie, en Poitou ou en Saintonge, dans la Guienne, & principalement aux environs de Compostelle en Espagne, à vingt milles de l'Eglise de S. Jacques. Des Joailliers d'Espagne les taillent en amulettes, & les enchâssent dans de l'or ou de l'argent pour satisfaire à la crédulité des gens du pays, qui prétendent qu'on trouve ainsi ces pierres toutes polies, & pour des causes dont ils ont seuls la révélation; on en fait aussi des chapelets, des rosaires, &c.

PIERRE A DÉTACHER. On sait que la glaise pure, lorsqu'elle est seche, a une grande disposition à imbiber les matieres huileuses & grasses; cette propriété fait qu'on s'en sert pour faire les pierres à enlever les taches des habits, & qu'on les nomme *pierres à détacher*. M. *Bourgeois* prétend que la bonne marne pure est la meilleure de toutes les pierres à détacher; elle est, dit-il, préférable à toutes les especes de glaise, parce qu'outre la glaise qui en fait la base, elle contient une terre absorbante qui se charge encore mieux que la glaise, des huiles qui tachent les étoffes.

PIERRE DIVINE. *Voyez* JADE.

PIERRE DE DOMINÉ. Nom donné à une espece de marne qui se pétrifie, & qui, au rapport des voyageurs Hollandois, se trouve dans une riviere qui passe près de la Forteresse de Victoria dans l'île d'Amboine. Cette pierre est mouchetée comme du marbre serpentin, & de la grosseur d'un œuf d'oie, chargée de mamelons, cependant lisse, assez tendre & facile à polir. On prétend que c'est un Curé Protestant (que les Hollandois nomment *Dominés*) qui le premier l'a découverte & fait connoître: on assure même qu'il en faisoit mâcher à ses malades. *Dictionaire universel de Hubner*.

PIERRES DE DRAGÉES, *confetti*. Nom donné à des congélations lapidifiques qui imitent des dragées. Le château d'Arbent en Bugey en est presque entiérement bâti. *Voyez* DRAGÉES DE TIVOLI.

PIERRE DE DRAGON, *draconites*. Pierre demi-transparente que quelques anciens Naturalistes ont prétendu se trouver dans la tête du dragon, & sur laquelle on a débité beaucoup de rêveries. *Consultez* Boëce de Boot, *de lapid. & gem. p. 441, edit. de 1644.* M. Stobæus (*Stobai Opuscula, pag. 130, &c.*) croit que la draconite n'est autre chose que l'astroïte. Il prétend que les Charlatans pour en relever le prix, se sont imaginé de dire qu'elle venoit des Indes, & qu'elle avoit été tirée de la tête d'un serpent endormi, avant que de lui couper la tête. La forme d'une étoile qu'on remarque dans cette pierre suffiroit d'ailleurs pour la rendre merveilleuse aux yeux du peuple qui ne pouvoit manquer d'y appercevoir des marques d'une influence céleste. Une autre circonstance qui devoit encore frapper des gens peu instruits, c'est qu'en mettant du vinaigre sur cette pierre, on y apperçut du mouvement ; effet assez naturel lorsque la pierre est poreuse & du genre des calcaires qui ont la propriété de se dissoudre dans les acides, & d'y faire effervescence : c'est un phénomene semblable qui a fait donner à la *pierre lenticulaire* le nom de *pierre sorciere* : voyez ce mot. La *pierre de dragon* est une astroïte convertie en spath : *voyez* Astroïte & Spath.

PIERRE A ÉCORCE. *Voyez* Roche de corne.

PIERRE D'ÉCREVISSES. *Voyez à la suite de l'art.* Ecrevisse.

PIERRE D'ÉMERIL. *Voy.* ÉMERIL *à l'art.* Fer.

PIERRE ECUMANTE. Cette substance minérale que les Suédois appellent *gasten*, bouillonne dans le feu, forme de l'écume & a beaucoup de propriétés analogues à celles de la *gelée minérale*, & sur-tout avec la *zéolite* : voyez ces mots.

PIERRE ÉLEMENTAIRE. Les Lithologistes donnent ce nom ou à une *agate de quatre couleurs*, ou à une *opale* : voyez ces mots.

PIERRE EMPREINTE. *Voyez* Typolites & l'article Empreintes.

PIERRES D'ÉPONGE, *lapis spongia*. Ce sont de petits corps ou concrétions poreuses & pierreuses qui se trouvent dans les pores de l'*éponge* ou dans l'intérieur de la terre : alors ce sont des especes d'*ostéocolle*. Voyez ces mots.

PIERRE D'ÉTAIN. Les Mineurs donnent ce nom à l'étain minéralisé dans la pierre : ils le donnent aussi à la mine d'étain bocardée, lavée & prête à être purifiée par la fonte. *Voyez à l'article* ÉTAIN.

PIERRE D'ÉTHIOPIE. Il semble que c'est le basanite; mais le basanite est-il le vrai basalte, ou un marbre noir très-dur? On n'a encore rien éclairci à ce sujet.

PIERRE ÉTOILÉE ou ASTERIES. *Voyez au mot* PALMIER MARIN.

PIERRE A FARD. C'est une espece de *talc*. Voyez ce mot.

Le nom de *fard* se dit de toute composition soit de blanc, soit de rouge, dont les femmes & quelquefois les hommes mêmes se servent dans certains pays pour embellir leur teint, imiter les couleurs de la jeunesse, ou les réparer par artifice.

On lit dans l'Encyclopédie que l'amour de la beauté a fait imaginer de tems immémorial tous les moyens qu'on a cru propres à en augmenter l'éclat, à en perpétuer la durée ou à en rétablir les brêches, & que les femmes chez qui le goût & l'art de plaire sont très-étendus, ont cru trouver ces moyens dans les *fardemens*. (Consultez le Livre d'*Enoc*.) L'antimoine est le plus ancien fard dont il soit fait mention dans l'histoire, & en même temps celui qui a le plus de faveur. Comme dans l'Orient les yeux noirs, grands & fendus passoient, ainsi qu'en France aujourd'hui, pour les plus beaux, les femmes qui avoient envie de plaire, se frottoient le tour de l'œil avec une aiguille trempée dans du fard d'antimoine pour replier la paupiere, afin que l'œil en parût plus grand : on ne sauroit croire combien l'usage d'un tel fard s'étendit & se perpétua. Ce qu'il y a de singulier, c'est qu'aujourd'hui les femmes Syriennes, Babyloniennes & Arabes se noircissent du même fard le tour de l'œil, & que les hommes en font autant dans les déserts de l'Arabie pour se conserver, disent-ils, les yeux contre les ardeurs du soleil. Tous ces peuples tirent une ligne noire en dehors du coin de l'œil, pour le faire paroître plus fendu, & les femmes Barbaresques croiroient qu'il manqueroit quelque chose d'essentiel à leur parure si elles n'avoient pas teint le poil de leurs paupieres & leurs yeux avec de la poudre de *molybdene*. Voyez ce mot. Les femmes Grecques & Romaines emprunterent des Asiatiques la coutume de se peindre les yeux en noir; mais pour étendre encore plus loin l'empire de la beauté, & réparer les couleurs flétries, elles imaginerent deux nouveaux fards inconnus auparavant dans le monde, & qui ont passé jusqu'à nous, c'est-à-dire le *blanc* & le *rouge*.

La plupart des peuples de l'Asie & de l'Afrique sont encore dans l'usage de se colorier diverses parties du corps, de noir, de blanc, de rouge, de bleu, de jaune, de vert, en un mot de toutes sortes de couleurs, suivant les idées qu'ils se sont formées de la beauté.

Avant que les Moscovites eussent été policés par le Czar Pierre I, les femmes Russes savoient déjà se mettre du rouge, s'arracher les sourcils, se les peindre ou s'en former d'artificiels. Nous voyons aussi que les Groëndandoises se bariolent le visage de blanc & de jaune; & que les Zembliennes pour se donner des graces, se font des raies bleues au front & au menton: elles ont aussi la coutume de se percer le nez & les oreilles, & d'y attacher des pendans de pierres bleues. Les Mingréliennes, sur le retour, se peignent tout le visage, les sourcils, le front le nez & les joues. Les Japonnoises de Jédo se colorent de bleu les sourcils & les levres. Les Insulaires de Sombréo au nord de Nicobar, se plâtrent le visage de vert &'de jaune. Quelques femmes du royaume de Décan se font découper la peau en fleurs qu'elles teignent de diverses couleurs.

Les Arabes, outre ce que nous en avons dit ci-dessus, font dans l'usage de s'appliquer une couleur bleue aux bras, aux levres & aux parties les plus apparentes du corps; ils mettent, hommes & femmes, cette couleur par petits points, & la font pénétrer dans la chair avec une aiguile faite exprès: la marque en est inaltérable. Les Turquesses Africaines s'injectent de la tutie préparée dans les yeux pour les rendre plus noirs, & se teignent les cheveux, les mains & les pieds en couleur jaune & rouge Les Mauresses suivent la même mode, mais elles ne teignent que les paupieres & les sourcils avec la molybdene. Les filles qui habitent les frontieres de Tunis se barbouillent de couleur bleue le menton & les levres; quelques-unes impriment une petite fleur dans quelqu'autre partie du visage, avec de la fumée de noix de galle & du safran. Les femmes du royaume de Tripoli font consister les agrémens dans des piqûres sur la face, qu'elles pointillent de vermillon, elles teignent leurs cheveux de même: la plupart des filles Negres du Sénégal, avant de se marier, se font broder la peau de différentes figures d'animaux & de fleurs de toutes couleurs. Les Négresses de Serra-Liona se colorent les yeux de blanc, de jaune & de rouge. Les Créecks & les habitans du détroit de Davis en Amérique, dans la vue de s'embellir, se découpent la peau du visage, &c. en serpens, lézards, crapauds & fleurs, & remplissent ces coupures de couleur noire. Les Floridiennes septentrionales se peignent par piqûres le corps, le visage, les bras & les jambes de toutes sortes de couleurs ineffaçables. Enfin les Sauvagesses Caraïbes se barbouillent toute la face de roucou. Si nous revenons en Europe, nous trouverons que le blanc & le rouge (le talc & le carmin) ont fait fortune en France. Nous en avons obligation aux Italiens qui passerent à la Cour de Catherine de Médicis: mais ce n'est que sur la fin du siecle passé que l'usage du rouge, du crépon de Strasbourg & du nakarat de Portugal, est devenu général parmi les femmes de condition, &c. &c. on a même étendu l'usage du fard jusques sur les cheveux; on se sert aujourd'hui de poudre à poudrer blanche; il y a des personnes du sexe qui prétendant être guidées par le bon goût, adoptent l'usage de la poudre blonde; d'autres adoptent, pour relever l'éclat naturel de leur teint, une poudre d'une teinte plus foncée; enfin quelques autres, peut-être par fantaisie, peut-être par caprice, exigent une poudre entièrement rousse. Il est à désirer en faveur du beau sexe, que les parfumeurs, pour se conformer à la variété des demandes, ne débitent que de la poudre d'amidon brûlé, ensuite broyé & tamisé : suivant la calcination de l'amidon, il est réduit en une espece de charbon d'une couleur plus ou moins foncée; mais nous l'avons dit, ces nuances obscures ne satisfaisant pas toujours quelques personnes, il a fallu, dit M. *de la Follie*, remonter la couleur avec du *roucou*, du *colcothar* & autres drogues semblables, qui mêlées avec de la poudre déjà échauffée & desséchée au point d'avoir perdu un tiers de son poids sur le feu, forme un composé mal-sain sur la peau, nuisible à la conservation des cheveux, & d'une odeur dont le retour ne flatte pas toujours l'odorat. Puisqu'il est du bel air de faire usage des poudres de différentes nuances, M. *de la Follie* propose aux Dames le moyen d'en faire qui ne soient aucunement dangereuses & plus agréables que toutes celles qui sont usitées. Il faut colorer la poudre d'amidon avec une décoction de six onces de bois de Brésil, faite dans quatre livres d'eau bouillante & reposée, en former une pâte qui ne soit pas trop liquide : on divise cette pâte en petites portions pour la faire sécher, ensuite on l'écrase & on l'a fait passer au tamis : cette poudre est d'un beau jaune chamois. On met dans le reste de la décoction de bois de Brésil un demi-gros d'alun qu'on fait dissoudre sur le feu ; on laisse refroidir & reposer ce bain aluné ; on en verse sur une autre livre de poudre de la même maniere que ci-dessus, & on en obtient une poudre qui conserve au sec une belle couleur rose. Le bois d'Inde & l'alun de Rome produiroient par le même procédé une poudre d'un gris rose très-agréable. Le vitriol de Chypre en place d'alun produiroit une poudre d'une belle couleur lilas: la surface de cette poudre exposée à l'air devient entiérement bleue; mais si on remue cette poudre, elle redevient de couleur lilas, & ces changemens de couleur s'operent autant de fois qu'on renouvelle les surfaces. Ce phénomene digne de l'attention du physicien peut amuser une Dame à sa toilette. Des poudres colorées avec le bleu de Prusse & mêlées avec les poudres roses produisent de belles couleurs violettes & lilas, & les surfaces n'éprouvent point à l'air les changemens singuliers de la poudre précédente. Si au lieu d'alun & de vitriol de Chypre on met dans la décoction de bois d'Inde de la couperose verte, on aura une poudre d'un bleu ardoisé uniforme.

Le fard ne peut réparer les injures du temps, ni rétablir sur les rides du visage la beauté qui s'est évanouie; & loin que les fards produisent cet effet, presque tous gâtent la peau, la rident, l'alterent & ruinent la couleur naturelle: heureusement que les Dames qui entendent leurs intérêts, ne se laissent guere abuser ni sur la qualité du *rouge*, ni sur celle du *blanc*, &c. autrement leur peau perdroit tous ses agrémens. *Voyez les articles* TALC, BISMUTH, COCHENILLE & HOMME, où l'on trouvera plusieurs autres sortes de détails sur la beauté & l'art cosmétique de différens peuples.

PIERRE A FAUX. *Voyez* GRÈS DE TURQUIE.

PIERRE A FEU MÉTALLIQUE. *V. l'ar.* PYRITES.

PIERRE DE FIEL. Concrétion pierreuse qui se trouve dans l'amer ou vésicule du fiel de plusieurs animaux: elle est formée par l'épaississement & le desséchement de la bile, dont elle conserve la couleur & l'amertume. Elle est plus ou moins grosse & arrondie; celle du bœuf étant broyée sur le porphyre, fait un jaune doré très-beau: elle peut s'employer à l'huile, quoique rarement, son plus grand usage étant pour la miniature ou détrempe.

PIERRES FIGURÉES, *figurata*. On donne ce nom à toute espece de pierre qui porte naturellement en sa superficie ou dans son total, une figure extraordinaire, & tout à fait étrangere au regne minéral : *voyez l'article* JEUX DE LA NATURE. Il y a aussi des pierres figurées artificielles, que l'on rencontre quelquefois dans la terre à différentes profondeurs, communément dans des buttes & dans des tombeaux ; telles sont 1°. les prétendues *pierres de tonnere* ou *de foudre*, faites en forme de croix, ou pyramidales par les deux extrémités, renflées dans le milieu, & percées d'un trou ; 2°. les *haches de pierre* ; 3°. les *marteaux de pierre* ; 4°. les *coûteaux de pierre* ; 5°. les *fleches de pierre*. Il paroît que ces pierres sont des armes, des instrumens & ustensiles dont anciennement les hommes & sur-tout les Sauvages se servoient soit à la guerre, soit pour d'autres usages, avant que de savoir traiter le fer. On peut ajouter à ces sortes de pierres taillées ou figurées, 6°. les *langues de pierre* ; 7°. les *urnes sépulcrales* ; 8°. les *dez de Bade*, &c.

PIERRE A FILTRER. *Voyez à l'article* GRÈS.

PIERRE DE FLORENCE. Espece de marbre opaque, grisâtre & orné de figures jaunâtres qui ressemblent assez à des ruines, ce qui lui a fait donner le nom de *lapis ruderum*. On en fait des tableaux en pieces de rapport qui sont entre les mains de tout le monde. *Voy. à l'art.* MARBRE.

PIERRE DE FOUDRE ou DE TONNERRE. Pierre dont le vulgaire pense que la chûte ou même la formation du tonnerre est toujours accompagnée. Son existence est fort douteuse. Ce qu'on a pris pour une pierre de foudre ou de tonnerre est une matiere minérale fondue par l'action du feu du ciel, ou peut-être même quelque substance, telle que la terre en renferme beaucoup dans les endroits où elle a été fouillée par des volcans qui se sont éteints. Le tonnerre étant venu à tomber dans ces endroits, & le peuple y ayant ensuite rencontré ces substances qui portent extérieurement des preuves certaines de l'action du feu, il les aura prises pour ce qu'il a appelé des *pierres de foudre.* Voyez CERAUNIAS & BELEMNITES.

PIERRE FROMENTAIRE ou FRUMENTACÉE, *lapis frumentarius.* Ce sont des corps fossiles qui étant grouppés & cassés latéralement, ressemblent alors à des grains de froment, suivant les différens aspects que présente cette pierre : on lui donne aussi d'autres noms. *Voy.* PIERRE LENTICULAIRE & PIERRE NUMISMALE.

PIERRE A FUSIL ou SILEX. *Voyez aux mots* CAILLOU & SILEX.

PIERRE DE GALLINACE. Espece de verre noirâtre, très-dur, opaque ou obscur, fort pesant, susceptible du poli, & dont les Péruviens se servoient en guise de glaces pour faire leurs miroirs. Les Indiens l'appellent aussi *guanucuna culqui* (argent des morts), parce qu'ils avoient coutume d'en enterrer divers morceaux avec leurs morts. On en trouve en effet dans leurs anciens tombeaux des morceaux taillés. On en voit un très beau dans le Cabinet d'Histoire Naturelle du Roi ; il fut tiré d'un tombeau fort écarté dans les montagnes de Pichencha près Quito. Il a neuf pouces de diametre, & dix lignes & demie d'épaisseur ; il est de figure convexe des deux côtés, mais de convexités inégales, & on y remarque une face plus polie que l'autre. M. *Godin* dit avec raison qu'il y a une mine de *pierres de gallinace* à plusieurs journées de Quito ; elle n'en est même éloignée que de neuf lieues dans la partie de l'Est, dans les montagnes de la grande Cordilliere, Paroisse de Quinche ; là il se trouve un rocher entierement composé de cette substance, dans lequel est une grotte que les Indiens nomment *quisica-machai,* & les Espagnols *machay-cueva*, & d'où l'on peut tirer des pieces de gallinace de plus de cinq pieds de largeur. On ne peut travailler cette pierre qu'en l'usant. Il paroît que la *gallinace* est un verre ou un laitier des volcans du Pérou. *Voyez* PIERRE OBSIDIENNE.

PIERRE DE GOA. Espece de *bézoard factice.* Voyez au mot BÉZOARD.

PIERRE GYPSEUSE. *Voyez* GYPSI.

PIERRE HÉMATITE. *Voyez à l'article* FER.

PIERRE HÉLIOTROPE. *Voyez au mot* JASPE.

PIERRE HÉPATITE. Quelques-uns ont donné ce nom à la pierre appelée *lawezze*. La pierre hépatite ou hépatique est le produit d'une combinaison de l'acide vitriolique, du phlogistique & d'une terre calcaire : en la frottant, elle exhale une odeur de foie de soufre; elle ne fait pas effervescence avec les acides : elle tient le milieu entre la pierre-porc & le gypse.

PIERRE HERCULIENNE, est l'*aimant*. Voyez ce mot.

PIERRE HERBORISÉE. *Voyez à l'article* AGATE & DENDRITE.

PIERRE D'HIRONDELLE. Nom donné à de petites pierres que l'on prétend se trouver dans l'estomac de l'oiseau qui porte ce nom, & qu'il avoit avalées pour faciliter sa digestion. Ce sont de petits grains d'agate, ou de pierre à fusil, ou de quartz plus grands qu'une semence de lin. Il y en a de blanches, de grises, de bleuâtres, jaunâtres, grisâtres, plus ou moins unies & luisantes. Ces pierres ont une réputation très-ancienne parmi le peuple, & même parmi les Naturalistes qui les ont estimées ophtalmiques. Les Cabinets les plus distingués offrent de ces petits cailloux ou sables peu intéressans par eux-mêmes : on a prétendu que ces sortes de pierres sableuses ne se trouvoient que dans les cuves & les grottes de la montagne de Sassenage, près de Grenoble en Dauphiné; l'on y en rencontre quelquefois; mais c'est en petite quantité & en certains temps; le véritable endroit où elles abondent aujourd'hui, & où on les ramasse en tout temps, est au-dessus des grottes, dans une partie de la même montagne, où l'on ne peut parvenir qu'en faisant un circuit d'environ trois heures de chemin : on y va de là par une montée très-rapide au bord d'un ruisseau appelé *Germe* qui sort avec impétuosité d'un autre creusé par la nature dans le rocher, & va se joindre ensuite non loin de là, à un autre ruisseau nommé *Feron*, où il perd son nom. Voilà l'endroit où les pierres dont il est mention se trouvent en abondance dans un sable mélangé avec de petits fragmens d'une pierre blanche, tendre ou spatheuse, ou marneuse. Il se trouve des pierres d'hirondelle ou de Sassenage, d'un très-beau poli : elles n'affectent point de figure déterminée, il y en a d'orbiculaires ou rondes, de triangulaires, d'aiguës, d'irrégulieres. Ces pierres, d'un grain plus ou moins fin, se trouvent aussi dans un ruisseau du Bailliage d'Aigle, au Canton de Berne ; quand elles sont pures & sans être mélangées, elles ne font aucune effervescence avec les acides.

On voit encore bien des personnes avoir confiance en cette pierre, étant introduite dans le coin de l'œil, pour en extraire les corps étrangers qui le fatiguent. Cette propriété que le jade & le cristal de roche auroient de même, n'est due qu'à son poli qui fait qu'elle peut aller & venir impunément sur la surface de l'œil sans le blesser, & détacher quelquefois les atomes d'ordures qu'elle rencontre sur sa route.

PIERRE A L'HUILE ou D'ORIENT. *Voy.* PIERRE A RASOIR.

PIERRE DES HUMAINS. *Voyez au mot* CALCUL ET PIERRE DES ANIMAUX.

PIERRE HISTÉRIQUE. *Voyez* HISTÉROLITHE.

PIERRE DES INCAS, *piedra de los Ingas*, est une espece de pyrite arsénicale, luisante comme de l'étain ou du fer recuit : elle ne se ternit que peu ou point à l'air ; sa figure est indéterminée. Les Incas, Rois du Pérou, l'ont mise en honneur ; ils attribuoient de grandes vertus à cette pierre, qui est une véritable marcassite arsénicale, ils l'estimoient propre à guérir la paralysie ; ils en portoient des bagues montées à jour, des amulettes ; ils les faisoient tailler à facettes, & l'on en mettoit dans leurs tombeaux. On en a fait aussi des miroirs très-unis & des colonnes. On prétend que l'on a retiré quelques-unes de ces pierres de certains tombeaux des Incas, qui avoient près de quatre cents ans d'antiquité, sans qu'elles paruffent altérées en rien. Ces marcaffites sont d'autant plus rares aujourd'hui qu'on ne les rencontre guere que dans ces tombeaux. Suivant la coutume de ces peuples on enterroit avec le défunt ses bijoux les plus précieux.

PIERRE INFERNALE. *Voyez l'art.* ARGENT.

PIERRE D'IRIS. Les Anciens ont donné ce nom à une pierre précieuse, transparente, dans laquelle on remarque les différentes couleurs de l'arc-en-ciel. Quand un cristal de roche est équilatéral, & qu'on regarde le soleil ou le jour au travers, on y reconnoît le même phénomene : souvent un cristal, étonné par le contre-coup d'un marteau, soit dans l'eau chaude, soit à l'air libre, est susceptible de réfléchir des iris.

PIERRE JUDAÏQUE, ou DE SYRIE, ou DE PHÉNICIE, *lapis Judaïcus*. On présume & même il paroît démontré, que c'est la pointe d'une espece particuliere d'oursin, devenue fossile, & même convertie en spath, elle est oblongue, obtuse, renflée dans son milieu, tantôt unie & tantôt chagrinée, ou ornée de lignes perlées, d'une couleur grisâtre. Ces sortes de pierres ont un pédicule, au bout duquel est une cavité cotyloide, peu profonde, qui sert d'emboîture : elles se cassent toujours obliquement. On les trouve communément en Syrie, & dans plusieurs autres endroits de la Judée. Il y en a aussi en forme de gland. Consultez le *tome IV des Mémoires des Savans étrangers.*

PIERRE DE LAIT. C'est le *morochtus* ou le *morochite* des Auteurs. On donne aussi ce nom *au lait de lune fossile* à demi-solide ; *voyez ce mot.* Cependant le vrai *morochite* est une substance argileuse, verdâtre ou jaunâtre ; de la nature de la *craie de Briançon* : c'est le *milch-stein* des Allemands, qui attribuent beaucoup de propriétés imaginaires à cette substance : on s'en sert quelquefois pour dégraisser & pour tracer des lignes. *Voyez aussi* GALACTITE & GALAXIE.

PIERRE DE LA LANGUE. *Voy. à l'art.* CALCUL.

PIERRE

PIERRE DE LARD ou DE LARRE, *lardites.* C'est une pierre ollaire qui nous vient de la Chine, où on lui donne toutes sortes de figures de magots, d'animaux, &c. & d'où elle nous est envoyée toute façonnée; elle est douce, savonneuse au toucher, d'une transparence de cire ou de suif, assez dure, de différentes couleurs, tantôt blanche & tantôt marbrée; c'est la *stéatite* des Anciens, le *gemma huya* du Dictionnaire de Trévoux, le *speckstein* & le *smectite* des Modernes.

PIERRE LENTICULAIRE ou PIERRE NOMMULAIRE, *lapis lenticularis aut lens lapideus, seu nummus diabolicus.* Parmi les corps les plus inconnus de la Lithologie, les Naturalistes regardent comme un des plus singuliers la *pierre lenticulaire*, ainsi nommée de sa parfaite ressemblance extérieure avec des lentilles, ou avec certaines monnoies. On soupçonne cependant que ces corps organisés sont des testacites, c'est-à-dire, qu'ils ont été dans leur origine des coquillages marins: peut-être sont-ce des especes singulieres de petits nautiles fossiles. Les pierres lenticulaires sont des corps ronds ou orbiculaires, aplatis, plus ou moins épais en leur milieu, lisses, quelquefois radiés en dessus, très-durs, d'une superficie plus ou moins considérable; les petites ont trois à quatre lignes de largeur, il y en a même d'une petitesse imperceptible, les moyennes en ont six à huit, mais on en trouve de quinze lignes & plus: ces fossiles sont composés de plusieurs couches faciles à distinguer lorsqu'on vient à les user jusqu'à la moitié de leur épaisseur, car on voit alors six à sept traces concamérées en volute, dont l'œil est au centre de cette coupe; les premieres révolutions sont grenelées: si on coupe ces pierres dans le juste milieu ou leur grand diametre, on voit des traces ovales & concentriques, quelquefois distinguées les unes des autres par une matiere plus ou moins dure: *voyez* PIERRE NUMISMALES. Il y a des pierres lenticulaires par masses & par bancs, les unes sont calcaires, d'autres silicées; il y en a de

Tome VI. V u

blanchâtres, de jaunâtres & de noirâtres : on en trouve beaucoup sur le mont Randen & aux environs de Soissons, & on leur donne le nom de *pierre fromentacée*, quand elles ont été usées, arrondies par des frottemens naturels & suivant leur grand axe ou diametre.

PIERRE DE LIMACE : *voyez à l'article* LIMACE.

PIERRE DE LINX, *lapis lyncis* : *voy.* BELEMNITE.

PIERRE DE LIS ou ENCRINUS : *voyez* LILIUM LAPIDÉUM, & l'article PALMIER MARIN.

PIERRE LUMACHELLE ou DE LIMAÇON. Cette pierre que les Italiens nomment ainsi est le *marbre conchyte* de la plupart des Naturalistes. On n'a jusqu'ici que des idées très-incertaines de cette production de la Nature, & de tous les corps organisés qui s'y rencontrent, mais rarement entiers ; on y distingue quelques limaçons à coquille, quelquefois des écailles de poissons de mer, des especes de cornes d'Ammon, des bélemnites, &c. La *pierre lumachelle* est susceptible de poli, & se trouve dans des collines composées de couches horizontales de sable & de craie. En 1758 Madame Poncher découvrit dans sa terre de Chacenay en Champagne, près de Bar-sur-Seine, une carriere de ce marbre, dont elle fit conduire quelques blocs à Paris ; le sieur Adam, Marbrier du Roi, les a travaillés & en a fait de très-beaux ouvrages. Par l'échantillon qui nous en a été présenté, nous y avons reconnu des gryphites, des cochlites, la plupart converties en spath ; le gluten ou la pâte de ce marbre est d'un grain fin, dur, sans fils, & susceptible d'un beau poli. Les blocs qu'on tire de la carriere ont ordinairement six à sept pouces d'épaisseur, cinq à six pieds de longueur, & trois à quatre pieds de largeur : on pourroit en tirer de plus considérables. Ce *marbre conchyte* nous a paru pour le moins aussi beau que le *lumachella* si estimé en Italie.

PIERRE LUMINEUSE : *voyez au mot* PHOSPHORE.

PIERRE DE LUNE. Espece d'agate nébuleuse ou

d'opale foible, qui réfléchit la lumiere comme la lune.

PIERRE DE LYDIE, est l'espece de pierre argileuse qui sert de *pierre de touche* : voyez ce mot.

PIERRE DE MALAC, est le *bézoard du porc-épic*: voyez ce mot.

PIERRE DE MALLACA. Espece de bézoard factice : *voyez au mot* Bézoard.

PIERRE DE LA MATRICE ou DE VÉNUS : *voyez au mot* Hysterolithe.

PIERRE DE MANSFELD, est une espece de schiste noirâtre qui se trouve près d'Eisleben en Allemagne ; on y voit distinctement des empreintes de divers poissons sous un état pyriteux. Cette pierre est une vraie mine de cuivre, dont on tire ce métal avec succès dans les fonderies du voisinage.

PIERRE DE MEMPHIS, est une *onyx* : voyez ce mot. Les Anciens appeloient aussi *memphite* une pierre qui, mise en macération dans du vinaigre, engourdissoit les membres au point de les rendre insensibles à la douleur & même à celle de l'amputation. Le *memphite* de *Pline* est l'ophite noir : voyez Ophite.

PIERRE MEULIERE, *lapis molitoris*. Cette pierre est une de celles auxquelles un usage journalier & intéressant donne une certaine célébrité. On doit la considérer comme une espece de quartz carié, sur-tout celle de France, car elle varie de nature suivant les différens pays d'où on la tire, comme de l'Allemagne, du Nord, &c. Il y en a qui ressemblent à un amas de cailloux de différentes especes, d'autres paroissent composées de grains de sable quartzeux ou de matieres graniteuses, comme celles de Malung en Dalécarlie. Au reste la surface de ces sortes de pierres est assez inégale, comme trouée, & assez dure pour pouvoir moudre le grain, & même pour faire feu lorsqu'elle éprouve des frottemens rapides. La porosité de ces mêmes pierres fait qu'on les emploie communément en maçonnerie : le ciment en entrant dans ses cavités, les unit beaucoup mieux que toutes autres pierres pleines. Voyez ce que nous avons dit de la *pierre meuliere* au mot GRAIS & à celui de QUARTZ CARIÉ.

PIERRE DE MOKA, est la belle agate herborisée, dont on trouve des quantités près de Moka en Arabie. *Voyez* DENDRITE & AGATE.

PIERRE DE MORAVIE : *voyez* PIERRE RAYÉE DE NANIEST.

PIERRE NAXIENNE ou QUEUX : *voyez* PIERRE A RASOIR. La vraie pierre naxienne sert à aiguiser les faux.

PIERRE NÉPHRÉTIQUE : *voyez* JADE.

PIERRE NOIRE : *voyez* CRAYON NOIR.

PIERRE NOMMULAIRE, *nummus diabolicus* : voyez PIERRE LENTICULAIRE & ÉCU DE BRATTENSBOURG.

PIERRE NUMISMALE, *lapis numismalis*. On en distingue de plusieurs sortes, savoir, la *pierre lenticulaire* ou *nommulaire* & la *pierre fromentaire*. Quand on veut voir l'intérieur de ces corps organisés, & qu'ils font effervescence avec les acides, il suffit de les chauffer sur un charbon, & de les jeter toutes chaudes dans de l'eau froide; aussi-tôt elles s'élevent par couches minces, ou se séparent suivant leur largeur en deux parties égales, hémisphériques; on remarque une spirale sur leur surface intérieure, ou une ligne qui va en s'élargissant vers la circonférence : le long de cette spirale est distingué par de petites stries qui forment des especes de petites cloisons ou de chambres. *Voyez* PIERRE LENTICULAIRE. Quelques-uns regardent ces pierres comme l'opercule d'une coquille; mais nous présumons que c'est un coquillage particulier & chambré, au reste, ceci n'est qu'une conjecture. On trouve près de Soissons une grande quantité de ces pierres jointes ensemble, ou liées par la matiere de la pierre qui les environne ou les enclave; on en trouve aussi qui sont détachées & répandues dans le sable ou dans la terre.

PIERRE OBSIDIENNE, *lapis obsidianus*. On

trouve dans *Pline* la description d'une pierre nommée *obsidienne* du nom d'*Obsidius*, qui l'apporta le premier de l'Ethiopie. On en faisoit les *vases myrrhins* : voyez *Myrrhina*, & ce qui est dit à la suite de l'article *Vases*. Feu M. le Comte *de Caylus*, si avantageusement connu des Savans, a étudié particulierement ce passage de *Pline* ; & ses observations lui ont donné matiere à un excellent Mémoire qu'il a lu à l'Académie des Inscriptions le 10 Juin 1760, auquel M. *Bernard de Jussieu* par ses profondes connoissances & ses grandes recherches, a fourni toutes les remarques qui sont du ressort du Naturaliste, & MM. *Majault* & *Roux* les expériences chimiques. Il résulte de ce Mémoire que l'Auteur voulut bien nous confier, en nous permettant d'en faire l'usage présent avant son impression ; il résulte, dis-je, que le *lapis obsidianus* n'est ni le *lapis obsidius* du Commentateur *Saumaise*, ni une espece de jayet, comme l'a cru *Agricola*, & après lui *Cæsius* & *Wallerius* ; ni un marbre noir comme le pensent *Aldrovande* & ses Sectateurs, mais une sorte de laitier fourni par des volcans, semblable en tout point à la *pierre de gallinace des Péruviens* : voyez ce mot.

PIERRE ODONTOÏDE : *voyez* GLOSSOPETRES.

PIERRES ODORANTES. On donne ce nom à différens corps fossiles, tels que la *pierre - porc* ou *puante*, la *pierre de violette de Ledelius*, les *petites cornes d'Ammon* du mont *Raudius*, &c. Voyez l'*Observation p. 296 du I. Volume de notre Minéralogie, II. Edit.* Voyez aussi PIERRE DE VIOLETTE.

PIERRE DES OISEAUX, *lapis avium*. Sous ce nom on comprend la *pierre alectorienne* qui est celle de *coq*, la *pierre d'hirondelle*, celle de *penguin*, & la *pierre de vautour*.

PIERRE D'OLIVE, *tecolithos*. C'est la *pierre judaïque* lisse & non rayée : *voyez ce mot*.

PIERRE OLLAIRE, *lapis ollaris*. Sous ce nom générique on comprend les *pierres smectites* ou *stéatites* ; c'est-à-dire, celles dont la surface est glissante, & comme savonneuse au toucher, qui sont médiocrement pesantes, tantôt plus, tantôt moins transparentes, de couleurs différentes ou mélangées, peu dures, propres à être sciées, tournées & travaillées avec des outils de fer, ou qui admettent le poli, qui ne se dissolvent point par les acides; en un mot, qui comme toutes les pierres argileuses, se durcissent dans le feu & y deviennent rarement friables. Telles sont la *pierre de lard*, la *pierre de corne molle*, la *pierre de come*, la *pierre colubrine*, la *serpentine*, la *pierre de touche argileuse*; & toutes les especes de *talcites*. Voyez ces mots.

Bien des personnes regardent le *crayon noir molybdene* & le *crayon rouge* ou *sanguine*, comme des especes d'*ollaires stéatites & métalliseres*: voyez ces mots.

M. *Guettard* fait mention dans les *Mém. de l'Acad. des Sciences*, ann. *1752*, de quatre sortes de pierres ollaires, lesquelles se levent par feuillets, comme les schistes. Il observe qu'elles ne sont presque qu'un amas confus de parties talqueuses, réunies par une matiere non calcinable, mais qui lui a paru être de la nature du schiste. La finesse du grain de cette pierre & le peu de dureté qu'elle a, dit-il, au sortir de la carriere, permettent d'en faire différens ouvrages & différens vases, marmites, chaudrons, &c. Ces vaisseaux se travaillent sur une espece de tour mû par un courant d'eau. On en fait un commerce assez considérable, puisque M. *Scheuchzer* assure qu'il va à plus de soixante mille couronnes d'or: c'est dans la Suisse que l'on trouve abondamment la pierre ollaire; on en a découvert aussi dans le Canada, qui, selon M. *Guettard*, ne sont pas si propres à être travaillées.

Les pierres ollaires varient pour la couleur & pour le tissu; il y en a de noires, qui peuvent servir de crayon & qui sont aussi onctueuses que les stéatites; d'autres sont grenelées & friables: *consultez notre Minéralogie*; enfin il y en a de jaunâtres, de grisâtres ou cendrées, & d'un tissu comme strié. Presque toutes ces sortes de pierres se divisent à l'aide du fer en morceaux de figure indéterminée: communément on met cuire au fourneau des potiers dans des boîtes ou gazettes de fer battu, ou de tôle enduites de glaise, les vases qui sont faits des pierres ollaires. Pour avoir une idée plus ample de cette espece de pierre, *voyez* PIERRE DE CÔME & *l'article* STÉATITE où se trouve celui de SMECTITE.

PIERRE OCULAIRE, *lapis ocularis*. Pierre tantôt transparente & tantôt opaque, dans laquelle on croit trouver la ressemblance d'un œil. *Voyez l'article* ŒIL DE CHAT.

PIERRES DES ORCADES, *orcadum lapilli*. Luidius donne ce nom à des pierres cylindriques ou entrochites, lisses, pleines de nœuds, d'une couleur blanchâtre, qui se trouvent en Angleterre dans le Flintshire. *Consultez Luid. Gazoph*. n°. 1154.

PIERRE OSSIFRAGE, ou PIERRE DES OS ROMPUS. *Voyez* OSTÉOCOLLE.

PIERRE OVAIRE, *lapis ovarius*. Suivant les différentes formes & grosseurs, on les appelle ou *pisolites*, ou *orobites*, ou *cenchrites*, ou *oolithes*, ou *meconites*, ou *hamnites*, &c. Voyez OOLITHE.

PIERRE D'OUTRE MER : *voyez l'article* LAPIS LAZULI.

PIERRE DE PANTHERE. Espece de jaspe tacheté de noir, de rouge, de jaune & de vert: *voyez au mot* JASPE.

PIERRE DE PAON ou DE PLUME: *voyez* PLUME DE PAON.

PIERRE DE PARANGON. Espece de pierre de touche qui, suivant *Imperatus*, a beaucoup de rapport avec le *basalte*.

PIERRES PEINTES NATURELLES. *Voyez* DENDRITES.

PIERRE DU PÉRIGORD. *Voyez son article à la suite du mot* FER.

PIERRE DE PHÉNICIE : *voyez à l'article* PIERRE JUDAÏQUE.

PIERRE PHRYGIENNE, est une espece de mine

d'alun pierreuse, dont les Teinturiers de Phrygie se servoient autrefois pour donner de l'intensité à leurs couleurs rouges.

PIERRE A PICOT, ou DE LA PETITE VÉROLE: *voyez* VARIOLITE.

PIERRE DES PIERRES: *voyez* ONICE.

PIERRE PLANTE. On donne ce nom aux *litophytes*; voyez ce mot.

PIERRE A PLÂTRE: *voyez* GYPSE.

PIERRE DE POISSONS, *calculus aut lapis piscium*. On donne ce nom à certains petits os particuliers, qui se trouvent dans la tête de quelques uns des animaux pisciformes. Le merlan, la tortue, l'écrevisse, la tanche, le muge, la perche, la dorade, le manati, la seche, &c. en fournissent des exemples. Voyez aussi le *Mémoire* publié par *Bromel* en 1725 dans les *Actes d'Upsal*, & l'*Hist. des poissons* de J. Théod. Klein.

PIERRE-PONCE, *pumex*, est une pierre blanchâtre ou grise, poreuse & légere, qui nage sur l'eau: elle est rude au toucher, d'un tissu fibreux & luisant intérieurement comme de l'asbeste, d'une figure irréguliere ou informe, ne faisant point d'effervescence avec les acides, ne donnant point d'étincelles avec le briquet, excepté celle qui est assez pesante & colorée; elle entre en fusion dans le feu. On trouve celle qui est blanche en morceaux de différentes grosseurs, flottant en pleine mer, & celle qui est grise, en pains quelquefois carrés, aplatis & durs, vers les rivages, où ils demeurent suspendus dans l'eau sans s'y précipiter & sans nager à sa surface. Quant aux ponces qui sont arrondies & flottantes sur la surface de la mer, ce sont des vents qui en les poussant loin des volcans, les ont abandonnées aux ondes de l'eau agitée; là elles se sont heurtées les unes les autres; à force d'être roulées & portées vers le rivage, elles se sont usées & arrondies.

Les pierres-ponces ont communément une odeur marécageuse, & une légere saveur salée. Les ponces blanches les plus légeres & les plus grosses servent aux

Parcheminiers & aux Marbriers, les petites servent aux Potiers d'étain, aux Menuisiers & aux Doreurs. Les ponces grises & plates servent aux Corroyeurs & aux Chapeliers. A Naples on choisit toutes celles qui sont de rebut, pour en faire du ciment avec de la chaux; ce mortier est employé dans la construction des terrasses, il a la même propriété que le ciment fait avec le *pozzolane*: voyez ce mot. Il prend corps avec un tel degré de dureté, qu'à peine les ferremens y ont prise quelque temps après qu'il a été mis en œuvre. Il seroit peut-être à désirer que dans les endroits où l'on trouve beaucoup de ces pierres, Messieurs les Ingénieurs en fissent usage pour la construction des parapets, des guérites & autres ouvrages exposés au canon; ils auroient moins à craindre les éclats, ainsi que cela arrive dans les murs de pierre ordinaire, & même dans ceux de brique. Il n'est pas rare de rencontrer des pierres-ponces grises, marbrées de jaune & de rouge; il y en a aussi de brunes & de noirâtres comme les scories de charbon de terre & d'ardoise grise.

Les pierres-ponces du commerce se trouvent de temps en temps flottantes, ou jetées sur les bords de la mer Méditerranée, en Sicile, vers le mont Vésuve, & près les monts Etna & Hécla, sur les parages des îles Santorin de l'Archipel. La plupart de celles qui se ramassent dans les terres voisines de tous les autres volcans en éruption, servent au ciment. Presque toutes les maisons de Milo ne sont construites qu'avec des blocs d'une ponce striée: ainsi il paroît que les ponces sont des *productions des volcans*: voyez ce mot & celui de Lave.

M. *Garcin* dit qu'en 1726 on a vu, entre le Cap de Bonne-Espérance & les îles de Saint Paul & d'Amsterdam, la mer toute couverte de ponces flottantes au gré du vent & fort loin des terres, sur une espace de plus de cinq cents lieues, au travers desquelles on vogua pendant dix jours de suite. Tous les rivages de la Zone torride sont couverts de ponces, sur-tout les îles de la

Sonde & les Moluques, où il y a aussi beaucoup de volcans.

PIERRE-PORC ou PIERRE PUANTE, *lapis sulllus, aut felinus, aut fetidus*, est communément une pierre calcaire & spatheuse, grisâtre ou noirâtre ou brune ; elle exhale une mauvaise odeur de charbon de terre ou d'urine de chat, quand on la frotte ou qu'on l'égratigne ou qu'on l'écrase ; mais elle perd cette odeur à la calcination, & y devient blanche en décrépitant comme le sel marin. Nous avons rencontré cette pierre près de la charbonnière d'Ingrande en Bretagne, & de la mine d'alun du Palatinat. Des Naturalistes croient que la pierre porc n'est qu'une espece particuliere de spath cristallisé en hexagone : nous connoissons plusieurs pierres puantes qui ne sont que des schistes calcaires. On apporte aussi cette pierre de l'île d'Œland en Suede, d'Allemagne, notamment de Norwege, de Portugal & du Cap de Santé, à quelques lieues de Quebec ; on y en trouve de rayonnées, de prismatiques & de sphériques. Plusieurs personnes ont ramassé près de Villers-Coterets & de Plombieres en France une sorte de caillou qui étant frotté donne à peu près l'odeur d'urine pourrie ; c'est une espece de *pierre puante*. Il y a tout lieu de croire que les odeurs qui se sont communiquées à ces sortes de pierres, viennent de substances animales ou végétales qui sont entrées en putréfaction.

PIERRE DE PORC-ÉPIC, est la concrétion pierreuse qui se trouve dans la vésicule du fiel & dans la vessie du porc épic des Indes, & surtout dans la Province de Pama-Malacca. Celle de la vessie est la plus dure & ressemble beaucoup à celle du sanglier, mais elle est plus petite. Les Indiens l'appellent *mastica de soho*, les Portugais *pedro de vassar* ou *piedra de puerco*, & les Hollandois *pedro de porco*. Les Indiens s'en servent intérieurement pour se guérir d'une maladie qu'ils appellent *mordoxi*, laquelle vient d'une bile irritée, & qui cause à ceux qui en sont attaqués des accidens aussi fâcheux que ceux de la peste. On voit un de ces rares bézoards dans le cabinet de Chantilly, il a plus de 16 lignes de diametre, & a coûté 100 louis d'or. *Voyez au mot* Bézoard.

PIERRE DE PORC DES INDES. Elle ressemble assez à la précédente, mais elle est plus grosse & moins rare: on la trouve aussi dans la vessie & dans la vésicule du fiel du sanglier de Malacca.

PIERRE DE PORTLAND. Pierre fort dure, d'un grain grossier, d'un tissu peu serré, grisâtre, compacte & pesante. Cette pierre donne difficilement des étincelles avec le briquet, mais elle bouillonne avec les acides: tous les grands édifices de Londres sont en pierre de Portland dont les carrieres sont dans l'île de ce nom, en Dorsetshire, dans la Manche.

PIERRE DE PORTUGAL. *Voyez l'article* Pierre quarrée. On appelle aussi *pierre de Portugal la pierre de serpent.* Voyez ce mot.

PIERRE POREUSE. *Voyez* Tuf.

PIERRE A POTS. C'est la *pierre ollaire.* Voyez ce mot.

PIERRE POURRIE ou TERRE POURRIE, est une argile qui a perdu presque entiérement son gluten, c'est-à-dire la partie liante qui unissoit ses parties; de sorte qu'humectée, on n'en peut former aucune pâte qui ait de la liaison, elle retombe en poussiere à mesure qu'elle seche. On trouve souvent cette argile dans la carriere, disposée par lits horizontaux & feuilletée: elle est ordinairement très-friable, très-fine; il y en a de graveleuse, que les Ouvriers rejettent.

La pierre pourrie nous vient d'Angleterre, elle conserve la trace du métal sur lequel on la frotte. On s'en sert pour adoucir les petites inégalités des ouvrages fins; elle est très-propre à donner le brillant neuf aux ustensiles d'argenterie; mais sur-tout à ceux de laiton, de similor, de cuivre de rosette, &c. elle leur donne un lustre & une couleur qui imite l'or. Les Horlogers, dit M. *Bourgeois,* en font usage pour polir & lustrer leurs mouvemens de montres.

PIERRES PRÉCIEUSES, *gemma*. Ces pierres sont des cristaux naturellement formés dans la terre, & qui se distinguent du cristal de roche, par leur extrême dureté, la couleur vive & éclatante, la transparence, la figure extérieure, & la pesanteur spécifique, tous caracteres peu sujets à l'erreur. Les pierreries ne se polissent que difficilement, mais elles prennent un éclat vif & merveilleux, qui jette de tous côtés des rayons de lumiere, sans que la pierre chatoie : exposées au feu dans le creuset, il n'y en a qu'un très-petit nombre qui entrent en fusion. L'eau forte, ni la lime ne les alterent pas sensiblement : elles font feu avec le briquet. Une matiere cristalline pierreuse paroît être le principe & la base des pierres précieuses. Leur variété semble naître des différens sucs métalliques qui les colorent. On est dans l'usage de distinguer les pierres en Orientales & en Occidentales ou Européennes, moins par la raison du pays d'où elles nous proviennent, que par leur dureté, le brillant, la pureté ou transparence & la pesanteur spécifique.

Les pierres précieuses ont cependant d'autres propriétés qui les distinguent encore, puisque les pierreries Orientales peuvent souffrir assez long-temps une forte action de feu, sans que leur couleur en soit altérée, tandis que les Occidentales perdent en très-peu de temps la leur, & deviennent semblables à du cristal, si elles sont transparentes ; ou d'un blanc mat, si elles sont opaques.

M. d'*Aubenton* fait trois genres principaux de pierreries : le premier contient les diamans proprement dits, *voyez* DIAMANT : le second, les pierres Orientales ; & le troisieme, les pierres Occidentales, au nombre desquelles il met le cristal de roche. *Voyez ce mot*.

En général, l'on a peu de détails intéressans, ou pour mieux dire, on n'en a point de circonstanciés, sur les pierres précieuses transparentes. Presque tous les Voyageurs, qui jusqu'ici ont été plus Commerçans que Naturalistes, par conséquent plutôt Nomenclateurs que

Méthodistes, ne nous ont encore rien donné de satisfaisant sur les pierreries, ni sur les matrices dans lesquelles elles se forment : c'est pourquoi la plupart des descriptions qu'on lit dans les catalogues des Lapidaires, sont si embrouillées : elles ne tendent qu'à expliquer les différences qui peuvent faire changer le prix des pierres fines, savoir le nombre des karats & des grains qu'elles pesent, leur forme par rapport à la taille ; ajoutez à cela la mode & la fantaisie : on n'y trouve point la définition qui doit convenir à telle & telle espece de pierre ; delà le défaut de connoissance que nous avons, dit M. *d'Aubenton*, des pierres des Grecs & des Romains. Cet Académicien prétend que le caractere, le plus essentiel & le plus propre à fixer la nomenclature & la division des pierres, c'est leur couleur ; la simple lecture des expériences qu'il a faites au moyen du spectre solaire, met à portée (en suivant son procédé) de juger surement de la nature & de la qualité d'une pierre qu'on n'auroit jamais vue : *consultez son Mémoire inséré dans le Recueil de ceux de l'Académie Royale des Sciences.* Nous ne disconviendrons pas cependant, que l'habitude & l'attention donnent souvent aux Joailliers cette justesse de coup d'œil, nécessaire pour distinguer dès la premiere vue des pierres qui semblent avoir bien des caracteres communs.

Les pierres précieuses se trouvent ou dans le sein de la terre, ou dans le lit de quelques rivieres, parmi leurs sables ; il faut de l'habitude pour les connoître sous leur forme brute. Les îles de Borneo & de Ceylan, les Royaumes de Bengale, de Golconde, de Visapour & de Pégu, sont les parties de l'Inde Orientale où l'on trouve le plus abondamment de belles pierreries. Celles des autres parties du Monde sont en général moins estimées, sont moins dures, & par conséquent susceptibles d'un poli moins vif ; celles-ci sont réputées Occidentales ; car c'est la dureté qui donne le caractere Oriental à une pierre précieuse.

Toutes les pierreries ont des cristallisations & des

couleurs assez différentes les unes des autres; mais elles affectent communément une figure régulière & déterminée, tantôt prismatique, tantôt cubique, tantôt en rhomboïde, &c. *voyez les mots* AIGUE-MARINE, AMÉTHISTE, BERIL, CHRYSOLITE, DIAMANT, ÉMERAUDE, GRENAT, HYACINTHE, ŒIL DE CHAT & ŒIL DU MONDE, OPALE, PERIDOT, RUBIS, SAPHIR, TOPASE, TOURMALINE, &c. & ce que nous avons dit *au mot* CRISTAL, & même à *l'article* CAILLOU. A l'égard des pierres précieuses qui se trouvent parmi les sables dans le lit des rivieres, on sent aisément que ce n'est point là le lieu de leur formation: ces pierres qui sont roulées & arrondies ont été apportées d'ailleurs par les torrens & les eaux qui les ont arrachées des roches & des montagnes où elles avoient pris naissance: c'est pourquoi les Indiens ne recherchent les pierreries dans le lit des rivieres qu'à la suite des fortes pluies. Si les pierres colorées sont moins dures que le diamant blanc, dont les parties sont purement homogenes, c'est parce que les métaux qui fournissent le principe colorant des pierreries n'ont pas eux-mêmes la dureté de la pierre où ils se trouvent combinés. Souvent aussi les pierres précieuses offrent tout à la fois les couleurs & les autres caracteres de deux ou trois pierres; par exemple le *saphir-topase* est bleu par une partie, & jaune par l'autre: on voit dans l'un des Cabinets de Chantilly une pierre moitié *rubis* & moitié *topase*: l'on connoît le *saphir verdâtre*, appelé *saphir œil de chat*; le rubis moitié blanc & moitié rouge, c'est le *rubis onyx*.

Il y a différentes tailles pour les pierreries; savoir, la taille à l'Indienne ou la poire, le brillant, le demi-brillant ou brillonnet, la rose, la pierre épaisse, la pierre foible, la tablette. A l'égard de leur valeur, tout dépend assez de la mode & du caprice: on les vend au karat; le karat pese quatre grains, & le grain est moins fort que celui du poids de marc. Nous avons dit à l'article DIAMANT, *T. III, p. 223*, que quand un diamant pese plusieurs grains ou karats, le tarif du karat cesse, & la différence est très-grande, puisque le karat peut être estimé pour trente-deux grains, même pour soixante-quatre, &c. en voici un grand exemple: le gros diamant du Roi de Portugal que nous avons dit peser douze onces, & qui ne pese absolument qu'onze onces, cinq gros, vingt-quatre grains, c'est-à-dire, 1680 karats, ou 6720 grains, est estimé deux cents vingt-quatre millions de livres sterling, & en argent de France cinq milliars, cent cinquante-deux millions; le grain est donc à 766,666 livres 13 sous 4 deniers.

PIERRE DE LA PROVIDENCE. Des personnes donnent ce nom à un amas de pierres lenticulaires, qui ayant été roulées dans un courant d'eau, & présentant différentes faces, offrent par leur organisation intérieure qui se trouve à découvert, des apparences de lentilles, de grains de froment, d'orge, &c. L'ignorance, la superstition ou la crédulité ont encore fait donner d'autres noms à cette pierre, sur-tout dans des temps de famine. *Voyez à l'article* PIERRE LENTICULAIRE.

PIERRE PUANTE. *Voyez* PIERRE-PORC.

PIERRE QUARRÉE D'ESPAGNE ET DE PORTUGAL, est cette marcassite ou pyrite cubique, quelquefois ferro-arsenicale qu'on taille en facettes & dont on fait aujourd'hui tant de bijoux qui imitent l'éclat de certaines pierreries: *voyez à l'art.* PYRITES On trouve aussi beaucoup de pierres carrées en Piémont & en Boheme.

PIERRE A RASOIR, ou COS, ou QUEUX, ou PIERRE NAXIENNE, *lapis coticularis*. Cette pierre, au sortir de la carriere, est d'une consistance tendre; mais elle s'endurcit par l'usage que l'on en fait: elle est composée de particules fines & compactes; elle se divise par couches, dont la couleur est assez différente & facile à distinguer, ainsi qu'on le remarque dans toutes les pierres à aiguiser à l'huile ou à rasoir, qui sont quelquefois composées de deux couches, l'une brunâtre, & l'autre grise ou jaune-blanchâtre; toutes deux sont comme collées ensemble ; ni l'une ni l'autre ne se dissout aux acides : la couche noire ou grise résiste plus long-temps à un feu violent, & avant qu'elle jette de l'écume, la jaune est déja réduite en un verre très-fluide. On s'en sert pour faire des pierres à aiguiser les outils ; on en fait aussi, en quelques pays, des meules & des tombes ; c'est pourquoi on les appelle *lapides olearia, aquaria, molaria, salivaria*. Les véritables pierres à rasoir sont des pierres argileuses : on en tire de Lorraine qui sont très-bonnes. Le nom de *cos* & de *queux* est donné par quelques Auteurs à des pierres sableuses. L'île d'Elbe abonde en cette pierre : il y en a de plus ou moins parfaites & dures.

PIERRE A QUEUE DE PAON. *Voyez* PLUME DE PAON.

PIERRE RAYÉE DE NANIEST ou PIERRE DE MORAVIE. M. *de Justi* donne ce nom à une substance précieuse nouvellement découverte en Moravie, dans les montagnes de la Seigneurie de *Naniest*. Cette espece de pierre qui n'a encore été rencontrée que dans un roc qui se trouve à l'endroit le plus inaccessible de ces montagnes, est extérieurement d'un beau blanc de lait, & se casse en morceaux de différentes grandeurs, qui sont plus ou moins opaques, à raison de leur épaisseur. Cette pierre est singuliérement traversée & pénétrée dans toute sa longueur de raies couleur d'améthiste : ces raies qui ont environ une ligne d'épaisseur, s'étendent toujours en droite ligne, & se succedent avec assez de régularité. Le Lapidaire de Vienne, qui s'est transporté sur les lieux pour examiner la singularité de cette pierre dans le roc, présume d'après le bloc qu'il a vu, qu'on la trouvera de même dans toute la veine, qui est d'ailleurs assez large pour en faire des tables & autres meubles de pierre.

La *pierre de Naniest* dont nous avons un très-bel échantillon, est un grès quartzeux, & ressemble assez, après avoir été polie, à une étoffe à raies étroites : elle est entremêlée de petits grenats, qui y tiennent si fortement

tement qu'on ne peut les en ôter; ils se coupent & se polissent avec la pierre, ce qui augmente sa beauté & son prix. La dureté de cette pierre nouvelle est inférieure à celle de l'agate; mais elle surpasse celle du marbre; elle n'est ni calcaire, ni fusible au feu de fusion ordinaire; elle donne des étincelles quand on la frappe avec un briquet d'acier, & ne fait point d'effervescence avec les acides.

PIERRE RÉFRACTAIRE: *voyez l'article* PIERRE APYRE.

PIERRE DES REINS, DE LA VESSIE & DU FIEL: *voyez* CALCUL.

PIERRE DES REMOULEURS: *voyez le mot* GRAIS DES REMOULEURS *à l'article* GRAIS.

PIERRE RETICULAIRE: *voyez à l'article* RETEPORE.

PIERRERIES: *voyez* PIERRES PRÉCIEUSES.

PIERRE DE ROCHE: *voyez* ROCHE.

PIERRE DES ROMPUS: *voyez l'article* OSTÉOCOLLE.

PIERRE DE SABLE: *voyez* GRAIS.

PIERRE A SABLON. C'est un grais peu compacte & qu'on brise très-aisément au marteau: on en fait le sablon dont on se sert pour nettoyer la vaisselle: *voyez* GRAIS *&* SABLE.

PIERRE SACRÉE. Les anciens nommoient ainsi un jaspe noir-verdâtre, à grandes taches blanches qui forment une espece de réseau irrégulier: on en faisoit des amulettes.

PIERRES DE SAMOS. Espece de terre bolaire ou tripoli très fin, dont les Orfevres se servoient autrefois pour polir leurs ouvrages.

PIERRE DE SANG. C'est une espece de jaspe sanguin que les Indiens taillent en cœur, & qu'ils portent en amulette pour arrêter le sang. *Voyez* JASPE. La pierre sanguine à brunir est l'*hématite*, & la pierre sanguine à crayon est le *crayon rouge*. Voyez ces mots.

PIERRE DE SANTÉ. Nom que l'on donne dans

le commerce a des pyrites souvent ferro-arsenicales (marcassites) taillées à facettes, par des Ouvriers qui vont s'établir sur le bord de certaines rivieres en Bohème : ce sont les Genevois & les Piémontois qui en font le plus grand débit : on en fait des boutons, des pierres de boucles & de bagues, &c. La pierre de santé est presque la même que la *pierre de Portugal*. Voyez les mots PIERRE CARRÉE, MARCASSITE & PYRITE.

PIERRE DE SARCOPHAGE : *voyez* PIERRE ASSIENNE.

PIERRE DE SARDE : *voyez* CORNALINE.

PIERRE DE SASSENAGE ou CHELYDOINE. Elle est connue aussi sous le nom impropre de *pierre d'hirondelle*. Voyez ce mot.

PIERRE SAVONNEUSE. Elle a une consistance de cire, & est marbrée de rouge & de blanc : étant mâchée elle a le goût ainsi que les propriétés du savon; elle rend l'eau laiteuse, & blanchit ou dégraisse très-bien toutes sortes d'étoffes. On s'en sert en quelques pays & particulierement en Angleterre : elle est encore plus onctueuse que la stéatite proprement dite, & que la craie de Briançon. *Voyez ces mots.*

PIERRE SERPENTINE. *Voyez l'article* SERPENTINE.

PIERRE DE SERPENS, *lapides serpentum*. Bien des personnes donnent ce nom à la corne d'*Ammon* fossile. *Voyez ce mot.* Les Voyageurs appellent *pierre de serpent du Cap de Bonne-Espérance*, une composition artificielle: les Bramines Indiens s'en réservent le secret; elle a la forme d'une grosse feve; elle est quelquefois large comme un de nos liards & en petit biscuit; sa matiere est blanchâtre au centre, & d'un bleu céleste ou brune dans les autres parties. Aussi-tôt qu'elle est appliquée sur la morsure d'une espece de serpent à lunettes, espece de cobra (*couleuvre capelle* ou *à chaperon*), & même des autres serpens & autres bêtes venimeuses, notamment sur la piqûre du scorpion, elle s'attache à la plaie sans bandage & sans soutien;

elle attire autant de poison qu'elle en peut contenir, & sur le champ elle tombe d'elle-même : on la trempe alors dans du lait, qu'elle rend jaune en s'y purgeant on l'applique de nouveau, jusqu'à ce qu'elle cesse de s'attacher, & de-là on conclut qu'il ne reste plus de poison. Voilà ce qu'on raconte de la vertu de cette pierre, dont on doit faire usage aussi tôt qu'on a été mordu ou piqué, afin de ne pas donner le temps au poison de s'introduire trop avant dans le corps, car alors elle seroit inutile. Nous n'en avons pas vu les effets, faute d'occasion; mais des faits aussi merveilleux s'éloignent bien de la vraisemblance : nous avons seulement reconnu que la pierre de cobra n'est qu'un morceau d'os (ou de corne calcaire) taillé & calciné : on l'appelle *piedra de cobra*. Le pere *Joseph de Torrubia*, Chroniqueur général de l'Ordre de S. François, & qui a vécu environ quinze ans à Manille, Capitale de l'île de Luçon, dit positivement, dans son *Apparat pour l'Hist. Natur. d'Espagne, Tome I.* que les meilleures *pierres de serpent* sont de composition ; qu'elles se font dans les îles Philippines, & que les Ouvriers les plus habiles qui y travaillent, sont les Indiens de la Province de Camarines, dans l'île de Luçon ; enfin, que ce sont les Religieux de l'Ordre de S. François qui sont les trafiquans de cette divine drogue à Manille. Ce pere détaille fort au long les ingrédiens & les propriétés admirables de cette pierre, dont les peuples des côtes de Malabar & de Coromandel font un grand usage. Il est à présumer que les Charlatans de l'Inde qui se font mordre & piquer devant le public pour lui faire voir la bonté de la pierre, sont des particuliers gagés pour cela, & non les Religieux mêmes. On trouve dans la tête & dans l'estomac du serpent appelé *senembi*, des pierres réputées alexitaires. On donne encore le nom de *pierres des serpens*, à une pierre onyx : *voy.* Onice.

PIERRE DE SYRIE. *Voyez à l'article* Pierre Judaïque.

PIERRE SMECTITE ou STÉATITE: en général c'est la même que la *pierre ollaire*: voyez ce mot & celui de STÉATITE.

PIERRE DU SOLEIL, c'est la *girasol*: voy. ce mot.

PIERRE SORCIERE. On donne ce nom à la pierre lenticulaire calcaire, parce que quand on la met dans une liqueur acide, elle tourne & retourne sans cesse, jusqu'à ce que la liqueur soit entrée dans toutes ses concamérations, & qu'elle se soit trop affoiblie en se soûlant de la substance calcaire de la pierre. Cet effet tout naturel qu'il est, paroît aussi singulier que l'aimant aux yeux des personnes qui ne connoissent point assez les effets chimiques & physiques.

PIERRE SPÉCULAIRE ou SÉLÉNITE: *voyez* à *l'article* GYPSE,

PIERRE STÉATITE. *Voyez* STÉATITE.

PIERRE DE STOLPEN. C'est, dit-on, une espece de *basalte*: cette substance lapidifique, dont on fait des pierres de touche, se trouve en Misnie assez près de Dresde. *Voyez* BASALTE.

PIERRE THÉBAÏQUE. C'est le *granite*: voyez ce mot.

PIERRE DE TIBURON ou DE MANATI: *voyez au mot* BALEINE, *l'article* BALEINE DU GROENLAND, *& le mot* TIBURON, *Voyez aussi à l'article* OREILLE.

PIERRE DE TONNERRE ou DE FOUDRE: *voy.* PIERRE DE FOUDRE, BELEMNITE & CERAUNIAS.

PIERRE DE TORTUE, *lapis testudinum*: elle est oblongue, un peu écrasée, obtuse & un peu étranglée dans son milieu; mais intérieurement elle est semblable aux calculs & aux bézoards: *voyez ces mots*.

PIERRE DE TOUCHE, *lapis metallorum*. Celle dont les Orfevres se servent aujourd'hui n'est point un marbre noir, ni ne doit l'être, comme l'ont dit quelques uns; c'est communément une sorte de cos ou de schiste d'un grain fin & continu, noir ou verdâtre, dur & susceptible de poli, recevant facilement la trace de métal qu'on y frotte. Cette pierre, que l'on nous apporte de Bohême, de Saxe & de Siléfie, ne fait point feu avec le briquet, ne se diffout point aux acides, ne se calcine pas dans le feu ; mais elle s'y convertit, comme les autres schistes, en un verre poreux & brunâtre. L'on a de forts soupçons que la pierre de touche des Anciens, étoit une espece de basalte mêlé de stéatite : *voyez* Schiste.

On fait avec la pierre de touche ordinaire, des pierres à aiguiser les rasoirs qui sont fort bonnes.

Toutes les espéces de basaltes & de stéatites endurcies, ou de schiste ou de cos peuvent servir d'éprouvette à métal, mais particuliérement pour connoître la bonté de l'argent & de l'or. Les véritables basaltes à éprouver les métaux, ne doivent pas être confondus avec les basaltes de Suede, ni avec ceux des volcans. *Voyez* Basalte & *pierre de* Basalte.

La pierre de touche des Potiers d'étain, est une lingotiere faite avec de la craie blanche de Bourgogne, dans laquelle on verse de l'étain fondu : plus ce lingot est léger, & meilleur il est : *voyez* Étain.

PIERRE DE TUF : *voyez au mot* Stalactites.

PIERRE DE VACHES, *lapides vaccini*. On donne ce nom à des pierres sillonnées ou creusées de part en part par des chûtes d'eau, ce qui ne peut se faire que par une suite de plusieurs années. Aussi, dit-on des eaux qui tombent par gouttes & par cascades : *Gutta cavat lapidem, non vi, sed sæpè cadendo.*

PIERRE DE VÉGÉTAUX. C'est un phénomene assez singulier qu'il se trouve des pierres renfermées dans le cœur d'un arbre, comme il se trouve des bézoards dans l'estomac des animaux. On en a rencontré dans le bouleau, dans le chêne, dans le pin : *voyez* ce que nous en avons dit dans notre *Minéralogie, Vol. II,* page 530, édit. de 1774.

M. *Haller* dit qu'on trouve quelquefois une pierre, & même très-dure, dans les noix de coco ; & que c'est une rareté estimée aux Indes.

M. *de Préfontaine* (*Maif. Ruft. de Cayen.*) fait mention de l'arbre *couipo*, qui porte dans son cœur de petites pierres. Il y en a de deux sortes, le *rouge* & le *blanc*. L'un & l'autre peuvent servir aux mêmes usages que le bois du courbaril dont il a le grain. Ce même Auteur dit que le nom *couipo*, dans le langage des Sauvages, signifie *cœur de roches*.

PIERRE DE LA PETITE VÉROLE, *lapis variola*, est une pierre orbiculaire, aplatie, pesante, fort dure, de couleur verdâtre, parsemée de taches ou loupes d'une couleur infiniment moins foncée, & représentant assez bien des grains de petite vérole mûrs & applatis. Cette pierre curieuse & peu commune se trouve dans les Indes, &c. *Voyez* VARIOLITE.

PIERRE A VERRE, *quocolos*. Lémery donne ce nom à une pierre marbrée, un peu transparente, assez dure pour donner des étincelles avec le briquet, blanchâtre ou verdâtre, veinée comme le tale de Venise. Cette pierre devient opaque, plus légere & plus blanche au feu, & enfin se change en verre : elle se trouve en Toscane, & en plusieurs autres lieux de l'Italie, où on l'appelle *cuogolo*. Il ajoute qu'on l'emploie dans quelques Verreries : c'est la même qu'on appelle improprement *marbre-tarso*.

PIERRE VERTE ou D'AMAZONE. *Voy*. JADE.

PIERRE DE LA VESSIE. *Voyez à l'art.* CALCUL.

PIERRE DE VIOLETTE ou JOLITE, *iolitus*. Nom donné à des pierres de diverse nature, & qui étant frottées ont une odeur de violette. Parmi ces pierres les unes sont de grais noir & blanc, telles que dans la principauté de Blankenbourg; d'autres sont des especes de silex, telles qu'on en voit en Suisse. Ces pierres ont une odeur de violette plus sensible après les pluies & dans des temps d'orage; quelques-unes sont recouvertes d'une mousse qui leur communique cette odeur. L'observation tournée sous ce point de vue pourroit faire reconnoître plusieurs pierres odorantes. M. *Ledelius*, dans les *Ephemer. Nat. Cur. Tome XVI, page 81, Obs. 28*, parle d'une pierre qui sent la violette ! on la trouve, dit-il, près les bains de Hirſeberg ; ſon odeur varie de temps en temps ; elle embaume les boîtes où on la ſerre ; elle eſt par lames, griſe, brillante de points argentés ; elle ne contient pas d'uſnée (mouſſe) ; elle a donc ſon odeur par elle-même. M. *Vagneri* parle des cornes d'Ammon qu'on trouve dans le mont Raudius & dans les pierres de la Miſnie, qui ont la même odeur quand on les chauffe. M. *Eiſen Manger* a trouvé proche Dreſde des terres qui ſentoient la giroflée. *Agricola* fait mention d'une géode qui ſent la violette, mais cette odeur eſt due à la mouſſe ou uſnée dont elle étoit recouverte. *Boetius* parle auſſi de pierres qui donnent la même odeur.

PIERRES VITRESCIBLES ou VITRIFIABLES. *Voyez au mot* PIERRE *& à l'art*. TERRE VITRIFIABLE.

PIERRE VITRIOLIQUE, *lapis vitriolicus*. Sous ce nom générique, on comprend le ſory, le miſy, le calchitis natif, la mélantérie & le ruſma : *voyez ces mots & l'article* VITRIOL.

PIERRES DE VOLCANS : *voyez les mots de* LAVE, *de* PIERRE OBSIDIENNE, *de* PONCE, *de* POZZOLANE, *de* VERRE DE VOLCAN, &c.

PIERRE DE VULCAIN, eſt une pyrite ordinairement arſénicale : *voyez l'article* PYRITE.

PIERROT : *voyez* MOINEAU.

PIESACKI : *voyez à l'article* PELLETERIES.

PIETTE ou PIÉTÉ, *albellus*, oiſeau de riviere que *Belon* dit être fort connu dans le Soiſſonnois & dans le Beauvoiſis : il eſt moitié noir & moitié blanc, mais ces couleurs ſont mêlées diverſement ; il eſt plus grand que la ſarcelle, & plus petit que le morillon. Cet oiſeau a ordinairement le deſſous de la gorge & du ventre blanc, & le deſſus du corps noir : ſes ailes ſont ſemblables à celles de la pie ; ſes pattes & ſa queue ſont comme celles du morillon. La piette differe des autres oiſeaux de riviere & aquatiques, en ce qu'elle n'a pas le bec large mais rond & dentelé par les bords. Cet oiſeau qui ſe nourrit de poiſſons & d'inſectes aquatiques, a une petite huppe sur le derriere de la nuque, & cette huppe est placée à l'origine du cou. Il paroît que la piette est le *harle huppé*, *Merganser minor cristatus*: voyez HARLE.

PIEUMART ou PIC-MARS: *Voyez au mot* PIC.
PIEXEPOGADOR. *Voyez* RÉMORE.

Fin du sixieme volume.

www.ingramcontent.com/pod-product-compliance
Lightning Source LLC
Chambersburg PA
CBHW052334230426
43664CB00041B/1310